T0180469

SpringerWienNewYork

Gerd Egger

Die Akute Entzündung

Grundlagen, Pathophysiologie und klinische Erscheinungsbilder der Unspezifischen Immunität

SpringerWienNewYork

em. Univ.-Prof. Dr. med. Gerd Egger
Hart-Purgstall, Steiermark, Österreich

Gedruckt mit Unterstützung des *Bundesministeriums für Bildung, Wissenschaft und Kultur* in Wien sowie des *Amtes der Steiermärkischen Landesregierung*

© 2005 Springer-Verlag/Wien · Printed in Austria
SpringerWienNewYork ist ein Unternehmen von Springer Science + Business Media
springer.at

Umschlagbild: Gerd Egger
Satz: Composition & Design Services, Minsk 220027, Belarus
Druck: G. Grasl Ges.m.b.H., 2540 Bad Vöslau, Österreich
Gedruckt auf säurefreiem, chlorfrei gebleichtem Papier – TCF
SPIN: 11377573

Mit 117 Abbildungen (erstellt vom Verfasser)

Bibliografische Information der Deutschen Bibliothek
Die Deutsche Bibliothek verzeichnet diese Publikation in der Deutschen Nationalbibliografie; detaillierte bibliografische Daten sind im Internet über http://dnb.ddb.de abrufbar.

ISBN-10   3-211-24491-3   SpringerWienNewYork
ISBN-13   978-3-211-24491-3   SpringerWienNewYork

Vorwort

Der rasch zunehmende Wissensstand auf dem Gebiet der angeborenen, unspezifischen Immunität wird laufend in einer Vielfalt ausgezeichneter Monographien festgehalten, in denen hervorragende Wissenschafter ihr Fachgebiet zusammenfassen und eigene Forschungsergebnisse präsentieren. Diese Sammelwerke setzen indessen zu ihrem Verständnis ein so hohes Maß an Spezialkenntnissen voraus, dass sie einem medizinisch-biologischen Standardwissen kaum zugänglich sind. Lehrmaterial, das die Grundlagen zu diesem Gebiet der Immunologie zusammenhängend vermittelt, fehlt hingegen zur Gänze. Das vorliegende Buch soll diese Lücke schließen.

Ein Autor, der sich die Aufgabe stellt, das Basiswissen über die Unspezifische Immunität und ihre Bedeutung in der modernen Medizin zu formulieren und in ein geschlossenes Lehrkonzept zu fassen, sieht sich vor allem drei grundsätzlichen Fragen gegenüber: an wen sind die Inhalte gerichtet, welches Wissen wird vorausgesetzt, und welcher Wissensstand soll erreicht werden?

Zielgruppen dieser Darstellung sind Studierende der Heilfächer Medizin, Pharmakologie und Pharmazie, aber auch solche der Biologie, Biochemie, Molekularbiologie und Mikrobiologie, die ein übergreifendes Wissen zur Medizin anstreben. Darüber hinaus mag das Buch auch für Postgraduierte von Nutzen sein, die ihr Wissen auffrischen wollen und einen leicht fassbaren Übergang zu schwierigen Problemstellungen in Klinik und Forschung suchen.

Vorausgesetzt werden Kenntnisse, wie sie an Universitäten in den theoretischen Grundsemestern biowissenschaftlicher Studienrichtungen vermittelt werden.

Lehrziel schließlich ist ein Einblick in die enorme Komplexität und in die Eigendynamik akuter entzündlicher Reaktionen, aus dem weiterführend ein Verständnis für die Symptomatik, die Charakteristik fehlerhafte Verläufe und deren Folgen sowie für die Therapiemöglichkeiten entzündungsbasierter Erkrankungen entstehen soll. Darüber hinaus sollen die Grundbegriffe und das Vokabular vermittelt werden, um anspruchsvoller Literatur zu diesem Thema folgen zu können. Zur Erleichterung zusätzlicher Information werden im laufenden Text Stichwörter angegeben, über die Einzelheiten in Fachbibliotheken abgerufen werden können. Diese Hinweise, durch eckige Klammern markiert, sind in Englisch gehalten, da praktisch die gesamte Entzündungsliteratur in dieser Sprache aufliegt und auch international die wissenschaftlichen Begriffe in englischer Sprache fixiert sind. Bei Suche in deutschsprachigen Datenbanken muss die oft sehr unterschiedliche Schreibweise, vor allem was die Buchstaben k, c und z anlangt, beachtet werden.

Der rasante Zuwachs an neuen Erkenntnissen auf dem Gebiet der Immunologie bedingt, dass vorhandenes Wissen ständig ergänzt und darüber hinaus korrigiert werden muss. Auch sind etliche der in diesem Buch vorgebrachten wissenschaftlichen Standpunkte nicht unwidersprochen. Zu vielen Fragestellungen gibt es unterschiedliche und auseinander strebende Meinungen, und es hängt von der persönlichen Erfahrung und Einstellung eines Autors ab, welche dieser Optionen und Interpretationen er bevorzugt. Erst zukünftige Forschung wird ein endgültiges Urteil fällen können. Ebenso

subjektiv ist die Entscheidung, welche Inhalte als „Basiswissen" einzustufen sind und
wo der trennende Schnitt zu überlappenden Disziplinen wie z.B. zur Molekularbiologie, Pharmakologie oder zu klinischen Fragestellungen anzusetzen ist. Auch schließt
ein Basiswissen naturgemäß Simplifizierungen und Verallgemeinerungen ein, die dem
Einzelfall nicht immer gerecht werden. Die interessierte Leserschaft ist aufgefordert,
sich in Zweifelsfällen ein eigenes Bild zu machen. Das Internet bietet vielfältige und
komfortable Möglichkeiten, sich über den neuesten Wissensstand zu informieren.

Der Autor kann unter akute.entzuendung@springer.at erreicht werden.

Danksagung: Ich bin Frau Heike Mitterhammer und den Herren R. J. Schaur und
K.H. Smolle sowie meiner Gattin für ihre Hilfe bei der Korrekturarbeit zu Dank ver-
pflichtet.

Graz, Juli 2005   Gerd Egger

Inhaltsverzeichnis

Teil 1 Überblick und Einführung

Teil 2 Die Pathophysiologie der Entzündung

Teil 3 Klinische Probleme

Abkürzungsverzeichnis

AA	Arachidonsäure
ACE	angiotensin converting enzyme
ACTH	Adrenocorticotropes Hormon
ADCC	antibody dependent cellular cytotoxicity
ADH	antidiuretisches Hormon
AG	Antigen
AGP	advanced glycosylated (end) products
AIDS	acquired immune deficiency syndrome
AK	Antikörper
α1-Ach	α1-Antichymotrypsin
α1-AGP	α1 Saures Glykoprotein
α1-AT	α1 Antitrypsin
α1-PI	α1 Proteinase-Inhibitor
α2-AP	α2 Antiplasmin
α2-M	α2 Makroglobulin
AMP, ADP, ATP	Adenosin Mono-, -Di-, -Tri-phosphat
ANCA	anti-neutrophil cytoplasmatic antibody
APP	Akutphase-Protein
APR	Akutphase Reaktion
APUD	amine precursor uptake and decarboxylation
ARDS	adult (acute) respiratory distress syndrome
ASS	Acetylsalicylsäure
AT I, II	Angiotensin I, II
AT III	Antithrombin III
ATH	Atherosklerose
β2-m	β2-Mikroglobulin
BG	Basophiler Granulozyt
BPI protein	bactericidal/permeability inducing protein
BSG	Blutkörperchen-Senkungsgeschwindigkeit
C1 bis C9	die Complementfaktoren 1 bis 9
CabP	calcium binding protein
cAMP	cyclisches Adenosinmonophosphat
CAS	Kontakt-Aktivierungssystem
C4bP	C4b-bindendes Protein
CD	cluster designation
	auch: cluster of differentiation
CFI	chemotaxis factor inactivator
CGD	chronic granulomatous disease
cGMP	cyklisches Guanosin-Monophosphat
C1INH	C1-Inhibitor
COPD	Chronisch Obstruktive Bronchitis
COX	Cyclooxygenase
cP	Chronische Polyarthritis
CR	Complement-Rezeptor
CRH	corticotropin releasing hormon

CRP	C-Reaktives Protein
CS	Complementsystem
CSF	colony stimulating factor
D	Dalton
DAF	decay accelerating factor
DAG	Diacylglycerol
DAO	Diamino-Oxydase („Histaminase")
DGLA	Dihomo-Gamma-Linolensäure
DIC	disseminated intravascular coagulation
DHA	Dokosahexaensäure
DNS (DNA)	Desoxy-Ribonukleinsäure
EG	Eosinophiler Granulozyt
EGF	epidermal growth factor
ELFO	Elektrophorese
eNOS	endotheliale NO-Synthase
EPA	Eikosapentaen-Säure
EPO	Erythropoetin
ER	endoplasmatisches Retikulum
E-Selektin	Endothelzell-Selektin
ET	Endothelin
Fab	Antigen-bindendes Fragment
Fc	kristallisierbares Fragment
FcεR	Rezeptor für das Fc-Fragment von IgE
FcγR	Rezeptor für das Fc-Fragment von IgG
FGF	fibroblast growth factor
FLAP	five lipoxygenase adhesion protein
FMLP	N-Formyl-Methionyl-Leucyl-Phenylalanin
G-CSF	granulocyte colony stimulating factor
GI	gastro-intestinal
GM-CSF	granulocyte monocyte colony stimulating factor
GMP, GDP, GTP	Guanosin Mono-, Di-, Triphosphat
G- Protein	Guanosin Triphosphat-bindendes Protein
GSH/GSSG	reduziertes/oxydiertes Glutathion
HDL	high density lipoprotein
HETE	Hydroxy-Eikosatetraensäure
HMW-K	high molecular weight kininogen
HPETE	Hydroxy-Peroxy-Eikosatetraensäure
HRF	Homologer Restriktionsfaktor
HSP	Hitzeschock-Protein
5HT	5-Hydroxy-Tryptamin (Serotonin)
iC3	initiales C3
ICAM	intercellular adhesion molecule
ICE	Interleukin-Convertingenzym
IFN	Interferon
Ig	Immunglobulin
IGF	insulin-like growth factor
IL	Interleukin
iNOS	induzierbare NO-Synthase
IP3	Inosintriphosphat
kD	Kilo-Dalton
LAD	leukocyte adhesion deficiency
LBP	lipopolysaccharide binding protein
LDL	low density lipoprotein

LMW-K	low molecular weight kininogen
LOX	Lipoxygenase
LPS	Lipopolysaccharid
L-Selektin	Leukozyten-Selektin
LT	Leukotrien
LX	Lipoxin
MAC	membrane attack complex
MAO	Monoamino-Oxydase
MAP	microtubule associated protein
MASP	mannose binding lectin-associated serin protease
MBP	major basic protein
MCP	membrane cofactor protein
	auch: monocyte chemoattractant protein
M-CSF	monocyte colony stimulating factor
MDA	Malondialdehyd
MHC	major histocompatibility complex
M.Hodgkin	Morbus Hodgkin
MMP	matrix metalloprotease
MODS	multiple organ dysfunction syndrome
MOF	multiple organ failure
MPO	Myeloperoxydase
MW	Molekulargewicht
µL	10^{-6} Liter
µm	10^{-6} Meter
NAD/NADP	Nikotinamid-Adenin-Dinukleotid/-Phosphat
NANC	non adrenergic non cholinergic
NAP	neutrophil activating protein
NBT	Nitroblue Tetrazolium
NFκB	nuclear factor kappa B
NGF	nerve growth factor
NK-Zelle	Natürliche Killerzelle
nm	10^{-9} Meter
NO	Stickstoff-Monoxyd
NOS	Stickstoffmonoxyd-Synthase
NSAID	non-steroidal anti-inflammatory drug
OH	Hydroxyl, hydroxy-
Ω-3 FA	Omega 3-Fettsäuren
oxLDL	oxidized low density lipoproteins
PAF	Plättchen aktivierender Faktor
PAI	Plasminogenaktivator-Inhibitor
PAMP	pathogen associated molecular pattern
PCR	polymerase chain reaction
PDGF	platelet derived growth factor
PECAM	platelet-endothelial cell adhesion molecule
PF3	Plättchenfaktor 3
PG	Prostaglandin
PG-15-OH-DH	Prostaglandin-15-Hydroxy-Dehydrogenase
PIP/PIP2	Phosphatidylinositol-Phosphat/Diphosphat
PK	Plasma-Kallikrein
PL	Phospholipase
PMN	polymorphonuclear leukocyte, Neutrophiler Granulozyt
PNH	Paroxysmale Nokturne Hämoglobinurie
PPK	Plasma-Prekallikrein
PRR	pathogen recognition receptor
P-Selectin	Plättchen-Selektin
PUFA	polyunsaturated fatty acid

R   Rezeptor
RANTES   regulated on activation, normal T-cell expressed and secreted
RES   Reticulo-Endotheliales System
RNS (RNA)   Ribonucleinsäure
ROS   reactive oxygen species

SAA   Serumamyloid A
SCF   stem cell factor
SCFI   streptococcal chemotactic factor inactivator
SH   Somatotropes Hormon
SIRS   systemic inflammatory response syndrome
SOD   Superoxyd-Dismutase
SRS-A   slow reacting substance of anaphylaxis
STAT   signal transducers and activators of transcription
syn.   synonym für

TAA   tissue amyloid A
Tc   Cytotoxische T-Zelle
Th   Helferzelle
TK   Tyrosinkinase
TGF   transforming growth factor
THC   Tetrahydrocannabinol
TLR   toll-like receptor
TNF   Tumornekrosefaktor
TNFR   Tumornekrosefaktor-Rezeptor
tPA   tissue plasminogen activator
TPO   Thrombopoetin
TX   Thromboxan

U   unit, Einheit
ÜER   Überempfindlichkeitsreaktion
uPA   Urokinase
UV   Ultraviolett

VCAM   vascular cell adhesion molecule
VEGF   vascular endothelial cell growth factor
VIP   vasoactive intestinal peptide
VLA   very late antigen
VLDL   very low density lipoprotein
vWF   von Willebrand Faktor

XDH   Xanthin-Dehydrogenase
XOX   Xanthin-Oxydase

ZNS   Zentralnervensystem

Teil I

Überblick und Einführung

Das menschliche Immunsystem

Die Voraussetzung für das Bestehen eines Organismus ist seine morphologische und funktionelle Integrität. Diese Integrität wird von einer Unzahl belebter und unbelebter Störfaktoren aus der Umwelt bedroht. Jedes Lebewesen muss daher Einrichtungen besitzen, die geeignet sind, solche Störungen abzuwehren. Für Einzeller gibt es im Wesentlichen drei Möglichkeiten, sich gegen Bedrohungen aus der Außenwelt zu schützen: Die Meidung von Gefahren, der Aufbau von Schutzbarrieren, und die aktive Bekämpfung von Gefahren durch ihre Abwehr oder Vernichtung. Für metazoische Lebewesen, den Menschen einbezogen, gelten im Grunde dieselben Schutz- und Verteidigungsstrategien: Neben erlernten oder intelligenten Verhaltensweisen bringen Fluchtreflexe und Schmerz einen Organismus aus der Gefahrenzone und ordnen Schonung und das Vermeiden weiterer Schäden an. Schutzeinrichtungen gegenüber der Außenwelt bestehen in Form von mechanischen und chemischen Barrieren der Körperoberfläche wie Schweiß, Talg und Hornschichten, Haare und Pigmente, Epithelien, Membranen, Schleim und andere Sekrete, symbiotische Hilfeleistungen von Mikroorganismen sowie in Mechanismen, welche die äußeren und inneren Körperoberflächen säubern und belebtes wie unbelebtes Schadmaterial von ihnen entfernen. Für Metazoen besteht noch eine zusätzliche Gefahr für die Ordnung im System: Es sind leistungsschwache, funktionslose oder abgestorbene Zellen und interzelluläre Matrixbestandteile, die beseitigt werden müssen, sowie abartig und krankhaft entwickelte Zell-

stämme und deren Produkte, die nicht dem ursprünglichen Bauplan entsprechen. Für das aktive Erkennen und die aggressive Bekämpfung und Entfernung von körpereigenem oder aus der Außenwelt stammendem Schadmaterial haben tierische Vielzeller ein spezifisches Abwehr- und Schutzsystem entwickelt und mit der Phylogenese immer komplexer gestaltet: das Immunsystem. Obwohl für eine „Immunität" (immunis = frei, unberührt, im weiteren Sinn: geschützt) alle Abwehrmaßnahmen, auch die passiven, zusammenwirken müssen, ist die Bezeichnung „Immunsystem" im üblichen Sprachgebrauch dieser aktiven, aggressiven Spezialeinrichtung vorbehalten.

Immunkompetente Zellen und humorale Komponenten des Immunsystems wirbelloser Tiere erkennen Fremdmaterial an Baumerkmalen, die im eigenen Organismus nicht auftreten und unterscheiden so das zu schützende „Selbst" vom potentiell gefährlichen „nicht Selbst". Der Mechanismus des Erkennens läuft über spezifische Oberflächenstrukturen des fremden Materials, für die das Immunsystem komplementäre Matrizen entwickelt hat. Diese Matrizen sind genetisch festgelegt und haben sich in der Bewährung einer viele Millionen Jahre dauernden evolutionären Auseinandersetzung mit dem „Feind" gefestigt. Der Vorgang des „Erkennens" beruht letztlich in einer Bindung der Schlüsselstruktur des Immunsystems mit der passenden komplementären Struktur des Zielobjektes. Dem Erkennen folgt unmittelbar der Angriff auf das erkannte Objekt.

Dieses Prinzip ist auch beim Menschen als die **angeborene, unspezifische**

Immunität erhalten. Darüber hinaus hat sich bei den Wirbeltieren zusätzlich eine andere Form der Abwehr entwickelt, bei der Abwehreinrichtungen gegen fremde Strukturen erst bei Kontakt mit diesen aufgebaut werden: die **adaptive, oder spezifische, Immunität**. Diese Form der Abwehr hat den Vorzug, dass sie sich mit einer enormen Mannigfaltigkeit auf die Unzahl vorgefundener fremder Strukturmerkmale einstellen kann, denen ein Individuum in seiner spezifischen Umwelt begegnet. Während die Zahl der Erkennungsmatrizen im angeborenen Immunsystem auf wenige hundert geschätzt wird, liegen die Differenzierungsmöglichkeiten im spezifischen, adaptiven Immunsystem in Größenordnungen um 10^{12} bis 10^{14}. Es ist einleuchtend, dass eine solche Riesenzahl an Information aus Platzgründen nicht im Genom verankert sein kann. Die Varianten dieser Erkennungsmatrizes – die T-Zell Rezeptoren – werden erst in der Fetalperiode und postnatal durch somatische Rekombination und Mutation aus wenigen Grundmustern zusammengestellt.

Der Nachteil dieser evolutionären Errungenschaft ist allerdings, dass der Aufbau ihrer vollen Wirkungskraft einen gewissen Zeitraum, rund eine Woche, benötigt. Auch nach einmal erfolgtem Kontakt mit Fremdmaterial und einer Speicherung der nötigen Information im „immunologischen Gedächtnis" dauert die Aktivierung immer noch einige Tage. Die Bildung der Effektoren der spezifischen Immunabwehr, der Antikörper, kann allerdings nach immunologischer Aktivierung über Monate oder Jahre aufrecht erhalten bleiben, womit ein lang dauernder Sofortschutz gewährleistet ist.

Die Reihenfolge, mit der das Immunsystem bei Wirbeltieren und beim Menschen bei Beanspruchung in Aktion tritt, ist dem gemäß diese: Mechanismen der angeborenen, unspezifischen Immunität springen schon Minuten nach Auftreffen eines Reizes an und können bereits Stunden danach ihren Höhepunkt erreichen. Die spezifische Immunität tritt erst verzögert nach Aktivierung als zweite

Abwehrreihe in Kraft. Für den vollständigen Schutz des Organismus ist allerdings das Zusammenspiel beider Systeme nötig und unentbehrlich.

Das Unspezifische und das Spezifische Immunsystem

Das menschliche Immunsystem stützt sich auf zwei Säulen:

- Die **Unspezifische Immunität (Unspezifische Abwehr)**, deren Basis vorwiegend Abkömmlingen des roten Knochenmarks, die *Zellen der myeloischen Reihe*, bilden.
- Die **Spezifische Immunität (Spezifische Abwehr)** wird dagegen in erster Linie von Abkömmlingen der lymphatischen Zellreihe getragen. Sie wirkt über *humorale* und *zellständige Antikörper*, die beide von lymphatischen Zellen bereitgestellt werden. Antikörper (AK) sind meist hochspezifisch wirkende Substanzen, die bestimmte Zielsubstanzen (Antigene, AG) erkennen und binden können.

Unspezifische wie Spezifische Immunität werden in ihrer Steuerung und Wirkung von **Hilfssystemen** unterstützt und über komplexe Mechanismen gestartet und kontrolliert.

Ontogenetisch wird die Unspezifische Immunität schon in der Fetalzeit angelegt; sie ist ab der Geburt weitgehend funktionstüchtig. Dieses Teilsystem der Immunität ist ständig präsent und ist bereits wenige Stunden nach Inanspruchnahme voll aktiv, deshalb auch „primäre Abwehr" oder „Sofortabwehr", „vorderste Abwehrlinie des Immunsystems", „first-line defense", „angeborene Immunität" [innate immunity].

Die Spezifische Immunität muss erst über den Kontakt mit den potentiellen Zielsubstanzen angeregt werden, deshalb auch „sekundäre Abwehr", „induzierbare Abwehr", „adaptive Immunität" [adaptive immunity]. Ihr voller Aufbau benötigt bei Primärkontakt ca. sieben bis zehn Tage, bei Sekundärkontakt und vorhandenem immunologischem Gedächtnis etwa zwei bis drei Tage. Ontogenetisch entwickelt sich die Spezifische Abwehr deutlich später als die Unspezifische Abwehr und reift erst im Verlauf des ersten Lebensjahres aus.

Auch *phylogenetisch* ist die Unspezifische Abwehr die wesentlich ältere. Zellen, die Schadstoffe durch „Auffressen" eliminieren (Phagozyten), finden sich bereits bei den primitivsten tierischen Mehrzellern, bei den Schwämmen und Polypen (Porifera und Cnidaria). Die Spezifische Abwehr ist dagegen eine deutlich jüngere Errungenschaft. Ein spezifisches Immunsystem in Verbindung mit Hilfssystemen, das mit dem der höheren Vertebraten vergleichbar ist, findet sich zuerst bei den Haien.

Bei den Säugern arbeiten Unspezifische und Spezifische Immunität funktionell eng zusammen. Dass ein System ohne das andere keinen ausreichenden Immunschutz für ein Individuum gewährleisten kann beweisen Defekte, bei denen eines der beiden Systeme versagt. Sowohl ein Ausfall der Unspezifischen Abwehr, wie bei Agranulozytose oder Leukämien, als auch des spezifischen Arms der Immunität, wie bei Agammaglobulinämie oder AIDS, zieht lebensbedrohliche Infekte nach sich. Die beiden Systeme spielen auch bei ihrer gegenseitigen Aktivierung eng zusammen. So beginnt etwa die Stimulation der Spezifischen mit einem Akt der Unspezifischen Abwehr. Im Beispielsfall phagozytiert ein Makrophage einen Krankheitserreger, den er über Mechanismen der Unspezifischen Abwehr als solchen erkennt, präpariert daraus durch Herausschneiden eines Oligopeptids ein Antigen, präsentiert es dem Spezifischen Immunsystem und setzt damit die Spezifische Immunantwort in Gang. An deren Ende, nach der Bildung von AG-AK –Komplexen oder bei zytolytisch zerstörten Zellen, setzt wieder die Unspezifische Abwehr ein, indem Phagozyten die Endprodukte der spezifischen Abwehr aufnehmen und abbauen.

Eine Entzündung besteht somit aus dem Zusammenspiel zwischen Unspezifischer und Spezifischer Immunität. Eine entscheidende Rolle kommt dabei der Steuerung zu, die durch besondere **Regulatorstoffe** oder **Modulatoren** vermittelt wird, die wiederum durch zwei antagonistische Regulatorsysteme vertreten werden: Das System der **Mediatoren** fördert die Entzündung, während das System der **Inhibitoren** eine dämpfende Wirkung ausübt. Grundsätzlich soll im Augen behalten werden, dass eine Entzündung kein Vorgang ist, der durch einen schädigenden Einfluss in Gang gesetzt wird und bei dessen Fortfall „von selber" wieder aufhört, sondern das Abklingen der Entzündung wird wie ihr Aufbau durch den Organismus aktiv gesteuert. Zwischen Stimulation und Zügelung einer Entzündung besteht ein dynamisches Verhältnis, das bestimmt, in welche Richtung sich die Entzündung – ansteigend oder abklingend – entwickelt. Eine mangelhafte Stimulation des Entzündungssystems hat typischerweise Infekte als Folge. Auf der anderen Seite kann aber auch eine ungenügende Drosselung zu bedrohlichen Fehlreaktionen führen. Ein Beispiel einer ungenügenden Kontrolle im Ablauf der Spezifischen Abwehr sind die Autoimmunerkrankungen. Eine ungezügelte Aktivierung der Unspezifischen Abwehr kann in fulminante, perakute Überreaktionen münden wie beim Septischen Schock oder beim Multiplen Organversagen, wo Entzündungsvorgänge im Organismus ungehemmt bis zur Erschöpfung des Entzündungssystems ablaufen. Für diese Krankheitsbilder mit fehlerhafter Steuerung und mangelhafter Drosselung des Immunsystems ist die Selbstschädigung und Selbstzerstörung des Organismus charakteristisch.

In diesem Buch sollen in erster Linie die Grundlagen und die Vorgänge um die Unspezifische Abwehr vermittelt werden. Anknüpfungspunkte und Überschneidungen mit der Spezifischen Abwehr werden jedoch berücksichtigt und in die Darstellung mit einbezogen. Hinsichtlich einer umfasenderen Behandlung sei auf das zahlreich vorhandene

Lehrmaterial zur Spezifischen Immunität verwiesen.

Die Entzündung

Definition

Die Entzündung stellt eine physiologische Schutzreaktion des Organismus gegen schädigende Einflüsse dar. Sie ist die Folge einer Aktivierung des Immunsystems unter Entwicklung einer bestimmten Symptomatik. Aufgaben der Entzündung sind

- die Bekämpfung und Beseitigung des schädigenden Einflusses,
- die Verhinderung einer Ausbreitung der Schädigung,
- die Reparatur entstandener Defekte.

Schädigende Einflüsse können belebter und unbelebter Natur sein und aus der Umwelt stammen, oder im Organismus selbst durch Ab- und Umbauprozesse sowie durch fehlerhafte Lebensvorgänge entstehen. Da sich kein Lebewesen solchen Belastungen entziehen kann, werden Entzündungsmechanismen zeitlebens beansprucht und sind eine wesentliche Basis der Gesundheit.

Die Wirksamkeit der entzündlichen Schutzreaktion beruht auf zwei ineinandergreifenden Komponenten: Eine steuernde, **regulatorische** Komponente, und eine ausführende, **effektorische** Komponente. Die Effektorwirkung wird fast zur Gänze von Zellen myeloischer und lymphatischer Herkunft und ihren Produkten getragen, während zum steuernden, regulatorischen Teil neben diesen Zellen zusätzlich das Gefäßbindegewebe und Epithelien beisteuern. Störungen in der Leistung einer Entzündungsreaktion können primär die effektorische, oder die regulatorische, oder beide Komponenten betreffen.

Die Entzündungsreaktion unter verschiedenen Aspekten

Je nach der Art und Möglichkeit des methodischen Zugangs und nach den verfolgten Absichten ergeben sich verschiedene Blickwinkel, die eine Systematik in der Betrachtung einer Entzündung beeinflussen.

Das Bild des „angezündet sein" eines betroffenen Gewebsbezirkes leitet sich von dem Aussehen und der Wärmeentwicklung dieser Reaktion her, wie sie schon von Galen (griechischer Arzt, 129–199 p.C.) als Hauptsymptome einer „Entflammung", „inflammatio", erkannt und festgehalten wurden. Rubor und Calor sind mit Tumor und Dolor die klassischen äußerlichen Symptome eines Entzündungsvorganges und, da unmittelbar und ohne medizinische Hilfsmittel erfassbar, heute noch die wichtigsten Merkmale zur Erstdiagnose einer Entzündung.

Eine ebenfalls historisch geprägte Charakterisierung einer Entzündung, die aber auch in der modernen Medizin einen diagnostischen Platz behalten hat und morphologisch orientiert ist, betrifft die Zusammensetzung des entzündlichen Exsudates. Seröse Entzündungen sind reich an Blutflüssigkeit, aber zellarm, purulente (eitrige) Entzündungen dagegen mit hohem Zellgehalt. Putride Entzündungen sind eitrige Entzündungen mit hohem Anteil an Eiweiß-zersetzenden Keimen und Geruchsentwicklung. Fibrinöse („trockene") Entzündungen zeichnen sich durch Fibrinabscheidung aus. Hämorrhagische Entzündungen bilden sich bei starker Gefäßschädigung mit Austritt von Erythrozyten ins betroffene Gewebe. Indurative Entzündungen wiederum zeigen starke Bindegewebsvermehrung und sind eine Komplikation chronischer Verläufe.

Der Kliniker stellt die Pragmatik seines Zieles in den Vordergrund, nämlich einem Patienten möglichst rasch und effektiv zu helfen. Für ihn sind die Erfordernisse einer klinischen Durchführbarkeit und des Therapieansatzes vorrangig, wie: Beruht eine Entzündung auf infektiöser oder nicht-infektiöser Ursache oder sind Autoimmunprozesse involviert, sind Intensivmaßnahmen und der erforderliche technische Aufwand nötig, chirurgische Maßnahmen angebracht, etc. Auch die Unterscheidung von akuten und chronischen entzündlichen Prozessen ist für Therapie und Beurteilung des weiteren Verlaufes bedeutsam.

Die modernen Methoden der Zellphysiologie, Biochemie und Molekularbiologie haben es ermöglicht, den Entstehungs- und Verlaufsmechanismen der Entzündung auf den Grund zu gehen. Dieser kausalen Betrachtungsweise des **Pathophysiologen** bedient sich auch die Darstellung in diesem Buch. Es werden der normale, physiologische Ablauf des Entzündungsprozesses in seinen Varianten analytisch aufgeschlüsselt und Fehler im Ablauf charakterisiert. Auf dieser Basis sollten sich die Symptomatik der klinischen Erscheinungsbilder und auch die Ansätze und Möglichkeiten eines therapeutischen Eingriffs logisch ergeben. Hier endet die Absicht dieses Buches. Mit der Berührung der klinischen Erscheinungsformen und Erfordernisse werden lediglich Anknüpfungspunkte gesucht, die in die Bereiche der Pharmakologie und der klinischen Fachwelt weiterführen sollen. Den daran Interessierten steht eine Fülle von Information zur Verfügung.

Grundzüge von Aufbau und Abfolge einer Entzündungsreaktion

Eine Entzündung setzt sich aus mehreren **funktionellen Komponenten** zusammen, die sich in Charakteristik und zeitlichem Auftreten voneinander unterscheiden. Der physiologischen Ablauf einer Entzündung kann drei Hauptereignissen mit entsprechenden Differenzierungen zugeordnet werden:

1. Die Gefäßreaktion:
   Vasodilatation
   Exsudation
2. Die zelluläre Reaktion:
   Migration, Adhäsion
   Phagozytose/Degranulation
3. Die Bindegewebsreaktion:
   Matrixbildung zur Defektreparatur
   Angiogenese (Gefäßbildung)

Aktivierung und Abfolge dieser Komponenten werden durch die Regulatoren der Entzündung gesteuert.

Die **Vasodilatation**. Für die Vorgänge im Entzündungsherd ist die Erweiterung der zuführenden Arteriolen und der postkapillaren Venolen entscheidend. Der Zweck ist eine verstärkte Durchblutung und Blutfüllung, womit vermehrt gelöste Wirkstoffe und Entzündungszellen in den Entzündungsherd eingebracht werden. Der mit der erhöhten Blutanlieferung in den Entzündungsherd erhöhte Blutdruck fördert darüber hinaus die Exsudation.

Die **Exsudation** ist der passive Durchtritt ungeformter Blutbestandteile (Blutplasma) aus der Blutbahn in das umliegende Gewebe im Bereich des Entzündungsherdes. Sie wird durch zwei wesentliche Veränderungen in der Mikrozirkulation des entzündeten Gewebsbezirkes bestimmt: die Erhöhung des lokalen Blutdrucks und damit des Filtrationsdrucks, sowie die erhöhte Durchlässigkeit der Kapillaren und postkapillaren Venen für Bestandteile des Blutplasmas durch Lückenbildung im Endothelbelag (Permeabilitätssteigerung). Durch die erhöhte Durchlässigkeit enthält das entzündliche Exsudat auch hochmolekulare Stoffe.

Die **Migration** ist die Fähigkeit zur aktiven Bewegung und Ortsveränderung einer Zelle. Die **Adhäsion** ist das in der Regel spezifische Haften von Zellen an Strukturen der Umgebung (Substraten), an Zellen des eigenen (homotypisch) oder fremden (heterotypisch) Typs, oder an Zielobjekten der Immunität. Mittels Adhäsion heften sich im Blut transportierte Entzündungszellen an das Gefäßendothel und schaffen damit die Voraussetzung zur Emigration. Die **Emigration** ist der aktive Durchtritt weißer Blutzellen aus der Blutbahn in das umliegende Gewebe im Bereich der postkapillaren Venenstrecke (Venolen). Zweck ist die gezielte Heranführung von Zellen der Unspezifischen (Granulozyten, Monozyten) und der Spezifischen Abwehr (Zellen der lymphatischen Zellreihe) an den Ort ihrer Wirkung. Entzündungszellen migrieren zur Quelle des entzündlichen Reizes hin und erkennen schädliche Strukturen ebenfalls über die Haftmechanismen der Adhäsion. Dieses Haften ist die Voraussetzung für die Bekämpfung.

Die **Phagozytose** stellt den eigentlichen Effektormechanismus der Unspezifischen Abwehr und der Entzündung dar. Unter Phagozytose versteht man die Aufnahme fester Partikel in den Zellleib, wozu nur zwei Zelltypen, nämlich der **Makrophage** und der **Neutrophile Granulozyt** (syn.: polymorphnuklearer Leukozyt, **PMN**), in hohem Maß befähigt sind. Zweck der Phagozytose ist die chemische Vernichtung und Zerlegung des aufgenommenen Materials durch den Phagozyten. Ist das Material für eine Einverleibung zu groß, erfolgt seine Bekämpfung außerhalb der Zelle nach Abgabe der chemischen Wirkstoffe im Zug der **Degranulation**.

Die **Bindegewebsreaktion** ist durch ein vermehrtes Auftreten von Bindegewebe (Zellen und interzellulare Matrix) im Entzündungsherd gekennzeichnet. Das Bindegewebe ist während seiner Bildung anfangs zell- und gefäßreich, wird jedoch später zunehmend zellärmer und faserreicher bei weitgehender Rückbildung des Gefäßnetzes. Der Zweck der Bindegewebsreaktion ist die Heilung des Schadens durch den Verschluss von Wunden und Ersatz von Defekten. Gebildetes Bindegewebe bleibt längere Zeit bzw. bei größerer Ausdehnung zeitlebens als „Narbe" bestehen.

Eine Verlängerung der Bindegewebsreaktion kennzeichnet die lokale Verlaufsform der **chronischen Entzündung**. Das dabei entstehende Bindegewebe, das „Granulationsgewebe", ist morphologisch gekennzeichnet durch seinen Reichtum an Fibroblasten, kollagenen Fasern, Makrophagen, die oft zu Riesenzellen modifiziert sind, Lymphozyten verschiedener Typenzugehörigkeit, sowie Endothelsprossen und Gefäßen verschiedenen Differenzierungsgrades. Die typische Zelle der akuten Entzündung, der PMN, tritt hier weitgehend zurück. Überschießende Bindegewebsreaktionen in parenchymatösen Organen

führen zu „indurativen" Prozessen mit Parenchymschäden und -verlusten.

Die Ausbildung der Komponenten der Entzündung wird von den Regulatoren gesteuert. Je nachdem, wie das substantielle und zeitliche Zusammenwirken der Regulatorenpalette abläuft, entstehen die spezifischen Verlaufsformen der Entzündung. Ob eine Entzündung serös, eitrig, indurativ etc. abläuft, wird weitgehend von diesen Wirkstoffen bestimmt. Auch entzündliche Allgemeinreaktionen wie Fieber, Schmerz und der Katabolismus des Stoffwechsels werden von den Regulatorstoffen gesteuert und unterhalten.

Zeitlich laufen die Komponenten der Entzündung gestaffelt ab: Ein entzündlicher Reiz stimuliert zuerst die Vasodilatation und Exsudation, die bereits Minuten nach der Noxe merkbar werden können (z.B. ein Insektenstich). Die Emigration setzt nach Stunden ein, wobei sich die einzelnen Zelltypen verschieden verhalten. Am raschesten ist der PMN am Ort der Entzündung. Nach einer zeitlich und quantitativ klar definierbaren Noxe, wie sie etwa ein operatives Trauma darstellt, ist das Maximum des PMN-Einstroms in den traumatisierten Bereich schon nach etwa 6 Stunden erreicht. Monozyten und Eosinophile Granulozyten treten dagegen erst nach 3 bis 4 Tagen reichlich auf, Lymphozyteneinwanderung und Fibroblastenvermehrung sind erst nach 4 bis 6 Tagen voll ausgebildet. Die Bindegewebsreaktion schließt den akuten entzündlichen Prozess ab. Eine komplikationslose Heilung kleiner, gut versorgter Defekte wie etwa von Operationswunden dauert eine runde Woche, wobei individuelle und Altersabhängigkeiten bestehen. Die Bindegewebsphase ist je nach Art und Ausmaß der Noxe nach hinten offen. Selbstverständlich überlappen sich Gefäß-, Zell- und Bindegewebsreaktion über weite zeitliche Strecken.

Die Unspezifische Immunität

Die eigentlichen Effektoren, die Träger der Unspezifischen Abwehr, sind die

Phagozyten. Andere Entzündungszellen sind vorwiegend in die Steuerung der Entzündung involviert, beteiligen sich aber nur wenig oder gar nicht an der Phagozytose.

1 Zellen der Unspezifischen Immunität

a) Granulozyten
   - Der Neutrophile Granulozyt (PMN): vielseitiger Phagozyt, wenn entsprechend aktiviert auch Regulatorfunktionen
   - Der Eosinophile Granulozyt: spezialisierter Phagozyt, vielseitiger Regulator
   - Der Basophile Granulozyt: Regulatoraufgaben, als Phagozyt bedeutungslos
b) Der Monozyt/Makrophage: Der stark spezialisierte Makrophage differenziert sich aus dem wenig spezialisierten Monozyten. Monozyten und Makrophagen sind sowohl hochaktive Phagozyten wie auch wichtige Regulatoren der Entzündung.
c) Mastzellen sind ausschließlich gewebsständige Zellen und stehen im Dienst der Entzündungsregulation. Ihre Fähigkeiten als Phagozyten sind unbedeutend.
d) Thrombozyten. Neben ihrer Aufgabe bei der Blutgerinnung erfüllen sie auch wichtige regulatorische Funktionen im Entzündungsgeschehen.
e) Endothelzellen. Ihre Stellung bei der Exsudation von Blutflüssigkeit und bei der Emigration von Blutzellen ist essentiell. Darüber hinaus kommen ihnen vielfältige weitere Aufgaben bei der Entzündungsregulation zu.
f) Fibroblasten sind bei der Heilung von Gewebsdefekten wesentlich. Daneben erfüllen sie eine Reihe von Regulationsaufgaben. Sie sind zu geringfügiger Phagozytose befähigt.
g) Lymphatische Zellen. Neben ihren Aufgaben als Träger der Spezifischen Immunität steuern sie die Aktivität von Phagozyten und sind wichtige Steuerelemente in der Endphase der akuten Entzündung.
h) Darüber hinaus können gegebenen Falls weitere Zelltypen wie Epithelien oder glatte Muskelzellen entzündliche Aktivitäten entwickeln.

2 Phagozyten

2.1 Aufgaben und Wirkungsbereiche der Phagozyten

Die Aufgabe der Phagozyten ist das Unschädlichmachen und Beseitigen von Schadmaterial durch **Phagozytose**, das heißt Aufnahme in den Zellleib und anschließenden chemischen Abbau. Unter **Schadmaterial** versteht man unbrauchbares oder gewebsschädigendes Material, das von außen in den Organismus gelangt ist oder aus dem Organismus selbst stammt. Die sinnvolle und funktionsgerechte Steuerung der Phagozytenaktivität ist eine Aufgabe der Regulatoren der Entzündung. Die Tätigkeit der Phagozyten wird in verschiedenen Intensitätsstufen beansprucht.

1. Phagozyten beseitigen ursprünglich körpereigenes, aber funktionsschwaches, abgestorbenes, denaturiertes oder auf andere Weise störend und unbrauchbar gewordenes Material. Solches Material kann etwa aus Apoptose, Nekrose, aus dem Verschleiß von Zellen und Extrazellulармaterial, bei der Blutgerinnung oder bei der Gewebeerneuerung entstehen. Diese Rolle der Phagozyten im Rahmen des physiologischen Zell- und Gewebsumbaues [turn-over] erinnert an die Abfallbeseitigung in einer Stadt und wird in Anlehnung daran als **Scavenger-Funktion** bezeichnet. Die bei der Scavenger- Tätigkeit anfallenden Bestandteile des Gewebsmülls werden großteils einem Recycling zugeführt und wiederverwertet.

2. Eine wesentliche Aufgabe der Phagozyten ist die **Abwehr von Mikroorganismen** an inneren und äußeren Körperoberflächen. Schleimhäute sind stark gefährdete Eintrittsorte für Krankheitser-

reger und deshalb auch durch besondere Einrichtungen geschützt. Zusammen mit lymphatischen Zellen gelangen Phagozyten aktiv durch Eigenbewegung durch den Zellbelag der Schleimhäute an die Oberflächen der Epithelien (Diapedese), wo sie potentielle Eindringlinge abwehren. Spezifische Antikörper unterstützen die Phagozyten in ihrer Abwehrtätigkeit. Die Verhornung der Epidermis auf der äußeren Körperoberfläche bietet einen wirksamen Schutz gegen Krankheitserreger. Begünstigte Eindringpforten wie Drüsenausführungsgänge und Haarfollikel werden durch kleine Ansammlungen immunkompetenter Zellen kontrolliert.

Diese Aktivitäten laufen zeitlebens ununterbrochen Tag und Nacht ab und sind Ausdruck und Voraussetzung der Gesundheit. Scavengerfunktion und Infektabwehr stellen sozusagen den „normalen Dienstbetrieb" der Unspezifischen wie der Spezifischen Abwehr dar. Ein gesunder Erwachsener „verbraucht" täglich rund 10^{11} PMN für diese Aufgaben. Erst eine beträchtliche Steigerung der Intensität dieser Vorgänge über das normale Maß hinaus, die mit der Entwicklung einer spezifischen „entzündlichen" Symptomatik einher geht, wird als „Entzündung" bezeichnet. Da der Übergang zur Entzündung ein fließender ist, wird es naturgemäß Fälle geben, bei denen eine Entzündungssymptomatik nicht klar entwickelt ist und eine Zuordnung zu „nicht entzündet" oder „entzündet" nicht eindeutig getroffen werden kann.

3. Im Rahmen einer **Entzündung** können sowohl Scavengerfunktion, Infektabwehr und auch beide gemeinsam gesteigert sein, wobei diesen beiden Bereichen verschiedenes Gewicht zukommen kann.

a) Die Scavengerfunktion ist gesteigert. Diese Anforderung stellt sich bei Gewebsuntergängen wie etwa nach ausgedehnten Hämatomen oder Thrombosen, schweren mechanischen Traumen, ausgedehnten operativen Eingriffen und Infarkten. Geschädigtes und abgestorbenes Material wird im Rahmen eines Entzündungsvorganges entfernt, bei dem alle typischen lokalen und systemischen Merkmale einer unspezifischen Entzündung auftreten können wie Rötung, Schwellung, Schmerzen, Fieber, Leukozytose und Akutphase-Reaktion. Sind bei einem solchen Geschehen keine Mikroorganismen beteiligt, spricht der Kliniker von nicht-infektiöser oder „aseptischer" Entzündung.

b) Ein Eindringen ausreichender Mengen von Mikroorganismen oder ihrer Toxine über die Körperoberflächen hinaus ins Körperinnere, das eine entzündliche Reaktion des Organismus hervorruft, wird als **Infekt** bezeichnet. Spezifische und Unspezifische Abwehr unterstützen sich im Kampf gegen Infektionserreger, wobei eine gewisse Schwerpunktsetzung verzeichnet werden kann. Bevorzugte Aufgabe der Unspezifischen Immunität ist die Abwehr von Bakterien und Pilzen, während das Hauptgewicht des Schutzes vor Viren auf dem spezifischen Immunsystem liegt. Typischerweise äußert sich eine Schwächung der Unspezifischen Abwehr im Befall durch gewisse Bakterien, wobei naturgemäß die Orte der stärksten Exposition gegenüber den Krankheitskeimen früh und stark betroffen sind, nämlich die äußeren und inneren Körperoberflächen Haut, Atemwege, Urogenitaltrakt, Mund- Rachenbereich und Gastrointestinaltrakt. Bei starker Beeinträchtigung der Leistungsfähigkeit des Abwehrsystems oder bei hohen Keimzahlen können Krankheitserreger oder ihre Toxine von den lokalen Befallsherden massiv ins Blut übertreten (Bakteriämie, Toxinämie) und das Krankheitsgeschehen einer „Ganzkörperentzündung", einer Sepsis, mit ihren verschiedenen Schweregraden und Risiken auslösen.

Ein Befall mit Makroorganismen (Parasiten) wird als **Infestation** bezeichnet. Für die Bekämpfung von Parasiten sind Eosinophile Granulozyten spezialisiert.

4. Makrophagen, Eosinophile und Neutrophile Granulozyten spielen in unterschiedlichem Maße auch bei der **Tumorabwehr** mit. Diese Rolle wird noch wenig verstanden.

2.2 Spezifische Leistungen der Phagozyten

Die Aufgabe der Phagozyten ist der Schutz des Organismus vor Schäden und die Beseitigung von Schadmaterial. Zur Bewältigung dieser Aufgabe besitzen Phagozyten besondere und hervorstehende Eigenschaften, die sie mit keinen anderen Zellen teilen und die sie zu ihren spezifischen Leistungen befähigen. Diese Eigenschaften sind im Überblick folgende:

1. Phagozyten müssen an den Ort ihrer benötigten Aktivität hingelangen, und das ist der gesamte Organismus. Dazu erfüllen sie verschiedene Voraussetzungen.

– Ablösung aus den Verband. Phagozyten agieren als **Einzelzellen**, obwohl sie sich im Knochenmark im Zellverband vermehren und reifen. Als reife Zellen gelangen sie einzeln auf dem Blutweg an den Ort ihrer Tätigkeit. Phagozyten sind in allen durchbluteten Geweben zu finden.
– Freie Beweglichkeit. Phagozyten sind zur selbständigen Ortsveränderung befähigt. Sie verlassen die Blutbahn aktiv im Zug der Emigration und durchwandern auf der Suche nach Betätigung selbständig alle Organe und Gewebe (**Migration**).
– Phagozyten müssen Schadmaterial, das sie beseitigen sollen, aktiv auffinden. Das geschieht aufgrund chemischer Reize, die von diesem Schadmaterial ausgehen und denen die Phagozyten folgen (**Chemotaxis**).

2. Phagozyten müssen Schadmaterial erkennen und in der Lage sein, es von körpereigenen Strukturen zu unterscheiden, um es gezielt unschädlich zu machen. Das Erkennen erfolgt entweder über **spezifische Oberflächenstrukturen** des Schadmaterials, die von Phagozyten erfasst werden, oder durch **Opsonine**, das sind körpereigene Substanzen, die sich an Schadmaterial binden und es damit für Phagozyten markieren. Der Vorgang des Erkennens selbst beruht auf der Bindung von Schadmaterial bzw. von Opsoninen an komplementäre Strukturen, **Rezeptoren,** die auf der Oberfläche des Phagozyten lokalisiert sind.

Die **Bindung an Rezeptoren** löst den letzten Schritt in der Aufgabenkette der Phagozyten aus, das

3. Unschädlichmachen, gegebenenfalls die Tötung, und die Zerlegung von Schadmaterial. Dazu stehen mechanisch zwei Möglichkeiten zur Verfügung:

– Der Phagozyt nimmt partikuläres Schadmaterial in den Zellleib auf und tötet es bzw. baut es dort ab. Dieser Vorgang wird als **Phagozytose** bezeichnet.
– Der Phagozyt bekämpft das Schadmaterial außerhalb des Zellleibes, indem er seine Wirkstoffe in die Umgebung durch Exozytose seiner lysosomalen Granula abgibt (**Degranulation**).

In beiden Fällen erfolgen Bekämpfung und Abbau des Schadmaterials durch **chemische Wirkstoffe**, die in den lysosomalen Granula der Phagozyten enthalten sind bzw. bei der Zellaktivierung oder Abgabe der Granula gebildet werden. Die Wirkstoffe sind entweder *enzymatischer* oder *nicht-enzymatischer* Natur.

Während der Phagozytose oder Degranulation stellen Phagozyten ihre Migration ein und gehen über spezifische Oberflächenmoleküle, sog. **Adhäsine**, untereinander Verbindungen ein (**Aggregatbildung**). Unter Bildung zusammenhängender Verbände umgeben Phagozyten den Entzündungsherd und riegeln ihn vom Organismus ab (**Sequestration**).

Ob ein Phagozyt den Weg der Phagozytose oder der Exozytose wählt, hängt von der Partikelgröße des zu phagozytierenden Schadmaterials und der Stärke des Phagozytosereizes ab. Partikel über

einer gewissen Größe können naturgemäß nicht mehr in den Zellleib aufgenommen werden, sondern müssen
außerhalb der Zelle bekämpft werden.
Der Aktivierungsreiz für Phagozyten
steigt mit der Zahl der durch Liganden
besetzten Rezeptoren. So können auch
nicht partikuläre, molekulare Reize bei
entsprechend reichlicher Rezeptorbesetzung eine massiven Exozytose von Wirkstoffen und Degranulation auslösen. Die
intensivste Form der Reaktivität eines
Phagozyten ist seine Selbstzerstörung
durch eigene, massiv freigesetzte Wirkstoffe. Damit wird aber auch die Umgebung des Phagozyten unkontrolliert in
Mitleidenschaft gezogen. Dieser zügellosen Freisetzung hochaktiver Wirkstoffe liegt die Gewebsschädigung bei einer
Reihe häufiger und komplikationsreicher
Erkrankungen zugrunde.

Der sinnvolle Ablauf all dieser Vorgänge wird über Regulatoren, Mediatoren wie Inhibitoren, gesteuert. Die Her-
anschaffung und Aktivierung der Mediatoren an den Ort der Entzündung bzw.
ihre Bildung und Freisetzung am Ort der
Entzündung, sowie ihre Kontrolle durch
Inhibitoren, welche die Aktivität von Mediatoren und Wirkstoffen wieder auf ein
sinnvolles Maß beschränken, beruht auf
einem komplexen Zusammenspiel mit
den Zellen der Entzündung. Zwischen
den Steuerfaktoren der Entzündung und
ihren Effektoren, den Zellen, findet ein
intensiver Informationsaustausch statt,
ein „Dialog" mit dem Ziel eines optima-
len Ergebnisses, das in einer Beseitigung
der Ursache der Entzündung bei weitgehender Schonung des gesunden körpereigenen Gewebes besteht. Zu schwache
Entzündungsreaktionen tragen das Risiko eines Infekts in sich, zu starke das der
Selbstbeschädigung.

Regulationsmechanismen einer Entzündung

Am Anfang einer Entzündung steht ein
wie immer gearteter schädigender Ein-

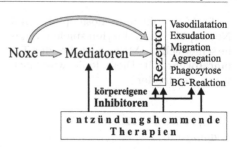

Abb. 1. *Wirkungsebenen von Mediatoren und
Inhibitoren.* Eine entzündliche Noxe aktiviert
Mediatoren, die über Rezeptoren die entzündliche Antwort in Zellen und Geweben in
Gang setzen. Manche Noxen können neben
einer Mediatorfreisetzung auch direkt Entzündungsreaktionen auslösen. So sind zum Beispiel manche bakterielle Toxine starke Chemoattraktants und beeinflussen die Bewegung
immunkompetenter Zellen. Diese Direktwir-
kungen werden zumeist ebenfalls über Rezeptoren vermittelt (graue Pfeile). Die Hemmwirkung körpereigener Inhibitoren kann auf den
Ebenen Mediatorfreisetzung, Rezeptor und
der Entzündungsreaktion und ihren Produkten selbst erfolgen. Entzündungshemmende
Therapien greifen an denselben Stellen an
(schwarze Pfeile).

fluss, der den Schutzmechanismus der
Entzündung auslöst, die **entzündliche
Noxe** [inflammatory injury]. Von ent-
scheidender Bedeutung ist, dass eine
Noxe nicht direkt zur zellulären Effektorreaktion führt, sondern dass der Weg
zur Effektorreaktion über Mittlerstoffe,
Mediatoren, führt, die in ihrer Wirkung
durch Antagonisten, **Inhibitoren**, kontrolliert werden (**Abb. 1**).

Mediatoren sind körpereigene Substanzen, die zumindest eine oder mehrere Komponenten der Entzündung im
fördernden Sinn beeinflussen. Mediatoren wirken entweder unmittelbar auf
den Zelltyp ihrer Bildung (*autokrin*) oder
auf Zellen in der nächsten Umgebung
des Bildungsortes (*parakrin*), oder sie
üben eine Fernwirkung über den Blutweg aus (*endokrin*). Kombinierte Mehr-
fachwirkungen sind möglich. Eine Stimulation innerhalb einer Zelle wird als
intrakrin bezeichnet. Die Wirkung von
Mediatoren auf Zielzellen erfolgt über
Rezeptoren.

Inhibitoren sind körpereigene Substanzen, welche zumindest eine oder mehrere Komponenten der Entzündung hemmend beeinflussen, und zwar entweder

- durch Hemmung der Synthese von Mediatoren, oder
- durch Hemmung von Mediatoren durch deren Neutralisation, oder
- durch Hemmung von Rezeptoren für Mediatoren, oder
- durch direkte Hemmung von Komponenten der Entzündungsreaktion, oder
- durch Kombinationen dieser Möglichkeiten.

Mediatoren stehen untereinander und mit den Zellen der Entzündung und deren Funktionen in Wechselwirkung. Typischerweise steht am Anfang der Entzündung ein positiver Feedback im Vordergrund, was im mathematischen Modell eine exponentielle Zunahme der Reaktion ergibt.

Diese Selbststimulation (**Autokatalyse**) führt zu einem rapiden Anwachsen der Abwehrtätigkeit. Funktionell hat dieses überproportionale Anwachsen den Vorteil, dass sich der Organismus gegenüber ebenfalls anwachsenden Noxen, wie im typischen Fall Mikroorganismen, einen Vorsprung in der Abwehrbereitschaft verschafft und Infektionserreger somit in seiner Gegenwirkung übertreffen kann. Nach erfolgreicher Bekämpfung der Noxe kommen im weiteren Verlauf körpereigene entzündungshemmende Faktoren (Inhibitoren) immer mehr zur Wirkung und die Entzündungsreaktion klingt ab (**Abb. 2**).

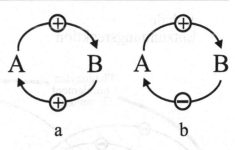

Abb. 2. *Regelkreise der Entzündung.* Die gegenseitige Stimulation der beiden Wirkungselemente A und B hat ihr exponentielles Anwachsen zur Folge (positiver Regelkreis a). Die Stimulation von Hemmwirkungen bewirkt eine Stabilisierung von Effekten auf Regulationsniveau (negativer Regelkreis b). Positive Regelkreise spielen bei der Entstehung, negative Regelkreise bei der Eindämmung einer akuten Entzündung eine entscheidende Rolle.

einbezogen. Es werden sowohl entzündungsfördernde Maßnahmen gesetzt, die das lokale Entzündungsgeschehen unterstützen, wie auch entzündungshemmende, welche die Abwehrmaßnahmen auf das erforderliche Maß beschränken und den betroffenen Bereich gegen die Umgebung abgrenzen. Da der überwiegende Teil der verantwortlichen Komponenten auf dem Blutweg transportiert wird, ist hier eine leicht zugängliche Einblicksmöglichkeit in die systemische Mitbeteiligung – und damit in die Schwere einer entzündlichen Belastung – gegeben, die auch diagnostisch genützt wird (**Abb. 3**).

Für die Gesamtheit der lokalen und systemischen Ereignisse während einer akuten Entzündung wird die Bezeichnung „Akutphase Reaktion" gebraucht. Einen Überblick über die Schwerpunkte dieser Ereignisse gibt **Tabelle 1** (S. 15).

Die Mitbeteiligung des Gesamtorganismus an einer lokalen Entzündungsreaktion

Mit zunehmender Schwere der entzündlichen Schädigung wird auch der restliche Organismus dieser Schwere entsprechend in das entzündliche Geschehen

Zur Nomenklatur der Regulatoren

Die meisten Regulatorsubstanzen der Entzündung, wie Mediatoren, Cytokine und Wachstumsfaktoren, können neben ihrer Mediatorwirkung auch Inhibitorwirkung entfalten, je nachdem auf wel-

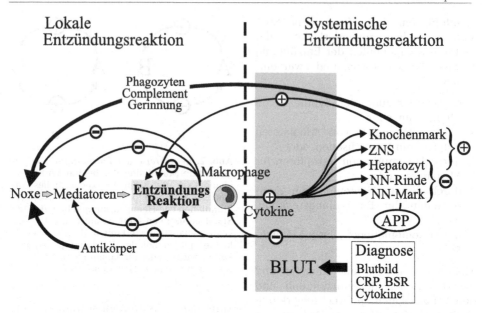

Abb. 3. *Die Steuerung einer Entzündung über lokale und systemische Faktoren.* Eine entzündliche Noxe löst über Mediatoren eine lokale Entzündungsreaktion aus. Können die lokalen Einrichtungen des Immunsystems die Noxe nicht bewältigen, so wird der Gesamtorganismus unterstützend mit einbezogen. Bei dieser Mobilisierung des Gesamtsystems spielt der Makrophage eine bedeutende, wenn auch nicht ausschließliche Rolle. Von ihm abgegebene und im Blut transportierte Cytokine sind Botenstoffe, die eine systemische Entzündungsreaktion in Gang setzen. Das rote Knochenmark erhöht die Produktion und Freisetzung von Entzündungszellen. Das ZNS steigert die Leistungsfähigkeit des Immunsystems durch Temperaturerhöhung. Die Leber erhöht die Produktion von serogenen Mediatoren und Gerinnungsfaktoren, mit denen die entzündliche Noxe bekämpft und die lokale Entzündungsreaktion gesteigert wird (positive Symbole). Das Spezifische Immunsystem unterstützt die Unspezifische Abwehr mit humoralen und zellulären Antikörpern. In die systemische Entzündungsreaktion sind aber auch entzündungshemmende Aktivitäten einbezogen, die ein Ausufern des Entzündungsvorganges verhindern und Schäden am Organismus durch die Entzündung gering halten sollen. Katecholamine und Glucocorticoide aus der Nebenniere wie etliche der von Hepatozyten freigesetzten Akutphase-Proteine (APP) schränken den Entzündungsprozess auf verschiedenen Ebenen ein. Auch von lokaler Seite her wird die entzündliche Reaktion limitiert, indem cytogene Mediatoren auf manche Komponenten der Entzündung hemmend wirken und am Ort der Entzündung Hemmsubstanzen produziert werden (negative Symbole). Da Informationsträger und Wirkstoffe vom und zum Entzündungsort über das Blut transportiert werden, ist hier die einfache Möglichkeit eines Einblicks in das systemische Entzündungsgeschehen gegeben. Weißes Blutbild, Blutsenkung (BSR), C-Reaktives Protein (CRP) und Cytokine gehören zum Routinerepertoire einer Entzündungsdiagnostik.

che Entzündungskomponente sie wirken. Ebenso übt eine Zahl von körpereigenen Enzymantagonisten und Faktoren der Blutgerinnung, Transportproteinen, Antioxydantien etc. neben den ihnen eigenen spezifischen Wirkungen einen hemmenden Einfluss auf die Entzündung aus, wenn oft auch auf indirekte Weise. Wegen dieser Ambivalenz der Wirkung ist die Zuordnung eines Regulators zu den Gruppen „Mediator" oder „Inhibitor" im strengen Sinn nicht

möglich. In Berücksichtigung der historisch gewachsenen Auffassung und der hervorstechenden Wirkung im Entzündungsgeschehen wird für die Reihe der „klassischen" endogenen pro- inflammatorischen Steuersubstanzen jedoch die Bezeichnung „Mediator" beibehalten. Jüngere Forschung hat die zentrale Stellung von Cytokinen und Wachstumsfaktoren im Entzündungsgeschehen erkannt. Die meisten dieser Wirkstoffe entwickeln funktionell einen ausgeprägten

Mediatorcharakter; es wird jedoch im Sinn einer besseren Spezifizierung die Benennung „Cytokin", „Wachstumsfaktor" beibehalten.

Wirkstoffe mit vorwiegender Inhibitorwirkung werden in diesem Buch als „Inhibitoren" bezeichnet. Wegen der Vielfalt ihrer Angriffspunkte (Pleiotropie) und der Heterogenität ihrer Herkunft und ihres Baus werden die Inhibitoren nicht als eigene Gruppe abgehandelt, sondern im Zusammenhang mit ihrem Hemmeffekt auf die Entzündungsreaktion an geeigneter Stelle besprochen.

Tabelle 1. *Die Akutphase-Reaktion*. Von der entzündlichen Noxe ausgehend werden zuerst die lokalen Einrichtungen des Immunsystems aktiviert. Sind diese nicht in der Lage, die Noxe zu beseitigen, werden systemische Instanzen hinzugezogen. Ziel ist die Beseitigung der entzündlichen Noxe und die Wiederherstellung der Ordnung.

Akutphase Reaktion

ENTZÜNDLICHE NOXE - SCHADMATERIAL

Mikroorganismen
metazoische Parasiten
mechanische, chemische, thermische, osmotische Schäden
nekrotisches Zellmaterial
abgelagerte Zellprodukte
Tumore

LOKALE ENTZÜNDUNGSREAKTION

Gefäßreaktion
Gefäßerweiterung
Permeabilitätssteigerung
Adhäsine

Zelluläre Reaktion
Aktivierung von Granulozyten
und Makrophagen
    Priming, Adhäsion, Migration
    Phagozytose, Degranulation
    ROS-Produktion, Mediatorfreisetzung

Bindegewebsreaktion
Fibroblastenproliferation
Matrixproduktion
Angiogenese
Freisetzung von Wachstumsfaktoren

Mediatoren
Cytokine
Wachstumsfaktoren

BLUT

Zellen
Mediatoren
Inhibitoren
Cytokine
Wachstumsfaktoren
Hormone
Anti - Proteasen
Gerinnungsfaktoren

SYSTEMISCHE
ENTZÜNDUNGSREAKTION

ZNS
Fieber
Schmerz

Knochenmark
Leukopoese - Leukozytose

Stoffwechsel
Katabolismus
Hormonproduktion
    gesteigert bzw. vermindert
Lebermetabolismus
    Akutphase Proteine
    Gerinnungsfaktoren
    Serogene Mediatoren
    Eisen - Zinkspeicherung

ABGRENZUNG DES ENTZÜNDUNGSHERDES
BESEITIGUNG DER NOXE
ABRÄUMUNG GESCHÄDIGTEN MATERIALS
REPARATUR
HEILUNG

Teil II
Die Pathophysiologie der Entzündung

1 Regulation der Entzündung

Nach ihrem chemischen Bau und Wirkungsmodus lassen sich fünf Hauptgruppen von Entzündungsmediatoren unterscheiden:

Cytogene Mediatoren

1. Biogene Amine: Histamin und Serotonin
2. Lipogene Mediatoren: Eikosanoide (Prostaglandine, Prostacyclin, Thromboxan, Leukotriene, Lipoxine), Plättchen aktivierender Faktor

Serogene Mediatoren

3. Das Kallikrein-Kininsystem
4. Das Complementsystem

5. Cytokine

Interleukine, Tumor Nekrose Faktoren, Chemokine, Interferone, Wachstumsfaktoren

Cytogene Mediatoren werden im Entzündungsherd selbst gebildet oder freigesetzt und entfalten ihre Wirkung vorwiegend lokal, da ihre Lebensdauer sehr kurz ist. *Serogene Mediatoren* werden dagegen fernab vom Entzündungsherd gebildet, in inaktiver Form ins Blut abgegeben und gelangen mit dem entzündlichen Exsudat in den Entzündungsherd, in dem sie aktiviert werden. Die aktivierte Form ist kurzlebig. *Cytokine* nehmen hinsichtlich ihres Wirkungsortes eine Doppelrolle ein, indem sie im Entzündungsherd freigesetzt und lokal wirksam werden, Überschüsse jedoch ins Blut ausgeschwemmt und im Körper verteilt werden, wo sie wichtige systemische Reaktionen in Gang setzen können.

1.1 Das Histamin

Allgemeines

Zur Geschichte: Histamin ist der historisch am längsten bekannte Entzündungsmediator. Von seiner Entdeckung bis zum Verständnis seiner biologischen und medizinischen Bedeutung war es allerdings ein langer Weg. Als Substanz wurde Histamin bereits im ausgehenden 19. Jahrhundert erkannt. Man fand es zuerst als Produkt bakterieller Gärungsvorgänge, bevor man sein Vorkommen in tierischen Geweben feststellte. Als Mediatorstoff der Entzündung wurde Histamin durch Daile und Laidlow bekannt, die 1911 seine gefäßerweiternde Eigenschaft beschrieben. Kurz nach 1940 erfasste man seine Bedeutung im Zusammenhang mit allergischen Prozessen und entwickelte die ersten Medikamente, die seine entzündungsfördernden Wirkungen hemmen konnten. Erst 1953 wurde das Vorkommen in Mastzellen festgestellt und diese Zelle als Produktionsstätte gesichert.

Histamin ist in der Natur mannigfaltig vertreten. Neben tierischen Organismen ist auch eine Reihe höherer Pflanzen zu seiner Synthese befähigt. Seine Wirkung als Bestandteil des Giftes der Brennnessel (Urtica) ist jedem aus persönlicher Erfahrung bekannt. Histamin ist auch im Gift verschiedener Zweiflügler (z.B. Hornisse) enthalten.

1.1.1 Chemie

Bildungsort. Beim Menschen sind Bildung und Vorkommen von Histamin

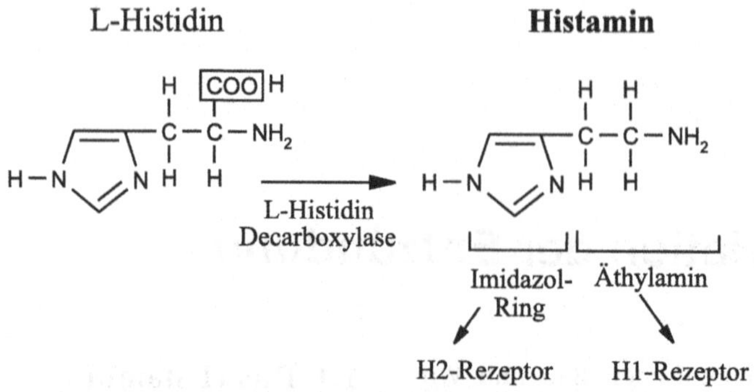

L-Histidin   **Histamin**

L-Histidin
Decarboxylase

Imidazol-   Äthylamin
Ring

H2-Rezeptor   H1-Rezeptor

Abb. 4. *Histamin-Biosynthese.* Histamin entsteht durch Decarboxylierung von L-Histidin durch die Histidin-Decarboxylase. Es entfaltet seine Wirkungen über Bindung der Äthylaminkette an H1-Rezeptoren, oder über Bindung des Imidazolringes an H2-Rezeptoren in der Zellmembran der Zielzellen.

ausschließlich auf Gewebsmastzellen und Basophile Granulozyten beschränkt. Davon abweichend verhalten sich manche häufig verwendeten Labortiere. So enthalten z.B. auch die Thrombozyten von Kaninchen Histamin, und Ratten besitzen möglicherweise auch Mastzellen-unabhängige Bildungsquellen im Gastrointestinaltrakt. Das Vorkommen von Histamin vorwiegend in Mastzellen bedingt auch seine Verteilung im menschlichen Organismus. Histamin ist in denjenigen Organen reichlich vorhanden, in denen Mastzellen gehäuft auftreten: im Respirationstrakt, Gastrointestinaltrakt und in der Haut.

Synthese. Histamin entsteht durch Decarboxylierung der Aminosäure L-Histidin durch das Enzym L-Histidin-Decarboxylase. Zwei Bauelemente setzen Histamin zusammen: Der Imidazolring und die Äthylaminkette, über die jeweils verschiedene Wirkungen im Entzündungsgeschehen vermittelt werden (**Abb. 4**). In Mastzellen und Basophilen Granulozyten findet sich Histamin in Granula gespeichert, wo es elektrostatisch an die anionischen Seitenketten von Glykosaminoglykanen gebunden ist. Das entsprechende Glykosaminoglykan in der Mastzelle ist das Heparin, das der Basophilen Granulozyten Chondroitin-4-Sulfat. Die Bindung bewirkt eine Ruhigstellung des Histamins. So ist es biolo-

gisch unwirksam, aber auch vor Abbau geschützt. Die Freisetzung von Histamin aus Mastzellen und Basophilen Granulozyten erfolgt durch Exozytose der Granula. Bei der Degranulation werden auch weitere Entzündungsmediatoren ad hoc gebildet und abgegeben wie Prostaglandine, Leukotriene und PAF.

Nach Extrusion des Granulainhalts nach außen wird Histamin über Verdrängung durch extrazelluläres Na$^+$ vom Glykosaminoglykan abgekoppelt und damit wirksam, aber auch abbaubar. Die Lebensdauer von Histamin hängt vom Gewebe ab, in dem es freigesetzt wird, überschreitet aber nicht den Bereich von wenigen Minuten. Ein Teil des freigesetzten Histamins gelangt ins Blut. Nach experimenteller Provokation einer Mastzellenentspeicherung am Menschen ist im strömenden Blut die maximale Konzentration nach 5 Minuten erreicht und nach 20–30 Minuten der Normwert von 200 bis 300 pg/mL wieder hergestellt. Dieser sofortige Übertritt ins Blut erklärt auch den raschen und schlagartigen Eintritt systemischer Histaminsymptome beim anaphylaktischen Schock (S. 30).

Abbau des Histamins. Nur wenige Prozent des Serum-Histamins werden unverändert im Harn ausgeschieden. Der überwiegende Teil wird durch oxidative Desaminierung unwirksam gemacht und

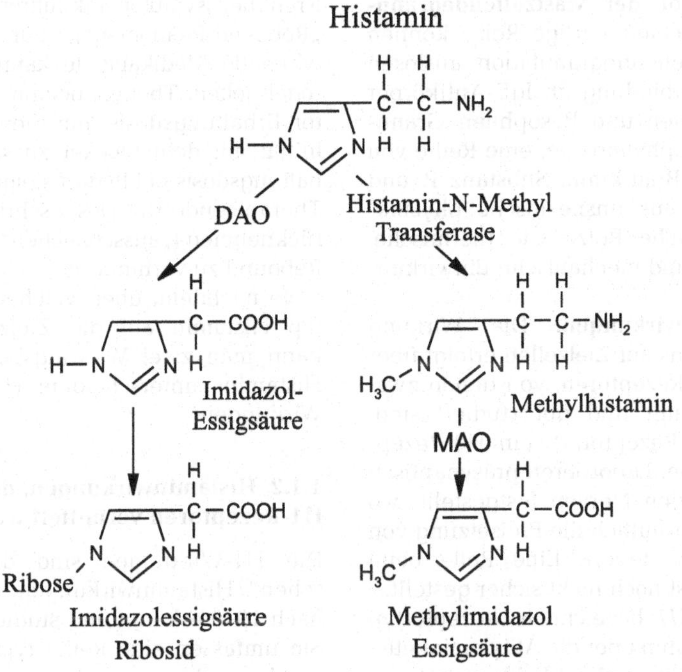

Histamin

Abb. 5. *Abbauwege des Histamins.* Die oxidative Desaminierung kann zwei Wege nehmen: Über die Diamino-Oxydase (DAO) zu Imidazol-Essigsäure, die nach Bindung an Ribose als Imidazol-essigsäure-Ribosid im Harn ausgeschieden wird, oder nach vorheriger Methylierung über die Monoamino-Oxydase (MAO) zur Methylimidazol-Essigsäure, deren Ausscheidung ebenfalls über den Harn erfolgt.

erscheint in dieser Form im Harn. Eine Desaminierung kann auf zwei Wegen erfolgen:

– Über die Monoaminooxydase (MAO) oder über die
– Diaminooxydase (DAO), auch als „Histaminase" bezeichnet.

Über die MAO werden etwa 50 bis 70% des Histamins abgebaut. Zuvor muss aber Histamin durch die Histamin-N-Methyl-Transferase zu Methyl-Histamin umgewandelt werden. Dann erst kann durch die MAO die oxydative Desaminierung über Aldehydbildung zu Methyl-Imidazol-Essigsäure erfolgen, die im Harn ausgeschieden wird. Histamin-N-Methyl-Transferase ist reichlich in Monozyten/Makrophagen enthalten. MAO ist ein ubiquitär auftretendes Enzym mit besonders hoher Konzentration in der Leber.

Dreißig bis 40% des Histamins werden über die DAO, syn. Histaminase, abgebaut. Die DAO desaminiert Histamin direkt zu Imidazol- Essigsäure. Etwa ein Drittel des über die DAO abgebauten Histamins erscheint als Imidazol-Essigsäure im Harn, der verbleibende Teil wird an Ribose gebunden und als Imidazol-Essigsäure-Ribosid ebenfalls im Harn ausgeschieden (**Abb. 5**).

DAO findet sich in einer Reihe von Zelltypen und Organen. Besonders reichlich ist sie in Eosinophilen Granulozyten enthalten.

Die Messung des Blut-Histaminspiegels wird bei verschiedene Formen von Anaphylaxien, Urticaria, Bronchospasmus etc. sowie bei Mastzellentumoren (Mastozytomen) aktuell. Die Messung der Abbauprodukte im Harn gibt Aufschluss über die Gesamtbilanz des kurzlebigen Histamins.

Stimulation der Mastzellendegranulation. Verschiedenartige Reize können eine Mastzellendegranulation auslösen wie Antigenbindung an IgE-Antikörper auf Mastzellen und Basophilen Granulozyten, Anaphylatoxine, eine Reihe von Cytokinen, Bradikinin, Substanz P, und darüber hinaus unspezifische physikalisch-chemische Reize wie thermische, chemische und mechanische Einwirkungen.

Histaminwirkungen. Die Wirkung des Histamins auf Zielzellen erfolgt über spezifische Rezeptoren, von denen zwei Arten bekannt und gut studiert sind. Eine dritte Rezeptorart, ein H3-Rezeptor, wurde bei Labortieren präsynaptisch an cholinergen Nerven festgestellt, wo Histamin vermutlich die Freisetzung von Azetylcholin steuert. Eine Rolle beim Menschen ist noch nicht sicher gestellt.

Der als *H1* bezeichnete Rezeptortyp bindet Histamin über die Äthylaminkette. In der Medizin werden Medikamente verschiedenen chemischen Baues verwendet, die H1-Rezeptoren und die über sie vermittelten Wirkungen blockieren. Diese H1-Rezeptorenblocker werden unter der Bezeichnung „Antihistaminika" häufig therapeutisch eingesetzt. Der andere Rezeptortyp, der *H2-Rezeptor*, bindet Histamin über den Imidazol-Ring (**Abb. 4**). H2-Blocker enthalten Strukturanaloga des Imidazols. Diese Pharmaka besetzen eine wichtige Stelle in der Therapie des gastrischen und des duodenalen Ulkus.

H1 wie H2-Blocker wirken kompetitiv, verdrängen also den natürlichen Liganden Histamin vom Rezeptor und müssen daher entsprechend hoch dosiert werden. Eine länger dauernde Blockierung von Rezeptoren wird jedoch von der betroffenen Zelle mit einer Rezeptorvermehrung [up-regulation] beantwortet, was eine Dosissteigerung des Blockers zur Erhaltung der therapeutischen Wirkung erfordert. Bei plötzlicher Aufhebung der Rezeptorblockade nach Ende einer Therapie sind die betroffenen Zellen mit einer hohen Rezeptorzahl bestückt und reagieren folglich auf Histamin verstärkt, was zum massiven Wiederauftreten der Krankheitssymptomatik führen kann (sog. „Rebound-Phänomen"). Für kompetitiv wirkende Medikamente kann als Faustregel gelten: Therapiebeginn mit doppelter Erhaltungsdosis, um die Rezeptoren initial mit dem Blocker zu sättigen, Erhaltungsdosis bei Bedarf steigern und bei Therapieende die Dosis schrittweise zurücknehmen („ausschleichen"), um einen Rebound zu verhindern.

Je nachdem, über welchen Rezeptortyp Histamin auf die Zielzelle wirkt, kann man zwei Wirkungsbereiche des Histamins unterscheiden: H1 und H2-Wirkungen.

1.1.2 Histaminwirkungen, die über H1-Rezeptoren vermittelt werden

Die H1-Wirkungen sind die „klassischen" Histaminwirkungen, die bereits nach 1940 erkannt und studiert wurden. Sie umfassen eine Reihe typischer Entzündungsphänomene.

1. Die Vasodilatation

Histamin bewirkt in den meisten Geweben eine Gefäßerweiterung, die der Rezeptorverteilung entsprechend in erster Linie die **Mikrozirkulation** (kleine Arterien und Venolen), weniger die Widerstands- und Kapazitätsgefäße (mittelgroße Arterien und Venen) betrifft (**Abb. 6**).

Folgen der Vasodilatation: Lokal wird eine Durchblutungssteigerung erreicht, die an der Körperoberfläche als Rubor und Calor in Erscheinung tritt. Gelangt Histamin jedoch in massiven Mengen in die Blutbahn, so führt die systemische Gefäßerweiterung zu einem Druckabfall, der sich zum „Histaminschock" steigern kann.

Die H1-vermittelte Wirkung des Histamins trifft nicht unmittelbar die Zielzelle der Gefäßerweiterung, die glatte Muskelzelle der Gefäße, sondern nimmt einen indirekten Weg. Histamin stimuliert die H1-Rezeptoren der Endothelzelle, die auf diesen Reiz hin eine gefäßerweiternde Substanz, Stickstoffmonoxyd (NO), pro-

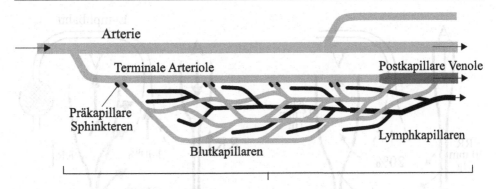

MIKROZIRKULATION

Abb. 6. *Schema der terminalen Strombahn (Mikrozirkulation).* Von einer versorgenden Arterie zweigen die terminalen Arteriolen ab, die das Blut entweder in die postkapillare Venole weiterführen (Kurzschlussstrecke) oder über das Netz der Blutkapillaren leiten (funktionelle Strecke der Blutzirkulation). Der eingeschlagene Weg wird wesentlich von den präkapillaren Sphinkteren bestimmt, die den Zufluss in die Kapillaren regulieren. Aus den Kapillaren ins Gewebe filtrierte Flüssigkeit, die nicht in das Blutsystem rezirkuliert, wird von Lymphkapillaren gefangen und über das Lymphsystem abgeführt. Je nach Kontraktionszustand messen terminale Arteriolen im Querschnitt ca. 30-50 µm und verjüngen sich bis auf 7-20 µm, wobei die Muskelschicht auf einzelne diskontinuierlich angeordneter Muskelzellen reduziert wird. Dieser Bau setzt sich in den postkapillaren Venen fort, die etwa 8-30 µm im Durchmesser aufweisen. Gefäßlumen und Stärke der Muskellage nehmen im weiteren Verlauf der Vene zu. Der Durchmesser einer Kapillare ist in den meisten Geweben geringer als der eines Erythrozyten (7.2 µm). Die Kapillarweite kann durch Kontraktion des Endothels und gegebenenfalls von Perizyten variiert werden. Durch die präkapillaren Sphinkteren gelenkt bevorzugt der Blutfluss in der Mikrozirkulation entweder die Kurzschlussstrecke oder die Kapillaren. Bei Sphinkteröffnung kann in den Kapillaren Blutflüssigkeit mit gelösten Inhaltsstoffen austreten das Gewebe versorgen. Bei Sphinkterschluss sinkt der Filtrationsdruck, und Flüssigkeit beladen mit Stoffwechselabfall rezirkuliert in die Kapillaren. Die Phasen von Sphinkteröffnung und Sphinkterschluss wechseln sich intermittierend ab, wobei die Frequenz vom Bedarf bestimmt wird. In Mesenterialgefäßen wurden mehrere solcher Zyklen pro Minute gemessen. Allerdings variieren die Verhältnisse der Blutversorgung in den verschiedenen Gewebe stark. Im Fall einer Entzündung hört diese Vasomotorik auf. Freigesetzte vasoaktive Mediatorstoffe bewirken eine Erweiterung der gesamten Gefäßstrecke und der Sphinkteren und damit eine Durchflutung des betroffenen Bereiches mit Blut. Auf diese Weise entstehen die typischen Entzündungssymptome Rubor, Tumor und Calor.

duziert und freisetzt. Das NO diffundiert zur Muskelzelle und ist für deren Erschlaffung verantwortlich (S. 222).

2 Die Permeabilitätssteigerung

betrifft die Kapillaren und noch stärker die postkapillaren Venolen. Histamin bewirkt eine Kontraktion der Fortsätze der Endothelzellen und eine Lösung der lumenwärts gelegenen festen Interzellularverbindungen, die dabei interzelluläre Lücken (Stomata) mit Durchlässigkeit für höhermolekulare Substanzen freigeben (S. 220). Der Blutdruck treibt Flüssigkeit durch die Stomata und die Basalmembran in den Extravasalraum. Da im Bereich der Stomata auch der Filtrationseffekt des Endothels verringert ist, hat entzündliches Exsudat etwa denselben Eiweißgehalt und somit denselben osmotischen Druck wie das Blutplasma. Die fehlende kolloidosmotische Druckdifferenz zwischen Intra- und Extravasalraum schließt den osmotischen Rückstrom extravasaler Flüssigkeit in die Gefäßbahn aus, was die Flüssigkeitsansammlung zusätzlich verstärkt und das entzündliche Ödem entstehen lässt. Das entzündliche Ödem wird ausschließlich über das Lymphsystem entlastet (**Abb. 7**).

Folgen der Permeabilitätssteigerung. Lokal bildet sich reichlich Exsudat, das **entzündliche Ödem**, das an Körpero-

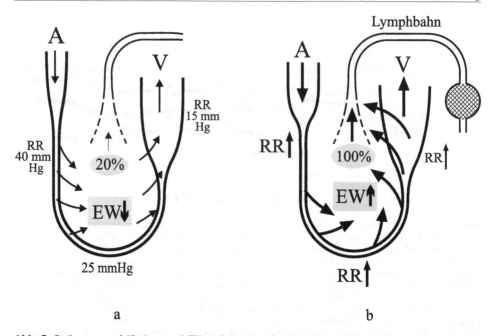

Abb. 7. *Strömungsverhältnisse und Flüssigkeitsverteilung im Bereich der Mikrozirkulation eines Entzündungsherdes im Vergleich zu den Verhältnissen im nicht entzündeten Gewebe.* Die Flüssigkeitsverteilung im durchlässigen Gefäßbereich wird einerseits vom Blutdruck (Filtrationsdruck – aus der Gefäßbahn hinaus) und andererseits vom kolloidosmotischen Druck und dem Gewebsdruck (Bindekraft der Plasmaeiweiße, Widerstand des umliegenden Gewebes – in die Gefäßbahn hinein) bestimmt. Im nicht entzündeten Gewebe (a) wird durch den Filtrationsdruck im Kapillarbereich eiweißarme Blutflüssigkeit in den Extravasalraum gepresst, bis der im Kapillarverlauf abnehmende Blutdruck den kolloidosmotischen Druck der Plasmaeiweiße (ca. 25 mm Hg) erreicht hat. Im folgenden Gefäßverlauf wird bei weiterhin abnehmendem Blutdruck die ausgetretene Flüssigkeit wieder über die osmotische Bindekraft der Plasmaeiweiße rückresorbiert. Im Durchschnitt des Gesamtorganismus werden auf diese Weise rund 80% der filtrierten Flüssigkeit direkt in die Blutbahn rückgeführt, und nur 20% nehmen den Weg über die Lymphbahn. Dieser Rest geht über die Lymphbahn als Lymphe ab und gelangt über den Ductus thoracicus ins Blut zurück (Starling-Hypothese). In entzündetem Gewebe (b) herrscht durch die Erweiterung der zuführenden Arterien (A) und den dadurch vermehrten Bluteinstrom ein erhöhter Blutdruck, der zusammen mit der gesteigerten Durchlässigkeit des Endothels für Flüssigkeiten und gelöste höhermolekulare Stoffe den verstärkten Einstrom einer eiweißreichen Flüssigkeit in das entzündete Gewebe verursacht (entzündliches Ödem). Die Zusammensetzung der Ödemflüssigkeit entspricht etwa der des Blutplasmas. Im venösen Bereich (V) nehmen die Strömungsgeschwindigkeit und der Blutdruck in einem Ausmaß ab, das durch die Gefäßweite, den Verlust an Blutvolumen in das Ödem und von der Ausbildung des Sludge-Phänomens bestimmt wird. Durch die fehlende kolloidosmotische Druckdifferenz kann die Ödemflüssigkeit nicht in die Blutbahn rückströmen, sondern wird vollständig über die Lymphbahnen abtransportiert. In den Lymphknoten wird die Ödemflüssigkeit von Schadmaterial gereinigt und das spezifische Immunsystem aktiviert.

berflächen als Schwellung (Tumor) imponiert. Eine typische, durch Histamin verursachte Reaktion der Haut ist die Urticaria, der „Nesselausschlag". Da die Mastzellen der Haut in der oberflächennahen Papillarschicht (Stratum papillare) dicht unter der Epidermis konzentriert sind, ist die Schwellung scharf begrenzt und die Rötung deutlich. Ödeme können an Orten Beschwerden verursachen bzw. sogar lebensbedrohlich werden, wo sie Lumina einengen, wie in der Nasenhöhle, im Kehlkopf oder in den tieferen Atemwegen.

Eine Permeabilitätssteigerung im gesamten Zirkulationssystem hat eine massive Plasmaverschiebung aus der Gefäßbahn in die Gewebe zur Folge, die das zirkulierende Plasmavolumen erheblich verringert. Die Hypovolämie verstärkt den durch die Gefäßerweiterung verursachten Blutdruckabfall und bildet eine weitere Komponente des Histaminschocks.

Histamin benötigt zur vollen Entfaltung seiner permeabilitätssteigernden Wirkung den Synergismus weiterer Mediatoren wie Bradikinin oder Prostaglandine.

Das entzündliche Ödem

Unter entzündlichem Ödem versteht man die extravasale Ansammlung von Flüssigkeit im Entzündungsbereich. Bei Entzündung treten in der terminalen Gefäßbahn Veränderungen auf, die den Austritt von Blutflüssigkeit im Vergleich zu nicht entzündlichen Gefäßstrecken wesentlich erleichtern.

- Durch die Dilatation zuführender Arteriolen wird über den verstärkten Blutfluss der lokale Blutdruck und damit der Filtrationsdruck erhöht.
- Die Durchlässigkeit der funktionellen Gefäßstrecke für Plasmabestandteile wird durch Lückenbildung im Endothelbelag der Venolen erhöht (Permeabilitätssteigerung für höher molekulare Stoffe). Das entzündliche Exsudat ist dadurch eiweißreich und hat etwa die Zusammensetzung des Blutplasmas.

Die Galen'schen Entzündungssymptome rubor, calor und tumor werden durch die Gefäßerweiterung und die Permeabilitätssteigerung verursacht. Die Gefäßerweiterung fördert reichlich sauerstoffreiches, daher hellrotes Blut, das bei oberflächlichem Sitz des Entzündungsherdes eine Rötung (Rubor) verursacht. Dieses Blut hat die Temperatur des Körperinneren, die einige Grad über der Temperatur der Körperoberfläche liegt und den entzündeten Bereich gegenüber der Umgebung relativ wärmer erscheinen lässt (S. 238). Zusätzlich wird durch die Stoffwechselsteigerung im Entzündungsherd

Wärme frei (Calor). Das entzündliche Ödem bewirkt die Schwellung (Tumor), deren Ausmaß auch von der Beschaffenheit des betroffenen Gewebes abhängt. Entzündungen des lockeren Bindegewebes verursachen starke Schwellungen. Das kann in Hohlorganen Komplikationen verursachen, wenn Verkehrswege behindert werden (z.B. Glottisödem, Schwellung der Bronchialschleimhaut). Mangelnde Ausweichmöglichkeiten führen zu starken Drucksteigerungen (Gehirn, Zahnpulpa, Foramina intervertebralia). Auch der Schmerz (Dolor) wird vom erhöhten Gewebsdruck mitverursacht.

Das entzündliche Ödem hat eine Reihe von Aufgaben:

- Es soll das **Gewebe auflockern**, um es für die eigentlichen Effektoren der Immunabwehr, die Entzündungszellen, leichter durchgängig zu machen.
- Durch die vermehrte Durchsaftung wird eine **Verdünnung toxischer Produkte** (mikrobielle Produkte, Abbauprodukte körpereigenen Materials, Überschüsse von Regulatoren und Wirkstoffen der Entzündung) im Entzündungsherd erreicht und damit ihre Wirkung herabgesetzt.
- Die entzündliche Exsudatflüssigkeit mit toxischen Produkten wird über die Lymphbahnen abgeführt. Auf diese Weise wird der entzündete Gewebsbezirk vermehrt **durchschwemmt** und **gereinigt**. Die Makrophagen der Lymphknoten befreien die Lymphe von toxischen Produkten. Gleichzeitig wird die spezifische Abwehr aktiviert: Bei Erstkontakt wird eine spezifische Immunreaktion über AG-präsentierende Zellen initiiert, bei Mehrfachkontakt mit einem AG werden die Gedächtniszellen aktiviert. Der Lymphfluss schwemmt Informationsträger wie Mediatoren, Cytokine und Wachstumsfaktoren aus dem Entzündungsherd in das Blut aus, die **systemische Reaktionen** in Gang setzen. Zu den Veränderungen der Flüssigkeitsverteilung in einem Entzündungsherd siehe Abbildung 7.

– Über das entzündliche Ödem werden reichlich inaktive Vorstufen von
im Blut zirkulierenden **Regulatoren,
Komponenten der Blutgerinnung** wie
auch **Effektorstoffe der Entzündung**
(Immunglobuline) in das entzündete Gewebe eingebracht. Die erhöhte
Durchlässigkeit des Gefäßendothels
ermöglicht den Durchtritt auch hoch-
molekularer Stoffe.

– Dem entzündlichen Ödem mag auch
eine gewisse mechanische Funktion
zukommen. Die Schwellung bewirkt
eine Einschränkung der Beweglichkeit. Gemeinsam mit der Wirkung des
Schmerzes wird damit eine Ruhigstellung von entzündeten Körperpartien
erreicht.

3. Die Kontraktion glatter Muskulatur

Anders als die Gefäßmuskulatur besitzen
die glatten Muskelzellen der Bronchien
und des Gastrointestinaltrakts sowie die
Muskelzellen von Drüsenendstücken H1-
Rezeptoren, über die sie zur Kontraktion
angeregt werden. Im GI-Trakt bewirkt
Histamin eine Verstärkung der Peristaltik mit Diarrhoe und Erbrechen. Histamin kann auch zur Bronchokonstriktion
im Rahmen des Asthma Bronchiale beitragen, ist aber bei diesem Krankheitsbild von untergeordneter Bedeutung.
So zeigen Antihistaminika bei Asthma
Bronchiale nur geringen oder gar keinen
therapeutischen Effekt (S. 292).

4. Die Wirkung auf das Nervensystem

Die Wirkung von Histamin auf die
Schmerzfasern ist nur gering. Über H1-
Wirkung wird jedoch an sensiblen Nervenfasern ein Juckreiz hervor gerufen,
der eine typische subjektive Begleiterscheinung von Histamin-vermittelten Erkrankungen wie Urticaria, Prurigo oder
Rhinitis und Conjunctivitis allergica ist.
Histamin bewirkt über Axonreflexe von
sensiblen Nerven eine Gefäßerweiterung, die über den unmittelbaren Einwir-
kungsbereich des Histamins hinausgeht.
Injiziert man experimentell einer Ver-

suchsperson Histamin intrakutan, so fällt
der Bereich des Erythems weit größer aus
als es der Ausbreitung des Histamins zukommen sollte. Das Auslösen neuronaler
Reflexe im Bereich der Atemwege kann
pathogenetisch bedeutsam sein. Experimentelle Histamininhalationen beim
Gesunden führen über H1-Rezeptoren
zu einer Bronchokonstriktion, die über
Reflexbögen des Nervus vagus vermittelt
wird, wie die Blockierbarkeit des Effekts
mit Atropin beweist. Solche Reflexe können beim chronifizierten Asthma Bronchiale eine Rolle spielen (S. 291, **Abb.
115**). Eine andere Verbindung zwischen
Histamin und Nervensystem läuft über
den schmerzvermittelnden Neurotransmitter Substanz P. Substanz P stimuliert
Mastzellen zur Degranulierung und
damit Histaminabgabe. Umgekehrt kann
Histamin die Freisetzung von Substanz P
aus Nervenfasern bewirken.

5. Wirkung auf Schleimdrüsen

Histamin regt die Produktion und Abgabe von Schleim in Schleimdrüsen an. Bei
Atemwegserkrankungen wird dadurch
mehr Schleim im Nasen- und Rachenbereich und in den tieferen Atemwegen
abgegeben. Die Ventilationsbehinde-
rung, die durch Bronchokonstriktion und
Schleimhautschwellung gegeben ist,
wird dadurch verstärkt (S. 291).

1.1.3 Histaminwirkungen, die über H2-Rezeptoren vermittelt werden

Die Kenntnis um diesen Teil des Wir-
kungsspektrums von Histamin ist wesentlich jünger als die der H1-Wirkung.
Klinisch wichtige H2-vermittelte Effekte
betreffen die Steuerung von Organfunktionen.

1. Hemmung der Aktivität von Entzündungszellen.

Über H2-Rezeptoren werden Zellfunktionen von Granulozyten, Monozyten/
Makrophagen, Lymphozyten und Mastzellen gehemmt. Die Hemmung erfasst

Zellleistungen wie Migration und Chemotaxis, Phagozytose und Degranulation, sowie die Produktion und Abgabe von ROS und Regulatoren der Entzündung. Die hemmende Wirkung läuft über die Aktivierungskette Besetzung der H2-Rezeptoren, Aktivierung der Adenylatzyklase und damit Anhebung des intrazellulären cAMP –Spiegels und beruht letzten Endes auf einer Inaktivierung des Cytoskeletts (S. 169ff, **Abb. 16**). Mastzellen können so über ihre H2-Rezeptoren die eigene Histaminabgabe einschränken. Diese Produkthemmung trägt zur Regulation der Histaminkonzentration in Geweben bei.

Histamin ist somit über die H2-Wirkung ein Hemmer der zellulären Entzündungsreaktion. Eine Ausnahme bilden die Eosinophilen Granulozyten, auf die Histamin in einem gewissen Konzentrationsbereich chemotaktisch wirkt. Histamin ist, neben anderen Faktoren (S. 208), für die Eosinophilie betroffener Gewebe im Zuge von Allergien und Parasitenbefall verantwortlich. Histamin erhöht auch die Aggressivität der Eosinophilen Granulozyten gegenüber Parasiten. In hoher Konzentration lähmt es jedoch die Aktivität auch dieser Zellen.

2. Wirkungen auf das Herz

Erhöhte Histaminspiegel im Blut verursachen Tachykardie, die teils als kardiale Kompensation des Blutdruckabfalls aufzufassen ist, aber auch auf einer direkten kombinierten H1- und H2-Wirkung auf das Herz beruht. Die Infusion zumutbarer Histaminmengen in freiwillige Testpersonen löst eine Tachykardie aus, die durch die kombinierte Anwendung von H1- und H2-Blockern, jedoch nicht wesentlich durch die getrennte Anwendung dieser Blocker verhindert werden kann. Am Meerschweinchenherzen führt die Verabreichung hoher Histamindosen anfangs zu einer Sinustachykardie (positiv chronotrope Wirkung) und zu einer Erhöhung des Fördervolumens (positiv inotrop), hemmt aber die Reizleitung vom AV-Knoten weiter bis zur Ausbildung eines Schenkelblocks (negativ dromotrop). Die Entkoppelung der Schlagfolge zwischen Vorhof und Kammern bewirkt einen drastischen Abfall der Förderleistung des Herzens, Blutdruckabfall und Schocktod. Obwohl beim Meerschweinchen diese Wirkung vorwiegend H2 vermittelt ist, können Parallelen zum Menschen gezogen werden. Autoptisch finden sich bei im anaphylaktischen Schock Verstorbenen in der Nähe des Sinus- und AV-Knotens reichlich degranulierte Mastzellen.

3. Die Erhöhung der HCl-Produktion im Magen

Die Stimulation der Salzsäure-Produktion im Magen läuft über einen Anstieg der Gastrinabgabe aus Zellen des APUD-Systems. Gastrin stimuliert die Histaminabgabe aus Mastzellen, und Histamin stimuliert über H2-Rezeptoren die Belegzellen der Magendrüsen zur Produktion und Abgabe von Salzsäure. Eine der modernen Möglichkeiten einer konservativen Ulkustherapie besteht in der Blockierung dieser Rezeptoren durch H2-Blocker, wodurch eine Drosselung der Salzsäureproduktion erreicht wird.

Histamin reguliert auch die Aktivität des exokrinen Pankreas über H1 und H2-Rezeptoren.

1.1.4 Wirkung von Histamin auf das Entzündungsgeschehen

Histamin übt auf den Ablauf einer Entzündung zwei konträre Wirkungen aus:

1. Eine fördernde Wirkung, die über H1-Rezeptoren vermittelt wird und in einer Steigerung der Durchblutung und der Gefäßpermeabilität im Bereich der Mikrozirkulation besteht. Diese Wirkungen werden in einem Synergismus mit weiteren Mediatoren, vor allem Prostaglandinen vom E-Typ, wesentlich verstärkt.
2. Eine dämpfende Wirkung, die über H2-Rezeptoren vermittelt wird und in

einer Hemmung von Aktivitäten weißer Blutzellen besteht.

Entzündungen, bei denen Histamin als Regulator dominiert, sind daher reich an ödematöser Flüssigkeit, aber arm an Entzündungszellen. Die Symptome bestehen meist nur kurzzeitig, Rubor und Tumor bilden sich ohne Narben zurück. Typisch für die Beteiligung von Histamin ist der Juckreiz. Erst bei längerem Bestehen solcher Entzündungsherde sammeln sich Eosinophile Granulozyten an.

1.1.5 Klinische Bedeutung des Histamins

Histamin ist als Mediator entzündlicher Reaktionen maßgeblich am Zustandekommen einer Reihe von Erkrankungen beteiligt, die im klinischen Alltag eine bedeutende Stellung einnehmen.

Aus pathogenetischer Sicht kann man drei Gruppen von Histamin-vermittelten Erkrankungen unterscheiden.

a) Anaphylaktische Reaktionen
b) Pseudoallergien
c) Die Histaminvergiftung

1.1.5.1 Anaphylaktische Reaktionen

Das sind per definitionem IgE-vermittelte Immunreaktionen, also Überempfindlichkeitsreaktionen vom Typ 1 nach Coombs-Gell, auch als Überempfindlichkeitsreaktionen vom „Soforttyp" oder „Reagintyp" bezeichnet. Klinisch ist für diese Krankheitsbilder die pathogenetisch ungenaue Bezeichnung „Allergie" gebräuchlich.

Die Pathogenese anaphylaktischer Reaktionen

Disponierte Personen, die als „Atopiker" bezeichnet werden, reagieren auf gewisse Antigene (AG) mit der Bildung spezifischer Antikörper (AK) vom IgE-Typ. Die atopische Veranlagung ist angeboren, tritt oft familiär auf und zeigt eine Konvergenz mit gewissen MHC I

Typen. Die von den Plasmazellen abgegebenen IgE-AK gelangen über den Blutweg in den gesamten Organismus und binden sich mit ihrem Fc-Teil an spezifische Rezeptoren (S. 235, **Abb. 102**). Solche Rezeptoren (Fcε-R) wurden an Mastzellen, Basophilen Granulozyten, Eosinophilen Granulozyten und an manchen Makrophagen festgestellt. In dieser Bindung sind IgE-AK, deren Lebenserwartung frei eine Halbwertszeit von zweieinhalb Tagen nicht überschreitet, vor dem Abbau geschützt und langlebig. Vermutlich teilen sie die Lebensdauer der jeweiligen Trägerzelle. Für das Verständnis des Krankheitsgeschehens ist wichtig, dass Trägerzellen im gesamten Organismus mit IgE aufgeladen werden und nicht nur am Eintrittsort des Antigens. Die nach Antigenkontakt erfolgte Produktion und Abgabe von IgE sowie die Beladung von Fcε-R tragenden Zellen mit IgE nennt der Kliniker **Sensibilisierung**. Trifft das AG erneut auf eine solcherart sensibilisierte Trägerzelle, so wird es von Fab-Teil des IgE-AK gebunden (**Abb. 8**) und übt damit einen Degranulationsreiz auf die Trägerzelle aus. Mastzellen und Basophile Granulozyten geben darauf hin Histamin und lipogene Mediatoren ab, Eosinophile Granulozyten entspeichern ihre zytotoxischen Granulainhalte und setzen ROS frei, Makrophagen sezernieren Wirkstoffe, die weitere Entzündungszellen anlocken und das Entzündungsgeschehen beeinflussen.

Da die Hauptträger der anaphylaktischen Entzündungsreaktion, die Mastzellen, in Organen der Körperoberflächen, nämlich im GI-Trakt, im Respirationstrakt und in der Haut konzentriert sind, werden diese Organe auch bevorzugt von der entzündlichen Symptomatik getroffen. Sensibilisierte Atopiker beherbergen überdies einen wesentlich größeren Mastzellenpool als Gesunde.

Bedingung für eine Degranulierung ist allerdings, dass sich ein bi- oder multivalentes AG an mehrere benachbarte IgA-AK gleichzeitig bindet, was als Quervernetzung oder Brückenbildung, [bridging,

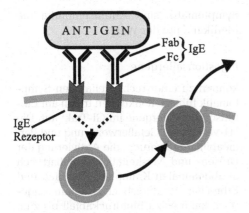

Abb. 8. *Histamin-Freisetzung.* Im Zuge der Sensibilisierung lagern sich IgE-Antikörper mit dem Fc-Teil an IgE-Rezeptoren an. Bei Bindung mindestens zweier benachbarter Antikörper an das Antigen (Brückenbildung) kann sich der Reiz entwickeln, der den Mechanismus der Mastzellen- Degranulation in Gang setzt. Das in den Granula enthaltene Histamin wird durch Exozytose in die Umgebung freigesetzt. Die Degranulation aktiviert den Arachidonsäure- Metabolismus und mit dem Histamin werden gleichzeitig PG, LT und PAF abgegeben.

patching] bezeichnet wird. Erst nach einer Dimerisierung von Rezeptoren können transmembranöse Signale im Zellinneren entstehen, die eine Granulaabgabe und damit verbundene Zellleistungen in Gang setzen (S. 200, **Abb. 89**). Die Notwendigkeit der Brückenbildung setzt eine gewisse Mindestdichte der Rezeptorbesetzung voraus. Da die IgE-Rezeptoren auf der inaktiven Mastzelle statistisch gleichmäßig verteilt sind und die Bindung der IgE-AK an die Rezeptoren ebenfalls nach Zufallgesetzen erfolgt, ist bei niederer Besetzungsdichte die Wahrscheinlichkeit, dass zwei benachbarte Rezeptoren IgE tragen und somit eine Quervernetzung ermöglichen, gering. Bei einem niederen Besetzungsgrad der Mastzellen mit IgE treten deshalb trotz bereits laufender IgE-AK-Produktion keine klinischen Symptome auf. Nach länger dauernder oder wiederholter AG-Exposition „beladen" sich die Mastzellen jedoch fortlaufend oder schubweise mit IgE (sog. „Booster-Effekt"), bis die für die Brückenbildung kritische Beset-

zungsdichte erreicht ist. Daher setzt typischerweise die anaphylaktische Symptomatik nach einem neuerlichen Boosterschub sehr plötzlich und prägnant „über Nacht" ein.

Herkunft und Art der Allergene

Antigene, die Überempfindlichkeitsreaktionen (Allergien) auslösen, werden als **Allergene** bezeichnet.

Eine aus praktisch-klinischen Gesichtspunkten nutzvolle Einteilung der Allergene ist die nach dem Ort des Eindringens in den Organismus. Es lassen sich so unterscheiden:

– Inhalationsallergene – über die Atemwege
– Ingestionsallergene – über den Verdauungtrakt
– Kontaktallergene – über die äußere Körperoberfläche
– Injektionsallergene – werden direkt ins Blut oder in Gewebe inokuliert.

Herkunft und chemische Natur der Allergene sind vielfältig. Meist sind es höhermolekulare Eiweiße, die eine AK-Bildung auslösen. Kleine Moleküle und Nicht-Eiweiße (z. B. Chemikalien oder Medikamente) wirken nach Bindung an körpereigenes Eiweiß als Haptene. Die häufigsten Ursachen für anaphylaktische Erkrankungen im europäischen Raum sind **Pollen** von Windbestäubern, wie gewisse Gräser und Bäume. Sie wirken im Conjunctivalbereich als *Kontaktallergene*, in Respirationstrakt als *Inhalationsallergene*. Eine Reaktion beginnt typischerweise mit dem Erscheinungsbild der Rhinitis und Conjunctivitis allergica. Nach längerer oder intensiver Allergenexposition kann sich bei entsprechender Disposition die klinisch wesentlich problematischere Ausprägungsform des Asthma bronchiale entwickeln (S. 289ff).

Häufige *Ingestionsallergene* sind Nahrungseiweiße wie Fisch, Krebstiere, Eier, Milchkasein, Früchte wie Erdbeeren, Zitrusfrüchte u.a.m. Allergische Reaktionen gegenüber Chemikalien und Medikamenten sind entsprechend der steigenden Belastung stark im Zunehmen. Sie können echte Anaphylaxien sein, wobei gewöhnlich das Allergen als Hapten wirkt, oder auch Pseudoallergien hervorrufen (S. 31). Die Applikation solcher chemischer Stoffe kann auf verschiedenen Wegen erfolgen: Oral als Ingestionsallergen, oberflächlich lokal als Kontaktallergen oder parenteral als Injektionsallergen.

Kontaktallergene dringen über die äußere Körperoberfläche ein. Sie rufen üblicherweise eine ÜER vom Typ 4 hervor, jedoch mit einer gewissen Histaminbeteiligung, wie der heftige Juckreiz nahe legt. Reine anaphylaktische Reaktionen durch Kontaktallergene sind selten.

Injektionsallergene finden sich häufig unter den Antibiotika (Penicillin, Cephalosporine). In diese Gruppe fallen auch Insektengifte wie die von Bienen und Wespen.

Zur Klinik anaphylaktischer Reaktionen

Häufig anzutreffende Krankheitsbilder sind

- Die Rhinitis und Conjunctivitis allergica
- Überempfindlichkeit gegenüber Ingestionsallergenen
- Das allergische Asthma Bronchiale
- Der Anaphylaktische Schock
- Die Atopische Dermatitis (Neurodermitis atopica)

Die Rhinitis und Conjunctivitis allergica

Bei diesem Krankheitsbild treten die über H1-Rezeptoren vermittelten Histaminwirkungen deutlich in den Vordergrund: Rötung durch Gefäßerweiterung in den Augenbindehäuten in Verbindung mit Juckreiz und Tränenfluss, Schwellung und gesteigerte Schleimsekretion der Nasenschleimhaut. Die mit Abstand häufigsten auslösenden Allergene sind Pollen (Heuschnupfen, [hay fever]). Andere häufige Verursacher sind der Kot der Hausstaubmilbe oder Tierhaare. Entsprechend der dominant H1-vermittelten

Symptomatik sind Antihistaminika die Medikamente der Wahl.

Ingestionsallergene

können zu einer recht vielfältigen Symptomatik führen. Reaktionen treten am Eintrittsort der Allergene im GI-Trakt auf. Die H1-vermittelte Gefäßerweiterung und Permeabilitätssteigerung, die Aktivierung der Drüsen- und Muskeltätigkeit äußert sich in abdominalen Krämpfen, Durchfall und Erbrechen. Wird reichlich Histamin freigesetzt, kann es zu Blutdruckabfall bis zum Anaphylaktischen Schock kommen. In die Zirkulation abgegebene Entzündungsmediatoren können aber auch unspezifische Fernwirkungen entfalten wie Migräne-artige Kopfschmerzen oder rheumatoide Beschwerden, deren auslösende Ursache oft verkannt wird. Häufig bilden sich heftig juckende Quaddeln am Stamm, Armen oder Beinen (Urticaria, „Nesselsucht", „Verdauungsausschlag"). Neben einer symptomatischen lokalen Therapie sind auch hier Antihistaminika hilfreich.

Beim *allergischen Asthma Bronchiale* wird die Histaminwirkung von anderen Mediatoren überspielt (S. 290).

Der Anaphylaktische Schock

Ursache des Anaphylaktischen Schocks ist stets die massive Zufuhr des Allergens und seine Verteilung auf dem Blutweg über den gesamten sensibilisierten Organismus, was zu einer schlagartigen Histaminfreisetzung und zur Histaminüberschwemmung des Blutes führt. Diese Bedingung, den Großteil der Mastzellen des Organismus über die Blutbahn zu erreichen, können nur Injektionsallergene und Ingestionsallergene erfüllen. Unter den Injektionsallergenen, die für den Anaphylaktischen Schock verantwortlich sein können, sind Insektengifte von Bienen und Wespen häufig, unter den Medikamenten Antibiotika oder auch eine zu rasche Dosissteigerung bei Hyposensibilisierungskuren.

Der Anaphylaktische Schock hat seine Ursache in einer auf das ganze Kreislaufsystem ausgedehnten Histaminwirkung. Gefäßerweiterung in der Mikrozirkulation in Verbindung mit einer gesteigerten Gefäßpermeabilität führen zum raschen Blutdruckabfall. Ein Überleitungsblock lässt den Kreislauf völlig zusammenbrechen. Der Zustand ist akut lebensbedrohlich, und therapeutisch steht zunächst die Schockbekämpfung im Vordergrund: Flüssigkeitsersatz und Sauerstoffbeatmung. Vasopressorische Medikamente sind beim Anaphylaktischen Schock zur Kreislaufstabilisierung wirksam. Moderne Therapieschemata inkludieren kombinierte H1 und H2 Blockade zur Prävention von Herzfunktionsstörungen und Glucocorticoide zur Immunsuppression. Bei Herzstillstand ist nach Möglichkeit eine Defibrillation durchzuführen, notfalls kann Adrenalin intrakardial injiziert werden.

Bei der *Atopischen Dermatitis*, dem „Milchschorf" der Kinder, sind anaphylaktische Elemente mitbeteiligt, wie die oft sehr hohen IgE-Spiegel nahe legen. Die Pathogenese dieser Erkrankung ist allerdings unklar. Störungen im Stoffwechsel lipogener Mediatoren scheinen eine Rolle zu spielen. In den betroffenen Hautarealen laufen übersteigerte Entzündungsreaktionen ab.

Besser als die symptomatische Behandlung von Anaphylaxien ist eine kausale Therapie, nämlich die Meidung des verantwortlichen Allergens. Die Suche nach der auslösenden Ursache kann eine aufwendige Arbeit erfordern, die oft vergeblich ist. Hilfsmittel dazu sind der Prick-Test und die Bestimmung der IgE-Blutspiegel mit dem RIST – und RAST –Test. Bei Pollenallergien sind im Frühstadium Hyposensibilisierungskuren aussichtsreich.

1.1.5.2 Pseudoallergien

Als „Pseudoallergie" wird die Situation bezeichnet, wenn Wirkstoffe oder ihre Metabolite direkt, unter Umgehung einer spezifischen Immunreaktion, auf Effektorzellen der Immunantwort einwirken. Eine Mastzellen- Degranulation wird also ohne IgE-Beteiligung ausgelöst. Pseudoallergien sind wie die echten Allergien stark im Ansteigen. Grund dafür ist die starke Zunahme chemischer Wirkstoffe in allen Lebensbereichen. Es besteht ein deutlicher Zusammenhang solcher Überreaktionen mit der zunehmenden Verunreinigung der Umwelt, Luft, Wasser und Nahrungsmitteln sowie mit der zunehmenden Verwendung von Chemikalien im Alltag. Auch der ansteigende Gebrauch von Medikamenten fällt ins Gewicht. Mit Einzelheiten zu diesem Thema beschäftigt sich eine breite Fachliteratur.

Wie die echten Allergien treffen auch die Pseudoallergien besonders disponierte Personen. Eine Überempfindlichkeit von Mastzellen gegenüber unspezifischen Reizen kann anlagebedingt sein und tritt häufig familiär auf. So gibt es etwa eine Überempfindlichkeit gegenüber thermischen Reizen. Hitze oder Kälte rufen dann am Ort der Einwirkung auf der Körperoberfläche ein juckendes, urtikarielles Ödem hervor. Auch Schwitzen (Azetylcholinfreisetzung an den Schweißdrüsen, **Abb. 16**) oder mechanische Reize können bei empfindlichen Personen zu einer Mastzellen- Degranulation und zur Quaddelbildung führen. Therapiemöglichkeiten sind Antihistaminika und die Meidung der auslösenden Reize.

1.1.5.3 Die Histaminvergiftung

ist Folge einer Zufuhr von Histamin mit der Nahrung.

Analog zur Biosynthese im Organismus kann Histamin auch durch bakterielle Decarboxylierung aus Histidin entstehen. Mögliche Quellen von Histamin sind bakteriell verdorbene, histidinreiche Nahrungsmittel, wie etwa mangelhaft gekühlter Fisch. Besonders histidinreich sind Makrelenartige wie Sardinen, Thun oder Makrelen (Scomber). Fischvergiftungen auf Histaminbasis werden daher als „Scombrotoxismus" bezeichnet. Histamin reichert sich auch in Lebensmitteln an, bei denen bakterielle Gärungspro-

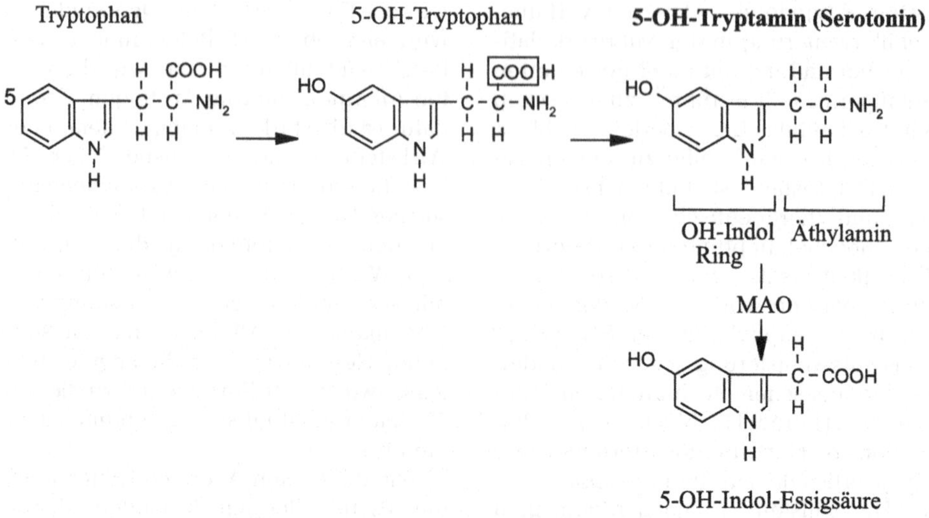

Tryptophan   5-OH-Tryptophan   **5-OH-Tryptamin (Serotonin)**

OH-Indol   Äthylamin
Ring
|
MAO

5-OH-Indol-Essigsäure

Abb. 9. *Synthese und Abbau des Serotonins.* Serotonin (5-Hydroxy-Tryptamin) wird aus der Aminosäure Tryptophan hergestellt. Vor der Decarboxylierung wird Tryptophan am C5-Atom hydroxyliert. Durch die Äthylaminkette besitzt Serotonin strukturelle Ähnlichkeit mit Histamin. Der Abbau erfolgt über eine oxydative Desaminierung durch die Monoamino-Oxydase (MAO). Das Endprodukt 5-Hydroxy-Indolessigsäure wird mit dem Harn ausgeschieden.

zesse Bestandteil ihrer Herstellung und Reifung sind, wie in gewissen Käsesorten, Würsten, oder in Sauerkraut. Auch manche Traubensorten, besonders wenn sie in wenig sonnigen Lagen gezogen werden, sind histidinreich. Bei der Kelterung entsteht Histamin.

Die Symptome einer Histaminvergiftung gestalten sich nach der Histaminmenge und der individuellen Reaktivität verschieden. Einer erhöhten Empfindlichkeit einzelner Personen kann eine verringerte Ausrüstung mit Histaminabbauenden Enzymen und eine dadurch verzögerte Abbauleistung für Histamin zugrunde liegen. Die Symptomatik entspricht den lokalen und systemischen Effekten des Histamins: Gastrointestinale Beschwerden wie Durchfall und Erbrechen, Gesichtsröte, Blutdruckabfall, migräneartige Kopfschmerzen und Urticaria. Bedingt durch die kurze Halbwertszeit des Histamins sind die Krankheitserscheinungen nur vorübergehend. Die Therapie besteht in einer symptomatischen Überbrückung der Beschwerden und in Antihistaminika.

1.1.6 Serotonin

Synthese, Chemie und Abbau

Serotonin ist ein Abkömmling der Aminosäure Tryptophan, aus der es in zwei Syntheseschritten gebildet wird.

a) Nach der Hydroxylierung am C5-Atom entsteht 5-Hydroxy-Tryptophan, aus dem
b) nach einer Decarboxylierung 5-Hydroxy-Tryptamin (5HT, Serotonin) wird.

Der *Abbau* erfolgt durch die Monoaminooxydase, die reichlich in Monozyten/Makrophagen, in der Leber, im Lungenepithel und in einer Reihe weiterer Zelltypen vorkommt. Das Abbauprodukt 5-OH-Indolessigsäure wird im Harn ausgeschieden (**Abb. 9**).

Vorkommen

Die Verteilung von Serotonin im Organismus ist sehr speziesabhängig. So enthalten etwa die Mastzellen und Basophilen Granulozyten häufig verwendeter

Labortiere wie Maus und Ratte reichlich Serotonin. Beim Menschen ist sein Vorkommen auf die Enterochromaffinen Zellen, die Thrombozyten und das ZNS beschränkt.

In den *Enterochromaffinen Zellen* („basalgranulierte Zellen") der Darmmucosa ist Serotonin in den Granula der Zellbasis gespeichert. Nach seiner Abgabe bewirkt es eine Kontraktion der Lamina muscularis mucosae und dient damit der Feinsteuerung der Darmmotilität. Ins Blut gelangtes Serotonin wird von den Thrombozyten über das oberflächliche Trabekelnetzwerk aufgenommen und vorwiegend in den dichten Granula gespeichert (S. 230). Bei Aktivierung der Thrombozyten im Zuge der Blutgerinnung wird es in die Umgebung freigesetzt. Im ZNS ist Serotonin ein wichtiger Neurotransmitter, der für positive Stimmungsqualitäten verantwortlich ist. Seine Wirkung wird über mindestens drei verschiedene Rezeptortypen vermittelt. Lysergsäurederivate (LSD) blockieren die Wirkung und lösen damit psychotrope Effekte aus. Auch Antihistaminika der älteren Generationen können die Wirkung von Serotonin an den zentralen Rezeptoren kompetitiv hemmen und so als unerwünschte Nebenwirkung Müdigkeit und Verstimmung verursachen. Eine unspezifische Bindung wird durch die Ähnlichkeit der Molekülstruktur (Äthylamingruppe) ermöglicht. Diese Nebenwirkungen sind bei modernen Antihistaminika weitgehend ausgeschaltet. Bei der Pathogenese der Migräne ist Serotonin mitbeteiligt. 5HT1-Rezeptor – Synergisten werden erfolgreich in der Migränetherapie eingesetzt.

Wirkung von Serotonin auf Muskelzellen

Diese Wirkung ist ebenfalls stark Spezies betont. Beim Menschen steht die Kontraktion glatter Muskulatur im Vordergrund.
Gefäßmuskulatur. Hier ist die Wirkung unterschiedlich. Die Arterien von Niere, Lunge und Meningen reagieren mit einer Kontraktion, Arterien in allen anderen Organen jedoch mit einer Dilatation, die NO vermittelt ist (S. 222). Gelangt Serotonin massiv ins Blut, ergibt sich für die Gesamtzirkulation ein Blutdruckabfall. Eine Kontraktion der *Bronchialmuskulatur* führt zu Ventilationsstörungen, die Kontraktion der *Darmmuskulatur* zu Motilitätssteigerung, Kolik und Diarrhoe.

Wirkung von Serotonin im Zusammenhang mit Entzündungsvorgängen

In vitro stimuliert Serotonin in menschlichen PMN und Monozyten über Rezeptoren Gi-Proteine und senkt damit den intrazellulären cAMP-Spiegel, was eine Aktivierung dieser Zellen mit verstärkter Motilität, Phagozytose und Granulaabgabe zur Folge hat (S. 40, **Abb. 16**). Ob dieser Effekt in vivo eine nennenswerte Rolle spielt, wird bezweifelt. Die meisten Untersucher messen dem Serotonin beim Entzündungsgeschehen eine untergeordnete bis keine Bedeutung bei.

Klinik

Darm-Carcinoide können schubweise Serotonin in die Zirkulation freisetzen und damit systemische Reaktionen hervorrufen. Eine Gefäßerweiterung ist besonders an der Gesichtshaut auffällig. Die anfallsartige Gesichtsrötung wird als „Flush-Syndrom" bezeichnet. Daneben können in verschiedenem Ausmaß Blutdruckabfall, asthmaartige Atemnot und Diarrhoe auftreten. Der Nachweis der Carcinoidtätigkeit gelingt mit dem Abbauprodukt des Serotonins 5-OH-Indolessigsäure im Harn.

1.2 Eikosanoide. Derivate ungesättigter C-20 Fettsäuren

1.2.1 Allgemeines

Eikosanoide sind Abkömmlinge ungesättigter Fettsäuren mit einem Skelett aus

Eikosa-Säuren
(Arachidonsäure u.a.)

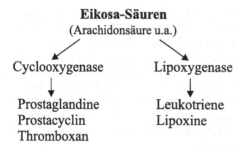

Cyclooxygenase   Lipoxygenase

Prostaglandine   Leukotriene
Prostacyclin   Lipoxine
Thromboxan

Abb. 10. Metabolisierung von Eikosasäuren.
Die Eikosasäuren Dihomo-Gamma-Linolensäure, Arachidonsäure und Eikosapentaensäure können über die Cyclooxygenasen zu Prostaglandinen, Prostacyclin und Thromboxan,
über die Lipoxygenasen zu Leukotrienen und
Lipoxinen verstoffwechselt werden.

20 C-Atomen, die als „Eikosa-Säuren"
bezeichnet werden (von altgriechisch
„eikosa", zwanzig). Die wichtigste Fettsäure für die Eikosanoidsynthese ist die
Arachidonsäure. Andere Muttersubstanzen treten ihr gegenüber mengenmäßig
an Bedeutung zurück. Eine Metabolisierung der Eikosasäuren zu Eikosanoiden
kann über zwei verschiedene Enzymsysteme erfolgen: über den Cyclooxyge-
nase-Weg, der zur Bildung von Prostaglandinen, Prostacyclin und Thromboxan
führt, und über den Lipoxygenase-Weg,
der Leukotriene und verwandte Wirkstoffe liefert (**Abb. 10**). Die meisten dieser
Derivate sind hochaktive Entzündungsmediatoren. Von etlichen unter ihnen
wird zunehmend sichergestellt, dass sie
auch außerhalb entzündlicher Prozesse
Zell- und Organfunktionen regulieren
und biologische Prozesse steuern.

Alle Eikosanoide wirken über spezifische Membranrezeptoren auf Zielzellen.

Mehrfach ungesättigte Fettsäuren
[poly-unsaturated fatty acids, PUFA] sind
fast ausnahmslos pflanzliche Produkte. Der tierische Organismus ist auf ihre
Zufuhr angewiesen, daher auch die Bezeichnung „essentielle Fettsäuren". Eine
Umwandlung ungesättigter Fettsäuren
untereinander ist aber im tierischen Organismus möglich.

Zur Nomenklatur

Die Nomenklatur der Eikosanoide ist
logisch konstruiert und bezieht sich auf
ihren chemischen Bau. Die ersten beiden
Großbuchstaben weisen ein Eikosanoid
als Produkt des Cyclooxygenaseweges
oder des Lipoxygenaseweges aus, d.h.
als ein Prostaglandin (PG) oder Thromboxan (TX) bzw. als Leukotrien (LT). Der
dritte Großbuchstabe bezeichnet das Produkt aufgrund seines Chemismus näher
(z.B. PGE, TXA, LTB). Die nachfolgende
arabische Ziffer bezieht sich auf die Zahl
der enthaltenen Doppelbindungen (z.B.
PGE2, TXA2, LTB4).

1.2.2 Cyclooxygenaseprodukte der Eikosasäuren

*Prostaglandine (PG), Prostacyclin (PGI)
und Thromboxan (TX)*

Zur Geschichte

Im Jahre 1934 stellte von Euler fest, dass
in Versuchstiere injizierte Samenflüssig-
keit Blutdruckabfall und eine Kontraktion glatter Muskulatur bewirkt. Er hielt
die Prostata, glandula prostatica, für den
Bildungsort des verantwortlichen über-
tragbaren Faktors. In Ableitung vom
vermuteten Produktionsort wurden die
den Aktivitäten zugrundeliegenden Substanzen „Prostaglandine" benannt. Tatsächlich stammen die in der Samenflüs-
sigkeit enthaltenen Prostaglandine aus
der Samenblase. Prostaglandine im Eja-
kulat von Nagermännchen tragen dazu
bei, beim Weibchen eine Ovulation und
Tubenperistaltik auszulösen und damit
gleichzeitig mit der Begattung eine Be-
fruchtung sicherzustellen. Auch beim
Menschen bestehen noch enge funktionelle Beziehungen der Prostaglandine
zum weiblichen Genitaltrakt.

Die Isolierung, Reinigung und strukturelle Aufklärung der Prostaglandine gelang 1962 durch die Gruppe um
Bergström und Samuelsson. Als Entzündungsmediatoren sind Prostaglandine
erst ab etwa 1970 vorgeschlagen und

in dieser Eigenschaft erforscht worden. Heute gilt das wissenschaftliche Interesse auch ihren Steueraufgaben außerhalb entzündlicher Prozesse.

Zur Synthese

Von wenigen Sonderfällen abgesehen werden Prostaglandine, Prostacyclin und Thromboxan nicht gespeichert, sondern bei Bedarf synthetisiert und abgegeben. Ein solcher Vorgang dauert nur wenige Sekunden. Mit Ausnahme von Erythrozyten können alle Zellen, die darauf hin untersucht wurden, Prostaglandine synthetisieren. Die Synthese von Prostacyclin und Thromboxan ist dagegen nur gewissen Zelltypen vorbehalten.

Als Ausgangssubstrat dienen 3 Fettsäuren mit je 20 C-Atomen (**Abb. 11**):

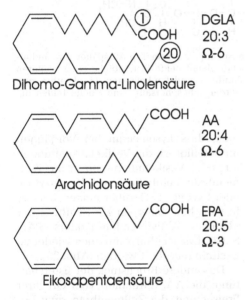

Dihomo-Gamma-Linolensäure

Arachidonsäure

Eikosapentaensäure

Abb. 11. *Schreibweise für Eikosasäuren.* Das die Carboxylgruppe tragende C-Atom ist „C1", das letzte am anderen Ende der Kette das „C-20" Atom, das auch als „Omega (Ω) C-Atom" bezeichnet wird. Eine Kurzdarstellung beschreibt die Zahl der C-Atome und der Doppelbindungen, also z. B. 20:4 für die Arachidonsäure (AA). Eine andere Nomenklatur beginnt am Ω-Ende der Fettsäurekette und bezeichnet die Prostaglandine nach dem C-Atom, bei dem die erste Doppelbindung ansetzt. So ergeben sich die Bezeichnungen „Ω-6 Fettsäure" für DGLA und AA und, wesentlich gebräuchlicher, „Ω-3 Fettsäure" für die EPA.

a) Die Dihomo-Gamma-Linolensäure [dihomo gamma linolenic acid, DGLA] mit 3 Doppelbindungen
b) Die Arachidonsäure [arachidonic acid, AA] mit 4 Doppelbindungen. Wenig gebräuchlich, wenngleich chemisch richtig, ist die Bezeichnung „Eikosatetraensäure"
c) Die Eikosapentaensäure [eicosapentaenic acid, EPA] mit 5 Doppelbindungen

DGLA, AA und EPA werden im Prinzip gleich umgesetzt. Die Biosynthese von PG, PGI und TX wird im Folgenden exemplarisch am Beispiel der AA erläutert, da diese Fettsäure die häufigste Muttersubstanz für Eikosanoide darstellt. Da bei der Synthese zwei Doppelbindungen gesättigt werden, entstehen aus DGLA Endprodukte mit einer Doppelbindung (z.B.PGE1), aus AA solche mit zwei Doppelbindungen (z.B. PGE2) und aus der EPA solche mit drei Doppelbindungen (z.B. PGE3).

Der Arachidonsäuremetabolismus

Der Name dieser Fettsäure leitet sich von einem pflanzlichen Vorkommen, der Erdnuß, Arachis, ab. AA ist Muttersubstanz von Produkten mit zwei Doppelbindungen. Die zur Eikosanoid-Synthese verwendete AA stammt aus den Phospholipiden der Zellmembran. Die bedeutendsten Lieferanten sind die Phospholipide Lecithin (Phosphatidylcholin), das etwa 40% der Membransubstanz stellt, und Phosphatidylinositol. In Phospholipiden ist die AA am C2-Atom des Glycerins als Ester gebunden (**Abb. 12**).

AA ist allerdings in veresterter Form einer Metabolisierung nicht zugänglich, sondern muss zuerst durch Ezyme der **Phospholipase A2-Gruppe** (**PLA2**) aus der Bindung gespalten werden. Isoformen der PLA2 liegen im Cytosol in inaktiver Form vor. Übersteigt die lokale Ca^{++}-Konzentration einen Schwellenwert, bindet sich die PLA2 an Zellmembranen und wird dadurch aktiv (**Abb. 13**).

Auslösende Reize für eine Aktivierung sind:

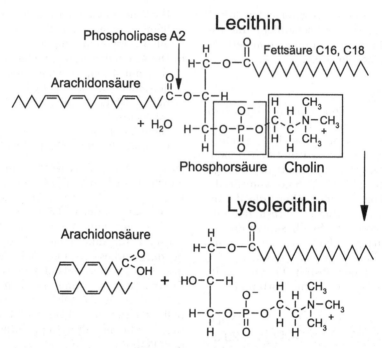

Abb. 12. *Hydrolytische Spaltung des Lecithins.* Phospholipasen vom Typ A2 spalten Arachidonsäure (AA) hydrolytisch vom Lecithin ab und machen damit beide Bruchstücke einer weiteren Metabolisierung zugänglich. AA kann zu Prostaglandinen und Leukotrienen, Lysolecithin zum Plättchen aktivierenden Faktor (PAF) umgesetzt werden. Phosphorsäure und Cholin bilden die polaren Anteile des Lecithinmoleküls.

1. Ligand- Rezeptorbindung an der Zellmembran, Joneneinstrom durch Kanäle.
2. Zellaktivierungen wie Phagozytose, Exozytose, sowie unspezifische Reize verschiedenster Art wie mechanische, chemische, thermische, osmotische Reize, pH-Wert Veränderungen etc., welche die Bedingungen für eine Bindung und Aktivierung der PLA2 schaffen.

Ein Isoenzym der PLA2 mit geringerem Molekulargewicht ist in den Azurophilen Granula der PMN gespeichert (**Tabelle 8**, S. 195) und wird bei der Degranulation in die Umgebung freigesetzt. Es hat Funktionen bei der Keimabwehr.

Bei der Esterspaltung entstehen AA und **Lysolecithin** (**Abb. 12**). Vom Lysolecithin ist bekannt, dass es die Oberflächenspannung herabsetzt und Membranfusionen fördert. Es wird angenommen, dass Lysolecithin bei Vorgängen mitbeteiligt ist, die Vesikelabspaltungen aus oder Vesikelintegration in die Zellmembran beinhalten, wie Phagozytose oder Exozytose. Darüber hinaus dient es in manchen Zelltypen zur Synthese des Plättchen Aktivierenden Faktors (PAF; S. 63). Lysolecithin kann auch wieder zu Lecithin reacyliert werden (**Abb. 23**).

Das andere Bruchstück der Esterspaltung, die AA, diffundiert vom Ort ihrer Freisetzung, der Zellmembran, zum Endoplasmatischen Retikulum (ER). Dort wird sie vom ER-gebundenen Enzymkomplex **Cyclooxygenase (COX)** zu den **Cyclischen Endoperoxyden PGG2** und **PGH2** umgesetzt.

Unter den Begriff COX fallen zwei Isoenzyme, die sich durch ihre Präsenz unterscheiden. Die COX vom Typ 1 ist ständig vorhanden und arbeitet „konstitutiv", d.h. sie setzt nach Bedarf ständig AA-Produkte frei. Ihre Aufgabe ist in

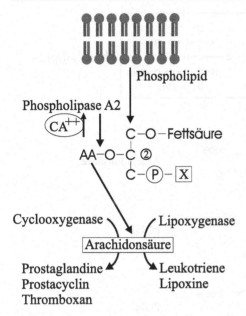

Abb. 13. *Grundzüge des Arachidonsäure- Metabolismus.* Zellmembranen sind hochvisköse, flächenhaft angeordnete Flüssigkeiten aus einer Doppellage von Phospholipiden, deren hydrophile Anteile im wässrigen Milieu nach außen gerichtet sind, während die hydrophoben Fettsäuren – darunter auch die Arachidonsäure (AA) – in das Membraninnere gedreht werden. Bei der üblichen symbolischen Darstellung eines Phospholipids vertritt der Ring den hydrophilen Komplex Phosphorsäure + X, wobei für X je nach Phospholipid Cholin, Inosin, Serin bzw. Äthanolamin stehen kann. Die beiden parallelen Geraden symbolisieren die hydrophoben Fettsäuren. Ein Anstieg des cytosolischen Kalziums aktiviert die Phospholipasen A2, die AA vom Kohlenstoffatom 2 des Glycerinskeletts hydrolytisch abspalten. Die AA kann – abhängig vom Zelltyp und seinem Funktionszustand – über die Enzyme Cyclooxygenase oder Lipoxygenase weiter umgesetzt werden.

erster Linie die Steuerung von Drüsenfunktionen, Organdurchblutung und der Tätigkeit glatter Muskulatur im Rahmen physiologischer nicht-entzündlicher Prozesse. Über diese **COX1** werden Prostaglandine, Prostacyclin und TXA2 synthetisiert. Dagegen ist die **COX2** nicht ständig vorhanden, sondern ihre Bildung wird durch Cytokine induziert, die bei entzündlichen Prozessen freigesetzt werden. Diese induzierbare COX2 kommt

in PMN, Makrophagen, Endothelzellen und Fibroblasten vor und erzeugt bevorzugt PG, die entzündliche Prozesse steuern. Wenngleich dieses Schema in seiner drastischen entweder- oder Zeichnung nicht ganz richtig ist, kann es als Vorstellungsgrundlage dienen. So wird etwa abweichend COX2 in der Niere und im ZNS auch konstitutiv exprimiert. Die weltweit am meisten verwendeten Medikamente sind Entzündungshemmer auf der Basis einer COX-Hemmung. Die klassischen COX-Hemmer drosseln sowohl die COX1 wie auch die COX2 und greifen damit störend in wichtige Organfunktionen ein. Mit den modernen „COX2-Hemmern" wird versucht, bei weitgehender Erhaltung der Funktion der COX1 selektiv die COX2 und deren entzündungsfördernde Wirkung einzuschränken (S. 51, 53).

Im Herzen und im ZNS wurde ein weiterer COX-Typ, die **COX3**, festgestellt. Der COX3 des ZNS wird Bedeutung bei der Fieber- und Schmerzerzeugung beigemessen.

Cyclische Endoperoxyde entwickeln bereits biologische Wirkungen wie Vasokonstriktion und Thrombozytenaggregation, werden aber gewöhnlich sofort weiter metabolisiert. Thrombozyten (Blutplättchen, [platelets]) geben bei ihrer Aktivierung PGG2 und PGH2 ab, die auf andere Plättchen aggregierend wirken und damit die Blutgerinnung in Gang halten. Von Endothelzellen abgegebene Cyclische Endoperoxyde können aber auch von Plättchen aufgenommen und zu weiteren Produkten wie TX oder PG umgesetzt werden.

Cyclische Endoperoxyde werden durch Enzyme weiter metabolisiert, wobei drei in ihrem chemischen Bau verschiedene Wirkstoffe bzw. Wirkstoffgruppen entstehen können.

1. Prostaglandine im engeren Sinn (PGD2, PGE2, PGF2α)
2. Prostacyclin (PGI2)
3. Thromboxan (TXA2).

Für die Gesamtheit aller Enzyme, die zur Bildung von PGH2 aus Arachidonsäure

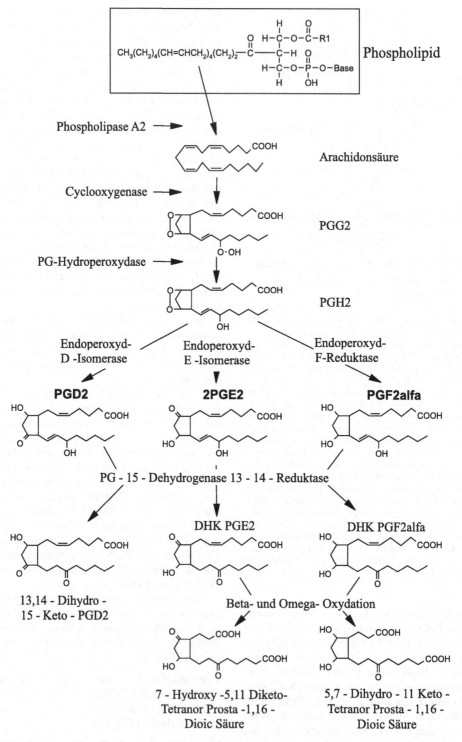

Abb. 14. *Synthese und Abbau der Prostaglandine PGD2, PGE2 und PGF2α.* Die Endprodukte werden im Harn ausgeschieden.

führen, wird manchmal der Begriff „PG-Synthase" gebraucht. Die Schritte dieser Synthesen sind in den Abb. 14 und 17 dargestellt.

1.2.2.1 Prostaglandine im engeren Sinn: PGD2, PGE2, PGF2α

Bildungsorte

Mit Ausnahme des Erythrozyten ist jede Zelle in der Lage, Eikosanoide zu erzeugen. Welcher Bildungsweg, über Cyclooxygenase oder Lipoxygenase, beschritten wird und welches spezielle Produkt dieser Synthesewege letztendlich hergestellt wird, hängt vom Typ der Zelle, aber auch von ihrem Zustand und Aktivierungsgrad ab. Reich an Prostaglandinen sind parenchymatöse Organe wie Niere, Lunge und der GI-Trakt. Hier werden PG unabhängig von Entzündungsvorgängen freigesetzt und wirken als parakrine Steuerfaktoren auf die Feinregulierung von Durchblutung, Drüsenfunktionen und Muskelmotilität. Der Anteil, der in die Blutbahn gelangt, wird sofort abgebaut und kommt systemisch nicht zur Wirkung.

Synthese

Die einzelnen Schritte werden in den Abb. 14 und 15 am Beispiel der Arachidonsäure gezeigt. Die Metabolisierung von DGLA und EPA geschieht in analoger Weise.

Wirkung der Prostaglandine

PG wirken über spezifische **Membranrezeptoren**, wobei die einzelne PG-Typen recht unterschiedliche Effekte auslösen können. Die Rezeptoren für ein PG treten zudem in verschiedenen Isoformen auf, die oft gegensinnige Zellantworten vermitteln. Auf diese Einzelheiten wird hier nicht eingegangen. Alle PG-Rezeptoren gehören dem siebenfach transmembranös verankerten, G-Protein gekoppelten Typ an (**Abb. 90**, S. 201).

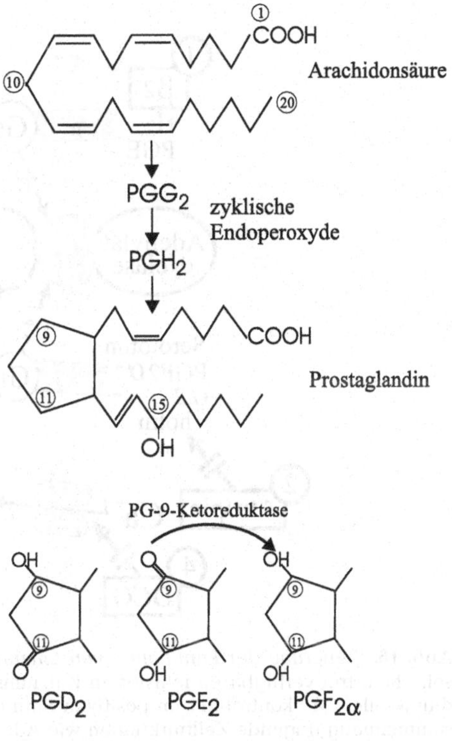

Abb. 15. *Umsetzung von Arachidonsäure zu Prostaglandinen (PG).* Arachidonsäure (AA) wird durch eine Phospholipase A2 aus Phospholipiden hydrolytisch abgespalten. In freier Form ist AA um das C10-Atom gefaltet. Bei der Synthese von PG werden zwei Doppelbindungen gesättigt, wobei sich ein Cyclopentanring bildet und die Faltung der Kohlenstoffkette verändert wird. Schlüsselstellen für die Funktionen der PG bilden die Kohlenstoffatome in Position 9, 11 und 15. Die an C9 und C11 lokalisierten Hydroxylgruppen bzw. Ketogruppen bestimmen den Typ des Prostaglandins und seine Affinität zu den entsprechenden Rezeptoren: PGD2, PGE2 und PGF2α. Von den beiden möglichen Stereoisomeren des PGF2 tritt nur die α–Form auf. PGF2α kann aus PGH2, aber auch durch Reduktion der Ketogruppe am PGE2 entstehen. Die Reduktion wird durch das Enzym PG-9-Keto-Reduktase katalysiert. Die am C15- Atom lokalisierte OH-Gruppe ist für die Wirksamkeit des Moleküls entscheidend. Mit der Oxydation der C15-OH-Gruppe beginnt der Abbau der PG.

PGE2 und das ähnlich wirkende PGE1

Hervorstechende Wirkungen sind die Erweiterung von Arterien und Arteriolen und als Folge eine gesteigerte Durch-

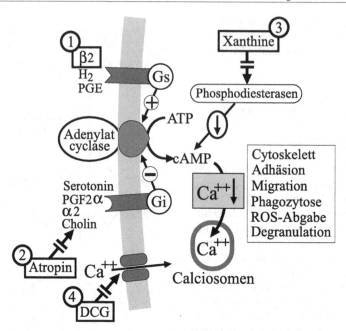

Abb. 16. *Steuerung der Funktionen von Entzündungszellen über cAMP.* Die Konzentration cytosolischen, frei verfügbaren ionisierten Kalziums bestimmt wesentlich die Aktivität einer Entzündungszelle. Ca^{++} kontrolliert im positiven Sinn die Aktivitäten des Cytoskeletts und damit im Zusammenhang tragende Zellfunktionen wie Adhäsion, Migration, Phagozytose, die Produktion von ROS und Degranulation. Die Adenylatcyclase liefert cyklisches Adenosin-Monophosphat (cAMP), das den Anteil an cytosolischem Ca^{++} senkt, indem es Ca^{++} in die intrazellulären Speicher (in PMN Calciosomen) verschiebt und so dem Metabolismus entzieht. Auf diese Weise drosseln hohe intrazelluläre cAMP- Konzentrationen die entzündliche Aktivität, während niedere Konzentrationen pro-inflammatorisch wirken. Die Tätigkeit der Adenylatcyclase kann über Oberflächen-Rezeptoren beeinflusst werden. Rezeptoren für PGE1 und PGE2, Histamin-Rezeptoren Typ2 und die Beta2-Rezeptoren für Katecholamine aktivieren über Gs-Proteine („stimulatory") die Adenylatcyclase und dämpfen auf diesem Weg die Zellaktivität. Umgekehrt hemmen Rezeptoren für Serotonin, PGF2α, Acetylcholin und die Alfa2- Wirkung der Katecholamine über Gi- Proteine („inhibitory") die Tätigkeit der Adenylatcyclase, senken die Produktion von cAMP und fördern damit entzündliche Zellaktivitäten. Die Konzentration von freiem intrazellulärem cAMP wird auch über seinen Umsatz reguliert. Phosphodiesterasen bauen cAMP ab und senken so seine Wirkung. An diesen Mechanismen greifen verschiedene *anti-inflammatorische Therapien* an: (1) Beta2-Mimetika sind eine Basistherapie des Asthma bronchiale und der COPD. PGE- Analoga werden in manchen Fällen zur Immunsuppression eingesetzt. (2) Cholinrezeptoren-Blocker wie Atropin und dessen Abkömmlinge hemmen die Wirkung von Acetylcholin. Da die aktivierenden und hemmenden Einflüsse auf die Adenylatcyclase im dynamischen Gleichgewicht stehen, überwiegen bei Minderung des Gi- Einflusses Gs-vermittelte Reize und die entzündliche Aktivität der Zelle nimmt ab. (3) Eine Hemmung der Phosphodiesterasen durch Xanthinderivate lässt intrazelluläres cAMP ansteigen und dämpft die Zellaktivität. (4) Zur vollen Aktivierung einer Entzündungszelle ist der Einstrom von extrazellulärem Ca^{++} nötig. Dinatrium-Chromoglycinsäure (DCG) blockiert die Kalziumkanäle von Mastzellen, eine Wirkung, die allerdings für diesen Zelltyp spezifisch ist und andere Entzündungszellen nicht betrifft.

blutung im Entzündungsbereich (Rubor, Calor). PG von E-Typ wirken dabei direkt auf Rezeptoren der Gefäßmuskulatur, und nicht auf dem Umweg über NO (S. 223, **Abb. 96**). PG vom E-Typ erhöhen die Permeabilität der Kapillaren und postkapillaren Venolen und fördern damit das entzündliche Ödem, allerdings nur im Synergismus mit anderen Mediatoren. PGE bringen die Bronchialmuskulatur zum Erschlaffen, die Muskulatur des GI-Trakts dagegen zur Kontraktion.

Exokrine Drüsen antworten auf PGE-Reiz mit einer Aktivitätssteigerung und einer Kontraktion der drüseneigenen Muskulatur, was im Darm zu gesteigerter Motilität und Diarrhöen führt.

PGE wirken immunsuppressiv. In Zellen der spezifischen wie unspezifischen Abwehr werden Zellleistungen wie Migration, Phagozytose, Granulaabgabe, die Produktion und Freisetzung von ROS, Mediatoren und Cytokinen eingeschränkt. Den Wirkungsmechanismus zeigt Abb. 16. Im Temperaturzentrum des ZNS hebt PGE2 den Sollwert und setzt damit eine Temperatursteigerung in Gang (S. 242).

PGF2α

erweitert kaum Arteriolen, wohl aber postkapilläre Venolen. Es fehlt auch ein permeabilitätssteigernder Effekt. Dagegen ist die Wirkung auf die Zellen der spezifischen und unspezifischen Abwehr positiv: Migration, Phagozytose, Granulaabgabe, die Produktion von ROS, Mediatoren und Cytokinen werden aktiviert. PGF2α stellt in dieser Hinsicht einen Antagonisten zu den PGE dar (**Abb. 16**).

PGD2

Gehirn und Rückenmark sind besonders reich an PGD2, das in erster Linie von Nervenzellen, dagegen nur geringfügig von Glia synthetisiert wird. Im ZNS dient PGD2 als Modulator neuronaler Funktionen. Im Temperaturzentrum senkt es den Sollwert, bewirkt eine Hypothermie und ist somit ein Antagonist des PGE2 (S. 242). Auch konnte im Tierversuch seine Rolle als Schlafmediator gesichert werden.

Außerhalb des ZNS wird PGD2 in wesentlich geringeren Konzentrationen angetroffen. Im GI-Trakt tritt es spärlich auf. In Organen wie Niere, Herz oder Samenblase, die ansonsten reich an Prostaglandinen anderen Typs sind, ist die Konzentration äußerst gering. Hier wirkt es offensichtlich als Entzündungshemmer. PGD2 dämpft Leistungen von Immunzellen, besonders die Produktion von ROS, deutlich stärker als PGE.

1.2.2.2 Prostacyclin (PGI2)

Die *Synthese* ist in Abb. 17 dargestellt. Vorrangiger *Bildungsort* von PGI2 ist gesundes Gefäßendothel, jedoch können es auch manche Lymphozyten in geringem Maß herstellen. PGI2 ist der Hauptmetabolit der AA in mittelgroßen Blutgefäßen, während Kapillarendothel bevorzugt PGE2 synthetisiert. PGI2 wird konstitutiv in die Blutbahn abgegeben, ist nicht so schnell abbaubar wie die Prostaglandine und kann daher systemisch wirken. Es ist sehr stark gefäßerweiternd, wobei es direkt an Rezeptoren der Gefäßmuskulatur angreift (**Abb. 96**, S. 223), und wirkt bei der Gestaltung des Gefäßtonus und des Blutdrucks mit. Weiters hemmt PGI_2 die Thrombozytenaggregation und damit die Blutgerinnung. Hohe Fettsäure- und LDL-Spiegel im Blut beeinträchtigen die PGI2-Synthese und Abgabe aus dem Endothel. Mangelhafte Freisetzung von PGI2 kann zur Hypertonie und zur gesteigerten Gerinnungsbereitschaft (Infarktrisiko) im Rahmen von Störungen des Fettstoffwechsels beitragen. Auf die Bronchialmuskulatur wirkt PGI2 erweiternd.

Eine reiche Quelle für PGI2 kann die Lunge sein. Normalerweise ist die Abgabe geringfügig. Hyperventilation stellt jedoch einen starken Produktionsreiz für das Endothel dar. Das reichlich in das Blut abgegebene PGI2 führt zu einem Blutdruckabfall und ist neben der durch die Alkalose im ZNS ausgelöster Vasokonstriktion die Ursache für den Schwindel und die Kollapsneigung bei Hyperventilation.

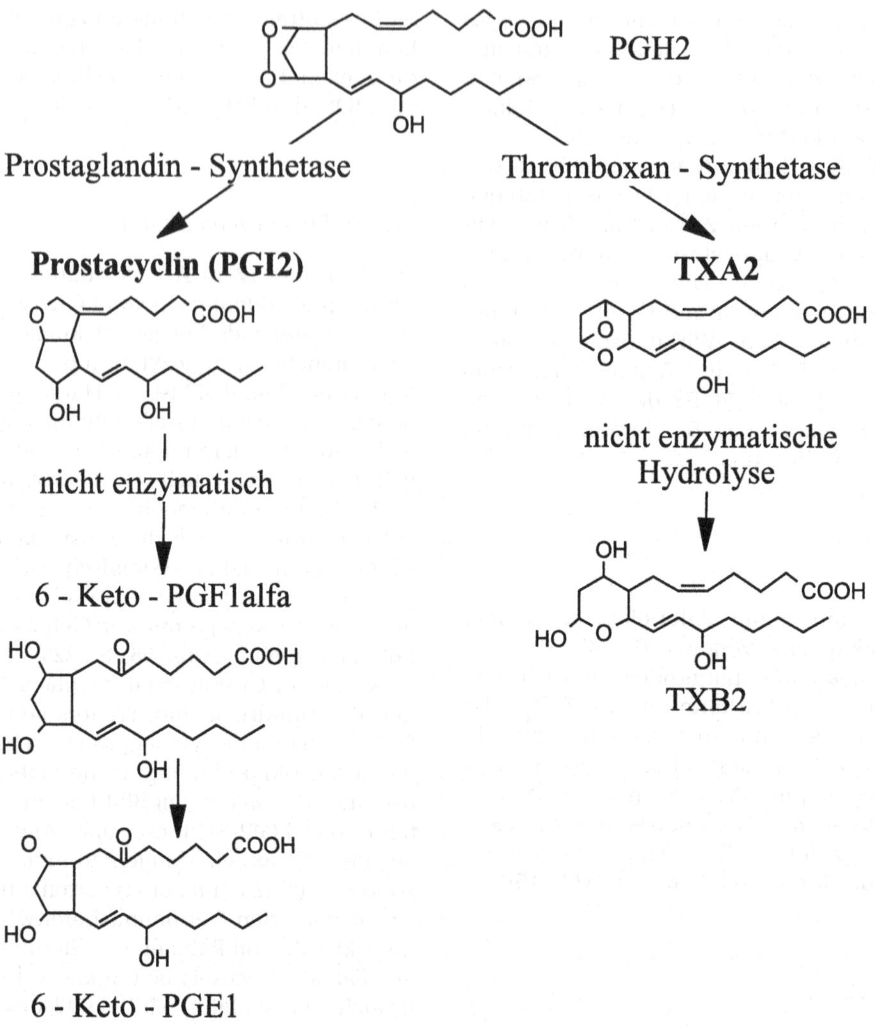

PGH2

Prostaglandin - Synthetase   Thromboxan - Synthetase

Prostacyclin (PGI2)   **TXA2**

nicht enzymatisch

nicht enzymatische
Hydrolyse

6 - Keto - PGF1alfa

TXB2

6 - Keto - PGE1

Abb. 17. *Synthese und Abbau von Prostacyclin und ThromboxanA2.* Die Prostacyclin- Abbauprodukte werden mit dem Harn ausgeschieden. Das kurzlebige TXA2 wird rasch in das inaktive TXB2 umgesetzt.

1.2.2.3 Thromboxan A2 (TXA2)

Zur *Synthese* siehe Abb. 17.

Vorrangige *Bildungsorte* sind die Thrombozyten (Name) und irritiertes und geschädigtes Gefäßendothel. TXA2 bewirkt eine Thrombozytenaggregation und ist ein starker Vasokonstriktor. Mit diesen Eigenschaften nimmt TXA2 eine Schlüsselstellung bei der primären Blut-

stillung ein, an der die Thrombozyten und die innere Gefäßoberfläche, nicht aber die klassischen Gerinnungsfaktoren beteiligt sind, die erst in weiterer Folge aktiviert werden. Eine Gefäßläsion bewirkt die Abgabe von TXA2 aus den geschädigten Endothelzellen, was eine Vasokonstriktion und die Bildung eines Plättchenthrombus an der Stelle der Läsion zur Folge hat. Die durch einen Defekt im Endothel freigelegte Basalmembran ist ein Ankerpunkt, an dem sich Thrombozyten bevorzugt anheften (S. 232). Aggregierende Thrombozyten setzen neben verschiedenen anderen Wirkstoffen wiederum TXA2 frei, was die Bildung des Plättchenthrombus und die Vasokonstriktion verstärkt. Die beiden parallel laufenden Vorgänge Vasokonstriktion und Plättchenthrombus verkleinern oder verschließen den Gefäßdefekt und bilden den ersten, sofort einsetzenden Mechanismus der Blutstillung. Erst aus den aggregierenden Thrombozyten freigesetzte Gerinnungsfaktoren lösen zusammen mit dem PF3 und lädierten Zellmembranen die Aktivierung von Thrombin und damit die Fibringerinnung am Plättchenthrombus aus (**Tabelle 14**, S. 231).

TXA2 übt auf PMN und Monozyten eine chemotaktische Wirkung aus. Die angelockten Zellen haften am Plättchenthrombus, bilden Aggregate und entfalten ihre Fähigkeit als Phagozyten (**Abb. 79**). Auf diese Weise lagern sich in den entstehenden Thrombus sofort auch Zellen der Abwehr ein, die wiederum PAF (S. 65) abgeben und so in einem positiven Feedback die Aggregation von Thrombozyten und ihre eigene Ansammlung verstärken. Die sofortige Einbeziehung von Phagozyten in die Blutstillung am Ort der Läsion ist ein sinnvoller Vorgang, der ein Vordringen von Mikroorganismen verhindern hilft. Darüber hinaus sind die Scavengerfähigkeiten von Phagozyten gefordert, da geschädigtes und zerstörtes Gewebsmaterial im Bereich der Läsion beseitigt werden muss. Die aktive Form TXA2 wird sehr rasch, mit einer Halbwertszeit von etwa 30 Sekunden, in die weitgehend inaktive Form TXB2 übergeführt, das seine Wirksamkeit auf Gefäße und Blutgerinnung verliert, aber seine chemotaktische Eigenschaft in verringertem Maß behält.

COX-Hemmer wie Salicylate beeinträchtigen die Bildung von TXA2 und schränken damit den Gefäßtonus und die Blutgerinnung ein, was therapeutisch genutzt wird (S. 52). Auch Äthylalkohol hemmt die TXA2-Bildung in Thrombozyten. Nach akutem Abusus zeigen disponierte Personen Blutungstendenz (Nase, Gingiva). Beim chronischen Alkoholismus kann sich die Hemmung der primären Hämostase fatal auswirken. Alkoholiker leiden auf verschiedenen Ebenen unter Störungen der Blutgerinnung. Einmal besteht die Tendenz zu einer chronische Knochenmarksschädigung mit Anämie, Neutropenie und Thrombopenie. Liegt ein Leberschaden vor, so ist auch die Bildung von Faktoren des intrinsischen Systems beeinträchtigt. Die mangelhafte Blutstillung hat zur Folge, dass Alkoholiker ständig Blut durch die Schleimhaut des GI-Trakts verlieren und so die Anämie und Thrombopenie verstärkt wird. Wird nun die primäre Blutstillung etwa durch einen Alkoholexzess akut unterdrückt, können massive Blutungen aus einer erosiven Gastritis, aus Ulcera ventriculi oder duodenii, aus Ösophagusvaritzen oder diffus aus dem GI-Trakt ausgelöst werden, die schwer unter Kontrolle zu bringen sind und häufig zum Tod führen. Bei Vorliegen solcher Vorschäden können bei Alkoholismus COX-Hemmer kontraindiziert sein.

1.2.2.4 Inaktivierung und Abbau von PG, PGI2 und TXA2

Die Inaktivierung von PGI2 und TXA2 einerseits und der PG andererseits verläuft unterschiedlich. PGI2 und TXA2 sind nach ihrer Abgabe aus den sie produzierenden Zellen sehr instabil. PGI2 wird nach einer Halbwertszeit von 3 Minuten, TXA2 nach 30 Sekunden hydrolytisch gespalten und damit inaktiviert (**Abb. 17**).

Der Abbau der Prostaglandine D2, E2 und F2α geht andere Wege. Die chemische Veränderung beginnt an der OH-Gruppe an C15, die durch die **PG-15-OH-Dehydrogenasen** zu einer Ketogruppe oxidiert wird. Damit verliert das Molekül seine biologische Wirksamkeit und kann weiter abgebaut werden. PG-15-OH-Dehydrogenasen sind intrazellulär lokalisiert und ubiquitär vorhanden.

Damit sie wirken können, müssen PG daher in die Zelle aufgenommen werden. Die **15-Keto-Prostaglandine** werden von der Zelle wieder abgegeben und durch Enzyme vor allem in der Leber weiter oxydiert (**Abb. 14**).

Besonders reich ist das Gefäßendothel der Lunge mit PG-15-OH-Dehydrogenasen ausgestattet. Eine einzige Passage durch die Lunge entfernt bis zu 95% der zirkulierenden PG. Aktive PG, die aus Geweben ins Blut ausgeschwemmt werden, kommen nach der Lungenpassage somit inaktiviert in den großen Kreislauf und tragen, im Gegensatz zu PGI2 (S. 41), nicht zur Blutdruckregulation bei. Die Endprodukte des Abbaues erscheinen im Harn. Über sie kann der Gesamtumsatz an PG, PGI2 und TXA2 beurteilt werden. Männer setzen ein Vielfaches der bei Frauen festgestellten Mengen an PG um.

Der rasche Abbau der PG ist ein Hindernis für ihren therapeutischen Einsatz. Es kommen daher künstlich veränderte PG (PG-Analoga) zur Anwendung, deren C15-OH-Gruppe vor dem Abbau durch die PG-15-OH-Dehydrogenase geschützt ist. Die übliche Art eines solchen Schutzes besteht in einer Methylierung am C15 Atom. Diese Analoga behalten weitgehend die Wirkung der natürlichen Verbindung, können wegen ihrer verlängerten Wirkungsdauer aber auch systemisch angewandt werden (S. 50).

1.2.2.5 Die Rolle der Cyclooxygenase-Produkte bei der Entzündung

Wie schon im vorigen Kapitel kurz umrissen, entwickeln die einzelnen AA-Metabolite verschiedene, zueinander oft antagonistische Wirkungen. Über PG und ihre Wirkungen existieren eine Unzahl von Untersuchungen mit z.T. sehr widersprüchlichen Ergebnissen. Solche Widersprüche sind häufig auf die Einflüsse der Untersuchungsbedingungen zurückzuführen, welche die Aussagekraft der Ergebnisse relativieren. Jede Zelle gibt schon bei geringfügiger Reizung PG ab. Solche Reize sind aber bei der Gewinnung, Isolierung und Reinigung von Zell-material für in vitro Studien unvermeidbar. Manipulationen in vitro stellen ebensolche Sekretionsreize dar. Eine weitere Erschwernis ist die kurze Lebensdauer der PG. In vivo werden PG durch Abbau rasch unwirksam. Auch in vitro sind PG chemisch instabil, und ihre Erhaltung erfordert besondere Techniken. Die PG-Typen A, B und C, die früher eingehend untersucht wurden und auch eine gewisse biologische Wirkung entfalten, haben sich nachträglich als in vitro- Artefakte herausgestellt. Tatsächlich existieren in vivo nur die Typen D, E und F. Ein Faktor, der die Wirkung von PG in vivo maskiert, ist ihr Synergismus mit anderen Mediatoren. PG sind hochwirksame Modulatoren, die Effekte anderer Wirkstoffe der Entzündung abschwächen oder potenzieren können. Das Resultat wird daher von der jeweiligen Versuchsbedingung geprägt. Die einzelnen Rezeptor- Isoformen, mit denen Zellen unterschiedlich ausgestattet sind, vermitteln in manchen Fällen gegenteilige Effekte. Zudem können verschiedene Zelltypen Wechselwirkungen in ihrem Eikosanoidstoffwechsel entfalten, indem Vorläufer- oder Zwischenprodukte von mehreren Zelltypen gemeinsam metabolisiert werden. So können etwa Cyclische Endoperoxyde, die von einem Zelltyp abgegeben werden, von einem anderen aufgenommen und weiter umgesetzt werden.

Entzündungseffekte, bei denen PG dominante oder unterstützende Funktionen ausüben

1. Wirkung auf die Gefäßmuskulatur

Die Wirkungsart und -stärke der Cyclooxygenaseprodukte als vasoaktive Substanzen ist gestaffelt.

Vasodilatator
PGI2 > PGE1 > PGE2

Kaum/keine Wirkung
PGF2α, PGD2

Starker Vasokonstriktor
TXA2

Am stärksten gefäßerweiternd wirkt PGI2, während TXA2 Gefäße stark kontrahiert.

PGE und PGI bewirken, im Gegensatz zu Histamin und Serotonin, eine Erweiterung auch an großen Gefäßen, wobei die Wirkung unabhängig von NO direkt über spezifische Rezeptoren am Gefäßmuskel erfolgt (S. 223, **Abb. 96**). PGE und PGI2 antagonisieren die durch Katecholamine und Angiotensin II verursachte Vasokonstriktion und machen Gefäße gegenüber der Wirkung dieser Vasopressoren refraktär. Die Wirkungskette verläuft dabei nach Rezeptorbesetzung über eine Aktivierung der Adenylatzyklase – den dadurch bewirkten intrazellulären Anstieg des cAMP – über eine verringerte Aktivierung von Calmodulin – letztendlich zu einer reduzierten Verfügbarkeit von Ca^{++}, was die Muskelkontraktilität herabsetzt. Der Mangel an freiem Ca^{++} erklärt auch die Ineffektivität von Vasopressoren.

2. Wirkung auf die Kapillarpermeabilität

Im Gegensatz zur stark gefäßerweiternden Wirkung ist die unmittelbare permeabilitätssteigernde Wirkung von PGI2, PGE1 und PGE2 im Vergleich zu anderen Mediatoren gering. Ihre steuernde Rolle bei der Ödembildung beruht in erster Linie auf einem Synergismus mit anderen Mediatoren, deren Wirkung auf die Gefäßdurchlässigkeit sie potenzieren: mit Histamin, Serotonin und Bradykinin. Die Gefäßwirkung dieser Mediatoren muss über die lokale Freisetzung von PG sozusagen „bestätigt" oder „freigegeben" werden [permissive effect]. Ein solcher Synergismus beruht gewöhnlich auf Reizkonvergenzen auf Postrezeptor-Ebene und Reizschwellensenkung. Der Synergismus ist klinisch bei der Entzündungs- und Schmerzbekämpfung mittels Cyclooxygenasehemmern von eminenter Bedeutung. Durch eine Drosselung ihrer Synthese wird die verstärkende Wirkung der PG eliminiert, übrig bleibt der eigentliche Effekt des Mediators.

3. Wirkung auf das Herz

PGE1 erhöht die Schlagfolge des Herzens. Es wirkt möglicherweise bei der Entstehung des Anaphylaktischen Schocks mit (S. 30).

4. Wirkung auf die ungerichtete und gerichtete Bewegung (Chemotaxis) von Entzündungszellen

PG vom E-Typ hemmen die ungerichtete wie auch gerichtete Bewegung (Chemotaxis), während PGF2α die ungerichtete und die gerichtete Bewegung steigert, selbst aber nicht chemotaktisch ist. Dieser Effekt betrifft Zellen der myeloischen wie auch der lymphatischen Reihe. Die Beeinflussung erfolgt von den spezifischen PG-Rezeptoren ausgehend über eine Aktivierung (PGE) bzw. Hemmung (PGF2α) der Adenylatcyclase und dem resultierenden Steigen bzw. Fallen des intrazellulären cAMP-Spiegels, der letzten Endes die Verfügbarkeit intrazellulären Ca^{++} und damit die Aktivität des Cytoskeletts bestimmt (**Abb. 16, Abb. 91**). TXA2 und schwächer TXB2 aktivieren die gerichtete und ungerichtete Bewegung von PMN und Monozyten.

5. PG und Schmerz

PG vom E-Typ und PGI sind selbst nicht schmerzerzeugend, senken aber die Reizschwelle für Schmerzreize. In diesen Synergismus greifen Cyclooxygenasehemmer als Analgetika ein (S. 250).

6. PG und Fieber

PGE2 ist ein endogenes Pyrogen, darunter versteht man eine körpereigene Substanz, die in die Kette der Fiebererzeugung involviert ist. Diese Kette beginnt beim Makrophagen, der während der Phagozytose im Entzündungsherd Cytokine wie IL1, IL6 und TNFα freisetzt. Die Cytokine gelangen auf dem Blutweg in das ZNS, passieren auf unbekannte Weise die Blut-Hirnschranke und regen im vorderen präoptischen Temperaturzentrum die Produktion von PGE2 an. PGE2 steigert in den Zellen des präoptischen Temperaturzentrums die Produktion von cAMP, was eine Höherstellung des Temperatur-Sollwertes bewirkt und in weiterer Folge Mechanismen zur Erhöhung der Körpertemperatur in Gang setzt. Genaueres über Fieber S. 241ff.

Im Skelettmuskel löst IL-1 einen vergleichbaren Mechanismus aus. Über eine lokale Stimulation der PGE2-Synthese und eine Anhebung von cAMP in der Muskelzelle wird ein Abbau von Muskelprotein in Gang gesetzt. Der Schwund an Muskelsubstanz ist mit Grund für den starken Gewichtsverlust bei fieberhaften Erkrankungen. Mehr zum Katabolismus bei fieberhaften Erkrankungen S. 243ff.

Fieber und Muskelschwund lassen sich bis zu einem gewissen Grad mit Cyclooxygenasehemmern eindämmen. Ein natürlicher Antagonist des PGE2 im ZNS ist PGD2, das eine Temperatursenkung bewirkt.

7. Beteiligung von PG an anaphylaktischen Reaktionen

Während der Degranulation der Mastzellen werden neben anderen Wirkstoffen auch PG freigesetzt. Ihre Rolle besteht dabei in erster Linie darin, die Wirkung anderer Mediatoren zu potenzieren. Sie fördern die Bildung des entzündlichen Ödems und die Schleimabsonderung aus Drüsen. PGE1, PGE2 und besonders stark PGI2 wirken relaxierend auf die Bronchialmuskulatur. Beim Asthma bronchiale wird dieser broncholytische Effekt allerdings von wirkungsvollen Bronchokonstriktoren wie LTC4 und PAF übertroffen (S. 290).

1.2.2.6 Prostaglandine als Regulatoren normaler Zell- und Organfunktionen

PG übermitteln auf parakrinem Weg Informationen über kurze Gewebsstrecken. Jede eukaryote Zelle ist in der Lage, PG zu synthetisieren und als Antwort auf funktionelle Reize in die Nachbarschaft abzugeben. Zellen der Umgebung nehmen diese Nachricht auf und setzen sie weiter in spezifische Antworten um. PG stehen so im Dienste des interzellulären chemischen Nachrichtenaustausches und helfen bei der Koordination von Zell- und Organfunktionen mit. Ihr Aufgabenbereich im Organismus ist viel weiter gesteckt als nur in der Notfallsituation „Entzündung" als Regulator zu wirken.

Von den physiologischen Steuerfunktionen der PG ist der Einfluss auf glatte Muskulatur, auf manche exokrine Drüsen und auf Blutgefäße von großer klinischer Bedeutung. Werden die parakrinen Wirkungen von PG im Zuge von Therapien, im typischen Fall mit COX-Hemmern, eingeschränkt, können Störungen von Organfunktionen eintreten.

1. Kontraktion glatter Muskulatur

a) Im GI-Trakt sind PGE an der Steuerung der Muskulatur beteiligt, indem sie deren Motilität erhöhen. Auch steigern PG die Drüsentätigkeit und Flüssigkeitsabgabe. Die Wirkung gewisser Laxantien beruht darauf, dass sie die PG-Synthese lokal im Darm anregen. Die PG wiederum regen die Peristaltik und die Flüssigkeitsabgabe in den Darm an und wirken damit laxierend. Diarrhoe ist auch eine unerwünschte Nebenwirkung systemisch verabreichter PG-Analoga.

b) PGE fördern die Kontraktion der Uterusmuskulatur. Im schwangeren Uterus lösen sie Wehen aus und werden in dieser Eigenschaft in der Geburtsheilkunde eingesetzt. Ihre Produktion wird durch Sexualsteroide gehemmt. Das Krankheitsbild der *Primären Dysmenorrhoe*, das meist bei jungen Frauen beobachtet wird, entsteht durch die vermehrte Freisetzung von PG im Uterus aufgrund zu tiefer Spiegel von Sexualhormonen. Die überschießend gebildeten PG lösen Uteruskontraktionen und in weiterer Folge Desquamation der Schleimhaut und Blutungen aus. Zusammen mit Hormonen (z.B. Ovulationshemmer) sind COX-Hemmer als Therapie wirkungsvoll.

2. Blutdruckregulierung

Produkte der COX sind bei der Regulation der lokalen Durchblutung und des Blutdrucks mitbeteiligt, wobei sich PGE und PGI2 auf der dilatorischen Seite und TXA2 als Vasopressor gegenüberstehen.

Zu den Gefäßkrämpfen und der oft enormen Blutdrucksteigerung bei Eklampsie scheint eine übersteigerte Produktion von TXA2 durch das Gefäßendothel beizutragen. Ein Missverhältnis zwischen den gefäßerweiternden und antithrombotischen PGE und PGI2 und dem gefäßverengenden und thrombogenen TXA2 spielt auch beim Bluthochdruck und der Infarktentstehung bei Atherosklerose eine Rolle. Eine Langzeittherapie mit COX-Hemmern wirkt präventiv (S. 296, 301).

3. Die „cytoprotektive" Wirkung

An Versuchstieren wurde beobachtet, dass Schäden der Magenschleimhaut, die durch experimentelle Reizung mittels aggressiver Substanzen wie Säuren, Laugen, konzentriertem Alkohol u.ä. hervorgerufen wurden, durch vorangegangene Applikation von PGE vermieden werden konnten. Ähnliche Schutzfunktionen der PGE gegenüber schädigenden Einflüssen konnten auch an Niere, Leber und anderen Organen nachgewiesen werden. Der Mechanismus dieser „Cytoprotektion" wurde inzwischen weitgehend aufgeklärt. Klinisch bedeutsam ist die Schutzwirkung der PG vor allem auf die Magenschleimhaut und die Niere.

a) In der Magenschleimhaut liegt eine besondere Situation vor, die einen ständigen Schutzmechanismus erfordert (**Abb. 18**). Von den Belegzellen der Fundusdrüsen wird Salzsäure in das Magenlumen abgegeben. Die Magenschleimhaut wird durch eine Schleimschicht geschützt, die durch Bikarbonat aus dem Magendeckepithel gegen die Säure abgepuffert wird. Der pH-Wert der Schleimschicht steigt dadurch von rund pH 2 an der luminalen Seite auf etwa neutral an

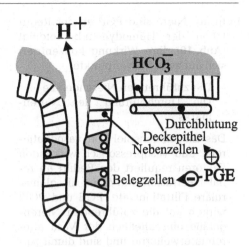

Abb. 18. *Steuerung der Funktion von Magendrüsen durch PG.* PG vom E-Typ erhöhen die Schleimsekretion der Nebenzellen und des Deckepithels des Magens und steigern den Bikarbonatgehalt und damit die Säure-Pufferkapazität des Schleims. Sie fördern die Durchblutung der Magenschleimhaut, drosseln dagegen die Säureproduktion der Belegzellen. PGE aktivieren damit Schutzmechanismen der Schleimhaut gegen Säureschäden. Bei Hemmung der PG-Synthese verringert sich die Schutzwirkung zu Gunsten der Säurewirkung.

der epithelialen Seite an. Saure Valenzen, die durch das Epithel in die Magenwand gelangen, werden durch das Blut gepuffert und abtransportiert. Hier greifen nun PGE cytoprotektiv ein, indem sie diese Schutzfunktionen fördern. PG erhöhen die Produktion von Schleim und Bikarbonat und steigern so die Pufferkapazität gegenüber H-Jonen. Sie fördern die Durchblutung der Schleimhaut und damit den Abtransport von H^+. Darüber hinaus drosseln sie die Aktivität der Belegzellen und reduzieren so die Salzsäuremenge. Ein Mangel an protektivem PGE, der bei der Anwendung von COX-Hemmern oder von Glucocorticoiden eintritt (**Abb. 107**, S. 256), trägt das Risiko eines Ulcus ventriculi oder duodenii in sich. Dieser Gefahr kann man durch die Anwendung von selektiven COX2-Hemmern (S. 51) oder durch begleitende Schutzmaßnahmen (S. 53) begegnen.

b) In der Niere sind PGE an der Regulation der Hämodynamik beteiligt (**Abb. 19**). Ihre Wirkung konzentriert sich auf zwei Schwerpunkte:

– Die zuführenden Nierengefäße
– Die Durchblutung des Nierenmarks

Das Zusammenspiel von vasodilatierend und vasopressorisch wirkenden Faktoren reguliert den Bedarf an renaler Perfusion und damit die glomeruläre Filtrationsrate. PGE und PGI2 wirken auf die zuführenden Nierengefäße einschließlich der Vasa afferentia erweiternd und sind damit Antagonisten von vasopressorisch wirkenden Hormonen und Transmittern wie Angiotensin II und der Katecholamine, deren Wirkung an Gefäßen sie neutralisieren. Auf diese Weise üben sie einen natriuretischen und Wasser-diuretischen Effekt aus und senken den Blutdruck. Beim Gesunden bedeutet eine Einschränkung der PGE-Synthese keine Störung des Blutflusses im Bereich des Vas afferens, da ein Mangel über andere Mechanismen ausgeglichen werden kann. Anders verhält es sich bei Erkrankungen, die mit einer Erhöhung der Blutspiegel von Angiotensin II oder Katecholaminen einhergehen. Die Wirkung dieser Vasopressoren am Vas afferens wird in dieser Situation durch eine Mehrproduktion gefäßerweiternder PGE kompensiert, die unerlässlich ist, um eine ausreichende Nierendurchblutung und Filtrationsleistung zu sichern. Die Niere wird damit „Prostaglandinabhängig". Eine Verminderung der PG-Synthese, wie sie bei Anwendung von COX-Hemmern erfolgt, kann in solchen Fällen zur Einschränkung der Nierendurchblutung bis zum akuten Nierenversagen führen.

Prostaglandine spielen auch bei der Regulation des Blutflusses im Nierenmark eine bedeutende Rolle. Von den äußerst komplexen Zusammenhängen soll hier nur das zum Verständnis Notwendige skizziert werden. Im Interstitium des Nierenmarkes nimmt die Osmolarität von isoosmolaren Verhältnissen an der Rinden-Markgrenze in Richtung Papillenspitze fortlaufend zu. Diese Hyperosmolarität ist das Resultat eines aktiven Transports von Ionen, im überwiegenden Teil von Kochsalz, aus dem aufsteigenden, dicken Schenkel der Henle'schen Schleife in das Bindegewebe des Interstitiums. Der damit gebildete osmotische Gradient ist die treibende Kraft für die Wasserrückresorption aus dem dünnen, absteigenden Teil der Henle'schen Schleife und dem Sammelrohr in das Interstitium des Nierenmarks. Das Blut in den eine Henle'sche Schleife begleitenden Arteriolen (Vasa recta) macht die osmotischen Veränderungen des Interstitiums mit, indem es im absteigenden Schenkel Ionen aus dem hyperosmolaren Milieu des Interstitiums aufnimmt, im aufsteigenden Schenkel dagegen aus dem an Osmolarität abnehmenden Interstitium wieder Wasser aufnimmt. Durch diesen Gegenstrommechanismus werden dem Interstitium Ionen und Wasser entzogen und in den Kreislauf rückgeführt. Weiters gelangen aus dem absteigenden Gefäßschenkel entsprechend dem Konzentrationsgefälle Sauerstoff und Glukose in den aufsteigenden Teil, und aus dem aufsteigenden Schenkel Stoffwechselendprodukte wie CO_2 und Laktat zurück in den absteigenden Teil des Gefäßes. Die Verhältnisse sind schematisch in Abb. 19 dargestellt. Dieser Gegenstrommechanismus hat den Zweck, die O_2- und Glucosekonzentration über eine weite Strecke einer Arteriole – solche Gefäßschleifen können eine Länge von mehreren Zentimetern erreichen – einigermaßen konstant zu halten und das umliegende Gewebe gleichmäßig zu versorgen, wie auch die Entsorgung von Stoffwechselschlacken ausgeglichen erfolgt. Beide Vorgänge innerhalb der Gefäßschleife, die Rückresorption von Salzen und der Austausch von O_2 und Energieträgern erfordert abhängig

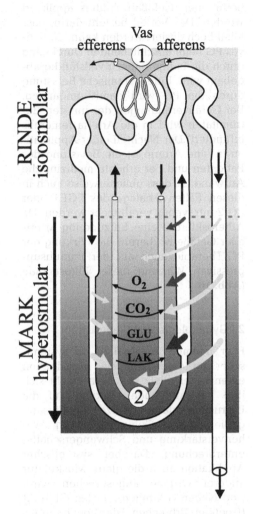

vom jeweiligen Funktionszustand der Niere ein adäquate Durchblutungsgröße, bei deren diffiziler Einstellung die gefäßerweiternden PG vom E-Typ eine wichtige Rolle spielen. Wird die Synthese von PG durch COX-Hemmer eingeschränkt, so kann das Mark durch einen O_2- und Glucosemangel wie auch durch die Anhäufung osmotisch wirksamer Ionen und Stoffwechselendprodukte geschädigt werden. Einzelne Markbereiche gehen damit fortlaufend zugrunde und werden durch Bindegewebe ersetzt (chronisch interstitielle Nephritis). Im Extremfall stirbt massiv Gewebe ab (Papillennekrose).

Generell gesehen besteht die „Cytoprotektion" der Niere durch PG in der Regulierung der Durchblutung.

4. Prostaglandine und Fettstoffwechsel

PGE1 und PGE2 wirken im Fettgewebe antilipolytisch, indem sie die durch Katecholamine induzierte Fettmobilisierung hemmen und die Veresterung von Fettsäuren in der Fettzelle fördern. Vergleichbar mit den Verhältnissen an der Gefäßmuskulatur heben sie die Katecholaminwirkung an der Fettzelle auf.

Abb. 19. *Nierenschädigung durch COX- Hemmung.* (1) Um die Filtrationsleistung der Niere aufrecht zu erhalten, treten bei Situationen einer verringerten Nierendurchblutung drucksteigernde Mechanismen in Aktion: Vasopressoren bringen das Vas afferens wie auch das Vas efferens zur Kontraktion. Das Vas afferens wird aber durch die Wirkung lokal freigesetzter PGE geöffnet, so dass durch den entstehenden Staudruck der Filtrationsdruck in den Glomerulumkapillaren erhöht wird. Wird durch COX- Therapie die PG-Produktion eingeschränkt, kann es zum Abfall der Nierenleistung bis zur Anurie kommen. (2) Der Transport von Na^+ aus dem aufsteigenden Teil der Henle'schen Schleife in das Interstitium des Nierenmarks (dunkle Pfeile) schafft das hyperosmolare Milieu, das den Rücktransport von Wasser aus dem absteigenden Teil der Henle'schen Schleife und aus dem Sammelrohr betreibt (helle Pfeile). Der osmotische Gradient nimmt gegen die Papillenspitze zu. Rückresorbierte Salze und Wasser werden über die Markgefäße (Vasa recta) kontinuierlich abtransportiert; auf diese Weise bleibt ein konstanter Funktionszustand erhalten. Aus dem absteigenden Schenkel der Markarteriole diffundieren Sauerstoff und Glukose (Glu) in den aufsteigenden Schenkel, und umgekehrt aus dem aufsteigenden die Stoffwechselprodukte Laktat (Lak) und CO2 in den absteigenden. Über diesen Gegenstrommechanismus werden die Konzentrationsunterschiede von Nährstoffen und Stoffwechselschlacken in den Außen- und Innenbereichen des Nierenmarks verringert. Die dafür nötige Feinabstimmung der Durchblutung wird wesentlich von PGE gesteuert, welche die Perfusion der Markarteriole erhöhen. Durch COX-Hemmung wird die Steuerung der Markdurchblutung beeinträchtigt, was zu akuten und chronischen Nierenschäden führen kann.

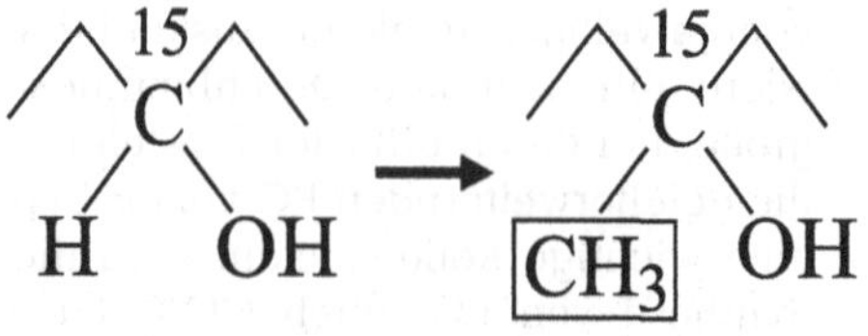

Abb. 20. *Stabilisierte PG- Analoga.* Inaktivierung und Abbau der Prostaglandine beginnen mit der Oxydation der OH- Gruppe am C-Atom 15 durch die PG-15- Hydroxy- Dehydrogenasen. Die Substitution des Wasserstoffs durch eine Methylgruppe macht die OH- Gruppe für diese Enzyme unzugänglich.

1.2.2.7 Prostaglandine in der Medizin

Der therapeutische Einsatz von Prostaglandinen und PG-Analoga

PG werden im Organismus durch die Prostaglandin-15-Hydroxy-Dehydrogenasen rasch abgebaut. Diese Enzymgruppe kommt intrazellulär in einer Vielzahl von Zelltypen vor. Besonders reichlich sind PG-15-OH-DH im Endothel der Lungengefäße vertreten, so dass PG, die ins Blut gelangen, sofort unwirksam werden. Eine systemische Anwendung von nativen PG ist wegen ihrer sofortigen Eliminierung ineffektiv. Es werden statt dessen stabile PG-Analoga verwendet, die eine wesentlich längere Halbwertszeit als die natürlichen Verbindungen aufweisen. Die Basis einer solchen Stabilisierung ist eine Methylierung am C15 Atom (**Abb. 20**). Die methylierten Analoga behalten weitgehend die Eigenschaften der Muttersubstanz, sind aber für die PG15-OH-DH unangreifbar und werden wesentlich langsamer unspezifisch abgebaut bzw. ausgeschieden. Natürliche PG werden nur für wenige Indikationen verwendet.

Indikationen für den therapeutischen Einsatz

1. Gefäßerweiterung

Bei schweren Durchblutungsstörungen wird die gefäßerweiternde Wirkung der PG genutzt. Hier können native PGE direkt intraarteriell in den Gefäßstamm des betroffenen Gefäßabschnittes appliziert werden. Der Vorteil besteht darin, dass lokal hoch dosiert werden kann, da natives PG beim anschließenden Durchgang durch die Lunge nahezu vollständig abgebaut wird. Eine systemische Belastung durch die PG wird damit umgangen. Bei Gefäßverengungen der unteren Extremitäten wird in die Arteria femoralis infundiert. Der Nachteil einer Applikation in eine Arterie ist die Belastung des Patienten und der erhöhte medizinische Aufwand, so dass üblicherweise auch in diesen Fällen Analoga des PGE1 oder PGI2 intravenös verabreicht werden. Da Atherosklerose eine Entzündung arterieller Gefäße ist, beruht die Wirkung der PG-Therapie auch auf der immunsuppressiven Wirkung dieser Eikosanoide (**Abb. 16**).

2. Gynäkologie und Geburtshilfe

Hier nehmen PG-Analoga in systemischer und/oder vaginaler Applikation einen festen Platz ein. Man macht sich ihre kontrahierende Wirkung auf die Uterusmuskulatur zunutze. Das Einsatzgebiet umfasst Geburtseinleitung, Wehenverstärkung und Schwangerschaftsunterbrechung. Da bei systemischer Applikation auch die glatte Muskulatur anderer Organe angesprochen wird, sind Nebenwirkungen auf den GI-Trakt (Übelkeit, Erbrechen, Diarrhoe) häufig.

3. Prophylaxe und Therapie des Ulcus ventriculi und duodenii

PGE schützen die Magenschleimhaut vor der aggressiven Wirkung der Magensäure auf zwei Ebenen: Einmal hemmen sie die Salzsäureproduktion, und zweitens fördern sie cytoprotektive Mechanismen (S. 47). Systemisch applizierbare PG-Analoga mit der Zulassung zur Ulkusprophylaxe und –therapie werden angeboten. Ihr Nachteil liegt in den Nebenwirkungen, die individuell verschieden ausgeprägt sein können: Gastrointestinale Störungen wie Übelkeit und Diarrhoe, Blutdruckabfall, uterine Krämpfe und Abortgefahr bei Schwangerschaft. Eine andere Therapiemöglichkeit besteht darin, die körpereigene PG-Synthese lokal in der Magenschleimhaut anzuregen. Dieser Weg wird seit alters her, wenn auch ohne die Kenntnis der näheren Zusammenhänge, in der Volksmedizin beschritten. Milde Reize auf die (gesunde!) Magenschleimhaut fördern lokal die PG-Synthese und beugen einer Gastritis und Ulcera vor. Solche Reize bestehen in der Verwendung von Gewürzen (Paprika, Pfeffer), Säuren (Fruchtsäfte vor dem Frühstück) und auch Äthylalkohol in maßvollen Mengen („ein Schnaps in der Früh auf nüchternen Magen" als alte Bauernregel). Die lokale Anregung der PG-Synthese in der Magenschleimhaut ist ein Teil der Ulkusprophylaxe und –therapie mit Sucrosesulfat. Umgekehrt führt eine Hemmung der PG-Synthese zu einer Minderung der Cytoprotektion und als Folge davon zur Ausbildung einer erosiven Gastritis und von Magenulzera und –blutungen, die eine häufige Komplikation einer Therapie mit COX-Hemmern und Glucocorticoiden darstellen (**Abb. 107**).

Cyclooxygenase-Hemmer in der Therapie

Die unter der deutschen Bezeichnung „Nichtsteroidale Antirheumatika" (NSAR) bzw. in der englischsprachigen Literatur und international unter „nonsteroidal antiinflammatory drugs" (NSAID) zusammengefasste Gruppe von Medikamenten hemmt die Aktivität der Cyclooxygenasen (COX), und zwar sowohl der regulatorischen COX1 wie auch der inflammatorischen COX2 (S. 37). Daneben können diese Medikamente je nach Typ und verwendeter Konzentration auch andere Enzyme und Funktionen von Entzündungszellen hemmen wie die Lipoxygenase, die Produktion aktiver Sauerstoffradikale oder die Aktivierung von Adhäsinen (S. 60, **Abb. 105**). Chemisch unterscheidet man Karbonsäuren (Salicylsäurederivate, Anthranilsäurederi-

vate, Essigsäurederivate, Propionsäurederivate) und Enole (Oxicame und Pyrazolone). Die meisten NSAID wirken kompetitiv zu den natürlichen Eikosäuren, wobei die Affinität zur COX und damit die Wirkungsdauer der einzelnen Typen sehr unterschiedlich ist. Auf Einzelheiten hinsichtlich der Unterschiede und Schwerpunkte ihrer Wirkung wird hier nicht eingegangen; die pharmakologische Literatur bietet diesbezüglich reichlich Information. Acetylsalicylsäure wirkt dagegen durch eine feste Bindung der Acetylgruppe irreversibel blockierend auf die COX. Azetylierte COX2 kann allerdings als 15-Lipoxygenase weiter aktiv sein (S. 62).

Unter den NSAID ist die Acetylsalicylsäure (ASS) der klassische Schmerz- und Entzündungshemmer schlechthin. ASS ist das weltweit am häufigsten verwendete Medikament und daneben auch das erste, das synthetisch hergestellt wurde (Hofmann 1898). Durch eine Hemmung der COX wird die Produktion der wirksamen Umsetzungsprodukte Cyclische Endoperoxyde, PGI, TXA, PGD, PGE und PGF2α eingeschränkt. Die Synthese dieser Produkte mit unterschiedlicher Wirkung ist zell- und gewebsspezifisch. Es ist nicht nur der Fortfall der unmittelbaren Mediatorwirkung eines Arachidonsäuremetaboliten, auf dem der therapeutische Effekt der NSAID beruht, sondern häufig auch der Fortfall des Synergismus mit anderen Mediatoren (S. 44).

Selektive COX2-Hemmer drosseln gezielt die inflammatorische Komponente der COX unter weitgehender Belassung der regulatorischen Aktivität der COX1 (S. 36f).

NSAID in der antiphlogistischen Therapie

1. Hemmung der lokalen Entzündungsreaktion

Durch Hemmung der Vasodilatation und Permeabilitätssteigerung im Entzündungsbereich wird die Exsudation und damit die Entwicklung des entzündlichen Ödems eingeschränkt. Verringerte Bildung von PGF2α senkt die Motilität von Entzündungszellen. Bei *niederer Dosierung* beruhen die antiphlogistischen Effekte der NSAID vorwiegend auf einer COX-Hemmung. *Höhere Dosierung* hemmt in Phagocyten über einen Eingriff in den NFkB-Weg (S. 202, **Abb. 105, Abb. 106**) zusätzlich die Chemotaxis, Adhäsion, Abgabe lysosomaler Granula und die Freisetzung aktiver Sauerstoffradikale (ROS). Darüber hinaus drosselt ASS indirekt die Aktivitäten von PMN durch die Stimulation der Lipoxin-Synthese (S. 62).

2. Schmerztherapie

PGE2 ist selbst kein Schmerzmediator, aber ein Synergist von Schmerzmediatoren an C-Fasern (S. 250). Daher lindern Cyclooxygenasehemmer den chronischen Schmerz, sind aber zur Behandlung starker und über A delta-Fasern vermittelter Schmerzen ungeeignet.

3. Fieberbekämpfung

siehe Seite 248.

Alle diese Eigenschaften machen NSAID zu einem Grundbestandteil der Therapie akuter und chronischer entzündlicher Ereignisse und ihrer Symptome wie Schwellung und entzündliche Schmerzen. Alltägliche Einsatzgebiete sind Schmerzen nach operativen und mechanische Traumen, Kopfschmerz, Neuritiden, der akute Gichtanfall, chronischer Polyarthritis, Arthrosen, Spondylitis und Spondylosen.

Nicht antiphlogistische Indikationen

1. Hemmung der Vasokonstriktion und Gerinnungshemmung

Durch Hemmung der Thromboxan- Bildung im Endothel und in den Thrombozyten schränken COX-Hemmer die Blutgerinnung und Vasokonstriktion ein. ASS wird zur Prophylaxe des Coronarinfarkts eingesetzt. Bei entsprechend niedriger Dosierung soll dabei die TXA2-Produktion in den Thrombozyten, nicht dagegen die Produktion des gefäßerweiternden und antithrombotischen PGI2 im Endothel gedrosselt werden. ASS inaktiviert durch Acetylierung die COX irreversibel. Während eukaryote Zellen wie das Gefäßendothel den Verlust an COX durch Nachproduktion ausgleichen und weiterhin PGI2 abgeben, können die kernlosen Thrombozyten ihren Enzymvorrat nicht ergänzen, sondern die COX – und damit die Produktion von TXA2 – bleibt über die gesamte Lebensdauer eines Plättchens blockiert. Das Verhältnis von PGI2 und TXA2 in der Zirkulation wird damit zugunsten des PGI2 verschoben, wodurch einem Infarkt vorgebeugt werden kann. Die Herabsetzung der Gerinnungsbereitschaft steigert allerdings die Blutungsneigung mit dem Risiko apoplektischer Hirninfarkte, wenn gleichzeitig eine Cerebralsklerose vorliegt.

2. Schwangerschaftsinduzierte Hypertonie und Präeklampsie.

Nach heutiger Auffassung wird diese Komplikation, die in 5 bis 10% aller Schwangerschaften auftritt, durch eine zu hohe Produktion von TXA2 verursacht. Neben der Eigenwirkung des TXA2 wird durch dieses Ungleichgewicht die Gefäßwand gegenüber dem Einfluss anderer Vasopressoren (Katecholamine, Angiotensin II) empfindlicher. Diese Situation führt zu Bluthochdruck, Thromboseneigung und zu Störungen der Nierenfunktion. Das Therapieschema ist ähnlich dem der Infarktprophylaxe. Durch nieder dosierte ASS wird schwerpunktmäßig die TXA2-Synthese, nicht dagegen die Synthese von PGI2 gehemmt und damit eine Annäherung an das natürliche Gleichgewicht erreicht.

3. Primäre Dysmenorrhoe

siehe S. 46.

4. Persistierender Ductus arteriosus Botalli

Die Induktion zum Verschluss des Ductus Botalli erfolgt unmittelbar nach der Geburt durch den Anstieg des arteriellen pO_2. PGI_2 und PGE_2 unterbinden den Verschluss. Eikosanoide werden bei Lungenbarotraumen, wie sie insbesondere bei der maschinellen Beatmung von Frühgeborenen entstehen können, vermehrt in der Lunge gebildet und gelangen auf dem Blutweg zum noch offenen D.Botalli, dessen Verschluss sie verhindern. Therapeutisch hemmt man die Bildung dieser PG mittels ASS oder Indomethacin.

Mögliche Nebenwirkungen einer Therapie mit NSAID

Art und Ausmaß der Nebenwirkungen sind stark von Dosis, Angriffspunkt und dem Wirkungsspektrum des jeweiligen Typs von NSAID und auch von der individuellen Disposition abhängig. Auf diesbezügliche Einzelheiten wird hier nicht eingegangen, sondern es sollen nur Gefahrenquellen im allgemeinen zusammen gefasst werden.

1. Fortfall der cytoprotektiven Wirkung

Magenschleimhaut: Der Schutz der Magenschleimhaut vor einer Schädigung und Zerstörung durch Salzsäure und Pepsin ist stark PG abhängig. Unterdrückung der PG-Produktion durch NSAID kann zu Gastritis und zu Magen- und Duodenalulcera führen (S. 47). Längerfristige Therapien mit NSAID müssen daher von Schleimhaut- schützenden Maßnahmen begleitet werden. Selektive COX2-Hemmer reduzieren die Schädigung der Magenschleimhaut beträchtlich (S. 51).

Niere: Während in einer gesunden Niere PG keinen unentbehrlichen Faktor für die Blutzufuhr darstellen, ist die Nierendurchblutung bei Erkrankungen, bei denen vermehrt Vasopressoren (Katecholamine, Angiotensin II) freigesetzt werden, „Prostaglandin abhängig" (S. 48). In diese Gruppe fallen Erkrankungen mit ungenügender renaler Perfusion, bei denen das Renin-Angiotensin-Aldosteronsystem überstimuliert ist („sekundärer Hyperaldosteronismus"), wie Herzinsuffizienz, Lebererkrankungen mit unzureichender Albuminproduktion, Albuminmangel beim nephrotischen Syndrom, Hypovolämien und Schock, oder bei Mangeldurchblutungen auf anatomischer Basis wie Atherosklerose. Bei renalem Parenchymverlust sind PG vonnöten, um die verbliebenen Nephrone maximal zu perfundieren und auf diese Weise die Nierenfunktion als Ganzes aufrecht zu erhalten. NSAID führen bei diesen Risikopatienten über eine mangelhafte Nierenperfusion zu Natrium- und Wasserretention mit Ödemneigung, Bluthochdruck und, im Extremfall, zum akuten Nierenversagen. Über den gleichen Mechanismus sind NSAID Antagonisten von Diuretika und können eine antihypertensive Therapie durch die provozierte Hypervolämie zunichte machen, sind daher in diesen Fällen kontraindiziert.

Bei einem gewissen Personenkreis, dessen Risikofaktor nicht näher definiert ist, löst eine länger dauernde Therapie mit NSAID eine chronisch-interstitielle Marknephritis mit Parenchymverlust hervor, die das Krankheitsbild der „Analgetika-Nephropathie" kennzeichnet. Exzessive Gewebsuntergänge können zur Nekrose ganzer Papillen führen. Berüchtigt war in dieser Hinsicht Phenacetin, das wegen dieser gefährlichen Nebenwirkung aus dem Handel genommen wurde. Aber auch ASS über längere Zeiträume in hohen Dosen kann diese Schäden verursachen („Phenacetinniere", „Salicylatniere"). Über die Pathogenese der Markschädigung siehe S. 48f. Selektive COX2-Hemmer stellen keinen Schutz für die Niere dar, da offensichtlich die COX2 für die Regulation der Nierenfunktion unentbehrlich ist (S. 37).

2. Blutgerinnung

Die Hemmung der TXA2 Produktion, die ja bei gewissen Indikationen angestrebt wird, kann sich andererseits in einer verstärkten Blutungsneigung manifestieren. Häufig ist die NSAID-induzierte erosive Gastritis und/oder das Ulcus ventriculi/duodenii mit gesteigerter Blutungstendenz vergesellschaftet.

3. Allergien

ASS und andere NSAID können anaphylaktische Reaktionen und Pseudoallergien auslösen. (S. 28, 31).

4. Zerebrale Symptome

Bei länger dauernder Einnahme von NSAID, besonders ASS, können zerebrale Symptome auftreten, besonders dann, wenn gleichzeitig Ausscheidungsstörungen (Nierenerkrankungen) bestehen. ASS kann eine Ursache für das „Reye-Syndrom" sein, eine akute Enzephalopathie mit Leberdegeneration, die vor allem bei Kindern auftritt. Die Symptomatik besteht in Übererregbarkeit, Erbrechen, Desorientiertheit und Stupor bis Koma.

5. Knochenmarkschädigung

NSAID können bei Disposition zu Knochenmarkhemmung mit Anämie, Leuko- und Thrombopenie bis zur völligen Knochenmarkszerstörung (aplastisches Syndrom, Panmyelophthise) führen.

6. Leberschädigung

Erhöhung der Transaminasen ist bei länger dauernder und höher dosierter Therapie mit NSAID häufig. Gelegentlich können schwere Leberschäden entstehen.

7. Salicylatasthma

Bei Atopikern mit besonderer Disposition, für die in manchen Fällen eine familiäre Komponente gesichert werden konnte, löst die Einnahme von NSAID, insbesondere von ASS, Asthmaanfälle aus oder verstärkt Asthmaanfälle. Das Phänomen wird so interpretiert, dass durch die Hemmung der COX durch NSAID vermehrt Arachidonsäure für die Metabolisierung über die Lipoxygenase zur Verfügung steht. Die dadurch im Übermaß produzierten Cysteinyl-Leukotriene LTC4, D4 und E4 lösen eine Bronchokonstriktion aus oder verstärken sie (**Abb. 10**, S. 58).

NSAID, auch das Aspirin, sind alles andere als harmlose Heilmittel. Der schwunghafte Gebrauch auch außerhalb ärztlicher Kontrolle soll nicht über die Gefahren hinwegtäuschen. Langzeitige Einnahme höherer Dosen muss ärztlich überwacht werden. Die Möglichkeit einer Interaktion von NSAID mit anderen Pharmaka sind vielfältig und müssen beachtet werden. Kontraindikationen einer Therapie mit NSAID ergeben sich aus Risken, von denen oben einige angeführt sind. Das klinischen Erscheinungsbild und laufend durchgeführte Kontrollen von Blutbild, Leber- und Nierenfunktion ermöglichen das rechtzeitige Erkennen drohender schädlicher Nebenwirkungen.

1.2.3 Derivate der Omega-3-Fettsäuren

Unter dem Begriff Omega-3-Fettsäuren [omega-3-fatty acids, ω-3-FA] werden Fettsäuren zusammengefasst, die eine Doppelbindung in der Omega-3-Position tragen (**Abb. 11**). Im Zusammenhang mit Entzündungsvorgängen ist vor allem die Eikosapentaensäure [eikosapentaenic acid, EPA, im englischsprachigen Schrifttum auch gelegentlich als timnodon acid bezeichnet] von Bedeutung. Diese C20:5 ω-3-Fettsäure wird vor allem vom Phytoplankton der Meere, aber auch von Süßwasseralgen und im geringen Maß von Landpflanzen synthetisiert und gelangt über die Nahrungskette in tierische Organismen, wo sie bevorzugt in Triglyceride in der C2-Position eingebaut und gespeichert wird.

Ein anderer Teil wird in Membran-Phospholipide, ebenfalls in C2-Position, eingebracht (**Abb. 12, Abb. 13**). Unter den Lieferanten menschlicher Nahrungsmittel enthalten folglich Seefische und die von ihnen, bzw. vom Krill lebenden Meeressäuger wie Wale und Robben reichlich EPA. Süßwasserfische wie z.B. Forellen sind weniger ergiebige Quellen. Geringe Mengen an EPA sind auch im Wildbret enthalten. Entsprechend ihrer bevorzugten Bindung in Triglyceriden ist EPA im Öl bzw. Fettanteil der erwähnten Tierarten am höchsten konzentriert. Eine andere, in Fischen ebenfalls reichlich gespeicherte ω-3-FA, die Dokosahexaensäure, [docosahexaenic acid, DHA], eine C22:6 ω-3-Fettsäure, wird vom menschlichen Organismus größtenteils in EPA umgewandelt und in dieser Form weiter verwertet.

Zur Geschichte

Die Erforschung der ω-3-FA begann mit der Beobachtung, dass traditionell lebende Eskimos trotz massiver Zufuhr von Nahrungscholesterin kaum je an Bluthochdruck oder Atherosklerose erkranken, oft jedoch erhöhte Blutungsneigung zeigen. Eine dänische Forschergruppe begann nach 1960 und intensiver in den siebziger Jahren systematisch diesem Phänomen nachzugehen. Die Untersuchungen ergaben, dass neben gewissen rassisch bedingten Schutzmechanismen es vor allem die in der Nahrung reichlich enthaltenen EPA und DHA sind, welche die Eskimos, deren bevorzugte Diät aus Fisch und Meeressäugern besteht, vor Gefäßkrankheiten schützen. An anderen ethnischen Gruppen durchgeführte Untersuchungen, wie an polarnahe lebenden Indianern oder an japanischen Fischern, bei denen Fisch eine wesentliche Nahrungsgrundlage bildet, konnten die an Eskimos erhobenen Befunde bestätigen. Anhand von Migrationsstudien wurde weiterhin gezeigt, dass Angehörige Fisch essender Bevölkerungsgruppen den Atherosklerose- und Hypertonieschutz verloren und dieselbe Häufigkeit

an Gefäßerkrankungen wie ihre neue Umgebung entwickelten, wenn sie die Ernährungsgewohnheiten des Gastlandes annahmen, die Fisch vernachlässigten. Somit scheinen Wirkung und Wert der ω-3-FA ausreichend abgesichert.

Wirkungen der Omega-3-Fettsäuren

Die Wirkung der EPA setzt an verschiedenen Ebenen an und ist erst teilweise erforscht.

Eine Reihe von Effekten konnte gesichert werden: Hemmung der Synthese von Fettsäuren, Triglyceriden und Cholesterin und eine verminderte VLDL-Sekretion der Leber; Stimulation der β-Oxidation der Fettsäuren und der Ketogenese; Erhöhung der Insulinsekretion; Verringerung des peripheren Gefäßwiderstandes und damit Blutdrucksenkung; Verringerung der Blutviskosität durch Erhöhung der Verformbarkeit der Erythrozyten als weiterer Faktor zur Senkung des Blutdrucks; Herabsetzung der Blutgerinnung und Stimulation der Fibrinolyse; Aktivitätsminderung weißer myeloischer Zellen wie Hemmung der Chemotaxis und der Bildung von ROS. Diese Effekte summieren sich in Richtung auf eine Vorbeugung der Atherosklerose (S. 300f). Die Wirkungsmechanismen, die diesen Effekten zugrunde liegen, werden allerdings nur zum geringen Teil verstanden. Auf Abkömmlinge des Knochenmarks wie Granulozyten, Monozyten und Thrombozyten sowie auf Endothelzellen wirkt EPA offenbar dadurch, dass sie anstelle von AA oder DGLA in Phospholipide der Zellmembran eingebaut wird. Dadurch wird die Membranfluidität erhöht und möglicherweise die Erregbarkeit dieser Zellen verändert. Gesichert ist, dass EPA von der COX zu PG mit drei Doppelbindungen, und von der Lipoxygenase (LOX) zu Leukotrienen mit fünf Doppelbindungen umgesetzt wird. EPA und AA konkurrieren um die umsetzenden Enzyme und verdrängen sich kompetitiv. Während TXA3 fast völlig unwirksam ist, besitzt PGI3 die selbeWirkung wie PGI2. Damit wird das Wirkungsgleichgewicht in Richtung des gefäßerweiternden und gerinnungshemmenden PGI verschoben. Die Affinität der AA zur COX ist allerdings wesentlich höher als die der EPA, so dass der Anteil an PGI3 und TXA3 an der Gesamtmenge produzierten PG auch nach hoher EPA Zufuhr relativ gering ist. EPA scheint auch noch über andere, zur Zeit unbekannte Angriffspunkte den Gefäßtonus herabzusetzen. Die Wirkung über die LOX-Aktivität läuft analog ab. EPA konkurriert mit AA, und LTB5 ist weitgehend inert. Weiters werden PAF und ROS vermindert produziert und abgegeben, so dass ein hoher EPA-Anteil in der Nahrung mäßig entzündungshemmend wirkt.

In der Medizin werden EPA-Präparate als Begleittherapie verwendet. Die gerinnungshemmenden, Blutdruck und Blutlipide senkenden Eigenschaften werden zur Prophylaxe von Coronarinfarkt oder Angina pectoris eingesetzt. Lebenslanger konsequenter Fischkonsum wirkt Infarkt vorbeugend, wie eindeutig nachgewiesen ist. Die entzündungshemmende Komponente der EPA-Wirkung kann bei chronisch-entzündlichen Erkrankungen wie cP, Psoriasis und Akne genutzt werden. Bei Psoriasis sind LOX-Produkte wie LTB4 und 12-HETE (S. 57, 60) in den befallenen Hautarealen stark erhöht. Den entsprechenden EPA-Metaboliten fehlt weitgehend der proinflammatorische Effekt, was den Krankheitsverlauf mildert. Eine zusätzliche Medikation mit EPA kann sich in solchen Fällen als unterstützende Maßnahme bewähren, ersetzt aber meist nicht eine Therapie mit wirkungsvolleren Mitteln.

1.2.4 Lipoxygenaseprodukte der Eikosasäuren

Leukotriene

Bei der Bildung der Leukotriene geht der Metabolisierungsweg der AA, DHGL und EPA über die Lipoxygenasen (LOX) (**Abb. 10**). Es sind drei Typen von LOX bekannt, die sich durch den Angriffspunkt an verschiedenen C-Atomen der Fettsäure unterscheiden: Die **5-Lipoxygenase (5-LOX)**, die **12-Lipoxygenase (12-LOX)** und die **15-Lipoxygenase (15-LOX)**, die wiederum in verschiedenen Isoformen auftreten. Ihre biologisch aktiven Produkte sind die Leukotriene (LT) und verwandte Substanzen. Ihnen allen ist gemeinsam, dass sie – wie die COX-Produkte – nicht gespeichert vorliegen, sondern unmittelbar bei Bedarf synthetisiert und freigesetzt werden. Da ihr Abbau sofort nach Abgabe erfolgt, wirken sie kurzfristig lokal und nicht systemisch. Die Wirkung der Leukotriene und verwandter Verbindungen erfolgt über spezifische Rezeptoren an den Zielzellen.

1.2.4.1 Die Produkte der 5-Lipoxygenase

Die 5-LOX ist die im Organismus am reichlichsten vertretene Lipoxygenase. Sie liefert die im Entzündungsgeschehen wichtigen Leukotriene LTB4 und LTC4.

Sitz der 5-LOX

sind in erster Linie Zellen der myeloischen Reihe: Neutrophile Granulozyten (PMN), Monozyten/Makrophagen und Mastzellen, weniger dagegen Eosinophile und Basophile Granulozyten und Thrombozyten, die vermehrt mit den anderen LOX-Typen ausgestattet sind. In geringem Maß tritt 5-LOX auch in T-Lymphozyten auf.

Der Reichtum der Schleimhäute der Atemwege und der Lunge an PMN, Monozyten/Makrophagen und Mastzellen bedingt auch ihren hohen Gehalt an 5-LOX. Leukotriene tragen hier zu den Effekten anaphylaktischer Reaktionen, wie typischerweise bei Asthma bronchiale, einen hohen Anteil bei.

Synthese von Leukotrienen über die 5-LOX (**Abb. 21**)

Die 5-LOX ist in inaktiver Form im Cytosol der Zelle gelöst. Voraussetzung für eine Aktivierung ist ihre Bindung an Membranen. Diese Bindung erfolgt durch ein besonderes Koppelungsprotein, das five-lipoxygenase adhesion protein (FLAP). Das wichtigste Substrat für die LT-Synthese, die AA, entstammt den gleichen Quellen wie für die COX beschrieben: Hauptlieferanten sind Lecithin und Phosphatidylinositol (S. 35). Der erste Metabolit einer Umsetzung durch die 5-LOX ist die **5-Hydroxy-Peroxy-Eikosatetraensäure (5-HPETE)**, die in einem weiteren Schritt zu **Leukotrien A4 (LTA4)** umgewandelt wird, das biologisch inaktiv ist. Ein anderer Metabolisierungsweg führt zur **5-Hydroxy-Eikosatetraensäure (5-HETE)**, die von der produzierenden Zelle abgegeben wird und eine mäßig chemotaktische Wirkung auf PMN und Monozyten/Makrophagen ausübt.

LTA4 kann entweder zu **Leukotrien B4 (LTB4)** oder, nach Bindung von Glutathion (Glu-Cys-Gly) über die SH-Gruppe des Cysteins an das C6-Atom, zu **Leukotrien C4 (LTC4)** umgesetzt werden. In manchen Fällen werden auch die weniger aktiven Leukotriene LTD4 und LTE4, die durch Peptidolyse des Gutathions aus LTC4 entstehen, von der Zelle freigesetzt (S. 58). Die Leukotriene LTC4, D4 und E4 werden unter dem Sammelbegriff „**Cysteinyl-Leukotriene**" zusammengefasst. LTB4 und Cysteinyl-LT werden in die unmittelbare Nähe der Zelle abgegeben und kommen hier zur Wirkung. Von medizinischer Bedeutung ist, dass die 5-LOX neben AA auch EPA umsetzen kann. Die entstehenden LTB5 und LTC5 sind biologisch nur wenig wirksam (S. 56).

Der Gehalt an LTA4-Hydrolase oder an Glutathion-S-Transferase im jeweiligen Zelltyp bestimmt, ob vorwiegend LTB4 oder LTC4 produziert werden. LTB4 entsteht reichlich in PMN und Makrophagen, wie LTB4 überhaupt den Hauptmetaboliten der AA in PMN darstellt. Sensibilisierte Eosinophile Granulozyten und Lungenmastzellen, die über IGE-Antigenkomplexe zur Granulaabgabe stimuliert werden, geben dagegen vorwiegend LTC4 ab (**Abb. 21**). Alveolarmakrophagen erzeugen wiederum mehr LTB4, aber weniger Cysteinyl-LT.

LOX und COX konkurrieren um die AA, wobei beide Enzyme etwa die gleiche Affinität zu diesem Substrat haben. Allerdings können Reize die betreffenden Enzyme in verschiedenem Ausmaß aktivieren, so dass in Abhängigkeit von der Art des Reizes ein bestimmter Metabolisierungsweg – über COX oder LOX – bevorzugt beschritten wird. Die Palette der Reaktionsmöglichkeiten ist dadurch sehr bunt, und das Erscheinungsbild einer entzündlichen Erkrankung kann sich zwischen einzelnen Personen stark unterscheiden.

Die Stimulationsreize

auf die 5-LOX zur Produktion von LT sind je nach Zelltyp verschieden. IGE-Antikörperkomplexe regen Mastzellen, Eosinophile und Basophile Granulozyten zugleich mit der Abgabe ihrer spezifischen Granula auch zur Bildung und Freisetzung von LTC4 an, das eine zentrale Rolle bei der Pathogenese des Asthma bronchiale einnimmt (S. 290). Für die meisten Makrophagen und für PMN stellt wiederum Phagozytosetätigkeit oder die Stimulation durch Mediatoren wie die Anaphylatoxine C3a und C5a, PAF etc. einen starken Reiz zur Abgabe von LTB4 dar.

Angriffspunkte der Leukotriene

Die Wirkung erfolgt über spezifische Rezeptoren. LTB4 und LTC4 haben ein gänzlich verschiedenes Wirkungsspektrum. LTB4 ist in erster Linie ein Aktivator von Entzündungszellen, während LTC4 vor allem vasoaktiv und als starker Bronchokonstriktor wirkt.

LTB4

wird reichlich von PMN abgegeben, ist auch gleichzeitig ein starker Aktivator dieser Zellen und regt konzentrationsabhängig die ungerichtete und gerichtete Migration, Phagozytose, Aggregatbildung und die Abgabe von Granula, ROS und

Mediatorstoffen an. In ähnlicher Weise sind auch pro-inflammatorische Aktivitäten bei Eosinophilen Granulozyten und Makrophagen betroffen. LTB4 wirkt demnach im Entzündungsgeschehen als wichtiger autokriner und parakriner Informationsübermittler, über den entzündlich engagierte weiße Blutzellen andere, in der Umgebung vorhandene artgleiche und nicht artgleiche Zellen sozusagen auffordern, sich an den Ort der Entzündung zu begeben und am Entzündungsgeschehen zu beteiligen. LTB4 ist, neben PAF und einigen Cytokinen, ein wichtiger Faktor im Dienst einer gezielten Verstärkung des akuten lokalen Entzündungsgeschehens. Ein Überschießen dieses positiven Feedbacks kann zur Selbstschädigung des Organismus führen.

Cysteinyl-Leukotriene: LTC4 und dessen Abbauprodukte LTD4 und LTE4

Zur Geschichte

1938 perfundierten Feldberg und Kellaway isolierte Meerschweinchenlungen mit Kobragift. Wenn das Perfusat auf glatte Muskulatur aufgebracht wurde, wie etwa auf Streifen von Darm oder Bronchien, erfolgte eine langsame, aber anhaltende Kontraktion. Wegen dieser Wirkung wurde der enthaltene Wirkungsfaktor „Slow reacting substance", SRS, benannt. Später konnte festgestellt werden, dass der selbe Faktor auch aus sensibilisierten Lungen bei anaphylaktischen Reaktionen frei wird. Die Benennung wurde aus diesem Grund auf „Slow reacting substance of anaphylaxis", SRS-A, erweitert. In den späten siebziger und in den achtziger Jahren gelang es, die chemische Natur von SRS-A aufzuklären. Es handelt sich um ein Gemisch von LTC4, LTD4 und LTE4. Die an sich überholte Bezeichnung SRS-A ist heute noch in Gebrauch.

Wirkungen

Der Verlust von Aminosäuren am Glutathion, der die Umwandlung von LTC4 zu LTD4 und schließlich zu LTE4 kennzeichnet (**Abb. 21**), hat eine schrittweise Minderung der Wirkung zur Folge. LTC4 ist stark, LTE4 dagegen nur mehr geringfügig wirksam. Alle drei Typen zeichnen sich durch ihren kontrahierenden Effekt auf glatte Muskulatur und Endothelzellen aus. In der Lunge scheint die physiologische Rolle der Cysteinyl-LT außerhalb der Entzündung darin zu bestehen, an der Regulierung der Durchlüftung, Durchblutung und der Kapillarpermeabilität mitzuwirken. Werden jedoch LT, wie beim Asthma bronchiale, in unkontrollierter, übergroßer Menge abgegeben, führt das zu Bronchospasmus, Druckerhöhung im Pulmonalkreislauf und zu Exsudation aus den Kapillaren und als Folge davon zu Schleimhautödem und Lungenödem (siehe Asthma bronchiale S. 289f).

Bronchialmuskulatur. Von der **Bronchokonstriktion** sind vor allem die kleinen Bronchien betroffen, deren Lumen mangels umfassender, stützender Knorpelspangen besonders stark eingeengt wird. Cysteinyl-LT werden heute zu den Hauptauslösern des Bronchospasmus beim Asthma bronchiale gerechnet. Histamin, PG und dem PAF kommt dabei die Rolle von Modulatoren und Verstärkern des Prozesses zu. Cysteinyl-LT stimulieren zudem das Wachstum der Bronchialmuskulatur und tragen zur Umformung der Bronchialwand bei Asthma bronchiale bei (S. 291).

Steigerung der Kapillarpermeabilität. Cysteinyl-LT bewirken eine Lösung der Verbindung zwischen Endothelzellen und fördern damit die **Ödembildung** (S. 220).

Entzündungszellen. Cysteinyl-LT aktivieren die Migration und damit die Einwanderung von **Eosinophilen Granulozyten** in den Entzündungsherd.

Schleimsekretion. Cysteinyl-LT steigern die **Sekretion** und bewirken eine Hypertrophie von Schleimdrüsen. Der mukoziliare Transport wird dagegen beeinträchtigt.

Gefäßwirkung. Die Wirkung von Cysteinyl-LT auf Gefäße hängt von der Art und der Lokalisation der Gefäße ab. So werden Pulmonalarterien erweitert, Coronararterien, Nierenarterien und die Venen des Lungenkreislaufs dagegen enger gestellt. Eine Steigerung des venösen Gefäßwiderstandes in der Lunge kann bedrohlich werden, da sie zusammen mit der erhöhten Kapillarpermeabilität zu einer Beeinträchtigung der Mikrozirkulation im Pulmonalkreislauf und zu Stase und **Lungenödem** führen kann. Eine fortgesetzte und massive Vasokonstriktion im kleinen Kreislauf belastet über eine **pulmonale Hypertension** das Herz und kann über ein Cor pulmonale zur Dekompensation und Herzversagen führen.

Reiche Quellen für Cysteinyl-LT in der Lunge sind im Rahmen anaphylaktischer Prozesse mit IGE sensibilisierte Mastzellen. Aber auch unspezifische Entzündungen wie akute oder chronische Bronchitiden können neben Histamin und PAF eine verstärkte Abgabe von LTC4-LTE4 aus Mastzellen, Eosinophilen Granulozyten und Makrophagen bewirken. Solche Bronchitiden enthalten in ihrer Symptomatik ein starkes bronchokonstriktorisches Element („spastische", „asthmoide" Bronchitis, S. 294).

Eine Freisetzung von Cysteinyl-LT in anderen Organen als den Lungen, die zu Funktionsstörungen führt, ist offenbar weniger bedeutsam, jedenfalls weniger gut studiert. Eine im Tierversuch provozierbare Kontraktion der Koronargefäße durch LTC4 resultiert in einer verringerten Leistung des Herzens. In den Nieren führt eine Einschränkung der Durchblutung durch LTC4 zu einer Abnahme der glomerulären Filtration. Wieweit solche experimentellen Ergebnisse für die Humanmedizin beispielhaft sind, bleibt dahingestellt. Beim Menschen ist bevorzugt die Lunge von LT-Wirkungen betroffen. Sensibilisierte Atopiker weisen gegenüber Gesunden einen erhöhten Mastzellenpool mit erniedrigten Reizschwellen auf, und die Lungenmastzellen von Atopikern metabolisieren AA bevorzugt über den LOX-Weg zu LTC4.

Inaktivierung und Abbau der Leukotriene

LTB4 wird durch Omega-Oxydation inaktiviert, das ist die Oxydation am letzten (ω), also am C20-Atom (**Abb. 21**). Inaktives LTB4-ω-COOH wird im Harn ausgeschieden. Den Abbau von LTB4 erledigen zum Großteil die Produzenten dieses Mediators selbst. Von PMN und Makrophagen in den Entzündungsherd abgegebene ROS sorgen für die rasche Umsetzung. Darüber hinaus besitzen PMN einen spezifischen Rezeptor, über den LTB4 in die Zelle aufgenommen und oxydiert wird. So wird eine örtlich und zeitlich begrenzte Wirkung von LTB4 garantiert. Auch andere Zelltypen können für den Abbau sorgen.

Der Abbau von **LTC4** kann auf zwei Wegen erfolgen (**Abb. 21**):

1. Durch schrittweisen Abbau des Glutathions. Die γ-Glutamyl-Transpeptidase spaltet aus dem Glutathion des LTC4 Glutaminsäure ab und wandelt es damit zum LTD4 um. Eine Reihe von Peptidasen kann nun weiter unspezifisch Glycin abspalten, was LTE4 ergibt. Dieser Abbau ist mit einer zunehmenden Aktivitätsverminderung verbunden. LTD4 und in verstärktem Ausmaß LTE4 gelangen ins Blut und werden im Harn ausgeschieden. Die am Abbau beteiligten Peptidasen sind im Blutplasma vorhanden und verhindern ein systemisches Wirksamwerden der LT. LTC4 kann aber auch in Zellen verschiedenen Typs aufgenommen und in ihnen proteolytisch inaktiviert werden, oder der Abbau von LTC4 zu LTD4 und LTE4 kann bereits in den produzierenden Zellen selbst erfolgen, so dass primär die weniger aktiven Formen freigesetzt werden. Auf diese Weise ist eine Modulation der Entzündung möglich.

2. LTC4-E4 können extrazellulär zu Sulfoxyden oxydiert und damit unwirksam gemacht werden. Diese Oxydation erfolgt durch ROS, die von aktivierten PMN, Eosinophilen Granulozyten und Makrophagen abgegeben wer-

den. Auch hier äußert sich das Prinzip, nach dem sich die Entzündung über ihre eigenen Wirkstoffe dämpft, um ein Überschießen der entzündlichen Reaktion zu verhindern.

1.2.4.2 Produkte der 12-Lipoxygenase

12-LOX ist reichlich in Thrombozyten, daneben auch in Epidermiszellen enthalten und setzt AA über 12-Hydroxy-Peroxy-Eikosatetraensäure (12-HPETE) zur 12-Hydroxy-Eikosatetraensäure (12-HETE) um (**Abb. 21**). 12-HETE bildet unter den AA-Derivaten insofern eine Ausnahme, als sie in den Thrombozyten gespeichert wird. Von hier kann sie in die Umgebung abgegeben werden und wirkt chemotaktisch auf PMN und bringt glatte Muskelzellen zur Kontraktion. Damit ist sie ein Synergist des TXA2. Da die 12-LOX durch COX-Hemmer nicht blockiert wird, kann 12-HETE teilweise die vasokonstriktorische Funktion des TXA2 übernehmen, wenn dessen Synthese durch eine Therapie mit NSAID gehemmt wird.

Die Inaktivierung von 12-HETE erfolgt durch ω-Hydroxylierung zu 12,20-Di-HETE.

1.2.4.3 Die 15-Lipoxygenase

15-LOX wird von Eosinophilen Granulozyten, Monozyten/Makrophagen und Epithelzellen exprimiert und liefert die aktive 15-HETE (**Abb. 21**). 15-HETE ist auch als Ausgangssubstrat für die Erzeugung der anti- inflammatorischen Lipoxine von Bedeutung.

1.2.4.4 Die klinische Bedeutung der Leukotriene

Es liegt nahe, dass therapeutische Maßnahmen darauf abzielen, die Wirkung der Cysteinyl-LT als kräftige Stimulatoren der Bronchokonstriktion und der pulmonalen Vasokonstriktion beim Asthma bronchiale zu hemmen. Dazu stehen zwei spezifische Möglichkeiten zur Verfügung: Einmal die Hemmung der LOX durch Behinderung des Andockens des FLAP an eine Membran, und weiter die Blockierung des Rezeptors für LTC4.

Ein milder therapeutischer Effekt kann durch Ersatz der AA durch EPA erzielt werden. Den EPA-Metaboliten fehlt weitgehend der entzündungsfördernde Effekt (S. 55).

Manche COX-Hemmer unter den NSAID wirken in höherer Dosierung auch auf die LOX. Glucocorticoide drosseln unspezifisch die LT-Produktion, indem sie die Freisetzung des Muttersubstrats AA einschränken und Aktivierungswege blockieren (**Abb. 104, 107**).

1.2.5 Lipoxine

Über die Lipoxygenasen können nicht nur entzündungsfördernde, sondern auch äußerst wirkungsstarke entzündungshemmende Metabolite, die **Lipoxine (LX)**, gebildet werden. Lipoxine werden über mehrere unterschiedliche Stoffwechselwege synthetisiert.

1. Über die 15-LOX in Eosinophilen Granulozyten, Monozyten, Alveolar-Makrophagen und manchen Epithelien wird Arachidonsäure zu 15 HPETE, und weiter über 15 HETE zu **Lipoxin A4 (LXA4)** und **Lipoxin B4 (LXB4)** umgesetzt, die beide starke Entzündungshemmer sind (**Abb. 22**). Die Genexpression der 15-LOX wird durch IL-4 und IL-13 gefördert, die vor allem von TH2-Lymphozyten freigesetzt werden. Hier ist eine starke funktionelle Verbindung zu Zellen des lymphatischen System gegeben, die am Ende einer akuten Entzündung am Entzündungsort vermehrt auftreten (S. 235). Die Umsetzung von 15 HETE zu LX kann sowohl in derselben Zelle, wie auch nach Abgabe in anderen Zellen (transzellulär) erfolgen, die freigesetztes 15 HETE aufnehmen und es mittels der 5-LOX zu LX umwandeln. 5-LOX ist reichlich in Monozyten und PMN vorhanden. Während der Produktion von LX ist der Syntheseweg über die 5-LOX zu Leukotrienen weitgehend blockiert. Damit wird aus dem Trä-

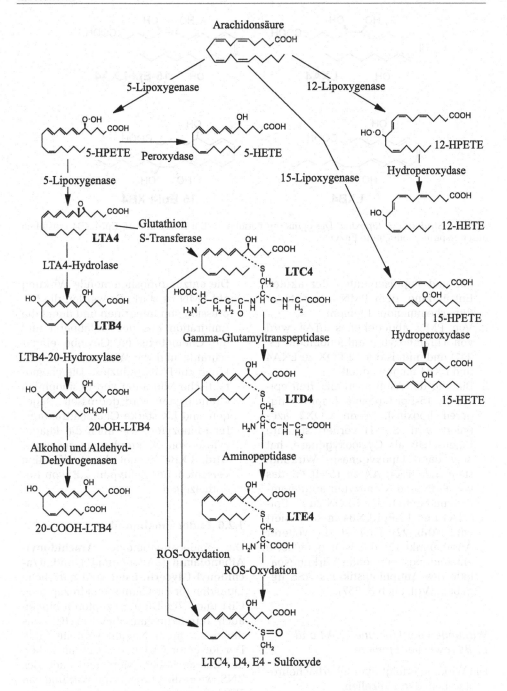

Abb. 21. *Synthese und Abbau von Leukotrienen.* Das Cysteinyl- Leukotrien LTC4 wird durch Peptidspaltung zu den wenig wirksamen LTD4 und LTE4 abgebaut, oder LTC4 und LTD4 werden durch Oxydation unwirksam. 12-HETE und 15-HETE sind chemisch sehr unstabil. Die Endprodukte werden im Harn ausgeschieden.

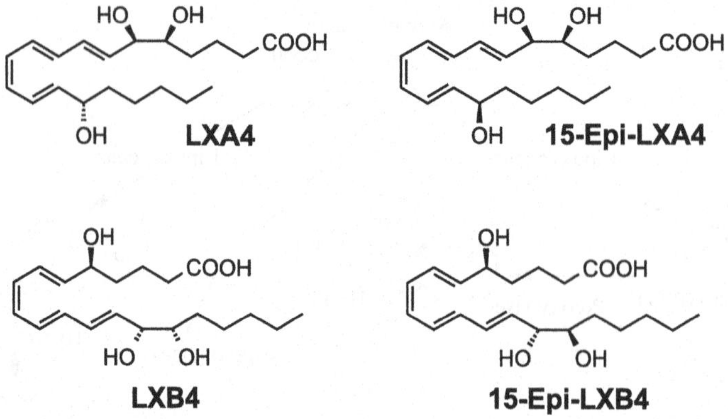

Abb. 22. *Struktur der Lipoxine.* Die epimeren Formen 15-Epi-LXA4 und 15-Epi-LXB4 entstehen durch Aspirin- modifizierte Enzyme.

ger und Repräsentanten der akuten Entzündung, dem PMN, ein entzündungshemmendes Element.

2. Von PMN abgegebenes LTA4 wird von Thrombozyten aufgenommen (S. 231) und mittels der 12-LOX zu LXA4 und LXB4 umgewandelt.

3. Bildung der Aspirin- induzierten epimeren 15-Epi-Lipoxine [aspirin triggered lipoxins]. Wenn COX2 azetyliert wird (S. 51) verliert sie ihre Eigenschaft als Cyclooxygenase, hat aber dann Lipoxygenase- Wirkung: sie metabolisiert AA zu 15 HETE, das von PMN und Monozyten aufgenommen und mittels der 5-LOX zu 15-Epi-LXA4 und 15-Epi-LXB4 metabolisiert wird (**Abb. 22**). Hier ist ein weiterer Ansatzpunkt für die weit gefächerte entzündungshemmende Wirkungspalette des Antiphlogistikums ASS gegeben. (Vgl. auch S. 257).

Wirkungen der Lipoxine LXA4 und LXB4 sowie der Epimere

Die Wirkung erfolgt über Oberflächenrezeptoren an den Zielzellen.

– LX sind vasodilatierend, wobei die Wirkung Gewebe- abhängig direkt auf die Muskulatur oder indirekt Endothel- vermittelt über die Produktion von NO oder PGI2 erfolgen kann.

– Die entzündungshemmende Wirkung auf PMN ist stark. Es werden die Expression von Integrinen und damit die Emigration aus der Gefäßbahn und die Chemotaxis im Gewebe eingeschränkt und die Wirkung von Cytokinen auf PMN reduziert. Die chemotaktische Migration von Eosinophilen Granulozyten wird gedrosselt. Dagegen sind LX starke Chemoattraktants für Monozyten, wie auch die Phagozytose von Makrophagen gesteigert wird. LXB4 hemmt die Proliferation verschiedener Zelltypen, z.B. von Endothelzellen.

1.2.6 Endocannabinoide

Die Endocannabinoide **Arachidonyl-Äthanolamin** („Anandamid") und **Arachidonyl-Glycerin-Ester** sind natürliche Liganden für die Cannabinoidrezeptoren CB1 und CB2. Diese Rezeptoren binden auch Tetrahydrocannabinol (THC), was ihnen zu ihrem Namen verholfen hat. Der Rezeptor CB1 findet sich an Zellen der Lunge, Leber, Niere und auch des ZNS, wo er die psychotrope Wirkung von THC überträgt. Der CB2-Rezeptor wurden bisher nur an T-Lymphozyten festgestellt.

Nach ersten Forschungsergebnissen entwickeln diese Arachidonsäure- Verbindungen anti-inflammatorische und immunsuppressive Wirkungen, die über die beide Rezeptoren CB1 und CB2 vermittelt werden. Es wird nach Möglichkeiten gesucht, THC-Analoga zur Immunsuppression einzusetzen. Diesbezügliche Bemühungen stehen erst am Anfang.

1.2.7 Der Plättchen Aktivierende Faktor [platelet activating factor, PAF]

Membranphospholipide sind die Muttersubstanzen zweier Typen von Entzündungsmediatoren:

– In C2-Position gebundene ungesättigte Eikosasäuren bilden das Substrat für die Cyklooxygenasen und Lipoxygenasen.
– Aus dem deacylierten Rest kann der PAF aufgebaut werden.

1.2.7.1 Zur Chemie des PAF

Bildungsstätten des PAF

sind Zellen der myeloischen Reihe. PMN und Eosinophile Granulozyten sind starke Bildner, weniger stark Monozyten/ Makrophagen, Mastzellen und Thrombozyten. Darüber hinaus sind das Gefäßendothel, Mesangiumzellen der Nierenglomerula und Natural Killer-Zellen zur PAF-Bildung befähigt.

Chemischer Bau und Synthese
(**Abb. 23**)

Die wichtigste Muttersubstanz zur Synthese des PAF ist Lecithin (Phosphatidylcholin). Die Synthese benötigt zwei enzymatische Schritte: Im ersten Schritt wird Lecithin am C2 durch die Phospholipase A2 deacyliert. Die dabei freiwerdende AA steht der COX und/oder LOX zur weiteren Metabolisierung zur Verfügung. Der deacylierte Lecithinrest wiederum dient der Synthese des PAF. Dieser Rest, das Lysolecithin, wird im Zusammenhang mit der PAF-Synthese auch als **Lyso-PAF** bezeichnet.

Lyso-PAF besitzt noch keine PAF-Wirkung. Dazu muss in einem zweiten Schritt Lyso-PAF durch eine spezifische, in den Plasmamembranen lokalisierte Acetyl-Transferase acetyliert werden. Lieferant für die Acetylgruppe ist Acetyl-CoA.

Neben diesem üblichen Synheseweg wurde noch ein anderer beschrieben, der anteilsmäßig aber stark zurücktritt. Dabei wird Phosphocholin durch eine Cholin-Phospho-Transferase auf 1-Acyl-2-Acetyl-Glycerin übertragen.

Abbau des PAF

Der Abbau ist eine Umkehrung der Synthese (**Abb. 23**). Eine im Blut und in Körperflüssigkeiten vorhandene Acetyl-Hydrolase spaltet die Acetylgruppe am C2-Atom ab, so dass der inaktive Lyso-PAF entsteht. Das Enzym hat eine hohe Aktivität. Eine Minute nach experimenteller i. v. Injektion von PAF sind bereits 70% inaktiviert. Die Beteiligung von PAF an systemischen Prozessen ist deshalb wenig wahrscheinlich. Lyso-PAF kann durch eine membrangebundene Acyl-Transferase, mit der verschiedene Zelltypen ausgerüstet sind, wieder zu Lecithin aufgebaut werden. Die zur Acylierung bevorzugte Fettsäure ist wiederum die AA.

Synthetisierter PAF muss nicht in jedem Fall sofort nach der Bildung freigesetzt werden. Manche Zelltypen, wie Endothelzellen und Basophile Granulozyten halten gebildeten PAF zurück und geben ihn nur verzögert ab. Endothelzellen können ihn in die Zellmembran einbauen (chemische Ähnlichkeit mit dem Membranbaustein Lecithin), wo er als Rezeptor für die Adhäsion und die Aktivierung von PMN und Thrombozyten dienen kann. Bei PMN ist die Freisetzung des gebildeten PAF von der Höhe des extrazellulären Ca^{++}-Spiegels abhängig. Höhere Konzentrationen fördern die PAF-Abgabe. Solche Besonderheiten spielen anscheinend bei der körpereigenen Kontrolle der PAF-Wirkung mit.

Der „PAF" ist keine chemisch einheitliche Substanz. Im Lecithin können

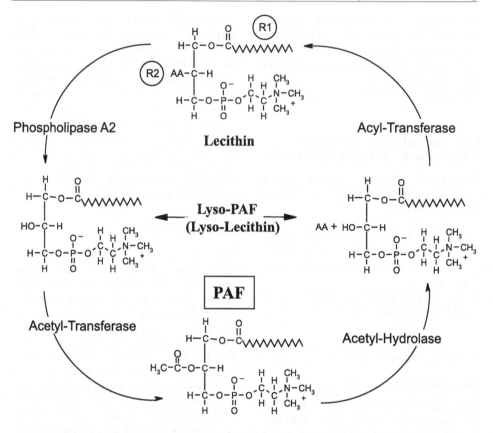

Abb. 23. *Synthese und Abbau des Plättchen aktivierenden Faktors (PAF).* Die ungesättigte Fettsäure am C2-Atom des Lecithins (R2), im typischen Fall eine Arachidonsäure (AA), wird durch eine Phospholipase A2 hydrolytisch abgespalten. Das entstehende Lysolecithin (syn. Lyso-PAF) wird zu PAF acetyliert. Der PAF- Abbau ist der umgekehrte Vorgang. Nach hydrolytischer Abspaltung des Acetylrestes vom C2-Atom wird an dessen Stelle eine ungesättigte Fettsäure verestert und damit Lecithin wieder hergestellt. Da am C1-Atom verschiedene Fettsäuren verestert sein können (R1), gibt es verschiedene Typen von PAFs mit etwas unterschiedlichen chemischen Eigenschaften.

Fettsäuren verschiedener Länge und Sättigungsgrades in C1-Position verestert sein. Auch kann die Acetylierung an anderen Phospholipiden als am Lecithin ablaufen, so dass PAFs verschiedener chemischer Zusammensetzung entstehen können. Manche Untersucher sprechen daher von „den Plättchen-aktivierenden Faktoren". Diese Formulierung entspricht eher den tatsächlichen Verhältnissen und ist umso mehr gerechtfertigt, als chemisch verschiedene PAFs auch Unterschiede in ihrer Wirkungsintensität zeigen. Am aktivsten scheint der PAF mit Palmitinsäure an C1 zu sein. In

diesem Buch wird der Einfachheit halber und dem allgemeinen Sprachgebrauch folgend „der PAF" verwendet.

1.2.7.2 Wirkungen des PAF

Die Wirkung des PAF erfolgt über spezifische Rezeptoren der Zellmembran. Da der PAF im Blut rasch abgebaut wird, wirkt er vorwiegend lokal.

Bei der Synthese des PAF aus Lecithin wird auch AA frei, die einer weiteren Metabolisierung zur Verfügung steht. Gerade Zelltypen, die PAF produzieren können, wie Knochenmarks- Abkömmlinge und

Endothelzellen, besitzen auch reichlich COX und/oder LOX und geben daher neben PAF auch entsprechende Mengen an LT, PG und TXA2 ab. Von diesen und anderen Mediatoren der Entzündung konnte experimentell festgestellt werden, dass unterschwellige Dosen nach Zusatz geringer Mengen von PAF wirksam wurden, und dass wirksame Dosen durch PAF-Zusatz in ihrer Wirkung verstärkt wurden. Vergleichbar mit PGE ist auch der PAF neben seiner Rolle als Mediator mit Eigenwirkung ein Verstärker der Wirkung anderer Mediatoren.

1. PAF-Wirkungen auf Zellen der Entzündung

Die Wirkung auf Thrombozyten. Die Aggregation und Stimulation von Thrombozyten in vitro war die zuerst festgestellte Wirkung des PAF und verhalf ihm zu seinem Namen. Die Wirkung auf Thrombozyten ist stark, die Thrombozytenaggregation irreversibel und mit einer maximalen Sekretion des Inhalts verbunden.

Die Wirkung auf weiße Blutzellen. Der PAF aktiviert und steigert die Leistungen von Leukozyten. Er ist ein starkes Chemotaxin und fördert die Chemokinetik, die Adhärenz am Gefäßendothel, die Aggregatbildung, die Produktion von ROS, die Freisetzung von COX- und LOX-Produkten und von Cytokinen, die Granulaabgabe und Phagozytose aus Granulozyten und Makrophagen. Manche dieser Effekte gehen zum Teil auf das Konto von LTB4 und Cytokinen, die von Entzündungszellen nach Stimulation mit PAF abgegeben werden und die im autokrinen/parakrinen Milieu im Synergismus mit dem PAF wirken.

Wegen des raschen Abbaus im Blut wird in die Blutbahn abgegebener PAF nur lokal, im Bereich eines entstehenden Thrombus, wirksam. Gefäßendothel, aggregierende Thrombozyten und adhärierende PMN stimulieren sich gegenseitig zur Abgabe von LT, PG und TXA2, deren Wirkung durch den PAF potenziert wird (S. 232). Die chemotaktische und die Aggregations- steigernde Wirkung des

PAF fördert die Ansammlung von PMN am Thrombus, die erneut PAF freisetzen, der über eine weitere Thrombozytenstimulation den Prozess antreibt und den Thrombus vergrößert.

In Versuchstiere intrakutan injizierter PAF ruft sofort eine Margination von PMN im postkapillaren Gefäßbereich hervor. Nach etwa 10 Minuten haben die ersten Zellen die Blutbahn verlassen und sind ins Bindegewebe übergetreten, wo sie, durch den PAF stimuliert, ihre Aktivitäten entfalten. Der PAF ist ein potenter Förderer der Anfangsphase der akuten Entzündung, wobei sein Wirkungsmodus sowohl im Priming (S. 202) wie auch in der Stimulation kompetenter Zellen zur Abgabe von Entzündungsmediatoren zu sehen ist, deren Wirkung der PAF zusätzlich steigert.

In vitro ist der PAF für Eosinophile Granulozyten wesentlich stärker chemotaktisch als für PMN. Stimulierte Eosinophile Granulozyten setzen wiederum reichlich PAF frei. Eosinophile Granulozyten von Asthmatikern produzieren auf Reiz mehr PAF als diejenigen von Gesunden (S. 290).

2. PAF-Wirkungen auf die Gefäßmuskulatur und das Gefäßendothel

Intrakutan injizierter PAF ruft beim Menschen eine starke arterielle Gefäßerweiterung und eine Permeabilitätssteigerung vor allem der postkapillaren Venen hervor. Diese Wirkung ist offenbar eine direkte, da H1-Blocker und COX-Hemmer die Reaktion nicht abschwächen.

3. PAF-Wirkungen auf glatte Muskulatur

In vitro bewirkt der PAF eine langanhaltende Kontraktion der glatten Muskulatur von Darm und Bronchien. In vivo applizierte Aerosolinhalationen von PAF rufen eine starke Bronchokonstriktion hervor. Umgekehrt mildern vor der Provokation verabreichte PAF-Antagonisten die Bronchokonstriktion.

4. PAF-Wirkungen auf Schleimdrüsen

Die Schleimproduktion in vitro gezüchteter schleimproduzierender Zellen kann durch PAF-Zusatz gesteigert werden. In vivo wird am Versuchstier die produzierte Schleimmenge erhöht, der Schleimtransport durch Hemmwirkung auf das Flimmerepithel aber verzögert. Die Verschlechterung der mukoziliaren Clearance kann bis zur Mucostase führen.

Dem PAF wird heute eine wesentliche Rolle beim Pathomechanismus des Asthma bronchiale und der COPD zugeschrieben, wobei die Wirkung auch indirekt, nämlich über eine Potenzierung anderer Mediatoren wie LT, PG, Histamin zu laufen scheint. Das Zustandekommen der Trias, die zur Ventilationsstörung führen, hängt mit PAF-Effekten eng zusammen: Bronchokonstriktion, submuköses Ödem und vermehrte Produktion eines dyskrinen Schleims mit mangelhafter Clearance. Der PAF fördert darüber hinaus die Infiltration der entzündeten Atemwege mit PMN, Makrophagen und Eosinophilen Granulozyten, die ihrerseits wieder über freigesetzte Wirkstoffe, zu denen auch PAF gehört, den Entzündungsprozess weiter in Gang halten und potenzieren (S. 291, 294).

1.2.7.3 Bedeutung des PAF in der Medizin

Die in vielen Untersuchungen nachgewiesene Mitbeteiligung des PAF beim Asthma bronchiale bietet einen Ansatz für neue Therapiemöglichkeiten dieser Krankheit. PAF-Antagonisten sind in klinischer Erprobung.

1.3 Das Kallikrein-Kinin-System und das Kontakt-Aktivierungssystem

Allgemeines

Das Kallikrein-Kininsystem stellt einen gemeinsamen Aktivierungsweg mehrerer Entzündungsregulatoren dar, in den auch das Hämostatische System einbezogen ist. Die Faktoren XII und XI der Blutgerinnung, Plasma-Kallikrein, Bradykinin und Plasmin bilden im Rahmen dieses Systems eine Aktivierungskette, die unter der Bezeichnung Kontakt-Aktivierungs-System [contact activating system, CAS] zusammengefasst wird. Über den Faktor XI ist die intrinsische Blutgerinnung in die Aktivierungskaskade der Entzündung eingebunden.

Allen Komponenten des CAS ist gemeinsam, dass sie Peptide sind und von ihren Bildungsstätten in inaktiver Form in das Blut abgegeben werden. Sie sind normale Blutbestandteile. Ihren Aufgaben entsprechend verlassen sie mit dem entzündlichen Exsudat am Ort der Entzündung die Blutbahn, werden erst im Gewebe aktiviert und entfalten hier ihre Funktion als Regulatoren der Entzündung. Gleichzeitig mit dem entzündlichen Prozess wird am Entzündungsort die Blutgerinnung in Gang gesetzt und gesteuert. Die Mediatorfunktion der CAS-Komponenten wird über spezifische Membranrezeptoren an den Zielzellen ausgeübt.

Die meisten Komponenten des CAS nehmen nach ihrer Aktivierung die Eigenschaften proteolytischer Enzyme an, vermittels der sie weitere Komponenten des CAS, aber auch anderer Mediatorsysteme aktivieren können. Zudem sind in die Aktivierungswege des CAS mehrere autokatalytische Schleifen eingebaut, so dass sich die Reaktion stark potenzieren kann. Um die Aktivierungskaskade auf den Entzündungsort zu beschränken und Schäden an der Umgebung und am System zu minimieren, besitzt der Organismus zur Kontrolle des CAS eine Reihe von Hemmmechanismen.

1.3.1 Die Komponenten des Cas

1.3.1.1 Der Faktor XII (FXII) der Blutgerinnung, syn.: der Hageman-Faktor

Im Jahr 1955 wurde bei einem New Yorker Patienten namens Hageman eine

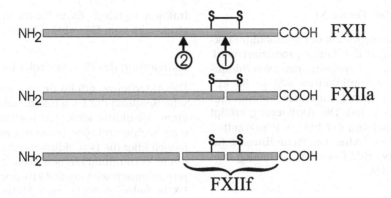

Abb. 24. *Aktivierung des Faktors XII.* Spaltung des Zymogens FXII innerhalb einer Disulfidbrücke (1) liefert den aktiven FXIIa. Weitere Spaltungen der Proteinkette (2) können verschiedene Bruchstücke liefern, von denen FXIIf die abgeschwächte Aktivität von FXIIa entwickelt.

verzögerte Blutgerinnung festgestellt, deren Ursache man als Mangel eines Gerinnungsfaktors erkannte. Der Faktor wurde nach dem Patienten benannt.

Der FXII wird von der Leber synthetisiert. Dem Bau nach ist er ein Globulin der elektrophoretischen β-Fraktion mit einem MW von 80 kD. Die Aktivierung erfolgt durch Spaltung der Eiweißkette, wobei es mehrere Möglichkeiten für Spaltungsvorgänge gibt (**Abb. 24**):

■ Die Spaltung erfolgt innerhalb einer Disulfidbrücke, wobei das Molekül in seiner Substanz unverändert bleibt. Es entsteht der aktivierte Faktor FXIIa (syn: αHFa).

■ Zusätzlich zur Spaltung innerhalb dieser Disulfidbrücke können weitere Spaltungen außerhalb derselben erfolgen, wobei Teile der Eiweißkette des FXII verloren gehen. Ein prominentes Produkt ist FXIIf (syn: βHFa) mit einem MW von 30 kD.

FXIIa und FXIIf entfalten qualitativ die gleichen Effekte, wobei allerdings FXIIa als Aktivator und Mediator wesentlich wirkungsvoller ist.

Das Aminoende des FXII stellt eine Bindungsstelle für elektronegativ geladene Oberflächen dar. Diese Bindung ist für die Spontanaktivierung des CAS von Bedeutung. FXIIa ist aufgrund seines er-

haltenen Aminoendes zu einer ebensolchen Bindung fähig, nicht jedoch FXIIf, dem dieses Ende verloren gegangen ist (**Abb. 24**).

Aktivierung des FXII

Ein wichtiger Aktivator des FXII ist das Plasma-Kallikrein, während FXI und Plasmin wesentlich schwächer wirken. Die Eigenheit, dass aktivierte Komponenten des CAS wiederum als Aktivatoren des FXII auftreten, weist auf das starke autokatalytische Element in diesem System hin. Aber auch neutrale Proteasen aus Phagocyten sind kräftige Stimuli.

FXII ist zur Selbst-Aktivierung fähig: Wenn FXII in ausreichender Dichte an negative Oberflächen gebunden ist, erfolgt eine autokatalytische Spaltung zum FXIIa, der weiter FXII durch proteolytische Spaltung aktiviert. Auf diese Weise kann die Aktivierungskette im CAS spontan starten.

Wirkungen des aktivierten FXII

FXIIa ist ein starker Aktivator des Plasma-Kallikreins. In geringerem Ausmaß aktiviert er den FXI, Plasminogen und das CS über C1.

FXIIa ist vasoaktiv. Er wirkt gefäßerweiternd und permeabilitätssteigernd.

1.3.1.2 Der Faktor XI

ist ein Glykoprotein der γ–Globulin Fraktion, das in der Leber produziert wird. Das Molekül besteht aus zwei identischen Polypeptidketten von je 80 kD, die über Disulfidbrücken miteinander verbunden sind. Die Aktivierung erfolgt durch Spaltung der beiden Peptidketten durch den FXIIa. Die Schreibweise für den aktivierten Faktor XI ist, analog zum FXIIa, FXIa.

Wirkungen des FXIa

Der FXIa kann Komponenten des CAS, wie Plasma-Prekallikrein, den FXII und Plasminogen aktivieren, wenngleich seine Aktivierungspotenz hier nicht sehr groß ist. Seine Hauptfunktion besteht in der proteolytischen Aktivierung des Faktor IX der Blutgerinnung, von dem die weitere Aktivierungskette Faktor VIII, Faktor X, Prothrombin und Fibrinogen ausgeht, die mit der Fibrinbildung endet. Der FXI nimmt somit eine Schlüsselstellung zwischen der Entzündung und dem intrinsischen Gerinnungssystem ein (**Abb. 30, Abb. 101**, S. 233).

1.3.1.3 Kallikreine

Kallikreine sind *Trypsin- artige Enzyme*, d.h. sie sind per definitionem Endopeptidasen, die Peptide neben Arginin oder Lysin, bevorzugt zwischen Arginin und Lysin, spalten. Ihre inaktiven Vorstufen heißen **Prekallikreine.** Nach ihrem Vorkommen unterscheidet man zwei Typen: *Gewebs-Prekallikreine* kommen reichlich im Pankreas und in den Speicheldrüsen, weniger konzentriert in Niere, Darm und anderen Organen vor. Sie erscheinen normalerweise nicht im Blut, sondern wirken nach ihrer Aktivierung am Ort ihrer Synthese und ihres Auftretens.

Das *Plasma-Prekallikrein* (PPK) ist ein Produkt des exokrinen Pankreas und wird ins Blut abgegeben. Chemisch ist PKK eine Glykoproteinkette mit einem MW von 88 kD, die in der γ-Globulin-

fraktion wandert. Es unterscheidet sich strukturell vom Gewebskallikrein.

Aktivierung des Plasma-Prekallikreins

Die Aktivierung erfolgt durch proteolytische Spaltung der Proteinkette innerhalb einer Disulfidbrücke. Es entstehen je eine leichte und eine schwere Kette, die jedoch über die Disulfidbrücke miteinander in Verbindung bleiben (**Abb. 25**). Der physiologisch wichtigste Aktivator ist der FXIIa, jedoch können auch Plasmin und lysosomale Proteasen wie die PMN-Elastase PPK spalten und aktivieren.

Wirkungen des Plasma-Kallikreins (PK)

Wirkung auf andere Mediatoren. PK ist ein starker Aktivator des FXII, womit ein positiver Regelkreis geschlossen wird. Es entstehen sowohl FXIIa wie FXIIf. PK wirkt weiter stark aktivierend auf das HMW-Kininogen, aus dem es Bradykinin abspaltet. Weniger stark ist die aktivierende Wirkung auf Plasminogen und die Complementkomponente C5, aus der PK das stark chemotaktische Anaphylatoxin C5a herausspaltet.

Direkte Wirkung auf den Entzündungsvorgang. PK wirkt vasodilatierend, per-

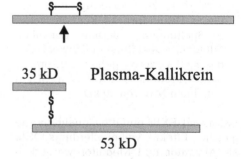

Plasma - Prekallikrein

35 kD   Plasma-Kallikrein

53 kD

Abb. 25. *Aktivierung des Plasma- Prekallikreins.* Die Aktivierung erfolgt durch Spaltung innerhalb einer Disulfid- Brücke, wodurch sich die sterische Konfiguration des Moleküls ändert. Die leichte und die schwere Kette des aktiven Plasma-Kallikreins bleiben über die Disulfid- Brücke in Verbindung.

meabilitätssteigernd und chemotaktisch auf Phagozyten. Seine Wirkung läuft teilweise über den Bradykinin-Rezeptor B2, zu dem es Affinität besitzt (S. 70).

Abbau des Plasma-Kallikreins

Im Plasma gebildete PK-Inhibitor-Komplexe (**Tabelle 2**, S. 76) werden von Phagozyten aufgenommen und abgebaut. Auch eine extrazelluläre Zerlegung durch Endopeptidasen ist möglich.

1.3.1.4 Kinine

Kinine sind hochwirksame vasoaktive Peptide. Das wichtigste unter ihnen ist das **Bradykinin**. Das **Kallidin** (Lysyl-Bradykinin) tritt dagegen an Bedeutung zurück.

Die inaktiven Vorstufen der Kinine sind die **Kininogene**, die in der Leber gebildet und ins Blut abgegeben werden. Menschliches Plasma enthält zwei verschiedene Kininogene:

1. Das Low-Molecular-Weight-Kininogen (LMW-K) macht etwa 80% des Plasma-Kininogens aus. Es ist eine gefaltete Proteinkette mit einem MW um 60kD.
2. Das High-Molecular-Weight-Kininogen (HMW-K) bringt die restlichen 20% des Plasma-Kininogens. Das Molekül besteht aus einer Proteinkette, die durch eine Disulfidbrücke schlin-

genförmig zusammen gehalten wird. Das MW beträgt um 110 kD. HMW-K wie LMW-K wandern elektrophoretisch in der β–Globulin Fraktion.

Aktivierung der Kininogene

1. Aktivierung durch Kallikreine

Kallikreine spalten aus dem Kininogenmolekül das Nonapeptid **Bradykinin** heraus (**Abb. 26**). Gewebskallikrein spaltet HMW-K und LMW-K etwa gleich gut. Plasma-Kallikrein zeigt dagegen eine ausgeprägte Bevorzugung des HMW-K und wirkt kaum auf das LMW-K. Gewebs-Kallikrein spaltet aus LMW-K das Dekapeptid Kallidin (Lysyl-Bradykinin) heraus, das im Blut rasch, nach Abspaltung des Lysins durch eine Aminopeptidase, zu Bradykinin umgewandelt wird (**Abb. 27**).

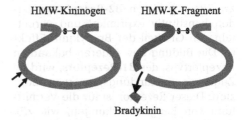

Abb. 26. *Aktivierung des HMW-Kininogens.* Durch Kallikrein, aber auch durch andere Proteasen kann das Nonapeptid Bradykinin aus dem HMW-Kininogen gespalten werden. Das HMW-Kininogen-Fragment besteht aus einer leichten und einer schweren Kette, die über die Disulfidbrücke verbunden bleiben.

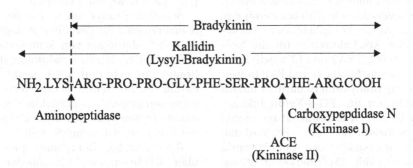

Abb. 27. *Abbau des Bradykinins.* Die Carboxypeptidase N und das Angiotensin Converting Enzym (ACE) machen Bradykinin durch Abspaltung von Arginin bzw. von Arginin und Phenylalanin unwirksam. Kallidin (Lysyl-Bradykinin) wird durch Aminopeptidasen in Bradykinin umgewandelt.

2. Aktivierung durch Proteasen

Lysosomale Proteasen, in besonders hohem Maß die PMN-Elastase, aktivieren HMW-K wie auch LMW-K zu Bradykinin. Pathogenetisch bedeutsam ist auch die Aktivierung von HMW-K und LMW-K durch Pankreas-Trypsin im Verlauf einer akuten Pankreatitis (S. 281).

Das Bradykinin-freie HMW-K-Fragment besteht aus einer leichten und einer schweren Kette, die durch die Disulfidbrücke zusammengehalten werden (**Abb. 26**). Es besitzt vermutlich vasoaktive Wirkung.

Wirkungen des Bradykinins

Bradykininrezeptoren

Bradykinin wirkt auf Zielzellen über zwei Rezeptortypen. **B2-Rezeptoren** werden konstitutiv exprimiert und vermitteln den Großteil der Bradykinin-Effekte. Die Bildung des anderen bekannten Rezeptortyps, des **B1-Rezeptors**, wird im Zuge von Entzündungsprozessen induziert. Dieser Rezeptor ist für die Vermittlung von Langzeitwirkungen, wie z.B. der Kollagensynthese, im Rahmen länger dauernder und chronischer Entzündungen verantwortlich.

1. Aktivierung anderer Mediatorsysteme

Bradykinin nimmt eine Schlüsselstellung in der Steuerung einer Entzündung ein. Es aktiviert die Phospholipasen A2, die wiederum Arachidonsäure für die Synthese von PG, TXA2 und LT sowie Lysolecithin für die Synthese von PAF freisetzen (S. 35). Bradykinin ist darüber hinaus ein Aktivator der PG-9-Ketoreduktase, die PGE2 zu PGF2α reduziert und damit den Schwerpunkt der PG-Wirkung von serös-exsudativ zu zellulär-eitrig verschiebt (**Abb. 15**). Bradykinin stimuliert die Degranulation der Mastzellen und damit die Freisetzung von Histamin und von AA-Produkten.

2. Wirkung auf Entzündungsvorgänge

Endothel: Bradykinin bringt die Fortsätze der Endothelzellen zur Kontraktion und wirkt so permeabilitätssteigernd. Endothelzellen geben auf Bradykininreiz NO ab, das wiederum erschlaffend auf die arterielle Gefäßmuskulatur wirkt (S. 222f).

Gefäßmuskulatur. Die NO-abhängige Gefäßerweiterung betrifft nur die periphere arterielle Gefäßstrecke. Auf Venen wirkt Bradykinin im Gegenteil kontrahierend, bewirkt damit eine Erhöhung des intrakapillären Druckes und verstärkt damit die Exsudation. Lokal begrenzt führt dieser Mechanismus zu verstärkter Durchblutung und zur Exsudation im Entzündungsbereich. Wird Bradykinin jedoch in der Blutbahn selbst aktiviert, so kann die arterielle Vasodilatation und der massive Flüssigkeitsverlust in den Extravasalraum zu einem rapiden Blutdruckabfall führen. Das akute Kreislaufversagen kann zusätzlich durch PGE2, PGI2 und Histamin verstärkt werden, die Bradykinin-vermittelt freigesetzt werden. Eine massive systemische Bradykininaktivierung ist bei vielen Krankheitsbildern mit Schocksymptomatik mitbeteiligt (S. 281).

Glatte Muskulatur. Die Beobachtung, dass Bradykinin eine Tonuserhöhung und langsame Kontraktion der glatten Muskulatur des Gastrointestinaltrakts, Respirationstrakts, des Urogenitaltrakts und des Uterus bewirkt, ist alt und hat diesem Mediator zu seinem Namen („langsam bewegen") verholfen.

Schmerz. Bradykinin ist ein potenter Schmerzmediator, der über Rezeptoren an den Endigungen von Schmerzfasern wirkt. PGE2, dessen Produktion durch Bradykinin gefördert wird, senkt wiederum die Reizschwelle der Nervenendigungen gegenüber Bradykinin und ist damit ein Synergist des Bradykinins bei der Schmerzentstehung (S. 250).

Bindegewebe. Bradykinin stimuliert über B1-Rezeptoren Fibroblasten zur Proliferation und Kollagensynthese und fördert damit die Narbenbildung und indurative Prozesse.

Abbau und Inaktivierung des Bradykinins

Bradykinin wird normalerweise schon am Entstehungsort im Gewebe rasch inaktiviert, indem es durch eine Reihe von Peptidasen abgebaut wird. Bradykinin, das im Kreislauf entsteht oder in ihn übertritt, wird durch zwei Peptidasen unwirksam gemacht. Diese Peptidasen wirken recht unspezifisch und sind für den Abbau verschiedener Peptide verantwortlich. In ihrer Rolle als Bradykinin-Inaktivatoren werden sie als „Kininasen" bezeichnet.

1. Die *Kininase I* ist ein Synonym für die Carboxypeptidase N, die am Bradykinin das carboxy-terminale Arginin abspaltet (**Abb. 27**). Das entstehende Oktapeptid ist wirkungslos. Die Carboxypeptidase N ist ein normaler Plasmabestandteil. Sie inaktiviert auch die Anaphylatoxine C3a und C5a durch Argininabspaltung.
2. Die *Kininase II* ist eine Dipeptidase und mit dem Angiotensin-Convertingenzym (ACE) ident. Sie spaltet am Bradykinin vom Carboxylende her das Dipeptid Arg-Phe ab (**Abb. 27**). Das Heptapeptid ist unwirksam. Das ACE ist vor allem im Kapillarendothel der Lunge und Niere reichlich vorhanden, aber auch die Endothelien anderer Organe besitzen diese Aktivität. Ein einziger Durchgang durch die Lunge genügt, um 90% des normalerweise im Blut vorhandenen Bradykinins abzubauen.

Wegen dieses sofortigen Abbaus bewegt sich die normale Plasmakonzentration des Bradykinins nicht über den Bereich von Mikrogramm/L hinaus. Man schreibt aber auch diesen geringen Mengen einen gewissen modulierenden Einfluss auf den Blutdruck zu. Die als Antihypertensiva eingesetzten ACE-Hemmer senken den Blutdruck auf mehrfache Weise. Sie drosseln die Umwandlung des wenig vasopressorischen Angiotensin I in das hochwirksame Angiotensin II, und sie hemmen daneben den Abbau vasodilatorischer Peptide wie des hochwirksamen Bradykinins, das über eine verlängerte Lebensdauer eine verstärkte gefäßerweiternde Wirkung entfalten kann.

1.3.1.5 Plasmin

Plasmin wurde früher wegen seiner fibrinolytischen Eigenschaft als „Fibrinolysin" bezeichnet.

Die inaktive Form, das *Plasminogen*, wird von der Leber, der Niere und von Eosinophilen Granulozyten des Knochenmarks erzeugt und ins Blut abgegeben. Das Plasminogenmolekül ist eine gefaltete Proteinkette, die durch eine Disulfidbrücke schleifenartig geformt wird. Das MW beträgt um 90 kD. Elektrophoretisch wandert Plasminogen in der β- und γ-Globulinfraktion.

Die *Aktivierung* besteht in einer Spaltung der Kette zwischen einem Arginin- und Valin-Molekül (**Abb. 28**). Demnach sind alle trypsinartigen Enzyme in der Lage, Plasminogen zu aktivieren. Kallikrein und lysosomale Enzyme sind mög-

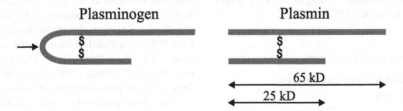

Abb. 28. *Aktivierung des Plasminogens.* Urokinase und tissue-plasminogen-activator (tPA), in geringerem Maß auch andere Trypsin-artige Enzyme spalten die Peptid-Kette des Plasminogens an einer gewissen Stelle. Die beiden Ketten des aktiven Plasmins bleiben über eine Disulfid-Brücke verbunden.

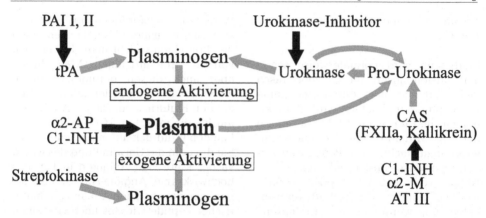

Abb. 29. *Regulierung des Fibrinolytischen Systems.* Tissue plasminogen activator (tPA) und Uroki-nase bewirken die *endogene Aktivierung* des Plasminogens. tPA wiederum wird durch die beiden Plasminogen- Inaktivatoren plasminogen activator inhibitor I und II (PAI I, II) gehemmt. Urokinase ist die aktive Form der inaktiven Pro- Urokinase. Die Aktivierung kann vom Kontakt- Aktivie-rungssystem (Faktor XIIa, Kallikrein), vom Plasmin und von der Urokinase selbst ausgehen. Diese autokatalytischen Schleifen werden wiederum vom Urokinase- Inhibitor und von den Antiprote-asen C1-Inhibitor (C1INH), α2- Makroglobulin (α2 M) und Antithrombin III (AT III) kontrolliert. Stark wirksame Hemmer des Plasmins sind der C1INH und α2-Antiplasmin (α2-AP). Eine *exogene Aktivierung* kann durch das Bakterienprodukt Streptokinase erfolgen. Graue Pfeile: Aktivierung. Schwarze Pfeile: Hemmung.

liche, aber schwache Aktivatoren. Stark und spezifisch wirken dagegen im Blut die **Urokinase**, ein Produkt der Nieren, des Lungenepithels und von Phagozy-ten, und in Geweben der Gewebs-Plas-minogenaktivator (**tissue plasminogen activator, tPA**). tPA ist ein Protein mit einem MW von 70 kD, das von Endothel-zellen produziert wird. Am reichsten ist es in der Uterusschleimhaut vorhanden. Die Wirkung der Urokinase und des tPA wird wiederum von körpereigenen Inhi-bitoren kontrolliert (**Abb. 29**). Unter den exogenen Aktivatoren ist wegen der kli-nischen Bedeutung die Streptokinase, ein Bakterienenzym, hervorzuheben. Wirkungsvollster Antagonist des Plas-mins ist das α2-AP (S. 133).

Wirkungen des Plasmins

1. Verbindungen zu anderen Mediatoren

Plasmin ist eine starke Protease. Es ak-tiviert durch Spaltung den FXII und auf diesem Weg indirekt das gesamte CAS, direkt aber auch Kininogen und im ge-

ringerem Maß auch das CS über C1. Über die Aktivierung von Bradykinin ist die Verbindung zum AA-Metabolismus hergestellt. Plasmin ist demnach ein Ver-stärker der Entzündungsreaktion. Über die Aktivierung von FXII – FXI kann Plasmin auch gerinnungsfördernd wir-ken. Einen Überblick über die Zusam-menhänge geben Abb. 30 und Abb. 31.

2. Fibrinolyse

Plasmin fragmentiert bereits gebildetes, vernetztes Fibrin und ist damit ein wich-tiges Glied im thrombolytischen System des Organismus. Der hohe Gehalt der Uterusschleimhaut an tPA befähigt die-ses Organ, massiv Plasmin zu aktivieren, um das im Rahmen der menstruellen Ab-bruchblutung entstandene Fibrin aufzu-lösen. Es unterstützt dabei Phagozyten, die darüber hinaus die desquamierte Schleimhaut proteolytisch abbauen.

Die therapeutische Plasminaktivie-rung hat in der Intensivmedizin einen festen Platz. Diese Behandlungsme-thode wird bevorzugt zur Thrombolyse beim koronaren Verschluss, aber auch beim Lungeninfarkt und bei peripheren Gefäßverschlüssen eingesetzt. Zur Plasminaktivierung stehen zwei Ansätze zur Verfügung: Von den exogenen Aktivatoren wird Streptokinase, von den endogenen werden tPA und Urokinase verwendet (**Abb. 29**). Von diesen Wirkstoffen sind rekombinante und modifizierte Formen im Einsatz. Der Erfolg der beiden Wirkungsprinzipien hält sich etwa die Waage. Ausschlaggebend für eine erfolgreiche Thrombolyse sind neben der Ausdehnung der betroffenen Gebiete der möglichst frühzeitige Einsatz der Therapie.

1.3.2 Die Aktivierungskaskade des Kontakt-Aktivierungssystems [contact activating system, CAS]

Unter dem CAS versteht man die Aktivierung von Entzündungsmediatoren in Verbindung mit dem Intrinsischen Gerinnungssystem (**Abb. 30, Abb. 101**). Gemeinsamer Ausgangspunkt dieser Aktivierung ist der FXII. Den Sinn einer parallellaufenden Aktivierung des Entzündungs- und Gerinnungssystems kann man darin sehen, dass bei Gewebsverlet-

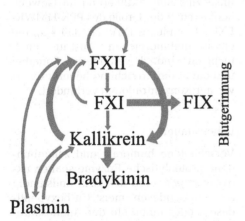

Abb. 30. *Aktivierungswege des Kontakt-Aktivierungssystems.* Plasma- Kallikrein nimmt bei der Autokatalyse des Systems eine zentrale Stellung ein. Die stark ausgezogenen Pfeile symbolisieren starke Wirkungen. FIX, FXI und FXII: die Faktoren der intrinsischen Blutgerinnung.

zungen die Blutgerinnung und Blutungsstillung in Gang gebracht und gleichzeitig Entzündungsvorgänge aktiviert werden, die für die nötige Abwehr eindringender Keime und für die Abräumung und die Reparatur des Defektes sorgen. Das Einschließen von Mikroorganismen in Thromben und das Abriegeln von Entzündungsherden durch Fibrinnetze behindert auch die Ausbreitung von Krankheitserregern. Zwischen dem Gerinnungssystem und der unspezifischen Abwehr besteht eine alte phylogenetische Verbindung (S. 134).

1.3.2.1 Aktivierung des CAS

Plasmaprekallikrein (PPK), high-molecular-weight kininogen (HMW-K) und der Faktor XI der Blutgerinnung zirkulieren locker aneinander gebunden im Blut. Im Bereich einer Entzündung kann dieser großmolekulare Komplex (MW etwa 350 kD) zusammen mit dem ebenfalls inaktiven FXII die Blutbahn verlassen. Beide Komponenten, der FXII und der PPK – HMW-K – FXI – Komplex binden sich über ihre positive Ladungsgruppen an negativ geladene Oberflächen im Bereich der Entzündung, weshalb die Bezeichnung „Kontakt-Aktivierungs-System" gewählt wurde. Als Oberflächen mit negativer Ladung können in Frage kommen:

1. Körpereigene Substanzen und Strukturen mit sauren Gruppen wie Kollagen, vaskuläre Basalmembranen, Glycosaminoglykane (Chondroitinsulfat, Dextransulfat, Heparin u.ä.) als Bestandteile der Grundsubstanz des Bindegewebes und des Knorpels, Glykoproteine und im Fall der Gicht Na-Uratkristalle.
2. Körperfremde Substanzen wie Lipopolysaccharide aktivieren das CAS lokal, aber bei Bakteriämie auch systemisch. Bakterientoxine im Blut können eine Massenaktivierung des CAS auslösen und zur Entwicklung eines septischen oder Toxinschocks beitragen (S. 281). Von praktischer Bedeutung sind auch anorganische saure Substanzen wie

SiO2 und Asbest, welche die entzündlichen Erkrankungen Silikose
und Asbestose auslösen. Auch Glas
aktiviert das CAS, was ein Mitgrund
dafür ist, dass heute Blutproben ausschließlich in Gefäßen aus ungelade-
nem Kunststoff aufbereitet werden.
Die klassische Methode, das CAS für
Versuchszwecke in vitro zu aktivieren, ist das Schütteln von Plasma mit
Porzellanpulver, das SiO2 enthält. Im
Tierversuch wird intravenös oder in-
traperitoneal die aus Rosskastanien
gewonnene Ellagsäure zur CAS-Akti-
vierung eingesetzt. Das lokal unter die
Plantaraponeurose applizierte saure
Mucopolysaccharid Carrageenan löst,
als Teilwirkung seines entzündungserregenden Effekts, eine Aktivierung
des CAS aus („Pfotenödem").

Der Sinn der gemeinsamen Bindung
des PPK-HMWK-FXI-Komplexes und
des FXII an saure Ladungsgruppen liegt
darin, diese Moleküle in eine räumliche
Beziehung zueinander zu bringen. Der
Aktivierungsprozess beginnt vermutlich
mit einer Selbstaktivierung des gebundenen FXII bei ausreichend dichter Lagerung und Bindung an eine Oberfläche.
Der in dieser spontanen Initialzündung
entstandene FXIIa spaltet Kallikrein
und dieses wiederum FXII, so dass sich
der Aktivierungsprozess autokatalytisch
aufschaukelt. Daneben wird, vom FXIIa
ausgehend, der Faktor XI und von diesem aus die Blutgerinnung in Gang gesetzt. Kallikrein aktiviert weiter HMW-
K zu Bradykinin, in geringerem Maß
auch Plasminogen und das CS (**Abb. 30,
Abb. 31**).

Nach der Aktivierung seiner Komponenten löst sich der ursprüngliche PKK-
HMWK-FXI – Komplex auf. FXIIa und
FXIa bleiben zum überwiegenden Teil
an der initiierenden Oberfläche gebunden und wirken stationär im Bereich der
nächsten Umgebung weiter. Bradykinin
und Kallikrein gehen in Lösung und sorgen für eine räumliche Ausbreitung des
Entzündungsprozesses.

1.3.6.2 Hemmmechanismen des CAS

Mehrere Faktoren dämmen die Wirkung
des CAS ein:

- Lokale Faktoren, die eine Bindung
  des FXII und des PPK-HMWK-FXI
  – Komplexes an negative Oberflächen
  behindern und damit eine Aktivierung
  einschränken.
- Die kurze Lebensdauer und der rasche Abbau aktiver Komponenten des
  CAS.
- Körpereigene Inhibitoren, die bereits
  aktivierte Komponenten des CAS inaktivieren

Lokale Faktoren

Alle Substanzen mit kationischen Gruppen, die sich an saure Gewebskomponenten binden, wirken als kompetitive
Hemmer des CAS. Als solche Konkur-
renten kommen in erster Linie Serumproteine wie Albumin oder Immunglobuline in Betracht. Die Verdrängung
des PPK-HMWK-FXI – Komplexes von
negativ geladenen Gewebsorten ist ein
Grund, warum das CAS nicht außerhalb eines Entzündungsortes aktiviert
wird. Eine weitere Einschränkung einer
unspezifischen Aktivierung im Gewebe
liegt auch in der Größe des PPK-HMWK-
FXI – Komplexes (MW ca. 330 kD), die
einen umfangreichen Austritt durch
nicht entzündlich verändertes Endothel
und damit die Erreichung höherer extravasaler Konzentrationen verhindert.

Lebensdauer

Verschiedene humorale und zellgebun-
dene proteolytische Enzyme spalten aktive Komponenten des CAS endständig
als Exopeptidasen (meist Carboxypeptidasen) oder innerhalb der Aminosäure-
kette (Endopeptidasen) und verringern
oder löschen damit ihre Aktivität, indem
i) die proteolytische Eigenschaft, und/
oder ii) die Affinität zum Rezeptor verloren geht.

Körpereigene Inhibitoren des CAS.
Wirkung von Proteasehemmern

Mediatoren sollen eine Entzündungsreaktion in dem Maß antreiben, das erforderlich ist, um die entzündliche Noxe zu bekämpfen und ihre schädigende Wirkung zu neutralisieren. Reaktionen, die nicht dieses adäquate Maß erreichen, mobilisieren die körpereigenen Abwehrmechanismen nicht ausreichend und schützen den Organismus nicht wirksam gegenüber der Noxe. Ebenso nachteilig für einen Organismus sind auf der anderen Seite überschießende Entzündungsreaktionen. Lokal führen diese zu Schäden am körpereigenen Gewebe, die weit über den von der entzündlichen Noxe betroffenen Bereich hinausgehen. Zudem können im Überschuss produzierte oder aktivierte Mediatoren die Zirkulation überschwemmen und über ihre Wirkung auf Kreislauf, Endothel, Blutgerinnung etc. den Gesamtorganismus schwer beeinträchtigen. Die Freisetzung cytogener Mediatoren, die am Entzündungsort in Zellen gespeichert vorliegen oder bei Bedarf produziert werden wie Histamin oder AA-Derivate, unterliegt einem engen Zusammenspiel mit der entzündlichen Noxe, und die Wirkung ist durch ihre kurze Lebensdauer begrenzt. Anders liegt die Situation bei den serogenen Mediatorsystemen CAS und dem Complementsystem, die in inaktiver Form als normale Plasmabestandteile im gesamten System präsent sind. Bei diesen Mediatoren, die sozusagen ubiquitär auf Abruf warten, ist die Gefahr einer systemischen Aktivierung besonders groß. Schwere bis lebensbedrohliche Krankheitsverläufe wie das SIRS oder der toxische und septische Schock werden von der ungezügelten, den ganzen Organismus erfassenden Aktivierung serogener Entzündungsmediatoren mit geprägt. Die Schwerpunkte der Komplikationen liegen in der unkontrollierten Wirkung auf die Kreislaufperipherie und die intravasale Blutgerinnung sowie auf das Verhalten intravaskulärer Leukozyten (S. 282).

Zur Vermeidung überschießender Mediatoraktivierungen besitzt der Organismus eine Reihe von Wirkstoffen, die es ihm im Normalfall gestatten, in den Kreislauf gelangte oder im Kreislauf aktivierte Mediatoren oder deren Aktivatoren unter Kontrolle zu halten. Diese Kontrollsubstanzen sind Proteine, die zum Großteil als Akutphase-Proteine auftreten (S. 125). Sie neutralisieren relativ unspezifisch Proteasen, zu denen auch die aktivierten Faktoren des CAS gehören. Der Aktivierungsmodus ist eine Bindung mit der Protease, im gebildeten Komplex ist die Protease inaktiv. Der Bindungsmodus Antiprotease:Protease ist gewöhnlich 1:1, auch 1:2. Der Sinn, warum diese Proteasehemmer auf stöchiometrischer Basis und nicht enzymatisch arbeiten, ist so zu deuten: Am Ort der Entzündung, wo die aktivierten Proteasen im Überschuss vorliegen, wird die Hemmwirkung überrannt und die Proteasen können ihre Wirkung entfalten, was im Sinne des Entzündungsvorganges ist. Werden aktivierte Proteasen dagegen ins Blut ausgeschwemmt, so werden sie stark verdünnt und können zur Gänze von den nun im Überschuss vorliegenden Antiproteasen gebunden und unwirksam gemacht werden. Die Protease-Antiproteasekomplexe werden von gefäßständigen Makrophagen phagozytiert und abgebaut. (Vgl. auch S. 215f).

Die Gefahr eines stöchiometrisch arbeitenden Hemmsystems liegt allerdings darin, dass es durch eine massive Aktivierung der Proteasen, wie sie etwa bei Überschwemmung des Blutes durch mikrobielle Toxine zustande kommt, verbraucht und auf diese Weise überlaufen werden kann. Bis zur Nachbildung ausreichender Mengen an Antiproteasen befindet sich der Organismus in einem Zustand, in dem er seinem zügellosen aktivierten Entzündungssystem schutzlos ausgesetzt ist (S. 283f).

Die Wirkungen endogener Proteasenhemmer auf die Komponenten des CAS sind in der Tabelle 2 und in der Abb. 31 zusammengestellt. Eine genaue Beschreibung der einzelnen Wirkstoffe findet sich im Kapitel Akutphase-Proteine (S. 122).

Proteasehemmer in der Therapie

Eine Unterbrechung der Aktivierungskette des CAS mittels geeigneter Pro-

Tabelle 2. *Körpereigene Antiproteasen als Hemmer des Kontakt- Aktivierungssystems (CAS).* FXIIa, FXIIf, FXIa: die aktivierten Faktoren XII und XI. α1-AT: α1 Antitrypsin. α2-M: α2 Makroglobulin. α2-AP: α2 Antiplasmin. ATIII: Antithrombin III. C1INH: C1-Inhibitor. PAI: Plasminogen Aktivator- Inhibitor. Die jeweils stärksten Hemmer sind fett hervorgehoben.

CAS-Komponente	Antiproteasen
FXIIa, FXIIf	**C1INH**, α2-M, α2-AP, ATIII, Heparin
FXIa	**α1-AT**, C1INH, α2-AP, ATIII + Heparin
Plasma- Kallikrein	**C1INH**, α2-M, ATIII, α1-AT,
Plasmin	**α2-AP**, α2-M, C1INH, ATIII, indirekt PAI

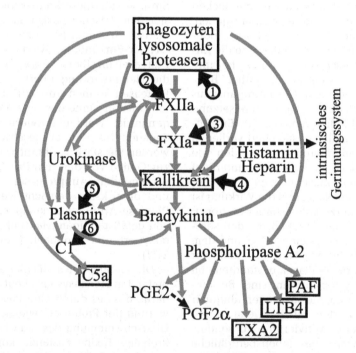

Abb. 31. *Aktivierungswege des Kontakt-Aktivierungssystems (CAS)* im Zusammenhang mit weiteren Mediator- Systemen. Grau gehaltene Pfeile versinnbildlichen Aktivierungswege durch Mediator- Freisetzung, Mediator- Neusynthesen und Aktivierung inaktiver Vorstufen von Mediatoren. Schwarze Pfeile symbolisieren den hemmenden Eingriff von Antiproteasen: 1) α1-AT, α1-ACh, α2-M 2) C1INH, α2-M, α2-AP, ATIII 3) α1-AT, C1INH, α2-AP, ATIII 4) C1INH, α2-M, ATIII, α1-AT 5) α2-AP, α2-M, C1INH, ATIII 6) C1INH. Umrandete Entzündungsmediatoren sind Chemoattractants, die Phagozyten in den Entzündungsherd lenken. Diese Phagozyten geben selbst wieder Mediatoren ab, die chemotaktisch wirken. Von Phagozyten freigesetzte lysosomale Proteasen steigern den Entzündungsprozess in einem autokatalytischen Feedback. FXIIa, FXIa: die aktivierten Faktoren XII und XI des CAS/Gerinnungssystems. C1, C5a: Komplementfaktoren. PGE2, PGF2α: Prostaglandine. TXA2: Thromboxan A2. LTB4: Leukotrien B4. PAF: Plättchen Aktivierender Faktor. α1-AT: α1 Antitrypsin. α1-ACh: α1 Anti- Chymotrypsin. α2-AP: α2 Antiplasmin. ATIII: Antithrombin III. C1INH: C1-Inhibitor. α2-M: α2 Makroglobulin.

teasehemmer wäre bei verschiedenen Krankheitsbildern ein therapeutischer Gewinn. Trotz Bemühungen stehen noch keine ausreichend sicheren und wirksamen Medikamente für die medizinische Routine zur Verfügung. Der therapeutische Einsatz rekombinant hergestellter körpereigener Antiproteasen ist im Versuchsstadium. Das aus Rinderpankreas gewonnene Aprotinin ist nur schwach wirksam, so dass auf seinen Einsatz gewöhnlich verzichtet wird. Proteasehemmer aus Pflanzen wie der Sojabohnen-Inhibitor oder der Limabohnen-Inhibitor, sowie Hemmer synthetischer Herkunft wie das Diisopropyl-Fluorophosphat finden nur in der Forschung Anwendung.

1.3.3 Zur Klinik des CAS

Das CAS kann bei übersteigerter und am falschen Ort ablaufender Aktivierung maßgeblich das Zustandekommen und den Ablauf von Erkrankungen prägen. Häufig auftretende Erkrankungen, in die das CAS eingebunden ist, sind Arthritiden im Rahmen von Harnsäuregicht und cP, der Septische Schock, die akute Pankreatitis, Kontrastmittelunverträglichkeit und das Hereditäre Angioödem.

Bei der *Harnsäuregicht* beginnt das akute Anfallgeschehen mit einer Aktivierung des CAS durch Harnsäurekristalle, die im Gelenksbereich ausfallen. FXIIa, Kallikrein und Bradykinin bewirken eine Exsudation in die Synovia und in den Gelenksspalt, über die erneut Vorstufen serogener Mediatoren herangeschafft werden. Bradykinin ist als potenter Schmerzmediator für die heftigen Schmerzattacken verantwortlich. Nach Aktivierung des Complementsystems wandern Kallikrein- und C5a-vermittelt Phagozyten (PMN und Monozyten/Makrophagen) in den Gelenksbereich ein und sorgen durch Abgabe von Wirkstoffen für eine Aufrechterhaltung des Entzündungsgeschehens. Lysosomale Enzyme und ROS zerstören die Knorpelmatrix. Bei der *chronischen Polyarthritis* (cP) wird das CAS zusammen mit anderen Mediatorsystemen durch lysosomale Enzyme aus Phagozyten angeworfen, die durch die Autoimmun-Komplexe aktiviert werden. An zerstörten Oberflächen des Gelenksknorpels erhält sich der Entzündungsprozess von selbst, indem freiliegende Kollagenfasern und saure Glykosaminoglykane der Grundsubstanz für eine ständige Weiteraktivierung des CAS sorgen. Mechanische Beanspruchung erhält und steigert den entzündlichen Reiz, wobei es prinzipiell gleichgültig ist, wodurch die Knorpelschäden primär entstanden sind.

Schock und akute Pankreatitis

siehe S. 281.

Unverträglichkeit von Röntgenkontrastmitteln

„Kontrastmittelzwischenfälle", deren Symptomatik durch die massive Aktivierung und Freisetzung von Entzündungsmediatoren direkt in der Blutbahn bestimmt wird, betreffen nur einen besonders dafür disponierten Personenkreis. Im Normalfall wird eine Aktivierung von Mediatoren bei Kontakt mit Kontrastmitteln offensichtlich durch die körpereigene Gegenregulation abgefangen. Bei solchen Mediatorentgleisungen konnte – in verschiedenem Ausmaß – die Aktivierung des Complementsystems, des CAS sowie der Blutgerinnung in der Blutbahn nachgewiesen werden. Bezeichnend für die starke Inanspruchnahme der körpereigenen Kontrolle ist der Abfall des C1-Inhibitors. Auch ein Anstieg des Plasma-Histamins wurde beschrieben. Allem Anschein nach werden die Mediatoren/Mediatorsysteme individuell verschieden aktiviert. Die Aktivierung stark vasoaktiver Mediatoren in der Blutbahn macht verständlich, dass das Krankheitsbild von der Schocksymptomatik beherrscht wird.

Das Hereditäre Angioödem

Die Ursache der Erkrankung ist ein autosomal dominant vererbter Mangel (Typ

I, 80% der Fälle) oder eine fehlende Aktivierung (Typ II, 20% der Fälle) des C1-Inhibitors (C1INH), wobei der Defekt nur in der heterozygoten Form bekannt ist. Die Häufigkeit wird mit 1:150.000 angegeben. Bevorzugt ist das weibliche Geschlecht betroffen. Beim Typ I mit ausgeprägter Symptomatik liegen die C1INH-Spiegel unter 50% der Norm. Beim Typ II werden normale Spiegel vorgefunden; zur Diagnosestellung müssen C1INH Funktionstests durchgeführt werden.

Die hervorstechenden Symptome dieser Erkrankung sind anfallsartig auftretende, meist durch physische oder gelegentlich psychische Traumen ausgelöste harte, nicht schmerzende und nicht juckende subkutane Ödeme. Der bevorzugte Sitz der Ödeme ist das Gesicht, wobei naturgemäß das lockere Gewebe der Lider und der Oberlippe besonders betroffen ist, sowie die Hände und Finger. Die Ödeme können lebensbedrohlich werden, wenn sie im Bereich der oberen Atemwege auftreten und Erstickungsgefahr besteht. Solche Glottisödeme werden in manchen Fällen durch Zahnbehandlung provoziert. Auf eine mögliche Auslösung durch psychische Faktoren bezieht sich die alte, heute nicht mehr gebräuchliche Bezeichnung „angioneurotisches" Ödem. Gelegentlich treten auch durch Ödeme an Schleimhäuten des GI-Trakts ausgelöste kolikartige Leibschmerzen auf. Die Krankheitsschübe klingen gewöhnlich nach etwa 48 bis 72 Stunden ab.

Die Pathogenese der Ödeme ist letztendlich ungeklärt. Die mangelhafte Hemmfunktion des C1INH führt anfallsartig zur Massenaktivierung der Complementfraktionen C1, C4 und C2, deren Serumspiegel durch den massiven Verbrauch absinken. Bei C2 bleibt aber die Kaskade stehen, und es erfolgt keine Aktivierung der Fraktion C3. Möglicherweise wird die Aktivierung von C3 durch das C4-bindende Protein unterdrückt (S. 84).

Die Ursache der Ödeme wird von manchen Untersuchern auf das Freiwerden hypothetischer vasoaktiver Substanzen im Rahmen der ersten Schritte der Complementaktivierung zurückgeführt. Andererseits ist der C1INH ein äußerst wirksamer Hemmer des CAS. Neben dem C1 im Ablauf der klassischen Complement-Kaskade kontrolliert der C1INH auch die stark vasoaktiven Substanzen FXIIa, Kallikrein und damit indirekt Bradykinin. Ein deutlicher Hinweis auf eine Beteiligung des Bradykinins bei der Ödementstehung ist die Beobachtung, dass ACE-Hemmer in etwa einem von 3000 Fällen ein Angioödem auslösen. Das ACE ist für den Abbau von Bradykinin in der Blutbahn verantwortlich (S. 71). Bei Personen mit hereditärem Angioödem treten unter ACE-Hemmern regelmäßig Ödemanfälle auf.

Vermutlich als Folge der niederen Spiegel der Complementfaktoren C1, C4 und C2, die ständig verbraucht werden, neigen Personen mit Angioödem verstärkt zu Autoimmunerkrankungen wie SLE, Sklerodermie u.a. (S. 101).

Therapeutisch werden im Akutfall Konzentrate des C1INH substituiert. Die üblichen „gefäßdichtenden" Maßnahmen wie Ca^{++} sowie Antihistaminika oder Glucocorticoide sind weitgehend wirkungslos. Auf lange Sicht wird beim Typ I versucht, die C1INH-Spiegel durch Stimulation der körpereigenen Synthese in der Leber durch androgene Anabolika anzuheben. Präparate mit abgeschwächter androgener Wirkung können als Langzeittherapie auch weiblichen Patienten zugemutet werden.

1.4 Das Complementsystem

Allgemeines

Das Complementsystem (CS) besteht aus Proteinen unterschiedlicher Bauart, Herkunft und verschiedenen Molekulargewichts. Diese Proteine werden als „Complementkomponenten" oder „Complementfaktoren" bezeichnet. Die wichtigste Bildungsstätte ist die Leber, wobei sowohl die Hepatozyten wie auch die Kupffer-Zellen zur Produktion beitragen. Jedoch können auch Zellen anderen Typs und anderer Lokalisation Complementfaktoren herstellen, wie Darmepithel und Fibroblasten. Makrophagen synthetisieren alle Complementfaktoren, auch die des Nebenschlusses, mit Ausnahme von C6, C7, C8 und C9. Die meisten Komponenten des CS besitzen einen Kohlenhydrat-Anteil. Nahezu alle sind kloniert, und ihre Struktur ist bekannt. Diesbezügliche Details sind über die Fachbibliotheken abfragbar.

Fast allen Proteinen des CS ist gemeinsam, dass sie in inaktiver Form ins Blut abgegeben und erst im Zuge einer Entzündung aktiviert werden. Die Complementfaktoren sind demnach normaler Bestandteil des Blutes und gelangen auf dem Blutweg in alle vaskularisierten Bereiche des Organismus. Über das entzündliche Ödem erreichen sie die Orte entzündlicher Vorgänge in Geweben, wo sie extravasal aktiviert werden.

Manche Complementfaktoren werden durch enzymatische Spaltung aktiviert. Die biologisch aktiven Bruchstücke werden traditionsgemäß „Complementfragmente" genannt. Andere Faktoren werden über Konfigurationsänderung oder Komplexbildung aktiviert. Etliche der aktivierten Faktoren üben Mediatorfunktionen aus und wirken über Membranrezeptoren auf Zielzellen. In das CS sind auch dämpfende Kontrollfunktionen integriert, die von humoralen oder membrangebundenen Antagonisten ausgeübt werden. Auf diese Weise soll eine überschießende Aktivierung vermieden und der inflammatorische Effekt auf das erforderliche Maß eingeschränkt werden.

Prominente Aufgaben des CS bestehen in der Verstärkung der Wirkung und in der Steuerung des spezifischen und unspezifischen Immunsystems, sowie im Erkennen, Binden, Markieren und Zerstören von Schadmaterial, seien es alternde oder von Krankheitserregern befallene körpereigene Zellen und Zellprodukte oder körperfremdes, von außen eingedrungenes lebendes oder totes Material.

Eine Besonderheit des CS ist, dass es nicht nur ein Regulatorsystem darstellt,

das Zell- und Gewebsfunktionen steuert, sondern es beinhaltet darüber hinaus mit seinem Cytolytischen Komplex (MAC) ein Effektorsystem, das Zielzellen selbständig zerstören kann.

Zur Nomenklatur

Nach einem internationalen Übereinkommen werden die Complementfaktoren mit „C" und zu ihrer näheren Charakterisierung mit durchlaufenden arabischen Zahlen bezeichnet, z.B. „C3". Durch Spaltung aktivierte Bruchstücke (Complementfragmente) werden mit nachgestellten lateinischen Kleinbuchstaben spezifiziert. So zerfällt etwa der inaktive Faktor C3 in die aktiven Fragmente C3a und C3b.

Aktivierungswege des Complementsystems

Drei Aktivierungswege des CS sind bekannt und gut studiert (**Abb. 32**).

1. Der klassische Aktivierungsweg [classical pathway] mit der Besonderheit des Lektin-Aktivierungsweges [lectin pathway]
2. Der Alternative Weg oder Nebenschluss [alternate syn. alternative pathway]

Für diese Aktivierungswege ist charakteristisch, dass die einzelnen Faktoren des Systems in einer bestimmten vorgegebenen, und keiner anderen Reihenfolge aktiviert werden. Dieses zwingende Hintereinander der einzelnen Aktivierungsschritte hat bei den Untersuchern früherer Tage die Vorstellung eines Stufenwasserfalls geweckt und sie zur bildhaften Bezeichnung „Complement-Kaskade" veranlasst. Tatsächlich beruht diese strenge Abfolge darauf, dass ein aktivierter Faktor ein spezifisches Enzym für die Spaltung und Aktivierung des nächstfolgenden ist, oder auch auf einer spezifischen Komplexbildung. Der klassische und der alternative Aktivierungsweg können sich vereini-

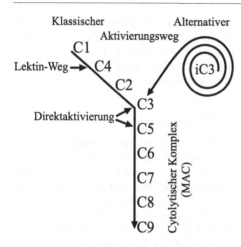

Abb. 33. Prinzip der Complement- Bindungsreaktion. Im Testansatz binden Antikörper (AK) vom IgG- oder IgM- Typ bei Vorhandensein des spezifischen Antigens (AG) zugesetztes Complement, das in dieser Reaktion verbraucht wird. Wird ein standardisiertes Indikatorsystem – bestehend aus Erythrozyten mit gebundenem AK – zugegeben, erfolgt mangels freiem Complement keine Lyse der Erythrozyten. Findet im Testansatz jedoch keine AG-AK Reaktion statt, so werden unverbrauchtes Complement an den AK des Indikatorsystems aktiviert und die Erythrozyten mittels des MAC lysiert. Das System kann zum Nachweis sowohl von AG wie von AK eingesetzt werden. Eine Quantifizierung gelingt mittels Titerreihen der gesuchten AG bzw. AK. Die Complement- Bindungsreaktion ist heute durch einfachere und genauere Methoden ersetzt.

Abb. 32. *Mögliche Wege einer Complement-Aktivierung.* Der Klassische Weg beginnt mit der Aktivierung von C1 durch AG-AK- Komplexe. Eine Besonderheit ist der Lektin- Weg, der an Kohlenhydrat- Bestandteilen in den Membranen von Mikroorganismen gestartet wird und bei C4 in den klassischen Weg einmündet. Der Alternative Aktivierungsweg beginnt mit der spontanen Bildung der initialen C3 Fraktion (iC3) und läuft autokatalytisch unter Aktivierung von C3 weiter. Die Fraktionen C3 und C5 können auch direkt durch Proteasen gespalten und damit aktiviert werden. Ausgehend von aktiviertem C5 wird der Cytolytische Komplex (membrane attac complex, MAC) gebildet.

gen und gemeinsam im Cytolytischen Komplex weiter laufen.

3. Die direkte Aktivierung einzelner Komponenten.

1.4.1 Der klassische Aktivierungsweg

Die Bezeichnung „klassisch" wurde deshalb gewählt, weil dieser Aktivierungsmodus des CS am längsten bekannt ist. Die Existenz dieses Systems wurde schon um 1870 erfasst. Die Complementbindungsreaktion zum Nachweis von AG-AK Reaktionen, ein Meilenstein in der Medizingeschichte, wurde 1901 von Pirquet eingeführt (**Abb. 33**).

Die klassische Aktivierungskaskade wird in erster Linie durch Reaktionen humoraler Antikörper (AK) vom IgG- und IgM-Typ (S. 235, **Abb. 102**) mit Antigenen (AG) ausgelöst, wobei bei voller Aktivierung 7 einzelne Komponenten des CS beteiligt sind. Das CS unterstützt und verstärkt dabei die Wirkung der spezifischen AK. Der Ablauf der Aktivierung wird durch Inhibitoren kontrolliert. Die numerische Unlogik in der Bezeichnung des klassischen Aktivierungsweges erklärt sich aus der historischen Reihenfolge der Entdeckung und Benennung dieser Komponenten. Eine Zusammenfassung des Klassischen Aktivierungsweges gibt Abb. 34.

Die Aktivierung beginnt bei der Komponente C1, die aus zwei reversibel aneinander gebundenen Untereinheiten besteht: das C1q und das C1r2s2. Letzteres ist ein Ca^{++}-abhängiges Tetramer, das als Kette C1s-C1r-C1r-C1s vorliegt. An AG gebundene IgG oder IgM ändern ihre sterische Konfiguration so weit, dass sich C1q an spezifische Bindungsstellen der C2-Domäne in der Fc-Region dieser AK anlagern kann (**Abb. 102**), was die Aktivierung von C1q bewirkt. Eine Aktivierung durch IgG hat jedoch zur Bedingung, dass ein C1q Molekül an mindestens zwei benachbarte IgG Moleküle im Sinne einer Quervernetzung binden kann. Die Möglichkeit einer Quervernetzung setzt wiederum voraus, dass

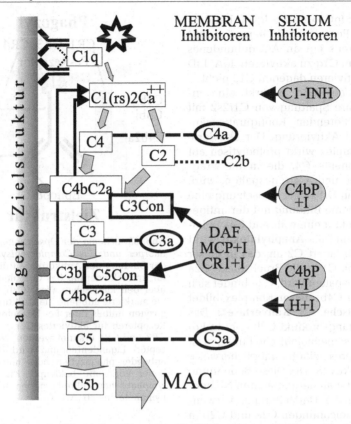

Abb. 34. *Aktivierung des Klassischen Weges bis C5.* Startbedingung sind benachbart an Antigene gebundene IgG Moleküle, an denen durch Quervernetzung die Komponente C1q aktiviert wird, die daraufhin C1r2s2 durch Spaltung aktiviert. C1r2s2 spaltet und aktiviert Ca^{++}- abhängig C4 und C2, wobei das Spaltprodukt C4b sich kovalent an die antigene Struktur bindet und das Spaltprodukt C2a anlagert. C4bC2a spaltet und aktiviert als „Klassische C3-Konvertase" (C3Con) C3, dessen C3b Teil sich kovalent neben der C3- Konvertase an die antigene Struktur bindet. Der Komplex C3bC4bC2a ist somit fest verankert und kann als „Klassische C5- Konvertase" (C5Con) C5 ebenfalls durch Spaltung aktivieren und mit C5b die Bildung des Cytolytischen Komplexes (MAC) einleiten. Die aktivierten und komplex gebundenen Complementfaktoren sind proteolytische Enzyme. Durch die Spezifität der enzymatischen Wirkungen wird ein vorgegebener Aktivierungsfluss gewährleistet („Komplement- Kaskade") und eine starke Amplifikation der Reaktion erreicht. Die Bruchstücke C3a, C4a und C5a sind als „Anaphylatoxine" wirkungsvolle Entzündungsmediatoren. *Hemmende Kontrollmechanismen:* Eine Hemmwirkung auf die Protease C1r2s2 wird von entstehendem C4b und C3b wie auch durch den serogenen C1-Inhibitor (C1-INH) ausgeübt. Weitere serogene Inhibitoren sind das C4-bindende Protein (C4bP) und der Faktor H, welche die C3 und C5 Konvertasen mit Hilfe des Enzyms Faktor I unwirksam machen. Eine Aktivitätseinschränkung entstandener aktiver Komplexe durch Dissoziation oder proteolytische Spaltung wird von den membranständigen Inhibitoren decay accelerating factor (DAF), dem membrane cofactor protein (MCP) und dem Complement Rezeptor CR1 ausgeübt. MCP und CR1 benötigen die Kooperation des Faktors I. Graue Pfeile: Aktivierung. Schwarze Pfeile: Hemmung

antigene Strukturen eine gewisse Mindestdichte an gebundenen IgG aufweisen müssen, um die statistische Wahrscheinlichkeit einer Brückenbildung genügend hoch zu halten. Damit wird vermieden, dass geringe AK Mengen eine starke Abwehrreaktion mit Complementbeteiligung in Gang setzen. Zu den einzelnen IgG-Subtypen entwickelt C1q eine unterschiedliche Bindungsaffi-

nität: IgG3>IgG1>IgG2 > IgG4. Bei dem
im Blut als Pentamer zirkulierenden IgM
genügt bereits ein an AG gebundenes
Molekül, um C1q zu aktivieren. IgA, IgD
und IgE aktivieren dagegen C1q nicht.

Gebundenes C1q bewirkt eine in-
tramolekulare Spaltung von C1r2s2 mit
einer resultierenden Konfigurationsänderung und Aktivierung. Der aktivierte
C1r2s2 Komplex wirkt proteolytisch auf
die Komponente C4, die in die Fragmente C4a und C4b gespalten wird.
C4b geht am Ort seiner Freisetzung eine
feste, kovalente Bindung mit der antigenen Zielstruktur ein, während C4a in Lösung geht und als **Anaphylatoxin** wirkt
(S. 92). C4b lagert C2 an, das in dieser
Bindung von C1 in die Bruchstücke C2a
und C2b gespalten wird. C2a bindet sich
nun fest an C4b; dieser Komplex bildet
die „**klassische C3 Konvertase**". Das
andere Teilungsprodukt C2b geht in Lösung. Über seine biologische Funktion ist
nichts Sicheres bekannt; möglicherweise
ist es vasoaktiv (S. 78). Diese Benennung
entspricht der alt hergebrachten Nomenklatur. Manche Darstellungen verwenden die Bezeichnungen C2a und C2b in
umgekehrtem Sinn, so dass sich also C2b
bindet und C2a freigesetzt wird.

Die klassische C3 Konvertase C4bC2a
aktiviert wiederum C3 durch proteolytische Spaltung in die beiden Fragmente
C3b und C3a. C3a ist ein Anaphylatoxin
und geht in Lösung, während ein Teil der
C3b Fragmente sich fest über kovalente
Bindung in der unmittelbaren Nähe von
C4bC2a an der Zielstruktur verankert.
Dieser Komplex C4bC2aC3b spaltet und
aktiviert C5 zu C5a und C5b und wird
daher als „**klassische C5 Konvertase**"
bezeichnet. C5b geht Bindungen mit C3b
ein und kann den Membrane Attac Complex (MAC) aktivieren, während C5a in
Lösung geht und als Anaphylatoxin und
starkes Chemotaxin wirkt (S. 93). Gebundenes C3b hat aber noch weitere wichtige Funktionen. Durch seine Affinität zum
C3b Rezeptor (CR1, CD 35) an Phagocyten schafft es Bindungsbrücken und löst
damit einen Phagozytosereiz aus oder
verstärkt einen bereits vorhandenen; es

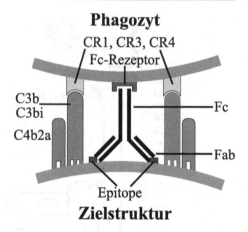

Abb. 35. *Schema der Opsonisation durch Antikörper und das Complementsystem.* Nach
der Bindung der Antikörper an die Zielstruktur und Aktivierung des Complementsystems
über den klassischen Weg (C3b, C3bi) kann
die markierte antigene Zielstruktur durch Phagozyten mittels ihrer Fc- Rezeptoren und die
Rezeptoren für aktiviertes Complement CR1,
CR3 und CR4 erkannt werden. Nach der Re-
zeptor- Ligandenbindung wird das Antigen
entweder phagozytiert oder mittels abgegebener Wirkstoffe bekämpft. Killerzellen der
lymphatischen Zellreihe geben nach Bindung
Lymphotoxine ab (ADCC).

ist ein **Opsonin**. Nach Umwandlung zu
C3bi durch CR1 oder die Nebenschlussfaktoren H und I (S. 88) entfaltet es Bindungsaffinität zu Integrinen (**Tabelle 4**,
S. 95) und verstärkt damit den opsonierenden Effekt. Ein Brückenschlag zwischen der antigenen Zielstruktur und
einem Phagocyten ist ja bereits über den
Fc-Teil eines gebundenen AK und einem
Fc-Rezeptor eines Phagocyten gegeben
(**Abb. 35**).

Aus C3b kann weiter über das Fragment C3c das Fragment C3e heraus gespalten werden, ein relativ stabiles Protein, das aus dem Entzündungsherd auf
den Blutweg in das rote Knochenmark
gelangt und dort die Mobilisierung der
Depots reifer myeloischer weißer Blutzellen in die Blutbahn bewirkt. Über diesen
„Leukozytose-Faktor" ist ein informativer Rückfluss vom Ort der Entzündung
zur Speicherstätte im Knochenmark und
ein Nachschub an weißen Zellen ge-

währleistet. Über weitere Leukocytose-
faktoren siehe S. 145. Einen Überblick
auf den komplexen Ablauf der C3-Akti-
vierung gibt Abb. 36.

Da die Aktivierungen von C1 bis C3
enzymatischer Natur sind, potenziert
sich die Zahl der entstandenen Produkte. Am Ende dieser ersten Aktivierungsschritte stellt sich die Situation so dar,
dass sich um ein an IgG oder IgM gebundenes C1q Molekül eine größere Zahl
von C4bC2a Komplexen lagert, in deren
nächster Nähe sich wiederum eine Überzahl von C3b Molekülen gruppiert. Dieser C4bC2aC3b Komplex, die C5 Konvertase, ist sowohl über C4b wie über
C3b fest an der antigenen Zielstruktur
verankert. Die dafür verantwortlichen
Bindungen – es sind Thioesterbindungen, die von den Complement-Fragmen-
ten ausgehen – sind wenig von der Art
und Struktur des AG abhängig, das die
Immunreaktion ausgelöst hat. C4b und
C3b gehen ohne besondere Spezifität
Bindungen mit einer Reihe von reaktiven
Gruppen ein und können, neben zellulären AG, auch kolloidale und molekulare
AG wie Zellbruchstücke, Viren oder Toxine fixieren. Der Ablauf der Kaskade bis
C3b genügt bereits, um eine Zielstruktur
zu opsonieren und damit dem Erkennen
und Abbau durch Phagozyten zugänglich zu machen.

Kontrolle der klassischen
Complementaktivierung von C1 bis C3

Die Aktivierungsvorgänge nach C1 sind
proteolytische Spaltungsprozesse, die
aufgrund ihrer enzymatischen Natur zu
einer Anhäufung aktiver Spaltprodukte
führen. Solche Amplifikationen haben
den Vorteil, dass AG-AK Reaktionen
kraftvolle Abwehrleistungen in Gang
setzen. Auf der anderen Seite besteht
die Gefahr eines Überschießens von
Abwehrreaktionen mit entsprechender
schädigender Rückwirkung auf den Organismus. (Zu Überreaktionen des CS
siehe S. 103f). Es müssen daher Kontroll-
einrichtungen bestehen, die eine Complementaktivierung zügeln und auf das

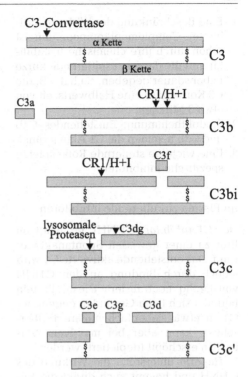

Abb. 36. *Schema der Aktivierung und Fragmentierung von C3.* Das C3 Molekül besteht
aus einer α und einer β Kette, die über Disulfidbrücken miteinander verbunden sind. Ziel
der Fragmentierung ist immer die α Kette. Die
C3 Convertase spaltet C3a ab. Aus dem verbleibenden C3b wird durch den Faktor I unter
Mithilfe von Faktor H oder CR1 das Bruchstück
C3f heraus gespalten; es entsteht C3bi. Im
nächsten Schritt spaltet ebenfalls I mit H oder
CR1 aus C3bi das Fragment C3dg ab. Aus dem
verbleibenden C3c wird durch lysosomale Proteasen C3e abgetrennt. Lysosomale Proteasen
teilen auch C3dg in die beiden Bruchstücke
C3d und C3g. Die β Kette mit den Resten der α
Kette wird als C3c' bezeichnet. *Funktionen der
C3-Fragmente.* C3a ist ein Anaphylatoxin. C3b
ist als Ligand für den Rezeptor CR1ein Opsonin und darüber hinaus Bestandteil der alternativen C3 und C5 Konvertase. C3bi ist als Ligand von CR1, CR3 und CR4 ein Opsonin und
vermittelt zusammen mit dem Fc- Teil von Antikörpern und CR3 die ADCC. C3dg aktiviert
über den Rezeptor CR2 (CD21) B-Lymphozyten. C3e mobilisiert als „Leukozytosefaktor"
reife weiße Blutzellen aus dem Knochenmark.
Über mögliche Funktionen der anderen Bruchstücke ist nichts bekannt.

nötige Ausmaß beschränken. Dieses Ziel
wird über verschiedene Mechanismen
erreicht.

1. Eine Beschränkung der Wirkung aktivierter Complementkomponenten ist
   schon durch ihre chemische Instabili-
   tät und die daraus resultierende kurze
   Lebensdauer gegeben. So hat z.B. die
   C3 Konvertase eine Halbwertszeit von
   etwa 3 Minuten.
2. Produkthemmung. Entstehendes C4b
   und C3b hemmen die C1 Aktivierung.
3. Eine wichtige steuernde Rolle spielen
   spezifische Inhibitoren.

Im Plasma zirkulierende Inhibitoren

Der C1 Inhibitor (C1INH). C1 neigt im
Blut zu einer gewissen Spontanaktivierung. Das entstehende aktivierte C1 wird
jedoch durch Bindung an den C1INH
vollständig neutralisiert. Dieses Protein
befindet sich beim Gesunden gegenüber
C1 in etwa siebenfach molarem Überschuss, kann aber bei massivem Verbrauch erschöpft (depletiert) werden.

Heparin unterstützt die Wirkung des
C1INH und hemmt auch direkt die Bil-
dung der klassischen C3 Konvertase
(C4bC2a) durch C1.

Das C4b bindende Protein (C4bP)
bindet sich an die C3 und C5 Konvertasen und macht diese dem Abbau durch
den Faktor I zugänglich (S. 88).

Der Faktor H bindet sich an entstehendes C3b und macht es der Zerstörung
durch den Faktor I zugänglich (siehe Nebenschlussaktivierung S. 87).

Membrangebundene Inhibitoren

Die C3 Konvertase wird mit Unterstützung des decay accelerating factor (DAF),
des membrane cofactor proteins (MCP)
und des C3b Rezeptors (CR1) durch den
Faktor I abgebaut. CR1 ermöglicht auch
den Abbau der C5 Konvertase durch den
Faktor I. (Genaueres siehe S. 88f).

Von der klassischen C5 Konvertase
kann die Complementaktivierung über
den Membrane Attac Complex weiterlaufen.

1.4.2 Der Membrane Attac Complex (Der Cytolytische Komplex)

Im englischsprachigen Schrifttum wird
dieser Abschnitt des CS als „membrane
attac complex" (MAC) bezeichnet. An
dieser Nomenklatur soll auch hier festgehalten werden. In der deutschsprachigen
Literatur ist auch der Terminus „Cytoly-
tischer Komplex" gebräuchlich.

Der MAC umfasst die Glykoproteine
C5, C6, C7, C8, und C9, die nach ihrer
Aktivierung einen festen Verband bilden, der in die Zellmembran von Zielzellen eingelagert wird und zur Cytolyse
der Zellen führt. An limitierenden Kontrollmechanismen sind in Plasma gelöste
sowie membranständige Inhibitoren bekannt.

Die Bildung des Membrane Attac
Complex (MAC)

Ausgangspunkt der Bildung des MAC ist
C5b, das dem klassischen oder alternativen Aktivierungsweg entstammen kann.
C5b bindet C6. Der C5bC6 Komplex lagert sich vorübergehend an C3b der klassischen oder alternativen C5 Konvertase
an und kann so C7 binden. Der C5bC6C7
Komplex koppelt sich von C3b ab und
heftet sich in unmittelbarer Nähe kovalent fest an die Membran der Zielzelle.
Diese Bindung erfolgt über C7 spezifisch
an Membranphospholipide. Nach Anlagerung von C8 dringt der C5bC6C7C8
Komplex in die Membran der Zielzelle
ein und durchsetzt sie zur Gänze. In diesem Komplex liegen C5b, C6, C7 und C8
in äquimolarer Menge vor. Seine volle
Funktionsfähigkeit erlangt der MAC aber
erst durch die Bindung und Polymerisation von C9. Durch die Bindung an den
C5b-C8 Komplex wird C9 hydrophob und
verlagert sich in den apolaren Kern der
Membran, wo es mit weiteren C9 Molekülen ein Polymer bildet. An einem C5b-
C8 Komplex können maximal 18 Moleküle C9 polymerisieren, die dann einen
funktionstüchtigen MAC oder „C5b-C9
Kanal" aufbauen. Ein voll ausgebildeter
MAC hat ein MW von 1.7×10^6 D.

Struktur und Wirkungsweise des MAC

Im Elektronenmikroskop erweckt der voll ausgebildete MAC den Eindruck eines Hohlzylinders mit ca. 5 nm breitem Rand und einem etwa 10 nm weiten zentralen Kanal, der sich 12 nm über die Membranoberfläche erhebt. Es wird vermutet, dass dieser zentrale Bereich des MAC für extrazelluläre Jonen durchlässig ist. Massiv durch den Kanal einströmendes Ca^{++} führt offenbar durch eine Überstimulation der Zelle und eine extreme Stoffwechselsteigerung zum metabolischen Verschleiß und Zelltod. Einströmende Na-Jonen nehmen Wasser mit und bewirken eine osmotische Zelllyse.

Im Gegensatz zu den Aktivierungsschritten bis C5, die von der Natur des AG weitgehend unabhängig ablaufen, ist die Bildung und Bindung des MAC von spezifischen Phospholipid-Strukturen abhängig. Der Wirkungsmodus des MAC, der sich auf einen funktionsfähigen Zellmetabolismus und auf einen Jonengradienten zwischen Intra- und Extrazellulärraum stützt, ist demzufolge in erster Linie gegen lebende Zellen mit zugänglicher Zellmembran gerichtet. Organismen mit geeigneten Schutzeinrichtungen an ihren Oberflächen können die Wirkung des CS einschränken oder zunichte machen. Gerade Krankheitserreger glänzen hier mit Erfindungsreichtum. Die Angreifbarkeit von Mikroorganismen durch das CS ist daher recht unterschiedlich.

Kontrolle der Bildung des MAC durch spezifische Inhibitoren

Das *S-Protein* (syn.: Vitronectin) ist der MAC-Inhibitor des Blutplasmas. Es lagert sich an den C5bC6C7 Komplex an und verhindert damit dessen Bindung an die Membran. Darüber hinaus blockiert es die Polymerisation von C9. Zu weiteren Funktionen des S-Proteins siehe S. 227.

Der membrangebundene *Homologe Restriktionsfaktor* (CD59) [homologous restriction factor, HRF,] weist eine Affinität zu C8 auf und blockt die Bindung von C8 an C5bC6C7 und damit die Inkorporation des Komplexes in die Zellmembran. Weiters hemmt er die Bindung von C9 an den C5bC6C7C8 Komplex. Der HRF ist in Zellmembranen von Blutzellen vorhanden, die ja dem serogenen CS besonders stark ausgesetzt sind und für die der HRF einen Schutzfaktor gegen eine Autoaggression durch das CS darstellt: Erythrozyten, Granulozyten, Monozyten, Lymphozyten, Thrombozyten und Endothelzellen. Darüber hinaus ist er auch unter nicht- hämatopoetischen Zellen weit verbreitet. Von praktischer Bedeutung ist, dass der HRF starke Speziesunterschiede aufweist, was bei Xenotransplantationen ein Hindernis darstellt.

Einen Überblick über den MAC gibt Abb. 37.

Chemisch und mit seiner Antigenität dem C9 nahe verwandt ist der cytotoxische Faktor von cytotoxischen T-Lymphozyten, Natural Killer (NK) Zellen und Blut-Monozyten. (Synonyme: Lymphotoxin, Cytolysin, Perforin, C9-related protein). Dieses Protein mit einem MW von ca. 90 kD wird von diesen Zellen auf Kontakt mit Zielzellen hin abgegeben und bildet, ähnlich dem MAC, in den Membranen der Zielzellen Poren, die schließlich zur Cytolyse führen. Der HRF hemmt auch die Wirkung dieses cytolytischen Proteins und schützt die cytotoxische Zelle vor einer Selbstzerstörung.

1.4.3 Der Lektin-Aktivierungsweg

Das **Mannose-bindende Lektin** ist ein Produkt der Hepatozyten, das während der Akutphase vermehrt produziert und in das Blut abgegeben wird (S. 133). Es bindet sich an Kohlenhydrat-Bestandteile in den Membranen von gram-positiven und gram-negativen Bakterien und manchen Viren. Der Lektin-Komplex enthält Proteasen [MASP1 und MASP2], welche die Funktion des C1r2s2-Komplexes übernehmen und C4 spalten (S. 82). Die MASP werden durch Bindung des Lektins an mikrobielle Bindungsstellen aktiviert. Damit wird das Complementsystem über den klassischen Aktivie-

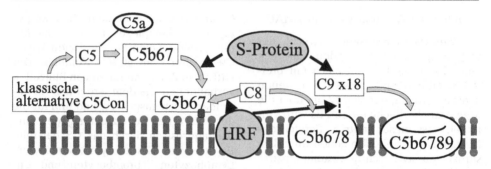

Abb. 37. *Aktivierung des Cytolytischen Komplexes (Membrane Attac Complex, MAC)*. Die Aktivierung des MAC kann vom Klassischen oder dem Alternativen Weg der Complementaktivierung ausgehen. Der erste Schritt ist die Spaltung von C5 durch die Klassische (C4bC2aC3b) oder die Alternative C5 Convertase (C3bBbMgC3b). C5b bindet C6, lagert sich vorübergehend an C3b an und kann so C7 binden. Der C5bC6C7 Komplex koppelt sich von C3b ab und bindet sich über C7 kovalent an Membranphospholipide. Nach Bindung von C8 senkt sich der C5bC6C7C8-Komplex in die Membran ein und kann nun C9 binden. Der voll ausgebildeten MAC, in dem bis zu18 Moleküle C9 polymerisiert vorliegen können, durchsetzt die Zellmembran und bildet den „C5C9-Kanal". *Hemmende Kontrollmechanismen.* Das in der flüssige Phase vorhandene S-Protein bindet sich an den C5bC6C7-Komplex und blockiert damit seine Membranbindung. Weiters verhindert es die Polymerisation von C9. Der membrangebundene Homologe Restriktionsfaktor (HRF) verhindert die Bindung von C8 an den C5bC6C7-Komplex und damit dessen Inkorporation in die Membran. Zusätzlich verhindert er die Bindung von C9 und die Polymerisation am C5bC6C7C8-Komplex. Graue Pfeile: Aktivierung. Schwarze Pfeile: Hemmung

rungsweg – allerdings unter Umgehung von C1 – in Gang gesetzt (**Abb. 32**). Der Lektin-Aktivierungsweg des CS ist bei der Abwehr von Krankheitserregern von Bedeutung.

1.4.4 Der alternative Aktivierungsweg
(Synonym: Nebenschluss; [alternate pathway, alternative pathway])

Im Gegensatz zum Klassischen Aktivierungsweg ist der Alternative Weg nicht streng an Immunreaktionen gekoppelt, sondern kann durch eine Vielzahl unspezifischer Reize ausgelöst werden. Die Bezeichnungen „alternativ" oder „Nebenschluss" erwecken den Eindruck, dass es sich hier um einen zweitrangigen Aktivierungsweg des Complementsystems handelt. Das Gegenteil ist jedoch der Fall. Die Benennung bezieht sich auf die Chronologie der Entdeckung, da die Existenz dieses Aktivierungsweges lange nach dem „klassischen" Weg, nämlich erst beginnend um etwa 1950, bekannt wurde. Tatsächlich nimmt gerade die unspezifische Aktivierung eine Schlüs-

selrolle in den Abwehrmechanismen des Organismus ein. Defekte des Alternativen Weges bedeuten eine beträchtliche gesundheitliche Gefährdung, während Fehler des Klassischen Weges im Bereich von C1, C4 und C2 vergleichsweise symptomarm verlaufen (S. 101). Der Alternative Weg kann für den Klassischen einspringen, was wohl auch damit zusammen hängt, dass der Alternative Weg der phylogenetisch wesentlich ältere ist. Nebenschlussfaktoren können bereits bei Avertebraten wie Seesternen und Krabben gefunden werden, während die Kombination des spezifischen Immunsystems mit einem vergleichbaren „klassischen" CS erst von den Knorpelfischen aufwärts auftritt. Bei den primitiveren Cyclostomata ist zwar ein einfaches spezifisches Immunsystem entwickelt, eine Koppelung mit dem CS fehlt jedoch.

In den Alternativen Weg sind sechs Serumproteine eingebunden, die teils fördernde Elemente darstellen, teils hemmende Kontrollwirkung ausüben. Zusätzlich sind drei hemmende Membranproteine beteiligt (**Tabelle 3**). Im

Tabelle 3. Komponenten des Alternativen Weges der Complement- Aktivierung

Plasma-Proteine	Membran- Proteine	Funktion
C3		Start und
Faktor B		Aktivierung
Faktor D		
Faktor H	decay accelerating factor (DAF)	
Faktor I	membrane cofactor protein (MCP)	Hemmung
	Complement Rezeptor CR1	
Properdin		Verstärkung

Gegensatz zum Klassischen Weg, bei dem eine Selbstaktivierung zwar möglich ist, aber nur eine untergeordnete Rolle spielt, ist beim Alternativen Weg die **spontane Autokatalyse** die Funktionsbasis schlechthin. Eine volle Aktivierung wird im Normalfall jedoch durch Inhibitoren unterbunden. Erst bei Bedarf, nämlich bei Anwesenheit entzündungserregenden Schadmaterials, wird die Inhibitorwirkung durchbrochen und die volle Aktivierung setzt massiv ein. Die Aufgabe des Alternativen Weges besteht im Erkennen, Markieren und Vernichten von Schadmaterial im weitesten Sinn, worunter von außen eingedrungene Organismen und Schadstoffe aller Art, aber auch körpereigenes, jedoch abgestorbenes oder unbrauchbar gewordenes Material sowie alternde Zellen mit nachlassenden Funktionen zu verstehen sind. Der Mechanismus des Unschädlichmachens besteht im Fall körpereigener alternder oder auch körperfremder Zellen in ihrer cytolytischen Zerstörung durch die Aktivierung des MAC. Abgetötete Zellen und anderes Material werden durch C3b und C3bi opsoniert und auf diesem Weg für das Immunsystem gekennzeichnet und dem Abbau durch Phagozyten zugeführt.

Die Aktivierung des Alternativen Weges

Ein gewisser Anteil des in den Körperflüssigkeiten enthaltenen C3 erleidet ständig eine hydrolytische Spaltung, die auf eine instabile Thioesterbindung innerhalb der Molekülstruktur seiner α-Kette zurückzuführen ist (**Abb. 36**). Diese Spaltung wird als „spontan" bezeichnet; allerdings scheint die Anwesenheit bestimmter chemischer Gruppen diese Spaltung zu fördern. Eine solche fördernde Wirkung wird den ubiquitär auftretenden Aminogruppen zugeschrieben, wie sie auch Bestandteil von Äthylamin enthaltenden „biogenen Aminen" wie Histamin, Serotonin oder Katecholamine sind. Damit wäre ein Zusammenhang mit anderen Mediatoren und auch bei Stress und Schock vermehrt anfallenden Neurotransmittern gegeben. **Hydrolysiertes C3** (synonym: „initiales" C3, iC3,) ist in der Lage, mit Hilfe von Mg^{++} den Faktor B (B) des Nebenschlusses zu binden. B ist in dieser Bindung der Spaltung durch den Faktor D (D) zugänglich. D ist ein proteolytisches Enzym, das in ständig aktiver Form im Plasma vorhanden ist und streng spezifisch B in zwei Bruchstücke, Ba und Bb, spaltet. Die Spaltung erfolgt allerdings nur dann, wenn B an iC3 oder C3b gebunden ist. Während Ba in Lösung geht (über eine physiologische Bedeutung ist nichts bekannt), bleibt Bb in Bindung. Der Komplex iC3BbMg hat Protease-Wirkung und bildet die **Initiale C3 Konvertase**. Diese Vorgänge finden in der flüssigen Phase statt.

Die initiale C3 Konvertase spaltet C3 in C3b und C3a. C3a geht in Lösung und wirkt als Anaphylatoxin (S. 92). C3b geht weitgehend unspezifisch kovalente Thioesterbindungen mit einer Reihe von Strukturen – Zellen und nicht-zelluläres Material – ein. Während die Spontanaktivierung in der flüssigen Phase stattfindet, laufen die weiteren Vorgänge streng

strukturgebunden ab. Das fest an Zielstrukturen fixierte C3b bindet wiederum
mit Hilfe von Mg^{++} den Faktor B, der in
dieser Bindung wie beschrieben der Aktivität von D zugänglich ist und gespalten
wird. Der entstehend Komplex C3bBbMg
wird als **Alternative C3-Konvertase** (syn:
C3-Konvertase des Nebenschlusses) bezeichnet. Über diesen positiven Feedback C3 Konvertase → C3 Aktivierung
→ Bindung von C3b an Strukturen →
Bindung von B an C3b und Aktivierung
durch D → Entstehen neuer C3 Konvertasen etc. können sich C3 Konvertase
und C3b an der Zielstruktur anhäufen.
Bindung eines oder mehrerer Moleküle
C3b an der Zielstruktur in unmittelbarer Nähe der C3 Konvertase geben dem
Enzym die Fähigkeit, auch C5 zu spalten.
In dieser Aktivierungsform wird der Enzymkomplex als **Alternative C5-Konver-
tase** bezeichnet. Mit der Spaltung und
Aktivierung von C5 ist die Verbindung
zum MAC hergestellt (S. 84).

Die Kontrolle der C3b Aktivierung

Die über eine spontane Bildung der Initialen C3 Konvertase anlaufende Komplementaktivierung wird ohne die Anwesenheit entzündungserregenden Schadmaterials nicht fortgesetzt, sondern durch
Inhibitoren abgestoppt. Es sind zwei
spezifische Inhibitorsysteme bekannt, die
sowohl den Klassischen wie auch den Alternativen Aktivierungsweg des CS hemmen: Die Plasmaproteine Faktor H (H)
und Faktor I (I) und die Membranproteine
C3b Rezeptor (CR1), der decay accelerating factor (DAF) mit Unterstützung des
membrane cofactor proteins (MCP), sowie
die unspezifisch wirkende Sialinsäure an
Zelloberflächen (**Tabelle 3**).

Plasmainhibitoren

Der Faktor H bindet sich an iC3 oder an
C3b und behindert damit die Bindung
von B an diese Komponenten. Darüber
hinaus werden iC3 und C3b in Bindung
an H einer Spaltung durch I zugänglich
und damit unwirksam gemacht.

Der Faktor I ist ein im Plasma ständig
in aktiver Form vorhandenes proteolytisches Enzym, das iC3 und C3b in eine
Reihe von Bruchstücke spalten kann,
vorausgesetzt iC3 oder C3b sind an H
oder an CR1 gebunden (**Abb. 36**). I kann
darüber hinaus C4b des Klassischen Aktivierungsweges durch Spaltung inaktivieren, wenn C4b an das C4b bindende
Protein (C4bPr) gebunden ist (**Abb. 34**).

Membrangebundene Inhibitoren

Der *decay accelerating factor* (DAF,
CD55) inaktiviert C3b ohne Mithilfe von
I, indem er die Bildung der alternativen
C3 Konvertase hemmt und auch die Dissoziation des bereits gebildeten Enzyms
fördert. Diese Hemmwirkung ist Spezi-
es- spezifisch. Neben der alternativen
C3 Konvertase inaktiviert der DAF auch
die C3 und C5 Konvertasen des Klassischen Weges. Der DAF ist auf den Zellmembranen aller Zellen der Blutbahn
einschließlich des Endothels reichlich,
auf einer Reihe weiterer Zelltypen weniger dicht vorhanden. Er stellt einen
wichtigen Selbstschutz dieser Zellen gegenüber einer Zerstörung durch das CS
dar.

Das *membrane cofactor protein* [MCF,
CD46] wird auf den Zellmembranen verschiedenster Zelltypen exprimiert. Wie
der DAF und HRF ist es nur Spezies-
spezifisch aktiv und schützt exponierte
Zellen gegen die Zerstörung durch au-
tologes Complement. Es spaltet und inaktiviert die C3 und C5 Konvertasen mit
Hilfe von Faktor I. DAF und MCP potenzieren sich in ihrer Wirkung.

Der C3b-Rezeptor (CR1, CD35) wurde
auf Erythrozyten, Granulozyten, Mono-
zyten/Makrophagen, dendritischen Re-
tikulumzellen und B-Lymphozyten festgestellt. Er zeigt eine starke Bindungsaffinität zu C3b, zur initialen, zu den
klassischen wie zu den alternativen C3/
C5 Konvertasen, die allesamt nach Bindung an CR1 durch den Faktor I gespalten und inaktiviert werden können. Der
CR1 unterbricht durch die Inaktivierung
sowohl der Klassischen wie auch der Al-

ternativen C3/C5 Konvertasen die Complementaktivierung und verhindert die Bildung des MAC. C3b allein wie auch als Bestandteil von Konvertasen wirkt über Bindung an CR1 auf Phagocyten als *Opsonin*. Solche Komplexe werden mitsamt der gebundenen Zielstruktur in die Phagozyten aufgenommen und abgebaut, oder sie bewirken am Phagocyten die Freisetzung lysosomaler Enzyme und weiterer chemisch aktiver Zellprodukte (S. 183f). Die Aktivität von Phagozyten wird durch die bei der Complementaktivierung freigesetzten Anaphylatoxine verstärkt (S. 92).

Der an Erythrozyten lokalisierte CR1 hat auch Transportfunktion. C3b als Bestandteil von Konvertasen, die an Zielstrukturen unspezifischer Art, aber auch an AG-AK Komplexe gebunden sein können, wird vom CR1 der Erythrozyten gebunden und den gefäßständigen Makrophagen in Leber, Milz und Knochenmark zum Phagozytose übergeben. Der CR1 an den Erythrozyten ist somit ein wichtiger *Clearancefaktor* für Schadstrukturen, die im Blut mit dem CS reagiert haben.

Wirkung der Sialinsäure
siehe Seite 100.

Neben diesem Abbau durch spezifische Faktoren wird die Aktivität der C3/C5 Konvertasen auch durch einen unspezifischen Abbau durch die *Carboxypeptidasen* des Plasmas eingeschränkt. So beträgt die Halbwertszeit der Initialen C3 Konvertase bei Anwesenheit von Serum in vitro nur 70 bis 80 Sekunden, die der alternativen C3 Konvertase wird mit 90 Sekunden angegeben. Properdin stabilisiert die C3 Konvertasen gegen diesen unspezifischen Abbau und verlängert und verstärkt damit ihre Wirkung (S. 90).

Die volle Aktivierung des Alternativen Weges

Eine volle Aktivierung des Alternativen Weges findet nur dann statt, wenn die Hemmmechanismen durchbrochen werden. Ein solcher Fall tritt ein:

1. Bei einer massiven Aktivierung des Alternativen Weges: Die Plasmakonzentration von Faktor H ist normalerweise groß genug, um iC3 und C3b, wenn sie in mäßigen Mengen entstehen, vollständig zu binden und dem Abbau durch Faktor I zuzuführen. Wird H durch massiven Anfall von C3b stoechiometrisch verbraucht, wird der Hemmeffekt überlaufen und der Alternative Weg aktiviert. *Lokal* am Ort der Entzündung ist dieser Vorgang physiologisch und führt zu einer erwünschten Verstärkung des Entzündungsprozesses. *Systemisch*, in der Blutbahn, kann eine solche Aktivierung dem Organismus jedoch beträchtlichen Schaden zufügen. Eine Massenaktivierung von C3 und des Complementsystems in der Blutbahn kann durch verschiedene Reize ausgelöst werden: Durch hohe Konzentrationen von biogenen Aminen (Histamin, Katecholamine) während verschiedener Schockzustände (S. 281); Immunkomplexe bei Überempfindlichkeitsreaktionen (S. 278); Mikroorganismen und ihre Toxine, die das CS direkt oder indirekt über den Hageman-Faktor und das CAS aktivieren (S. 77); lysosomale Proteasen aus PMN und Monozyten/Makrophagen, die in der Blutbahn aktiviert wurden (S. 286); Gewebskallikrein und das Verdauungsenzym Trypsin, die bei Pankreatitis fehlgesteuert in die Blutbahn gelangen. Über die klinischen Komplikationen, die sich aus einer massiven systemischen Complementaktivierung ergeben können, siehe S. 281ff.

2. Eine volle Aktivierung des Nebenschlusses tritt auch ein, wenn die Inhibitormechanismen Faktor H und I unwirksam werden. Ist nämlich C3b an gewisse Strukturen gebunden, wird seine Bindungsaffinität zu H stark verringert, während die Affinität zu Faktor B erhalten bleibt. Ohne Bindung an H ist aber eine Spaltung von C3b durch I nicht möglich, so dass die Bil-

dung von C3bBbMg und die Aktivierung des Alternativen Weges anlaufen kann. Zu diesen Strukturen gehören Mikroorganismen wie Bakterien, Pilze, Viren, aber auch artfremde Zellen, Tumorzellen und Parasiten sowie deren Produkte oder Toxine. Auch Immunkomplexe besitzen Affinität zu C3b, so dass Immunreaktionen das CS nicht nur über den Klassischen Weg, sondern auch alternativ aktivieren können. Ebenso binden körpereigene, aber bereits gealterte Zellen, Zellprodukte und extrazelluläres Material verstärkt C3b und lösen so eine Complementaktivierung aus, in deren Zug sie zerstört und abgebaut werden. Die Bindung von C3b stellt somit einen Mechanismus dar, über den „körperfremdes Schadmaterial" im weitesten Sinn (sowohl nicht von Organismus selbst stammend, aber auch ursprünglich körpereigenes, jedoch nicht mehr funktionsgerechtes Material) **erkannt**, **markiert** und in weiterer Folge **beseitigt** wird.

Zu den chemischen Bindungsstellen, an denen C3b und die Konvertasen vor Abbau geschützt sind, gehören Amino- und Hydroxylgruppen, die ubiquitär Strukturelemente von Proteinen, Polysacchariden u.a. bilden. Der Schutzmechanismus ist im Detail unklar. Ist erst einmal ausreichend C3b und damit alternative C3-Konvertase entstanden, so erhält und verstärkt sich der Aktivierungsprozess autokatalytisch.

Verstärkerfaktoren des Alternativen Weges

Neben dem oben beschriebenen autokatalytischen Verstärker-Feedback wird die C3/C5 Konvertase noch durch **Properdin** in ihrer Wirkung verstärkt. Properdin ist das Di-, Tri-, Tetra- und auch höherwertige Oligomer eines Proteins mit einem MW von 56 kD, wobei die tetramere Form am häufigsten anzutreffen ist. Die Wirkung steigt mit dem Polymerisationsgrad. Eine Bindung an polyme-

risiertes Properdin verzögert den Abbau der C3/C5 Konvertase durch die Carboxypeptidasen und verlängert damit ihre Aktivität. Diese Stabilisierung ist die einzige bekannte Wirkung des Properdins, die allerdings bedeutsam zu sein scheint, wie die hohe Infektanfälligkeit bei Properdinmangel zeigt. Properdin schützt dagegen die C3/C5 Konvertase nicht gegen den Abbau durch CR1, MCP oder den DAF.

Verbindungen zwischen dem klassischen und alternativem Weg

Die Kenntnisse der Faktoren und Aktivierungswege des CS sind der Jahrzehnte dauernden Tätigkeit zahlreicher Forscherteams zu verdanken, die das Grundlagenwissen in vitro erarbeitet haben. In vivo sind mannigfache Verflechtungen zwischen den einzelnen Aktivierungsmöglichkeiten gegeben. C3b nimmt hier eine Schaltstelle ein. Aus dem klassischen Weg entstehendes C3b kann Faktor B binden und das CS über den Alternativen Weg weiter antreiben. Sind einmal Phagocyten im Entzündungsherd eingelangt, erhält sich die Stimulation über die freigesetzten Wirkstoffe durch Nebenschluss- und Direktaktivierung weiter. Vernetzungen sind auch durch die gemeinsamen Inhibitoren gegeben.

Einen Überblick über den Alternativen Aktivierungsweg gibt Abb. 38.

1.4.5 Die direkte Aktivierung einzelner Komponenten

Diese Möglichkeit der Aktivierung einzelner Komponenten des CS ist als lokaler Verstärker der Entzündungsreaktion von wesentlicher Bedeutung. Neutrale Proteasen aus PMN und Makrophagen können im Entzündungsherd C3 und C5 über den Nebenschluss, aber auch direkt durch proteolytische Spaltung aktivieren (**Abb. 32**). Darüber hinaus sezernieren Makrophagen am Entzündungsort selbst C3 und C5 und aktivieren es durch gleichzeitig abgegebene Proteasen. Das entstehende C3b wirkt als Opsonin, C5a

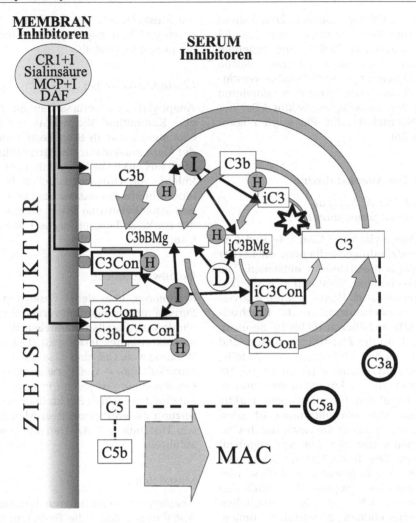

MEMBRAN
Inhibitoren

SERUM
Inhibitoren

Abb. 38. *Der Alternative Weg der Komplementaktivierung.* Der Alternative Weg aktiviert sich selbst in einem autokatalytischen Zyklus, der mit dem spontanen Zerfall von C3 beginnt. Das Zerfallsprodukt, das initiale C3 Fragment (iC3), bindet den Serumfaktor B und Magnesium. In dieser Bindung wird B der spezifischen Spaltung durch die Serumprotease D zugänglich. Das Produkt iC3BbMg, die initiale C3-Konvertase des Nebenschlusses (iC3Con), hat Protease- Wirkung und spaltet C3 in C3b und C3a.C3b bindet Faktor B und Mg, wonach B wieder durch Faktor D gespalten werden kann. Das Produkt C3bBbMg, die C3-Konvertase des Nebenschlusses (C3Con), spaltet wieder C3, dessen C3b- Bruchstück wieder Faktor B und Mg bindet und so fort. Da die Aktivierungen auf enzymatischen Reaktionen beruhen, potenziert sich die Zahl der entstehenden Reaktionsprodukte. *Hemmende Kontrollmechanismen:* Ein Weiterlaufen der Reaktion und eine Amplifikation wird durch die serogenen Inhibitoren Faktor H und Faktor I sowie durch die Membran- assoziierten Inhibitoren C3b Rezeptor (CR1), membrane cofactor protein (MCP), decay accelerating factor (DAF) und Sialinsäure unterbunden, welche die Reaktionsprodukte nach ihrer Entstehung unwirksam machen. Diese Inhibitoren sind jedoch unwirksam, wenn sich C3b oder die Konvertase an die Oberfläche gewisser Zielstrukturen binden. In diesem Fall kann die autokatalytische Potenzierung der Reaktion voll in Gang kommen, und die Zielstruktur wird reichlich mit dem Opsonin C3b markiert. Bei Bindung mehrerer Moleküle C3b in unmittelbarer Nachbarschaft gewinnt die C3-Konvertase die Fähigkeit, C5 zu spalten; sie wird zur C5-Konvertase des Nebenschlusses (C5Con). Über die entstehende Fraktion C5b ist die Aktivierung des Cytolytischen Komplexes (MAC) möglich. Die Bruchstücke der Complementaktivierung C3a und C5a sind hoch wirksame Entzündungsmediatoren (Anaphylatoxine). Graue Pfeile: Aktivierung. Schwarze Pfeile: Hemmung

lenkt als Chemotaxin den Zelleinstrom und stimuliert zusammen mit C3a die eingewanderten Zellen zur erneuten Abgabe lysosomaler Enzyme, welche die Aktivierungsspirale weiter verstärken. Lysosomale Proteasen aktivieren auch den Leukozytose-Faktor C3e, der für Nachschub von Phagozyten sorgt (**Abb. 36**).

1.4.6 Die Anaphylatoxine

1.4.6.1 Die Wirkung als Entzündungsmediatoren

Die Anaphylatoxine C3a, C4a und C5a sind Entzündungsmediatoren, die bei der Complementaktivierung entstehen. Die entsprechenden Vorstufen C3, C4 und C5 zerfallen im Rahmen ihrer Aktivierung in hochmolekulare „b" Bruchstücke (MW im höheren 10^4 bis 10^5 Bereich), die sich an die Zielstruktur binden, und in die niedermolekularen „a" Anteile, die Anaphylatoxine (MW im 10^3 bis 10^4 Bereich), die in Lösung gehen und in der Umgebung ihrer Entstehung aktiv werden. Ihre Wirkungsdauer ist allerdings nur kurz, da sie rasch durch Carboxypeptidasen des Plasmas abgebaut werden. Die Bezeichnung „Anaphylatoxine" wurde gewählt, weil diese Mediatoren eine Symptomatik ähnlich den anaphylaktischen, d.h. IgE vermittelten Immunreaktionen, hervorrufen können. Diese Ähnlichkeit ist zum Teil auf die Stimulation von Mastzellen durch Anaphylatoxine und die Freisetzung von Histamin und AA-Metaboliten zurückzuführen (S. 22).

Rezeptoren für Anaphylatoxine

Anaphylatoxine wirken über spezifische Membranrezeptoren auf die Zielzellen. Der C3a-Rezeptor und der C5a-Rezeptor (CD88) wurden an weißen Blutzellen der Myeloischen Reihe (PMN, Eosinophile und Basophile Granulozyten, Monozyten/Makrophagen, reichlich an Mastzellen), an B- und T-Lymphozyten, sowie an nicht- hämatopoetischen Zellen wie glat-

ten Muskelzellen, Gefäßendothel, Bronchial- und Nierenepithel, Gliazellen und Neuronen festgestellt.

Glatte Muskelzellen

Anaphylatoxine verursachen an ihnen eine Kontraktion, die sich an der Bronchialmuskulatur als Bronchospasmus, an der Darmmuskulatur als Peristaltikerhöhung auswirkt. Die Kontraktion der Muskulatur von Drüsenendstücken bewirkt eine erhöhte Sekretabgabe. Die einzelnen Anaphylatoxine lösen unterschiedlich starke Zellantworten aus: C5a> C3a> C4a.

Gefäßwirksamkeit

Rezeptoren, über deren Besetzung eine Permeabilitätssteigerung verursacht wird, wurden an Kapillarendothelien des Pulmonalkreislaufes festgestellt. Die starke Wirkung von C5a und C3a auf die Mikrozirkulation – Gefäßerweiterung und Ödembildung –ist jedoch in erster Linie auf einen indirekten Effekt, über die Freisetzung anderer vasoaktiver Mediatoren wie Histamin und AA-Derivate, zurückzuführen.

Mastzellen

Anaphylatoxine stimulieren die Granula-Abgabe und damit die Freisetzung von Histamin und Heparin sowie die Bildung von AA-Metaboliten wie PG und LT und des PAF mit den entsprechenden Wirkungen: Spasmen glatter Muskulatur, Vasodilatation, Permeabilitätssteigerung und Ödem im Bereich der Mikrozirkulation sowie Sekretionssteigerung von Drüsenzellen (S. 26).

PMN

werden zur Granulaabgabe und allgemein zu verstärkten Zellleistungen aktiviert. Unter den lysosomalen Produkten der PMN kommt besonders den neutralen Proteasen Elastase, Cathepsin G und Proteinase 3 Bedeutung zu, da sie, im

Gegensatz zu den sauren Hydrolasen, auch im neutralen extrazellulären Milieu aktiv sind (S. 196). Neben ihrer proteolytischen Tätigkeit im Entzündungsbereich aktivieren die neutralen Proteasen auch Mediatorsysteme wie das CS auf direktem Weg und über den Nebenschluss, sowie das Kallikrein-Kininsystem und verstärken damit in einem autokatalytischen Zyklus die Entzündung. Unter dem Einfluss von Anaphylatoxinen geben PMN vermehrt AA-Metabolite ab, wobei nach in vitro Untersuchungen C3a in erster Linie den COX-Weg, C5a dagegen bevorzugt den LOX-Weg stimuliert. Anaphylatoxine stellen auch kräftige Reize zur Bildung von ROS dar. Über die Insertion sekretorischer Vesikel in die Zellmembran von PMN wird der Bestand an Rezeptoren und Adhäsionsproteinen und damit wiederum die Reaktivität der Zelle erhöht (**Abb. 58**).

Eosinophile Granulozyten

werden zur Abgabe von basischen Proteinen, Cysteinyl-Leukotrienen und von ROS angeregt, *Basophile Granulozyten* setzen Histamin frei.

Monozyten/Makrophagen

Neben der Abgabe von Granula und Vesikeln, die mit der von PMN vergleichbar ist, wird auch die Freisetzung einer Reihe von Cytokinen und Wachstumsfaktoren stimuliert. Die Palette dieser Wirkstoffe ist sehr von der Spezialisierung der Makrophagen abhängig (S. 213). Neben lokalen Antworten können diese Cytokine auch Allgemeinreaktionen wie Fieber, die APR oder spezifische Immunvorgänge in Gang setzen oder verstärken.

T-Lymphozyten

C3a und C5a wirken als Immunmodulatoren, wobei C3a hemmend, C5a verstärkend eingreift. C3a hemmt die Lymphozytenmigration und die Abgabe von Cytokinen aus Th-Zellen und stimuliert die Proliferation und Aktivität der T-Sup-

pressorzellen. Dagegen steigert C5a die Proliferation und Cytotoxizität von T-Zellen.

Die Wirkungen der Anaphylatoxine in vitro sind stark von den Versuchsbedingungen und dem verwendeten Gewebstyp abhängig. Da Anaphylatoxine bevorzugt Entzündungszellen ansprechen, die selbst wiederum eine Vielzahl weiterer Mediatoren abgeben können, sind in vivo beobachtete Reaktionen vielfach nicht Ausdruck direkter, sondern sekundärer Wirkungen.

1.4.6.2 C5-Fraktionen mit chemotaktischer Wirkung

C5a ist für Neutrophile, Eosinophile und Basophile Granulozyten und für Monozyten/Makrophagen ein starkes Chemotaxin, während C3a nur auf Eosinophile Granulozyten und Mastzellen chemotaktisch wirkt. Eine Carboxypeptidase mit einem MW von 300 kD, die wegen ihrer Wirkung auch als *Anaphylatoxin-Inaktivator* bezeichnet wird, inaktiviert C3a und C5a rasch durch Abspaltung des Arginin-Rests am Carboxyl-Ende. Das chemisch stabilere desarginierte „C5a desArg" ist ohne anaphylatoxische Wirkung, bewahrt aber seine chemotaktischen Eigenschaften, wenn auch in beträchtlich abgeschwächtem Maße. Das im Plasma vorhandene Vitamin D-bindende Protein [Gc-globulin], das auch als „Co-Chemotaxin" bezeichnet wird, verstärkt wiederum die chemotaktische Wirkung des C5a desArg. C5a und C5 desArg plus Co-Chemotaxin sind Verstärker der zellulären wie humoralen Entzündungsreaktion. Durch ihre Wirkung werden Entzündungszellen in den Entzündungsherd hineingeführt, wo sie, stimuliert durch Anaphylatoxine, ihre lysosomalen und andere Produkte abgeben, die wiederum das CS aktivieren und damit erneut Chemotaxine auf C5–Basis schaffen. Freigesetzte vasoaktive Mediatoren wie Histamin, Derivate des AA-Metabolismus und des Kallikrein-Kininsystems wirken teils selbst chemotaktisch und/oder fördern das entzündliche Ödem, über das wiederum inaktive Vorstufen serogener Mediatoren und Immunglobuline an den Ort der Entzündung gelangen und den Entzündungsprozess vorantreiben. Zellen der Entzündung und Mediatoren der Entzündung stehen so in einem gegenseitigen, sich aktivierenden Wechselspiel.

Wie alle Chemotaxine weisen C5a und seine Derivate ein Konzentrationsmaximum auf, oberhalb welchem die Zellmigration gehemmt bzw. gänzlich eingestellt wird (**Abb. 65**). Die Motilitätshemmung bedeutet aber nicht die Inaktivierung dieser Zellen, sondern die Aktivität verlagert sich in andere Bereiche. Granulozyten und Makrophagen in Geweben zeigen nun die Tendenz zu gegenseitigem festem Zusammenschluss und Aggregatbildung bei gleichzeitiger Phagozytosetätigkeit, Granula- und ROS Abgabe und verstärkter Abgabe von Mediatoren (S. 177f, **Abb. 78**).

Am Ort der Entzündung ist die Einstellung der Migration zu Gunsten aggressiverer Zellaktivitäten sinnvoll. Dagegen ist in der Blutbahn im Übermaß frei werdendes C5a für pathologische Vorgänge wie die Bildung von intravasalen PMN-Aggregaten, für eine erhöhte Margination und Adhäsion dieser Zellen am Gefäßendothel mit den resultierenden Zirkulationsstörungen verantwortlich. Haftende PMN geben wiederum Enzyme und ROS ab und schädigen damit das Endothel (S. 281f).

1.4.6.3 Kontrolle der chemotaktischen Aktivität von C5a und dessen Derivaten

Die Zahl der in einen Entzündungsherd eingewanderten Zellen bestimmt weitgehend das Ausmaß des Entzündungsprozesses. Momente, welche die Zelleinwanderung fördern, müssen daher einer dämpfenden Kontrolle unterliegen. Eine Beschränkung erfolgt bereits dadurch, dass C5a und dessen Derivate – wie grundsätzlich alle Chemotaxine – über einer bestimmten Obergrenze ihrer Konzentration migrationshemmend wirken.

Eine andere Einschränkung der Wirkung ist die kurze Lebensdauer. Plasma-Carboxypeptidasen bauen C5a rasch ab. Neutrale Proteasen aus den Granula von PMN und Makrophagen wirken einerseits bei der Complementaktivierung mit, inaktivieren aber andererseits aktive Complementfragmente wie C5a und Derivate durch Proteolyse.

Daneben sind auch spezifische Hemmsubstanzen von Chemotaxinen wirksam, die *Chemotaxisfaktor-Inaktivatoren*. Es sind zwei Serumproteine mit Inaktivatorwirkung nachgewiesen worden: Ein α-Globulin, das spezifisch C5a und dessen Derivate inaktiviert, der C5a-Inaktivator [chemotactic factor inactivator, CFI], und ein β-Globulin, das eher unspezifisch gegen eine ganze Reihe von Chemotaxinen, auch bakterieller Herkunft, wirkt. Der hemmende Effekt ist möglicherweise auf einen proteolytischen Abbau der Chemotaxine zurückzuführen. Darüber hinaus ist ein von Streptokokken freigesetzter C5a-Inaktivator bekannt [streptococcal chemotactic factor inactivator, SCFI], mit dem sich diese Pathogene Vorteile gegenüber dem befallenen Organismus verschaffen.

Bei manchen Tumorerkrankungen, z.B. beim M.Hodgkin oder bei Sarkoidosen, aber auch im Rahmen von Infektionskrankheiten und bei Leberzirrhose können CFI vermehrt auftreten und zu einer Störung der Infektabwehr beitragen. Die Ursache des Familiären Mittelmeerfiebers wird hingegen auf einen Mangel oder die Inaktivität eines C5a-Inhibitors zurückgeführt (S. 103).

1.4.6.4 Anaphylatoxine als pathogenetische Faktoren

Anaphylatoxine sollen ihre Wirkung *lokal*, am Ort der entzündlichen Noxe, außerhalb der Blutbahn entfalten. Inhibitoren der Anaphylatoxine wie die Carboxypeptidasen und die CFI des Plasmas schützen den Organismus vor der Wirkung von Anaphylatoxinen, die im Blut selbst entstehen oder aus Entzündungsherden ausgeschwemmt werden. Bei einer massiven Complementaktivierung im Blut können jedoch diese Hemmmechanismen überlaufen werden. Für eine systemische Complementaktivierung kommen eine Reihe von Ursachen in Frage. Schwere generalisierte Noxen wie Bakteriämie und Toxinämie, Schock und Sepsis, akute Pankreatitis, schweres multiples Trauma und ausgedehnte Verbrennungen initiieren eine Complementaktivierung in der Blutbahn, die eine Aktivierung weiterer Mediatorsysteme in Gang bringt. Der dabei durch die Freisetzung vasoaktiver Mediatoren bewirkte Blutdruckabfall beeinträchtigt den Blutfluss im Bereich der Mikrozirkulation. Die gesteigerte Adhäsion am Endothel und die Bildung von Mikroemboli durch PMN verstärken die Zirkulationsstörung. Besonders davon betroffen sind Organe mit engen Kapillaren wie Lunge, Niere, Gehirn u.a. (no reflow-Phänomen S. 282).

Eine intravasale Complementaktivierung kann auch iatrogen durch Röntgenkontrastmittel oder durch Hämodialyse bei Gebrauch gewisser Membranmaterialien ausgelöst werden (S. 77, 104).

1.4.7 Membranrezeptoren für Complementfragmente

Auf den Oberflächen vieler Zelltypen wurden Rezeptorproteine festgestellt, die über eine spezifische Bindung von Complementfragmenten Zellreaktionen vermitteln. Von den meisten ist die Struktur bekannt und die DNS-Sequenz bestimmt. In seltenen Fällen konnten Personen mit Defekten solcher Rezeptoren ausgemacht werden, deren typische Symptomatik in wiederholten, oft lebensbedrohlichen Infekten bestand. Einige Charakteristika dieser Rezeptoren sind in Tabelle 4 zusammengefasst.

Tabelle 4. Complement-Rezeptoren

CD	Trivialname	Lokalisation	Bindungspartner	Wirkungen
CD11b	CR3, Mac-1	PMN, Eos, Baso, Mono/ M, NK-Zellen, Lymphozyten-Subsets	C3bi, Fibrinogen ICAM-1, LPS	Opsonin-Bindung Phagozytose ADCC
CD11c	CR4	PMN, Eos, NK-Zellen B-Lymphozyten	C3bi, Fibrinogen ICAM-1	Opsonin-Bindung Phagozytose
CD21	CR2	B-Lymphozyten Dendritische Zellen	C3bi, C3d, C3dg	Zell Differenzierung und Aktivierung
CD35	CR1, C3b-R	Myeloische Zellen, Erythrozyten, Dendritischen Zellen	C3b, C3bi, C4b, hydrolysiertes C3	Opsonin-Bindung Phagozytose
CD46	MCP	weit verbreitet, Zellen hämatopoetischer und nicht hämatopoetischer Herkunft	C3b, C4b, Faktor I	Kofaktor zu Faktor I Complement Inaktivierung
CD55	DAF	weit verbreitet auf myeloischen Zellen, Endothel u.a.	C3b, C3bBMg, C4b C4b2a-Konvertase	Complement Inaktivierung
CD59	HRF	weit verbreitet, Zellen hämatopoetischer und nicht hämatopoetischer Herkunft	C8, C9	Hemmung der MAC-Bildung
CD88	C5a-R,	PMN, Eos, Baso, Mono/ M, T-Lympho, Mastzellen, Endothel, glatte Muskelzellen, Nierenepithel,	C5a	Chemoattractant für PMN, Eos, Mono Zellaktivierung
nicht registriert	C3a-R	Eos, Glia, Neuronen u.a.	C3a	Chemoattractant für Eos, Mastzellen Zellaktivierung

Rezeptoren für an Zielstrukturen
gebundene Liganden (Opsonine)

CR1 (CD35) ist der Rezeptor für C3b,
C3bi und C4b. Er wurde an PMN, Mo-
nozyten/Makrophagen, verschiedenen
Lymphozyentypen, an Podozyten der
Nierenglomerula, Dendritischen Retikul-
umzellen und an Erythrozyten gefunden.
Nach seiner Bindung an den Liganden
setzt CR1den Reiz zur Phagozytose. Als
Cofaktor für Faktor I hemmt er die Ne-
benschlussaktivierung.

CR2 (CD21) ist ein Rezeptor für C3bi
und C3dg, der vorwiegend auf B-Lym-
phocyten gefunden wird und über den
diese Zellen aktiviert werden.

CR3 (CD11b) ist in Bindung an CD18
ein Rezeptor auf PMN und Monozyten/
Makrophagen, der C3bi und bakterielle
Lipopolysaccharide (LPS) bindet. Er ist
für die Adhäsion von Mikroorganismen
an Phagozyten bedeutsam, die direkt
über die Membran-LPS und/oder über
AK-Complementbrücken (ADCC) erfolgen kann. Dem Erkennen und Binden
der Mikroorganismen folgt die Phagozytose und Zerstörung.

CR4 (CD11c) wurde auf PMN, Throm-
bozyten und B-Lymphozyten festgestellt.
Der Rezeptor bindet C3bi und C3dg.
Er tritt wie auch CD11b zusammen mit
CD18 als Heterodimer auf.

CD88 ist der Rezeptor für das Anaphylatoxin C5a.

1.4.8 Leistungen des Complementsystems

Hier sollen die in den vorigen Kapiteln
systematisch beschriebenen Effekte des
CS nach *funktionellen Gesichtspunkten*
geordnet und zusammengefasst werden.

Steigerung von Zellaktivitäten

Die Anaphylatoxine C5a, C3a und C4a
wirken, in der Stärke dieser Reihung,
auslösend und steigernd auf die Aktivität
von Granulozyten, Monozyten/Makro-
phagen und Mastzellen. Zu diesen Aktivitäten gehören die Erhöhung der Motilität und chemotaktischen Reaktivität,
Aggregation und Adhäsion, Phagozytose, Granulaabgabe, Bildung und Abgabe
von Entzündungsmediatoren und ROS.
T-Lymphozyten werden durch C5a zur
Abgabe von Cytokinen stimuliert. Glatte
Muskelzellen reagieren auf Anaphylatoxine mit Kontraktion.

Phagozytose nach Opsonisation von
Partikeln mit C3b und C3bi

Granulozyten, Makrophagen und Podozyten tragen die Rezeptoren CR1, CR3
und CR4, über die mit C3b und C3bi opsoniertes Schadmaterial gebunden und
phagozytiert wird. Die Aktivierung des
CS kann dabei auf dem Alternativen oder
auf dem klassischen Weg erfolgt sein.
Bei alternativer Aktivierung bindet der
CR1 an C3b, aber auch an die alternative C3/C5 Konvertase C3bBbMg. Bei der
klassischen Aktivierung steigert C3b den
Opsinierungseffekt, der bereits durch den
Immunkomplex über das C-Fragment des
AK und den Fc-Rezeptor des Phagozyten
eingeleitet wurde. Durch die zusätzliche
Bindung von C3b, das in größerer Zahl
neben dem AK in der antigenen Schad-
struktur verankert ist, an CR1 wird der
Phagozytosereiz verstärkt (ADCC, **Abb.
35**). Neben C3b und C3bi bindet CR1
auch C4b. Die bei der Complementaktivierung anfallenden Anaphylatoxine verstärken die Leistung der Phagozyten.

C3bi kann auch mit CR2 und CR4 auf
Lymphozyten reagieren und diese Zellen
aktivieren.

Leukozytenmobilisierung aus dem
Knochenmark

Aus dem Abbau von C3b entsteht das
lösliche Fragment C3e, das aus dem
Entzündungsherd über die Blutbahn in
das Knochenmark gelangt und dort die
Mobilisierung reifer Granulozyten und
Monozyten bewirkt (**Abb. 36**). Der ver-
mehrte Übertritt dieser Zellen in das
Blut äußert sich im Anstieg ihrer Zahl im
Blut, in einer Leukozytose; daher wird
C3e als „Leukozytosefaktor" bezeich-

net. Auf diesem Weg wird die Bildungs- und Speicherstätte dieser Zellen, das Rote Knochenmark, über die Vorgänge am Entzündungsort informiert und der Mehrbedarf an Entzündungszellen in einem Entzündungsherd gedeckt. Andere Leukozytosefaktoren sind IL1, IL6, IL8, der TNFα und Glucocorticoide (S. 145).

Beteiligung des Complementsystems an AG-AK Reaktionen

Das CS verstärkt und vollendet die immunologischen Effektormechanismen Zell- und Partikelaggregation, Eiweiß-Präzipitation und Cytolyse. Unter Verzicht auf Details kann gesagt werden, dass die Abhängigkeit spezifischer Immunreaktionen von der Mitbeteiligung des CS sehr unterschiedlich sein kann. Manche immunologische Effektormechanismen erleiden bei fehlendem Mitwirken des CS keine merkbaren Einbußen, andere wiederum können nur mangelhaft oder gar nicht ablaufen.

Cytolyse

Immunglobuline von Typ IgG und IgM können den klassischen Weg aktivieren und damit die Zerstörung von Zellen durch den MAC in Gang setzen. Die Bindung der anfallenden Zellreste an Phagozyten, welche die Phagozytose einleitet, erfolgt über den Fc-Teil des Immunkomplexes an den Fc-Rezeptor des Phagozyten und wird durch C3b und C3bi verstärkt (**Abb. 35**). Immunkomplexe können das Complementsystem auch über den Nebenschluss, Mikroorganismen die klassische Complementkaskade auch AK-frei über Lektine aktivieren.

Eine Cytolyse von Zielzellen ist aber auch ohne Aktivierung des MAC möglich. Phagozyten binden sich über AK an antigene Zielzellen und zerstören sie durch abgegebene Wirkstoffe wie ROS, lysosomale Enzyme und basische Proteine. Dieses spezifische Erkennen von Zielzellen über AK durch Phagozyten wird als **„antibody dependent cellular cytotoxicity"**, **ADCC**, bezeichnet. Bin-

dung und Phagozytose werden durch eine Complementaktivierung verstärkt, die nur bis C3b ablaufen muss, um wirksam zu werden. C3b wird dabei leicht zu C3bi fragmentiert (**Abb. 36**). Die Bindung von C3bi zum CR3 Rezeptor nimmt bei der ADCC eine zentrale Stellung ein. Neben Phagozyten werden über ADCC auch „Killer-Zellen" wie die N-Killerzellen oder den Fc-Rezeptor tragende Tc-Zellen zur Cytotoxizität angeregt, bei der sie Perforine als cytotoxische Waffe einsetzen (S. 236). Die ADCC ist bei der Tumorabwehr, Transplantatabstoßung, Infektabwehr und bei Autoimmunerkrankungen von großer Bedeutung.

Partikel-Aggregation

Ein anderer Wirkungsmodus des spezifischen Immunsystems, um körperfremde Zellen, Bakterien und Viren unschädlich zu machen, ist ihre Immobilisierung durch Verklumpung, die *Aggregation*, syn. *Agglutination*, durch AK. Auch Fremdproteine wie etwa Bakterientoxine können durch AK-Bindung zu größeren Komplexen aggregieren, werden dadurch wasserunlöslich und fallen aus, sie *präzipitieren*. Damit werden sie im Organismus lokalisiert festgehalten und können von Phagozyten eliminiert werden. Das CS kann diese Aggregationsprozesse fördern und die Phagozytose der Aggregate durch die Opsonine C3b und C3bi verstärken (**Abb. 39**).

Immunmodulation

Das Anaphylatoxin C3a *schwächt* die spezifische Immunantwort ab, indem es die Proliferation, Migration und die Sekretionstätigkeit der T-Zellen sowie die AK-Produktion der B-Zellen hemmt und im Gegenzug die Proliferation und Aktivität der Suppressor-T-Zellen steigert. Darüber hinaus aktiviert C3a in Phagocyten den AA-Metabolismus über die COX und steigert die Produktion der immunsuppressiven PGE-Typen (S. 41).

C5a dagegen *verstärkt* die spezifische Immunantwort, indem es die IL1-Produktion in Makrophagen induziert. Über IL1 wird die Proliferation und Aktivität der T-Helferzellen gesteigert. Makrophagen sind selbst Produzenten von C3 und C5 und können diese Faktoren durch gleichzeitig abgegebene Proteasen auf dem direkten Weg aktivieren. Makrophagen sind somit in der Lage, über eine Verschiebung des Verhältnisses von sezerniertem C3 zu C5 die Immunantwort zu beeinflussen. C5a lenkt zudem in Phagozyten den AA-Metabolismus über die LOX und steigert so die Produktion von LTB4, das wiederum immunkompetente Zellen anlockt und aktiviert.

Die Beteiligung des Complementsystems bei der Clearance zirkulierender AG-AK Komplexe

An Immunglobuline gebundene molekulare und partikuläre AG werden umso leichter aus dem Blut entfernt, je reichlicher sie Complement gebunden haben. IgM tragende Partikel mit gebundenem Complement werden von gefäßständigen Makrophagen (Kupffer-Zellen der Leber, Phagocyten in den Sinus von Milz und Knochenmark) über deren Fc-Rezeptor und CR1 und CR3 erkannt und entfernt. Der CR1 und der DAF an Erythrozyten binden Complement tragende AG-AK Komplexe aus dem strömenden Blut und übergeben sie den gefäßständigen Makrophagen zum weiterem Abbau.

Die Beteiligung von Complement bei der Virus-Neutralisation

Der Organismus kann mit Hilfe seines CS, mit und auch ohne Unterstützung des spezifischen Immunsystems, Viren und Virus-infizierte Zellen erkennen und vernichten.

Viren sind Organismen, die gewisse Strukturen und Eigenschaften lebendiger Materie besitzen, sich aber nur in höher organisierten Zellen unter Zuhilfenahme derer Enzymsysteme und Baustoffe entwickeln und vermehren können. Ein typisches Virus besteht aus einem Kern aus Nukleinsäuren, der von einer Proteinhülle, dem Capsid, umgeben ist. Dem Nukleinsäurekern sind Enzymproteine Virus-spezifischen Typs beigegeben. Diese Einheit, das Nukleocapsid, ist bei vielen Virusarten zusätzlich mit einer Hülle aus Lipoproteinen umgeben, die von der Zellmembran der Wirtszelle stammt und beim „Budding" von Viruspartikeln mitgenommen wurde. Vor dem Budding werden allerdings in diese Membran vom Virus selbst kodierte Glykoproteine und somit Virus-spezifische Bauelemente eingelagert, die dem Virus als Ligand für bestimmte Rezeptorstrukturen an der Zellmembran der Wirtszelle dienen. Über diese spezifische Liganden-Rezeptor Bindung findet ein Virus nach dem Verlassen der alten eine neue, geeignete Wirtszelle (**Abb. 39**).

Nur in diesen Phasen der Expression von Virus-Glykoproteinen in der Membran der Wirtszelle und in der extrazellulären Phase sind Viren für das Abwehrsystem des Organismus erkennbar und angreifbar. Ein Erkennen und Vernichten eines Virus oder einer Virus-infizierten Zelle durch das CS kann über diese Virus-spezifischen Glykoproteine erfolgen, wobei mehrere Wege offen stehen.

■ Es bilden sich spezifische AK gegen die Glykoproteine, über die das Zielobjekt von Phagozyten erkannt, gebunden und vernichtet wird. Das CS unterstützt diesen Vorgang über eine Opsonisation durch C3b und C3bi.

■ Das CS wird ohne Einbeziehung der spezifischen Immunität über den Alternativen Weg an den Glykoproteinen aktiviert und opsoniert das Virus. Die Virus-induzierte Complementaktivierung, ob sie nun über die den klassischen, alternativen oder den Lektin-Weg ausgelöst wird, läuft oft nur bis zur Aktivierung von C3 ab, was aber für eine Opsonierung ausreicht.

Die Aktivierung über den klassischen wie auch den Alternativen Weg kann zur Bildung des MAC führen, der Viren wie auch Virus-infizierte Zellen lysiert. Die

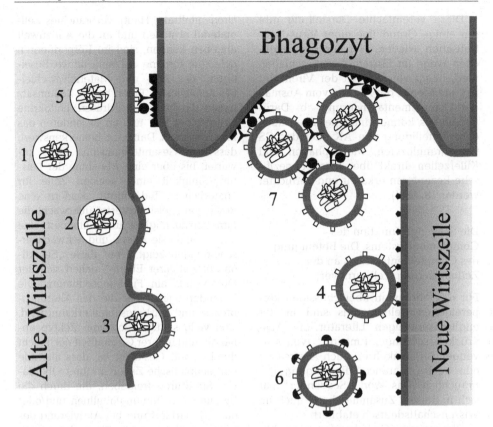

Abb. 39. *Beteiligung des Complementsystems (CS) an der Bekämpfung von Viren.* Nach Vermehrung mit Hilfe wirtszelleigener Enzymsysteme und Bausteine (1) rückt das Virus an die Oberfläche der Wirtszelle, wo es die Bildung Virus-spezifischer Glykoproteine induziert (▯), die in die Zellmembran eingelagert werden (2). Beim „Budding" löst sich das Virus aus der Wirtszelle und nimmt dabei eine Hülle aus Zellmembran mit eingelagerten Virus-kodierten Glykoproteinen mit (3). Das extrazelluläre, freie Virus gewinnt Kontakt mit einer neuen Wirtszelle, an die es sich vermittels der Glykoproteine an spezifische Oberflächenstrukturen bindet (4). Nach diesem Andockvorgang ist das Eindringen in die neue Wirtszelle und eine Virusvermehrung möglich. *Abwehrmechanismen:* Spezifische AK (Υ) und/oder das CS (●) erkennen die Glykoproteine an der Oberfläche der Wirtszelle, binden sich an sie und setzen als Opsonine die Zerstörung und Phagozytose der Virus-befallenen Wirtszelle in Gang. Bei Aktivierung des MAC wird die Wirtszelle lysiert und im Anschluss phagozytiert (5). Complement kann die Bindungsstellen an den Glykoproteinen abkappen und so ein Andocken an eine Wirtszelle verhindern (6). AK und Complement können Viren agglutinieren und damit immobilisieren (7). AK und das auf dem Klassischen und/oder Alternativen Weg aktivierte CS opsonieren freie Viruspartikel und Virus-Aggregate und machen sie so der Phagozytose zugänglich (7).

Reste der zerstörten Zielobjekte werden über die Opsonine AK und/oder C3b und C3bi von Phagozyten erkannt und phagozytiert.

Die antivirale Wirkung des CS beruht häufig darauf, dass die aktivierten Complementfaktoren das Virus nur einhüllen. Eine Abkappung der Bindungsstellen an den als Liganden fungierenden Glykoproteinen verhindert ein Andocken und Eindringen in eine neue Wirtszelle. Für eine solche Isolierung genügen bereits die ersten Aktivierungsschritte des CS, etwa C1, C4 und C2. Eine andere Möglichkeit der Bekämpfung ist die Aggregation und Verklumpung der Viren, die ebenfalls ein Eindringen in die Wirtszelle unmöglich macht (**Abb. 39**).

Diese vereinfachte Darstellung gibt nur einige Grundzüge einer Virus-Neutralisation wieder. Welcher der möglichen Wege im Einzelfall eingeschlagen wird, hängt von der Art der Viren, der Art und Menge der AK und vom Ausmaß der Complementaktivierung ab. Darüber hinaus können manche Viren auch ohne Beteiligung von AK oder das CS von Granulozyten, Makrophagen und Killerzellen direkt über Erreger-spezifische Rezeptoren erkannt und vernichtet werden (S. 180f).

Die Scavengerfunktion des Complementsystems. Die Beteiligung des Complementsystems an der Zellmauserung [cell turnover]

Für das Abräumen überschüssigen körpereigenen Zellmaterials sind in der englischsprachigen Literatur die Ausdrücke „scavenger function" (von scavenger, Straßenkehrer; auch Aasfresser) oder auch „clearance" (Beseitigung) gebräuchlich. Das Wort „Scavenger" hat sich in diesem Zusammenhang auch im Wissenschaftsdeutsch etabliert.

Die meisten Gewebe des menschlichen Körpers sind einem mehr oder weniger hohen Zellumsatz (Zell-Turnover) unterworfen. Besonders hochdifferenzierte Zellen mit intensiven Stoffwechselleistungen, wie etwa Drüsenzellen, haben eine stark beschränkte Lebensdauer. Das Zellalter ist je nach Zelltyp vorbestimmt und genetisch festgelegt. Ist das maximale Alter erreicht, zerstört sich die Zelle selbst durch Apoptose und wird durch Neubildung ersetzt. Die deutschsprachige Bezeichnung „Zellmauserung" zieht hier eine anschauliche Parallele zu dem Wechsel des verschlissenen Federkleides der Vögel. Auf den Mechanismus der Zellalterung wird andern Orts kurz eingegangen (S. 199); hier soll die Rolle des CS beim Erkennen und Beseitigen dieses Ausschusses an Gewebsmaterial behandelt werden.

Während Organe, die eine innere oder äußere Oberfläche des Körpers bilden (Gastrointestinaltrakt, Respirationstrakt,

Urogenitaltrakt, Haut), verbrauchtes Zellmaterial abstoßen und an die Außenwelt abgeben können, sind im Körperinneren gelegene Organe auf eine aktive Beseitigung des Zell- und Materialverschleißes angewiesen. Einen hohen Zellumsatz haben die Verdauungsdrüsen, endokrine Drüsen, das Blut und im Besonderen das Immunsystem. Dabei ist bemerkenswert, dass der Gesamtorganismus nicht zuwartet, bis über eine Abnahme der Leistungsfähigkeit einer solchen Zelle ihr „natürlicher" Tod eintritt, sondern eine Reihe von „Leistungstests" überwacht die Funktionstüchtigkeit und eliminiert eine Zelle, sobald sie Alters- und Schwächeerscheinungen zeigt. Über diese „Selektion auf zellulärer Ebene" sichert sich der Organismus ein Funktionsoptimum. Die Veränderungen, über die der Alterungsprozess und Leistungsabfall erkannt wird, sind vielgestaltig, auch vom Zelltyp abhängig und in ihrer Gesamtheit noch nicht durchschaut. Gesichert ist, dass alternde und apoptotische Zellen an ihrer Oberfläche Strukturen freigeben, die durch die Bindung von Immunglobulinen und/oder das CS markiert und bei Aktivierung des MAC zerstört werden. Ein anderer Sichtungsmechanismus ist mehr unspezifischer Natur. Er besteht in einer Abnahme des **Sialinsäuregehaltes** an der Oberfläche mancher Zellen, wodurch sich vermehrt C3b aus der Nebenschlussaktivierung des CS an freigelegten Glykoproteinen und Lipopolysacchariden binden kann und in weiterer Folge die C3 Konvertase aufgebaut und die Complementaktivierung voll in Gang gesetzt wird (S. 89f).

Entzündungszellen, die naturgemäß der Aggression des CS besonders stark ausgesetzt sind, und ebenso Zellen der Blutzirkulation schützen sich zusätzlich durch reichlichen Besatz mit speziellen Inhibitoren an ihren Membranen: durch den CR1, den DAF, HRF und das MCP. Diese Schutzelemente nehmen bei Zellalterung ab. Ebenso unterliegt auch Matrixsubstanz einem Alterungsprozess, indem sich zunehmend Glukose an ihren Proteinanteil bindet. Solch glykosyliertes Material kann das CS aktivieren. Glycosyliertes Protein kann auch Kondensationsprodukte bilden („advanced glycosylated products", AGP), für die Makrophagen eigene Rezeptoren besitzen. Über diese **Scavenger-Rezeptoren (Tabelle 9, S. 216)** werden gealterte Produkte an Phagozyten gebunden und eliminiert. Beim Diabetes mellitus wird durch langdauernd hohe Glucosespiegel diese Glycosylierung in verstärktem Maß vorangetrieben, so dass die Abräummechanismen überfordert werden. Zu den markanten Folgen der allgemeinen Überzuckerung von Proteinen gehören Mikroangiopathie, Rezeptor-Glykosylierung und die Minderbelastbarkeit des Bindegewebes.

Opsoniertes Gewebsmaterial, alternde Zellen, Zelltrümmer und Zellprodukte werden phagozytiert. Die Hauptlast dieser Abräumarbeit trägt der Makrophage, der überhaupt die Scavengerzelle schlechthin darstellt. Er wird dabei nach Bedarf von anderen Phagozyten wie PMN und auch Fibroblasten unterstützt. Der Ausdruck „Scavenger", Abfallbeseitiger und Saubermacher, der für diese Zellen in einer solchen Funktion gebraucht wird, stellt recht bildhaft ihren Aufgabenbereich in der Ordnung des Körpers dar. Phagozytiertes Zellmaterial wird, in seine Bausteine zerlegt, wieder freigegeben und steht dem Organismus im Sinn eines Recycling erneut zur Verfügung.

Somit erkennt das CS alternde Zellen an gewissen Veränderungen, es bezeichnet sie durch Opsonierung mit C3b und C3bi und macht sie damit dem Zugriff von Phagozyten zugänglich, und es zerstört darüber hinaus alternde Zellen durch Einwirkung des MAC. Das CS ergänzt die durch Apoptose gewährleisteten Mechanismen der Erneuerung des Zellbestandes.

1.4.9 Zur Klinik des Complementsystems

1.4.9.1 Defekte des Complementsystems

Primäre Defekte des CS sind meist erblich und werden selten beobachtet. Sie können in verschiedener Ausprägung auftreten. Mangel bis gänzliches Fehlen einzelner oder mehrerer Komponenten sind möglich. Auch Fälle mangelhafter oder fehlender Aktivierung trotz Vorhandenseins aller Komponenten sind bekannt.

Verallgemeinernd kann gesagt werden, dass bei Defekten im Bereich der ersten Schritte des Klassischen Weges (C1, C4, C2) eine Häufung von Autoimmunerkrankungen auftritt, während Defekte von C3 abwärts eine erhöhte Infektanfälligkeit zur Folge haben.

C1, C4, C2 Defekte

Am häufigsten sind Defekte am C2. Die Prävalenz wird mit 1:30.000 bis 1: 40.000 angegeben. Defekte von C1 und mehr noch C4 sind wesentlich seltener. Unter den bei diesen Mängeln auftretenden Autoimmunerkrankungen ist der Systemische Lupus erythematodes (SLE) am häufigsten. Auch Glomerulonephritis, M.Basedow, Jugenddiabetes, chronische Polyarthritis können solche Defekte begleiten. Die pathogenetischen Zusammenhänge sind unklar. Als Ursache wird eine mangelhafte Bildung von C3a vermutet, das immunsuppressiv wirkt (S. 97). Die Infektanfälligkeit ist gegenüber der Normalbevölkerung kaum erhöht. Offensichtlich kann der Ausfall des Klassischen Weges über den Alternativen Weg kompensiert werden.

Anders bei Defekten ab C3. Da hier der Klassische und der Alternative Weg zusammenmünden, ist eine Kompensation nicht mehr möglich. Defekte von C3 und C5 zeichnen sich durch eine hohe Infektneigung aus. Meningitis, Peritonitis, Pneumonien, Sepsis, Harnwegsinfekte u.ä. sind häufig, rekurrieren oft und nehmen schnell lebensbedrohliche Formen an. Hinsichtlich der Krankheitserreger besteht eine ausgesprochene Anfälligkeit gegenüber Neisserien wie N. meningitidis, aber auch N. gonorrhoeae, die schwere systemische Entzündungsreaktionen („Gonokokensepsis") hervorrufen kann. Auch der Streptococcus pneumoniae wird häufig pathogen. Die Infektneigung und die Schwere des Verlaufs ist umso geringer, je weiter distal in der Aktivierungskette der Defekt lokalisiert ist. C3 Defekte sind folgenschwer, C9 Defekte dagegen weitgehend komplikationslos. Autoimmunerkrankungen treten etwas häufiger als bei der Normalbevölkerung auf, aber bei weitem nicht so oft wie bei Defekten von C1, C4 und C2.

Defekte des Alternativen Weges

Defekte im Bereich von Faktor H und Faktor I wurden vereinzelt beschrieben. Properdinmangel wird X-chromosomal rezessiv vererbt, ist damit an das weibliche Geschlecht gebunden und zeichnet sich durch besonders fulminant verlaufende Infektionen (N. meningitidis) aus.

Defekte von *Rezeptoren* des CS

Solche Defekte (S. 95; **Tabelle 4**) sind möglich; es liegen nur vereinzelte Berichte vor.

Defekte des C1-Inhibitors

sind die Ursache des Hereditären Angioödems, das im Rahmen des Kontakt-Aktivierungssystems (CAS) besprochen wird, da die Hauptsymptome eher auf eine mangelhafte Kontrolle des CAS hinweisen (S. 77f).

Zur Diagnose angeborener Complementdefekte

Da die Messung der verschiedenen am CS beteiligten Faktoren nicht in das Routineprogramm der meisten Kliniken fällt, ist die Dunkelziffer solcher Defekte sicherlich sehr hoch. Eine Familienanamnese, die auf das gehäufte Auftreten von Autoimmunerkrankungen und Infekten zielt, kann u.U. Anhaltspunkte liefern und die Überweisung eines Problemfalles an eine Spezialklinik begründen.

Die Therapie angeborener Complementdefekte

Die empfohlene Gabe von Frischplasma hat nur geringe Wirkungsdauer, da die Komponenten des CS sehr kurzlebig sind. Eine rigorose Kontrolle von Infekten, auch vorbeugend in Form von aktiver Immunisierung, kann lebensrettend sein.

Sekundäre Complementdefekte

Sie sind wesentlich häufiger als die angeborenen Mängel. Symptomatische Complementdefekte können als Folge eines übermäßigen Verbrauchs auftreten, der von den Bildungsstätten, in erster Linie die Leber, nicht ausreichend schnell ersetzt werden kann. Depletionen dieser Art treten nach massiven Traumen, ausgedehnten Verbrennungen, Schock oder schweren Infektionen auf. Nach der anfänglichen Symptomatik einer massiven Complementaktivierung in der Blutbahn folgt die Phase des Complementmangels, der durch die hohe Infektanfälligkeit mit der Gefahr einer Sepsis gekennzeichnet ist (S. 284).

Die Paroxysmale Nokturne Hämoglobinurie (PNH)

Hauptsymptom dieser seltenen Erkrankung (Prävalenz etwa 1:500.000) ist eine schubweise auftretende intravaskuläre Hämolyse. Hämoglobin findet sich besonders reichlich im Morgenharn. Die Betroffenen entwickeln einen wechselnden Prozentsatz abnormer Erythrozyten, denen der DAF, HRF und das MCP fehlen, was eine vorzeitige Zerstörung der Erythrozyten durch das CS ermöglicht. Der Defekt ist nicht erblich, sondern der Mangel an diesen membrangebundenen Inhibitoren ist die Folge einer somatischen Mutation einzelner Stammzellklone des Knochenmarks. Parallel dazu besteht eine gehäufte Neigung zu myeloischen Leukämien. Die verstärkte Hämolyse während der Nachtzeit erklärt sich durch die erhöhte Blutsäuerung während der Ruhephase, die eine Complementaktivierung begünstigt. Dem folgend wird die Diagnose durch Säuretitration der Blutprobe und dem Eintreten der Hämolyse gestellt. Der Mangel an den Membran-gebundenen Complementhemmern kann direkt mit Immunfluoreszenzmethoden nachgewiesen werden.

Das Familiäre Mittelmeerfieber

Diese autosomal rezessiv vererbbare Krankheit beginnt meist in jungen Lebensjahren und betrifft vor allem die Bewohner der Anrainerstaaten des östlichen Mittelmeeres: Türken, Armenier, Araber, Juden. Hervorstechendes Symptom sind kurzdauernde Fieberanfälle, die von Peritonitis, Pleuritis oder Synovitis begleitet sein können. Die sterilen Exsudate sind reich an PMN und Monozyten. Die Akutphaseproteine sind dabei gewöhnlich stark erhöht. Eine häufige, früh einsetzende und todbringende Komplikation ist die Amyloidose vom Typ A, die zu Nierenversagen führt (S. 131).

Als Ursache wird das Fehlen oder die verringerte Aktivität eines C5a-Inactivators vermutet, was eine übersteigerte Chemotaxis und Aktivität von PMN auslösen soll. Als ein Hinweis ex juvantibus auf eine Pathogenese in dieser Richtung ist der Erfolg einer Therapie mit Colchizin anzusehen, mit der die chemotaktische Bewegung und Aktivierung der Neutrophilen Granulozyten gehemmt werden kann. Zur Vermeidung der Komplikationen ist eine lebenslange, niederdosierte Dauertherapie mit Colchizin nötig.

1.4.9.2 Die systemische Aktivierung des Complementsystems als Fehlsteuerung

Die Aktivierung des CS soll *lokal*, in dem von einem Entzündungsreiz unmittelbar betroffenen Gewebsabschnitt erfolgen und auf diesen Bereich beschränkt bleiben. Eine massive Aktivierung in der Blutbahn bedeutet hingegen eine Fehlsteuerung mit oft katastrophalen Auswirkungen. Bei einer massiven

Freisetzung der Anaphylatoxine im Blut werden die zuständigen Inhibitormechanismen überlaufen und die Wirkung trifft den gesamten Organismus. Eine systemische Complementaktivierung erfolgt gewöhnlich über den Alternativen Weg. Beim Eindringen von AG wie Bakterientoxinen in die Blutbahn kann auch der klassische Weg mitbeteiligt sein (z.B. ÜER III, S. 278). PMN, die im strömenden Blut zahlenmäßig die stärkste Fraktion unter den weißen Blutzellen ausmachen, werden vor allem durch das stark wirksame C5a zur gesteigerten Adhäsion am Gefäßendothel sowie zur Aggregation und Bildung von Mikroemboli veranlasst. Die resultierende Verstopfung kleiner Arterien und enger Kapillarstrecken kann zur Mangeldurchblutung von Organen führen (Kreislauf-Stase, no reflow-Phänomen, S. 282). Adhärierende PMN werden weiter durch die Anaphylatoxine zur Abgabe von lysosomalen Enzymen, ROS und Mediatoren stimuliert. Enzyme und ROS schädigen das Endothel. Mediatoren wie LTB4, TXA2, IL-8 und der PAF, die von den PMN und den betroffenen Endothelzellen abgegeben werden, verstärken Adhäsion, Aggregatbildung und setzen die Blutgerinnung in Gang. Die Ursachen, die zu einer systemischen Complementaktivierung führen, aktivieren meist auch gleichzeitig über den Hageman-Faktor das Kontakt-Aktivierungssystem (CAS), so dass sich die Symptome des aktivierten CS und CAS überschneiden. Die durch Kallikrein und Bradykinin verursachte Gefäßerweiterung und Permeabilitätssteigerung führt zu einem Blutdruckabfall, was die Stase in der Mikrozirkulation verstärkt und zu Mangelversorgung mit Sauerstoff und zu Gewebsuntergang führen kann. Anaphylatoxine in der Blutbahn aktivieren auch die Kupfferzellen und andere gefäßständige Makrophagen, die Cytokine abgeben, die wiederum für eine systemische Entzündungssymptomatik wie Fieber, Leukozytose und die APR verantwortlich sind (**Abb. 3**). Genaueres dazu im Kapitel Schock (S. 281f).

Häufige Ursachen einer systemischen Complementaktivierung sind Gram-negative Bakterien und deren Toxine, die zum Endotoxinschock führen können. Aber auch das Schockgeschehen selbst kann das CS und dazu das CAS aktivieren (S. 281), ebenso wie das Verdauungsenzym Trypsin, das bei Akuter Pankreatitis in die Blutbahn gelangt. Bei den sog. Kontrastmittelzwischenfällen wird neben dem CAS gewöhnlich auch das CS mitaktiviert (S. 77). Dialysemembranen auf Cellulosebasis können eine Aktivierung des Alternativen Wegs und als dessen Folge eine pathogenetische Kettenreaktion auslösen: Im Blut freigesetztes C5a bewirkt neben einer verstärkten Adhäsion und Aggregation von PMN die Aktivierung gefäßständiger Makrophagen, die IL1 abgeben, das in weiterer Folge die Expression und den Umsatz von MHC-Klasse I – Antigenen steigert. Die lösliche Komponente der MHC I-AG, das β2-Mikroglobulin (β2-m), das dadurch vermehrt anfällt, wird von einer gesunden Niere problemlos filtriert und im proximalen Tubulus abgebaut. Eine Niere mit mangelhafter Filtrationsleistung – und Nierenerkrankungen sind ja eine Hauptindikation zur Dialyse – hält das β2-m dagegen vermehrt im Organismus zurück, wo es zu Amyloid polymerisieren und eine Amyloidose vom Typ B verursachen kann.

Milde klinische Symptome einer systemischen Complementaktivierung sind – vermittelt über IL-1, IL-6 und TNFα aus stimulierten Kupfferzellen und Endothel – initial Schüttelfrost als Zeichen eines Temperaturanstieges, später Fieber und, bei der üblichen Mitbeteiligung vasodilatorischer Mediatoren, Tachykardie als Kompensation des Blutdruckabfalls. Bei massiver Aktivierung steht die Schocksymptomatik im Vordergrund. Als Spätfolgen der Zirkulationsstörung können Organdefekte bestehen bleiben (S. 288).

Eine spezifische Therapie ist nicht möglich, da es zur Zeit keine klinisch einsetzbare effektive Hemmer der CS gibt.

1.4.9.3 Complement als Entzündungsverstärker bei Autoaggressionserkrankungen und Überempfindlichkeitsreaktionen.

Für eine Reihe von Autoaggressionsprozessen beim Menschen gibt es relevante Tiermodelle, bei denen eine für das Krankheitsgeschehen wesentliche Mitbeteiligung des CS gesichert werden konnte, wie gewisse Vaskulitiden, immunologische Synovitis, Thyreoiditiden, Myasthenia gravis, Glomerulonephritiden u.a.m. Die Beteiligung des CS an der Pathogenese besteht im Groben darin, dass gegen antigenes körpereigenes oder körperfremdes Material gerichtete Autoantikörper das CS aktivieren und die Immunkomplexe dadurch opsoniert und verstärkt phagozytiert werden. Von den Phagozyten überstürzt und unkontrolliert abgegebene Wirkstoffe, wie Proteasen und ROS, schädigen und zerstören körpereigenes Gewebe. Die freiwerdenden Anaphylatoxine verstärken diese Aktivitäten. Solche Autoaggressionsmechanismen laufen häufig als ÜER vom Typ II oder Typ III nach Coombs-Gell ab (S. 278). Über Erkrankungen, bei denen solche Fehlsteuerungen mit beteiligt sind, siehe Seite 276ff.

1.5 Cytokine

Allgemeines

Cytokine sind Regulatorstoffe der Entzündung wie auch normaler Zellfunktionen, die von verschiedenen Zelltypen produziert und in die Umgebung (autokrine oder parakrine Wirkung) bzw. ins Blut abgegeben werden (endokrine Wirkung). Im nicht entzündeten Organismus sind die Plasma-Konzentrationen vieler Cytokine sehr nieder, oft unter der Nachweisgrenze von Routinemethoden. Die von einem Cytokin über Membranrezeptoren angesprochenen Zellen können in ihrer Art äußerst vielfältig sein, wie auch ein Cytokin von verschiedenen Zelltypen synthetisiert werden kann (multifunktionelle, pleiotrope Wirkung). Als Produktionsstätten und Zielzellen von Cytokinen wurden anfangs monozytäre Zellen und Lymphozyten erkannt und studiert. Daher stammt auch die Bezeichnung „Monokine" und „Lymphokine", die heute verlassen ist, da man eine Vielzahl von Zelltypen als mögliche Produzenten festgestellt hat. Die meisten Cytokine werden auf einen Reiz hin synthetisiert und danach abgegeben. Einige können aber in gewissen Zellen gespeichert werden. Chemisch sind Cytokine Peptide mit sehr uneinheitlichem Bau. Es gibt solche mit und ohne Kohlenhydrat-Anteil. Da der Kohlenhydratanteil schwanken kann, weisen die aktuell gemessenen Molekulargewichte oft beträchtliche Unterschiede auf. Eine weitere Ursache für schwankende Angaben kann auch darin liegen, dass manche Cytokine nur als Dimere oder Polymere zirkulieren und aktiv sind. In der folgenden Auflistung wird das Molekulargewicht des zuckerfreien, monomeren Proteinmoleküls angegeben. Die wichtigste, aber nicht die ausschließliche Aufgabe der Cytokine ist die Steuerung von Entzündungs- und Immunvorgängen. Dieses Buch konzentriert sich auf ihre Rolle bei der unspezifischen Entzündung.

Eine Unterteilung der Gruppe der Cytokine kann nach verschiedenen Aspekten getroffen werden. Bei der hier vorgenommenen Aufgliederung werden das Wirkungsspektrum und auch historische Aspekte, nicht die chemische Struktur berücksichtigt. Es wird die aktuelle, international anerkannte Nomenklatur verwendet. Auf die im Laufe der Entdeckung der verschiedenen Cytokine parallel gebrauchten Synonyme wird nicht eingegangen.

Da ein im Versuch in vivo appliziertes Cytokin eine Kettenreaktion an weiteren freigesetzten Cytokinen und inflammatorischen Mittlerstoffen auslöst, wurden die Wirkungen in erster Linie in vitro an isoliertem Zellmaterial studiert. Das wiederum verzerrt die natürlichen Verhältnisse insofern, als Cytokine physiologisch im Synergismus mit – oder in Opposition zu – anderen lokal abgegebenen

Regulatoren der Entzündung agieren. Lebensnahere Ergebnisse liefern Untersuchungen an isolierten Organen und Geweben.

Bei der Reihenfolge der Cytokin-Abgabe nach einem Entzündungsreiz in vivo wird eine gewisse zeitliche Staffelung eingehalten. Zuerst werden Interleukin 1 (IL-1) und der Tumor Nekrose Faktor alfa (TNFα) freigesetzt, auf deren Reiz hin weitere Cytokine und Regulatoren folgen. Manche Untersucher sprechen hier von einer „primären" und „sekundären" Entzündungsantwort [primary, secondary inflammatory response].

Nach dem Schwerpunkt ihrer Wirkung lassen sich fünf Gruppen von Cytokinen unterscheiden:

1. Interleukine
2. Die Tumornekrosefaktoren alpha und beta (TNFα, TNFβ)
3. Chemokine
4. Die Interferone alpha, beta und gamma (IFNα, IFNβ, IFNγ)
5. Wachstumsfaktoren

Die Bezeichnung „Interleukin" bezieht sich auf die bevorzugte Herkunft und den Angriffspunkt dieser Wirkstoffe: Sie werden von Leukozyten abgegeben und wirken zwischen Leukozyten im Sinn einer Steuerung der Entzündung und der eine Entzündung begleitenden Vorgänge. TNFα und TNFβ setzen sich besonders durch ihre tumorizide Wirkung von den Interleukinen ab. Chemokine sind wichtige Regulatoren der Bewegung und Ortsveränderung von Zellen. Die Interferone zeichnen sich durch ihre innige Beziehung zum spezifischen Immunsystem aus. Die Wachstumsfaktoren wiederum wurden anfänglich anhand ihrer Wachstum steigernden Eigenschaften erkannt und definiert. Ihre Bedeutung als wichtige Regulatoren von Entzündungsvorgängen tritt aber immer mehr zu Tage.

1.5.1 Interleukine

Es sind die Interleukine 1 bis 18 bekannt und als solche registriert. Neu entdeckte

Wirkstoffe, die der Definition entsprechen, werden mit der nächstfolgenden Nummer versehen und der Interleukinfamilie zugeordnet. So spiegelt die durchlaufende Nummerierung auch die Chronologie der Entdeckung wieder.

Von den Interleukinen werden hier nur diejenigen vorgestellt, die zur unspezifischen Entzündung und damit verbundenen Fragestellungen in enger Beziehung stehen.

1.5.1.1 Interleukin 1 (IL-1)

Interleukin 1 kommt in zwei Formen vor, die sich in ihrer molekularen Struktur nur zu 20% decken und auch von verschiedenen Genen kodiert werden: *IL-1α und IL-1β*. Ihre Molekulargewichte betragen 18.000 D bzw. 17.400 D; sie sind nicht glykosyliert. Trotz des beträchtlichen strukturellen Unterschieds binden beide an dieselben Rezeptoren und entfalten dieselbe Wirkung. Während IL-1α zum Großteil zellgebunden bleibt, wird IL-1β in die Umgebung und ins Blut abgegeben und ist beim Menschen die dominierende Form. IL-1β wird bei seiner Synthese durch ein Interleukin-Converting-Enzym (ICE) aus einer Vorform abgespalten.

Herkunft

Verschiedenste aktivierte Zelltypen können IL-1 freisetzen. Die Hauptquelle bilden Monozyten/Makrophagen. Weiters kommen Gefäßendothel, Fibroblasten, Synovialzellen, Mesangiumzellen, Astrozyten, Mikroglia, Corneaepithel, Gingivalepithel, Keratinozyten und spezifisch stimulierte PMN als Quellen in Betracht. Praktisch bedeutsam ist, dass auch maligne Abkömmlinge hämatoblastischer Gewebe wie Zellen myelomonozytärer Leukämien oder des Hodgkin-Lymphoms, aber auch Hypernephromzellen IL-1 abgeben können und dann für massive systemische Wirkungen wie Fieber, Leukozytose, vermehrtes Auftreten von APP etc. verantwortlich sind.

Rezeptoren für IL-1

Es sind zwei Typen von Interleukin-Rezeptoren (CD121a, CD121b) an den Membranen der Zielzellen festgestellt worden, deren extrazelluläre Anteile auch als lösliche Form zirkulieren [soluble interleukin1 receptor, sIL-1R] (S. 121). Ein *Interleukin-1 Rezeptor-Antagonist* (IL-1Ra), der von Entzündungszellen abgegeben wird, ist ein natürlicher Blocker der IL-1 Wirkung und trägt zur Regulierung der Wirkung bei. IL-1-Rezeptoren finden sich an einer Vielzahl von Zelltypen wie Monozyten/Makrophagen, Neutrophilen, Eosinophilen und Basophilen Granulozyten, an T wie B-Lymphozyten und NK Zellen, Gefäßendothel, glatten Muskelzellen, Fibroblasten, Chondrozyten, Synovialzellen, Astrozyten, Mikroglia und Keratinozyten.

Die *Stimuli* zur Abgabe von IL-1 durch Monozyten/Makrophagen sind äußerst vielfältig. Einige hervorstechende sind:

– bei Kontakt mit und Phagozytose von Mikroorganismen aller Art (Bakterien, Viren, Pilze) und von Scavengermaterial
– bei Kontakt mit Endotoxinen (z.B. LPS), Exotoxinen, Pilz-Polysacchariden
– bei Kontakt mit AG-AK Komplexen, besonders, wenn diese mit C3b/C3bi opsoniert sind
– bei Kontakt mit Entzündungsmediatoren (C3a, C5a, LTB4, PAF, etc.) und Cytokinen (TNFα, IFNγ etc.)
– bei Kontakt mit Gallensäuren (z.B. Stauungsikterus), Uratkristallen (Harnsäuregicht), Silikaten (Silikose)
– bei der Präsentation von AG an Th-Zellen

Unter den Stimuli für nicht-monozytäre Zellen sind von praktisch-medizinischer Bedeutung:

– Gefäßendothel: aktivierte Mediatoren (z.B. C3a, C5a), Cytokine, oxLDL (S. 296)
– Fibroblasten: Eine Reihe von Mediatoren und Cytokinen, Wachstumsfaktoren

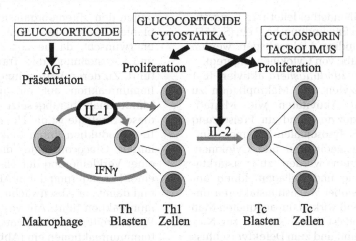

Abb. 40. *IL-1 und die Therapie der akuten Transplantatabstoßung.* Eine Transplantatabstoßung ist im Prinzip eine Überempfindlichkeitsreaktion Typ IV nach Coombs-Gell. Die immunsuppressiven Maßnahmen zur Unterdrückung einer Reaktion gegen das Transplantat zielen im Wesentlichen auf drei Angriffspunkte: die Zellaktivierung, die Zellvermehrung und die Produktion von IL-2. Glucocorticoide hemmen die Aktivitäten aller Entzündungszellen, wie Beweglichkeit, Rezeptorexpression und damit Reaktivität auf Reize, Phagozytose und Abgabe von Wirkstoffen wie IL-1, IFNγ und IL-2. IL-1 aktiviert die Proliferation und Reifung von Th-Lymphozyten, die dann unter IL-1 Stimulation vermehrt IL-2 und IFNγ abgeben, wobei IFNγ wiederum in einer autokatalytischen Schleife die Makrophagen aktiviert. Glucocorticoide unterbrechen diesen positiven Feedback und hemmen darüber hinaus die Zellproliferation durch ihre Eiweiß- katabole Wirkung. Eine Proliferationshemmung wird zusätzlich durch Cytostatika wie Azathioprin (Hemmung der Nukleinsäure-Synthese) bewirkt. Spezifische Hemmer der IL-2 Produktion sind die cyclischen Peptide CyclosporinA und Tacrolimus. Eine Reihe von Autoimmunerkrankungen wird nach einem ähnlichen Schema therapiert. Graue Pfeile: Aktivierung. Schwarze Pfeile: Hemmung.

– Keratinozyten: UV-Bestrahlung

IL-1 nimmt vielfältige Schlüsselstellungen in komplexen Entzündungsabläufen ein, von denen einige hervorgehoben werden sollen.

Spezifisches Immungeschehen

Hier stimuliert IL-1 Th-Lymphozyten zur Vermehrung (Klonbildung) und zur Abgabe von IL-2 und IFNγ, Tc und B-Lymphozyten zur Vermehrung und AK-Bildung (**Abb. 40**). Die Aktivität von NK-Zellen wird erhöht.

Unspezifische Abwehr

IL-1 bewirkt allgemein eine Aktivitätssteigerung der beteiligte Elemente.

1. Wirkung auf die zelluläre Entzündungsreaktion
   Im Knochenmark mobilisiert IL-1 als Leukozytose-Faktor myeloische Zellen (Granulozyten, Monozyten) und regt ihren Übertritt in die Blutbahn an (S. 145).

In der Blutbahn bewirkt IL-1 eine Rezeptoraktivierung an vaskulären Zellen im Sinne einer Vermehrung und Affinitätssteigerung des Rezeptors zum Liganden. Am Gefäßendothel aktiviert es u.a. die Adhäsionsproteine ICAM-1, VCAM-1 und L-und P-Selektin (S. 151f). PMN reagieren bei niedriger IL-1 Konzentration mit „Priming", zu dem auch die Erhöhung der Reaktivität der die Adhäsion vermittelnden Integrine gehört (S. 202ff); die Folge ist eine erhöhte Bindungsbereitschaft zum Endothel. Hohe IL-1 Konzentrationen lösen dagegen bei PMN die Freisetzung von ROS und lysosomalen Enzymen in die Blutbahn aus (S. 183f). Monozyten reagieren in gleicher Weise (S. 214). Die feste Adhäsion zirkulierender PMN und Monozyten am Gefäßendothel leitet ihre Emigration in den Entzündungsherd ein (S. 155). Gefäßständige Makrophagen werden zur Abgabe von Cytokinen angeregt.

Im Entzündungsherd aktiviert IL-1 Granulozyten und Makrophagen zu erhöhten Aktivitäten wie Migration, Phagozytose und zur Freisetzung von ROS, lysosomalen Enzymen, Entzündungsmediatoren und Cytokinen. Fibroblasten werden zu verstärkter Zellteilung und Kollagenbildung angeregt, wobei Wachstumsfaktoren unterstützend wirken. Im adäquaten Maß ablaufend ist dieser Prozess zur Narbenbildung und zum Defektverschluss sinnvoll (S. 228). Bei überschießender Kollagenproduktion können jedoch Fibrosen Parenchymschäden bewirken (S. 229).

2. Systemische Wirkungen von IL-1
IL-1 ist ein endogenes Pyrogen und erzeugt neben Fieber Appetitlosigkeit (Anorexie) und Somnolenz (S. 242, 247).

IL-1 mobilisiert – über eine Produktionssteigerung von PGE2 und intrazellulärem cAMP im Skelettmuskel – Aminosäuren aus Muskelprotein. NSAID hemmen diesen Effekt. Die erhöht im Blut anflutenden Aminosäuren dienen als Baumaterial zur Massenvermehrung von Zellen der unspezifischen und spezifischen Abwehr, Immunglobulinen, Akutphase-Proteinen und für die Gluconeogenese (S. 243ff). IL-1 ist einer der Induktoren der Synthese von Akutphase-Proteinen (S. 123).

Klinische Bedeutung des IL-1

IL-1 als pathogenetischer Faktor

Die unkontrollierte und überschießende Freisetzung von IL-1 ist eine häufige Ursache von Fehlleistungen und Schäden im Rahmen von Entzündungsvorgängen. Im Folgenden sind einige markante Beispiele angeführt.

1. Im Fall einer heterologen Organübertragung ist die – an sich regulär gegen den „Fremdorganismus Transplantat" gerichtete – Immunreaktion unerwünscht, da sie zur Zerstörung und „Abstoßung" des Transplantats führt. Zu deren Vermeidung wird die Immunreaktion auf ein geeignetes Mindestmaß herabgesetzt. Ein Teil dieser Strategie ist die Hemmung der IL-1 Produktion durch Makrophagen mittels Glucocorticoide, die u.a. zu einer Verkleinerung der Th-Klone, zu einer Verringerung deren Aktivierung und damit zur Abschwächung der Immunreaktion führt. Auf vergleichbare Weise greift man therapeutisch in Autoimmunreaktionen ein (**Abb. 40**). Das Risiko einer therapeutischen Schwächung des Immunsystems ist immer der Infekt und die Häufung von Tumoren.

2. Bei Tumoren, die reichlich IL-1 produzieren, wie manche Leukämien, Hodgkin-Lymphome oder Hypernephrome, wird eine systemische IL-1 Symptomatik mit hohem Fieber und starkem Gewichtsverlust wirksam. Diese IL-1-Freisetzungen laufen meist schubweise ab. Die im Rahmen der gesteigerten Akutphase-Reaktion stark erhöhten SAA-Spiegel können in eine Amyloidose münden (S. 131).

3. Eine zu starke Einwirkung von UV-Bestrahlung auf die ungeschützte Epidermis kann eine verstärkte Freisetzung von IL-1 aus irritierten Langerhans'schen Zellen und Keratinozyten verursachen. Die Folge ist eine Entzündungsreaktion der äußeren Cutisschicht, der „Sonnenbrand".

4. Bei Harnsäuregicht und chronischer Polyarthritis geben Synovialzellen und Entzündungszellen neben anderen Wirkstoffen auch IL-1 ab, das durch die Knorpelmatrix zu den Chondrozyten diffundiert und diese zur Produktion von Kollagenasen und Proteoglykan- spaltende Enzymen anregt. Als Folge wird der Gelenksknorpel von innen her rarefiziert. In ähnlicher Weise werden Osteoklasten stimuliert, die den gelenksnahen Knochen abbauen.

5. Nach entzündlichen Erkrankungen der Lunge kann sich eine verstärkte Kollagenbildung einstellen, bei der IL-1 neben anderen Wirkstoffen eine Mittlerrolle spielt. Im Lungengewebe abgelagerte Kieselsäure (Quartzhaltiger Gesteinsstaub) erzeugt eine langdauernde chronische Entzündung (Silikose), in deren Verlauf Makrophagen permanent zur IL-1 Abgabe stimuliert werden. In diesen Fällen wird das Lungenparenchym durch die übermäßige Kollagenbildung zunehmend eingeengt und verdrängt (Lungenfibrose).

Therapeutische Hemmung der IL-1 Produktion

Glucocorticoide hemmen als Universal-Antiphlogistika unspezifisch die Freisetzung von IL-1 aus den sie produzierenden Zellen (S. 251f). In Erprobung sind die rekombinant hergestellten physiologischen Hemmer IL-1 Rezeptor-Antagonist (rhIL-1Ra) und die löslichen IL-1 Rezeptoren (rhIL-1R). Ihr mögliches Einsatzgebiet sind vor allem Autoimmunerkrankungen (S. 121).

1.5.1.2 Interleukin 3 (IL-3)

MW 15.100 D. IL-3 wird von Eosinophilen Granulozyten, Mastzellen und T-Lymphozyten abgegeben. Der Rezeptor (CD 123) findet sich an Knochenmarkstammzellen. Die Hauptfunktion von IL-3 ist die Stimulation der Bildung sämtlicher myeloischer Stammlinien (**Abb. 50**). Es kann therapeutisch zur Stimulation des Knochenmarks eingesetzt werden.

1.5.1.3 Interleukin 4 (IL-4)

MW 15.000 D. Die Quelle sind Mastzellen und T-Lymphozyten. Im Zusammenhang mit anaphylaktischen Reaktionen erlangt IL-4 als Auslöser des Isotypen-Switches von IgG zu IgE Bedeutung. Th-Zellen von Atopikern weisen einen erhöhten Besatz mit IL-4 Rezeptoren auf. Auch reguliert IL-4 die Aktivitäten von

Monozyten, Fibroblasten und Gefäßendothel. Es fördert die Expression der 15-LOX und wirkt auf diesem indirekten Weg entzündungshemmend (S. 60).

1.5.1.4 Interleukin 5 (IL-5)

MW 13.100 D. IL-5 tritt als Homodimer auf, der Zuckeranteil kann beträchtlich sein. Es regt Stammzellen zur Bildung von Eosinophilen Granulozyten an (S. 207).

1.5.1.5 Interleukin 6 (IL-6)

MW 20.800 D. IL-6 wird von einer Reihe verschiedener Zelltypen produziert und wirkt ausgesprochen vielseitig (pleiotrop). Mögliche Quellen sind Makrophagen, Stromazellen des Knochenmarks, Gefäßendothel, Mesangiumzellen, Fibroblasten, Keratinozyten, Astrozyten, sowie Lymphozyten der T- und B- Zelllinie. Der aus zwei Untereinheiten bestehende Rezeptor (CD 126 und CD 130) findet sich auf Leukozyten der myeloischen und lymphatischen Reihe sowie auf Gefäßendothel, Fibroblasten, glatten Muskelzellen, Hepatozyten und Nervenzellen. IL-6 aktiviert und steuert lokale Entzündungsvorgänge und systemische Reaktionen wie die Mobilisierung der Knochenmarksspeicher (Leukozytosefaktor) und Fieber. Es zeigt einen deutlichen Synergismus mit IL-1 und TNFα und gilt als der stärkste Stimulator der Synthese von Akutphase-Proteinen im Hepatozyten. IL-6 tritt nach mechanischen Traumen in hohen Konzentrationen im Blut auf. In der klinischen Diagnostik wird seine Messung zur Beurteilung der Traumaschwere und des Heilungsverlaufes eingesetzt.

1.5.1.6 Interleukin-8 (IL-8)

MW 11.100 D. IL-8 gehört zur Familie der Chemokine (S. 113), wird aber in der Interleukin-Nomenklatur geführt. Quellen sind verschiedenste Zelltypen der myeloischen und lymphatischen Stammreihe, dazu auch Gefäßendothel, Fibroblasten,

Mesangiumzellen, Chondrozyten, Hepatozyten, Bronchialepithel, Melanozyten, Keratinozyten und manche Tumorzellen. Der Rezeptor (CD 128) wurde auf PMN, aber auch auf gewissen Lymphozytentypen festgestellt. Die Hauptaufgabe des IL-8 scheint in der Steuerung von PMN-Aktivitäten zu bestehen. Es ist ein starkes Chemoattraktant und aktiviert konzentrationsabhängig auch alle anderen Funktionen von PMN.

1.5.1.7 Interleukin-10 (IL-10)

MW 18.600 D. Quellen sind CD4-positive T-Zellen. Rezeptoren finden sich vorwiegend an Zellen der myeloischen Reihe, T-Lymphozyten und NK Zellen. IL10 wirkt immunsuppressiv und antiinflammatorisch, indem es die Sekretion entzündungsfördernder Mediatoren und Cytokine aus Monozyten/Makrophagen hemmt und so in die Aktivierungskette der Entzündung eingreift.

1.5.1.8 Interleukin 12 (IL-12)

ist ein Heterodimer, das aus einer leichten (MW 35.000 D) und einer schweren Kette (MW 40.000 D) zusammengesetzt ist. Produzenten sind Dendritische Zellen, Makrophagen und PMN. Zu den Hauptfunktionen des IL-12 gehört es, die Differenzierung von Lymphoblasten in Th1 Zellen sowie die Reifung von Tc-Zellen zu fördern und NK-Zellen zu aktivieren. IL-12 regt in diesen Zellen auch eine verstärkte Produktion von IFNγ an und wird als wichtiges Bindeglied zwischen unspezifischer und spezifischer Abwehr angesehen.

1.5.2 Der Tumornekrosefaktor Alpha (TNFα)

Der TNFα ist ein hochwirksames Cytokin mit weitestem Wirkungsspektrum. Er entwickelt seine Aktivitäten sowohl lokal auf autokriner/parakriner, wie systemisch auf endokriner Ebene. Neben der Steuerung der spezifischen wie unspezifischen Immunität greift er in Wachtums- und Differenzierungsvorgänge verschiedener Zell- und Gewebstypen ein und beeinflusst das Lebensalter von Zellen. Besondere Charakteristika, die ihn von den anderen Cytokinen abheben, sind sein cytotoxischer Effekt auf Tumorzellen, die stark katabole Stoffwechselwirkung und die Wirkung auf den Kreislauf.

Zur Geschichte: Die Beobachtung, dass gelegentlich maligne Tumore während ablaufender bakterieller Infektionen schrumpfen, geht auf das Ende des 19. Jahrhunderts zurück. Aus verschiedenen Hinweisen wurde geschlossen, dass für diesen Effekt nicht die Krankheitserreger selbst, sondern Abwehrprozesse im Organismus verantwortlich waren, die durch die Bakterien ausgelöst wurden. Folgerichtig behandelte der Amerikaner William Coley Tumorpatienten mit einem Gemisch verschiedener abgetöteter Bakterien („Coley's toxin") und hatte damit einen gewissen Erfolg. Nicht zuletzt wegen der äußerst unzuverlässigen und oft sogar negativen Resultate wurde dieses Therapiemodell mit dem Aufkommen der Chemo- und Bestrahlungstherapie am Anfang des 20. Jahrhunderts verlassen.

In weiterer Folge zeigten Tierversuche, dass es besonders die Lipopolysaccharid-Fraktion von Bakterienmembranen ist, die eine hämorrhagische Nekrose experimenteller Tumore auslöst. In den Jahren 1972–1973 wurde der eigentlich verantwortliche körpereigene Wirkstoff isoliert und als ein Polypeptid – der TNFα – identifiziert. Um 1984 gelangen die Klonierung des Gens und die Sequenzierung der Proteinstruktur. TNFα kann heute rekombinant hergestellt werden. Wegen der auffälligen tumorziden Wirkung dieses Cytokins wurde der traditionelle Name „Tumornekrose-Faktor" beibehalten.

1.5.2.1 Chemische Eigenschaften

Das TNFα-Monomer ist ein nicht glykosyliertes Protein mit einem MW von 17.400 D. Die aktive Form ist das Homotrimer, während Monomere nicht aktiv sind.

Quellen sind in erster Linie aktivierte Monozyten/Makrophagen, aber auch T- und B-Lymphozyten, Fibroblasten, Adipozyten und besonders stimulierte PMN (S. 202). Die Signale zur TNFα Expression werden über den NFκB an den Kern der produzierenden Zelle vermittelt und können auf dieser Ebene durch Glucocorticoide, Pentoxyphyllin und Aspirin abgeschwächt werden (S. 254, **Abb. 105**). Vorwiegend wird das Trimer freigesetzt. TNFα wird ursprünglich als membran-gebundenes Protein exprimiert und erst durch Abspaltung durch eine Metalloprotease von der Mutterzelle abgegeben.

TNFα kann an zwei Typen von *Membranrezeptoren* binden: An den Rezeptor Typ I (TNFR1) mit einem MW von 55 kD (CD 120a) und an den Rezeptor Typ II (TNFR2), MW 75 kD (CD120b). Beide Rezeptortypen fanden sich an allen bisher untersuchten Zellen mit Ausnahme von Erythrozyten und inaktiven T-Zellen. Über den *TNFR1* werden bevorzugt die Signale für die typischen inflammatorischen Wirkungen des TNFα vermittelt, wofür eine Quervernetzung mehrerer Rezeptoren mit TNFα nötig ist (**Abb. 89**). Darüber hinaus kann über den TNFR1 auch Apoptose ausgelöst werden, deshalb auch die Bezeichnung „Todesrezeptor" [death receptor] (S. 199). Mit dem *TNFR2* sind besonders reichlich Zellen der spezifischen wie unspezifischen Immunabwehr ausgestattet. Er scheint die Wirkungen des TNFR1 zu verstärken. Beide Rezeptortypen zirkulieren in gelöster Form im Blut. Ihre physiologische Rolle ist offenbar die Abschwächung und Neutralisation der Wirkung von TNFα. Rekombinant hergestellte Rezeptoren (rTNFR) werden therapeutisch zur Entzündungshemmung eingesetzt (S. 113).

Beide Rezeptortypen werden auch durch den TNFβ aktiviert (S. 113).

Der *Abbau* des TNFα erfolgt entweder nach Bindung an die zellständigen Rezeptoren oder durch Bindung an die löslichen Rezeptoren, Proteolyse und Ausscheidung über die Nieren. Eine Regulierung des TNFα-Effektes ist durch den Polymerisationsgrad gegeben, da Monomere unwirksam sind.

1.5.1.2 Wirkungen des TNFα

Die Wirkungen des TNFα decken sich zum großen Teil mit denen des IL-1, obwohl die beiden Cytokine die Zielzellen über verschiedene Rezeptoren ansprechen. Die Ähnlichkeit der Effekte verschiedener Wirkstoffe ergibt sich aus der Konvergenz der Signalübermittlung auf Postrezeptorebene. Diese Konvergenz erklärt auch, warum sich IL-1 und TNFα gegenseitig in ihren Wirkungen verstärken (**Abb. 41**).

Unspezifische Abwehr. Der TNFα ist ein Leukozytosefaktor und entleert die Knochenmarksspeicher. In langanhaltenden hohen Konzentrationen hemmt er allerdings über seinen stark Eiweißkatabolen Effekt die Nachbildung myeloischer Zellen und führt so zu Anämie, Leukopenie und Thrombopenie. Hier besteht ein Synergismus mit Glucocorticoiden (S. 144). TNFα aktiviert Rezeptoren und Adhäsine an Leukozyten, Endothel, Fibroblasten, glatter Muskulatur und einer Reihe weiterer Zellen. Phagozyten werden konzentrationsabhängig zur Aggregation, Phagozytose, zur Freisetzung von lysosomalen Enzymen und ROS und, bei Überaktivierung, zur Selbstzerstörung angeregt (S. 198).

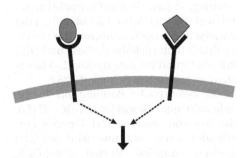

Abb. 41. *Konvergenz der Wirkung zweier Cytokine.* Eine gemeinsame Signalübermittlung auf Postrezeptor-Ebene kann gleiche Effekte über verschiedene Rezeptoren ergeben bzw. bei gleichzeitiger Erregung beider Rezeptoren eine verstärkte Wirkung erzielen (Synergismus).

Im Rahmen der *spezifischen Immun-abwehr* stimuliert TNFα Th Lymphozyten zur Produktion von IL-2, IFNγ, Cytokinen und Wachstumsfaktoren. B-Zellen werden zur AK-Produktion angeregt. Im Unterschied zu IL-1 aktiviert jedoch TNFα Th Zellen nicht zur Proliferation nach AG-Präsentation.

An *systemischen Reaktionen* bewirkt TNFα Fieber und eine verstärkte Produktion von Akutphase-Proteinen. Seine ausgeprägt katabole Stoffwechselwirkung betrifft neben dem Knochenmark auch den Skelettmuskel und das Fettgewebe, was in kurzer Zeit zu massivem Substanzverlust, zur Kachexie führen kann. Deshalb wird für den TNFα gelegentlich die alte Bezeichnung *„Kachektin"* verwendet. Der Substanzverlust wird durch eine generelle Steigerung der Apoptose über eine TNFα/TNFR1-Interaktion verstärkt (S. 199). Der rapide Verfall bei stark entzündlichen Erkrankungen ist allerdings über die TNFα-Wirkung hinaus auch dem IL-1 und dem Anfluten kataboler Stresshormone zuzuschreiben (S. 243f). Da die katabole TNFα-Wirkung offenbar nicht, wie beim IL-1, über PG vermittelt wird, kann sie auch nicht durch NSAID gehemmt werden. Hohe TNFα Blutspiegel wirken stark vasodilatorisch und bewirken Blutdruckabfall. TNFα ist am Schockgeschehen bei Sepsis mitbeteiligt. Darüber hinaus bewirkt TNFα eine Behinderung der mitochondrialen Atmung, so dass Glukose vermehrt anaerob metabolisiert wird. Das ist, neben der Sauerstoff-Mangelversorgung der Gewebe durch Blutdruckabfall, Stase und DIC, mit ein Grund für den starken Laktatanstieg im septischen Schock (S. 282).

Die *cytotoxische Wirkung auf Tumorzellen* ist eine Besonderheit des TNFα, die ihn von anderen Cytokinen unterscheidet. Diese Wirkung wird auf drei Ebenen ausgeübt. Einmal systemisch, durch Aktivierung tumorzider Zellen der körpereigenen Abwehr wie cytotoxische T-Lymphozyten, NK-Zellen und Makrophagen. Weiters schädigt der TNFα die Gefäße, welche den Tumor versorgen, und bewirkt damit eine hämorrhagische Nekrose des Tumors. Auf Gefäße in gesundem Gewebe wirkt er dagegen als Angiogen, indem er das Endothel- und Gefäßwachstum anregt. Eine dritte Wirkungsebene ist ein direkter cytotoxischer Effekt auf Tumorzellen, der auch in vitro nachgewiesen werden kann, allerdings sehr tumorspezifisch ist. So reagieren etwa das Mamma-Ca mit Zelltod, Melanom-Zellen mit Wachstumshemmung, andere Tumorarten gar nicht. Nicht-Tumorzellen können dagegen mit der gleichen Konzentration von TNFα zum Wachstum stimuliert werden, wie z.B. Fibroblasten oder Gefäßendothelien. Der tumorzide Effekt wird in Kombination mit IFNγ stark gefördert.

Eine *Therapie von Tumoren* mit TNFα und IFNγ, die sich daraus logisch anbietet, hat sich wegen der unzumutbaren und auch gefährlichen systemischen Nebenwirkungen (stark beeinträchtigtes Befinden, Schock, Fieber, Gewichtsverlust) nicht durchsetzen können.

1.5.2.3 Der TNFα in der Klinik

Wenn TNFα in höheren Konzentrationen im Blut auftritt, folgen als lebensbedrohliche Komplikationen Kreislaufschock, Fieber und, bei längerem Bestehen, Kachexie. Solche Situationen finden sich vor allem im Begleitung von schweren Infekten und Sepsis.

TNFα ist in Kooperation mit dem TNFβ auch ein pathogenetischer Angelpunkt des Toxischen Schock-Syndroms (S. 276f). Manche Tumore können hohe Mengen an TNFα produzieren, wie der M.Hodgkin und verschiedene Lymphome. Typisch ist das entzündliche Erscheinungsbild, hohes Fieber, rascher kachektischer Verfall und Kreislaufversagen.

Therapiemöglichkeiten

Es liegt nahe, dass man versucht, Überschüsse eines so komplikationsträchtigen Entzündungsmediators therapeutisch zu neutralisieren. Eine unspezifische Möglichkeit sind Glucocorticoide, Pentoxyphyllin und NSAIDs (S. 252, **Abb. 105**).

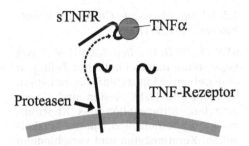

Abb. 42. *Prinzip der Inaktivierung eines Cytokins durch seinen löslichen Rezeptor.* Proteasen trennen ein extrazelluläres Fragment des TNF-Rezeptors (TNFR) ab, das sich als löslicher TNF-Rezeptor (sTNFR) an TNFα bindet. Durch die Blockierung der Bindungsstelle ist TNFα inaktiv und kann den zellständigen Rezeptor nicht aktivieren.

Zur spezifischen Blockade wurden zwei Wege beschritten: Ein modifizierter löslicher TNFα-Rezeptor, der TNFα in der Zirkulation bindet und damit eine Ankoppelung an den zellständigen Rezeptor verhindert (**Abb. 42**), und monoklonale Antikörper gegen TNFα. Der Einsatz dieser spezifischen Therapiemodelle bei der Sepsis hat sich nicht bewährt, sondern sogar einen negativen Effekt erbracht. Dagegen werden TNFα-Blocker heute erfolgreich bei der Chronischen Polyarthritis angewandt.

Diagnostische Möglichkeiten

Der Blutspiegel eines Mediators mit solch zentraler Bedeutung sollte diagnostische und prognostische Schlüsse auf Stärke und Verlauf eines Entzündungsgeschehens zulassen. Die diesbezüglich gesetzten Erwartungen konnten jedoch nicht erfüllt werden. TNFα entsteht und wirkt vorwiegend lokal. Was im Blut auftaucht und messbar wird, ist nur das Überquellen lokaler hoher Konzentrationen [„spill-over"], die keine oder nur bedingt Schlüsse auf das lokale Geschehen zulassen. Zudem bleiben bei der Messung mit spezifischen AK viele funktionelle Fragen offen, wie Polymerisationsgrad des TNFα, Rezeptorbesatz und Synergismen zwischen den beiden Rezeptortypen I und II sowie mit Rezeptoren an-

derer beteiligter Cytokine. Serumspiegel des gelösten TNFR1 (sTNFR1) scheinen eine gewisse prädiktive Aussagekraft für den Verlauf des Septischen Schocks zu bieten.

1.5.2.4 Der Tumornekrosefaktor beta (TNFβ)

MW 18700. Dieses Cytokin ist besser unter dem Namen Lymphotoxin bekannt. Produzenten sind in erster Linie aktivierte T- und B-Lymphozyten. Mit dem TNFα teilt es nur zu 35% eine gemeinsame Struktur. Trotzdem bindet es an dieselben Rezeptoren und übt damit dieselben Effekte auf dieselben Zellen wie der TNFα aus.

1.5.3 Chemokine

Chemokine nehmen innerhalb der Cytokinfamilie wegen spezifischer Struktureigenschaften und wegen des allen gemeinsamen chemotaktischen Effekts auf Zielzellen eine Sonderstellung ein. Der Name „Chemokin" wurde aus „chemotaktisch" und „Cytokin" zusammengesetzt. Die besondere Struktureigenschaft besteht in der Positionierung von Cystein an bestimmten Stellen des Moleküls. Danach unterscheidet man drei Untergruppen: α-Chemokine mit zwei Cysteinmolekülen, die durch eine andere Aminosäure getrennt sind (CXC-Typ), β-Chemokine mit zwei unmittelbar benachbarten Cysteinmolekülen (CC-Typ), und γ Chemokine mit nur einem Cystein in kritischer Position (C-Typ). Hier sollen nur Cytokine Erwähnung finden, die im Zusammenhang mit der unspezifischen Entzündung Bedeutung erlangen: Aus der CXC Gruppe: IL-8, PF4 und NAP2, und aus der CC Gruppe: MCP-1, Rantes und das Eotaxin.

Die Wirkung der Chemokine auf Zielzellen läuft über Rezeptoren. Das Verhältnis der Chemokine zu ihren Rezeptoren zeichnet sich durch eine ausgesprochene **Pleiotropie** aus: die meisten Chemokine binden an mehrere Rezeptortypen, wie die meisten Rezeptoren durch verschie-

dene Chemokine angesprochen werden
können.

1.5.3.1 Interleukin 8 (IL-8)

wird bei der Interleukin-Familie dargestellt (S. 109).

1.5.3.2 Der Plättchenfaktor 4 (PF4)

MW 10.800 D. Produzenten sind die Megakaryozyten des Knochenmarks, die PF4
den Thrombozyten mitgeben, in denen
es in den α-Granula gespeichert vorliegt
und bei Aktivierung abgegeben wird.
Funktionen: PF4 ist ein Hemmer des
roten Knochenmarks, drosselt die Produktion von PMN, Monozyten und Erythrozyten und ist ein Antagonist des Heparins. In vitro regt es die Migration von
Gefäßendothel an, ist chemotaktisch für
Fibroblasten und stimuliert die Histaminabgabe aus Mastzellen und Basophilen Granulozyten. Rezeptoren sind noch
nicht näher definiert.

Der PF4-Plasmaspiegel hat als Indika-
tor für die intravaskuläre Thrombozyten-
aktivierung diagnostische Bedeutung.

1.5.3.3 Das Neutrophil Activating Protein-2 (NAP-2)

NAP-2 ist ein Fragment, das aus verschiedenen inaktiven Vorläuferproteinen
durch Proteolyse entsteht. Die Vorläufer
werden von aktivierten Thrombozyten
abgegeben und in erster Linie durch die
lysosomalen Proteasen der PMN und
Makrophagen zu aktiven NAP-2 Produkten gespalten. Je nach Angriffspunkt
der Spaltung und Ausgangsmolekül entstehen NAP-2 Formen mit verschiedenen Strukturen und Molekulargewichten. Die Wirkung der NAP-2 – Varianten
besteht vor allem in der Aktivierung von
PMN. Es ist chemotaktisch und stimuliert PMNs zur Hinauf-Regulation von
Adhäsinen, Phagozytose und Abgabe lysosomaler Enzyme und ROS. Bindungs-
versuche weisen auf zwei verschiedene
Rezeptoren hin.

1.5.3.4 Das Monocyte Chemoattractant Protein-1 (MCP-1)

MW 11.000 D. *Quellen:* MCP-1 wird von
einer Reihe unterschiedlicher Zelltypen
abgegeben: Monozyten/Makrophagen,
Fibroblasten, Osteoblasten und Chondrozyten, Stromazellen des Knochenmarks, Endothelzellen, glatte Muskelzellen, Keratinozyten und verschiedene
Epithelien, Melanozyten, Mesangiumzellen, Mesothelzellen, eine Reihe von
Tumorzellen.

Auslösend für die Expression und Abgabe können sein: Cytokine wie IL-1,
TNFα, IFNγ, Wachstumsfaktoren wie M-
CSF, GM-CSF, PDGF und TGFβ, Bakterientoxine (u.a. von Tuberkuloseerregern)
und Viren.

Zielzellen der Wirkung sind bevorzugt Monozyten, Makrophagen, T-Lymphozyten und NK-Zellen, Osteoklasten
und Basophile Granulozyten. Dagegen
scheint es keine Wirkung auf PMN aus-
zuüben.

Effekte: MCP-1 ist ein Aktivator der
spezifischen Leistungen dieser Zelltypen.
Auf Makrophagen wirkt es chemotaktisch und stimuliert sie konzentrationsabhängig zum Hinauf-Regulieren von
Adhäsinen, zur Phagozytose und zur Abgabe lysosomaler Enzyme, ROS, Mediatoren und Cytokinen. Die Wirkung wird
über mehrere Rezeptoren vermittelt.

Dem MCP-1 wird eine zentrale Rolle
in der Chronifizierung eines entzündlichen Prozesses zugeschrieben.

1.5.3.5 RANTES (regulated on activation, normal T cell expressed and secreted)

MW 10.075 D. *Quellen:* T Lymphozyten,
NK Zellen, Monozyten, Eosinophile Granulozyten, Thrombozyten, Fibroblasten,
verschiedene Epithelien, Mesangiumzellen, verschiedene Tumorzellen.

Reize zur Abgabe: Cytokine wie IL-1,
TNFα, IFNγ.

Zielzellen: T Lymphozyten, Monozyten, gewisse Makrophagen, Eosinophile
und Basophile Granulozyten, Mastzel-

len. RANTES wirkt über eine Reihe von Chemokin-Rezeptoren.

Effekte auf Zielzellen: Neben der chemotaktischen Wirkung aktiviert RANTES die meisten spezifischen Eigenschaften der Zielzellen wie Hinauf-Regulierung von Adhäsinen, Phagozyose, Abgabe von Enzymen und Mediatoren.

1.5.3.6 Eotaxin

MW 8.150 D. *Quellen*: Makrophagen der Lunge können Eotaxin frei setzen. Abgabereize sind IFNγ und IL-4, was eine Nähe zu anaphylaktischen Reaktionen andeutet (S. 109). In Gewebeextrakten des GI-Trakts, von Herz, Milz, Thymus, Leber, Niere und anderen Organen findet sich reichlich Eotaxin.

Zielzellen sind Eosinophile und Basophile Granulozyten, auf die Eotaxin stark und spezifisch chemotaktisch wirkt. Von Entzündungszellen freigesetztes Eotaxin trägt wesentlich zur Massenansammlung von Eosinophilen Granulozyten an Orten anaphylaktischer Reaktionen bei. Konzentrationsabhängig werden darüber hinaus Adhäsion, Granulaabgabe und ROS-Produktion angeregt. Eotaxin spricht Zielzellen über einen Chemokin-Rezeptor (CCR3) an, der auch RANTES und andere Chemokine bindet und über sie entsprechende Effekte vermitteln kann.

1.5.4 Interferone

Interferone stehen vorwiegend im Dienst der Regulierung der spezifischen Immunantwort. Alle Interferone können rekombinant hergestellt werden und kommen therapeutisch zum Einsatz.

1.5.4.1 Interferon Alpha (IFNα)

Es wurden bisher zwei unterschiedliche Familien (I und II) mit einem MW von 19.500 D bzw. 20.100 D festgestellt. Durch verschiedene Glykosylierung können jedoch Kombinationen mit sehr unterschiedlichen Molekulargewichten entstehen.

Quellen: T- und B-Lymphozyten, Monozyten/Makrophagen.

Wirkungen: Es sind zwei Rezeptoren für IFNα bekannt (CD118), die sich auf den meisten Zellen finden. IFNα hemmt die Proliferation von Zellen, auch von Tumor-Zellen, und erhöht die Resistenz von Zellen gegenüber Viren. Es reguliert die Expression von MHC I Antigenen.

IFNα wird therapeutisch bei gewissen Leukämien, dem Myelom und bei Hepatitis C eingesetzt.

1.5.4.3 Interferon Beta (IFNβ)

MW 20.000 D. IFNβ weist mit IFNα zu 30% eine Homologie der Aminosäuresequenz auf und wirkt über dieselben Rezeptoren, entfaltet daher auch vergleichbare Wirkungen. *Quellen* sind Fibroblasten und manche Epithelien. Therapeutisch findet es bei Multipler Sklerose und gewissen Hepatitisformen Verwendung.

1.5.4.3 Interferon Gamma (IFNγ)

MW 17.100 D. *Quellen* sind CD4- und CD8-positive Lymphozyten und NK-Zellen.

Wirkungen: Der Rezeptor (CD119) findet sich auf einer Reihe hämatopoetischer Zellen wie T- und B-Lymphozyten, NK-Zellen, Makrophagen, PMN, Thrombozyten, aber auch auf Endothelzellen, manchen Epithelien und auf verschiedenen Tumorzelltypen. IFNγ ist ein stark pleiotropes Cytokin, das auf vielen Ebenen (Lymphozyten, Makrophagen) in die spezifische Immunabwehr eingreift. Besonders hervorzuheben ist hier die Aktivierung von Makrophagen zur Phagozytose, AG-Aufbereitung und AG-Präsentation (**Abb. 40, Abb. 111**). Im Bereich der unspezifischen Abwehr steigert IFNγ die Tätigkeit von Makrophagen und PMN. Es verstärkt den antiviralen und Antitumor-Effekt von IFNα, IFNβ und TNFα und steuert Wachstum, Differenzierung und Aktivierung von Gefäßendothel und Fibroblasten.

Therapeutisch wird es wegen seiner antiproliferativen Wirkung bei manchen

Tumoren und bei Leukozytosen eingesetzt.

1.5.5 Wachstumsfaktoren [growth factors]

Wachstumsfaktoren sind Wirkstoffe unterschiedlicher Protein- oder Polypeptidnatur, deren Benennung historisch begründet ist. Ihre Existenz wurde zuerst dadurch nachgewiesen, dass sie in in-vitro oder in-vivo Versuchsansätzen Zellen zum Wachstum und/oder zu bestimmten Differenzierungen anregten. Über dieses gemeinsame Charakteristikum hinaus können sie aber noch eine Fülle unterschiedlicher Effekte auf autokriner, parakriner und endokriner Ebene entfalten. Unter anderem vermitteln sie auch Informationen im Entzündungsgeschehen; nur auf diesen Angriffspunkt soll im Folgenden eingegangen werden.

Die Wachstumsfaktoren werden, abhängig vom subjektivem Gesichtspunkt des beschreibenden Autors, systematisch verschiedenen Wirkstoffgruppen zugeteilt, wie auch ihre Erforschung noch in Fluss ist. Hier wird einer klassischen Einteilung gefolgt, in die auch die „Hämatopoetischen Hormone" (colony stimulating factors, Erythropoetin und Thrombopoetin) aufgenommen werden. Die international üblichen englischsprachigen Bezeichnungen werden beibehalten.

1.5.5.1 Der Nerve Growth Factor (NGF)

MW 13.500 D. Das Molekül besteht aus α, β und γ Untereinheiten.

Quellen: NGF wurde aus der Glandula submaxillaris und aus Speichel, aus der Prostata und aus dem ZNS isoliert.

Rezeptoren finden sich auf sensorischen und sympathischen Neuronen und auf Neuralleisten-Abkömmlingen wie Melanozyten und Paraganglien, auf Schwann'schen Zellen, Monozyten, B-Lymphozyten und Mastzellen.

Funktionen: NGF steuert das Wachstum und die Differenzierung von Nervenzellen. Es ist für auswachsende Neurone chemotaktisch und steuert deren Wachstums

richtung. Manche sensorische Hautnerven setzen bei Stimulation NGF frei, das vor Ort Mastzellen aktivieren kann, die Histamin entspeichern. Auf diese Weise ist NGF in die Entstehung von Axonreflexen und Reflexbögen und in die Neurogene Entzündung involviert (S. 291).

1.5.5.2 Der Epidermal Growth Factor (EGF)

MW 6.000 D. *Quelle:* Ektodermale Zellen, Drüsenzellen des Duodenums, Zellen der Niere, Monozyten, Thrombozyten. EGF findet sich in Sekreten wie Speichel, Tränenflüssigkeit, Milch und im Duodenalsekret.

Rezeptoren sind auf fast allen Zellen vorhanden. Der EGF-Rezeptor dient für eine Reihe von Bakterien und Viren als Vehikel, um in die Trägerzelle einzudringen.

Funktionen: EGF regt das Wachstum von Keratinozyten und Epithelien der Schleimhäute an und fördert damit die epitheliale Wundheilung. Daher ist das Belecken von Wunden neben dem desinfizierenden Effekt (S. 195) auch heilungsfördernd.

1.5.5.3 Transforming Growth Factor Alpha und Beta (TGFα, TGFβ)

Der Name kommt von der Beobachtung, dass ein Zellfaktor die Transformation gewisser Tumorstämme förderte. Unter dieser „Transformation" versteht man den Übergang zu Anker-unabhängigem Wachstum, zu beschleunigtem Wachstum auch bei verringerter Wachstumsstimulation, und zur „Unsterblichkeit", d.i. das unbegrenzte Wachstum in Kulturmedien. Die beiden TGFs, an denen diese Wirkung beobachtet wurde, unterscheiden sich allerdings strukturell und auch in den meisten der von ihnen ausgeübten Effekte.

Der TGFα

MW 6.000 D. TGFα besitzt mit dem EGF eine hohe Strukturähnlichkeit und bindet an denselben Rezeptor.

Quelle: Monozyten, Keratinozyten, verschiedene Tumore. TGFα ist in hoher Konzentration in den Alpha-Granula der Thrombozyten enthalten.

Funktionen: Aufgaben bei der Wundheilung wie der EGF. In Kombination mit anderen Wachstumsfaktoren wird die Angiogenese und Hämatopoese gefördert.

Der TGFβ

ist ein ausgesprochen pleiotroper Wirkstoff, dessen Wirkungsschwerpunkt in der Steuerung des Gewebeauf- und Umbaus und der Gewebsdifferenzierung liegt. Unter der Bezeichnung TGFß werden drei strukturell eng miteinander verwandte Proteine zusammengefasst, TGFβ1, TGFβ2, und TGFβ3 mit einem MW von 44.300 D, 47.800 D und 47.300 D. Die aktiven Produkte werden aus inaktiven Vorstufen abgespalten. Die TNFβ wirken über drei verschieden *Rezeptoren* (CD105), zu denen die TGFβ-Subtypen verschiedene Affinität zeigen. Die Rezeptoren können auf fast allen Zellen gefunden werden. Die TGFβ-Subtypen werden in der Literatur meist summarisch als „der TGFβ" behandelt.

Quellen: Fast alle Zelltypen und viele Tumore können TGFβ produzieren. Thrombozyten enthalten hohe Konzentrationen von TGFβ1 und 2.

Funktionen: TGFβ kann je nach Zielgewebe wachstumsfördernd wie wachstumshemmend wirken, wobei die Effekte meist erst in Kombination mit anderen Wachstums- oder Steuerfaktoren ihre volle Ausprägung erreichen. Schwerpunkte *fördernder Wirkungen* liegen in der Stimulation von Fibroblasten und anderer Zelltypen zur Produktion von Kollagen, Proteoglykanen und Fibronektin, wie auch Adhäsine an diesen Zellen hinauf reguliert werden. Im Knochen wird die Kollagenbildung und Mineralisierung aktiviert, die Proliferation von Chondrozyten und Epithelzellen wird gesteigert. In Synergie mit PDGF und EGF wird das Wachstum von glatten Muskelzellen und Endothelzellen und damit die Angiogenese angeregt. TGFβ steuert damit die

Gewebsregeneration und Heilung im Wundbereich mit, wo es vor allem von Thrombozyten und Makrophagen bereitgestellt wird. Negativ wirkt sich die gefäßproliferative Wirkung bei der Entstehung der Atherosklerose aus (S. 298). Eine *Wachstumshemmung* betrifft vor allem das hämatopoetische und das Immunsystem. TGFβ ist ein wichtiger endogener Immunomodulator und wirkt auf die meisten Zellen des Immunsystems als Immunosuppressor. Es ist ein Antagonist der Wirkung des IL-2 (**Abb. 40**) und unterdrückt die Hämatopoese sowie die Proliferation und Reifung von B- und T-Zelllinien. Durch Hemmung immunologischer Abwehrleistungen kann es die Tumorgenese und -proliferation fördern.

Klinik: Der Einsatz von rekombinantem TGFβ zur Immunsuppression ist in Erprobung.

1.5.5.3 Der Insulin-like Growth Factor Eins und Zwei (IGF I, IGF II)

Beide IGF zeichnen sich durch eine starke Strukturähnlichkeit mit Proinsulin aus, daher die Benennung. Es besteht auch ein geringe Affinität zu Insulinrezeptoren.

IGF I (MW 7.649 D) und IGF II (MW 7.471 D) zeigen zueinander eine etwa 60% Strukturhomologie.

Bildungsort ist vor allem die Leber, die durch das hypophysäre Somatotrope Hormon (SH) zur Synthese angeregt wird. Auch gewisse Tumortypen kommen als Produzenten in Frage. IGF zirkulieren an Bindungsproteine (IGF-BP) gekoppelt im Blut. Die Wirkung wird über zwei verschiedene Rezeptortypen vermittelt, die sich auf fast allen Zellen finden.

Funktion: IGF regulieren das Körperwachstum. In Fibroblasten und Knorpelzellen stimulieren sie die Produktion von Kollagen und Proteoglykanen und wirken so, in Kooperation mit Cytokinen und anderen Wachstumsfaktoren, fördernd auf die Gewebsregeneration und Wundheilung. IGF I regt im Synergismus mit EPO und anderen Wirkstoffen die Erythropoese an.

1.5.5.4 Der Platelet Derived Growth Factor (PDGF)

Der PDGF übt pleiotrope Wirkungen auf Wachstum und Funktionen von Zellen mesenchymalen Ursprungs aus.

Bau: Das vollständige Molekül ist ein Homo- oder Heterodimer aus über Disulfidbrücken verbundenen A- und B-Ketten. Die drei Kombinationsmöglichkeiten AA, AB, und BB kommen alle natürlich vor, wobei die einzelnen Zelltypen allerdings gewisse Kombinationen bevorzugt freisetzen. A-Kette, MW: 14.300 D, oder als kürzere Variante mit einem MW von 12.500 D. B-Kette MW 12.300 D.

Quellen: PDGF ist reichlich in den α-Granula der Thrombozyten enthalten, aus denen der Wachstumsfaktor auch zuerst isoliert wurde und die seine Namensgebung bestimmten. Thrombozyten sind vermutlich auch die Hauptlieferanten für den PDGF-Blutspiegel. Weitere Quellen sind Makrophagen, Fibroblasten, Endothelzellen, vaskuläre glatte Muskelzellen, Nierenepithel, Mesangiumzellen, Gliazellen, Astrozyten und eine Reihe von Tumorzellen. Die Genexpression in den produzierenden Zellen wird durch Cytokine und Wachstumsfaktoren reguliert.

Rezeptoren: Es sind zwei Rezeptortypen, α und β, gesichert. Bei Bindung an ein PDGF-Dimer kommt es zur Rezeptorvernetzung und Bildung eines Rezeptor-Dimers, wobei wieder drei Kombinationsmöglichkeiten offen stehen: αα, αβ und ββ. Die drei möglichen Rezeptor-Dimere werden von einzelnen Zelltypen mit unterschiedlicher Bevorzugung gebildet und vermitteln verschiedene Signale weiter. Da sie zudem zu den drei PDGF-Dimeren eine unterschiedliche Affinität aufweisen, ist eine hohe Spezifizierung der PDGF-Wirkung möglich. Rezeptoren wurden gefunden auf: Fibroblasten, Gefäß-Muskelzellen, Gliazellen, Chondrozyten, Osteoblasten, Synovialzellen bei cP und auf gewissen Tumoren wie Gliomen.

Wirkungen: Der PDGF wirkt chemotaktisch auf Fibroblasten und regt ihre Proliferation, Kollagensynthese und Proteoglykan-Synthese an. Damit trägt er zur Wundheilung bei, kann aber auch für pathologische indurative Effekte mitverantwortlich sein. Er spielt eine bedeutende Rolle bei der Entstehung der Atherosklerose (S. 298) und ist auch am Fibrosierungsprozess bei Lungenfibrose und Sklerodermie beteiligt. Auf glatte Muskelzellen der Gefäße wirkt der PDGF chemotaktisch und kontrahierend, auf ihre Proliferation und metabolische Transformation anregend und fördernd (S. 297f). Eine chemotaktische und aktivierende Wirkung übt er auch auf Makrophagen aus. Er regt Osteoblasten zur Vermehrung an, fördert den Knochenumbau und stimuliert Synovialzellen zur Pannusbildung.

1.5.5.5 Der Fibroblast Growth Factor (FGF)

Die Hauptvertreter der FGF-Familie sind der acidic fibroblast growth factor (aFGF) und der basic fibroblast growth factor (bFGF). Zwischen den beiden besteht zu 52% eine Strukturhomologie. Weitere Verwandte spielen vor allem während der embryonalen und fetalen Entwicklung ihre Rolle. Die FGF sind Regulatoren der Zellbewegung, des Zellwachstums und der Differenzierung mesenchymaler Gewebe sowie Steuerfaktoren bei der Angiogenese. Sie zeigen eine hohe Affinität zu Heparin und verwandten Glykosaminoglykanen, an die sie in der extrazellulären Gewebsmatrix gebunden vorliegen. In gebundener Form sind die FGF vor Abbau geschützt und stellen so ein Gewebsreservoir dar, aus dem sie protrahiert abgegeben werden können. Grundsätzlich entfalten die FGF ihre volle Wirkung erst in Synergie mit weiteren Wachstumsfaktoren und Wirkstoffen.

aFGF

MW 17.500 D. *Quellen*: In hoher Konzentration im ZNS. aFGF wird von Osteoblasten produziert und ist in der Knochenmatrix vorhanden. Weitere Quellen sind Endothelzellen, Astrozyten und Nierenepithel.

bFGF

MW 17.400. *Quellen*: ZNS, eine Reihe endokriner Drüsen und Epithelien, Monozyten, Knochen, Knorpel, Gefäßendothel.

Rezeptoren: Es sind vier verschiedene Rezeptortypen mit unterschiedlicher Affinität zu den FGF bekannt. Die hochaffinen Rezeptoren dienen der Signalübermittlung, während die niederaffinen vermutlich als FGF-Speicher an Zelloberflächen dienen. Die vier Rezeptortypen bevorzugen unterschiedliche Zelltypen und Organe. Besonders reichlich sind fetale Organe ausgestattet, wo FGF wichtige Aufgaben in der Gewebsentwicklung erfüllen. Beim Erwachsenen sind Rezeptoren ubiquitär in Gehirn, Haut, inneren Organen und am tragenden Skelett zu finden. Eine wichtige Rolle scheinen die FGF bei der Knochenregeneration und -heilung zu spielen. FGF werden bei Hirnverletzungen massiv ins Blut freigesetzt und sind möglicherweise eine treibende Kraft für die hypertrophe Kallusbildung und Ossifikation bei dieser Patientengruppe. Reichlich mit Rezeptoren sind auch Endothelzellen besetzt, auf die FGF chemotaktisch wirken. FGF sind Angiogene, die auch von verschiedenen Tumoren freigesetzt werden und zur Bildung des tumoreigenen Gefäßnetzes beitragen. FGF-Rezeptoren an Tumorzellen dienen als diagnostischer Marker für die Typisierung und den Ausbildungsgrad [„staging"] gewisser Tumoren.

1.5.5.6 Der Vascular Endothelial Growth Factor (VEGF)

MW 25.000 D. Das Molekül ist als Dimer aktiv.

Quellen: Monozyten/Makrophagen, glatte Muskelzellen, Keratinozyten, Zellen der Adenohypophyse.

Rezeptoren wurden an Gefäßendothel, Monozyten und hämatopoetischen Stammzellen gefunden. Es sind drei verschiedene Rezeptortypen beschrieben.

Funktionen: Der VEGF stimuliert die Proliferation von Endothelzellen wie auch deren Kontraktion, wodurch er die Gefäßpermeabilität erhöht. Er ist chemotaktisch für Monozyten.

1.5.5.7 Colony Stimulating Factors (CSF)

CSF sind glykosylierte Polypeptide, die Wachstum, Differenzierung und Reifung von Zellen des Knochenmarks fördern und die reifen Zellen aktivieren können. Die einzelnen CSF unterstützen sich gegenseitig in ihrer Wirkung. Ihr Name bezieht sich auf eine in vitro gemachte Beobachtung, die auch zu ihrer Entdeckung geführt hat: Setzt man Knochenmarkskulturen gewisse Gewebsextrakte zu, so beginnen sich Stammzellen zu teilen und zu differenzieren, wobei die Tochterzellen zusammenliegende Gruppen, „Kolonien", bilden. Die für diese Vermehrung verantwortlichen Mitogene wurden in weiterer Folge isoliert und charakterisiert, wobei sich die Nomenklatur auf die Differenzierungsprodukte bezieht. Die bekannten Mitogene sind: Granulozyten-CSF (G-CSF), Granulozyten-Monozyten-CSF (GM-CSF), Makrophagen-CSF (M-CSF) und Interleukin 3 (IL-3). Auf Grund ihrer Funktionen und Angriffspunkte können den CSF hinzugerechnet werden: Der Stem Cell Factor (SCF), das Erythropoetin (EPO), das Thrombopoetin (TPO) und IL-5.

Die physiologische Bedeutung der CSF liegt in der vermehrten Nachbildung von Blutzellen bei erhöhtem Bedarf, wie z.B. bei Infekten, bei denen die Blutspiegel mancher CSF ansteigen. Beim Gesunden liegen die CSF-Spiegel dagegen auf Minimalwerten oder unter der Nachweisgrenze für Routinemethoden. Allgemein gesehen sind die CSF Teil des informativen Rückflusses vom Ort eines Mehrverbrauchs zur Produktionsstätte Knochenmark, um dort die Herstellung eines benötigten Zelltyps anzuregen (S. 144). Darüber hinaus sind

CSF in höherer Konzentration als „Leukozytosefaktoren" für die Mobilisierung dieser Mehrproduktion aus dem Knochenmarkspeicher mit verantwortlich (S. 145) und steigern auch die Aktivität der angesprochenen Zelltypen.

Alle CSF sind kloniert und rekombinant herstellbar. Einige CSFs haben heute zur Anregung der Knochenmarks-Proliferation ihren festen Platz in der klinischen Routine.

Der Granulozyten-CSF (G-CSF)

MW 19.000 D. *Quellen*: Makrophagen, Endothelzellen, Fibroblasten, Zellen des Knochenmarkstromas. *Rezeptoren* wurden auf Zellen des Knochenmarks, PMN, Endothelzellen und Thrombozyten gefunden.

Funktionen: G-CSF fördert das Wachstum und die Reifung von PMN, in geringem Maß auch von Megakaryozyten. Bei Applikation in therapeutisch hohen Dosen aktiviert er die Phagozytoseleistungen reifer PMN, hemmt aber deren Migration.

Klinik: G-CSF wird zur Stimulation des Knochenmarks bei idiopathischen Neutropenien, Myelodysplasien, und routinemäßig nach Cytostatikatherapie, immunsuppressiver und Radiotherapie zur Beschleunigung des Knochenmarksaufbaus eingesetzt.

Der Granulozyten-Makrophagen CSF (GM-CSF)

MW 16.000 D. *Quellen*: Makrophagen, T-Lymphozyten, Endothel, Fibroblasten. *Rezeptoren* finden sich auf Stammzellen des Knochenmarks, PMN, Monozyten, Endothelzellen, Fibroblasten.

Funktionen: Anregung des Wachstums von Progenitorzellen und Differenzierung zu PMN und Monozyten, in geringerem Maß von Erythrozyten und Megakaryozyten. Aktivierung reifer PMN und Monozyten, Hemmung der Apoptose von PMN, Anregung des Wachstums von Endothelzellen.

Klinik: Einsatz bei ähnlichen Indikationen wie für den G-CSF: Bei Myelodysplasien und Knochenmarks-Schädigung. Neben PMN werden auch Monozyten und Thrombozyten vermehrt gebildet.

Der Makrophagen-CSF (M-CSF)

MW 60.000 D. Das Molekül ist als Homodimer aktiv.

Als *Quelle* kommt eine Vielzahl von Zellen in Betracht: Monozyten, Lymphozyten, Endothelzellen, Fibroblasten, Osteoblasten und manche Epithelien.

Rezeptoren sind auf Makrophagen und ihren Vorläuferzellen im Knochenmark lokalisiert.

Funktion: Wachstum, Differenzierung und Reifung von Monozyten im Knochenmark, Aktivierung reifer Makrophagen.

Das Interleukin 3 (IL-3)

Eine Vorstellung wird bei der Interleukin-Familie vorgenommen (S. 109). IL-3 aktiviert die Bildung der weißen wie roten Stammzellreihe im Knochenmark, deshalb auch die Bezeichnung „Multi-CSF".

Der Stem Cell Factor (SCF)

Die membrangebundene Variante hat ein MW von 27.900 D, die zirkulierende Form ein MW von 18.500 D.

Quellen: Knochenmarkstromazellen, daneben eine Reihe von Organen.

Der *Rezeptor* ist auf hämatopoetischen Vorläuferzellen, aber auch auf Mastzellen, Melanozyten, Ei- und Samenzellen lokalisiert.

Funktion: In Kooperation mit anderen CSF steuert der SCF die Vermehrung von Blut- Pigment- und Geschlechtszellen.

Das Erythropoetin (EPO)

MW 21.000 D. *Quellen*: In erster Linie Zellen des Interstitiums und Kapillarendothel der Niere. Eine geringfügige Synthese findet auch in der Leber statt. Die

Produktion auslösende Reize sind vor allem Hypoxämie, aber auch hormonelle Einflüsse wie Testosteron, Schilddrüsenhormone und Katecholamine. EPO wirkt rein endokrin.

Der *Rezeptor* findet sich an erythropoetischen Vorläuferzellen im Knochenmark, deren Mitoserate EPO erhöht.

Funktion: Stimulation der Erythropoese, Regulation der Zahl zirkulierender roter Blutzellen.

Klinik: Da Sauerstoffmangel einen starken Produktionsreiz darstellt, führt eine dauernde Minderdurchblutung und Sauerstoff-Minderversorgung der Niere über eine Steigerung der EPO-Freisetzung zur Polyglobulie: bei Herz-und Lungenerkrankungen, Atherosklerose, abnormalem Hämoglobin, Höhenaufenthalt. rhEPO (rekombinant human) wird bei verschiedenen Anämieformen, wie renaler oder Tumoranämie, zur Erhöhung der Erythrozytenzahl eingesetzt. Illegalerweise findet EPO als Dopingmittel zur Steigerung von sportlichen Dauerleistungen durch Erzeugung einer Polyglobulie Verwendung.

Das Thrombopoetin (TPO)

MW 38.000 D. *Quellen*: Niere, Leber, Skelettmuskel. Der *Rezeptor* findet sich an Megakaryozyten und deren Vorläuferzellen sowie an Thrombozyten.

Funktion: TPO regt das Wachstum und die Differenzierung der Megakaryozyten sowie die Thrombozyten-Produktion durch diese Zellen an. Es reguliert die Zahl der zirkulierenden Thrombozyten.

Klinik: rhTPO wird bei Thrombozytopenien zur Erhöhung der Thrombozytenzahl eingesetzt.

1.5.6 Genpolymorphismen von Cytokinen

Es wurden genetisch angelegte Strukturvarianten von Cytokinen festgestellt, welche die Effektivität des Wirkstoffmoleküls in positivem wie in negativem Sinn beeinflussen können. Untersuchungen dazu liegen in breiterem Umfang für den TNFα und die Interleukine IL-1, IL-4, IL-6, IL-8, IL-10 und den IL-1RA vor. Solche Varianten sind für die klinische Medizin deshalb von großem Interesse, weil hier eine Ursache für die beträchtlichen individuellen Unterschiede gegeben sein könnte, mit der sich die entzündliche Reaktivität auszeichnet. Ein besseres Verständnis für die individuelle Neigung zu Infekten, Autoimmunprozessen u.ä. wird von Erkenntnissen auf diesem Sektor erwartet. Die Forschung ist in Fluss.

1.5.7 Lösliche Rezeptoren für Cytokine

Verschiedene zellmembranständige Rezeptoren für Cytokine zirkulieren gelöst im Blut. Diese Formen werden mit dem Präfix „s" (soluble) gekennzeichnet, wie z.B. „sIL-1R" für den gelösten IL-1 Rezeptor. Lösliche Formen sind Produkte einer enzymatischen Abspaltung des extrazellulären Teils des Rezeptors von seiner Membran- verankerten Portion. Als verantwortliche Enzyme konnten in manchen Fällen Membran-Metalloproteasen gesichert werden. Die Abspaltung geschieht etwa im quantitativen Verhältnis zum Rezeptorbesatz, so dass zirkulierende Rezeptorfragmente – mit gewissem Vorbehalt – als diagnostischer Marker für die Rezeptorbeladung der Trägerzellen herangezogen werden können. Solche Informationen sind vor allem hinsichtlich der Reaktivität des Endothels von Interesse. Die Funktionen löslicher Rezeptoren sind unterschiedlich und auch von ihrer Konzentration abhängig. Höhere Konzentrationen binden sich im Blut an das entsprechende Cytokin und verhindern so dessen Bindung an den membranständigen Rezeptor und damit die Auslösung einer zellulären Reaktion (**Abb. 42**). Lösliche Rezeptoren sind somit körpereigene Cytokin-Antagonisten. In geringer Konzentration können sie dagegen eine Polymerisation des Cytokins und damit dessen Affinität zum Rezeptor und den Cytokineffekt verstärken, wie z.B. für beide löslichen TNF-Rezeptoren festgestellt wurde.

In der Therapie erlangen lösliche Rezeptoren bzw. deren Analoga zunehmend Bedeutung. So wird ein modifizierter sTNFR1 bereits erfolgreich bei der chronischen Polyarthritis (cP) eingesetzt. Die in die Therapie des SIRS und des septischen Schocks gesetzten Erwartungen wurden durch den sTNFR dagegen nicht erfüllt. Die Blockade des TNFα führte im Gegenteil zu einer Verschlimmerung des Entzündungsgeschehens, wie auch bei der Therapie der cP mit sTNFR-Präparaten Infekte als Nebenwirkung auftreten können. Offenbar ist der TNFα für eine intakte Immunabwehr unverzichtbar.

1.6 Akutphase-Proteine

Allgemeines

Akutphase-Proteine (APP) sind Proteine oder Protein enthaltende Strukturen, die normale Bestandteile des Blutplasmas sind, aber während entzündlicher Prozesse vermehrt gebildet werden und vermehrt im Blut auftreten. Übereinkommend wurde zur Definition festgelegt, dass der Blutspiegel um mindestens 50% des Normalwertes ansteigen muss.

Aufgaben der APP: Generell gesehen helfen die APP bei der Um- und Einstellung des Organismus auf die Besonderheiten der Situation „Entzündung" mit. Starke entzündliche Noxen erfordern vom Organismus entsprechend starke Gegenmaßnahmen. Der „Organismus in Entzündung" befindet sich in einer Art von Ausnahmezustand, dem mit einem veränderten energetischen und metabolischen Niveau entsprochen werden muss. Die APP tragen zur Stabilisierung einer neuen Homöostase und zur Regulation erforderlicher Begleitreaktionen bei und leiten zu gegebener Zeit die Reparatur- und Heilungsphase ein. Die Aktivität der APP soll ein dämpfendes Gegengewicht zum Entzündungsprozess bilden und sein örtliches wie zeitliches Ausufern verhindern.

Eine wichtiger Funktionsbereich der APP ist die Eingrenzung des Entzündungsprozesses auf das erforderliche Maß und die benötigte Lokalisation. Dem entsprechend sind einige APP ausgeprägte Entzündungshemmer, welche die chemischen Wirkstoffe der Entzündung unter Kontrolle halten. Sie können ROS neutralisieren oder ihre Bildung beschränken (S. 191f), oder sie sind als Anti-Proteasen tätig (S. 196). Ziel eines regulativen Eingriffs durch den Organismus ist es dabei, die entzündlichen Kampfstoffe im Entzündungsherd selbst aktiv sein zu lassen, ihre Wirkung in der Umgebung der Entzündung und im Blut jedoch außer Kraft zu setzen. Auf diese Weise wird ein Entzündungsherd funktionell abgegrenzt, „lokalisiert", „demarkiert", „sequestriert". Zur morphologischen Abgrenzung siehe S. 178. Diese ambivalente Aufgabe – Hemmung der Entzündung in der Peripherie, Förderung der Entzündung im Zentrum – wird gelöst, indem die APP ihre Zielstoffe durch Bindung neutralisieren. Oft sind es stöchiometrische 1:1 Bindungsverhältnisse zwischen APP und entzündungsförderndem Wirkstoff. Der entstandene Komplex ist unwirksam und wird phagozytiert und abgebaut. Im Entzündungsherd, wo die Wirkstoffkonzentration hoch ist, wird das hemmende APP verbraucht und der Wirkstoff kann seinen Effekt entfalten. In der Peripherie liegen die Verhältnisse umgekehrt: Die Konzentration der APP ist höher als die des Wirkstoffs, dessen Wirkung somit ausgeschaltet wird. Die Gefahr dieses Regelmechanismus besteht allerdings darin, dass sich bei massiver systemischer Wirkstofffreisetzung die APP-Vorräte im Blut erschöpfen (Depletion), und die Wirkstoffe ohne ausgleichende Antagonisten den Organismus schädigen oder zerstören können (S. 281, 294).

Andere APP wiederum fördern die Abräumung geschädigten oder zerstörten Zell- und Gewebsmaterials, indem sie das Material für die Phagozyten des Scavengersystems markieren: Sie sind Opsonine (S. 181). Wieder andere wirken wachstumsanregend auf Fibroblasten, fördern die Kollagenbildung und regen das Gefäßwachstum an. So tragen sie zum Heilungsprozess bei.

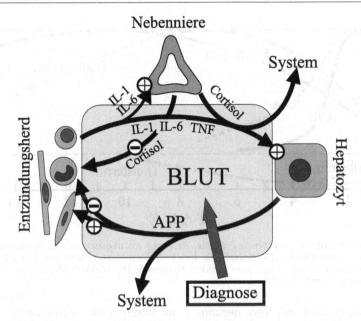

Nebenniere

System

Entzündungsherd

IL-1
IL-6

Cortisol

IL-1 IL-6 TNF

Cortisol

BLUT

Hepatozyt

APP

System   Diagnose

Abb. 43. *Entzündung und Akutphase-Proteine.* Makrophagen, Endothelzellen, Fibroblasten und Lymphozyten geben im Entzündungsherd die Cytokine IL-6, IL-1 und TNFα ab, die mit dem entzündlichen Ödem über das Lymphsystem abdrainiert werden und am Blutweg den gesamten Organismus erreichen. Cytokine stimulieren im ZNS die Temperaturerhöhung, im Knochenmark die Mehrproduktion und Abgabe von Leukozyten, im Skelettmuskel und Fettgewebe die Freisetzung von Aminosäuren und Fettsäuren. IL-1 und IL-6 aktivieren über den Hypophysen-Vorderlappen die Cortisol- Synthese in der Nebennierenrinde. Cortisol reguliert an den Hepatozyten die Rezeptoren für IL-1, IL-6 und TNFα hinauf. Diese Cytokine induzieren im Hepatozyten die Transskription des Enzymapparates für die Produktion von Akutphase- Proteinen (APP), die über das Blut im System verteilt werden. Ihre Blutspiegel liefern diagnostische Hinweise auf das Entzündungsgeschehen. Im Entzündungsbereich helfen APP den Ort des akut entzündlichen Geschehens von der nicht betroffenen Umgebung abzugrenzen (Demarkation), indem sie als Entzündungshemmer wirken. Weitere Funktionen von APP sind die Regulation der Blutgerinnung auf einem höheren Umsatzniveau, die Säuberung des Entzündungsortes von Resten geschädigten Gewebes (Scavenger- Funktion) und die Stimulation des Gewebs- Ersatzes (Heilung, Narbenbildung). Cortisol wirkt auf zwei Wegen entzündungshemmend: Einmal indirekt als Verstärker der Produktion von APP, und dann direkt als Hemmer verschiedener Aktivitäten von Entzündungszellen.

Chemisch sind APP Glykoproteine mit schwankendem Kohlenhydratanteil. Ein großer Teil der APP wandert elektrophoretisch in der α1- und α2-Globulin Fraktion.

Quellen der APP sind in erster Linie die Hepatozyten, aber auch die Makrophagen der Leber (Kupffer Zellen) und anderer Standorte, sowie Endothelzellen, Fibroblasten und Adipozyten tragen geringfügig zur Bildung bei.

Die *Stimulation* zur Bildung der APP erfolgt durch Stoffe, die im Bereich der Entzündung freigesetzt werden und mit dem Blut zur Leber gelangen. Eine sol-

che endokrine Wirkung ist für IL-1, IL-6 und den TNFα gesichert, wobei der Einfluss von IL-6 dominiert. Glucocorticoide (Cortisol) fördern die Bildung der APP, indem sie die Rezeptoren für diese Cytokine an den Leberzellen hinaufregulieren. Ein Cytokin stimuliert bevorzugt die Produktion gewisser APP, so dass die relative Zusammensetzung der APP je nach Cytokin-Palette sehr unterschiedlich sein kann. Zur vollen Entfaltung der APP ist das Zusammenwirken aller Cytokine und von Cortisol nötig (**Abb. 43**).

Die Synthese und Abgabe der APP erfolgt nicht gleichzeitig mit der entzünd-

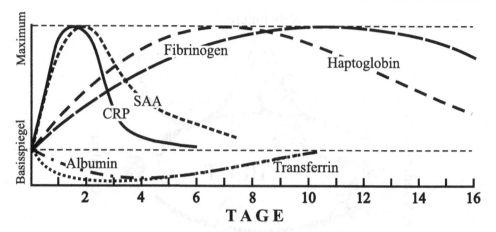

Abb. 44. *Entzündung und Akutphase-Proteine.* Relativer Anstieg bzw. Abfall prominenter Akutphase- Proteine nach einer gut definierbaren entzündlichen Noxe (operatives Trauma) über den Entzündungszeitraum, ausgehend vom basalen Normwert. Die Maxima/Minima werden zu verschiedenen Zeitpunkten erreicht.

lichen Noxe, sondern mit Verzögerung, wobei das Auftreten der einzelnen APP gestaffelt erfolgt. Die ersten können bereits 24 bis 48 Stunden nach der Noxe ihr Konzentrationsmaximum im Blut erreicht haben, andere APP benötigen bis zum Maximum länger (**Abb. 44**). Diese Verzögerung hat mehrere Ursachen:

- Die auslösenden Cytokine müssen erst produziert werden. Ein wichtiger Produzent, der Monozyt/Makrophage, erscheint verzögert am Ort der Entzündung (S. 8, 218f).
- Die Cytokine bewirken in der Leber über eine Transskriptionssteigerung die Neusynthese der Enzyme, die für die Produktion der APP verantwortlich sind. Die Wirkung der Cytokine auf die Leberzelle läuft über Rezeptoren, deren verstärkte Expression über eine Transskriptionssteigerung durch Cortisol verläuft. Die verstärkte Cortisol-Freisetzung aus der Nebennierenrinde wird wiederum durch IL-1 und IL-6 über ACTH ausgelöst, und zwar gleichfalls über eine Transskriptionssteigerung der das Cortisol synthetisierender Enzyme (**Abb. 43**).

Die verzögerte Freisetzung der APP über zeitraubende und komplexe Stimulations- und Produktionsketten ist durchaus im Interesse des Organismus. Dadurch ist gewährleistet, dass der Entzündungsvorgang voll anlaufen kann und die hemmende Kontrolle der APP erst in einem nachfolgenden Schritt wirksam wird. Für den Organismus sind an jeder Mittlerstation der Informationskette Möglichkeiten einer Korrektur des Entzündungsgeschehens gegeben. Hier greifen auch Therapien an.

Manche APP können, im Widerspruch zu ihrer Benennung, auch während chronischer Entzündungen beträchtlich und langdauernd, gegebenen Falls über Monate und Jahre, erhöht sein.

Eine Vermehrung der Plasmaproteine durch APP hätte eine Erhöhung des kolloidosmotischen Druck zur Folge. Osmotische Konsequenzen treten jedoch nicht ein, da nach Entzündungsbeginn die Albuminkonzentration kompensatorisch rasch absinkt, so dass der Gesamtproteingehalt des Blutes trotz der Verschiebung der einzelnen Fraktionen (Dysproteinämie) etwa im Normbereich (um 70g/L) bleibt (**Abb. 45**). Mehrere Mechanismen sind für den Rückgang des Plasma-Albumins verantwortlich:

- Ein Sofortmechanismus: Die Durchlässigkeit der kapillaren Strombahn für kleine Proteine wird durch die

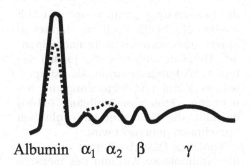

Albumin α₁ α₂ β γ

Abb. 45. *Serum- Elektrophorese- Bild in der Akutphase.* Durchgezogene Linie: Normales Bild. Unterbrochen: Typische Veränderungen bei akuten Entzündungen. Der Großteil der Akutphase Proteine (APP) wandert in den α1 und α2 Globulin- Fraktionen, die aus diesem Grund erhöht sind, während die Plasmakonzentration des negativen APP Albumin zurück geht.

Wirkung permeabilitätssteigernder Mediatoren und Cytokine der Entzündung erhöht (**Tabelle 11**, S. 221). Dadurch versackt Albumin schon wenige Stunden nach Entzündungsbeginn vermehrt im Extravasalraum.

■ Ein Spätmechanismus: Durch Cytokinwirkung (TNFα, IL-1) wird die Albuminsynthese in der Leber gedrosselt. Da menschliches Albumin eine Halbwertszeit von etwa 2 Wochen hat, greift dieser Mechanismus erst erst nach längerer Entzündungsdauer.

1.6.1 Übersicht über die Akutphase Proteine

Eine praxisbezogene Einteilung der APP, der auch hier gefolgt wird, ist die nach der Höhe ihres Anstiegs im Vergleich zu der normalen Plasmakonzentration.

Akutphase Proteine

Anstieg um ca. 50% des Normalwertes
Coeruloplasmin
Complementfaktoren: sehr unterschiedliche Anstiegstendenz von C1s, C3, C4, C5, C1INH, Faktor B u.a.

Anstieg auf das zwei- bis fünffache des Normalwertes
α1 saures Glykoprotein
α1 Antitrypsin
α1 Anti-Chymotrypsin
Haptoglobin
Fibrinogen

Anstieg auf das 500 bis 1000fache des Normalwertes
C-reaktives Protein
Serum-Amyloid A

Negative Akutphase-Proteine verringern ihre Plasmakonzentration bei Entzündung
Albumin
Transferrin

Fakultative Akutphase-Proteine zeigen nicht regelmäßig Veränderungen ihrer Plasmakonzentrationen

1.6.1.1 Das Coeruloplasmin [ceruloplasmin]

MW 151 kD. ELFO: α2 Globulin Fraktion.

Funktion: Coeruloplasmin ist der Kupfer-Transporter des Blutes und bindet etwa 90 bis 95% des Serumkupfers. Ein Molekül Coeruloplasmin kann bis zu acht Kupferatome aufnehmen. Gebundenes Kupfer verleiht dem Komplex eine bläuliche (coeruleus) Eigenfarbe. Beim Morbus Wilson ist der Coeruloplasmin-Serumspiegel erniedrigt und damit die Kupfer-Bindungskapazität des Blutes herabgesetzt.

Als APP wirkt Coeruloplasmin als starkes Antioxydans. Es trägt etwa 30% der antioxydativen Gesamtkapazität des Serums. Diese Wirkung greift an zwei Punkten an:

■ Coeruloplasmin fängt Kupfer-Ionen, die in Bindung nicht als Elektronenüberträger wirken und eine ROS-Bildung nicht katalysieren können (S. 191f). Weiters oxydiert es Fe⁺⁺ zu Fe⁺⁺⁺ und unterbindet so dessen katalytische Wirkung bei der ROS-Bildung (S. 187). Fe⁺⁺⁺ wird über Laktoferrin und Transferrin abtransportiert

(S. 197). Coeruloplasmin verhindert damit die Bildung von ROS.

■ Das Coeruloplasmin-Molekül ist ein Radikalfänger, es bindet ROS stoechiometrisch. Coeruloplasmin neutralisiert damit bereits gebildete ROS. (S. 191f).

1.6.1.2 Complementfaktoren

Das Auftreten von Complementfaktoren als APP ist sehr unregelmäßig und launenhaft. *Funktion:* Der C1INH antagonisiert das Complementsystem (S. 84) und die Kallikrein-Kinin-Kaskade (S. 75) und wirkt damit entzündungshemmend. Die Faktoren C1s, C3, C4, C5, Faktor B und andere sind Bestandteil des klassischen und alternativen Aktivierungsweges des Complementsystems und sind so entzündungsfördernd. Indem sie AG-AK Komplexe und geschädigtes Zell- und Gewebsmaterial markieren, wirken sie opsonierend und unterstützen die Scavengertätigkeit von Phagozyten, die den Entzündungsherd säubern und für Reparaturarbeiten bereit machen.

1.6.1.3 Das Alpha 1 Saure Glycoprotein [α1 acid glycoprotein, α1AGP]

Syn: Orosomucoid (wegen des hohen Gehalts an Orotsäure)

MW 44 kD. ELFO: α1 Globulin Fraktion.

Funktion: α1AGP hat im Blut Transporterfunktion für Progesteron und eine Reihe von Medikamenten. Im Bereich der spezifischen Abwehr wirkt es immunsuppressiv, indem es die Proliferation von Lymphozyten, die AK-Bildung und die cytotoxische Immunreaktion hemmt.

α1AGP regt das Fibroblastenwachstum und die Kollagensynthese an und fördert so die Heilung und Narbenbildung.

1.6.1.4 Das Alpha 1 Antitrypsin (α1-AT) [syn.: α1Proteinase Inhibitor, α1PI]

MW 51 kD. ELFO: α1 Globulin Fraktion.

Diese Antiprotease wurde ursprünglich als Hemmer des Verdauungsenzyms Trypsin erkannt und studiert, weshalb die Bezeichnung „Antitrypsin" gewählt wurde, die heute noch im deutschen Sprachraum vorherrscht. In nachfolgenden Untersuchungen wurde jedoch das breite Wirkungsspektrum als Antiprotease erkannt und folgerichtig die Benennung „Proteinase-Inhibitor" (α1-PI) gewählt, die bevorzugt im englischen Sprachraum gebraucht wird.

Funktion: Das α1-AT trägt rund 70% der Antiprotease-Wirkung des menschlichen Serums und ist damit der wirksamste und wichtigste Proteasehemmer. Der Hemmeffekt beruht auf einer stoechiometrischen 1:1 Bindung zwischen Protease und α1-AT; im Komplex ist die Protease unwirksam.

Die Bindungsaffinität des α1-AT zu den verschiedenen Proteasen ist äußerst unterschiedlich. Die mit Abstand höchste Bindungsbereitschaft besteht zur PMN-Elastase. Das α1-AT ist für etwa 90% des Neutralisationseffektes dieser hocheffektiven Entzündungswaffe der PMN verantwortlich. Der Komplex entsteht im Entzündungsbereich, wird zum Großteil über die Lymphe abtransportiert und von Makrophagen der Lymphknoten und der Blutfilter gebunden und abgebaut; die Halbwertszeit beträgt im Blut rund eine Stunde. Die Messung der Blutspiegel des Elastase-α1-AT Komplexes lässt beschränkt Schlüsse auf die PMN-Aktivität bei Entzündungen zu. Wie bei den Cytokin-Blutspiegeln gilt auch für die Elastase, dass immer nur der aus dem Entzündungsherd ins Blut abfließende Anteil, der sog. „spill over", gemessen werden kann, der nicht zwingend den lokalen Entzündungsvorgang widerspiegelt. Die chemisch andersartige Elastase der Makrophagen (S. 214) wird dagegen nicht gebunden und daher auch nicht inhibiert. Geringere Bindungsaffinitäten bestehen zu Proteasen der Entzündung und der Blutgerinnung, wie Plasma-Kallikrein, Cathepsine, Faktor XII, Plasmin, Urokinase, Thrombin und Renin. Aus diesem Grund ist der Neutralisationseffekt für diese Proteasen gering.

Für die Bindung an Proteasen ist ein bestimmtes Methioninmolekül in der

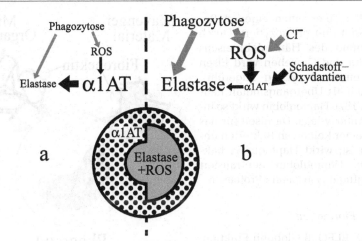

Abb. 46. *Einfluss reaktiver Sauerstoffverbindungen (ROS) auf die Aktivität der PMN- Elastase.* (a) Bei regulärer Zusammensetzung der Atemluft und geringer Belastung durch Schwebstoffe wird die Phagozytosetätigkeit in der Lunge nur mäßig beansprucht, und es werden nur wenig PMN-Elastase und ROS freigesetzt. Daher bleibt ein Großteil des gegen Oxydation empfindlichen α1-AT funktionstüchtig und kann freigesetzte PMN-Elastase neutralisieren. Auf diese Weise wird die Wirkung der Elastase auf einen kleinen Bereich begrenzt. (b) Bei hoher Schwebstoff- und Schadstoffbelastung der Atemluft wird in der Lunge viel an Partikeln phagozytiert und als Folge werden reichlich Elastase und ROS freigesetzt. Chlor- Ionen steigern die Produktion hochwirksamer ROS. ROS machen α1-AT durch Oxydation funktionsunfähig, und die Elastase- Wirkung kann sich auf einen weiten Gewebsbereich ausdehnen. Das Gleichgewicht zwischen Protease – Antiprotease wird so zugunsten der zerstörerischen Protease verschoben. Graue Pfeile: Aktivierung. Schwarze Pfeile: Hemmung.

Struktur des α1-AT Ausschlag gebend, dessen Schwefelatom leicht oxydierbar ist. Zum Sulfoxyd oxydiert geht jedoch die Bindungsaffinität verloren, und α1-AT wird als Antiprotease unwirksam. Eine solche Oxydation erfolgt physiologisch am Ort entzündlicher Vorgänge durch reaktive Sauerstoffverbindungen (ROS). Damit wird α1-AT im Wirkungsbereich der ROS unwirksam, und Proteasen können ihre Aktivität entfalten. Da ROS wegen ihrer hohen Reaktivität gegenüber allen erreichbaren Strukturen nicht nennenswert diffundieren, sind Proteasen außerhalb des Entzündungsherdes der Neutralisation durch das aktive α1-AT ausgesetzt. Über diesen Mechanismus wird die Wirkung entzündlicher Proteasen auf den Entzündungsherd konzentriert und die Umgebung geschont. Die leichte Oxydierbarkeit macht α1AT allerdings auch gegenüber Oxydantien der Umwelt mit nachteiligen Folgen für den Organismus anfällig (S. 137; **Abb. 46**). Außer durch Oxydation

wird α1-AT im Gewebe auch durch Matrixproteasen (Stromelysine, S. 228) unwirksam gemacht.

Prominente Erkrankungen auf der Basis mangelhaften Selbstschutzes gegenüber körpereigenen Proteasen, vornehmlich die PMN Elastase, sind die Chronische Polyarthritis, Harnsäuregicht (S. 108, 193) und verschiedene Vaskulitiden (S. 278). Die Schäden beim Lungenemphysem entstehen durch eine überstarke Elastasefreisetzung und/oder eine mangelhafte Neutralisation der Elastase durch einen angeborenen oder erworbenen Mangel an funktionsfähigem α1AT (S. 136f).

1.6.1.5 Das Haptoglobin

MW 80 kD bis 100 kD. Es sind verschiedene genetische Varianten bekannt. ELFO: α2 Globulin Fraktion.

Funktion: Haptoglobin bindet Hämoglobin fest und irreversibel in einem 1:2 Verhältnis. Der Komplex wird von den

Kupffer-Zellen über einen eigenen Rezeptor erkannt und phagozytiert. Durch
die Entfernung des Hämoglobineisens
aus dem Blut und Gewebe wird Eisen
nicht nur einem Recycling zugeführt,
sondern auch als Übergangsmetall neutralisiert (S. 187). Haptoglobin wirkt so indirekt als Antioxydans. Da Eisen für das
Wachstum einer Reihe von Bakterien unentbehrlich ist, wirkt Haptoglobin bak-
teriostatisch. Haptoglobin neutralisiert
auch geringfügig lysosomale Proteasen.

1.6.1.6 Das Fibrinogen

MW 341 kD. ELFO: β Globulin Fraktion.
Die Halbwertszeit im Blut beträgt 3–4
Tage, der Abbau erfolgt durch unspezifi-
sche Proteolyse.

Bau: Fibrinogen ist ein Homodimer.
Ein Monomer besteht aus drei Untereinheiten, der α, β und γ Kette. Die sechs
Untereinheiten sind durch Disulfidbrücken stabil verbunden.

Funktion: Fibrinogen nimmt eine
entscheidende Stellung in der Blutgerinnung und physiologischen Blutstillung (Hämostase) ein. Nach Abspaltung
endständiger Peptide von den α und β
Ketten durch Thrombin legen sich die
Einheiten zu fadenförmigen Fibrinpoly-
meren zusammen, mit deren Bildung die
Abfolgekette der intravasalen Blutgerinnung endet. Entstandenes Fibrin wird
durch Plasmin in Fragmente zerlegt, die
phagozytiert werden.

*Aufgaben im Rahmen der Entzün-
dung*: Fibrinogen wirkt antibakteriell
durch Opsonisation bakterieller Keime.
Es besitzt Bindungsstellen für verschiedene Bakterien (z.B. Staphylokokken
und Streptokokken) und kann nach Polymerisation zu Fibrin diese Keime einschließen und damit immobilisieren.
Phagozyten besitzen Rezeptoren für
Strukturen des Fibrinogens und Fibrins
sowie für Fibronectin (S. 181) und phagozytieren die Fibrinogen-Bakterien Komplexe.

Auf vergleichbare Weise wird Scavengermaterial erkannt und eliminiert
(**Abb. 47**).

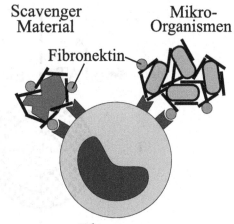

Phagozyt

Abb. 47. *Fibrin als Opsonin*. Mikroorganismen
können auf verschiedenen Wegen das Gerinnungssystem aktivieren. Entstehendes Fibrin
schließt die Keime ein und grenzt sie damit
vom umgebenden Gewebe ab (Demarkation),
immobilisiert sie und markiert sie für die Vernichtung und den Abbau durch Phagozyten.
Die Erkennung der Komplexe erfolgt direkt
über Rezeptoren für Fibrin-Strukturelemente
oder indirekt über Bindungsbrücken wie Fibronektin. Scavenger- Material kann auf analoge
Weise fixiert, erkannt und beseitigt werden.

Fibrinogen- und Fibrin-Bruchstücke
aus dem Abbau durch Plasmin sind immunsuppressiv, indem sie die Proliferation von Lymphozyten hemmen.

Das Sludge-Phänomen

Unter der Bezeichnung „Sludge-Phänomen" versteht man die Tendenz der Erythrozyten, sich bei verlangsamter oder
unterbrochener Blutströmung mit ihren
Flächen aneinander zu legen. Die so entstandenen gestapelten Aggregate werden
wegen ihrer Ähnlichkeit treffend auch als
„Geldrollen", und der Vorgang der Erythrozytenaggregation als „Geldrollenbildung" bezeichnet. Die englischsprachige Bezeichnung „sludge" (= Schlamm,
Matsch) bezieht sich auf die starke und
sprunghafte Viskositätserhöhung, die Blut
erfährt, wenn die Strömungsgeschwindigkeit aus dem Newton'schen in den
nicht-Newton'schen Bereich absinkt und
die Einzelpartikel sich durch Aggregati-

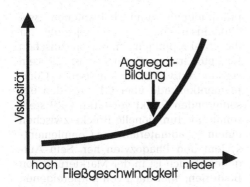

Abb. 48. *Viskositätsverhalten des Blutes bei abnehmender Fließgeschwindigkeit.* Ab einer ausreichend langsamen Blutströmung können sich Erythrozytenaggregate bilden, wodurch die Blutviskosität sprunghaft ansteigt. Linear mit der Viskosität steigt auch der Blutdruck.

on vergrößern (**Abb. 48**). Die Ursache für die Erythrozytenaggregation sind elektrostatische Bindungskräfte, die bei geringer Fließgeschwindigkeit und Scherspannung zwischen den Oberflächen der Erythrozyten wirksam sind, bei höherer Fließgeschwindigkeit und Scherspannung aber überwunden werden. Diese Bindungskräfte werden von Plasmaproteinen ausgeübt, die elektropositive Ladungsbrücken zwischen den elektronegativen Oberflächen der Erythrozyten bilden. Als Brückenbildner sind in erster Linie das Fibrinogen, daneben aber auch Haptoglobin und Immunglobuline wirksam (**Abb. 56**). Das Sludge-Phänomen ist im Bereich langsamer Blutströmung physiologisch und sorgt für die Margination der Leukozyten in den postkapillaren Venen (S. 146, **Abb. 57**). Beim Schock und Blutdruckabfall in der Kreislaufperipherie begünstigt es die Stase (S. 282). Als APP sind Fibrinogen und Haptoglobin bei Entzündungen im Plasma erhöht und fördern die Erythrozytenaggregation, verstärken damit die Leukozytenmargination im Entzündungsbereich und steigern im Gesamten die Blutviskosität (S. 150).

Die Blutsenkungsgeschwindigkeit (BSG)

(exakter: die Blutkörperchensenkungsgeschwindigkeit) [blood cell sedimenta-

tion rate, BSR; erythrocyte sedimentation rate, ESR]. Lässt man Blut, in üblicher Weise mit Zitrat ungerinnbar gemacht, in einem durchsichtigen Röhrchen stehen, so bilden sich Erythrozytenaggregate, die wegen ihres verringerten Oberflächen/Volumen-Verhältnisses (geringere Reibung mit dem Blutplasma) schneller als Einzelzellen zu Boden sinken und am Boden eine Sedimentschicht aus Erythrozytenaggregaten bilden. Am langsamsten sinken die nicht aggregierenden Leukozyten, die bei längerem Stehen lassen als „buffy coat" das Erythrozytensediment überlagern. Die Dicke des entstehenden Bodensatzes aus Erythrozyten wird üblicherweise im Westgren-Röhrchen nach ein und zwei Stunden gemessen und beträgt normal bei Männern 3–8 mm bzw. 5–18 mm, bei Frauen 6–11 mm bzw. 6–20 mm. Sind im Rahmen entzündlicher Prozesse die APP erhöht, bilden sich schneller größere Aggregate, die Senkungsgeschwindigkeit wird gesteigert und der Bodensatz an Erythrozyten fällt höher aus. Die BSG ist somit eine indirekte Messung der APP Plasmaspiegel, die obligat bei Entzündungen, aber auch bei gewissen Tumoren, Paraproteinämien und physiologisch während der Schwangerschaft erhöht sind. Außer durch Plasmaproteine wird die BSG vermutlich auch durch Änderungen der Oberflächenbeschaffenheit der Erythrozyten beeinflusst. Die Schwankungen der BSG im Verlauf einer entzündlichen Erkrankung korrelieren nicht immer mit den Schwankungen der Plasma-Fibrinogenspiegel.

Zur Geschichte der Blutsenkung. Die Messung der BSG dürfte der geschichtlich älteste labortechnische Nachweis einer Entzündung oder eines Krankheitsgeschehens überhaupt sein. Schon Galen (129–199 p.C.) beschrieb das Phänomen und hielt fest, dass im Vergleich mit Gesunden bei gewissen Erkrankungen die Sedimentation von Blutbestandteilen beschleunigt vor sich geht und dass sich über dem rot-bräunlichen Blutkuchen eine dickere Schicht eines graugelblichen Materials ansammelt. Diese

„crusta phlogistica" (= entzündliche obere Schicht) entspricht der heutigen Bezeichnung „buffy coat", und die Beurteilung ihrer Dicke ist eine grobe Meßmethode einer Leukozytose. Mittelalter und Neuzeit übernahmen das antike Wissen eines Galen und weiteten es aus. Erhöhte Blutsenkung und crusta phlogistica wurden richtig als Krankheitszeichen und – durch die Fibrinogenvermehrung – als erhöhtes Risiko für Thrombosen und Embolien, den sog. „Schlagfluss", gedeutet. Die Mittel zur Herabsetzung der Gerinnungsfähigkeit des Blutes waren einmal die „Blutverdünnung" durch Blutentnahme, den „Aderlass", wobei das fehlende Blutvolumen durch den Nachstrom eiweißarmer Flüssigkeit aus Geweben und aus der Nahrung ersetzt wird. Eine andere Möglichkeit der Thromboseprophylaxe war der Einsatz von Blutegeln. Beide Behandlungsprinzipien finden heute noch Anwendung.

Die Therapie mit Aderlass wurde im Zuge mancher medizinischer Modetrends exzessiv und zum Schaden der Patienten betrieben. Fehlschlüsse wurden auch aus der erhöhten Blutsenkung während Schwangerschaft gezogen. Dem vermeintlichen Übel versuchte man durch vermehrten Aderlass zu begegnen. Die so anämisch gemachten Frauen überstanden häufig den Blutverlust durch die Geburt nicht. Unter dieser Fehltherapie hatten besonders die ärztlich gut betreuten Frauen der oberen Gesellschaftsklassen zu leiden.

1.6.1.7 Das C-Reaktive Protein (CRP)

MW: Monomer 21.5 kD. CRP zirkuliert als Pentamer mit einem MW von 110 kD im Blut.

Die Bezeichnung entstammt der Entdeckung im Jahre 1930, als man beobachtete, dass eine Serumfraktion von Pneumoniekranken an die „C" Komponente von Pneumokokkenmembranen (heute als Membranpolysaccharid erkannt) gebunden wurde.

Funktion: CRP bindet mit hoher Affinität an bakterielle LPS, Membran-phospholipide und Polyanionen wie Nukleinsäuren. Es ist ein Opsonin, für das Makrophagen einen spezifischen Rezeptor tragen. Zusätzlich ist CRP ein starker Aktivator der klassischen Complementkaskade über C1, was den opsonierenden Effekt verstärkt. CRP stellt somit eine funktionelle Brücke zwischen einem Schadmaterial, dem Complementsystem und Phagozyten her. Sein Aufgabenbereich ist in der Markierung von Bakterien, aber auch von körpereigenen zerfallenden Zellen und Gewebsmaterial zu sehen, womit CRP in die Keimabwehr und den Scavengerprozess eingegliedert ist. Auf der anderen Seite wirkt CRP entzündungshemmend, indem es die Migration und ROS-Abgabe von PMN dämpft und Makrophagen zur Freisetzung des IL-1RA stimuliert.

CRP scheint für das menschliche Immunsystem entbehrlich zu sein. Es sind Einzelpersonen bekannt geworden, denen die Fähigkeit zur CRP-Produktion fehlt, bei denen jedoch keine gesundheitlichen Mängel festgestellt werden konnten. CRP ist eher als atavistisches Relikt aus phylogenetisch alten Zeiten aufzufassen und kann offenbar durch „modernere" Immuneinrichtungen ersetzt werden. CRP-ähnliche Proteine finden sich in Avertebraten, wo sie eine wichtige Stellung in der Keimabwehr einnehmen. Medizinisch bedeutsam ist das Limulin, ein Protein der Blutflüssigkeit des Pfeilschwanzkrebses Limulus polyphemus, das bei Anwesenheit geringster Mengen von LPS ein Gel bildet, mit dem Bakterien eingeschlossen und immobilisiert werden. Wegen der hohen Empfindlichkeit wird diese Reaktion standardmäßig zum Nachweis von Bakterientoxinen in Infusionsflüssigkeiten eingesetzt (Limulus-Test).

Entgegen seiner offensichtlichen Bedeutungslosigkeit für die menschliche Gesundheit besitzt CRP einen hohen Stellenwert in der Medizin. Da es sehr früh und drastisch während entzündlicher Prozesse ansteigt, ist es ein wertvolles Diagnostikum. Nach einer zeitlich und quantitativ gut definierbaren entzündlichen

Noxe, wie nach einem operativen Trauma, sind die Blutspiegel bereits nach 12 Stunden deutlich angestiegen und haben nach 24 bis 48 Stunden den Höhepunkt erreicht, nach dem sie wieder abfallen (**Abb. 44**). Während chronischer Prozesse kann es Monate und Jahre lang erhöht sein. In der Traumatologie und Rheumatologie hat CRP zur Diagnose der Entzündungsschwere und des Entzündungsverlaufes einen festen Platz.

1.6.1.8 Das Serumamyloid A (SAA) [serum amyloid A]

Das MW des Monomers beträgt 36 kD. SAA zirkuliert im Blut als Pentamer mit einem MW von 180 kD. Wegen der Pentamerbildung und struktureller Ähnlichkeiten werden CRP und SAA unter der Bezeichnung Pentraxine zusammengefasst. SAA ist im Blut als Apoprotein an die high density lipoproteins (HDL) gebunden.

Funktion: Während einer Entzündung kann SAA gegenüber dem Normalspiegel bis gegen das Tausendfache ansteigen. Vergleichbar mit CRP bindet SAA bevorzugt an Membranlipide und Produkte des Zellzerfalls und wirkt so als Opsonin. Makrophagen besitzen für SAA einen spezifischen Rezeptor, über den markiertes Material aufgenommen wird. SAA ist so in den Scavengerprozess involviert. Über SAA können auch HDL von Makrophagen gebunden und phagozytiert werden. Möglicherweise hat dieser Vorgang für die Versorgung von Makrophagen mit Membranbausteinen (Phospholipide, Cholesterin) Bedeutung.

Klinik: In Geweben kann aus dem SAA-Molekül ein Bruchstück mit einem Molekulargewicht von 12.500 D, das „tissue amloid A" (TAA) abgespalten werden. TAA ist der Grundbaustein der Amyloidose vom Typ A. Wie alle Amyloidose-Bausteine besitzt TAA die typische β Faltblattstruktur mit der Tendenz, fadenförmige, schwer lösliche Polymere zu bilden, die in Geweben extrazellulär als Amyloid ausfallen. Wer in vivo für die Abspaltung aus SAA verantwortlich

ist, ist nicht bekannt. In vitro kann eine Abspaltung auch durch Detergentien erreicht werden. Offenbar wird die Bildung von TAA stark von individuellen Faktoren bestimmt, da der Grad der Amyloidoseentwicklung nicht mit den SAA-Spiegeln korreliert. Amyloidosen vom Typ A treten als Folge chronischer entzündlicher Erkrankungen auf. Sie sind regelmäßige Begleiterkrankungen von Lepra, Tuberkulose und familiärem Mittelmeerfieber, und häufig bei chronischer Polyarthritis und langdauernden eitrigen Prozessen wie Osteomyelitis. Ursache ist die reichliche Ansammlung von Makrophagen und Riesenzellen im chronisch-entzündlichen Granulationsgewebe, die ständig Interleukine und TNFα abgeben und damit die Leber zur Dauersekretion von SAA anregen. Folgerichtig besteht die Gefahr einer Amyloidose auch bei Cytokine produzierenden Tumoren wie M.Hodgkin und anderen Leukämieformen. Von der Amyloidose A werden bevorzugt die Niere, das Herz, das Nervensystem, und der Verdauungstrakt befallen. Der Nachweis gelingt durch Biopsie. Nach Behebung des Entzündungsprozesses ist die Rückbildungstendenz der Amyloidose gering.

Negative Akutphase Proteine

1.6.1.9 Das Albumin

MW 66.5 kD. ELFO: Albuminfraktion. Albumin versackt während Entzündungen vermehrt in den Extravasalraum. Die Konzentration des „negativen APP" Albumin kann während Entzündungen auf 60% bis 70% der Normalwerte abfallen. Demgemäss sinkt auch die Transportkapazität des Blutes für eine Reihe von körpereigenen Wirkstoffen wie Vitamine, Hormone, Pigmente und Spurenelemente wie auch von Medikamenten.

1.6.1.10 Das Transferrin

MW 90 kD. ELFO: β Globulin Fraktion.
Funktion: Eisen ist im Blutplasma zur Gänze gebunden; der wichtigste Eisen-

fänger ist das Transferrin. Ein Molekül Transferrin kann zwei Atome dreiwertiges Eisen binden, wobei normalerweise nur etwa ein Drittel der Maximalkapazität ausgelastet ist. Die Hauptaufgabe des Transferrins ist der Eisentransport im Blut vom Resorptionsort oberer Dünndarm zu den Eisenspeichern (gefäßständige Makrophagen, deren Hauptmasse die Kupffer Zellen der Leber ausmachen, und Hepatozyten) und zur Peripherie. Hauptverbraucher an Eisen ist die Hämoglobinsynthese im roten Knochenmark.

Während Entzündungen wird Eisen im Entzündungsherd an Laktoferrin (S. 197) gebunden und vorwiegend über Transferrin abtransportiert, wobei Coeruloplasmin als Hilfsfaktor wirkt, indem es Eisen zu Fe^{+++} oxydiert und so für den Abtransport geeignet macht (S. 125). Eisen kann bei Entzündungen reichlich aus geschädigten und zerstörten Muskelzellen, Erythrozyten und anderen Zellen sowie aus Gewebsanteilen freiwerden. Vom Transferrin wird Eisen an die Eisenspeicher weitergegeben, wo es vorwiegend als Ferritin komplex gebunden vorliegt. Die Einspeicherung in Makrophagen wird durch Cytokine gesteuert. Kupffer Zellen enthalten ein mobiles Reservoir, aus dem bei Bedarf Eisen über Transferrin der Peripherie angeboten wird.

Während die Ferritinspeicher in Makrophagen gefüllt werden, kann Transferrin während akuter Entzündungen beträchtlich, bis zu 70% der Normalkonzentration, abfallen und damit den Eisenspiegel senken. Das verringerte Eisenangebot durch Eisenentzug ist ein Schutzmechanismus, mit dem der Organismus Bakterien das zum Wachstum nötige Eisen vorenthält und auch die ROS-Produktion unter Kontrolle hält. Transferrin ist als Eisenbinder ein Anti-Oxydans (S. 192). Niedere Eisenspiegel während Entzündungen sind daher physiologisch und sinnvoll und sollen nicht durch Eisenzufuhr korrigiert werden, es sei denn, es liegen triftige Indikationen für eine Substitution vor (z. B. Eisenmangelanämie bei langdauernden Prozessen).

1.6.1.11 Zink

Zink wird im Blut an $\alpha2$-Makroglobulin gebunden transportiert. In der Akutphase sinkt der Blutspiegel ab, da zirkulierendes Zink in Hepatozyten, Thymozyten und im roten Knochenmark deponiert wird. In diesen Zellen bleibt es während der Entzündung an Metallothionine gebunden, deren intrazelluläre Konzentration während der Akutphase ansteigt. Stimulatoren dieses Anstiegs sind IL-1, Glucocorticoide und Katecholamine. Der Grund für die Verschiebung des Zinks in den intrazellulären Bereich ist unbekannt. Möglicherweise wird es für die vermehrte Produktion von Metalloproteasen gebraucht (S. 214, 228).

Fakultative Akutphase Proteine

Unter dieser Bezeichnung werden Plasmaproteine geführt, deren Blutspiegel während der Akutphase gegenüber den Normwerten sowohl im Sinn einer Erhöhung wie auch Senkung verändert oder auch im Normbereich sein können. Die Ursache für ein solch inkonstantes Verhalten liegt darin, dass diese APP Mediatoren der Entzündung und der Blutgerinnung durch Bindung hemmen, was zu ihrem stoechiometrischen Verbrauch führt. Ein „Spiegel" in einem dynamischen System ist immer die Resultierende aus Zufuhr und Verbrauch. Niedere Plasmaspiegel eines Inhibitors können daher sowohl seine verminderte Freisetzung wie auch seinen erhöhten Verbrauch und damit hohen Wirkungsgrad bedeuten, und vice versa. Die Interpretation solcher Veränderungen würde daher die Kenntnis der Umsatzrate verlangen, deren Messung in der klinischen Routine nicht durchführbar ist.

In diese Gruppe können eingegliedert werden:

1.6.1.12 Der C1-Inhibitor (C1INH), syn: C1-Inaktivator

MW: 104 kD. ELFO: $\alpha2$ Globulin Fraktion.

Der C1INH blockiert die Complementaktivierung auf der Höhe von C1 (S. 84), ist aber auch ein starker Hemmer des Plasma-Kallikreins, Plasmins und von FXII und FXI (**Tabelle 2**, S. 76).

1.6.1.13 Das Alpha 2 Makroglobulin (α2-M) [α_2 macroglobulin]

WM 725 kD. ELFO: α2 Globulin Fraktion.

Das Molekül besteht aus vier Untereinheiten. Die Größe von α2-M bewirkt, dass es auch während Entzündungen weniger im entzündlichen Exsudat auftritt, sondern im Blut verbleibt. Glucocorticoide können die Leber zur Sekretion von α2-M stimulieren.

Funktion: α2-M ist ein Proteasehemmer, der in erster Linie in der Zirkulation wirksam ist, indem er unspezifisch alle Serinproteasen und eine Reihe von Metalloproteasen (S. 228) mit allerdings geringer Affinität bindet. α2-M inaktiviert im Blut zirkulierende PMN-Elastase, aber auch die Makrophagen-Elastase, Plasmakallikrein, Plasmin, FXII u.a. Das Bindungsverhältnis α2-M : Protease ist oft 1 : 2. Der inaktive Komplex wird von den gefäßständigen Makrophagen phagozytiert. Bei hohem Anfall an Proteasen im Blut, wie bei Sepsis oder Pankreatitis, kann α2-M durch Depletion im Plasma stark verringert sein und so ein „negatives APP" darstellen. Eine weitere Funktion des α2-M ist die eines Zink-Transporters im Blut.

1.6.1.14 Das Antithrombin III (AT III)

MW: 65 kD. ELFO: α2 Globulin Fraktion.

AT III ist ein polyvalenter Inhibitor von Serin-Proteasen. Neben Faktoren des Gerinnungssystems hemmt AT III auch Plasma-Kallikrein, Plasmin, C1 des Complementsystems und Trypsin.

1.6.1.15 Das Alpha 2 Antiplasmin (α2-AP)

MW: 67kD. ELFO: α2 Globulin Fraktion

α2-AP ist der wichtigste körpereigene Inhibitor des freien Plasmins, mit dem es sehr schnell eine stabile Verbindung ein-

geht (S. 71). Zirkulierendes Fibrinogen wird so vor dem Abbau durch Plasmin geschützt, während an Fibrin gebundenes Plasmin nicht inhibiert wird. Erhöhungen der α2-AP Blutspiegel können postpartal, aber auch nach Operationen und Infarkten auftreten. Durch Hemmung des Plasmins wird die Thrombenbildung gefördert.

C1INH, AT III und α2-AP werden durch PMN-Elastase rasch abgebaut und inaktiviert. Die Elastase bewahrt damit in ihrem Wirkungsbereich die Aktivität von serogenen Mediatoren und Komponenten des Gerinnungssystems.

Sehr unregelmäßiges Auftreten während entzündlicher Vorgänge wird auch beschrieben für Complementfaktoren, Komponenten des Gerinnungssystems (Plasminogen, tPA, Urokinase, PAI-1, Fibronektin), und verschiedenen Regulatoren der Entzündung wie IL1-RA, LPS bindendes Protein, Mannose- bindendes Protein, IGF-1, Phospholipasen, Procalcitonin und Lipoprotein A.

1.6.1.16 Das Heparin

Heparin ist weder ein Protein noch tritt es bei Entzündungen verstärkt im Blut auf. Da es aber bei der lokalen Regulation der Entzündung und am Heilungsprozess mitwirkt, erfüllt es Aufgaben der APP und soll deshalb an dieser Stelle erwähnt werden.

MW: beim Menschen je nach Bildungsort zwischen 5000 und 50.000 D, bei manchen Spezies bis zu 750.000 D.

Bau: Heparin ist ein Glykosaminoglykan aus Glukosamin und Glukuronsäure, die α-glykosidisch miteinander verbunden sind, und Sulfat.

Herkunft: Wie der Name andeutet, wurde es zuerst in der Leber gefunden und beschrieben. Heparin wird von Mastzellen und Basophilen Granulozyten gebildet, in deren Granula es mit Histamin einen Komplex bildet. Nach Abgabe der Granula wird der Komplex im Gewebe durch Kationenaustausch gesprengt und sowohl Histamin wie Heparin werden frei (S. 20). Heparin findet sich daher reichlich in allen Organen mit hoher Mastzellendichte: im Gastrointestinaltrakt, Respirationstrakt und in der Haut. Bei Entzündungen dieser Regionen wird es massiv frei gesetzt und wirksam.

Funktion: Die Wirkung des Heparins erklärt sich aus seiner stark sauren Ladung, über die es mit elektropositiven Gruppen elektrostatische Bindungen eingeht und so die Funktionen des Bindungspartners beeinflussen kann. Durch Anlagerung kann es die Aktivität eines Wirkstoffs, wie z.B. Enzyme, hemmen, aber auch gebildete Komplexe stabilisieren und damit ihre Wirkungsdauer verlängern. Bevorzugte Bindungspartner mit starker Bindungstendenz sind Verbindungen mit Aminogruppen, wie Aminosäuren und ihre Derivate, Proteine und Peptide.

Entzündungshemmende Wirkung: Heparin hemmt die Complementaktivierung, indem es die Wirkung des C1INH und des Faktor H verstärkt und die Proteasen der Complementkaskade (C1s, C4-C2 Komplex, C3/C5 Konvertasen) inhibiert (S. 84). Es hemmt den F XII (Hageman Faktor) des Kontakt-Aktivierungssystems (**Tabelle 2**, S. 76). Es bindet und inaktiviert freies Histamin, Serotonin und Bradykinin im Blut und in Geweben (die Komplexe passen nicht mehr auf die Rezeptoren) und aktiviert die Histaminase. In der Heilungsphase wirkt Heparin angiogen, indem es die Proliferation der Endothelzellen anregt. Da sich Heparin an Viren anlagern kann, verhindert es ihre Bindung an Zielzellen und wirkt so antiinfektiös.

Hemmung der Blutgerinnung: Heparin hemmt die letzten Schritte der Blutgerinnung, indem es die Bindung von AT III an den Faktor Xa beschleunigt und den AT III-Thrombin Komplex stabilisiert. Beide Gerinnungsfaktoren sind in Bindung an AT III inaktiv. Niedermolekularem Heparin, das therapeutisch eingesetzt wird, fehlt die stabilisierende Wirkung auf den ATIII-Thrombin Komplex; die dadurch gemäßigte Gerinnungshemmung ist beabsichtigt. Darüber hinaus hemmt Heparin die Thrombokinase und die Faktoren XII, IX und V. Da es die Freisetzung des tPA fördert, wirkt es auf indirektem Weg auch thrombolytisch.

Hemmung der Atheroskleroseentwicklung und -folgen: Heparin hemmt die Proliferation der glatten Muskelzellen der Gefäßwand. Es aktiviert die endothelständige Lipoproteinlipase des Skelettmuskels und bewirkt damit eine Senkung des Triglyzeridspiegels des Blutes. Deshalb und wegen der antikoagulatorischen Wirkung wird Heparin zur Prophylaxe und Therapie von Atherosklerose und Infarkten eingesetzt (S. 300).

Der *Abbau* des Heparins erfolgt enzymatisch durch α-Glykosidasen und durch ROS.

1.6.2 Entzündung und Blutgerinnung

Entzündung und Blutgerinnung gingen in der Phylogenese gemeinsame Wege und sind auch beim Säuger noch eng miteinander verbunden. Viele der involvierten Wirkstoffe üben Doppelfunktionen aus, indem sie im Entzündungsgeschehen wie bei der Blutgerinnung in fördernder wie in hemmender Weise effektiv sein können. Das hämostatische System unterstützt und ergänzt die protektiven Aufgaben des Immunsystems. Faktoren der Blutgerinnung können als Opsonine dienen, und das Einschließen in Thromben immobilisiert Mikroorganismen und macht sie für das Immunsystem erkennbar und zugänglich. Die Bildung stabiler Fibrinschichten grenzt Entzündungsherde gegen gesunde Bereiche ab und behindert die Ausbreitung belebter wie unbelebter Noxen in den Gesamtorganismus. Funktionsgemäß ist in der Akutphase mit Systembeteiligung – bei Infekten und bei weitreichenden Gewebszerstörungen mit erhöhten Anforderungen an das Scavengersystem – auch die Gerinnungsfähigkeit des Blutes erhöht. Um jedoch die Gerinnungsbereitschaft auf den Entzündungsbereich zu beschränken und nicht im Gesamtorganismus wirksam werden zu lassen, ist parallel dazu die Aktivität der Antagonisten der Blutgerinnung gesteigert. Etliche der Synergisten wie auch Antago-

Tabelle 5. Funktionelle Überschneidungen der Entzündung und der Blutgerinnung

Faktor	Entzündung	Blutgerinnung	Antagonisten
TXA2	Leukozyten-Chemotaxis↑ Vasokonstriktion	Plättchenaktivierung↑	PGI2, NO
PAF	Leukozyten-Chemotaxis↑ Leukozyten-Aktivierung↑ Vasodilatation Gefäßpermeabilität↑	Plättchenaktivierung↑	PGI2, NO
Hageman Faktor	Leukozyten-Chemotaxis↑ aktiviert das Kallikrein-Kininsystem	aktiviert Blutgerinnung	C1INH α1-AT α2-M ATIII Plasmin Heparin
Fibrinogen	Opsonin Fibrinbildung – Immobilisierung – Demarkation	Fibrinbildung	ATIII Protein C TFPI Heparin

Abkürzungen: α1-AT: α1-Antitrypsin, α2-M: α2-Makroglobulin, ATIII: Antithrombin III, C1INH: C1-Inhibitor, TFPI: tissue factor pathway inhibitor.

nisten der Blutgerinnung treten als APP auf (Tabelle 5).

1.6.3 Zur Klinik der Akutphase Proteine

Die Erhöhung des Plasma-Fibrinogens in der Akutphase

Ausgedehnte chirurgische Eingriffe stellen wegen des hohen Anfalls an Scavengermaterial einen starken entzündlichen Reiz dar, der zu einem Anstieg der APP im Blut führt. Fibrinogen ist postoperativ nach drei Tagen deutlich erhöht und erreicht bei komplikationsfreiem Verlauf zwischen dem siebenten bis 12. Tag ein Maximum (**Abb. 44**). Es kann dabei auf das zwei- bis dreifache des Normalwertes ansteigen, was die Thrombose- und Emboliegefahr erhöht. Besonders betroffen sind bei Bettlägrigen die tiefen Beinvenen, in denen sich durch die verlangsamte Blutzirkulation bevorzugt Thromben bilden. Als Prophylaxe kann die Zirkulation beschleunigt werden, indem man durch Kompressionsstrümpfe den Blutstrom aus den oberflächlichen Beinvenen in die tiefen umleitet und die Patienten möglichst früh zum Gehen veranlasst. Routinemäßig wird postoperativ niedermolekulares Heparin verabreicht,

das im Vergleich zu unfraktioniertem, nativem Heparin nicht so stark koagulationshemmend wirkt, was die Blutungsgefahr herabsetzt (S. 134).

Die Erhöhung der Blutviskosität

Der Erhöhung liegt das physikalische Gesetz zugrunde, dass die Viskosität mit der Zahl und Größe der gelösten oder suspendierten Partikel (Steigerung der inneren Reibung) zunimmt. Nach dem Hagen-Poiseuille'schen Gesetz steigt der Druck, der nötig ist, um eine Flüssigkeitssäule in einer Röhre zu bewegen, linear mit der Viskosität.

Eine Reihe von Einzelfaktoren führt während entzündlicher Prozesse zu einer Erhöhung der Blutviskosität und des Strömungswiderstandes:

- Ein Teil des niedermolekularen Albumins wird durch hochmolekulare APP „ersetzt", wobei Fibrinogen mit einem hohen MW von 341 kD besonders ins Gewicht fällt.
- Mit einer Leukozytose wird die Zahl der zirkulierenden Partikel erhöht. Das weiße Blutbild kann bei stark entzündlichen Vorgängen von einem Normwert um 5000 auf 20.000 Zellen/ μL Blut und darüber ansteigen.

■ Durch die Aktivierung von Adhäsinen an PMN (S. 151ff) steigt die Tendenz dieser Zellen, Aggregate in der Zirkulation zu bilden, die durch ihren hohen Reibungswiderstand die Viskosität erhöhen und enge Gefäßstrecken erschwert passieren oder blockieren.

■ Durch die Aktivierung von Adhäsinen zeigen PMN eine erhöhte Adhäsionsbereitschaft zum Endothel, was besonders im Bereich der Mikrozirkulation zu einer Erhöhung des Strömungswiderstandes führt.

■ Aktivierte PMN weisen einen höheren Anteil an polymerisiertem Aktin auf (S. 282), was die Verformbarkeit beim Durchgang durch Kapillaren erschwert.

■ APP fördern das Sludge-Phänomen im Bereich der postkapillären Venen (S. 128). Aggregatbildung erhöht sprunghaft die Blutviskosität (**Abb. 48**).

Neben dem erhöhten Herz-Minutenvolumen bei Fieber belasten Entzündungen den Kreislauf durch den verstärkten Strömungswiderstand des Blutes. Einige der zugrundeliegenden Momente können durch Infusion von Flüssigkeit (Hämodilution) verringert oder beseitigt werden. Eine alte Methode der Hämodilution ist der Aderlass (S. 130).

Der Mangel an C1 Inhibitor

führt zum Hereditären Angioödem (S. 77f).

Mangel an α1-Antitrypsin

α1-AT Mangel tritt in zwei Formen auf:

– als erblicher Mangel
– als erworbener Mangel an funktionsfähigem α1-AT

Da α1-AT etwa 90% der Hemmung der PMN-Elastase übernimmt, äußern sich Mängel in erster Linie in einer überschießenden Aktivität der Elastase im Bereich der Lunge.

Der erbliche α1AT Mangel

Die Erkrankung wird autosomal- kodominant vererbt. Unter den verschiedenen beschriebenen pathogenen Mutanten sind die Z und S-Varianten die häufigsten, wobei wiederum die Z-Variante mit 95% bei weitem überwiegt. In beiden Fällen ist jeweils eine falsche Aminosäure an bestimmten Orten des α1-AT Moleküls eingebaut. Bei der S-Form wird dadurch die Lebensdauer des α1-AT herabgesetzt. Bei der Z-Form ist dagegen die Affinität zur PMN-Elastase verringert und die Ausschleusung aus dem endoplasmatischen Retikulum stark verzögert, was einen Stau an α1-AT – Abbauprodukten in der Leber zur Folge hat. Die normale Variante wird als M – Variante bezeichnet. Die α1-AT-Serumspiegel liegen normalerweise zwischen 1500 und 3500 mg/L. Bei heterozygoten MS und MZ-Allelen wie auch bei der SS-Form sind die Serumspiegel vermindert, aber ausreichend hoch. Pathogen sind nur die SZ und ZZ Formen, bei denen das kritische Minimum von 800 mg/L unterschritten wird. Die ZZ-Form kann extrem niedere Werte von 100 mg/L zeigen. Die Häufigkeit wird für die SZ Form mit 0.12%, für die ZZ-Form mit 0.04% der Bevölkerung angegeben, mag aber wegen der genetischen Abhängigkeit regional sehr unterschiedlich sein. Von der Erkrankung betroffene Organe sind regelmäßig die Lunge, seltener die Leber. Normalerweise diffundiert α1-AT durch das Kapillarendothel in das Lungenstroma und weiter durch das Lungenepithel bis in den Surfactant des Alveolarraums und neutralisiert freigesetzte PMN-Elastase. Bei α1-AT Mangel aktiviert die funktionsfähige Elastase Alveolarmakrophagen, die wiederum Mediatoren abgeben, die für PMN chemotaktisch sind, wie z.B. LTB4. Die vermehrt in das Lungenstroma einwandernden PMN erhöhen die Belastung durch Elastase, die ohne ausreichende Antagonisierung das Lungenstroma zerstört. Durch Schwund der Alveolarsepten entsteht ein panlobuläres Emphysem. Die Verringerung des pulmonalen Gefäßquerschnittes durch Verlust an Kapillaren führt zum pulmonalen Hochdruck und Cor pulmonale. Die Progression des Stromaverlustes wird durch exogene Belastungen wie Zigarettenrauchen stark beschleunigt. Ein Emphysem ist im 30. bis 40. Lebensjahr ausgeprägt, bei Rauchern deutlich früher. In etwa 10% der ZZ-Form tritt Leberzirrhose auf. Gelegentlich sind mit dem α1-AT-Mangel andere Krankheiten, wie chronische Polyarthritis, Vaskulitis oder Pannikulitis vergesellschaftet. Als Therapie wird α1-AT, das rekombinant verfügbar ist, substituiert. Applikationsmöglichkeiten sind die i.v. Gabe und die inhalative Verabreichung mit Aerosol-Spray.

Der erworbene α1-AT Defekt

Wesentlich häufiger als die erbliche Form ist die erworbene Form des α1-AT Defekts, der durch die Oxydation des Schwefelatoms am kritischen Methionin-Molekül entsteht. Dadurch verliert α1-AT seine Fähigkeit zur Bindung und Inaktivierung der PMN Elastase (S. 126f). Als Oxydantien kommen eine Reihe von „Umweltgiften" in Frage, die einen Teil der „Schadstoffbelastung" im Rahmen der „Luftverschmutzung" ausmachen. Zu solchen Oxydantien gehören NO und CO aus Motorabgasen, aus denen sich, wie auch aus den Industrieabgasen SO_2 und NO_2, mit Wasser unter UV-Einstrahlung Säuren, wie H_2SO_3 oder HNO_3 bilden können, die wiederum oxydierend wirken. Ein anderes kräftiges Oxydans, das Ozon (O_3), bildet sich gleichfalls unter UV-Einwirkung bei Anwesenheit verschiedener Luftschadstoffe, die als Katalysatoren wirken. Zu einer starken Einbuße an funktionsfähigem α1-AT führt auch Zigarettenkonsum. Die Pathomechanismen, die durch diese verschiedenen Umweltbelastungen ausgelöst werden, gleichen sich im Prinzip. Schwebstoffe aus dem Straßenverkehr wie im Zigarettenrauch gelangen in die Lunge und werden dort von Phagozyten aufgenommen, die bei der Phagozytose sowohl vermehrt ROS abgeben wie auch Mediatoren freisetzen, welche PMN anlocken. Durch Bronchiallavagen gewonnenes Lungensekret von Rauchern enthält erhöhte Mengen von IL-8 und oxydiertem α1-AT, viele PMN und Makrophagen. Bei vermehrtem Angebot an Chlor-Ionen wird von der reichlich in PMN vorhandenen MPO verstärkt das Radikal ClO gebildet (S. 188). Chlor ist in einer Reihe von Kunststoffen enthalten (z. B. PVC, Polyvinylchlorid) und wird bei deren – zu Recht verbotenem – Verbrennen in die Luft freigesetzt. In allen Fällen gesteigerter Phagozytosetätigkeit in der Lunge kommt es zu einer verstärkten Inaktivierung des α1-AT, die durch Oxydantien in der Atemluft oder im Zigarettenrauch noch verstärkt wird (**Abb. 46**).

Bei einer lang anhaltenden entzündlichen Noxe zerstört die mangelhaft neutralisierte PMN-Elastase im Verein mit den Metalloproteasen der Makrophagen kontinuierlich das Gewebe der Umgebung.

Während sich der angeborene α1-AT Mangel in erster Linie im Endbereich des Respirationstraktes, im Ductus alveolaris und an den Alveolen, auswirkt, sind die Schäden bei der erworbenen Form höher angesiedelt. Der chronisch entzündliche Prozess erfasst die oberen Luftwege wie auch die kleinen terminalen Bronchien (chronisch obstruktive Bronchitis, [chronic obstructive pulmonary disease, COPD] S. 293f), deren Wände entzündlich verändert und geschwächt werden. Druckerhöhungen in den Atemwegen durch Einengungen und Ventileffekte sowie durch Hustenstöße bewirken schließlich eine Erweiterung der kleinen terminalen Bronchiolen und Bronchuli respiratorii, es bildet sich ein zentrilobuläres Emphysem. Das klinische Manifestwerden dieser irreversiblen organischen Veränderung der Lunge beginnt nach durchschnittlich 20 Raucherjahren.

2 Zellen der unspezifischen Abwehr

*Zur Keimesentwicklung menschlicher
weißer Blutzellen*

Schon während der 3. bis 4. Embryonal-
woche lassen sich im Dottersack-Meso-
derm die ersten Vorläufer der späteren
Blutzellen feststellen, die *Hämozytoblas-
ten* oder *Stammzellen.* Sie sind die undifferenzierten Vorgänger der Erythrozyten, Granulozyten, Monozyten/Makro-
phagen, Mastzellen, Megakaryozyten/
Thrombozyten und der Zellen der lymphatischen Reihe. Während der Embry-
onal- und Fetalperiode besiedeln diese
Vorläuferzellen vom Dottersack aus die
Leber, Milz und das Knochenmark, wo
eine Differenzierung in die Zellen der
myeloischen Entwicklungsreihe stattfindet. Die Fähigkeit zu dieser Differenzierung ist ab dem 3. bis 5. Fetalmonat
gegeben. Eine andere Population der
Vorläuferzellen besiedelt zuerst die Thy-
musanlage, wo die Differenzierung in
die lymphatische Zellreihe erfolgt. Vom
Thymus aus, dem am frühesten angeleg-
ten lymphatischen Organ, erfolgt später
die Besiedelung des restlichen Organismus mit lymphatischen Zellen. Die Differenzierung der Zellen der lymphatischen
Reihe erfolgt später als die der myeloischen, wie auch die myeloische Zellreihe
die phylogenetisch ältere ist. Die Ausreifung beider Systeme setzt sich postpartal fort und ist etwa mit Vollendung
des ersten Lebensjahres abgeschlossen.
Für die Mutterzellen der myeloischen
und lymphatischen Stammreihe wird der
Ausdruck „Progenitor Zellen" [progeni-
tor cells] verwendet.

Ein Vorrat dieser hämatopoetischen
Vorläuferzellen, der Stammzellen, bleibt
zeitlebens erhalten und sorgt für den
Nachschub an roten und weißen Blutzellen. Wegen der Möglichkeit einer
vielseitigen Weiterentwicklung und Differenzierung wurde der Ausdruck **pluripotente Stammzelle** [stem cell] geprägt.
Stammzellen machen etwa 0.1% der
Knochenmarkszellen aus und gewinnen
im Zusammenhang mit modernen Therapien wie Knochenmarkstransplantation, Stammzelltransplantation oder bei
der Reparatur von Gendefekten zunehmend klinische Bedeutung. Stammzellen können sich nicht nur in Blutzellen,
sondern auch in andere Zelltypen wie
Endothel, Gefäßmuskel- oder Herzmus-
kelzellen differenzieren. Diesbezügliche
Einsatzmöglichkeiten sind in Erprobung.
Nach Stimulation mit Colony Stimulating
Factors (S. 119) werden Stammzellen
verstärkt ins Blut ausgeschwemmt und
machen dann 1 bis 2% der zirkulierenden Leukozyten aus. Mit speziellen Methoden können sie aus dem Blut gewonnen werden.

Eine Stammzelle weist zwei wesentliche Eigenschaften auf:

- Sie kann sich in zwei identische Tochterzellen unter Beibehaltung ihrer Undifferenziertheit teilen. Damit bleibt
  der Stammzellenpool erhalten.
- Sie kann sich in reife Zellen mit spezifischen Funktionen differenzieren.

Der Stammbaum der Differenzierungsprodukte ist in Abb. 49 dargestellt. Die Nähe
der einzelnen Verwandtschaftsverhältnisse wurden in der Vergangenheit anhand
gemeinsamer Defekte und Abnormitä-
ten ermittelt. Heute ist die Abstammung
durch Methoden der Genetik gesichert.

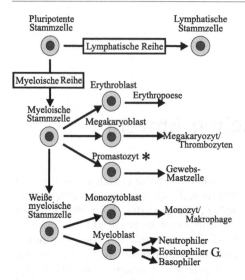

Abb. 49. *Die hämatoblastische Zellreihe.* Abstammung und Verwandtschaftsverhältnisse der Blutzellen zueinander. Die pluripotente hämatoblastische Stammzelle ist die gemeinsame Mutterzelle der lymphatischen und der myeloischen Zellreihe. Aus der Myeloischen Stammzelle (syn.: Myeloische Progenitor- Zelle) bilden sich über unreife Zwischenstufen Erythrozyten, Thrombozyten, die Gewebsmastzellen, Monozyten und Granulozyten. Die Monozyten und deren hoch differenzierte Gewebsformen, die Makrophagen, wie auch die Neutrophilen (PMN), Eosinophilen und Basophilen Granulozyten haben in der weißen myeloischen Stammzelle einen gemeinsamen Vorläufer. * Die Differenzierung zum Promastozyten erfolgt in Geweben außerhalb des Knochenmarks.

In welche Richtung sich undifferenzierte Stammzellen weiterentwickeln, hängt von verschiedenen Steuerfaktoren ab, unter denen die *Hämatopoetischen Hormone,* zu denen auch die *Colony Stimulating Factors* (CSF) gehören, gut studiert sind (S. 119f).

2.1 Granulozyten

Man unterscheidet drei Typen von Granulozyten: Neutrophile, Eosinophile und Basophile Granulozyten. Für den Neutrophilen Granulozyten hat sich international die englischsprachige Bezeichnung und ihre Abkürzung, „polymorphonuclear leukocyte", **PMN**, eingebürgert, die

auch in diesem Buch Verwendung finden soll, wobei bei Gegebenheit aber auch der klassische Ausdruck „Neutrophiler Granulozyt" gebraucht wird. Bei Suche in elektronischen Dateien ist es ratsam, unter beiden Stichworten nachzufragen, da keine einheitliche Nomenklatur eingehalten wird.

Die „klassische" Unterscheidung der Granulozyten untereinander erfolgt anhand der unterschiedlichen Färbbarkeit ihrer lysosomalen Granula mit sauer-basischen Farbstoffgemischen, auf die sich auch die Namensgebung bezieht. Diese Methoden – am gebräuchlichsten ist die Färbung nach May-Grünwald – reichen auch heute noch für den Routinegebrauch aus. Differenzierter und neuer ist der Nachweis der verschiedenen Enzymausstattungen der Zellen, die sich mit histochemischen Methoden darstellen lassen. Moderne Ansätze bedienen sich der Immunfluoreszenz und markieren typische Oberflächenstrukturen spezifisch mit fluoreszenzmarkierten monoklonalen Antikörpern. Damit können nicht nur die einzelnen Zelltypen exakt voneinander getrennt, sondern auch unterschiedliche Funktionszustände, Alters- und Reifezustände auseinander gehalten werden. Viele dieser antigenen Oberflächenstrukturen sind einheitlich definiert und werden weltweit in einem Nomenklatursystem, dem **CD-System** („cluster designation"), zusammengefasst.

Granulozyten durchlaufen während ihrer Existenz drei markante Aufenthaltsorte, die ihre Entwicklung, Aktivitäten und Aufgabenbereiche prägen: Das Knochenmark, die Blutbahn und das Gewebe. Dementsprechend unterscheidet man im Leben eines Granulozyten eine *medulläre Phase* im Knochenmark, eine *Blutphase* und eine *Gewebsphase.*

2.1.1 Die medulläre Phase

2.1.1.1 Die Entwicklung der Granulozyten im Knochenmark

Die Entwicklung der Granulozyten erfolgt beim gesunden Erwachsenen ausschließlich im roten Knochenmark, das etwa 2.5 kg wiegt. Nur unter pathologischen Umständen, bei hohem Zellbedarf im Zuge hohen Zellverschleißes oder bei Leukämien, können die alten fetalen Bildungsorte in Leber und Milz wieder aktiviert werden. Beim Gesunden gehen etwa 50 bis 60% der Gesamtleistung des roten Knochenmarks in die Produktion von PMN. Täglich werden etwa 10^{11} PMN neu gebildet, was einer soliden Zellmasse von etwa 20 mL entspricht. Dem gegenüber tritt mengenmäßig die Produktion der anderen Granulozytentypen stark zurück. Die Vermehrung der Granulozyten erfolgt durch mitotische Teilung.

Nach einer gängigen Auffassung befindet sich der Stammzellenpool in zwei Aktivierungsformen

■ im „ruhenden Pool", der sich teilt, aber undifferenziert bleibt, und so den Stammzellenpool aufrecht erhält, und
■ im „mitotischen Pool", welcher der Einwirkung der CSF zugänglich ist. Aus ihm erfolgt über Teilung und Reifung die Bildung der differenzierten Formen myeloischer und lymphatischer Zellen.

2.1.1.2 Die Entwicklung der Myeloischen Zellreihe

Aus einer **pluripotenten Stammzelle** werden nach je einer mitotischen Teilung in zwei Tochterzellen die **myeloische Stammzelle**, die **weiße myeloische Stammzelle** und schließlich der **Myeloblast**. Auf diesen Ausbildungsebenen greifen die Colony Stimulating Factors (CSF) an, welche die Teilungsrate erhöhen und die Differenzierung der unreifen Vorstufen in eine bestimmte Richtung lenken (S. 119ff). Das nächste Teilungsprodukt, der **Promyelozyt**, bildet bereits diejenigen Granula aus, welche die *Neutrophilen (PMN), Eosinophilen* und *Basophilen Granulozyten* charakterisieren. Damit ist auf dieser Stufe der Differenzierungsprozess abgeschlossen, und es laufen im Weiteren nur mehr Vermehrung und Reifungsvorgänge ab.

Im Folgenden soll vornehmlich auf das weitere Schicksal der PMN eingegangen werden. Diese Zellen sind die hervorstechenden Repräsentanten der Unspezifischen Abwehr und dominieren in Zahl und Arbeitsleistung die meisten akuten Entzündungsvorgänge. Ihre erste Identifizierung als eigener Zelltyp gelang Paul Ehrlich im Jahre 1886. Vieles, was auf den Ebenen der Zellphysiologie und Molekularbiologie für den PMN gilt, kann auch auf den Eosinophilen und Basophilen Granulozyten übertragen werden. Auf die Besonderheiten, welche diese beiden Zelltypen vom PMN unterscheiden, wird in eigenen Kapiteln hingewiesen (S. 207ff, 210f).

2.1.1.3 Die Entwicklung der Granula der PMN

Die **primären, azurophilen Granula** bilden sich ausschließlich im Stadium des **Promyelozyten**. Die **sekundären, spezifischen Granula** erscheinen erst im nächsten Reifungsstadium, dem **Myelozyten**, bei dem die Bildung der azurophilen Granula eingestellt wird. Der Myelozyt teilt sich etwa drei Mal unter Beibehaltung dieses Stadiums, wobei die azurophilen Granula auf die Tochterzellen unter entsprechender Verringerung ihrer Zahl pro Zelle aufgeteilt werden. Die spezifischen Granula werden dagegen nach jeder Teilung nachgebildet, so dass ihre Zahl konstant bleibt. Bei hohem PMN-Bedarf, wie er bei starken Entzündungen und Infekten gegeben ist, wird die Teilungshäufigkeit des Myelozyten reduziert, und die Tochterzellen erhalten somit ein höheres Kontingent an azurophilen Granula. Am gefärbten Blutausstrich imponiert diese höhere Granuladichte als gröbere Granulierung, die als *„toxische Granula"* einen diagnostischen Hinweis auf eine hohe Knochenmarksaktivität und ein Entzündungsgeschehen gibt. Im Stadium des Myelozyten beginnt die Einlagerung des **Glykogens**, dem wichtigsten Energieträger für PMN-Aktivitäten, sowie die Bildung der **tertiären Granula** und der **Sekretvesikel**.

Mit dem nächsten Reifungsstadium, dem **Metamyelozyten**, ist die Vermehrungsphase abgeschlossen, und es finden nur mehr Reifungsprozesse statt. In diesem Stadium gewinnt die Zelle die Fähigkeit zur freien Beweglichkeit.

Unter **Reifung** wird allgemein die Erlangung morphologischer und funktioneller Eigenschaften verstanden, welche die fertig entwickelte Zelle zur Ausübung ihrer spezifischen Aktivitäten befähigt.

Der PMN wird bereits im Knochenmark mit den meisten notwendigen Wirkstoffen ausgerüstet, die er für seine extramedulläre Laufbahn benötigt. An markanten Reifungszeichen wären hervor zu heben:

– eine Zunahme des Glykogens
– eine Zunahme lysosomaler Enzyme und Wirkstoffe in den Granula
– die Bestückung der Membranen von Granula und Vesikel mit Rezeptoren, Adhäsinen und Kanalproteinen
– die Vermehrung des zytoplasmatischen Enzymbestandes für die Synthesen von Mediatoren und Cytokinen
– die Zunahme von Proteinen des Bewegungsapparates (Aktin, Myosin und Tubulin, S. 169ff) und des Enzymbestandes für dessen Steuerung

Morphologisch geht diese Zunahme an Material mit einer Abnahme des Wassergehaltes des Zytoplasmas einher, was zu einer Verringerung des Zellvolumens führt. Der ursprünglich voluminöse runde bis ovale Zellkern verdichtet sich im Zuge der Reifung und wird im Stadium des **Stabkernigen PMN** [band form] länglich. Im letzten Entwicklungsschritt wird der stabförmige Kern mehrfach eingeschnürt. Der Kern des reifen menschlichen PMN zeigt typischerweise drei Segmente (**segmentkerniger Neutrophiler Granulozyt**); [polymorphonuclear leukocyte].

Der reife PMN ist mit dem Großteil des für seine weiteren Funktionen nötigen Arsenals ausgestattet. Der Bestand an lysosomalen Granula ist vollständig und wird außerhalb der Entwicklungsphase im Knochenmark nicht ergänzt.

Neusynthesen des reifen, aktiven PMN betreffen vor allem lipogene Mediatoren (AA-Stoffwechsel und PAF, S. 35ff, 63ff) und ROS (S. 187ff). Die Neusynthese von Proteinen ist spärlich. Eine Ausnahme stellen PMN unter Stimulation durch Cytokine und CSF dar, die – zumindest in vitro – bei verlängerter Lebensdauer zur Produktion von IL-1, IL-6, IL-8, TNFα, bestimmten Oberflächenrezeptoren u.a. befähigt sind (S. 199, 205).

Für die Phase der Vermehrung, Differenzierung und Reifung bis zum Stadium des Metamyelozyten wurde ein Zeitraum von etwa sechs Tagen gemessen, für die anschließende Reifung und Lagerung im Knochenmarksspeicher weitere sechs Tage, so dass ein PMN etwa 12 Tage nach Beginn seiner Entwicklung in die Blutbahn eintritt. Die voneinander abweichenden Angaben zu diesen Zeiträumen beruhen auf verschiedenen Messmethoden der einzelnen Untersucher. Bei hohem Bedarf an PMN, wie er bei starken Entzündungen gegeben ist, kann dieser Zeitraum von knapp zwei Wochen auf wenige Tage reduziert werden, und es treten unreife Formen wie Zellen mit zwei Kernsegmenten, stabkernige PMN oder auch Metamyelozyten in die Blutbahn über. Diese sogenannte „**Linksverschiebung**" ist, zusammen mit der toxischen Granulation, ein diagnostisch wertvoller Hinweis auf eine hohe Produktionsleistung des Knochenmarks.

Als „**Rechtsverschiebung**" wird eine Übersegmentierung der PMN, das Auftreten von Zellen mit vier oder fünf Kernsegmenten, bezeichnet. Eine solche Anomalie tritt in Begleitung verschiedener Erkrankungen wie Perniziöse Anämie, nach Bluttransfusionen oder bei Hunger auf. Gelegentlich beobachteten hereditären Formen kommt keine klinische Bedeutung zu.

Die Entwicklungsreihe der Granulozyten ist in Abb. 50 zusammengefasst. Für die Entwicklung der Eosinophilen und Basophilen Granulozyten werden ähnliche Vermehrungs- und Reifungsbedingungen angenommen. Dazu liegen nur spärlich Untersuchungen vor.

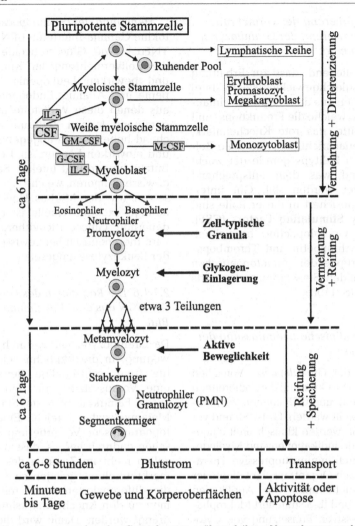

Abb. 50. *Differenzierungsstufen der Granulozyten während ihrer Vermehrung und Reifung im Knochenmark.* Nach mitotischer Teilung behält die pluripotente Stammzelle entweder ihre Undifferenziertheit bei und erhält damit den Stammzellpool (ruhender Pool), oder sie differenziert sich unter Teilung weiter in die Myeloische Stammzelle (syn. Myeloische Progenitor Zelle), die Weiße Myeloische Stammzelle und den Myeloblasten. Im nächsten Teilungsprodukt, dem Promyelozyten, bilden sich bereits die Merkmale der endgültigen Differenzierungsformen Neutrophiler (PMN), Eosinophiler und Basophiler Granulozyt aus: die zelltypischen Granula. Colony stimulating factors (CSF) bestimmen auf den verschiedenen Entwicklungsebenen, welche Differenzierungswege eingeschlagen werden: Granulozyten, Monozyten, Mastzellen, Megakaryozyten, Erythrozyten oder die lymphatische Reihe. G-CSF fördert die Bildung der Neutrophilen (PMN), IL-5 die der Eosinophilen Granulozyten. Während bis zum nächsten Teilungsprodukt, dem Myelozyten, jede Teilung in zwei Tochterzellen auch einem weiteren Differenzierungsschritt gleich kommt, teilt sich ein Myelozyt bis zu drei Mal, ohne den Differenzierungsgrad zu ändern und kann damit bis zu 2^3 Tochterzellen liefern, die sich zu Metamyelozyten weiter differenzieren. Mit dem Metamyelozyten ist die Vermehrungsphase abgeschlossen und es folgt eine Phase der Reifung zum voll funktionstüchtigen, segmentkernigen Neutrophilen Granulozyten. Eosinophile und Basophile Granulozyten entwickeln sich in analoger Weise. Die Einlagerung der Glykogenvorräte beginnt mit dem Myelozyten, die aktive Beweglichkeit mit dem Metamyelozyten. Die Vermehrungs- und Reifungs/Speicherungsphasen dauern beim PMN jeweils rund sechs Tage. Danach verlassen die reifen Zellen das Knochenmark und werden mit dem Blutstrom zu ihren Zielorten in Organen und Geweben transportiert.

2.1.1.4 Regulierung der Vermehrung und Differenzierung der Granulozyten im Knochenmark

Es ist naheliegend, dass zur Erhaltung eines Fliessgleichgewichtes [steady state] Informationen aus der Peripherie einlaufen müssen, welche die Produktions- und Reifungsstätte, das rote Knochenmark, darüber benachrichtigen, wie viele Zellen welchen Zelltyps gerade gebraucht werden und was dem entsprechend nachgebildet werden soll. Gut untersucht und gesichert in dieser Rolle sind die **Colony Stimulating Factors (CSF)**, früher als Granulopoetine bezeichnet, die mit Erythropoetin und Thrombopoetin die Gruppe der *Hämatopoetischen Hormone* bilden. Sie werden andern Orts vorgestellt (S. 119ff).

2.1.1.5 Die klinische Beeinflussung der Granulopoese

Steigerung der Granulopoese. Von allen CSF sind die Struktur und die kodierenden Gene bekannt, und CSF können rekombinant hergestellt werden. GM-CSF und vor allem G-CSF werden klinisch breit eingesetzt. Häufige Indikationen sind Myelodepression durch immunsuppressive Therapien, z.B. nach Organtransplantation oder Tumor-Chemotherapie. Die Applikation von M-CSF und IL-3 stimuliert Makrophagen zur massiven Freisetzung von Cytokinen wie IL-1, IL-6, TNFα u. a. und löst damit starke systemische Reaktionen wie Fieber, Schock, Übelkeit und Erbrechen aus, welche die Anwendung einschränken oder verbieten.

Die Gefahr einer Therapie mit dem gut verträglichen G-CSF besteht in einer Überstimulation und Erschöpfung des ruhenden Stammzellenpools dadurch, dass die Gesamtheit der Stammzellen in den mitotischen Pool übergeführt und damit verbraucht wird („Ausbrennen" des Knochenmarks). Eine andere Gefahr ist die der Induktion eines Tumorwachstums, vor allem von myeloischen Leukämien. CSF sind auch in der Lage, „schlafende" Tumorklone zum Wachstum anzuregen.

Hemmung der Granulopoese. Die Cytokine Gamma-Interferon (IFNγ) und der TNFα, sowie Glucocorticoide hemmen die Zellvermehrung im Knochenmark und bewirken Leukopenie, Thrombopenie und Anämie. Endogene Quellen, aus denen diese Wirkstoffe über einen genügend langen Zeitraum in ausreichend hohen Dosen abgegeben werden und einwirken können, sind chronische Entzündungen und Infekte, Sepsis, und gewisser Tumoren, welche Cytokine freisetzen wie der Morbus Hodgkin. Eine häufige exogene Quelle ist eine langdauernde Glucocorticoidtherapie. IFNγ wird therapeutisch bei gewissen Formen der Leukozytose eingesetzt.

2.1.1.6 Die Regulation des Übertritts der PMN aus dem Knochenmark ins Blut

Da Granulozyten aktiv, durch Eigenbewegung, in die Blutbahn gelangen, ist die freie, selbständige Beweglichkeit eine Voraussetzung für den Übertritt. Diese Fähigkeit wird im Stadium des Metamyelozyten erreicht. Eine gewisse topographische Vorsortierung bildet sich schon dadurch heraus, dass die Stammzellen mehr im Zentrum des Knochenmarketikulums gelegen sind, während die differenzierteren und reiferen Formen zu den Knochenmarksinus hin gedrängt werden. Damit wird die Strecke, die reife Granulozyten bis zur Blutbahn zurückzulegen haben, verkürzt. In die Blutsinus des Knochenmarks übergetreten, werden Granulozyten passiv durch den Blutstrom weitergetragen. (**Abb. 51**).

Die Mobilisierung reifer Granulozyten aus dem Knochenmark in die Blutbahn wird durch verschiedene Einflüsse reguliert. Einer dieser Faktoren scheint der Leukozytengehalt des Blutes selbst zu sein. Perfundiert man das Knochenmark von Versuchstieren mit physiologischen Salzlösungen, denen wenig Leukozyten zugesetzt sind, so erfolgt ein hoher Ausstoß von weißen Zellen aus dem Knochenmark, und umgekehrt. Somit findet eine Selbstregulation im Sinne eines ne-

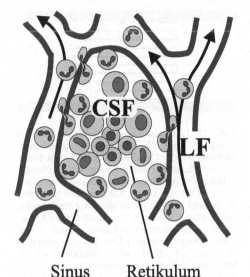

Sinus Retikulum des Knochenmarks

Abb. 51. *Räumliche Gruppierung der PMN verschiedener Reifungsstufen im Knochenmark.* Der Stammzellenpool lokalisiert sich mehr im Zentrum des Knochenmark- Retikulums, während die Tochterzellen während ihrer Vermehrung, Differenzierung und Reifung zunehmend gegen die Knochenmarksinus abgedrängt werden, von wo sie in die Zirkulation eintreten können. Colony stimulating factors (CSF) steuern die Vermehrung und Differenzierung der Zellen im Knochenmark- Retikulum, Leukozytose-Faktoren (LF) den aktiven Übertritt reifer Leukozyten in die Blutbahn.

gativen Feedbacks statt. Der Mechanismus, der die Information übermittelt, ist unbekannt.

Besser untersucht sind Wirkstoffe, welche in der Peripherie während Entzündungsvorgängen vermehrt freigesetzt werden, auf dem Blutweg ins Knochenmark gelangen und dort über Rezeptoren an reifen Granulozyten deren Mobilisierung bewirken. Zu diesen so genanten „**Leukozytosefaktoren**" [granulocyte releasing factors oder hormons] gehören IL-1, IL-6, der TNFα, die Komplementfraktion C3e sowie Glucocorticoide. Die Reifung der PMN beinhaltet u.a. auch die Expression von Rezeptoren für Leukozytosefaktoren und ihre Einlagerung in die Zellmembran. Das Gesamtdepot an gespeicherten, reifen PMN wird mit

etwa 45 bis 90 x 10^{10} Zellen angegeben, das entspricht etwa dem zwanzigfachen der zirkulierenden Menge und deckt beim Gesunden den Bedarf von etwa fünf Tagen.

Während die CSF in erster Linie die Vermehrung, Differenzierung und Reifung der PMN bis zu ihrer Speicherung im roten Knochenmark stimulieren und lenken, steuern die Leukozytosefaktoren den Übertritt reifer Zellen aus dem Knochenmarksspeicher ins Blut. Allerdings bewirken hohe therapeutische Dosen von CSF ebenfalls eine Mobilisierung der Knochenmarkdepots, was medizinisch genutzt wird. Sowohl CSF wie auch Leukozytosefaktoren werden am Ort einer Entzündung von Makrophagen und anderen Zelltypen entsprechend der Intensität der Entzündung freigesetzt oder im Rahmen von Entzündungsvorgängen gebildet. Damit ist ein informativer Rückfluss vom Ort des Verbrauches zum Ort der Produktion und Speicherung hergestellt.

2.1.2 Die Blutphase des PMN

2.1.2.1 Das Verhalten von PMN in der Blutbahn und das Verlassen der Blutbahn – die Emigration

Das im Folgenden geschilderte Verhalten gilt im Wesentlichen für alle zirkulierenden myeloischen Zellen, also Granulozyten wie Monozyten. Zellen der lymphatischen Reihe verhalten sich in manchen Punkten abweichend.

PMN werden wie alle anderen Blutzellen passiv transportiert, d.h. sie werden vom Blutstrom mitgetragen. In der Blutflüssigkeit nehmen weiße Blutzellen Kugelform an. Abgekugelte PMN haben einen Durchmesser von durchschnittlich 7.5 μm, Eosinophile Granulozyten und Monozyten sind größer und können acht bis neun Mikrometer erreichen. Von Bedeutung ist, dass der Stoffwechsel zirkulierender PMN beim Gesunden auf niedrigem Niveau, sozusagen im Sparbetrieb läuft. In diesem Zustand eines minimalen Energieverbrauchs werden PMN als im

„Ruhezustand" [resting state] bezeichnet, in dem sie weder Eigenbeweglichkeit, noch Phagozytose oder eine nennenswerte Abgabe von Wirkstoffen und
Informationsträgern entwickeln. PMN im
freien Blutstrom sind somit nicht aktiv,
wohl aber sind sie Reizen zugänglich.
Die Bereitschaft und das Ausmaß, mit
denen PMN auf Reize antworten, ist
keine gleichbleibende Größe, sondern
hängt vom Grad der Reaktivität, dem
„Priming" – Zustand, ab.

2.1.2.2 Priming der PMN

Der Begriff des Primings bezeichnet nicht
den Aktivierungsgrad einer Zelle, wohl
aber ihre Reaktivität auf Aktivierungsreize. Ungeprimte PMN, die im Ruhezustand zirkulieren, weisen gegenüber
manchen Reizen eine geringe, sozusagen
basale Reaktivität auf; auf andere Reize
reagieren sie überhaupt nicht. Der Grad
des Primings kann durch verschiedene
Einflüsse, wie Cytokine, Entzündungsmediatoren und mikrobielle Produkte
gesteigert und moduliert werden. Stark
geprimte Zellen reagieren auf Reize, die
bei schwach geprimten keine oder nur
geringfügige Antworten auslösen, mit
entsprechend verstärkter Aktivität. (Nä-
heres zum Priming S. 202ff). Der physiologische Wert des Primings liegt in der
Vorbereitung der PMN auf zu erwarten-
de Aufgaben. An zirkulierenden PMN
erhöht das Priming die Reaktivität ihrer
Adhäsine und die Migrationsbereitschaft
und steigert dadurch die Bindungsfreudigkeit zum Endothel und beschleunigt
die Wanderung in den entzündeten Gewebsbereich. Starkes Priming von PMN
in der Blutbahn ist jedoch ein pathologi-
scher Zustand und setzt die Reaktivität
dieser Zellen so stark hinauf, dass schon
geringe Reize zur Aktivierung genügen
und toxische Produkte wie ROS und
neutrale Proteasen in die unmittelbare Nachbarschaft und in den Blutstrom
freigesetzt werden. Fehlerhaftes Priming
von PMN spielt bei der Entstehung einer
Reihe von Erkrankungen eine entscheidende Rolle.

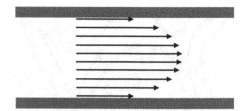

Abb. 52. *Laminare Strömungsverhältnisse in
Gefäßen.* Durch die Reibung der strömenden
Blutsäule an der Gefäßwand entstehen Schichten verschiedener Strömungsgeschwindigkeit
in der Art von Hohlzylindern, die sich ineinan-
der verschieben. Die an das Endothel grenzen-
de Schicht hat die geringste (Marginalstrom),
die zentrale Blutsäule die größte Geschwindigkeit (Zentralstrom). In kleinen Gefäßen von
etwa einem Millimeter Durchmesser abwärts
verteilen sich die Geschwindigkeiten dieser
Schichten in Form einer Parabel.

2.1.2.3 Die Strömungsverhältnisse in kleinen Blutgefäßen und die Verteilung der PMN in der Blutbahn.

In Gefäßen bewegt sich die Blutsäule in
Schichten mit verschiedener Geschwindigkeit, als **laminare Strömung**, die eine
Folge der Reibung des Blutes an der Gefäßwand ist. Aus dem Verhältnis von Volumen zu Oberfläche ergibt sich, dass
der Reibungseffekt umso mehr Anteile der Blutsäule erfasst, je geringer der
Durchmesser des Gefäßes ist. In engen
Blutgefäßen von etwa 1 mm Lumen abwärts verteilt sich die Geschwindigkeit
der einzelnen Strömungsschichten in
der Form einer Parabel mit der geringsten Geschwindigkeit an der Gefäßwand
(**Randstrom, Marginalstrom**), und der
höchsten in der Strommitte (**Zentralstrom, Abb. 52**). Ein Teil der zirkulierenden Zellen gelangt nach Zufall in den
Bereich des langsamen Marginalstroms
und kommt so mit dem Endothel in Kontakt. Dieser Vorgang wird als **Margination** bezeichnet. Marginierte PMN entwickeln über besondere Bindungsmolekü-
le an ihrer Oberfläche, den **Adhäsinen**,
eine Tendenz zum Haften an spezifischen Bindungspartnern am Endothel.
Dieses Haften ist nicht fest, sondern steht
im Wettstreit mit den Scherkräften des
vorbeiströmenden Blutes. PMN werden

so ständig vom Blutstrom aus der Bindung gelöst und am Endothel weitergetragen, was bei Lebendbeobachtung den Eindruck eines „Rollens" der PMN am Endothel hervorruft [rolling leukocytes]. Es entstehen so unter den zirkulierenden PMN zwei Anteile (*Verteilungspools*):

■ der marginale Pool im Randstrom, und
■ der zentrale Pool im Zentralstrom.

Das Zahlenverhältnis der PMN im marginalen Pool und im zentralen Pool beträgt normal für den gesamten Organismus etwa 1:1, wobei die Zellen der beiden Pools ständig untereinander ausgetauscht werden (**Abb. 53**).

In großen Arterien, in denen die Fließgeschwindigkeit des Blutes hoch ist und die Scherkräfte entsprechend stark wirken, haben PMN kaum Möglichkeit, am Endothel zu haften. Das Phänomen der Margination bildet sich vor allem in kleinen Gefäßen aus, bei denen auch die Wahrscheinlichkeit eines Endothelkontaktes hoch ist. Das Rollen wird naturgemäß in Gefäßen mit geringer Fließgeschwindigkeit und damit geringer Scherspannung des Blutes begünstigt. Aus diesem Grund bildet sich ein marginaler Pool bevorzugt in kleinen Venen aus, wobei Kreislaufbereiche mit niederem Blutdruck und weiten Gefäßräumen be-

vorzugt sind, die geringe Fließgeschwindigkeiten ermöglichen. Die kleinen Venen und Venolen der Niederdrucksysteme Pfortadersystem und Lunge bieten dafür beste Bedingungen. Das Endothel dieser Gefäßbereiche ist auch reichlich mit Adhäsinen ausgestattet. Hier können sich weiße Blutzellen vom rasch fließenden Blutstrom absondern, „sequestrieren", und in diesen Organen geradezu Leukozytenreservoirs bilden.

Der Grad der Margination wird somit bestimmt

■ von der Fließgeschwindigkeit des Blutes in einem Gefäß
■ von der Bestückung des Endothels mit Adhäsinen
■ von der Bestückung der PMN mit Adhäsinen

Aus diesen Verhältnissen ergibt sich, dass bei einer Beschleunigung des Blutflusses und bei Kontraktion der venösen Gefäßräume in den Speicherbereichen, wie sie etwa bei körperlicher Anstrengung oder Verdauungstätigkeit einsetzen, die Zahl der PMN im zentralen Pool ansteigt.

Tiermodelle, um die Margination in der Mikrozirkulation direkt mikroskopisch in vivo darzustellen, verwenden vorgelagerte Backentaschen von Hamstern, Schwimmhäute von Fröschen, vorgelagerte Mesenterien, gefensterte Kaninchenohren und anderes. Am Menschen ist Direktbeobachtung mit Spezialmikroskopen an der Augenbindehaut oder am Nagelfalz möglich.

Verschiedenartige Einflüsse können die Verteilung der PMN in den beiden Pools verändern. Ein rasch wirkendes Agens, das den marginalen Pool mobilisiert und in den zentralen verlagert, sind Katecholamine, wobei die Wirkung auf mehreren Ebenen ansetzt. Über $\alpha 1$-Rezeptoren wird eine Vasokonstriktion der Gefäße im Splanchnikusbereich bewirkt, was die Blutzirkulation beschleunigt und marginierte PMN in den Zentralstrom verlagert. Die über $\beta 1$-Rezeptoren erhöhte Herzleistung verstärkt diesen Effekt, wie auch in der Lunge die Blutzirkulation intensiviert und die PMN-De-

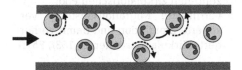

Abb. 53. *Myeloische Zellen im Marginalstrom und Zentralstrom.* Im Marginalstrom kommen myeloische Zellen mit dem Endothel in Kontakt. Durch Vermittlung von Adhäsinen der Selektin-Gruppe gehen diese Zellen vorübergehend lockere Bindungen mit dem Endothel ein, sie „rollen". Der Blutstrom reißt rollende Zellen in den Zentralstrom, während andere aus dem Zentralstrom wieder in den Marginalstrom verlagert werden, so dass die Zellen des marginalen und zentralen Pools ständig untereinander ausgetauscht werden. Auf den gesamten Organismus bezogen ist das Zahlenverhältnis der beiden Pools etwa 1:1.

pots mobilisiert werden. Zusätzlich wird in den PMN und Endothelzellen über β2-Rezeptoren das freie cytosolische Kalzium gesenkt, was die Aktivität der Adhäsine und des Cytoskeletts herabsetzt (**Abb. 16**). Damit wird die Margination abgeschwächt. Als ein verzögerter Effekt der Katecholamine setzt über die Hypothalamus – Hypophysen – Nebennierenrinden-Achse eine Stimulation der Cortisolabgabe ein, die ebenfalls die Aktivität der Adhäsine vermindert (S. 153f) und so eine Verschiebung des marginalen in den zentralen PMN-Pool begünstigt. Alle Situationen, in denen eine solche hormonelle Konstellation zustande kommt, wie bei Stress und im frühen Schock, führen zum Anstieg der PMN-Zahl im Blutstrom.

Eine Erhöhung der Leukozytenzahl durch Mobilisierung des marginalen Pools bei gleichbleibender Gesamtzahl in der Zirkulation wird als **Verschiebungsleukozytose** [shift leukocytosis] bezeichnet. Neben körperlichem und psychischem Stress übt auch Verdauungstätigkeit eine solche Mobilisierung aus. Einmal werden dabei der Pfortaderkreislauf intensiver durchblutet und die dort deponierten Leukozyten verstärkt in den Körperkreislauf ausgeschwemmt. Zum anderen beeinträchtigen Chylomikronen den Kontakt von Leukozyten mit dem Endothel und behindern das Rollen, so dass besonders nach fettreichen Mahlzeiten ihre Zahl im Blutstrom ansteigt („Verdauungsleukozyose"). Damit werden je nach momentaner Lebenssituation die zentralen und marginalen Leukozyten-Pools ständig gegeneinander verschoben.

Umgekehrt können auch Zellen vermehrt marginiert werden, was zu einer Verringerung ihrer Zahl im Zentralstrom führt. Diese **Verschiebungsleukopenie** [shift neutropenia] tritt bei Erhöhung der Blutviskosität auf, etwa im Rahmen von Polyglobulie und Erhöhung der Plasmaeiweiße bei Plasmozytom, M.Waldenström und Leberzirrhose. Auch nach Infusion kolloidaler Lösungen (Plasmaexpander) wird über eine gesteigerte Erythrozytenaggregation (S. 128, 150) der Anteil marginierter PMN erhöht.

2.1.2.4 Klinische Kautelen bei der Beurteilung des Weißen Blutbildes

Bei der Blutabnahme wird ausschließlich der Anteil der PMN im Zentralstrom erfasst. Um relevante und vergleichbare weiße Blutbilder zu erhalten, müssen bei der Blutabnahme gewisse Standardbedingungen eingehalten werden, die eine Verschiebung der beiden Pools zueinander verhindern:

- keine körperliche Anstrengung vor der Abnahme
- kein psychischer Stress (Angst, Schmerz)
- keine Verdauungstätigkeit (nüchtern)
- Abnahme zur gleichen Tageszeit (Zirkadianrhythmus)

Üblicherweise erfolgt in Kliniken die Blutabnahme vor dem Frühstück, womit diesen Bedingungen weitgehend entsprochen wird. Rauchergewohnheiten sind in die Beurteilung mit einzubeziehen. Starkes Zigarettenrauchen kann die Normgrenze um bis zu 30% nach oben verschieben (S. 156).

Glucocorticoide, ob bei Stress und Schock vermehrt freigesetzt oder therapeutisch appliziert, erhöhen das myeloische weiße Blutbild durch

- Mobilisierung der Knochenmarkspeicher
- Verlagerung des marginalen in den zentralen zirkulatorischen Pool
- verringerte Migrationsleistung, verzögerte Emigration und damit verlängerte Zirkulationsdauer (S. 153f, 251f)

2.1.2.5 Das Verhalten der PMN in den Kapillaren

Kapillaren weisen je nach Gewebe und Organ verschiedene Durchmesser auf. Besonders enge Kapillaren finden sich an Orten eines intensiven Gas- und Stoffaustausches, so im quergestreiften Muskel, in der Lunge und in der Niere. Hier liegt der Kapillardurchmesser beträchtlich unter dem der roten und weißen Blutzellen, nämlich im Bereich von vier bis sechs Mykron. Alle zellulären Elemente mit einem

Durchmesser über diesem Limit müssen unter Verformung durch Kapillaren gepresst werden. Die Energie für diese Verformung wird vom Blutdruck geliefert. Es ist daher leicht verständlich, dass die Faktoren *Zellzahl* und *Zellrigidität* einen beträchtlichen Einfluss auf die Gestaltung des peripheren Blutdrucks ausüben. Die Erythrozyten der Säuger gleichen in der Mitte eingedellten Scheibchen. Diese Form erleichtert eine Abkugelung („Becherform") mit entsprechender Verringerung des Durchmessers. Weißen Blutzellen, die ohnehin bereits in Kugelform zirkulieren, steht dieser Weg einer Verringerung des Durchmessers nicht zur Verfügung. Ihnen bleibt nur eine Veränderung in Richtung Walzenform offen (**Abb. 54**). Die Formveränderung der PMN erfordert mehr Energie und erhöht den Reibungswiderstand am Endothel wesentlich stärker als die Formveränderung zirkulierenden Erythrozyten. Als Folge bilden Leukozyten in Kapillaren verlangsamt strömende Hindernisse und verursachen die so genannte „Zug-Bildung" [train formation], bei der ein Leukozyt von mehreren aneinander gereihten Erythrozyten gefolgt ist. Das Hindernis bewirkt, dass hinter dem Zug der Blutdruck höher ist als am Vorderende. Mit der Passage von Leukozyten läuft somit eine pulsierende Druckänderung in den Kapillaren ab, ein Pumpmechanismus, dem eine Bedeutung beim Flüssigkeitsaustausch aus der Ka-

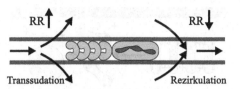

Abb. 55. *Zugbildung von Erythrozyten hinter einem Leukozyten.* Wegen der erhöhten Reibung mit der Gefäßwand passieren Leukozyten enge Gefäßstrecken langsamer als Erythrozyten, die sich daher während der Passage hinter einem Leukozyten aufreihen („Zug-Bildung"). Die höheren Blutdruck-Werte hinter, bzw. die niedrigeren Werte vor einem solchen Zug tragen zum Flüssigkeitsaustausch zwischen Kapillare und umgebenden Gewebe bei.

pillare hinaus und zurück zugeschrieben wird (**Abb. 55, Abb. 7**).

Im *Schock* kann dieses Phänomen den Blutfluss empfindlich stören. Die Zahl der zirkulierenden PMN ist in der frühen Schockphase durch die Mobilisierung der Knochenmarkspeicher und des marginalen Pools beträchtlich erhöht (S. 283). In der späten Schockphase ist die Adhäsionsbereitschaft der Leukozyten untereinander und zum Endothel sowie ihre Rigidität durch die Wirkung der massiv ausgeschütteten Cytokine erhöht (S. 282). Sinkt nun bei dekompensiertem Schock der Blutdruck, können Zellzüge in Kapillaren stecken bleiben (**Leukostase**), was im Stasebereich zur Blutgerinnung und zur irreversiblen Unterbrechung der Zirkulation führt [no reflow phenomenon, **disseminated intravascular coagulation = DIC**]. Sind nicht ausreichend Kollaterale zur Sauerstoffversorgung vorhanden, ist der abhängige Gewebebezirk dem Untergang ausgeliefert. Aus diesen Verhältnissen erklärt sich auch die Risikoverteilung für Schäden im Schock. Besonders betroffen sind Organe und Gewebe mit

■ Niederdrucksystemen (Lunge, Pfortaderkreislauf)
■ starker Vasokonstriktion (Pfortaderkreislauf, Niere)
■ enger Kapillarbahn (Lunge, Niere)

Zirkulationsstörungen sind ein zentraler pathogenetischer Faktor bei den Krank-

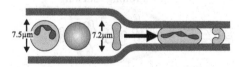

Abb. 54. *Verformung von Blutzellen in engen Gefäßstrecken.* Zirkulierende Zellen können Kapillaren, die enger sind als ihr Durchmesser, nur unter Verformung passieren. Die scheibchenförmigen Erythrozyten nehmen dabei eine becherartige Gestalt an. Die Leukozyten, die in sphärischer Form zirkulieren, müssen sich dagegen walzenförmig verformen, was eine breite Kontakt- und Reibungsfläche mit dem Endothel zur Folge hat. Die Energie, die zur Verformung roter und weißer Blutzellen nötig ist, trägt zur Erhöhung des peripheren Druckwiderstandes bei.

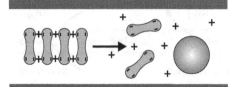

Abb. 56. *Die Bildung von Erythrozyten- Aggregaten (sludge- Phänomen) in Abhängigkeit von der Strömungsgeschwindigkeit des Blutes.* Erythrozyten zeigen die Tendenz, sich über Plasmaproteine mit ihren Flächen in Stapeln aneinander zu lagern (Erythrozytenaggregate, sludge- Phänomen, Geldrollenbildung). Die dazu nötigen Bindungskräfte werden von den negativen Ladungen der Erythrozyten- Oberflächen und elektropositiven Ladungsgruppen von Plasmaproteinen geliefert, die Bindungsbrücken zwischen den Zellen herstellen. Da die elektrostatischen Bindungskräfte schwach sind, bilden sich Aggregate normaler Weise nur in Gefäßbezirken mit langsamer Blutzirkulation, wie sie in den postkapillaren Venen vorliegt. Bei höherer Fließgeschwindigkeit können sich durch die verstärkte Scherspannung zwischen einzelnen Zellen keine Aggregate bilden bzw. gebildete Aggregate werden aufgelöst. Eine erhöhte Anzahl von Ladungsbrücken (Fibrinogen, Haptoglobin, Immunglobuline) und eine geringe Fließgeschwindigkeit (Prästase) begünstigen dagegen die Aggregatbildung. Eine solche Situation ist bei Entzündungen und im Schock gegeben. Bei laminaren Strömungsverhältnissen zirkulieren einzelne Erythrozyten mit ihren Flächen parallel zum Blutstrom, während Aggregate sich mit ihrer Längsachse parallel zum Blutstrom stellen. Größere Partikel werden in den zentralen Strömungsbereich verlagert. In allen Fällen wird die Lage des geringsten Widerstandes zur strömenden Blutsäule eingenommen.

heitsbildern SIRS, ARDS und MOF (S. 280ff).

2.1.2.6 Das Verhalten der PMN im Bereich der postkapillaren Venen

Im postkapillaren Venenbereich erweitert sich das Strombett beträchtlich, was eine starke Verlangsamung der Blutströmung zur Folge hat. Die Scherspannung zwischen den Erythrozyten verringert sich dadurch so stark, dass Bindungstendenzen zwischen den einzelnen Zellen wirksam werden, die sich mit ihren Flächen aneinander lagern. Diese Ag-

gregatbildung, die sogenannte „Geldrollenbildung" [sludged blood] wird durch positiv geladene Bindungsbrücken vermittelt, die sich zwischen die negativ geladenen Oberflächen der Erythrozyten einlegen und zur Bildung von Aggregaten aus mehreren Zellen führen. Als Bindungsbrücken werden höher molekulare Plasmaeiweiße wirksam, in erster Linie Fibrinogen, Haptoglobin und Immunglobuline (S. 128f, **Abb. 56**). In einer laminaren Strömung nehmen aus rheologischen Gründen die größeren Partikel den Zentralstrom ein, während sich kleinere Partikel im langsameren Randstrom bewegen. Dem zufolge bewegen sich die großen Erythrozytenaggregate im Zentralstrom, die kleineren einzelnen PMN werden dagegen an das Endothel gedrängt und bewegen sich hier rollend weiter. Ihre starke **Margination** und massive Ansammlung im postkapillaren Venenbereich wird durch diese besonderen Verhältnisse verständlich. (**Abb. 57**). Bei einem höheren Aktivierungsgrad der Adhäsionsmechanismen können PMN auch eine feste Bindung mit dem Endothel eingehen [sticking leukocytes]. Dieses feste „Kleben" wird durch die geringe Flussgeschwindigkeit in diesem Gefäßbereich begünstigt und ist eine Voraussetzung für den nächsten bedeutenden Schritt in der Laufbahn eines PMN: das Verlassen der Blutbahn, die *Emigration*.

Emigration
rolling sticking

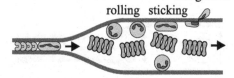

Abb. 57. *Margination der Leukozyten in postkapillaren Venolen.* Die stark verlangsamte Blutströmung in den postkapillaren Venen ermöglicht eine Aggregation der Erythrozyten. Diese größeren Gebilde nehmen nach einem physikalischen Gesetz den Zentralstrom ein und drängen die kleineren Leukozyten in den Marginalstrom. Granulozyten und Monozyten können am Endothel entlang rollen, oder auch fest haften und emigrieren. Bei Vereinigung mehrerer Venolen erhöht sich die Fließgeschwindigkeit und die Erythrozytenaggregate lösen sich wieder auf.

2.1.2.7 Endothelkontakt als Voraussetzung der Emigration

Eine Emigration findet in großem Umfang nur im Bereich der postkapillaren Venenstrecke statt. Hier sind die rheologischen, räumlichen und morphologischen Voraussetzungen gegeben. Der langsame Blutfluss begünstigt die Aggregation der Erythrozyten, wodurch weiße Blutzellen an das Endothel gedrängt werden, während der Blutstrom zentral ungehindert weiterzieht. Die geringe Scherspannung durch den langsamen Blutfluss sowie die dichte Bestückung der Endothelzellen mit Adhäsinen ermöglicht es den Leukozyten, fest am Endothel zu haften, aktiv am Endothel kriechend Kontaktstellen zwischen Endothelzellen aufzusuchen und die Blutbahn zu verlassen, zu **emigrieren**. Der Bau der postkapillaren Venen begünstigt die Emigration dadurch, dass dieser Gefäßtyp keine geschlossene Muskellage aufweist, sondern die einzelnen Muskelfasern in lockeren Zügen mit weiten Zwischenräumen angeordnet sind. Die Bedingungen der Emigration sind für die Zellen der myeloischen und lymphatischen Reihe grundsätzlich gleich.

2.1.2.8 Die Adhäsion am Gefäßendothel

Das Phänomen des Haftens weißer Blutzellen am Gefäßendothel wurde im Jahre 1842 das erste Mal beschrieben, aber erst mehr als 150 Jahre später gelang es der Molekularbiologie, die zugrunde liegenden Mechanismen aufzuklären. Die Adhäsion wird durch besondere glykosylierte Oberflächenproteine, die **Adhäsine**, syn. *Adhäsionsmoleküle, Adhäsionsproteine* bewirkt, die nach dem Rezeptor-Ligandenprinzip spezifische Bindungen zwischen weißen Blutzellen und Endothel herstellen. Es gibt funktionell gesehen zwei Ausprägungen einer solchen Adhäsion:

- Beim **Rollen** [rolling] geht ein PMN eine lockere Bindung mit dem Endothel ein, wird aber nach kurzem Anhalten durch den Blutstrom weiter getrieben, was den Eindruck einer rollenden Fortbewegung am Endothel erweckt. Das Rollen wird durch Adhäsine vom *Selektin*-Typ vermittelt.
- Beim **Haften** [sticking] geht ein PMN eine feste Bindung mit dem Endothel ein. Die anschließende Fortbewegung erfolgt durch aktive Eigenbewegung. Das Haften wird durch Adhäsine vom Typ der β2-*Integrine* und der *Immunglobulin-Superfamilie* vermittelt.

Für die Emigration ist eine feste Bindung [sticking] Voraussetzung. Es soll an dieser Stelle darauf hingewiesen werden, dass für das Haften von weißen Blutzellen am Endothel oder anderen Substraten, wie auch von Zellen untereinander immer die Assistenz weiterer Adhäsine (sog. Ko-Rezeptoren) nötig ist. Auf diese Details wird nicht eingegangen.

Adhäsine

Selektine

Die lockere Bindung wird auf der PMN-Seite durch **L-Selektin** (CD62L) und durch **Sialoproteine** (z.B. Sialyl-Lewis X, CD15S), auf der Endothel-Seite durch **E-Selektin** (CD62E) und **P-Selektin** (CD62P) vermittelt. Die Bindung über Selektine bewirkt das Rollen marginierter myeloischer Zellen. Das Rollen von Lymphozyten erfolgt über andere Mechanismen. Mit zunehmender Zirkulationsdauer verringert sich am PMN der Bestand an L-Selektin, indem diese Proteine durch in den PMN-Membranen lokalisierte Proteasen von ihrem transmembranösen Teil abgespalten werden, während parallel dazu der Besatz an β2-Integrinen durch Nachschub aus den Sekretvesikeln zunimmt (**Abb. 58**).

Beta 2-Integrine und Adhäsionsproteine der IgG-Superfamilie

Integrine sind locker aneinander gebundene Doppelmoleküle, die aus einem α- und einem β Anteil bestehen. Die Integrine, die das „sticking" vermitteln, sind aus dem gleichbleibenden β2-Anteil (CD18) und dem α-Teil zusammen ge-

Membranfusion

Abb. 58. *Erhöhung der Zahl von Oberflächenrezeptoren aus intrazellulären Reserven.* Der Rezeptorbestand an der Zelloberfläche kann aus intrazellulären Vesikeln erhöht oder ergänzt werden. Die Vesikel sind an ihrer Innenfläche mit den Rezeptoren bestückt. Nach der Membranfusion wird die Vesikelmembran in die Zellmembran integriert, wobei die Innenseite nach außen gestülpt und so die Rezeptoren an der Zelloberfläche dargeboten werden. Das kortikale Cytoskelett positioniert die Rezeptoren funktionsgerecht.

setzt, der als CD11a, CD11b und CD11c verschieden gestaltet sein kann. Am PMN überwiegt das CD11b/CD18 Integrin. Außer zu ICAM1 und ICAM 2 weisen CD11b und CD11c auch eine hohe Affinität zu einem Opsonin der Complementkaskade, C3bi, auf. C3bi spielt bei Scavengeraktivitäten eine wichtige Rolle (S. 100). Zu weiteren Typen von Integrinen siehe S. 227f.

Im Gegensatz zu den Selektinen ermöglichen die **β2-Integrine** der PMN eine feste Bindung zu den Partnern am Endothel, die der **Immunglobulin-Superfamilie** angehören: zu ICAM1 (CD54), ICAM2 (CD102) und PECAM1 (CD31) (intercellular adhesion molecule bzw. platelet endothelial cell adhesion molecule). ICAM 2 wird konstitutiv auf der Endotheloberfläche exprimiert und vermittelt die Emigration außerhalb von Entzündungsvorgängen. ICAM 1 wird dagegen erst auf Transskriptionsreize hin von Endothelzellen produziert und in die Zellmembran eingebaut. Solche Transskriptionsreize stellen Cytokine wie IL-1 und TNFα dar (S. 202), die im Entzündungsbereich zum Endothel benachbarter postkapillarer Venen diffundieren und dort die Bildung von ICAM1 induzieren. Am hinauf regulierten ICAM1 können vermehrt PMN binden und in weiterer

Folge emigrieren. Über diese Informationsfolge: Cytokinproduktion im Entzündungsherd – ICAM1-Expression am Endothel – Bindung von PMN – Emigration der PMN aus der Blutbahn im Entzündungsbereich werden Zellen in der Zirkulation über das Entzündungsgeschehen außerhalb der Blutbahn informiert und an den Ort des Bedarfs dirigiert. Um einen Transskriptionsreiz auszulösen, müssen Cytokine allerdings in höherer Konzentration über mehrere Stunden auf Endothelzellen einwirken. Mit diesem Verzögerungseffekt erreicht der Organismus, dass geringfügige, kurzdauernde Reize wirkungslos bleiben.

ICAM3 ist ein Vermittler der homotypischen PMN-zu-PMN-Bindung, die den Granulozytenwall zur Demarkation eines Entzündungsherdes aufbauen hilft (S. 178).

Die Bestandsdichte von PECAM 1 (CD31) nimmt an der Peripherie der

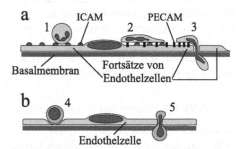

Abb. 59. *Emigration von Zellen aus der Blutbahn ins Gewebe.* (a) Myeloische Zellen nehmen den Weg zwischen den Endothelzellen. PMN (1) haften mittels Integrinen an Adhäsinen vom ICAM-Typ am Endothel (sticking). Die Bestückung der Endothelzelle mit PECAM-Adhäsinen nimmt in Richtung Zellperipherie zu. Dieser Gradient dient dem wandernden PMN (2) zur Orientierung, um die Kontaktstelle zwischen Endothelzellen zu finden (Haptotaxis), wo er die Blutbahn nach enzymatischer Lyse der Basalmembran verlässt (3). (b) Lymphatische Zellen können darüber hinaus eine Endothelzelle direkt durchwandern (Emperipolesis). Dabei zieht sich nach Anhaften des Lymphozyten das Zytoplasma der Endothelzelle zurück (4), bis sich die luminalen und abluminalen Membranen berühren und miteinander verschmelzen, so dass ein Membranumgebener Kanal durch die Endothelzelle entsteht. Nach Lyse der Basalmembran wandert der Lymphozyt in das Gewebe (5).

Tabelle 6. Prominente Adhäsine auf Granulozyten, Monozyten und Endothel

Immunglobulin Superfamily	Integrine	Selektine	andere
MHC Klasse I	β2- Integrine	L-Selektin (CD62L)	Sialyl Lewis X
MHC Klasse II (CD74)	LFA 1 (CD11a / CD18)	E-Selektin (CD62E)	(CD15s)
	MAC 1 (CD11b / CD18)	P-Selektin (CD62P)	
ICAM 1 (CD54)	P 150,95 (CD11c / CD18)		
ICAM 2 (CD102)			
ICAM 3 (CD50)	β-1 Integrine		
PECAM 1 (CD 31)	VLA 1 (CD49a / CD29) bis		
VCAM 1 (CD106)	VLA 6 (CD49f / CD29)		

Molekülketten der Immunglobulin- Superfamilie bestehen aus fünf Domänen, deren Schleifen durch Disulfidbrücken zusammen gehalten werden. β2-Integrine sind locker aneinander gebundene Heterodimere aus dem konstanten CD18 Molekül und dem variablen CD11a, 11b oder 11c-Anteil. β1-Integrine bestehen aus dem konstanten CD29 und den variablen Anteilen CD49a bis 49f. Selektine bilden eine einfache gefaltete Proteinkette. Sialinisierte Proteine enthalten reichlich Kohlenhydrate. Adhäsine sind in der Zellmembran verankert und geben über ihre intrazelluläre Portion Informationen an die Zelle weiter.

Endothelzelle zu. Dieser Gradient dient emigrierenden PMN als Orientierung für ihren Weg aus der Gefäßbahn (**Abb. 59**).

VCAM 1 (vascular cell adhesion molecule) ist in seinem Aufgabenbereich mit den ICAMs vergleichbar mit dem Unterschied, dass dieses Adhäsin das β1-Integrin VLA4 an Monozyten und lymphatischen Zellen als Bindungspartner bevorzugt.

Einen Überblick über die Adhäsine geben die Tabellen 6 und 7.

Die Aktivierung der Adhäsine kann auf verschiedenem Weg geschehen. Eine Möglichkeit ist die Erhöhung der Affinität zum Liganden durch Konfigurationsänderung des Moleküls oder die Assoziation mit anderen Rezeptoren (**Abb. 60**). Diese Art der Aktivierung läuft schnell im Sekundenbereich ab. Eine andere Möglichkeit ist die Vermehrung der Zahl der Adhäsine durch Ergänzung aus intrazellulären Reserven, die in den Granula und Vesikeln angelegt sind (**Abb. 58**). Eine solche Ergänzung aus Reserven benötigt wenige Minuten. Eine Verstärkung der Rezeptorwirkung durch

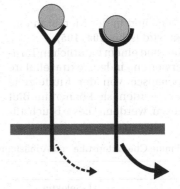

Abb. 60. *Geringe und hohe Bindungsfreudigkeit eines Rezeptors zum Liganden.* Ein Rezeptor kann durch Änderung der Molekularstruktur an der Bindungsstelle (Konformationsänderung) seine Bindungsfreudigkeit (Avidität) zum Liganden erhöhen und dadurch verstärkt Reize in das Zellinnere weiter geben.

Steigerung der Bindungsfreudigkeit und/oder der Zahl der Rezeptoren wird als **Hinaufregulierung** [up-regulation], das Gegenteil als **Hinunterregulierung** [down-regulation] bezeichnet. Glucocorticide hemmen eine Entzündung auch auf der Ebene der Adhäsine, indem ihre

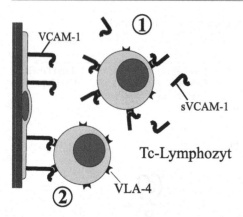

Abb. 61. *Inaktivierung eines Adhäsins durch seinen löslichen endothelialen Bindungspartner.* Die Bindung von Tc-Lymphozyten an VCAM-1 über VLA-4 ist eine der Voraussetzungen für die Emigration und anschließende zytolytische Zerstörung des Transplantats (2). Lösliches VCAM-1 (sVCAM-1) besetzt den Bindungspartner VLA-4 und macht dadurch ein Andocken am Gefäßendothel unmöglich (1). Eine Emigration des Tc Lymphozyten und die Zerstörung des transplantierten Organs wird damit unterbunden.

Zahl und Mobilität in der Membran eingeschränkt wird (**Abb. 104**, **105**).

Adhäsine sind einem natürlichen Turnover unterworfen, indem extrazelluläre Teile enzymatisch von der Mutterzelle abgespalten werden; sie können im Blut nachgewiesen werden. Diese Bruchstü-

cke werden mit dem Präfix „s" (soluble) bezeichnet, also z.B. sICAM1. Da sich gelöste Adhäsine ebenfalls an den Liganden binden, kompetieren sie mit den zellgebundenen Adhäsinen und wirken so als physiologische Blocker des Liganden (vgl. S. 113, **Abb. 61**). Aber auch eine potenzierende Wirkung ist möglich, indem gelöste Adhäsine Ligandenmoleküle aggregieren und damit aktivieren. Der Wirkungsmodus wird so wesentlich von der Art und Konzentration der gelösten Adhäsine bestimmt.

2.1.2.9 Klinische Bedeutung der Adhäsine

Der Nachweis gelöster Adhäsine hat diagnostische Bedeutung und lässt Schlüsse auf die Aktivität der Mutterzelle zu.

Erhöhte Konzentrationen von Cytokinen und Entzündungsmediatoren in der Blutbahn aktivieren PMN und Endothel, die auf diesen Reiz hin ihre Adhäsine hinaufregulieren, Als Folge resultiert eine verstärkte PMN zu PMN-Bindung, was zu PMN-Aggregaten in der Blutbahn und zu Mikroemboli an Engstellen von Gefäßen der Mikrozirkulation führen kann. Eine verstärkte Bindung der PMN an Endothelzellen bewirkt ebenfalls eine Behinderung des Blutflusses. Zusätzlich regen Cytokine und Mediatoren am En-

Tabelle 7. Einige Charakteristika von Adhäsinen.

Endothel	PMN	Effekt
E-Selektin P-Selektin	L-Selektin	„Rollen" (rolling)
ICAM 1 ICAM 2	CD11a / CD18 CD11b / CD18	„Haften" (sticking)
	ICAM3	homotypische Adhäsion
PECAM 1	CD11b / CD18	Transmigration
Kollagen Hyaluronsäure	VLA 1 bis 6 Sialyl-Lewis X	Haften auf Basalmembran Bewegung im Bindegewebe
	Monozyten Lymphozyten	
VCAM 1	VLA 4	Haften

Adhäsine am Endothel und Haftstrukturen in der Bindegewebsmatrix; ihre Bindungspartner an PMN, Monozyten und Lymphozyten; und der erzielte Effekt dieser Bindung.

dothel haftende PMN zur Abgabe zelltoxischer Produkte wie neutrale Proteasen und ROS an, die das Endothel schädigen. Dieser Pathomechanismus ist Teil der lebensbedrohlichen Komplikationen SIRS, ARDS und MOF. Auch die Abstoßung von Organtransplantaten beginnt mit einer verstärkten Haftung von Tc-Lymphozyten am irritierten Endothel des Transplantates, dessen Adhäsine hinaufreguliert sind (**Abb. 61**).

Therapeutisch erhofft man sich durch ein Abblocken zellständiger Adhäsine am Endothel oder am PMN mittels komplementärer löslicher Adhäsine eine Verringerung von unerwünschten Effekten, die mit der verstärkten Haftung verbunden sind (Zellaktivierungen, gesteigerte Emigration etc.). Rekombinant hergestellte lösliche Integrine und Vertreter der IgG Superfamilie wie sICAM 1 und sVCAM 1 bzw. ihre Analoga sind in Erprobung.

Beim Krankheitsbild der *CD11/CD18-Defizienz* (leukocyte adhesion deficiency, LAD) fehlen den PMN die β2-Integrine CD11a,CD11b und CD11c/CD18. Eosinophile und Basophile Granulozyten sind nicht betroffen. Der bisher nur in wenigen Fällen beobachtete Defekt wird autosomal rezessiv vererbt. Wegen der gestörten Adhäsion und Emigration ist die PMN-Zahl im Blut stark erhöht, die Abwehrleistung dagegen massiv herabgesetzt. Das klinische Erscheinungsbild ist durch wiederholte schwere Infekte bevorzugt im Bereich des Mundes, Halses und der Atemwege gekennzeichnet, die meist in der Kindheit zum Tode führen. Auch Selektin-Defekte sind beschrieben.

2.1.2.10 Die Emigration

Unter Emigration wird der *aktive Austritt* weißer Blutzellen aus der Blutbahn in das umliegende Gewebe verstanden. Ort der Emigration ist bevorzugt die postkapillare Venenstrecke. Der Vorgang der Emigration umfasst das feste Haften der weißen Zelle am Endothel, das aktive Aufsuchen einer Kontaktstelle zwischen zwei Endothelzellen, das enzymatische Auflösen der Basalmembran und das Verlassen der Blutbahn mittels amöboider Kriechbewegung. Es wird angenommen, dass beim Gesunden der Großteil der weißen Blutzellen die Blutbahn verlässt. Nur ein geringer Teil geht in der Zirkulation (Leber, Milz) zugrunde.

PMN machen in der Blutzirkulation eine Art Reifung durch, indem sie zunehmend Selektine abwerfen und dafür den Bestand der Integrine erhöhen (S. 151). Ab einer kritischen Dichte ihrer β2-Integrine gehen die PMN die feste Bindung mit dem Endothel ein, die eine Vorbedingung für die Emigration darstellt. Diese Zunahme der Integrine stellt vermutlich die „Uhr" dar, welche die Zirkulationsdauer im Blut bestimmt. Im Normalfall beträgt die durchschnittliche Zirkulationsdauer von PMN sechs bis acht Stunden. Durch positives Priming, etwa durch Cytokine oder aktivierte Mediatoren, kann diese Verschiebung des Anteils von Selektinen und Integrinen beschleunigt und so die Zirkulationsdauer verkürzt werden. Umgekehrt kann durch Glucocorticoide oder Katecholamine die Expression von Integrinen an der Zelloberfläche verzögert und damit die Zirkulationsdauer erhöht werden (S. 148).

Das feste Haften am Endothel über die Integrin-ICAM-Brücke leitet eine grundlegende Änderung des Stoffwechsels der PMN im Sinne einer Aktivierung ein. Die im metabolischen Sparbetrieb zirkulierenden PMN entwickeln nun Eigenbeweglichkeit und enzymatische Tätigkeit mit einer entsprechenden Steigerung des Energiebedarfs. Der fest haftende PMN wandert aktiv, amöboid kriechend, zu einer Kontaktstelle zwischen zwei Endothelzellen. Diesen für sein Verlassen der Blutbahn kritischen Ort findet er mittels *Haptotaxis*, worunter man die Orientierung durch den Gradienten eines Struktur- gebundenen Chemotaxins versteht. Das Haptotaxin stellt in diesem Fall das von den Endothelzellen an ihren Oberflächen exprimierte PECAM1 dar, dessen Besatzdichte an den Grenzen der Zellfortsätze zunimmt. (**Abb. 59a**). Vermutlich retrahieren sich die Endothelfortsätze aktiv nach Kontaktreiz mit dem PMN, der nun in den entstandenen Spaltraum zwischen zwei Endothelzellen eindringen kann. Der Kontakt mit dem PMN erhöht auch sprunghaft die Permeabilität des Endothelbelages für Plasma und trägt damit wesentlich zur Bildung des entzündlichen Ödems bei. Für das Erkennen und Haften an Strukturen der Basalmembran wie Kollagen, Laminin oder Proteoglykane besitzen PMN die Adhäsionsproteine Sialyl LewisX und die Adhäsionsmoleküle VLA 1–6 (very late antigen; S. 227f, **Tabelle 7**). Der Kontakt mit der Basalmembran aktiviert membranständige Enzyme am PMN, welche die Bestandteile der Basalmembran auflösen und die nötige Lücke für das Verlassen der postkapillare Gefäßbahn schaffen. Zu diesen Enzymen gehört die Metalloprotease CD10.

In vivo Beobachtungen an Modellen der Mikrozirkulation (S. 147) haben ergeben, dass die Emigration in den postkapillaren Venen nicht zufällig verstreut erfolgt, sondern dass gewisse Orte wie Krümmungen oder der Zusammenfluss zweier Venolen bevorzugt werden. Auch konzentriert sich das feste Haften der PMN auf gewisse Endothelzellen, deren Ausstattung mit Adhäsinen der IgG-Superfamilie besonders dicht ist.

Eosinophile und Basophile Granulozyten sowie Monozyten emigrieren grundsätzlich nach demselben Schema wie PMN. Lymphatische Zellen können den Weg zwischen den Endothelzellen, aber auch *durch* die Fortsätze *hindurch* nehmen. Bei diesem direkten Durchwandern, das als *Emperipolesis* bezeichnet wird, entsteht auf Kontaktreiz durch Fusion der luminalen und abluminalen Membranen der Endothelzelle ein Membran umschlossener Kanal, durch den der Lymphozyt die Endothelbarriere passiert. (**Abb. 59b**).

Wenn weiße Blutzellen die Gefäßwand durchwandern, entstehen notgedrungen Lücken in der Basalmembran. Diese Lücken schließen sich offenbar sofort hinter der Zelle nach ihrem Durchtritt. Es ist noch nie gelungen, ultramikroskopisch einen entsprechenden Defekt in der Basalmembran nachzuweisen.

2.1.2.11 Klinisch relevante Messgrößen zur Blutphase der PMN

Die *Zahl* und *relative Zusammensetzung der weißen Blutzellen* im strömenden Blut wird im „weißen Blutbild" [white blood cell count] erfasst und ist unter normalen Verhältnissen bei einem Individuum ziemlich konstant, wobei die interindividuelle Streubreite allerdings beträchtlich ist. Als Norm für die Gesamtzahl der Leukozyten gilt beim Erwachsenen der Bereich von 4.000 bis 12.000 Zellen pro Mikroliter Blut. Zahlen darunter werden als Leukopenie, darüber als Leukozytose bezeichnet. Der Anteil an PMN beträgt normal zwischen 45 und 70%, als absoluter Normbereich kann eine Zahl zwischen 1.500 und 8.000/µL angenommen werden. Bei Werten unterhalb dieser Norm spricht man von einer Neutropenie oder Granulopenie, darüber von einer Granulozytose. Eine Neutropenie unter 1000 PMN/µL wird als Risiko, unter 500/µL als hohes Risiko für Infekte angesehen, wobei natürlich auch die Dauer solcher Neutropenien berücksichtigt werden muss. Im frühen Kindesalter gelten andere Normwerte. Bei Neugeborenen wird die Norm für die Gesamtleukozytenzahl mit 5.000 bis 30.000/µL, beim Kleinkind bis zum ersten Lebensjahr mit 6.000 bis 17.000 angesetzt. Einer der Gründe für die hohe Zahl ist der noch mangelhafte Ausbildungsgrad der Adhäsine an myeloischen Zellen, der verhindert, dass PMN in größerem Umfange marginieren (S. 146). Im Gegensatz zu den Erythrozyten besteht bei der Zahl zirkulierender Leukozyten kein Geschlechtsunterschied. Das weiße Blutbild ist einem Zirkadianrhythmus unterworfen. In den späten Nachtstunden und am frühen Morgen ist die Zellzahl am höchsten. Ein Grund dafür ist in dem in diesem Zeitraum erhöhten Blutspiegel an Glucocorticoiden zu sehen, die sowohl eine Mobilisierung der Knochenmarkspeicher bewirken wie auch die Margination myeloischer Zellen herabsetzen (S. 148). Nach Nahrungsaufnahme ist die Zahl der weißen Blutzellen erhöht („Verdauungsleukozytose", S. 148).

Die Totalzahl an zirkulierenden Leukozyten beträgt beim gesunden Erwachsenen um 50 x 10^9 Zellen, wobei die einzelnen Leukozytentypen eine unterschiedliche Dynamik aufweisen. T-Lymphozyten halten sich nur kurz in der Blutbahn auf, treten rasch ins Gewebe über und rezirkulieren über die Lymphe ins Blut. Da eine solche Passage Blut-Gewebe-Lymphsystem-Blut etwa eine halbe Stunde dauert, wird der Organismus täglich etwa 50 Mal von diesen Zellen durchmustert. PMN sind dagegen „Ein-Weg-Produkte", die nach ihrer Blutphase von durchschnittlich sechs bis sieben Stunden ins Gewebe oder auf Körperoberflächen auswandern und dort zugrunde gehen. Eine Rezirkulation in die Blutbahn findet nicht statt. Die Gesamtzahl an PMN im strömenden Blut beträgt beim gesunden Erwachsenen um die 20 bis 35 x 10^9 Zellen. Bei einer rund viermaligen Erneuerung des Blutpools innerhalb von 24 Stunden ergibt sich ein täglicher Verschleiß von 70 bis 120 Milliarden, also im Schnitt etwa 10^{11} PMN, die physiologisch im Zuge ihrer Scavenger- und Abwehrtätigkeit verbraucht werden oder – offensichtlich ineffektiv – apoptotisch zugrunde gehen (S. 199f). Bei einem Durchschnittsvolumen von ca. 220 μm^3 pro PMN entspricht das einer soliden Zellmasse von 15 bis 25 ml.

Das hohe Aufgebot an Zellen der unspezifischen Abwehr für den täglichen Normalverbrauch erklärt sich aus den Dimensionen der zu bewältigenden Aufgaben. Kritische Bereiche, die mögliche Eintrittspforten für Mikroorganismen in den Körper darstellen, sind vor allem die mit Schleimhaut ausgekleideten inneren Körperoberflächen. Die Gesamtoberfläche, die alle Erhebungen einschließt, wird für den Dünndarm mit 120 bis 200 m^2, für den Respirationstrakt mit etwa 70 bis 100 m^2 angegeben. Es ist daher verständlich, dass Einschränkungen der Zahl oder Funktionen zirkulierender PMN unter ein kritisches Minimum

unweigerlich zu Infekten, im besonderen durch Bakterien und Pilze, führen (S. 271ff). Leukozyten, die durch *Diapedese* auf Körperoberflächen gelangt sind, werden mit dem Schleim oder den Fäzes abgegeben. Ihr Material geht dem Organismus weitgehend verloren. Das vom Erwachsenen benötigte tägliche Eiweißminimum von 0.7g/kg Körpergewicht, das über die Nahrung zugeführt werden muss, wird an erster Stelle vom Immunsystem verbraucht. PMN, die in Geweben apoptotisch zugrunde gehen, werden von Makrophagen phagozytiert, wobei ihr Material einem Recycling zugeführt wird. Bei starken Entzündungen, wie z.B. bei Sepsis, kann sich der tägliche Verbrauch an PMN auf das Zehnfache erhöhen. Das Material für den Mehrbedarf (es kann sich dabei um einen Viertel Liter an Zellmasse handeln!) wird in erster Linie aus dem Abbau von Muskeleiweiß gewonnen.

Die klinische Aussagekraft des weißen Blutbildes. Der PMN durchläuft während seines Lebens bestimmte Stadien der Entwicklung, Aufenthaltsorte und Funktionen, die summarisch als „Pools" bezeichnet werden, nämlich den Knochenmarkspool, (Vermehrung, Differenzierung, Reifung und Speicherung), den Blutpool syn. zirkulierenden Pool (Transport zum Bestimmungsort) und den Gewebspool (Scavenger-Aufgaben und Keimabwehr in und auf Geweben). Der Blutpool teilt sich wieder in zwei Kompartimente: in den marginalen Pool, das sind PMN, die sich zwar in der Zirkulation befinden, aber vorübergehend am Gefäßendothel haften und damit im strömenden Blut nicht aufscheinen, und den zentralen Pool, das ist der Anteil des zirkulierenden Pools, der mit dem strömenden Blut mitgetragen wird (S. 146f). Nur dieser zentrale Anteil des Blutpools wird bei der üblichen Blutentnahme gewonnen und ist damit der klinischen Routinediagnostik mit einfachen Mitteln zugänglich, alle anderen Pools können nur durch Messungen mit aufwendigen Methoden und zum Teil nur auf indirektem Wege erfasst werden (**Abb. 62**).

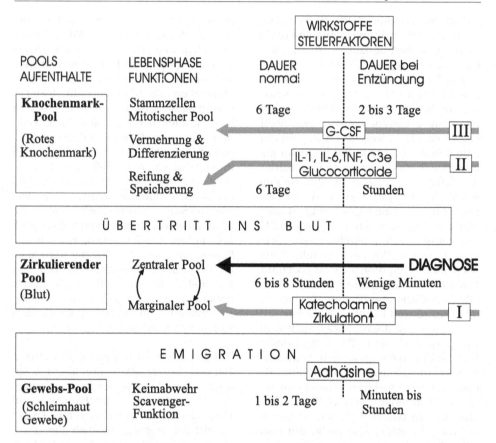

Abb. 62. *Lebensphasen eines PMN ohne Entzündung und während eines entzündlichen Prozesses.* Die Entwicklungsdauer eines PMN von der Stammzelle bis zum Metamyelozyten beträgt im *nicht entzündeten Organismus* etwa sechs Tage, die Reifung der Metamyelozyten zum segmentkernigen PMN und die Phase der Speicherung weitere sechs Tage (Knochenmarkspool). Danach tritt der PMN in die Blutzirkulation ein, wo er sechs bis acht Stunden bis zu seiner Emigration verbleibt. Nicht alle PMN bewegen sich mit dem strömenden Blut, etwa die Hälfte ist marginiert. Die PMN des marginalen und zentralen Pools sind in einem ständigen Austausch begriffen. Nach der Emigration in Gewebe geht der PMN seinen Aufgaben als Scavenger oder als Schutz der Körperoberflächen gegen eindringende Keime nach. Nicht beanspruchte PMN gehen nach längstens zwei Tagen durch Apoptose zugrunde. Bei *Entzündungen* besteht ein vermehrter Leukozytenbedarf, und die vorhandenen Reserven werden etappenweise im Maß des Bedarfs mobilisiert (I, II und III). Das am schnellsten verfügbare Depot an PMN ist der marginale Pool, der innerhalb von Minuten in den zentralen Pool verlagert werden kann (I). Rasch wirkende Einflüsse, die den marginalen Pool freisetzen, sind Katecholamine oder eine Zirkulationssteigerung in den Blutspeichern. Das Depot, das zeitlich als nächstes herangezogen wird, sind die Speicher reifer PMN im Knochenmark (II). Die Leukozytosefaktoren IL-1, IL-6, TNFα, C3e und Glucocorticoide (Cortisol) lösen die Mobilisierung der Speicher aus. Die letzte Möglichkeit, einem vermehrten PMN- Bedarf zu entsprechen, ist die erhöhte und beschleunigte Nachproduktion im Knochenmark (III). Bei der Anregung zur Mehrproduktion nehmen die CSF eine zentrale Stellung ein. Die Produktions- und Lagerungsdauer kann bei starken Entzündungen bis auf zwei bis drei Tage herabgesetzt werden. Durch eine Aktivierung der Adhäsine am Endothel des Entzündungsbereiches werden PMN nach verkürzter Zirkulationsdauer in den Entzündungsherd gelenkt. In der initialen, akuten Phase eines Entzündungsprozesses ist die Lebensdauer der PMN im Entzündungsherd drastisch auf wenige Minuten verringert. Nur der zentrale Blutpool ist einer klinischen Routinemessung zugänglich. Um über den Aktivitätszustand des PMN- gestützten Abwehrsystems diagnostischen Aufschluss zu erhalten, ist die Beurteilung der Morphologie und Zahl der PMN das übliche Verfahren, wobei die Zahl nicht zwingend die Aktivität des Gesamtsystems wiederspiegelt.

Dieser zentrale Pool ist es, der die bekannte Messgröße des „weißen Blutbildes" durch Blutentnahme liefert, und aus dem ein Untersucher versucht, sich ein Bild von den zugrundeliegenden Gesamtvorgängen zu machen. Im Normalfall wird sich ein Fließgleichgewicht, ein „steady state" herausbilden, in dem sich die Nachproduktion und Freisetzung aus dem Knochenmark, die Zahl der pro Zeiteinheit im Blut transportierten und der am Bestimmungsort verbrauchten PMN die Waage halten, was voraussetzt, dass die Pools gleichmäßig durchlaufen werden. Das weiße Blutbild stellt aber eine statische Größe dar, welche die dynamischen Verhältnisse im Organismus nicht zwingend wiedergibt. Die zu einem bestimmten Zeitpunkt in der Blutbahn gemessene Zahl der PMN wird im Wesentlichen von drei dynamischen Faktoren bestimmt: von der Belieferung des Blutes mit PMN durch das Knochenmark, von der Verteilung der PMN im marginalen und zentralen Pool, und von der Emigration der PMN aus der Blutbahn. Ein Ansteigen der Zellzahl kann sowohl eine verstärkte Nachlieferung aus dem Knochenmark, eine Verschiebung des marginalen in den zentralen Pool wie auch eine Verringerung der Emigration und damit eine Verlängerung der Zirkulationsdauer, und auch das Zusammenwirken mehrerer dieser Komponenten, bedeuten.

Der Fall einer gesteigerten Knochenmarkmobilisierung würde auf eine verstärkte Entzündungsaktivität hinweisen, eine verringerte Emigration jedoch auf das Gegenteil, nämlich eine herabgesetzte Immunleistung. Umgekehrt kann ein Abnehmen der PMN-Zahl im strömenden Blut eine verringerte Zulieferung aus dem Knochenmark, also eine Immunschwäche bedeuten wie auch das Gegenteil, nämlich einen Mehrverbrauch oder eine Sequestrierung in der Kreislaufperipherie im Zuge einer Überaktivierung des Abwehrsystems (S. 284). Somit ist das weiße Blutbild, obwohl häufig gemessen und interpretiert, ein äußerst unzuverlässiger und manchmal irreführender Parameter und nur bedingt geeignet, die Leistungsfähigkeit und den Zustand des unspezifischen Immunsystems auszudrücken. Mehr Aufschluss gibt die Kombination mit weiteren Messgrößen der unspezifischen Abwehr (S. 205f).

2.1.3 Die Gewebsphase des PMN

Ist ein PMN im Gewebe angelangt, beginnt für ihn ein neuer Lebensabschnitt. Der Kontakt mit der Gefäßwand und die Emigration verzögern seine Apoptose und erhöhen seinen Primingszustand. Eine solche Zelle zeigt auf Aktivierungsreize gesteigerte Reaktionen. Vergleicht man experimentell in derselben Versuchsperson die Reaktivität der PMN in der Blutbahn mit der Reaktivität gerade emigrierter PMN, so ergeben sich deutliche funktionelle Unterschiede. Eine Emigration hat eine beträchtliche Stoffwechselsteigerung und einen erhöhten Energieverbrauch zur Folge. Ist ein PMN einmal emigriert, bleibt er ständig in aktiver Bewegung, wobei er zwei Bewegungsformen einnehmen kann:

■ Ohne Stimulation durch chemische Lockstoffe stellt sich eine Bewegung ohne bevorzugte Bewegungsrichtung ein, die als **ungerichtete**, oder auch als **Spontanbewegung** bezeichnet wird. Da die Zellen dabei im in vitro-Modell auf ebener Unterlage ihre Richtung ohne erkennbare Orientierung nach statistischen Zufallsgesetzen einschlagen und ändern, wird auch von Zufallsbewegung [random migration] gesprochen. In vivo folgen PMN allerdings vorgegebenen Strukturen wie Gewebsspalten, Faserzügen oder Membranen. Die Spontanbewegung ist gewöhnlich langsam und Energie sparend.

■ Der PMN trifft auf einen chemischen Lockstoff, dem er in Richtung der höheren Konzentration folgt. Man spricht von **gerichteter** oder **chemotaktischer** Bewegung. Bei der chemotaktischen Bewegung ist die Bewegungsgeschwindigkeit und damit der Energieverbrauch erhöht (**Abb. 63**).

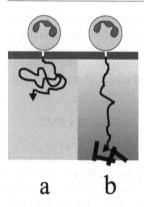

a   b

Abb. 63. *Ungerichtete Spontanbewegung und chemotaktische Bewegung.* Nach Verlassen der Blutbahn bewegt sich ein PMN entweder ungerichtet (a), oder er gerät in den Bereich eines chemotaktischen Gradienten (b), dem er in Richtung der höheren Konzentration folgt (positive Chemotaxis).

2.1.3.1 Die selbständige Bewegung der PMN in Geweben

2.1.3.1.1 Chemotaxis und Chemokinetik

Definitionen

Unter **Chemotaxis** versteht man die Beeinflussung der *Bewegungsrichtung* sich aktiv bewegender Zellen oder Zellfortsätze durch chemische Reize. Chemotaxis kann positiv (zum Reiz hin) oder negativ (vom Reiz weg) sein. Bei der **Haptotaxis** ist der chemotaktische Reiz Struktur-gebunden. Substanzen, die eine Chemotaxis auslösen, werden als **Chemotaxine** bezeichnet.

Unter **Chemokinetik** versteht man die Beeinflussung der *Bewegungsgeschwindigkeit* sich aktiv bewegender Zellen durch chemische Reize. Chemokinetik kann positiv (erhöhte Wanderungsgeschwindigkeit) oder negativ (verringerte Geschwindigkeit) sein.

Als Überbegriff für eine aktive Ortsveränderung von Zellen (Lokomotion) wird der Ausdruck **Migration** gebraucht. Migration schließt Spontanbewegung, Chemotaxis und Chemokinetik ein.

Die gerichtete Bewegung

Voraussetzung für eine gerichtete Bewegung ist, dass ein Chemotaxin in einem Konzentrationsgefälle, einem **chemotaktischen Gradienten**, vorliegt. Solche Gradienten bilden sich spontan aus, wenn ein Chemotaxin von seinem Entstehungsort oder dem Ort seiner Applikation im Gewebe oder von einer Oberfläche weg in die Umgebung diffundiert. (**Abb. 64**). Die steigende Konzentration eines Lockstoffes liefert einem PMN die Information darüber, wo sich das Zentrum des Schadmaterials befindet, von dem das chemotaktische Signal ausgeht. Der Zweck der Chemotaxis ist das **Auffinden von Schadmaterial**.

Chemotaxis kann positiv oder negativ sein, je nachdem ob sich eine Zelle in den Gradienten hinein oder von ihm fort bewegt. Weiße Blutzellen sind ausschließlich zu **positiver Chemotaxis** befähigt. Negative Chemotaxis ist bei Einzellern ausgeprägt und stellt als primitive Fluchtreaktion eine Überlebensstrategie dar. Bei Wirbeltieren hat negative Chemotaxis während der Embryonalentwicklung bei der Verteilung von Zellmaterial Bedeutung. Melanoblasten z.B. geben nach einer Vermehrungsperiode, während der die Tochterzellen nebeneinander zu liegen kommen, negativ wirkende Chemotaxine ab, über die sie sich voneinander abstoßen und auf diese Weise gleichmäßig in der Haut verteilen. Auch Zellfortsätze können sich chemotaktisch orientieren. So finden etwa die Neuriten der Vorderhorn-Wurzelzellen während ihres Auswachsens aus den Neuroblasten ihren Weg über Chemotaxine (nerve growth factor S. 116), die von den zugehörigen Myotomen abgegeben werden.

Analog zur Chemotaxis kann *Chemokinetik* positiv oder negativ ausgeprägt sein, je nachdem ob die Ortsveränderung durch einen Wirkstoff beschleunigt oder verlangsamt wird. Die Geschwindigkeitsveränderungen können die Spontanbewegung wie auch die chemotaktische Bewegung betreffen.

Chemotaxis und Chemokinetik werden über verschiedene molekularbiologi-

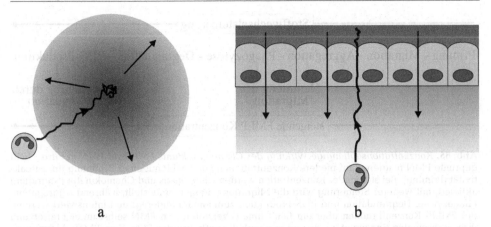

a   b

Abb. 64. *Bildung chemotaktischer Gradienten.* Chemotaktische Gradienten bilden sich spontan aus. In Geweben diffundieren Chemotaxine von einem Zentrum – z.B. einem bakteriellen Herd – weg sphärisch in die Umgebung, wobei sich ihre Konzentration mit dem Abstand von der Quelle verringert (a). Dringen Chemotaxine von Oberflächen in Gewebe ein, nimmt ihre Konzentration mit der Gewebstiefe ab (b). PMN wandern immer in Richtung der höheren Konzentration und finden die Quelle des Chemotaxins mit Hilfe dieses Konzentrationsunterschiedes (chemotaktischer Gradient). Im Zentrum des Chemotaxins, bei fehlendem Gradienten, bewegen sich PMN wieder ungerichtet.

sche Mechanismen gelenkt und können im Experiment getrennt stimuliert werden. Körpereigene Wirkstoffe, die auf PMN chemokinetisch wirken, ohne chemotaktisch zu sein, sind z.B. Serotonin, PGF2α, Katecholamine über α-Rezeptoren und IL-1, unter exogenen Faktoren z.B. Ascorbinsäure. Diese Stoffe bewirken eine verstärkte Energiefreisetzung und die Aktivierung des Zellmotors, des Cytoskeletts (**Abb. 16, 91**). Für Chemotaxine gilt allgemein, dass sie auch positiv chemokinetisch wirken, was ja im Sinn der Einrichtung ist: Schadmaterial soll gezielt und beschleunigt aufgesucht werden, um eine möglichst rasche Eliminierung zu ermöglichen. Wegen dieser Doppelwirkung wurde für diese Wirkstoffe die Bezeichnung **Chemoattraktant** [chemoattractant] geprägt, die beide Stimulationsmomente, die chemotaktische wie die chemokinetische, einschließt.

Diese allgemeinen Regeln sind nur für einen gewissen Konzentrationsbereich eines Chemotaxins gültig. Konzentrationen über einer Obergrenze hemmen sowohl Chemotaxis wie Chemokinetik und drosseln die ortsverändernde Zellbewegung bis zum Stillstand (S. 177f).

Mit der Steigerung des Stoffwechsels wird der chemotaktisch stimulierte PMN auch über ein höheres Priming-Niveau auf neue funktionelle Aufgaben vorbereitet: Phagozytose, Granulaabgabe und Produktion von ROS. Da PMN kaum Energieträger von außen aufnehmen, sondern von ihren Glykogenvorräten zehren, sind bei erhöhtem Energieverbrauch diese Reserven bald erschöpft und die Lebensdauer ist damit begrenzt.

Der Sinn der verschiedenen Fortbewegungsformen Spontanbewegung und Chemotaxis lässt sich so interpretieren: Verlässt ein PMN die Blutbahn und ist kein Zielobjekt für seine Aktivitäten in unmittelbarer Nähe, beginnt er mit einer mäßig schnellen, energiesparenden, ungerichteten Suchbewegung, in deren Verlauf er in einen chemotaktischen Gradienten geraten kann. Im Gradienten wird dann das Zielobjekt orientiert und beschleunigt aufgesucht. Findet die Zelle innerhalb eines gegebenen Zeitraums kein Zielobjekt, geht sie an Apoptose zugrunde.

PMN sind zwar die schnellsten, nicht aber die einzigen Zellen, die zu einer aktiven Ortsveränderung fähig sind. Neben

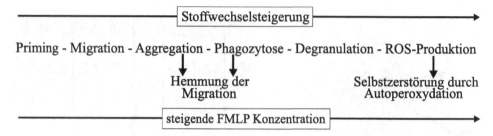

Abb. 65. *Konzentrationsabhängige Wirkung des Chemoattraktants FMLP auf PMN in vitro.* Nicht geprimte PMN reagieren auf niedere Konzentrationen von FMLP mit einer Erhöhung ihrer Reaktivität (Priming). Bei steigender Konzentration werden Chemotaxis und Chemokinetik (Migration) aktiviert, mit weiterer Steigerung wird die Migration dagegen eingestellt, während Aggregation, Phagozytose, Degranulation und ROS-Produktion zunehmend angeregt und intensiviert werden. Bei FMLP- Konzentrationen über ein Limit hinaus zerstören sich PMN selbst unter Freisetzung ihres lysosomalen Enzympotentials und massenhaft synthetisierter ROS. Eine PMN- Aktivierung ist mit einer Stoffwechselsteigerung verbunden.

ihnen migrieren unter physiologischen Bedingungen noch: Eosinophile und Basophile Granulozyten, Monozyten/Makrophagen, Mastzellen, Lymphozyten, Fibroblasten, Zellen des Gefäßendothels, Melanozyten, modifizierte glatte Muskelzellen und eine Reihe von Tumorzellen. Die Zellmigration spielt während der Keimesentwicklung und Embryogenese eine entscheidende Rolle.

2.1.3.1.2 Chemotaxine für PMN

Chemotaxine sind gelöste Stoffe, die eine Chemotaxis auslösen können. Sie wirken über Rezeptoren auf die Zielzelle. Nach ihrer Herkunft unterscheidet man

- exogene (von außen eingebrachte) und
- endogene (im Körper selbst entstandene) Chemotaxine.

Exogene Chemotaxine

In der Bedeutung an erster Stelle steht mikrobielles Material, Stoffwechselprodukte wie Bausteine von Bakterien, Viren und Pilzen. Im Verlauf der Evolution haben sich für bestimmte Aminosäure-Sequenzen in Bakterientoxinen spezielle Rezeptoren an Leukozyten entwickelt, über welche die Erreger chemotaktisch aufgesucht werden können. Eine solche Markersequenz tragen Peptide, die für eine Reihe von Bakteriento-

xinen als Starterproteine ihrer Synthese dienen, nach der Produktion des Toxins aber abgespalten und zusammen mit dem Toxin abgegeben werden. Diese Peptide finden in der Forschung vielfache Anwendung. Am gebräuchlichsten ist das formylierte Tripeptid N-Formyl-Methionyl-Leucyl-Phenylalanin (FMLP), das auch synthetisch hergestellt wird. FMLP ruft wie grundsätzlich alle Chemotaxine an PMN konzentrationsabhängig unterschiedliche Wirkungen hervor. (**Abb. 65**).

Endogene Chemotaxine

Denaturierte Proteine, wie sie im Rahmen von Zell- oder Gewebszerfall entstehen können, wirken chemotaktisch und lenken Zellen des Scavengersystems an den Ort ihrer Tätigkeit. Dieser Gruppe sind Albuminfragmente und Fibrin-Abbauprodukte zuzuordnen. Hämatome und Thromben locken reichlich Phagozyten an, welche die typischen lokalen Entzündungsreaktionen wie Schmerz, Rötung und Schwellung auslösen. Bei ausreichend starker Noxe treten darüber hinaus systemische Reaktionen wie Fieber, Leukozytose und Akutphase-Proteine auf. Auch das Milcheiweiß Casein wirkt auf PMN und Makrophagen stark chemotaktisch. Milch, die bei Milchstau die Milchgänge sprengt und ins Gewebe austritt, erzeugt stark eitrige aseptische Abszesse.

Eine Reihe funktionsstarker und gut studierter endogener Chemotaxine gehört den körpereigenen Mediatorsystemen an. Im Complementsystem ist C5a stark chemotaktisch, im Kallikrein-Kininsystem der Faktor XII und Kallikrein, unter den lipogenen Mediatoren TXA2, LTB4 und der PAF. C3a, C4a und PGF2α wirken dagegen auf PMN nur chemokinetisch. Der Effekt von Chemotaxinen kann im Synergismus mit körpereigenen Wirkstoffen, die selbst nicht chemotaktisch wirken, wesentlich verstärkt werden [co- stimulation].

Die Aktivierung körpereigener Chemotaxine hat entscheidende Bedeutung für die Steuerung der Entzündung. Weiße Blutzellen exprimieren je nach Typ und Priminggrad ein unterschiedliches Repertoire an Chemotaxin-Rezeptoren und sind daher für Chemotaxine verschieden ansprechbar. Letztlich bestimmen die freigesetzten Chemotaxine den eine Entzündung beherrschenden Zelltyp und damit den Charakter der Entzündung. Umgekehrt beeinflussen die Entzündungszellen die Aktivierung und Freisetzung von chemotaktischen Faktoren, so dass die Zellen sowohl untereinander wie auch mit den ihre Aktivitäten lenkenden Wirkstoffen in einem ständigen „Zwiegespräch" [cross talk] verbunden sind.

2.1.3.1.3 Chemotaxigene

In der komplexen Kette der Steuerung einer Entzündung kommt auch den Chemotaxigenen eine bedeutende Rolle zu. Da für sie keine Rezeptoren vorhanden sind, wirken sie nicht direkt chemotaktisch, sondern ihr Effekt ist indirekt, indem sie die körpereigenen Chemotaxine der Mediatorsysteme aktivieren. Auch hier erleichtert eine Einteilung nach ihrer exogenen und endogenen Herkunft den Überblick.

Exogene Chemotaxigene

Für die medizinische Praxis an erster Stelle sind hier mikrobielle Produkte zu nennen, und unter ihnen wiederum die *Lipopolysaccharide (LPS)* als Membranbausteine Gram-negativer, sowie *Lipoteichonsäure-* Verbindungen Gram-positiver Bakterien. Beide Wirkstoffgruppen aktivieren konzentrationsabhängig serogene Mediatoren wie auch eine Reihe von Zelltypen, die wiederum Chemotaxine abgeben können. LPS wirken auf Zielzellen über einen spezifischen Rezeptor (CD14), dessen Aktivierung durch die Bindung von LPS an ein humorales Protein, das LPS-binding-protein (LBP), wesentlich intensiviert wird. LBP ist ein 58 kD Protein, das in der Leber synthetisiert wird und in der Akutphase vermehrt auftritt (**Abb. 66**). Auch gewisse Tiergifte (Insekten, Schlangen) aktivieren je nach Typ körpereigene Mediatorsysteme und ihre Chemotaxine. Zum Beispiel startet eine Fraktion des Kobragifts [cobra venom factor] das Complementsystem spezifisch über den Nebenschluss und setzt damit das stark chemotaktische C5a frei. Die Fraktion findet in der Forschung Verwendung. Als Chemotaxigene im weiteren Sinn können auch chemische und physikalische Reize angesehen werden, die Mediatoraktivierungen auslösen, wie unphysiologische pH-Werte, Osmolarität, Chemikalien, thermische und aktinische Einwirkungen, Druck, Vibration u.a.

Endogene Chemotaxigene

Antigen-Antikörperkomplexe aktivieren das Complementsystem und damit das chemotaktische C5a. Proteolytische lysosomale Enzyme aktivieren Faktoren des Complementsystems, des Kontaktaktivierungs-Systems und stimulieren Zellen zur Abgabe chemotaktischer lipogener Mediatoren und Cytokine. Dieser Stimulationszyklus: chemotaktische Attraktion von Phagozyten in den Entzündungsherd – Abgabe von proteolytischen Enzymen – Aktivierung von Chemotaxinen durch Proteasen – Attraktion weiterer Phagocyten usf. spielt eine tragende Rolle bei der autokatalytischen Aufschaukelung des Entzündungsvorganges in der Frühphase

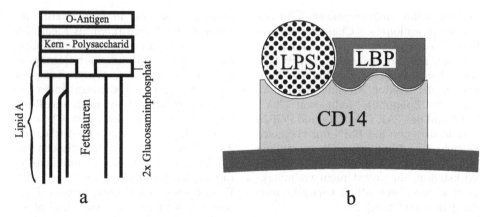

Abb. 66. *Lipopolysaccharide(LPS) und ihr Wirkungsmodus auf Entzündungszellen.* (a) Strukturschema eines LPS. Für die pro-inflammatorische Wirkung ist das Lipid A verantwortlich. (b) Die Bindung eines LPS- Moleküls an das LPS binding protein (LBP) erhöht die Affinität zum LPS- Rezeptor CD14 beträchtlich.

der Entzündung (S. 90). Mediatoren und Mediatorsysteme, Cytokine, ROS, NO, Wachstumsfaktoren und immunkompetente Zellen stimulieren sich gegenseitig und sind so in das komplexe Netzwerk der Entzündungssteuerung auch in der Rolle als „Chemotaxigene" mit eingeflochten.

Im Lauf von Entzündungsprozessen oder bei Verletzungen des Pankreas ins Gewebe geratenes Pankreastrypsin ist ein starker Aktivator von Chemotaxinen und damit indirekt für die massive zellige Infiltration des Organs mit verantwortlich, die häufig zu dessen eitriger Zerstörung führt.

2.1.3.1.4 Unterschiedliche Reaktivität verschiedener Zelltypen gegenüber Chemotaxinen

Das über Chemotaxine Gesagte gilt allgemein für alle weißen myeloischen wie lymphatischen Zellen, und darüber hinaus für alle Zelltypen, die sich chemotaktisch ansprechen lassen, sei es während der Embryonalentwicklung oder beim erwachsenen Organismus, wie auch für Tumorzellen. Im Speziellen ist die Reaktivität auf ein bestimmtes Chemotaxin jedoch vom Zelltyp und seinem Zustand geprägt, wobei die Wirkung vom spezifischen Sortiment der Rezeptorbestü

ckung, von der Rezeptorzahl und der Affinität des Rezeptors zum Chemotaxin bestimmt wird. So kann eine Substanz auf einen Zelltyp chemotaktisch wirken, für einen anderen aber unwirksam sein oder sogar einen gegenteiligen Effekt ausüben und die Zellbewegung hemmen. Kokken-Toxine (von Staphylo- Strepto-, Pneumo-, Meningo-, Gonokokken) etwa sind speziell für PMN chemotaktisch, sprechen dagegen viel weniger andere Entzündungszellen an. Sie erzeugen daher massive Ansammlungen von PMN, die zusammen mit lytisch zerfallenen Gewebsresten als „Eiter" bekannt sind. Diese Krankheitskeime werden folgerichtig als „Eitererreger", und die Entzündungsform als „eitrige Entzündung" bezeichnet. Als Gegenbeispiel seien die Toxine von Mykobakterien (Tuberkulose, Lepra) angeführt. Sie wirken auf PMN nur gering, stark chemotaktisch dagegen auf Monozyten/Makrophagen, die daher das Bild der Entzündung bestimmen. Durch die Abgabe einer Reihe von Cytokinen und Wachstumsfaktoren stimulieren die Makrophagen wiederum das Bindegewebswachstum und locken Lymphozyten chemotaktisch an, so dass der „granulomatöse" Typ dieser Entzündungen geprägt wird, der durch Makrophagen, Lymphozyten, Bindegewebe und Gefäßreichtum, aber nur spärliches Auftreten von PMN gekennzeichnet ist. Die im Zuge anaphylaktischer Reaktionen vermehrt freigesetzten Mittlerstoffe Histamin und Eotaxin sind für Eosinophile Granulozyten spezifisch chemotaktisch, während Histamin die Chemotaxis von PMN hemmt (S. 26f). Die bei „Allergien" das Entzündungsbild beherrschende Zelle ist folglich der Eosinophile Granulozyt (S. 290).

2.1.3.1.5 Wie wirken Chemotaxine richtungsorientierend?

Der Mechanismus, der einer chemotaktisch aktivierten Zelle anzeigt, in welcher Richtung die Konzentration eines Chemotaxins ansteigt, läuft über Rezeptoren. Die Rezeptoren für Chemotaxine sind auf der Oberfläche einer nicht stimulierten Zelle nach Zufallsgesetzen, also statistisch gleichmäßig, verteilt. Für die unterschiedlichen Chemotaxine sind spezifische Rezeptortypen vorhanden; je nach Primingstatus finden sich pro Phagozyt etwa 10.000 bis 100.000 Rezeptoren eines Typs. Gut untersuchte, auf Granulozyten und Makrophagen exprimierte Rezeptoren sind solche für FMLP, C5a, LTB4, PAF, sowie CXC und CC Chemokine, unter letzteren das IL-8 (spezifisch chemotaktisch für PMN) und das MCP-1 (monocyte chemotactic protein, spezifisch für Monozyten). Alle in chemotaktische Signale involvierten Rezeptoren sind G-Protein gekoppelt (**Abb. 90**). Darüber hinaus sind Rezeptoren für eine weitere Reihe von Cytokinen, Chemokinen und mikrobiellen Produkten mehr oder weniger gut bekannt und Gegenstand laufender Untersuchungen. Für sie ist Spezialliteratur vorhanden.

Es ist zwingend, dass auf der Seite der Zelle, die dem Anstieg des Gradienten zugewandt ist, mehr Moleküle des Chemotaxins vorhanden sein müssen als auf der dem Gradienten abgewandten Seite. Auf der Seite des Konzentrationsanstiegs werden somit auch mehr Rezeptoren mit Chemotaxin besetzt als auf der Gegenseite. Die Unterscheidungsfähigkeit einer Zelle ist in dieser Hinsicht sehr fein und scheint sich im Bereich weniger Mo

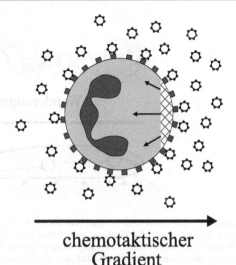

chemotaktischer Gradient

Abb. 67. *Erkennen des chemotaktischen Gradienten mittels Rezeptoren.* Die Rezeptoren für ein Chemotaxin sind auf der Oberfläche eines nicht aktivierten PMN gleichmäßig verteilt. In einem chemotaktischen Gradienten sind naturgemäß auf der Seite der höhere Konzentration mehr Moleküle des Chemotaxins vorhanden als auf der Gegenseite, und es werden folglich am PMN in Richtung des Konzentrationsanstiegs mehr Rezeptoren besetzt. Ab einer gewissen kritischen Besetzungsdichte werden im benachbarten Zytoplasma Vorgänge ausgelöst, die eine Polarisierung der Zelle und die Bildung des Lamellopodiums einleiten.

leküle zu bewegen. Ab einer gewissen Mindestdichte an besetzten Rezeptoren – wobei dieser Schwellenwert wiederum vom Primingzustand der Zelle abhängt – wird in diesem Bereich der Zelloberfläche eine Signalkaskade ausgelöst, die letztendlich im angrenzenden Zytoplasma zu einer Aktivierung des Zytoskeletts und zur Zellbewegung führt (**Abb. 67**).

Die wesentlichen molekularbiologischen Momente dieser Signalkaskade sind in Abb. 91 dargestellt. Über die Angriffspunkte der dabei beteiligten Phospholipasen informiert Abb. 93.

2.1.3.2 Polarisierung der Zelle

Durch diese einseitige Aktivierung erhält die vorher nach allen Richtungen hin gleichwertige Zelle morphologische und funktionelle „Pole", sozusagen je ein

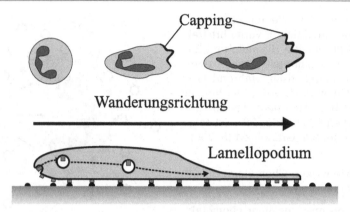

Abb. 68. *Chemotaktische Migration eines PMN auf ebener Unterlage in vitro.* Voraussetzung für jede Migration ist die Bindung von Adhäsinen des PMN an geeignete Partner der Unterlage. Bei Beginn der Migrationsbewegung schiebt sich in Richtung des steigenden chemotaktischen Gradienten ein dünner Cytoplasmafortsatz, das Lamellopodium, vor. Mit geeigneter Färbung lässt sich in der Membran des Lamellopodiums eine Konzentration der Rezeptoren für das Chemotaxin wie auch von Adhäsinen darstellen („capping"). Diese Rezeptormoleküle werden an der Vorderseite der Zelle im Lamellopodium zusammen mit Membranmaterial in die Zellmembran eingebaut, am Hinterende mit der Membran eingezogen und als Vesikel wieder in das Lamellopodium verfrachtet (Membranfluss). Die Bindung der Adhäsine zur Unterlage wird mit der Bildung des Lamellopodiums eingegangen, löst sich aber wieder an der Hinterseite der Zelle.

Vorder- und Hinterende, wobei das Vorderende zur höheren Konzentration des Gradienten hin gerichtet ist. Man spricht auch vom Kopf [head] und Schwanzteil [tail] der Zelle. Beim PMN benötigt die Polarisation vom Kontakt mit dem Chemotaxin bis zu merkbaren Reaktionen etwa 10 Minuten. Die Veränderungen im Kopfteil äußern sich in zwei Phänomen:

– Die Kappenbildung
– Der Aufbau von fibrillären Strukturen des Cytoskeletts

2.1.3.2.1 Die Kappenbildung [capping]

Darunter versteht man die Konzentration von Chemotaxin-Rezeptoren und Adhäsinen in der Zellmembran des Kopfteils. Bei Darstellung der Rezeptoren mittels Fluoreszenz- markierter Antikörper erscheint diese hohe Dichte als stark fluoreszierende „Kappe" auf der Zelle, daher die Bezeichnung (**Abb. 68**). Die Zunahme der Rezeptorzahl ist aus zwei Quellen möglich:

■ Rezeptoren der Umgebung werden durch Filamente des submembranösen Aktinskelettes (S. 170) in diese neue Position gezogen. Der physikalische Aggregatzustand von Zellmembranen entspricht dem einer hochviskösen Flüssigkeit. Rezeptoren und verwandte Proteinstrukturen „schwimmen" in dieser flächenhaft ausgebreiteten Flüssigkeit.

■ In den Membranen der Granula und Vesikel vorrätige Reserven an Rezeptoren werden bei der Migration aus dem Zellinneren an die Zelloberfläche des Kopfteils gebracht und in die Zellmembran eingebaut.

Unter den dreidimensionalen Verhältnissen in Geweben in-vivo wird die Zellform naturgemäß wesentlich von der Umgebung mitbestimmt. Lebendbeobachtungen unter dem Mikroskop wurden jedoch meist an in-vitro Modellen durchgeführt, in denen PMN und andere Zelltypen auf einer ebenen Unterlage der Wirkung eines Chemotaxins ausgesetzt wurden. In diesen Modellen stellt sich die chemotaktische Bewegung so dar: Die eigentliche gerichtete Bewegung beginnt mit einer Streckung der Zelle im Kopfteil, die unter Faltenbildung [membrane ruffling] zu einem breiten, dünnen Fortsatz, einem Pseudopodium, auswächst. Bei weißen Blutzellen ist anstatt Pseudopodium der Ausdruck **Lamellopodium** üblich. Anfangs ist das Lamellopodium organellenfrei, bei stärkerer Ausbildung werden zunehmend Organellen und schließlich der Zellkern mit hineingezogen. Während seiner Ausformung befestigt sich das Lamellopodium über Adhäsine an der Unterlage (**Abb. 68**).

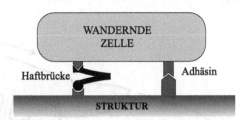

Abb. 69. *Haftbindungen mit der Unterlage.* Bindungen des wandernden PMN können direkt zwischen Adhäsinen und Liganden der Unterlage, aber auch indirekt über Haftbrücken (z.B. Fibronectin) eingegangen werden.

Diese Verankerung an der Unterlage ist Voraussetzung für eine Migration. Zellen, die keine solche Affinität zu ihrem Substrat entwickeln können, wandern im Experiment auch bei Anwesenheit eines Chemotaxins nicht, sondern kugeln sich ab. Am PMN sind es vor allem sialinisierte Proteine und die β1-Integrine VLA 1 bis 6, die im Bindegewebe die geeignete Verankerung mit Gewebsbestandteilen wie Kollagen und Hyaluronsäure herstellen (**Tabelle 6**, S. 153). Hilfsmoleküle wie Fibronectin und Laminin (**Abb. 98**) können zusätzliche Haftbrücken zwischen der migrierenden Zelle und der Gewebsunterlage bilden (**Abb. 69**). Mit der Ausbreitung des Lamellopodiums an der Vorderseite der Zelle wird zugleich das Hinterende mitgezogen, so dass der Eindruck eines „Fließens" entsteht. Diese Bewegungsform wurde einst bevorzugt und wird heute auch noch häufig an Amöben studiert, daher die Bezeichnung **amöboide Bewegung**.

Mit der Kappenbildung sind zwei wesentliche Fragen verbunden:

■ Was geschieht mit dem Rezeptor-Liganden-Komplex, wie werden besetzte Rezeptoren regeneriert? Was geschieht mit Adhäsinen nach ihrer Bindung zum Substrat?
■ Woher nimmt die Zelle den Membranüberschuss, der für den Aufbau des Lamellopodiums benötigt wird?

Die Regeneration besetzter Rezeptoren

G-Protein gekoppelte Rezeptoren sind nicht endlos aktivierbar, wie es das Schema in Abb. 90 nahe legt. Nach anhaltender Beanspruchung und Ligan-denbindung verlieren sie durch Phosphorylierung ihres intrazellulären Teils die Affinität zum G-Protein und damit ihre Fähigkeit als Reizübermittler [desensitization]. Diese „Fühllosigkeit" kann sogar auf benachbarte Rezeptoren anderer Spezifität übertragen werden [cross-desensitization]. So deaktivieren sich Rezeptoren für FMLP, LTB4, C5a und IL-8 gegenseitig. Damit eine Zelle für weitere Reize empfänglich bleibt, müssen daher die Rezeptoren im Kopfteil ständig erneuert werden, da sonst eine „Blindheit" für die Liganden eintritt. Die heutige Vorstellung über diese Rezeptorerneuerung beim PMN stützt sich zum Teil auf Untersuchungen anderer Zelltypen, wie z. B. Fibroblasten, und wurde im Analogschluss davon abgeleitet.

Besetzte Rezeptoren „fließen" mit der Zellmembran vom Kopfteil an das Hinterende des PMN, wo sie mit Vesikeln, die aus der Zellmembran abknospen [clathrin-coated vesicles], in das Cytoplasma internalisiert und vermutlich im Bereich des Golgi-Apparates regeneriert werden. Die Regeneration besteht offenbar in der Abspaltung des hemmenden Phosphats nach Säuerung des Milieus in den Vesikeln und Golgi-Zisternen. Vom Golgi knospen Vesikel mit erneuerten Rezeptoren ab, die entlang den Leitstrukturen des Cytoskeletts in den Kopfteil transportiert und in die Membran des Lamellopodiums eingebaut werden, wo die Rezeptoren für eine Erregungsbildung erneut zur Verfügung stehen. Über den Kopfteil der Zelle, das Hinterende und

Membranfluss

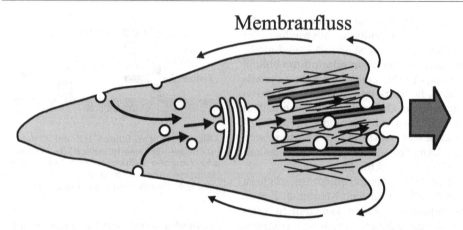

Abb. 70. *Der Membranfluss als eine Grundlage der amöboiden Fortbewegung.* Granula und sekretorische Vesikel werden entlang von Mikrotubuli an das Vorderende des Lamellopodiums transportiert. Die Membranen der Granula und Vesikel werden in die Vorderkante des Lamellopodiums eingebaut, wodurch sich das Lamellopodium in diese Richtung ausweitet. Mit diesem Vorgang werden auch Membran- gebundene Adhäsine, Rezeptoren, Signal- und Wirkstoffkanäle an die Zelloberfläche gebracht. Der Granulainhalt wird ausgestoßen und hilft durch Auflockerung der Gewebe bei der Wegbereitung. Die Bildung und Vergrößerung des Lamellopodiums wird durch das einseitige Wachstum (treadmilling) der Aktinfilamente unterstützt. Adhäsine und Rezeptoren für Chemotaxine binden an Strukturen der Unterlage und die chemotaktischen Liganden und geben nach Bindung Signale an das Zellinnere weiter. Da die Vorderseite des Lamellopodiums ständig durch den Membraneinbau erweitert wird, werden die gebundenen Adhäsine und mit Chemotaxinen besetzten Rezeptoren zunehmend ans Hinterende der wandernden Zelle gedrängt (Membranfluss). Hier lösen sich die Adhäsine von ihren Bindungspartnern und werden gemeinsam mit den besetzten Rezeptoren mit der tragenden Membran als Vesikel in den Zellleib rückgeführt. Vermutlich erfolgt im Golgi-Apparat die Regeneration der Rezeptoren, die, in Vesikel verpackt, erneut in den Membranfluss eingeschleust werden.

das Zellinnere findet somit ein ständiger **Membranfluss** [cortical flow] statt, der ein Recycling und die Erneuerung von Membranmaterial mit darin integrierten funktionellen Strukturen im Lamellopodium gewährleistet (**Abb. 70**).

Adhäsine lösen am Hinterende der wandernden Zelle die Bindung zu ihren Haftpartnern in der Umgebung und werden in den Membranfluss einbezogen. Der Mechanismus ist im Detail unbekannt. Die lokale Konzentration an freiem cytosolischem Ca^{++} scheint dabei steuernd zu wirken (**Abb. 68**).

Die Reserven für Membranen

Der Aufbau eines Lamellopodiums und die starken Verformungen und Streckungen bei der amöboiden Bewegung verlangen eine beträchtliche Membranvergrößerung der wandernden Zelle, da bei gleichbleibendem Volumen jede Abweichung von der Kugelform eine Vergrößerung der Oberfläche erfordert. Zellmembranen besitzen kaum Dehnbarkeit. Der zur Verformung benötigte Membranüberschuss entstammt zwei Quellen:

■ Aus den Fortsätzen der Zelloberfläche. Weiße Blutzellen besitzen schon in nicht- stimuliertem Zustand an ihrer Oberfläche reichlich finger- und faltenförmige Fortsätze, die es den Zellen ermöglichen, in der Blutphase enge Kapillaren unter Verformung zu passieren. Dieser Membranüberschuss gegenüber der idealen Kugelform beträgt, um die Untersuchung einer Arbeitsgruppe zu zitieren, für den PMN 84%, für den Eosinophilen Granulozyten 92%, für Lymphozyten 130% und für Monozyten 137%. Diese Reserven genügen aber nicht, um die

oft enormem Formveränderungen sich
aktiv bewegender weißer Zellen zu
ermöglichen, sondern die Membran-
fläche muss mit Hilfe der

■ Membranen der Granula und Vesikel
erweitert werden, die in das Lamellopodium eingebaut werden. Der Einbau dient gleichzeitig der Ergänzung
von Rezeptoren und Adhäsinen.

Die kriechend-fließende Fortbewegungs-
art befähigt weiße Blutzellen, sich im
Dickicht der Gewebe in Spalten und entlang Strukturen unter oft extremer For-
manpassung an die Umgebung weiter-
zubewegen. Unter den weißen Blutzellen
sind PMN nicht nur die schnellsten, sondern auch die flexibelsten. Dieser Zelltyp, der im abgekugelten Zustand einen
Durchmesser von etwa 7.5 μm aufweist,
kann runde Lücken bis herunter zu 0.6
μm durchwandern und sich bis zu 70 μm
lang strecken (**Abb. 71**). Die Migrations-
geschwindigkeit hängt stark von der
chemotaktischen Stimulation und den
Hindernissen ab, die sich dem wandernden PMN in den Weg stellen, und kann
unter günstigen Bedingungen 10 bis 20
μm pro Minute betragen.

2.1.3.2.2 Der Aufbau fibrillärer
Strukturen des Cytoskeletts im Kopfteil
der Zelle

Die Ausbildung von Strukturen des Cytoskeletts ist ein weiterer Teil der Polarisierung der Zelle. Aufbau, Umbau und
Kontraktilität dieser fibrillären Strukturen sind, neben dem Membranfluss, die
Grundlagen der Bildung des Lamellopo-

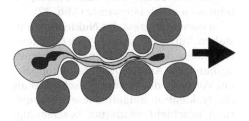

Abb. 71. *Amöboide Bewegung.* Der Membranfluss ermöglicht dem wandernden PMN eine
enorme Verformbarkeit.

diums und der Zellbewegung. Am Aufbau des Lamellopodiums sind vornehmlich zwei Elemente des Cytoskeletts beteiligt:

– Aktinfilamente (Mikrofilamente)
– Mikrotubuli

Fibrilläre Proteine des Cytoskeletts

Nach Struktur und Funktion lassen sich
drei Typen von Faserproteinen unterscheiden.

– Aktinfilamente (Mikrofilamente)
– Mikrotubuli
– Intermediärfilamente

Aktinfilamente und Mikrotubuli sind für
die Zellbewegung verantwortlich. Intermediärfilamente üben dagegen reine
Stützfunktionen aus.

Aktinfilamente ergeben in Kooperation mit Myosin ein kontraktiles Fasergerüst. Darüber hinaus können sie durch
einseitigen An- und Abbau *(treadmilling)*
einen Stemmeffekt ausüben und so eine
Zellbewegung ermöglichen. Mikrotubuli
sind nicht kontraktil, aber ebenfalls zum
treadmilling fähig.

Aktin

Aktin ist ein genetisch hochkonservier-
tes Protein, das in allen pflanzlichen und
tierischen Zellen vorkommt und sich
zwischen den Spezies nur geringfügig
unterscheidet. Unter den fibrillären intrazellulären Proteinen ist es mengenmäßig
das bedeutendste. Im PMN macht Aktin
5 bis 8% des Gesamtproteins aus. Aktin
liegt in einer Zelle in zwei Pools vor, die
sich durch den Polymerisationsgrad unterscheiden.

– als G-Aktin („globulär") im niedermolekularen Pool. Das Aktin-Monomer
hat ein MW von 42 kD.
– als F-Aktin („filamentös") im polymeren Pool, in dem Aktin fädige Strukturen bildet.

Je nach Funktionszustand der Zelle verschieben sich diese beiden Pools zuein-

ander. Als Mono- oder Oligomer ist Aktin nicht kontraktil, als Polymer besitzt es in Verbindung mit Myosin die Fähigkeit zur Kontraktion. Die Verteilung polymerisierten Aktins in der Zelle tritt in zwei funktionell und topographisch unterschiedlichen Mustern auf: Als **submembranöses** syn. **kortikales Aktin**, das der Zellmembran Festigkeit verleiht und für die Verlagerung von Proteinstrukturen in der Zellmembran verantwortlich ist, und als **zentrales Aktin**, das der Zelle Form verleiht und als Reserve für den Aufbau kortikalen Aktins dient. Zellmembran und kortikales Aktingerüst bilden zusammen den **Zellkortex**.

Dieses Schema gilt in groben Zügen für die meisten tierischen Zellen. Muskelzellen nehmen hier insofern eine Sonderstellung ein, dass der Aktinanteil wesentlich höher als in Nicht-Muskelzellen ist und dass Aktin und Myosin permanent in hochorganisierter polymerer Form vorliegen.

Die Polymerisation des Aktins

Beim Aufbau eines Aktinfadens zeichnen sich vier charakteristische Phasen ab

- die Aktivierung des Monomers
- die Bildung von Oligomeren („Nukleation")
- die Verlängerung bereits vorhandener Aktin-Filamente
- die Beendigung des Wachstums durch Capping-Proteine oder Verankerung

Die reversible Bindung von G-Aktin an zytoplasmatische Trägerproteine wie *Thymosin* oder *Profilin* stabilisiert es in der monomeren Form. Die Aktivierung des Monomers beginnt mit der Abspaltung des Aktin-Moleküls vom Trägerprotein und mit seiner Bindung an Ca- und Mg-Ionen. Eine solche Abspaltung wird z.B. durch Inosinphosphatide bewirkt, die bei Rezeptoraktivierung freigesetzt werden. Bei diesem Prozess wird gleichzeitig auch das nötige Ca^{++} aus intrazellulären Speichern bereitgestellt und damit die Aktin-Polymerisation in Gang gesetzt (S. 174, **Abb. 91**). Die Bindung an

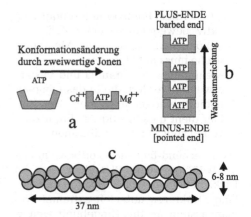

Abb. 72. *Polymerisation von monomeren Aktin- Molekülen zu polymerem Aktin.* Die Anlagerung von Ca^{++} und Mg^{++}-Ionen bewirkt eine Konformationsänderung des Aktin-Monomers, welche die Bindung von ATP begünstigt (a). Aktin und ATP bilden zuerst Trimere (Nukleation von G- Aktin), die sich weiter zu hochpolymerem filamentösem F-Aktin verlängern können. Durch die Asymmetrie des Aktin-ATP-Komplexes bekommt ein Aktin-Filament eine bevorzugte Wachstumsrichtung (Plus-Ende, barbed end) und eine Gegenseite (Minus-Ende, pointed end), von der die Depolymerisation ausgeht (b). Ein fertiges F-Aktin-Filament besteht aus zwei spiralig umeinander gedrehten Einzelfäden (Protofilamenten) und hat einen Durchmesser von 6-8 nm und eine Steigungshöhe von 37 nm, in der sich die Helix einmal um ihre Achse dreht (c). Die Länge des Fadens kann unterschiedlich sein.

zweiwertige Ionen bewirkt eine Konformationsänderung des Aktin-Moleküls, die eine Bindung von ATP ermöglicht. Der Aktin – ATP Komplex polymerisiert nun spontan, wobei die Anlagerung von Aktin-ATP in einer bevorzugten Richtung, am Plus-Ende des Moleküls, erfolgt. Eine Polymerbildung am anderen Pol des Moleküls, dem Minus-Ende, erfolgt wesentlich langsamer (**Abb. 72**).

In diesem Prozess der **Nukleation** entstehen kurze Oligomere, meist Trimere. Oligomere können sich nun an bereits vorhandene Aktin-Polymere ankoppeln, ein Vorgang, der wesentlich schneller als die Nukleation abläuft. Diese Verlängerung geschieht wiederum beschleunigt am Plus-Ende des Fadens, so dass eine bevorzugte Wachstumsrichtung des Aktinfadens vorgegeben ist. Fertig polymerisiertes, filamentöses (F-) Aktin besteht aus zwei spiralig umeinander gedrehten Einzelfäden aus ATP-Aktin (**Abb. 72c**). Ein Doppelfaden hat einen Durchmesser von 6 bis 8 nm und kann eine unterschiedliche Länge erreichen. Im Elektronenmikroskop erscheint das Plus-Ende eines Aktin-Fadens etwas aufgelockert, das Minus-Ende dagegen eher spitz. Wegen der Ähnlichkeit mit einem Pfeil wird das Plus-Ende auch als „barbed end", die Gegenseite als „pointed end" bezeichnet.

Das Wachstum wird durch die Anlagerung von Capping-Proteinen oder durch Kontakt mit Anker-Proteinen abgeschlossen. Die Lebensdauer eines Aktin-Polymers ist durch die Hydrolyse des ATP zu ADP limitiert. Filamente aus ADP-Aktin besitzen wenig Bindungsstärke und zerfallen spontan. Nach Lösung vom ADP ist ein Aktinmolekül einer erneuten Polymerisation zugänglich.

Auf- und Abbau von Aktin können sehr rasch erfolgen. So ist ein PMN in der Lage, innerhalb von 10 Sekunden sein Aktin-Cytoskelett umzubauen.

Im Experiment kann der Auf- und Abbau der Aktin-Polymere beeinflusst werden. Cytochalasine verhindern die Polymerisation, Phalloidin stabilisiert die Polymere.

Capping- und Quervernetzungs-Proteine

Capping-Proteine beenden die Polymerisation von Aktinfäden. So stoppt *Gelsolin* den Anbau am Plus-Ende, *Acumentin* dagegen am Minus-Ende. *Profilin* verhindert die Polymerisation. Es liegt auf der Hand, dass intrazellulär gebildete Filamente untereinander und auch mit anderen intrazellulären Strukturen Verbindungen eingehen müssen, um ein funktionelles Gerüst zu bilden. So verbinden *Filamin*-Querbrücken Aktinfäden untereinander, während α-*Actinin* Aktinfäden direkt miteinander bündelt. *Vinculin* kann Aktinfäden an Zellstrukturen verankern. *Myosin* schafft bewegliche Verbindungen zwischen benachbarten Aktinfäden und zwischen Aktinfäden und anderen Zellstrukturen.

Myosin verbindet sich mit Aktinfilamenten zu einer funktionellen Einheit, zum **Aktinomyosin**. Myosin tritt in zwei Formen auf, als *Myosin I* und *Myosin II*. Myosin I ist ein monomeres Molekül mit einem charakteristischen Kopf- und Schwanzteil. Der Kopfteil bindet sich an ein Aktinfilament und besitzt ATPase-Aktivität. Die bei der Hydrolyse von ATP frei werdende Energie wird in Bewegung entlang dem Aktinfaden vom Minus- zum Plus-Ende umgesetzt. Der Schwanzteil kann sich an Membranen und verschiedene Makromoleküle binden. Myosin I transportiert Vesikel und anderes Material das Aktin-Zytoskelett entlang und sorgt so für deren Verteilung in der Zelle, oder verschiebt Aktinfilamente gegenüber der Zellmembran und kann auf diese Weise verankerte Rezeptoren oder Ionenkanäle an der Zelloberfläche positionieren. *Myosin II* liegt im PMN als Dimer vor, dessen Monomere mit dem Schwanzteil verbunden sind. Die beiden Köpfe des Dimers verbindet sich mit je einem Aktinfilament entgegengesetzter Wachstumsrichtung. Beim Gleiten zum Plus-Ende werden die Aktinfäden gegeneinander verschoben (**Abb. 73**).

In der Muskelzelle liegt Myosin dagegen ständig in hochpolymerer Form vor.

Mikrotubuli

Mikrotubuli sind Bestandteil aller eukaryoten Zellen. Die hochpolymeren röhrenförmigen Gebilde werden aus dimeren Bausteinen aufgebaut. Ein Dimer wiederum besteht aus zwei strukturell ähnlichen Proteinen von jeweils 55 kD Molekulargewicht, einem α- und einem β-*Tubulin*. Es bestehen etliche Analogien zu den Verhältnissen beim Aktin. Die Bausteine treten ebenso in zwei Pools auf, die sich durch ihren Polymerisationsgrad unterscheiden, im

– niedermolekularen, dimeren Pool (Sol-Zustand), und einem

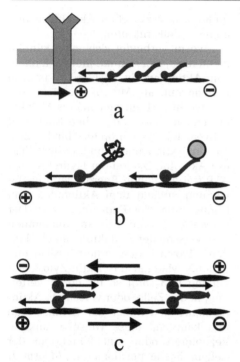

Abb. 73. *Verschiedene Funktionen des Akti-nomyosins.* Ein Myosin- Molekül besteht aus einem globulärem Kopfteil mit ATPase- Eigenschaft und einem Schwanzteil, mit dem es sich an verschiedenen zellulären Strukturen anheften kann. Myosin gleitet unter ATP- Verbrauch auf einem Aktin- Filament vom Minus- zum Plusende. Wenn Myosin- Einzelmoleküle (Myosin I) an der Zellmembran befestigt sind, können sie an Aktin gebundene Rezeptoren in der Membran bewegen und positionieren (a). Der Schwanzteil kann auch Strukturen wie Makromoleküle oder Vesikel binden und entlang Aktin intrazellulär transportieren (b). Verbinden sich zwei Myosin- Moleküle zu dem Doppelmolekül Myosin II, werden Aktin-Filamente gegeneinander bewegt und bewirken eine Kontraktion des Aktinomyosin- Komplexes (c).

– hochmolekularen Pool, in dem die Dimere zu Mikrotubuli polymerisiert sind (Gel-Zustand).

Die beiden Pools verschieben sich je nach Funktionszustand der Zelle zueinander.

Der Polymerisationsprozess beginnt nicht an beliebigen Orten, sondern verlangt gewisse Induktionsstrukturen wie bereits vorhandene Mikrotubuli oder eine spezielle Induktions-Organelle, das

Zentrosom, das in einer Zelle in der Ein- oder Mehrzahl auftreten kann. Am Zentrosom sind es ringförmige Bindungsorte aus γ-Tubulin, an denen der Polymerisationsprozess in Gang kommt. Voraussetzung für die Polymerbildung ist die Bindung von GTP an ein Tubulin-Dimer. Der Aufbauprozess findet in einer Weise statt, dass sich die GTP enthaltenden Dimere so zu einer Protofilament-Kette vereinigen, dass das β-Tubulin-Molekül in die Wachstumsrichtung zu liegen kommt (Plus-Ende), während das α-Tubulin am freien β-Tubulin der Wachstumskante andockt. Dreizehn solcher Protofilament-Ketten lagern sich seitlich aneinander, so dass sich eine Röhre von 25 nm Durchmesser bildet. Da die α- bzw. β-Tubulin – Moleküle benachbarter Ketten dabei in mäßiger Versetzung aneinander binden, entsteht der Eindruck einer Spiralstruktur. Ein Mikrotubulus ist somit ein polares Gebilde mit einer Wachstumsrichtung, dem Plus-Ende, und einer bevorzugten Abbaurichtung, dem Minus-Ende, die beide durch die Lagerung der Dimere in der Struktur vorgegeben sind (**Abb. 74**). Das GTP im Mikrotubulus wird laufend hydrolytisch zu GDP gespalten, womit die Bindungskräfte zwischen den Dimeren abnehmen. Solange am Plus-Ende Tubulin-Dimere mit GTP vorhanden sind, ist die Röhre stabil. Diese Situation wird einmal durch Wachstum gesichert, bei dem sich immer neue, GTP tragende Dimere anlagern. Eine andere Situation, welche den Zerfall eines Mikrotubulus verhindert, ist seine Verankerung an Zellstrukturen wie Organellen, Membranen oder Membranproteinen. Bildet sich aber aus irgend einem Grund am Plus-Ende GDP, so zerfällt der Mikrotubulus rasch in die Richtung des Minus-Endes. Mikrotubuli können so in Intervallen von mehreren Minuten auf- und abgebaut werden. Nach der Wiederbeladung mit GTP steht ein Dimer zum erneuten Einbau zur Verfügung.

Eine Reihe von Steuersubstanzen („MAPs", microtubule associated proteins) regelt den Aufbau und die Organisation der Mikrotubuli. Ein weiterer Steu-

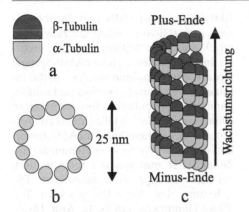

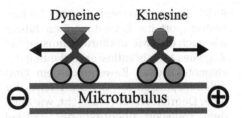

Abb. 74. *Aufbau monomeren Tubulins zu Mikrotubuli.* Mikrotubuli setzen sich aus Dimeren aus α- und β-Tubulin zusammen (a). Die Dimere bilden zuerst Protofilament- Ketten, von denen sich 13 ringförmig zusammen lagern, so dass sich eine Röhre von 25 nm Durchmesser bildet (b). Da die einzelnen Ketten in der Längsrichtung zueinander versetzt sind, entsteht der Eindruck einer spiraligen Anordnung (c). Die Wachstumsrichtung, in welcher der Anbau von neuen Dimeren erfolgt, liegt auf der Seite des freien β-Tubulins (Plus-Ende), während der Abbau bevorzugt von der Gegenseite (freies α-Tubulin, Minus- Ende) erfolgt. Auf diese Weise sind Mikrotubuli zu einem treadmilling fähig.

erfaktor ist der Redox-Zustand im Zytoplasma, insbesondere des intrazellulären Puffers Glutathion. Ein hoher Anteil oxydierten Glutathions hemmt den Aufbau der Mikrotubuli, und vice versa.

Mikrotubulus- assoziierte Motorproteine

Vergleichbar mit dem Myosin des Aktinomyosin-Bewegungssystems sind dem Tubulussystem Motorproteine beigesellt, die sich entlang der Mikrotubuli bewegen und so Frachten transportieren können.

Je nach der Bewegungsrichtung werden zwei Gruppen von Motorproteinen unterschieden

– Kinesine bewegen sich in Richtung des Plus-Endes
– Dyneine bewegen sich in Richtung des Minus-Endes eines Mikrotubulus.

Die Motorproteine sind sich in ihrem Bauplan ähnlich. Wesentliche Merkmale sind

Abb. 75. *Mikrotubuli als intrazelluläre Transportwege.* Zwei verschiedene Typen von Motor-Proteinen können Frachten entlang Mikrotubuli transportieren. Beide Typen besitzen zwei globuläre Kopfstücke, die unter ATP-Verbrauch ihre Bindungsstellen am Mikrotubulus verändern und sich auf diese Weise den Mikrotubulus entlang bewegen, sowie ein Schwanzstück zu Bindung von Frachten. Kinesine bewegen sich in Richtung des Plus-Endes, und Dyneine in Richtung des Minus-Endes eines Mikrotubulus. Da die Bindungsaffinität zu den Frachtstücken spezifisch ist, gibt es eine Vielzahl verschiedener Kinesine und Dyneine.

zwei globuläre Kopfstücke, die ATPase-Aktivität besitzen und durch Energie verbrauchende Änderung ihrer Haftorte am Mikrotubulus die Fortbewegung bewirken, und ein Schwanzstück, an das die zu transportierende Struktur gebunden wird. Die Beladung geschieht allerdings spezifisch, so dass man eine beträchtliche Zahl solcher Transportproteine kennt, die sich in der Affinität zu ihrer Fracht unterscheiden. Als Frachtstücke kommen etwa Vesikel, Sekretgranula oder Zellorganellen in Frage (**Abb. 75**).

Aufgaben der Mikrotubuli

Mikrotubuli stellen die Verkehrsadern einer Zelle dar. Sie entlang werden Wirkstoffe an den Ort ihrer Aktivität transportiert, und durch sie werden Zellbestandteile in ihrer funktionell sinnvollen Position gehalten. Vom Zentrosom aus, das gewöhnlich in der Zellmitte angeordnet ist, können Mikrotubuli spontan in alle Richtungen der Zellperipherie wachsen. Finden sie keinen Anschluss an stabilisierende Strukturen, zerfallen sie wieder, um sich erneut zu bilden. Finden sie entsprechenden Halt, ist die Lebensdauer verlängert. Der Aufgabenbereich im einzelnen hängt vom Zelltyp ab. Im

PMN dienen Mikrotubuli dem Membrantransport ins Lamellopodium hinein wie auch dem Membranrücktransport im Zuge des Membranflusses und damit der chemotaktischen Bewegung, dem Granulatransport an die Zelloberfläche, der einer Degranulation vorangeht, wie auch dem Transport phagozytierter Partikel ins Zellinnere und ihrer Vereinigung mit Granula zum Phagolysosom (S. 181f). Die Wanderungsrichtung an einem Mikrotubulus wird dabei durch die jeweilige Koppelung an ein Kinesin oder Dynein-Motorprotein bestimmt. Da die Mikrotubuli Zellorganellen zueinander positionieren, sind sie auch für die Zellform mit verantwortlich. Nicht aktivierte PMN können bis zu 25 solcher mikrotubulärer Transportstraßen ausbilden, aktive entsprechend mehr.

Therapeutisch und im Experiment kann der Aufbau von Mikrotubuli durch *Colchizin* und *Vinca-Alkaloide* (Vincristin, Vinblastin) gehemmt werden, die sich an das Tubulin-Dimer binden und damit ihren Zusammenbau zu Mikrotubuli behindern. Da Mikrotubuli die mitotische Teilungsspindel bilden, werden diese Gifte zur Hemmung der Zellvermehrung bei gewissen Tumoren verwendet. Im Rahmen entzündlicher Erkrankungen wird Colchizin zur Drosselung überstürzter Aktivitäten von PMN beim akuten Gichtanfall und beim Familiären Mittelmeerfieber eingesetzt (S. 258). Therapieziel ist dabei, die orientierte Migration, Granulaabgabe und Phagozytose einzuschränken und damit die entzündliche Symptomatik einzudämmen. Das in der Tumortherapie eingesetzte *Taxol* wiederum stabilisiert gebildete Mikrotubuli. Da jedoch die Funktionalität der Mikrotubuli auf ihrer Fähigkeit zum raschen Umbau und der Anpassung an geänderte Verhältnisse beruht, wird durch diese Stabilisierung die Zellaktivität und das Zellwachstum ebenfalls gehemmt.

cAMP und freies cytosolisches Kalzium

Freies cytosolisches Kalzium ist der bestimmende second messenger für die Aktivitäten eines PMN und darüber hinaus generell von weißen Blutzellen und regelt auch den Aufbau und die Funktion des Cytoskeletts. Hohe cAMP-Spiegel fördern die Aufnahme von Ca^{++} in die intrazellulären Vorratsspeicher und senken damit die Konzentration frei verfügbaren cytosolischen Ca^{++}. Maßnahmen zur Anhebung des intrazellulären cAMP bewirken auf diese Weise eine Hemmung der Zellaktivität und werden therapeutisch zur Immunsuppression eingesetzt. Die Lähmung des Aktin-Umbaues ist Teil dieser Hemmwirkung (S. 45, **Abb. 16**).

Intermediär-Filamente

Dieser Fibrillentyp findet sich in allen eukaryoten Zellen, ist aber zellspezifisch ausgebildet und äußerst variabel. Im Gegensatz zu den Mikrotubuli und Mikrofilamenten ist für diese Proteinstrukturen charakteristisch, dass sie vorwiegend in polymerer, und kaum in monomerer Form auftreten. Typische Vertreter der Intermediärfilamente sind z.B. das Keratingerüst in Epithelien, die Neurofilamente und das Fasergerüst der Glia und der Sertoli-Zellen. Intermediär-Filamente dienen der mechanischen Festigkeit einer Zelle, deren Zytoplasma sie in statisch sinnvoller Anordnung durchziehen. Zumeist sind sie in den Desmosomen verankert. Eine Keratinfibrille etwa ist kabelartig aus mehreren Untereinheiten verdrillt, die zusammen einen Durchmesser von etwa 10 nm aufweisen. Zellkerne besitzen unter ihrer Oberfläche ein flächenhaftes Stützgerüst, die *Kernlamina*. Im PMN treten Intermediärfilamente vom *Vimentin*-Typ auf, die ein lockeres Netzwerk in Kernnähe und im Schwanzteil migrierender Zellen bilden. Ihre Funktion ist unbekannt, mag aber auch Stützaufgaben übernehmen.

Das Cytoskelett

Die Gesamtheit aller intrazellulärer fibrillärer Strukturen wird als **Cytoskelett** bezeichnet. Dieser Ausdruck ist insofern irreführend, da diese Strukturen, die Intermediärfilamente ausgenommen, alles andere als ein festes „Skelett" bilden, sondern ausgesprochen flüchtige Gebilde darstellen, die sich ständig und je nach Bedarfslage reorganisieren können. Die niedermolekularen Anteile des Cytoskeletts befinden sich im **Cytosol** gelöst und können sich zu den hochmolekularen Strukturen des Cytoskeletts organisieren, man spricht auch von einem Übergang der *Sol-Phase* in die *Gel-Phase*. In einem inaktiven PMN sind etwa 30 bis 50% des Aktins in der polymeren F-Form vorhanden, das meiste davon im Zellkortex, und ebenso sind nur rund 50% des Tubulins zu Mikrotubuli aufgebaut. Bei einer chemotaktischen Aktivierung vergrößert sich der polymere Anteil im Kopfteil der migrierenden Zelle zu Lasten des niedermolekularen Anteils. Der Umbau des Aktin-Cytoskeletts eines PMN benötigt nur wenige Sekunden. Wesentlich ist auch, dass diese fibrillären Strukturen vielfach durch besondere Proteine, die **Quervernetzungs-Proteine** [cross-linking proteins] untereinander verbunden sind, von denen bereits eine beträchtliche Zahl charakterisiert werden konnte. Zusätzlich bestehen Verbindungen zu Zellmembranen, Membranen von Zellorganellen und Sekretgranula, die bei Bedarf gebildet und gelöst werden können. Neben funktionell bedingten intrazellulären Transporten und Verschiebungen wird auch die Lokalisierung der Organellen im Zellleib fixiert und die Zellform beeinflusst. Der Polymerisationsgrad des Cytoskeletts bestimmt die Viskosität von Zellbezirken und darüber hinaus der gesamten Zelle. Bei einer Granulaabgabe etwa muss das kortikale Aktin depolymerisiert werden, damit die Granulamembran in Kontakt mit der Zellmembran treten kann (**Abb. 82**). Im in-vitro Experiment führt die Depolymerisation des Zellkortex mit *Cytochalasin B* zu einer spontanen Degranulierung. Das Xanthinderivat *Pentoxyphyllin* führt über eine Steigerung des intrazellulären cAMP-Spiegels zu einer Zunahme der Sol-Phase des Cytoskeletts in zirkulierenden Leukozyten (S. 45, **Abb. 16**), was

sie geschmeidiger macht und eine Verminderung ihres Widerstandes gegenüber Verformung in der Mikrozirkulation bewirkt (S. 148f). Das Medikament wird klinisch zur Verringerung des peripheren Druckwiderstandes eingesetzt.

Das Cytosol ist nicht ideal flüssig, sondern Proteine, allen voran nicht polymerisiertes G-Aktin, gehen untereinander schwache Bindungen ein und bilden flüchtige fädige Strukturen. Manche Untersucher sprechen hier von einem **mikrotrabekulären Netzwerk** [microtrabecular lattice]. Dieses lockere Fadennetz verschafft dem Cytosol eine gewisse Zähflüssigkeit, die mithilft, Zellorganellen in ihren Positionen zu halten. Die Bindungen lösen sich unter Scherstress aber auf, so dass sie Bewegungsvorgängen innerhalb der Zelle keinen nennenswerten Widerstand entgegen setzen (Thixotropie).

Die Aufgaben des Cytoskeletts lassen sich zu mehreren Funktionsbereichen zusammenfassen:

– Lokomotion, das ist Zellbewegung mit Ortsveränderung. Für die Bewegung weißer Blutzellen ist der Ausdruck Migration gebräuchlich.
– „On-spot motility": Die meisten Zellen sind zur Ortsveränderung nicht fähig, aber fast alle Zellen können sich insofern bewegen, als sie die Form des Zellleibes verändern und sich damit aktiv an ihre Umgebung anpassen.
– Zellviskosität, funktionelle Verteilung der intrazellulären Strukturen und Zellform.
– Intrazellulärer Transport von Material über größere Strecken, die durch Diffusion allein nicht bewältigt werden können, und funktionsgerechte Verteilung dieser Materialien.
– Vesikel- und Granulatransport. Beteiligung am Membranfluss. Endocytose (Phagozytose) und Exozytose (Degranulation).
– Bewegung von Oberflächenstrukturen (Rezeptoren, Adhäsine, Kanäle, Transportsysteme) in der Zellmembran.
– Mitotische Zellteilung

*Bildung der Aktinfilamente und
Mikrotubuli im Lamellopodium*

Im Vorderende des Lamellopodiums wird
hochpolymeres F-Aktin aus Aktin-Oli-
gomeren aufgebaut. Die Induktion zur
Polymerisation geht von den besetzten
Chemotaxin-Rezeptoren und haftenden
Adhäsinen aus. Die entstehenden Aktinfäden werden durch Quervernetzungs-
Proteine zu einem räumlichen Maschen-
werk verwoben. Während an der Kante
des Lamellopodiums die Aktinfäden an
ihrem Vorderende (barbed end) verlängert werden, werden sie an ihrem Hinterende (pointed end) abgebaut, so dass
das Aktingerüst bei etwa gleichbleibender Ausdehnung in der Bewegungsrichtung der Zelle wandert (**treadmilling,
Abb. 76**). Der Anteil des F-Aktins am Ge-
samt-Aktinpool kann je nach Funktionszustand des PMN zwischen 30 und 70%
betragen. Dimeres Myosin II kann eine

Abb. 76. *Der Aktin- Umbau als eine Grundlage der amöboiden Fortbewegung.* Polymere
F-Aktin- Filamente verlängern sich an der Vorderkante des Lamellopodiums durch Anbau
oligomerer G-Aktin-Moleküle, während an der
Gegenseite des Aktinfadens Oligomere abgekoppelt werden. Oligomere diffundieren durch
das Aktin- Gerüst nach vorne zum Plus-Ende
der Aktin-Filamente und stehen hier erneut
zum Anbau zur Verfügung. Auf diese Weise
wandert das Aktin-Cytoskelett in das Lamellopodium hinein („treadmilling"). Sich verlän-
gernde F-Aktin- Filamente gehen Bindungen
mit den Rezeptoren und Adhäsinen ein, die
durch den Membranfluss an der Vorderkante
des Lamellopodiums ständig ergänzt werden.
Besetzung der Rezeptoren und Adhäsine mit
Liganden verstärkt ihre Anbindung an das
Cytoskelett. Darüber hinaus vernetzen sich
F-Aktin- Filamente untereinander und mit zytoplasmatischen Strukturen, wodurch das Lamellopodium die nötige Form und Viskosität
erhält.

Verschiebung der Aktinfilamente zueinander bewirken und so dem Lamellopodium zusätzlich Form verleihen.

Zugleich mit den Aktin-Filamenten bilden sich Züge von Mikrotubuli aus, die
sich vom Inneren der wandernden Zelle
bis zum Kortex des Lamellopodiums erstrecken. Sie stellen flexible Transportstraßen
dar. Über diese Straßen werden Vesikel
und Granula in den Kopfteil der wandernden Zelle verlagert und ein Lamellopodium mit Membranmaterial und Rezeptoren
versorgt (**Abb. 70**).

*Bildung des Lamellopodiums durch
Zusammenwirken fibrillärer Strukturen
mit dem Membranfluss*

Nach heutiger Vorstellung spielen mehrere Faktoren beim Aufbau des Lamellopodiums und beim Zustandekommen
einer gerichteten Bewegung zusammen.
Durch das treadmilling schiebt sich das
Aktingerüst in das Lamellopodium vor.
Auch ein Verquellen gebildeten F-Aktins
wird als Mitursache für eine Volumsver-
größerung diskutiert. Gleichzeitig wird
im Bereich des Lamellopodiums durch
den Membranfluss das Membranmaterial
vermehrt, so dass Cytoskelett und Cytoplasma in diesen sich ständig erweitern-
den Sack „hineinfließen". Mit den Sekretvesikeln und Granula werden an der
Vorderkante des Lamellopodiums auch
frische Rezeptoren und Adhäsine sowie
Ionenkanäle eingebaut, die an diesem
Stoffwechsel- intensiven Pol der Zelle
die Empfangsbereitschaft für neue chemotaktische Reize und den Kontakt zu
Strukturen der Umgebung aufrechterhal-
ten. Darüber hinaus werden im Zuge des
Membranflusses eine Reihe zellulärer
Signalstoffe freigesetzt. Durch die Aktivierung des Arachidonsäure-Metabolismus im Lamellopodium wird einerseits
Lyso-Lecithin frei, das Membranfusionen
erleichtert (S. 36), andererseits entstehen
Metabolite wie LTB4 und PAF, die autokrine und parakrine Informationen an
Nachbarzellen übermitteln. Sekretgranula extrudieren ihren Inhalt an lytischen
Enzymen in die unmittelbare Umgebung

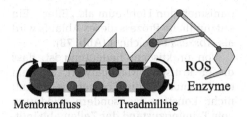

Abb. 77. *Die Migration von PMN in Geweben.*
Ein wandernder PMN kann mit einem Bulldozer verglichen werden, der sich durch Auslegen seiner Ketten an der Vorderseite und dem Einziehen der Ketten an der Rückseite weiter bewegt. Die Fortbewegung wird durch Wegräumen von Hindernissen erleichtert.

des sich ausweitenden Lamellopodiums, lockern damit Gewebsstrukturen auf und erleichtern so der Zelle ein Vorwärtskommen („enzymatisches Buschmesser"). Die bei der Membranfusion aktivierte NADPH-Oxydase unterstützt diese Wegbahnung durch die Bildung von ROS.

Für die orientierte chemotaktische Bewegung ist die Beteiligung der Mikrotubuli unentbehrlich, während die Spontanbewegung auch bei blockierten Mikrotubuli (z.B. durch Colchizin) abläuft.

Ein sich amöboid bewegender PMN ist mit einem Kettenfahrzeug vergleichbar, das in der Bewegungsrichtung Kettenmaterial auslegt und es am Hinterende wieder einzieht. ROS und Enzyme helfen Hindernisse zu beseitigen (**Abb. 77**).

2.1.3.2.3 Zur Polarisierung eines PMN

Mit der Rezeptorkonzentration und der Bildung fibrillärer Proteinstrukturen im Lamellopodium hat die Zelle eine eindeutige morphologische und funktionelle Orientierung erhalten. In diese Richtung konzentrieren sich alle Aktivitäten wie Migration, Phagozytose und Abgabe von Granula und ROS. Diese Polarisierung bedeutet aber keine fixe Strukturveränderung einer Zelle, sondern ist ein *reversibler Funktionszustand*, der bei Bedarf verändert und neuen Verhältnissen angepasst werden kann. Bietet man z.B. experimentell einem PMN, der in-vitro in einem chemotaktischen Gradienten wandert, an seiner Hinterseite das Chemotaxin in höherer Konzentration an, so wendet die Zelle nicht etwa wie ein Fahrzeug, sondern an der Seite des nunmehr höheren Gradienten beginnt der Prozess der Polarisation von Neuem mit Rezeptorkonzentration, filamentösen Strukturen und Bildung eines Lamellopodiums, während die Strukturen des alten Kopfstücks aufgelöst werden.

PMN und allgemein weiße Blutzellen, die in einem chemotaktischen Gradienten wandern, erfahren demnach mehrere einschneidende Änderungen ihres Verhaltens und ihrer Stoffwechselsituation.

– Polarisierung. Die Zelle bewegt sich mit ihrem vorderen Pol in Richtung der höheren Konzentration des Gradienten – positive Chemotaxis
– Steigerung des Stoffwechsels. Die Zelle erhöht ihr Bewegungstempo – positive Chemokinetik
– die Zelle entwickelt am vorderen Pol eine gesteigerte Reaktivität gegenüber Aktivierungsreizen – erhöhtes Priming

Als Folge bewegt sich die Zelle orientiert und beschleunigt in Richtung des Zielobjekts und ist in erhöhter Bereitschaft, Schadmaterial anzugreifen und zu beseitigen.

2.1.3.2.4 Einfluss der Konzentration eines Chemotaxins auf das Zellverhalten

Bei der Wanderung eines PMN in einen chemotaktischen Gradienten hinein können folgende Situationen vorliegen:

■ Wenn die Konzentration eines Chemotaxins eine kritische Schwelle nicht überschreitet, erreicht der migrierende PMN das Zentrum des chemotaktischen Gradienten, in dem das Chemotaxin in homogener Konzentration vorliegt, und bewegt sich hier ungerichtet. Da weiße Blutzellen zu keiner negativen Chemotaxis fähig sind, bleiben sie im Zentrum des Chemotaxins gefangen, bis sie auf Material stoßen, das sie phagozytieren (**Abb. 64a**).

■ Wenn die Konzentration eines Chemotaxins einen maximalen Grenzwert überschreitet, wird die Zellbewegung *gehemmt,* wobei PMN einen Funktionszustand höheren Grades einnehmen: Sie gehen über hinaufregulierte Adhäsine Verbindungen mit benachbarten PMN ein, beginnen zu phagozytieren und Granula und ROS in die Umgebung freizusetzen. Für diese **homotypische Adhäsion** (Adhäsion unter Zellen des gleichen Typs) sind Verbindungen von β2-Integrinen (CD11a/CD18 und CD11b/CD18) zu ICAM3 und andere, noch nicht näher definierte Liganden verantwortlich (S. 153, 154; **Tabelle 6** und **7**). Der Vorgang wird als **Aggregation** bezeichnet. Die Verständigung der PMN untereinander, über welche diese Aktivierungsvorgänge gesteuert werden, geschieht vorwiegend über die von den PMN abgegebenen Mediatoren LTB4, PAF und IL8.

Ist der Ausgangspunkt des Chemoattraktants etwa ein bakterieller Herd, so wird dieser Herd in einem Abstand, der durch die kritische Konzentration des chemotaktischen Reizes bestimmt wird, von aggregierenden PMN umgeben. Die Aggregate entstehen zunächst multizentrisch, vereinigen sich bei Fortschreiten zu einem geschlossenen Wall von Granulozyten, die ihre chemischen Wirkstoffe in das umschlossene Zentrum abgeben. Damit werden wesentliche Ziele erreicht:

– der Organismus wird von der entzündlichen Noxe abgeschirmt
– der umschlossene Bezirk wird mit der Noxe vernichtet

In diesem abgegrenzten, „demarkierten" Bereich wird das geschädigte Gewebe mitsamt der auslösenden Noxe aus dem gesunden Organismus herausgetrennt, „sequestriert", und durch die Wirkung der freigesetzten Enzyme und ROS zerstört und aufgelöst. Der Gewebsdetritus füllt zusammen mit abgestorbenen PMN und gegebenen Falls getöteten Mikroorganismen den Hohlraum als „Eiter". Ein entzündliche Prozess dieses Ablaufs wird als *Abszess* bezeichnet (**Abb. 78**).

Von praktischer Bedeutung ist, dass dieser kritische Maximalwert, ab dem ein Chemotaxin die Chemotaxis hemmt, nicht konstant ist, sondern wiederum vom Primingzustand der Zellen abhängt. Wenn PMN bereits in der Blutbahn stark geprimt werden, ist die Chemotaxis dieses Kollektivs gehemmt, die Adhäsionsbereitschaft und chemische Aktivität dagegen gesteigert. In solchen Fällen emigriert ein PMN-Kollektiv verzögert, PMN heften sich dagegen vermehrt ans Endothel, bilden miteinander Aggregate (**Abb. 79**) und geben chemische Wirkstoffe im Gefäßbereich ab, die zu

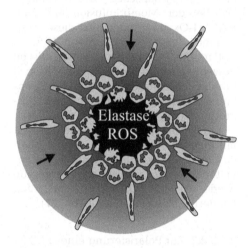

Abb. 78. *Demarkation eines Entzündungsherdes und Abszessbildung.* PMN wandern in Richtung des ansteigenden chemotaktischen Gradienten, bis sie einen kritischen Konzentrationsbereich des Gradienten erreichen, bei dem sie die Migration einstellen und untereinander Bindungen eingehen. Es bilden sich anfänglich multizentrische PMN- Aggregate, die sich schließlich zu einem geschlossenen Wall vereinigen können. Aggregierte PMN phagozytieren, degranulieren und geben reichlich Enzyme und ROS in das Zentrum des Entzündungsherdes ab, in dem Mikroorganismen getötet und geschädigtes Gewebe lytisch zerstört werden (Eiter). Nekrotisches Gewebe wird in gleicher Weise demarkiert und abgebaut. Während sich zentral gelegene PMN im Zuge ihrer Tätigkeit auflösen, wird der Granulozytenwall durch nachströmende Zellen von außen ergänzt.

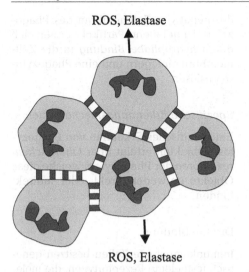

ROS, Elastase

ROS, Elastase

Abb. 79. *Aggregatbildung von PMN.* Bei geeigneter Aktivierung gehen PMN untereinander über Adhäsine Bindungen ein, wobei sie sich breitflächig aneinander lagern. Diese Aggregatbildung ist am Ort der Entzündung eine Grundlage der Demarkation von geschädigtem Gewebe und ein wichtiger Mechanismus, den gesunden Organismus gegenüber seinen erkrankten Bereichen abzugrenzen. PMN- Aggregate können aber auch pathologisch werden, wenn sie sich bei Ausbreitung des Entzündungsprozesses auf das Gesamtsystem in der Blutbahn bilden, Störungen in der Mikrozirkulation hervorrufen und durch Wirkstoffabgabe (Elastase, ROS) toxisch werden.

Schäden an gesunden Geweben und Organen führen. Diese schwerwiegenden Komplikation kennzeichnen das SIRS, ARDS und das MOF (S. 282).

Die molekularbiologischen Vorgänge hinter diesen verschiedenen Aktivierungsniveaus von PMN, die über ein und denselben Rezeptor ausgelöst werden können, werden erst ansatzweise verstanden. Sicherlich spielen auch hier die Konzentrationen freien cytosolischen Ca^{++} eine entscheidende Rolle. Während offenbar Kalzium aus den zelleigenen Speichern genügt, um niedrige Aktivierungsebenen wie Migration und Adhäsion zu ermöglichen, ist für die Erreichung eines hohen Aktivierungsgrades wie Degranulation und ROS-Produktion zusätzlich der Einstrom extrazellulären Kalziums notwendig. Die Abb. 91 gibt einen

Überblick über die heutige Vorstellung der Zusammenhänge.

2.1.4 Phagozytose und Degranulation

Ein Phagozyt hat zwei Möglichkeiten, Schadmaterial mittels chemischer Wirkstoffe zu bekämpfen:

- durch **Phagozytose**, das ist die aktive Aufnahme fester Partikel von einer Mindestgröße von 0.2 μm Durchmesser in den Zellleib. Diese Größenordnung ist im Lichtmikroskop gerade noch sichtbar. Die Aufnahme fester Partikel unter der Sichtbarkeitsgrenze wird als Endozytose bezeichnet, die Aufnahme flüssiger Stoffe als Pinozytose. Nach Einverleibung der Partikel erfolgt deren Abbau mittels chemischer Wirkstoffe.
- durch **Degranulation**, das ist die Abgabe chemischer Wirkstoffe in die Umgebung. Wenn ein Partikel für eine vollständige Aufnahme in den Zellleib zu groß ist, werden die Wirkstoffe nach außen abgegeben. Diese Abgabe kann dosiert in Form der Exozytose einzelner lysosomaler Granula erfolgen, oder auch massiv, indem die Zelle sich selbst zerstört und ihr gesamtes chemische Arsenal mit einem Schlag freisetzt.

2.1.4.1 Phagozytose

Allgemeines

Phylogenetisch hat sich Phagozytose allem Anschein nach aus dem Fressakt von Einzellern entwickelt. In höheren Tieren ist die Fähigkeit zur Phagozytose in spezialisierten Zellen des Immunsystems ausgeprägt entwickelt (Fresszellen, Phagozyten). Der potenteste Phagozyt des Immunsystems ist der Makrophage, dessen Benennung diese besondere Fähigkeit hervorhebt. Aber auch PMN sind wirkungsvolle Phagozyten (gelegentlich als „Mikrophagen" bezeichnet). Wenn in der Fachliteratur von „Phagozyten" gesprochen wird, sind gewöhnlich diese beiden Zelltypen gemeint. Daneben sind noch

Eosinophile Granulozyten, Fibroblasten Endothelzellen und modifizierte glatte Muskelzellen zur Phagozytose befähigt, wenn auch nicht in so hohem Maße wie Makrophagen und PMN. Die erste Beschreibung einer Phagozytose stammt von Metchnikoff aus dem Jahr 1895.

Der Vorgang der Phagozytose läuft in vier charakteristischen Schritten ab.

- Partikelbindung an die Zellmembran des Phagozyten
- Invagination
- Bildung des Phagosoms
- Bildung des Phagolysosoms

2.1.4.1.1 Partikelbindung an die Zellmembran

Erster Schritt einer Einverleibung (Ingestion) ist der direkte Kontakt des Partikels mit dem Phagozyten. Bei chemisch inerten Partikeln geschieht dieser Kontakt durch Zufall. Im Verlauf einer Spontanbewegung (random movement) kann ein Phagozyt mit dem Partikel kollidieren.

Gehen dagegen von einem Partikel chemotaktische Reize aus, sucht der Phagozyt die Quelle dieses Reizes orientiert und beschleunigt auf (Chemotaxis und Chemokinetik, S. 160). Bei stärkeren Phagozytosereizen spielen immer chemotaktische Momente mit, da angeregte Phagozyten in solchen Fällen benachbarte Zellen zur Unterstützung herbeirufen. Dazu geben PMN bevorzugt die Chemotaxine LTB4, PAF und IL8 ab, über die weiter PMN angelockt werden.

Vor der eigentlichen Phagozytose muss sich ein Partikel an den Phagozyten binden. Diese Bindung ist der Mechanismus, über den die Zelle ein Partikel **erkennt** und von Material unterscheidet, das nicht phagozytiert werden soll, und der den Phagozytosereiz auslöst. Eine Bindung kann über verschiedene Mechanismen erfolgen.

Unspezifische Bindungen

Wenn ein Partikel von sich aus positiv geladen ist, haftet es *elektrostatisch* an der negativen Zellmembran des Phagozyten. Ungeladene Partikel können sich durch *hydrophobe Bindung* in die Zellmembran einlagern und eine Phagozytose auslösen.

Spezifische Erkennungsmechanismen

Ein spezifisches Erkennen von Phagozytose-Objekten erfolgt über *Oberflächenrezeptoren* der Phagozyten, welche diese Objekte entweder direkt, oder indirekt binden.

Direkte Bindung

Immunkompetente Zellen besitzen genetisch festgelegte Rezeptortypen, die molekulare Oberflächenstrukturen von körperfremden Zellen, Zellprodukten oder auch von Scavengermaterial erkennen und binden (S. 215f, Tabelle 9). Entscheidend für den Erfolg einer solchen Differenzierung ist, dass die molekularen Erkennungsmuster auf gesunden, zu erhaltenden körpereigenen Zellen und Materialien nicht vorkommen. Geeignete Zielstrukturen auf Mikroorganismen sind spezifische, hochkonservierte Baubestandteile [**pathogen associated molecular patterns,** PAMP], für die ein Phagozyt die passenden Rezeptoren besitzt [**pathogen recognition receptors,** PRR]. Zu solchen Pathogen-spezifischen Oberflächenmolekülen gehören: Mannose als charakteristisches Kohlenhydrat in Membranen von Mikroorganismen, Lipopolysaccharide (LPS) als Bausteine der Zellmembran gram-negativer Bakterien, Teichonsäuren [teichoic acid] und Peptidoglykane als Membranbausteine grampositiver Bakterien und Hefen, Flagellin und Pilin als Bestandteil des Bewegungsapparates mancher Pathogene, gewisse für bakterielle DNA typische Sequenzen (die nicht methylierte Cytosin-Guanin Sequenz), doppelt helikale RNA in Viren u. a. Zu dieser Gruppe von Rezeptoren gehören auch die **Toll-like receptors** (TLR), von denen beim Menschen bisher zehn gesichert sind. TLR sind phylogenetisch hoch konserviert Rezeptoren, die zuerst bei Drosophila festgestellt wurden und dort bei der Embryogenese und bei der Infektabwehr Aufgaben übernehmen. Sie sind als Homo- oder Heterodimere aktiv (**Abb. 89**) und induzieren in Phagozyten und anderen Zelltypen über NFkB die Synthese von Cytokinen und Wirkstoffen (**Abb. 105**).

Die Fähigkeit zur Unterscheidung mittels spezifischer Rezeptoren hat sich im Zuge einer langen evolutionären Anpassung und Bewährung entwickelt. Neben dem Reiz zur Phagozytose können PRR auch oder zusätzlich weitere Zellaktivitäten ermöglichen oder die Freisetzung von Cytokinen und Wachstumsfaktoren aus Phagozyten stimulieren.

Indirekte Bindung durch Opsonine

Neben der Fähigkeit von Phagozyten, Schadmaterial direkt an molekularen Oberflächenmerkmalen zu erkennen, bestehen Einrichtungen, über die der Organismus selbst Zellen und Partikel für die Phagozytose markiert. Diese körpereigenen Markermoleküle nennt man **Opsonine**, der Vorgang der Markierung wird als **Opsonisation** bezeichnet. Phagozyten besitzen für Opsonine Rezeptoren, über die Zellaktivierungen und Phagozytose in Gang gesetzt werden. Ein Teil der Opsonine oder ihrer Vorstufen wird während der Akutphase Reaktion vermehrt gebildet, systemisch auf dem Blutweg verbreitet und über das entzündliche Ödem im Entzündungsherd angereichert.

Opsonine entstammen unterschiedlichen humoralen Systemen:

- Complementsystem: Die Opsonine C3b und C3bi können dem Klassischen wie dem Alternativen Aktivierungsweg entstammen. Bindungspartner an Phagozyten sind der C3b-Rezeptor (CR1, CD 35), CD11b/CD18 und CD11c/CD18 (S. 95, **Tabelle 4**).
- Spezifisches Immunsystem: Der Fc-Teil von IgG und IgM wird von mehreren Fc-Rezeptoren erkannt. (**Tabelle 10**, S. 217). Die Opsonine des Complementsystems und der Immunglobuline potenzieren sich in ihrer Wirkung (**Abb. 35**).

- Lektine: Das Mannose bindende Lektin wird als Akutphase-Protein in der Leber gebildet und bindet sich an den Mannose-Anteil bakterieller Strukturen, aktiviert das Complementsystem über C4 und markiert das Zielobjekt mit C3b für die Phagozytose (S. 85).
- Pentraxine: C-reaktives Protein (CRP) und Serumamyloid A (SAA) markieren sowohl Mikroorganismen wie nekrotisches körpereigenes Material selbst und mit Hilfe des Complementsystems für Phagozyten (S. 130f).
- Gerinnungssystem: Faktoren der Blutgerinnung sind stets in Entzündungsvorgänge einbezogen. Fibrin, Fibronectin und andere Komponenten der Blutgerinnung werden durch spezifische Rezeptoren an Phagozyten erkannt.

Diese Phase des Erkennens durch Anlagerung und Bindung eines Partikels an die Zellmembran erfordert von Seiten des Phagozyten keinen Energieaufwand, sondern erfolgt über vorhandene Ladungskräfte.

2.1.4.1.2 Invagination und Bildung des Phagolysosoms

Durch Rezeptorbindung oder unspezifisch vermittelt wird nun ein Mechanismus in Gang gesetzt, der den ATP und GTP verbrauchenden Aufbau von Aktinfilamenten und Mikrotubuli involviert und die Verlagerung des Partikels in den Zellleib bewirkt. Die Mikrotubuli dienen dabei als Leitstrukturen ins Zellinnere hinein, während Aktinomyosin eine Tasche bilden hilft, die das Partikel umschließt, bis die Taschenlippen aufeinandertreffen und die Membranen fusionieren. Die Kontinuität der Zellmembran wird dadurch wieder hergestellt, während sich die Taschenmembran abtrennt und das ingestierte Partikel vollständig umschließt. Zu den Vorgängen auf molekularer Ebene siehe Seite 169ff.

Mit der Abtrennung der Membran ist das **Phagosom** gebildet, das entlang der Mikrotubuli ins Zellinnere gezogen wird.

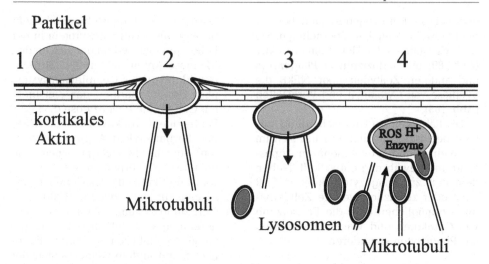

Abb. 80. *Phagozytose.* Eine Phagozytose läuft in vier Schritten ab. (1) Anlagerung: Partikel binden sich über verschiedene Mechanismen an die Membran des Phagozyten und setzen damit den Reiz zur Phagozytose. (2) Invagination: Das kortikale Aktin-Cytoskelett umfließt das Partikel und verlagert es zunehmend in die Invaginationstasche, die vom Aktin- Skelett geformt wird. (3) Bildung des Phagosoms: Die Membranen der Taschenlippen vereinigen sich und erhalten so die Kontinuität sowohl der Zellmembran wie auch der Membran, die das Partikel vollständig umschließt. Das Phagosom wird nach Anschluss an Mikrotubuli in das Zellinnere gezogen. (4) Bildung des Phagolysosoms: Lysosomale Granula werden entlang Mikrotubuli an das Phagosom herantransportiert. Nach Fusion der Membranen ergießt sich der enzymatische Inhalt der Lysosomen auf das Partikel, gleichzeitigen werden durch Aktivierung der NADPH-Oxydase ROS und H^+-Ionen produziert. H^+-Ionen schaffen das für die Tätigkeit saurer Hydrolasen nötige saure Milieu. Enzyme und ROS machen phagozytiertes Material unschädlich und bauen es ab.

Das Phagosom besteht aus dem Partikel und der nun umgestülpten Zellmembran. Ein ingestiertes Partikel ist stets durch eine Membran vom Cytoplasma getrennt.

Das **Phagolysosom** bildet sich aus der Fusion des Phagosoms mit lysosomalen Granula. Diese Fusion beginnt beim PMN schon etwa 30 Sekunden nach Ingestion eines Partikels. Die Abtötung lebenden Materials und die Zerlegung von Material in seine Grundbestandteile erfolgt durch chemische Wirkstoffe, die von den lysosomalen Granula bereitgestellt bzw. von Membranproteinen des Phagolysosoms gebildet werden: **Enzyme** und **reaktive Sauerstoffverbindungen (ROS)**. Lysosomale Granula enthalten eine Reihe von Enzymen, die ihr Wirkungsoptimum im sauren Milieu, im Bereich zwischen pH 4.5 und 6.5, entfalten (saure Hydrolasen, S. 195). Für die nötige Säuerung im Inneren eines Phagolysosoms sorgt die NADPH-Oxydase als Protonenpumpe (S. 187). Die Einverleibung von Lyso-

somen in das Phagolysosom führt in der Umgebung zu einer Verarmung des Cytoplasmas an freien Lysosomen. Mikroskopisch findet sich dann um ein Phagolysosom ein Granula- freier Hof.

Der Ablauf der Phagozytose ist in Abb. 80 skizziert.

2.1.4.1.3 Funktionelle Begleitvorgänge bei Phagozytose

Steuerprozesse, welche die Phagozytose lenken, werden bereits mit der Anlagerung von Partikeln an die Zellmembran in Gang gesetzt. Sowohl eine Rezeptorbesetzung wie auch die unspezifische elektrostatische oder lipophile Anlagerung von Partikeln bewirken eine Erhöhung der lokalen Ca^{++} -Konzentration und als deren Folge die Aktivierung der Phospholipasen vom Typ A2, die ungesättigte Fettsäuren aus Membran-Phospholipiden abspalten und den AA-Metabolismus starten (S. 35). Die freigesetzten Fettsäuren und Lysolecithin unterstützen vermutlich als Detergentien die Membranfusion. Ungesättigte Fettsäuren, mengenmäßig allen voran die AA, können über den COX-Weg oder den LOX-Weg metabolisiert (S. 36, 56), und Lysolecithin kann zu PAF acetyliert werden (S. 63). PMN bevorzugen den LOX-Weg und geben bei Aktivierung LTB4 und PAF ab, die perizellulär ein autokrines und parakrines Milieu aufbauen, das auf benachbarte Phagozyten chemotaktisch wirkt oder, bei höherer Konzentration, PMN-Aggregation und Phagozytose fördert. Durch die Bindung eines Partikels werden auch der Aufbau von Aktinomyosin induziert und Ankerpunkte für Mikrotubuli geschaffen. Diese beiden fibrillären Strukturen bilden zusammen die Grundlage für Zellbewegungen am Ort [on spot motility]. Aktinomyosin ist für die heftige Cytoplasma-Bewegung verantwortlich, mit denen die Zelle ein Partikel einschließt („membrane ruffling"). Dyneine, welche die Mikrotubuli entlang gleiten, lenken den Transport des Phagosoms ins Zellinnere (S. 173, **Abb. 75**). Bei der Bildung des Phagolysosoms sind ebenfalls Mikrotubuli für den Transport der Granula zum Phagosom mit verantwortlich; auch hier wird der AA-Metabolismus angeworfen und fördern Fettsäuren und Lysolecithin die Membranfusion (**Abb. 80-4**).

Eine entscheidende Rolle spielt die Aktivierung der NADPH-Oxidase. Dieser an die Membran des Phagolysosoms gebundene Enzymkomplex bezieht von NADPH H-Jonen und Elektronen, wobei er die Elektronen auf molekularen Sauerstoff überträgt und so das Superoxyd-Anion O_2^- bildet. O_2^- wird zusammen mit H^+ in das Phagolysosom abgegeben. Auf diese Weise wird sowohl das Phagolysosom mit der Muttersubstanz der ROS versorgt wie auch das saure Milieu geschaffen, das die sauren Hydrolasen für ihre Tätigkeit benötigen (S. 187).

2.1.4.1.4 Stoffwechselvorgänge während der Phagozytose

Ein Phagozytosevorgang erfordert eine weitere Intensivierung des Stoffwechsels, die einen erhöhten Verbrauch an Energieträgern zur Folge hat. Energie muss für zwei Hauptverbraucher bereitgestellt werden:

– für intrazelluläre Transportvorgänge und den ständigen, ATP und GTP erfordernden Umbau des Cytoskeletts (S. 170, 172)
– für die Bildung von ROS (S. 187)

Aktive PMN beziehen ihre Energie in erster Linie aus der energetisch ungünstigen *anaeroben Glykolyse*. Die Glukose dazu stammt fast ausschließlich aus den intrazellulären Glykogenreserven (S. 141). Bei der anaeroben Glykolyse anfallende Milchsäure wird in die Umgebung der Zelle freigesetzt. Die Elektronen, die für die Bildung von ROS benötigten werden, stammen letztendlich aus dem Pentosephosphat-Shunt, also ebenfalls aus dem Glukose-Abbau. Die Folge ist, dass bei dem hohen Bedarf und dem unrationellen Umgang mit Energie die Glykogenreserven bald erschöpft sind, was die Lebensdauer aktiver PMN stark begrenzt.

Der bei Phagozytosevorgängen schlagartig einsetzende massive Sauerstoffbedarf zur Synthese von ROS wird als *oxidative burst* bezeichnet (S. 192). Der daneben häufig verwendete Ausdruck *respiratory burst* ist irreführend, da der Sauerstoff nicht für die Zellatmung (aerobe Glykolyse) verwendet wird. Der nötige molekulare Sauerstoff wird aus der Umgebung abgezogen.

Im Gegensatz zum PMN sind *Makrophagen* auch in der Lage, Glucose aerob zu verwerten (S. 214).

2.1.4.2 Degranulation (Exozytose)

Eine Degranulation geringen Umfangs findet bereits bei der spontanen und chemotaktischen Bewegung eines PMN statt. Die lysosomalen Membranen dienen dabei der Vergrößerung der Zelloberfläche bei der Bildung des Lamellopodiums (S. 166f) und begünstigen die Verformbarkeit der Zelle. Freigesetzte Enzyme und ROS helfen einen Weg bahnen (S. 176f). Die Freisetzung der Gra-

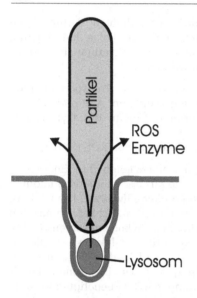

ROS
Enzyme

Lysosom

Abb. 81. *Frustrierte Phagozytose.* Sind Partikel für eine Phagozytose zu groß, wird der Inhalt lysosomaler Granula nach Membranfusion in die Invaginationstasche abgegeben. Ein Teil der Wirkstoffe (Enzyme, ROS) gelangt dabei in die Umgebung und kann hier, wenn nicht ausreichend neutralisiert, Gewebe schädigen.

nula und Vesikel erfolgt kontrolliert unter Einbeziehung des Cytoskeletts (**Abb. 70**).

Bei Kontakt mit Partikeln, die für eine Phagozytose zu groß sind (*„Frustrierte Phagozytose"* **Abb. 81**), oder auch bei Einwirkung starker nicht partikulärer Reize wird der Inhalt lysosomaler Granula nach außen abgegeben. Der Transport der Granula an die Zelloberfläche erfolgt Kinesin- vermittelt entlang von Mikrotubuli (S. 173). Das kortikale Aktingerüst bildet jedoch eine Barriere, die eine Fusion der Granulamembran mit der Zellmembran und damit eine Exozytose verhindert; es wird daher an der kritischen Stelle depolymerisiert (**Abb. 82**). Diese kontrollierte Abgabe von Granula kann bei starken Reizen in eine unkontrollierte Form übergehen, bei der schließlich eine Zelle in einem Zug ihr gesamtes chemisches Arsenal freisetzt. Die dabei massiv produzierten ROS können nicht mehr ausreichend durch die zelleigenen Antioxydantien neutralisiert werden (S. 191) und zerstören zelleigene Membranen durch Peroxydation des Lipidanteils. Ge-

bildete ROS und der gesamte Enzymbestand werden schlagartig in das Umfeld abgegeben und kommen konzentriert zur Wirkung. Die Selbstzerstörung ist charakteristisch für die Arbeitsweise von PMN und stellt die intensivste Form ihrer Aktivität dar.

In- vitro kann durch Wirksubstanzen, die eine Depolymerisation des kortikalen Aktin-Cytoskeletts herbeiführen wie z.B. Cytochalasine, eine massive Degranulation ausgelöst werden.

Bei einem entzündlichen Prozess in-vivo laufen die verschiedenen Aktivierungsphasen von Entzündungszellen parallel nebeneinander ab. Der Granulozytenwall um einen Entzündungsherd wird peripher ständig durch neu ankommende PMN ergänzt, die zunächst aggregieren und fest aneinander schließen und so eine Demarkationsschicht bilden, weiter zum Zentrum jedoch phagozytieren und schließlich unter Selbstzerstörung degranulieren und ROS freisetzen (**Abb. 78**). Die Lebensdauer maximal aktivierter PMN ist extrem verkürzt und bewegt sich im Bereich von Minuten (S. 198). Im Zentrum eines solchen von einem Granulozytenwall umschlossenen Entzündungsherdes (Abszess) bauen Enzyme Gewebe ab, wodurch die Zahl kleiner, osmotisch aktiver Bruchstücke stark zunimmt, die in diesem Hohlraum einen beträchtlichen osmotischen Druck aufbauen können. Die Druckentlastung erfolgt in die Richtung des geringsten Widerstandes. Daher entleeren sich Abszesse häufig spontan auf äußere und innere Oberflächen, was den Heilungsverlauf meist begünstigt. Als Therapie wird die Entleerung chirurgisch durch „Spaltung" des Abszesses unterstützt.

2.1.4.2.1 Änderung des chemischen Milieus entzündeter Gewebe

Gewebe, die massiv mit PMN infiltriert sind, weisen typische Veränderungen ihres chemischen Milieus auf:

■ Abfall des pH, Säuerung durch Anstieg der
  – Milchsäure

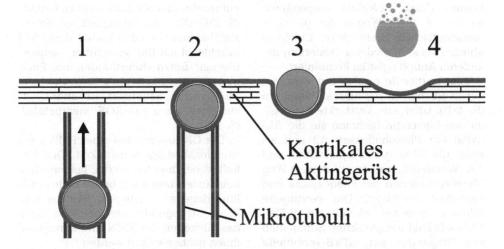

Abb. 82. *Degranulation*. Sekretgranula werden entlang Mikrotubuli zur Zelloberfläche transportiert (1). Das kortikale Aktingerüst wird lokal depolymerisiert, so dass die Granulamembran mit der Zellmembran fusionieren kann (2). Die Granulamembran wird mit den enthaltenen Adhäsinen, Rezeptoren und Ionenkanälen in die Zellmembran integriert, der Granulainhalt nach außen gestülpt (3). Der Granulainhalt löst sich und diffundiert in die Umgebung (4).

– H^+ aus zerfallenden Phagolysosomen
– Hypochlorige Säure durch Aktivität der MPO (S. 188)
■ Sauerstoffverarmung. Der molekulare Sauerstoff der Umgebung wird zur ROS-Bildung herangezogen.

Die Gewebesäuerung kann Vorteile bieten, da Bakterienwachstum im sauren Milieu gehemmt wird. Die Sauerstoffverarmung mag eine ähnliche Wirkung auf Aerobier ausüben, begünstigt jedoch die Lebensbedingungen pathogener Anaerobier (S. 192).

2.1.4.2.2 Überstürzte Phagozytose- und Degranulationsvorgänge als pathogener Faktor

Eine überstürzte, unkontrollierte Abgabe von Wirkstoffen aus Phagozyten ist die Ursache von Organschäden und Gewebszerstörung bei einer Reihe häufiger Erkrankungen.

Bei der *Chronischen Polyarthritis* setzen AG-AK –Komplexe einen Immunprozess in Gang, in dessen Verlauf überaktivierte Phagozyten mittels ihrer Wirkstoffe den Gelenksknorpel schädigen. Von

aktivierten Makrophagen abgegebene Cytokine (IL1, TNFα) stimulieren Chondrozyten und Osteoklasten zum Knorpel- und Knochenabbau (S. 108). Bei der *Gicht* lösen im Gelenksbereich abgelagerte Uratkristalle heftige Entzündungsvorgänge aus, in deren Verlauf vorwiegend überaktivierte PMN den Gelenksknorpel arrodieren und zerstören (S. 193). Bei verschiedenen *Vaskulitiden* schädigen in der Blutbahn aktivierte PMN und Monozyten Endothel und Gefäßwand (S. 278ff). Ständig im Zuge einer *chronisch-obstruktiven Bronchitis* einwirkende entzündliche Reize halten die Phagozyten der Atemwege im Zustand einer andauernden Aktivierung, was schlussendlich zu einer Zerstörung der Wände der Bronchien und Bronchiolen und zu Bronchiektasien, Stenosen und Lungenemphysem führt (S. 293f).

Möglichkeiten therapeutischer Eingriffe

Chemotaktische Bewegung, Phagozytose und Granulaabgabe hängen von einem funktionstüchtigem Cytoskelett ab. Überstürzte Aktivitäten von PMN bei Gicht und Familiärem Mittelmeerfieber können durch *Colchizin* eingedämmt werden (S. 258). Wegen der geringen therapeutischen Breite wird Colchizin üblicherweise in niederer Dosierung mit anderen Antiphlogistika kombiniert.

Glucocorticoide greifen auf verschiedenen Ebenen in Immunreaktionen ein (S. 251f). Über eine verstärkte Expression von Lipocortin hemmen sie die Aktivität der Phospholipasen A2 und als Folge die Bildung von Lysolecithin und AA. Vermutlich werden auf diesem Weg Membranfusionen bei Phagozytose und Exozytose erschwert. Die verringerte Bildung lipogener Mediatoren (LTB4, PAF) schränkt die parakrine Stimulation von Phagozyten ein. NFkB-vermittelte Synthesen werden blockiert (**Abb. 105**). Glucocorticoide in hohen Dosen senken unspezifisch die Membranfluidität und hemmen damit die Zellaktivität (**Abb. 104**).

2.1.5 Der Energiestoffwechsel der PMN

Aktivierte PMN gewinnen ihre Energie zur Bewegung, Phagozytose und Granulaabgabe in erster Linie aus der **anaeroben Glykolyse**, deren Endprodukt Milchsäure in die Umgebung abgegeben wird und zur Gewebssäuerung beiträgt. Die Glukose stammt vorwiegend aus den endogenen **Glykogenreserven**, die der PMN zur Gänze während seiner Reifung im Knochenmark speichert (S. 141). Der Glykogenanteil beträgt 1 bis 2% des Nassgewichtes eines PMN, das entspricht etwa dem Gehalt in Leberzellen.

Die Verwertung von Glykogen ist vorteilhaft, da bei der Phosphorolyse des Glykogens Glukosephosphat direkt durch Bindung an anorganisches Phosphat entsteht, also ATP gespart wird. Dagegen ist die anaerobe Glykolyse eine äußerst unrationelle Form der Energiegewinnung. Im Vergleich zum aeroben Weg, der 38 Mol ATP aus einem Mol Glukose liefert, werden anaerob nur 2 Mol ATP gewonnen. Daher sind bei gesteigerter Aktivität diese Reserven bald

aufgezehrt und die Zelle geht zu Grunde (S. 198). Die Unabhängigkeit vom Sauerstoff hat hingegen den Vorteil, dass PMN in schlecht mit Blut versorgten, "sequestrierten" Entzündungsherden ihre Energieversorgung aufrecht erhalten können. Molekularer Sauerstoff ist andrerseits zur Herstellung von ROS unentbehrlich (S. 187).

Der Glykogengehalt eines PMN kann situationsbedingt schwanken. Der Gehalt ist bei Infekten erhöht, bei manchen Leukämien und auch bei Diabetes mellitus dagegen verringert. Manche erbliche Glykogendefekte betreffen auch das Glykogen der PMN und können an ihnen nachgewiesen werden.

Gegenüber der anaeroben Glykolyse treten andere Möglichkeiten der Energiegewinnung weit zurück. Die aerobe Glykolyse ist mit einem Anteil von rund 2% bedeutungslos. Exogen aufgenommene Glukose und Fruktose können über eine Hexokinase verwertet werden. Dieser Weg ist nur in PMN niederen Aktivierungsgrades von Bedeutung. Desgleichen werden Fettsäuren nur wenig genutzt. Die mangelhafte Ausstattung mit Enzymen der oxydativen Energiegewinnung (Citratzyklus, Atmungskette, β-Oxidation langkettiger Fettsäuren) manifestiert sich im spärlichen Auftreten der Trägerorganelle Mitochondrium. Der hohe Sauerstoffbedarf der PMN im Rahmen von Entzündungen dient fast ausschließlich der Bildung von ROS (S. 192).

2.1.6 Chemische Wirkstoffe der PMN

Das chemische Arsenal, das PMN zur Erfüllung ihres Aufgabenkomplexes (Schutz gegenüber Eindringlingen, Scavengertätigkeit und Entzündung) zur Verfügung steht, lässt sich nach Gesichtspunkten der chemischen Wirkungsweise einteilen:

■ Nicht enzymatische Wirkstoffe:
   – reaktive Sauerstoffverbindungen
   – basische Proteine
■ Enzymatische Wirkstoffe

2.1.6.1 Freie Sauerstoffradikale, reaktive Sauerstoffverbindungen (ROS)

Definition

Freie Radikale existieren als selbständige Substanzen und enthalten ein oder mehrere unpaarige Elektronen, die ihre chemische Aggressivität bedingen. Freie Sauerstoffradikale [oxygen free radicals] sind somit Sauerstoffverbindungen mit unpaarigen Elektronen. Da es auch nichtradikalische Sauerstoffverbindungen mit hoher Oxydationskraft gibt, die während entzündlicher Prozesse Wirkung entfalten, werden freie Sauerstoffradikale mit diesen zusammen unter dem Überbegriff „reaktive Sauerstoffverbindungen" [reactive oxygen species, ROS] geführt. Der oxydierte Reaktionspartner wird gewöhnlich in seinen ursprünglichen Eigenschaften beeinträchtigt oder zerstört.

2.1.6.1.1 Synthese der ROS

Ein beträchtlicher Teil der Glucose wird in aktivierten PMN nicht direkt in die Glykolyse eingeschleust, sondern nimmt den Umweg über den Pentosephosphat-Zyklus [pentosephosphate pathway, syn. pentosephosphate shunt], wobei ROS gebildet werden. Ausgangssubstrat dieser Synthese ist das Glukose-6-Phosphat aus der Glykogenolyse, das bei seinem Um- und Abbau Wasserstoff liefert, der auf NADP übertragen wird und das Substrat für die Bildung von ROS durch die NADPH-Oxydase bildet (**Abb. 83**).

Die **NADPH-Oxydase** ist ein Enzym, das in PMN, Monozyten/Makrophagen und Eosinophilen Granulozyten festgestellt wurde. Sitz des Enzyms sind die Zellmembran und die Membran der Lysosomen. Am reichlichsten ist NADPH-Oxydase im Eosinophilen Granulozyten enthalten, der unter allen Zellen der potenteste Radikalbildner ist. Bei Stimulation der Trägerzelle wird das Enzym aus seinen vier Untereinheiten zur aktiven Form zusammengebaut; für eine Aktivierung sind allerdings noch weitere Faktoren, wie GTP und AA, nötig. Die aktivierte NADPH-Oxydase spaltet Wasserstoff von NADPH ab, überträgt dabei Elektronen auf molekularen Sauerstoff und bildet so das Superoxyd-Anion $O_2^{\cdot-}$. Die anfallenden Wasserstoffionen werden dabei zusammen mit $O_2^{\cdot-}$ in das Phagolysosom abgegeben, wobei die NADPH-Oxydase als *Protonenpumpe* wirkt und den pH-Wert im Phagolysosom senkt. ROS, die durch die Tätigkeit von NADPH-Oxydase entstehen, die in der Zellmembran lokalisiert ist, werden in die Umgebung der Zelle freigesetzt. Die Bildung von $O_2^{\cdot-}$ setzt 30 bis 60 Sekunden nach Stimulation eines PMN ein.

2.1.6.1.2 Die verschiedenen ROS

Die Muttersubstanz der verschiedenen ROS ist das **Superoxyd-Anion**, bei dem die beiden Sauerstoffatome im O_2-Molekül ein gemeinsames Elektron in der äußeren Schale teilen: $O_2^{\cdot-}$. Das Superoxyd-Anion wird bei Verfügbarkeit von Wasserstoffionen in einer Dismutationsreaktion zu Wasserstoffperoxyd (H_2O_2) umgewandelt. Diese an sich langsam ablaufende Reaktion wird durch die Enzymgruppe der Superoxyd-Dismutasen (SOD) beschleunigt. PMN enthalten mehrere Typen von SOD. H_2O_2 selbst ist, wie auch $O_2^{\cdot-}$, eine im Vergleich zu anderen ROS stabile und reaktionsträge Verbindung, die aber in verschiedene äußerst reaktionsstarke Radikale umgesetzt werden kann.

Auf dieser Ebene ist bereits die Möglichkeit einer Neutralisation und Kontrolle dieses äußerst aggressiven Systems gegeben: Durch die Enzymgruppen der *Katalasen*, die den Zerfall von Wasserstoffperoxyd in Wasser und molekularen Sauerstoff, und die *Peroxydasen*, welche die Reaktion $SH_2 + H_2O_2 \rightarrow S + 2H_2O$ katalysieren (S. 191). Damit wird H_2O_2 aus Zellen entfernt. Ein Teil der Katalasen ist in besonderen Organellen, den *Peroxysomen*, lokalisiert.

Bei Anwesenheit von *Übergangsmetallen* als Katalysator (z.B. zweiwertiges Eisen, einwertiges Kupfer) wird H_2O_2 in ein Hydroxyl-Anion und ein Hydroxyl-Radikal gespalten. Das Hydroxyl-Radikal (OH•) zeichnet sich im Vergleich zum

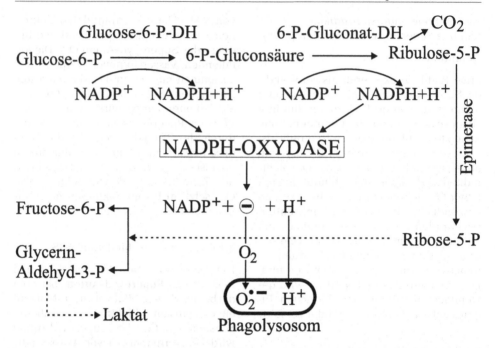

Abb. 83. *Die Aktivität der NADPH-Oxydase.* Wasserstoff aus dem Glukose-Abbau im Pentose-phosphat- Zyklus wird von $NADP^+$ aufgenommen und weiter von der NADPH-Oxydase in Form von Wasserstoff-Ionen im Phagolysosom deponiert, wodurch der pH in dieser Organelle gesenkt wird. Die bei der Oxydation des NADPH anfallenden Elektronen werden auf molekularen Sauerstoff übertragen, womit die Muttersubstanz aller weiteren Sauerstoffradikale, das Superoxyd-Anion $O_2^{\cdot-}$, entsteht, das ebenfalls in das Phagolysosom abgegeben wird und hier weiter umgesetzt werden kann. Das im Pentosephosphat- Zyklus anfallende Ribulose-Phosphat wird nach mehreren Metabolisierungsschritten in die anaerobe Glykolyse übergeführt.

Hydroxyl Anion (OH⁻) durch den Mangel eines Elektrons aus und ist die chemisch aggressivste Sauerstoffverbindung, die bekannt ist. Reaktionsschritte zu seiner Bildung, die in vitro studiert wurden und von denen man sich vorstellt, dass sie auch in vivo ablaufen könnten, sind die Fenton – Reaktion und die Haber-Weiss – Reaktion. H_2O_2 kann aber auch direkt mit Reaktionspartnern in Verbindung treten, wobei H_2O_2 bevorzugt Wasserstoff aus dem Partner abspaltet. Die Reaktion wird in Phagozyten durch das Enzym *Myelo-peroxydase* (MPO) wesentlich beschleunigt. PMN weisen von allen Zellen den höchsten Gehalt an MPO auf. Eine andere durch MPO katalysierte Reaktion, die bevorzugt in PMN stattfindet, ist die Oxydation von Chlor-Ionen zu *hypochloriger Säure*. Das Anion von H⁺ClO⁻ ist selbst wieder eine ROS, die sich bevor-zugt mit Eiweißen und Aminosäuren zu Chloraminen verbindet.

Weitere ROS sind *Singlet Oxygen*, das sind Formen von O_2, bei denen der Elektronenspin antiparallel verläuft, und auch *Stickstoffmonoxyd* (NO). NO kann in verschiedenem Ausmaß von fast allen Zellen gebildet werden und ist selbst nur ein sehr schwaches Oxydans. Bei Anwesenheit von O_2^- kann es jedoch zu *Peroxynitrit* (ONOO•⁻) umgewandelt werden, das wesentlich stärker oxydierend wirkt. Eine solche Bildung findet auch in geschädigten Endothelzellen statt und trägt möglicherweise zur Oxydation von LDL während ihres Transportes durch Endothelzellen bei (S. 296). Eine Zusammenfassung der geschilderten Bildungsformen von ROS ist in Abb. 84 gegeben.

Welche ROS im jeweiligen konkreten Fall gebildet werden, hängt von den beteiligten Zelltypen und den Bedingungen der Umgebung ab. Wieweit in- vitro durchgespielte Modellreaktionen im physiologischem Milieu tatsächlich zum Tragen kommen, ist noch weitgehend offen. Die Schwierigkeit eines direkten Nachweises liegt in der extrem kurzen Lebensdauer (tausendstel Sekunden) mancher ROS.

Praktisch bedeutsam ist, dass sich durch ROS oxydierte Substanzen selbst wieder zu ROS umwandeln, die wiederum weitere Substanzen oxydieren können. Es werden dabei einem schwächeren Partner vom oxydativ stärkeren Elektronen weggenommen, wobei die oxydative Kraft des Vorgangs mit jedem neuen Partner abnimmt, bis der Prozess von selbst zum Stillstand kommt (**Abb. 84**). Diese *oxydative Kettenreaktion* [oxidative chain reaction] spielt physiologisch und pathogenetisch eine bedeutende Rolle. Mittels „Kettenbrechern" [chain breaking reagents] versucht man schädliche Kettenreaktionen medikamentös zu unterbrechen.

Während Hydroxyl-Radikale aufgrund ihrer chemischen Aggressivität sofort mit Stoffen der Umgebung reagieren und so räumlich an ihren Bildungsort gebunden bleiben, können die schwachen ROS $O_2^{\cdot-}$ und H_2O_2 bei erhaltener Wirkung in die Umgebung abdiffundieren. Aus Phagozyten in die Umgebung freigesetzte MPO kann ihre Aktivität ebenfalls über eine längeren Zeitraum bewahren, so dass auch außerhalb des eigentlichen Bildungsortes der ROS und auch nach einer Latenzperiode oxydative Prozesse stattfinden können.

2.1.6.1.3 Entstehungsorte von ROS

Bildung in Phagozyten: Grundsätzlich ist festzuhalten, dass ROS in Phagozyten nicht gespeichert, sondern bei Bedarf gebildet und in die Umgebung abgegeben werden, wo sie entweder ihre Wirkung entfalten oder neutralisiert werden. ROS können entweder im Phagolysosom, oder außerhalb eines Phagozyten entstehen. Die wirksamsten Produzenten

von ROS sind Eosinophile Granulozyten, PMN und Monozyten/Makrophagen, welche die NADPH-Oxydase enthalten und sozusagen die „professionellen" Radikalbildner darstellen. Mit den ROS steht ihnen eine Wirkstoffgruppe zur Verfügung, die der Keimabwehr und Scavengertätigkeit dient. Den Zellen der lymphatischen Reihe hingegen fehlt die NADPH-Oxydase. Ihre ROS-Bildungskapazität ist dementsprechend gering und auf die NO-Synthese beschränkt.

2.1.6.1.4 ROS-Bildung ohne Beteiligung der NADPH-Oxydase

Neben der im Rahmen unspezifischer Abwehrvorgänge sinnvollen und geplanten ROS-Bildung entstehen Radikale ubiquitär als Nebenprodukt oxydativer Prozesse, unter denen hervorzuheben wären:

Radikalbildung
– im Rahmen des AA-Metabolismus bei Aktivitäten der COX und LOX
– bei Aktivität der Xanthin-Oxydase
– bei Aktivität der Elektronentransportkette
– bei der NO-Synthese.

Dabei entweichen ständig Elektronen durch „Lecks" auf ihrem normalen Metabolisierungsweg in die Umgebung und bilden mit molekularem Sauerstoff $O_2^{\cdot-}$. An einem in vitro-Modell konnte festgestellt werden, dass 2% des zur mitochondrialen Atmung angebotenen O_2 in $O_2^{\cdot-}$ umgesetzt wurden. Bevorzugte Orte einer solchen „unerwünschten" ROS-Bildung sind naturgemäß Gewebe mit hohem Zellumsatz, Energiebedarf und AA-Metabolismus wie das Blut-bildende Gewebe, Darmepithel, (Herz)Muskulatur, Nervensystem und Gefäßendothel.

2.1.6.1.5 Einrichtungen zum Oxydationsschutz

Der Organismus besitzt eine Reihe von Einrichtungen, mit denen er sich vor den schädigenden Wirkungen der ROS schützen kann. Erwünscht und beabsichtigt sind Radikalwirkungen bei der Keimab-

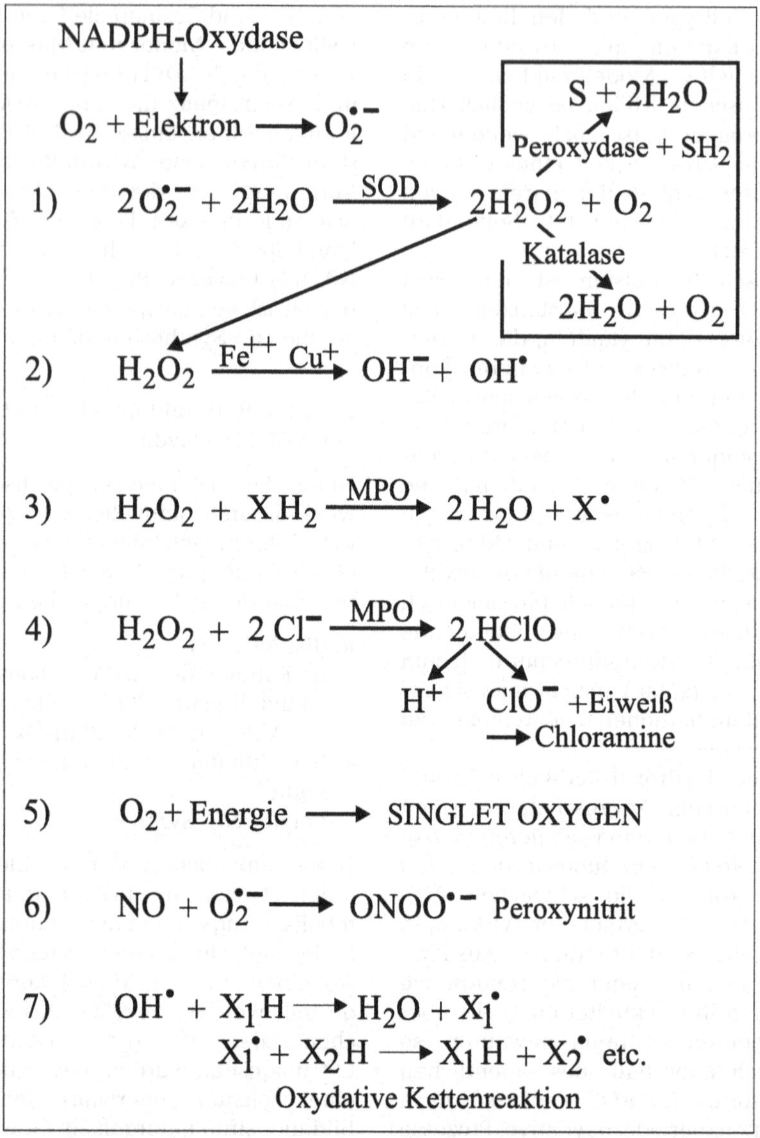

NADPH-Oxydase

$$O_2 + Elektron \longrightarrow O_2^{\bullet -}$$

$$\begin{array}{c} S + 2H_2O \\ \nearrow \\ Peroxydase + SH_2 \end{array}$$

1) $\quad 2\,O_2^{\bullet -} + 2H_2O \xrightarrow{\ SOD\ } 2H_2O_2 + O_2$

$$\begin{array}{c} Katalase \\ \searrow \\ 2H_2O + O_2 \end{array}$$

2) $\quad H_2O_2 \xrightarrow{\ Fe^{++}\ Cu^+\ } OH^- + OH^{\bullet}$

3) $\quad H_2O_2 + X H_2 \xrightarrow{\ MPO\ } 2\,H_2O + X^{\bullet}$

4) $\quad H_2O_2 + 2\,Cl^- \xrightarrow{\ MPO\ } 2\,HClO$

$$H^+ \qquad ClO^- \ + Eiwei\beta$$
$$\longrightarrow Chloramine$$

5) $\quad O_2 + Energie \longrightarrow$ SINGLET OXYGEN

6) $\quad NO + O_2^{\bullet -} \longrightarrow ONOO^{\bullet -}$ Peroxynitrit

7) $\quad OH^{\bullet} + X_1 H \longrightarrow H_2O + X_1^{\bullet}$
$$X_1^{\bullet} + X_2 H \longrightarrow X_1 H + X_2^{\bullet} \ etc.$$
Oxydative Kettenreaktion

Abb. 84. *Bildung verschiedener ROS.* Nach Übertragung eines Elektrons auf molekularen Sauerstoff durch die NADPH-Oxydase entsteht die Muttersubstanz biologischer Sauerstoff-Radikale, das Superoxyd-Anion $O_2^{\bullet -}$. (1) $O_2^{\bullet -}$ dismutiert durch die Katalyse der Superoxyd-Dismutasen (SOD) rasch zu Wasserstoffperoxyd H_2O_2. Auf der Ebene dieser reaktionsschwachen Verbindung kann die Radikalbildung durch Katalasen und Peroxydasen unterbunden werden, oder es entstehen aus H_2O_2 aggressivere Radikale: (2) Die Übergangsmetalle Eisen und Kupfer katalysieren die Bildung des Hydroxyl-Radikals (OH$^{\bullet}$), das stärkste bekannte Radikal. (3) Das Enzym Myeloperoxydase (MPO) katalysiert die Reduktion von H_2O_2 zu Wasser mit Hilfe von Wasserstoff, der aus verschiedenen Verbindungen (XH$_2$) herausgerissen wird. Diese Verbindungen erleiden damit i) Störungen ihrer Struktur und Funktion, und nehmen ii) selbst Radikalcharakter an und können eine oxydative Kettenreaktion (7) in Gang setzen. (4) Die MPO katalysiert in PMN bevorzugt die Umsetzung von H_2O_2 und Cl$^-$ zu Hypochloriger Säure (HClO), deren Anion biologisch aktive Chloramine bildet. (6) Die wenig aggressive Sauerstoffverbindung Stickstoff-Monoxyd (NO) kann mit dem Superoxyd-Anion das stärkere Radikal Peroxynitrit bilden. (5) Singlet oxygen erlangt durch seinen antiparallelen Elektronenspin Radikalcharakter.

wehr und beim Abbau von Schadmaterial im Rahmen von Scavengeraufgaben, bei denen ROS von den dafür spezialisierten Phagozyten erzeugt und auf Zielobjekte abgegeben werden. Dabei soll sich aber die ROS-Wirkung ausschließlich auf das Zielobjekt beschränken, während die unmittelbare und weitere Umgebung geschont werden soll. Ein anderes Gebiet, das des Schutzes bedarf, ist der intrazelluläre Bereich. Im Zuge der Tätigkeit der NADPH-Oxydase und anderer enzymatischer Aktivitäten entstandene ROS schädigen unkontrolliert Membranen, Proteinstrukturen und Nukleinsäuren und müssen daher neutralisiert werden. Entsprechend diesen beiden Aufgabenbereichen haben sich *intrazelluläre* und *extrazelluläre* Mechanismen des Oxydationsschutzes entwickelt. Substanzen, denen diese Aufgaben zukommen, werden als „Antioxydantien" oder „Radikalfänger" bezeichnet.

Intrazelluläre Mechanismen zum Oxydationsschutz

1. Die SOD und die Katalase bauen gemeinsam $O_2^{\bullet-}$ über H_2O_2 zu H_2O und O_2 ab (**Abb. 84**).
2. Das Enzym *Glutathion-Peroxydase* katalysiert die Oxydation von reduziertem Glutathion GSH zum GSSG, wobei der freiwerdende Wasserstoff ROS reduziert. Das Enzym ist wie auch Glutathion (Cys-Glu-Gly) ubiqitär, besonders reichlich aber in Erythrozyten, Thrombozyten und der Leber vorhanden. Ein wichtiger Kofaktor ist Selen. 35% des Körperselens findet sich in der Glutathion-Peroxydase. Oxydiertes Glutathion wird durch die *Glutathion-Reduktase* wieder zu GSH reduziert, womit der Radikalfänger-Mechanismus regeneriert wird (**Abb. 85**). Der zur Reduktion nötige Wasserstoff wird vom NADPH geliefert und stammt vorwiegend aus der Tätigkeit des Pentosephosphat-Shunts (**Abb. 83**). Somit liefert der Pentosephosphat-Shunt sowohl die Elektronen für die Radikalproduktion wie auch den Wasserstoff für die Neutralisation der ROS.
3. Auch intrazelluläre Eiweiße reduzieren ROS.

Extrazelluläre Mechanismen zum Oxydationsschutz

Plasmaeiweiße wie Albumin zeigen eine gewisse Radikalfängerqualität. Ein als Antioxydans spezialisiertes Protein ist Coeruloplasmin, das als APP bei Entzündungen vermehrt im Blutplasma auftritt

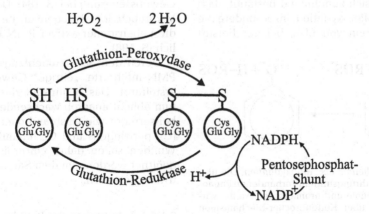

Abb. 85. *ROS- Reduktion durch Glutathion- Peroxydase.* Reduziertes Glutathion ist der wirkungsvollste intrazelluläre Radikalfänger. Die Glutathion- Peroxydase katalysiert die Reduktion von ROS, z.B. H_2O_2. Oxydiertes Glutathion wird mit Hilfe der Glutathion- Reduktase wieder zu reduziertem Glutathion regeneriert. Der nötige Wasserstoff stammt aus dem Pentosephosphat- Zyklus und wird durch NADP vermittelt.

(S. 125). Es wirkt auf zwei Ebenen: als Wasserstoffdonator reduziert es ROS, und als Fänger von Kupferionen unterbindet es die Bildung von ROS. Cu ist in Bindung an Coeruloplasmin nicht als Übergangsmetall wirksam. Etwa 30% der antioxydativen Kraft des Plasmas werden dem Coeruloplasmin zugerechnet. In gleicher Weise wirken der Eisenfänger Transferrin, der Serumeisen transportiert und an intrazelluläres Ferritin weitergibt, und das Laktoferrin, das Eisen lokal im Entzündungsherd bindet (S. 131, 197).

Neben diesen körpereigenen Radikalfängern nehmen mit der Nahrung von außen zugeführte Puffersubstanzen eine wichtige Rolle ein. Die fettlöslichen Vitamine α-Tokopherol (Vitamin E) und β-Carotin (Provitamin A) lagern sich bevorzugt an Lipidstrukturen wie Zellmembranen und LDL und schützen deren ungesättigte Fettsäuren vor Peroxydation, indem sie selbst oxydiert werden. Eine gewisse Regeneration dieser Lipidschützer kann durch wasserlösliche Antioxydantien erfolgen. Hier wäre die Ascorbinsäure (Vitamin C) zu nennen, aber auch eine lange Reihe phenolischer Verbindungen, die ubiquitär in pflanzlicher Nahrung vorkommen, wie Flavonoide und Lykopene. Phenolische Verbindungen wirken generell als Antioxydantien, indem sie Radikale reduzieren (**Abb. 86**).

Da es sich zunehmend bestätigt, dass die Lipid-Peroxydation, insbesondere die Peroxydation von LDL, bei der Entste-

hung der Atherosklerose eine zentrale Rolle einnimmt (S. 296), finden Antioxydantien in der Nahrung immer mehr diätetische Beachtung. Ähnliche Erwägungen betreffen die Peroxydation von Nukleinsäuren und genetischem Material im Zusammenhang mit der Entstehung von Malignomen.

2.1.6.1.6 Der oxydative Burst

Unter oxydativem Burst [oxidative burst, metabolic burst] versteht man die massive Aufnahme von Sauerstoff durch Zellen der unspezifischen Abwehr, insbesondere durch PMN, bei gleichzeitiger starker Stoffwechselsteigerung. Dieser Sauerstoff dient bei PMN fast ausschließlich der Produktion von ROS. Die ROS-Synthese läuft über den Pentosephosphat-Zyklus, dessen Startsubstrat Glukose-6-Phosphat vorwiegend aus dem Abbau endogenen Glykogens gewonnen wird (**Abb. 83**). Außer zur Herstellung von ROS benötigt ein aktiver PMN reichlich aus Glucose gewonnene Energie für die begleitende Phagozytose und Granulaabgabe und den dafür erforderlichen ständigen Umbau des Cytoskeletts. Dabei kann die anaerobe Glykolyse auf das 10 bis 20-fache der Ruhewerte ansteigen. Das anfallende Laktat wird in die Umgebung abgegeben und trägt zur Gewebssäuerung bei (S. 184). Der rasche Verbrauch der Glykogenvorräte verkürzt die Lebensdauer aktiver PMN beträchtlich (S. 198).

Durch den Sauerstoffentzug sind mit PMN infiltrierte, „eitrige" Gewebe sauerstoffarm. Das begünstigt das Wachstum obligat anaerob wachsender Krankheitserreger wie Gasbrand oder Tetanus (Cl. perfringens und Cl. tenani). Eitrige Wunden sollen daher chirurgisch breit geöffnet werden, um dem Sauerstoff Zutritt zu gestatten.

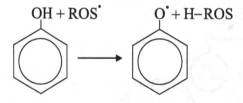

Abb. 86. *Phenole als Antioxydantien.* Die ubiquitär in Nahrungsmitteln vorhandenen Phenole, Polyphenole und aromatischen Amine wirken meist über Kettenbrecher-Mechanismen als Antioxydantien [chain-breaking reagents]. Sie werden dabei zwar selbst zu Radikalen, deren Wirkung aber durch den aromatischen Ring abgepuffert wird und sich auf verschiedenen Wegen verflüchtigt.

2.1.6.1.7 Aufgaben der ROS im Rahmen von Entzündungen

ROS sind äußerst effektive chemische Waffen der Phagozyten. Sie wirken durch die oxydative Zerstörung von Strukturen. Ihr Angriffspunkt ist unspezifisch und vielfältig. Funktionelle Schwerpunkte liegen in der hohen Affinität zum Reaktionspartner Wasserstoff und dessen Herausreißen aus bestehenden Bindungen sowie in der Sprengung kovalenter Bindungen. Als prominente Angriffspunkte der ROS bei Aktivitäten von PMN können angeführt werden:

Lipid-Peroxydation. Unter Abspaltung von Wasserstoff werden die Kohlenwasserstoffketten der Fettsäuren bevorzugt an Doppelbindungen oxydativ gesprengt und es entstehen Carbonylverbindungen wie Aldehyde und Ketone. Zellmembranen und andere Lipidstrukturen werden damit zerstört. Wie wichtig diese Fähigkeit bei der Keimabwehr ist, beweist die ausgeprägte Immunschwäche bei CGD. Bei dieser Krankheit findet durch einen Defekt der NADPH-Oxydase keine ROS-Produktion statt (S. 271). Auch zelluläre Membranen können etwa im Rahmen von Scavenger-Aktivitäten oxydativ abgebaut werden. Stark aktivierte PMN erzeugen überschießende Mengen an ROS, so dass anti-oxydative Schutzmechanismen überlaufen und die Membranen benachbarter Zellen geschädigt werden oder PMN sich durch Peroxydation der eigenen Membranen selbst zerstören und auflösen.

Die zerstörende Wirkung der ROS auf ungesättigte Fettsäuren ist medizinisch von großer Bedeutung. LDL werden durch einen Phospholipidmantel emulgiert, der bis zu einem gewissen Grad durch α-Tokopherol vor Oxydation geschützt ist. Wird dieser Schutz durch starken Anfall an ROS zerstört, greift die Peroxydation auf den Phospholipidmantel über, und es entstehen oxLDL, die den entzündlichen Mechanismus der Atherosklerose-Entstehung einleiten (S. 296).

Oxydation von Nukleinsäuren. Im Rahmen von Scavenger-Tätigkeit wie auch von Keimabwehr können Nukleinsäuren (DNS und RNS) depolymerisiert und abgebaut werden. Aber auch die DNS lebender Zellen kann durch Oxydation und durch in oxydativen Prozessen entstandene Schadstoffe, wie Aldehyde, geschädigt werden. Zusammenhänge zwischen ROS-Einwirkung auf DNS und Tumorentstehung sind nachgewiesen. Antioxydative dietätische Maßnahmen werden zur Tumor-Prophylaxe empfohlen (S. 192).

Depolymerisation von Hyaluronsäure. Hyaluronsäure bildet als Bestandteil von Proteoglykanen einen wichtigen Baustein der Grundsubstanz von Binde- und Stützgeweben. Im Bindegewebe trägt Hyaluronsäure zur Wasserbindung und zur gallertigen Steifigkeit (Thixotropie) der Grundsubstanz bei. Phagozyten setzen bei ihrer Wanderung im Bindegewebe kleine Mengen an ROS frei, die zusammen mit abgegebenen Enzymen die hochmolekularen Hyaluronsäureketten zerstückeln, damit die Viskosität herabsetzen und das Gewebe leichter durchgängig machen („enzymatisches Buschmesser"). Auch die Hyaluronsäure in den Schutzhüllen einer Reihe von Krankheitserregern (z.B. Staphylokokken) wird auf diese Weise angegriffen.

Schädlich wirkt sich die unkontrollierte Zerstörung von Hyaluronsäure-Polymeren vor allem im Zuge von entzündlichen Gelenkserkrankungen aus. Durch die Aktivierung von Entzündungszellen (Makrophagen, PMN) werden im Rahmen der chronischen Polyarthritis [rheumatoid arthritis] und im akuten Gichtanfall neben Enzymen auch ROS in den Gelenksspalt freigesetzt, welche die Hyaluronsäure-Polymere der Synovialflüssigkeit abbauen und über eine Viskositätsminderung ihre Schmierfähigkeit herabsetzen. Hyaluronsäure ist auch ein wichtiger Bestandteil der Grundsubstanz des hyalinen Gelenksknorpels, in der die kollagenen Fasern verquollen („maskiert") sind. Die oxydative Depolymerisation der Hyaluronsäure und anderer Glykosaminoglykane macht den zentralen Proteinkern der Proteoglykane einer enzymatischen Zerstörung zugänglich und verändert nachhaltig die physikalischen Eigenschaften des Gelenkknorpels (S. 226). Wichtiges therapeutisches Ziel bei diesen Erkrankungen ist es daher,

die sekretorischen Aktivitäten von Entzündungszellen einzudämmen (S. 258).

Darüber hinaus können ROS die Aktivität einer Reihe von Enzymen, En-
zymhemmern und anderen Wirkstoffen
verändern. Auf medizinisch bedeutsame
Einzelheiten dazu wird an geeigneter
Stelle eingegangen.

2.1.6.1.8 ROS als Informationsüberträger

H_2O_2, HClO und Chloramine sind relativ
stabil und können als kleine Moleküle
durch Membranen diffundieren und in
die zellulären Kompartimente eindringen. Es gibt Hinweise darauf, dass ROS
Transkriptionsvorgänge beeinflussen und
auf diesem Weg die Cytokinproduktion
und das Priming von Entzündungszellen
modulieren. Je nach Angriffspunkt kann
das Wachstum wie auch die Apoptose
von Zellen angeregt werden. Zu diesem
interessanten Aufgabenbereich der ROS
ist der Erkenntnisstand noch mangelhaft.

2.1.6.1.9 Basische Proteine

In diese Gruppe fallen die *Defensine*,
das *bactericidal/permeability inducing
protein* (BPI-Protein) und *Cathelicidin*,
die in den Granula der Granulozyten
und Makrophagen gespeichert oder an
Membranen gebunden vorliegen, sowie
die basischen Proteine der Eosinophilen
Granulozyten.

Defensine sind basische Proteine, die
sich elektrostatisch an die elektronegativen Membranen von Bakterien, Pilzen
und metazoischen Parasiten binden. Nach
Einsenken in die Membran und Porenbil-
dung erfolgt die osmotische Zerstörung der
Zelle vergleichbar mit dem Mechanismus
des MAC im Complementsystem (S. 84f).
Aber auch Nicht-Entzündungszellen, wie
Darmepithel (Paneth'sche Körnerzellen)
und das Epithel des Respirationstraktes
sind in der Lage, Defensine herzustellen
und in der Infektabwehr einzusetzen.

Über ihre antimikrobielle Wirkung
hinaus wirken Defensine chemotaktisch

auf PMN, dendritische Zellen und T-
Lymphozyten. Sie steigern auch die Pha-
gozytose und Cytokin-Produktion dieser
Zellen.

Während Defensine vor allem gegen
Gram-positive Erreger gerichtet sind,
zielt das *BPI-Protein* auf Gram-negative
Keime. Nach elektrostatischer Anlagerung und Einlagerung in Membranen
scheint seine Wirkung vorwiegend auf
einer Störung des Metabolismus und
der Energiebereitstellung der befallenen
Zelle zu beruhen. *Cathelicidin* wirkt offenbar im Synergismus mit BPI-Protein.

Zu den basischen Proteinen der Eosinophilen Granulozyten siehe Seite 208.

2.1.6.2 Die Enzymausstattung von PMN

Der überwiegende Teil der sekretorischen Enzyme ist in inaktiver Form in
den Lysosomen („Granula") der PMN
enthalten. Diese Enzyme sind die Grundlage für die Fähigkeit dieser Zellen, körperfremdes Schadmaterial unschädlich
zu machen, spezifisch abzubauen und
in seine Bausteine zu zerlegen. Die Bildung der Enzyme erfolgt während der
Vermehrungs- und Reifungsphase der
PMN im Knochenmark. Bei Degranulation oder bei Bildung des Phagolysosoms
(S. 182ff) werden die inaktiven Enzyme
(Zymogene) aktiviert. Einige Enzyme,
die zur Auflösung der Basalmembran bei
der Emigration nötig sind (S. 156) oder
membranständige Rezeptoren und Adhäsine abschneiden (S. 121), sind in der
Zellmembran der PMN lokalisiert.

Nach Größe, Inhalt, Verteilung im
Zellleib und Abfolge der Reifung werden
im PMN vier Typen von Granula unterschieden:

- Primäre oder Azurophile Granula
- Sekundäre oder Spezifische Granula
- Tertiäre oder Gelatinase-enthaltende
  Granula
- Sekretorische Vesikel

Die *Azurophilen Granula* treten im Verlauf der Entwicklung der PMN im Knochenmark zuerst auf, deshalb „primär".
Sie sind bereits im Promyelozyten de-

Tabelle 8. Inhalt der Granula von PMN

Primäre Granula (azurophile)	Sekundäre Granula (spezifische)	Tertiäre Granula	Sekretorische Vesikel
Matrix	*Matrix*	*Matrix*	*Matrix*
Glycosidasen	Histaminase	Gelatinase	Plasmaproteine
Phosphatasen	Heparinase	Lysozym	Albumin
Esterasen	Lysozym	Azetyltransferase	
Nucleotidasen	Gelatinase	β_2-Mikroglobulin	
Phospholipase A2	Kollagenase		
Lysozym	Laktoferrin	*Membran*	*Membran*
Elastase	β_2-Mikroglobulin	CD 11b	CR1 (CD46)
Cathepsine	IL-8, IL-12	Cytochrom b	DAF
Proteinase 3	*Membran*	FMLP-R	Cytochrom b
Kollagenasen	NADPH-Oxydase	CR1 (CD35)	CD11b
	(Cytochrom b)	Alkalische Phosphatase	FMLP-R
Defensine	CD 11b	CD14 (LPS-R)	CD14
PBI-Protein	ICAM-3	CD16 (Fcγ-R)	CD16
	FMLP-R	CD10	
Myeloperoxydase	Fibronektin-R		
	Laminin-R		
	Thrombospondin-Rezeptor		

finierbar und färben sich mit Azurfarbstoffen. Azurophile Granula sind auch in Monozyten/Makrophagen vorhanden. Die *Spezifischen Granula* sind dagegen nur dem PMN eigen. Sie treten erst in der Entwicklungsphase des Myelozyten auf, deshalb auch „sekundär". (zur Granulaentwicklung S. 141). Die Zahl der *Tertiären Granula* wird erst in der späteren Reifungsphase der PMN (Metamyelozyt, stabkernige Zellen) vervollständigt, ebenso die der *Sekretorischen Vesikel.* Primäre und sekundäre Granula haben Dimensionen im Auflösungsbereich des Lichtmikroskops, während die beiden anderen Granulatypen nur im Elektronenmikroskop erkennbar sind.

Der Aufgabenbereich der einzelnen Granulatypen ist geteilt. Die Azurophilen Granula enthalten die meisten und effizientesten Enzyme. Mit den Sekundären über die Tertiären Granula bis zu den Sekretorischen Vesikeln nimmt der Enzymgehalt progressiv ab, während der Besatz mit Oberflächenstrukturen wie Rezeptoren, Adhäsine und Ionenkanäle zunimmt. Man kann summarisch sagen, die Hauptaufgabe der Azurophilen Granula besteht in enzymatischen Leistungen, während auf der anderen Seite die Sekretorischen Vesikel in erster Linie für

die Erneuerung spezifischer Strukturen der Zelloberfläche und für die Ergänzung von Membranmaterial verantwortlich sind. Sekundäre und Tertiäre Granula liegen mit ihrem Aufgabenbereich dazwischen. Der Gehalt der Granula an den prominentesten Enzymen und Rezeptorproteinen ist in Tabelle 8 dargestellt.

2.1.6.2.1 Wirkungsbereiche der Enzyme

Saure Hydrolasen machen den Großteil der in den Granula enthaltenen Enzyme aus. Sie spalten Zielsubstanzen hydrolytisch im sauren Milieu. Unter ihnen sind hervorzuheben:

Glykosidasen, wie Glucuronidasen, Galaktosidase und Glukosaminidasen spalten Glykosaminoglykane und Proteoglykane der Grundsubstanz und in bakteriellen Schutzhüllen. Sie sind bei Scavengeraufgaben und in der Keimabwehr tätig. Die pH-Optima der meisten von ihnen liegen im beträchtlich sauren Bereich von 4.5 bis 5.

Lysozym ist eine Muramidase, die Muraminsäure-Glykoside der Bakterienwand spaltet. Außer in den Granula von Phagozyten kommt Lysozym auch frei im Speichel, in der Tränenflüssigkeit und anderen Körperflüssigkeiten vor. Lysozym ist auch Bestandteil der Granula der Paneth'schen Körnerzellen. Vermutlich trägt es zusammen mit Defensinen (S. 194) zur Regulation der Darmflora bei.

Kohlenhydrat spaltende Hydrolasen wie α-Amylasen oder Dextranase dienen dem Stärke- und Glykogenabbau.

Esterasen: Saure Phosphatase spaltet Phosphorsäureester, alkalische Phosphatase dient dem Knochenabbau; sie werden bei Scavengeraufgaben und Umbauvorgängen eingesetzt. Lipasen und Lecithinasen dienen dem Fett- und Membranabbau. Phospholipase A_2, die bei Granulaabgabe freigesetzt wird, kann den Arachidonsäuremetabolismus in Gang setzen und wirkt antibakteriell.

Nukleinsäuren spaltende Enzyme wie Ribonuclease und Desoxy-Ribonuclease spalten Nukleotide aus ihren Verbindungen. Ihre Aktivität hat bei Scavengertätigkeit und beim Purin-Abbau Bedeutung.

Unter der großen Zahl von *Proteasen* und *Peptidasen* sind vor allen die *Neutralen Proteasen* hervorzuheben, deren pH-Optimum im neutralen oder mäßig basischen Milieu liegt. Manche von ihnen enthalten prosthetisch Zink und werden in der Gruppe der *Metalloproteasen* zusammen gefasst. Die *Serinproteasen* haben dagegen am aktiven Zentrum die Aminosäure Serin eingebaut.

Die Serinprotease *PMN-Elastase* (es gibt auch andere Elastin- spaltende Enzyme, S. 228) ist eine äußerst wirkungsstarke, sehr unspezifisch wirkende Universal-Protease, die als Endopeptidase vom Trypsin-Typ Eiweißketten neben Arginin oder Lysin, bevorzugt zwischen Arginin und Lysin, spaltet. Ihren Namen hat sie erhalten, weil sie auch das äußerst resistente Elastin zu spalten vermag. Sie ist spezifisch nur in PMN enthalten.

Cathepsin G ist eine Protease vom Chymotrypsin-Typ, d.h. das Enzym spaltet Eiweißketten neben und zwischen Phenylalanin und Valin. Darüber hinaus ist Cathepsin G ein Chemoattraktant für Monozyten/Makrophagen und T-Lymphozyten.

Die *Proteinase 3* spaltet Kollagen. Im Unterschied zu anderen Kollagenasen ist sie im neutralen Milieu aktiv. Cathepsine und Proteinase 3 sind Metalloproteasen.

Die neutralen Proteasen, allen voran die Elastase, können eine Reihe von extra- und intrazellulären Eiweißstrukturen aufarbeiten, wie Kollagen, Elastin, Proteoglykane, Fibrin und die Proteinanteile von körpereigenen und körperfremden Zellen. Sie nehmen sowohl bei Scavengertätigkeiten wie auch bei der Keimabwehr eine wichtige Stellung ein. Ihre besondere Bedeutung liegt in ihrem besonderen pH-Optimum, das sie dazu befähigt, im mäßig basischen Milieu des Extrazellularraums (pH 7.4) aktiv zu sein.

Eine weitere wichtige Aufgabe der Neutralen Proteasen ist die Aktivierung von Entzündungsmediatoren durch proteolytische Spaltung. Sie aktivieren Komponenten des Complementsystems (S. 90) und des Kontakt-Aktivierungssystems (S. 68, 70). Auch der AA-Stoffwechsel kann durch diese Enzyme in Gang gesetzt werden.

Gegen solche hochaktiven Wirkstoffe müssen Gegengewichte vorhanden sein, die ihren Effekt auf den nötigen Bereich und das nötige Maß beschränken. Als Antagonist zur Elastase wirkt in erster Linie α1-Antitrypsin, gegen Cathepsin G das α1-Antichymotrypsin. Beide „Antiproteasen" werden in der Leber gebildet und treten während der Akutphase-Reaktion vermehrt im Blut auf (S. 125f).

Im Gegensatz zu den ROS, die ihre Zielsubstanzen gewöhnlich denaturieren und damit endgültig zerstören, ist die Wirkung der Enzyme gezielt und koordiniert. Durch saure Hydrolasen und Proteasen werden hochmolekulare Strukturen in ihre kleinsten Baueinheiten wie Fettsäuren, Phosphorsäure, Monosacharide, Aminosäuren, Nukleotide zerlegt, die dann in einem „Recycling" wieder dem Organismus zur Verfügung stehen. Damit gehen beim ständigen Umbau und der Erneuerung der Bestandteile des Organismus im Rahmen von Scavengervorgängen nur wenige Bausteine nach außen verloren.

Peroxydasen. PMN enthalten reichlich *Myeloperoxydase* (MPO). Ihr Anteil macht zwei bis fünf Prozent des Gesamteiweißes dieser Zellen aus. MPO enthält Eisen, das den PMN ihre grüngelbliche Farbe verleiht.

2.1.6.3 Nicht- enzymatische Wirkstoffe in den Granula der PMN

Über die *basischen Proteine* siehe Seite 194.

Laktoferrin bindet Eisen und entzieht so Bakterien einen wichtigen Wachstumsfaktor. Auch kann es selbst Mikroorganismen binden und dem Immunsystem zugänglich machen (Opsonin-Wirkung). Im Komplex mit Laktoferrin ist Eisen nicht mehr als Elektronenüberträger wirksam und katalysiert nicht mehr die Bildung von OH•. So ist Laktoferrin indirekt als Antioxydans aktiv. Ein Molekül Laktoferrin kann bis zu sechs Eisenionen binden, die wieder an Transferrin und weiter an Zellen des RES abgegeben werden können, wo sie als Ferritin gespeichert werden (S. 192). Laktoferrin ist auch in vielen Drüsensekreten und besonders reichlich in der Milch vorhanden; daher der Name.

Granulamembranen der PMN enthalten auch Reserven an Oberflächenproteinen und Adhäsinen, die bei der Exozytose der Zellmembran einverleibt werden. Einige gut studierte und bekannte dieser Membranproteine sind in Tabelle 8 angeführt. Ihre Bedeutung im einzelnen wird in den jeweiligen Sachkapiteln besprochen.

2.1.6.4 Besonderheiten bei der Granulaverteilung und -abgabe.

Die unterschiedlichen Granulatypen sind im PMN nicht regellos verteilt, sondern ihre Anordnung folgt einem gewissen System. Ein PMN enthält etwa 200 bis 300 Azurophile und Sekundäre Granula, das Mengenverhältnis zueinander be-

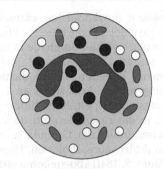

Abb. 87. *Verteilung der Granula im PMN.* Die primären, azurophilen Granula (dunkel) liegen tiefer im Zytoplasma und müssen zur Degranulation über einen längeren Weg zur Zelloberfläche transportiert werden. Ihre Abgabe erfolgt erst auf stärkere Reize. Sekundäre und tertiäre Granula sowie sekretorische Vesikel sind eher gleichmäßig in der Zelle verteilt und liegen auch nahe der Oberfläche. Sie können daher auf geringe Reize rasch abgegeben werden.

trägt etwa 1:2. Die Azurophilen Granula liegen tiefer im Zellinneren in Kernnähe, während Sekundäre und Tertiäre Granula sowie die Sekretorischen Vesikel gegen die Zelloberfläche hin gehäuft auftreten (**Abb. 87**). Bei geringerer Reizstärke, etwa durch einen chemotaktischen Reiz, werden bevorzugt Sekretorische Vesikel und Tertiäre Granula abgegeben, deren Membranmaterial das Lamellopodium bilden hilft und auch den Rezeptorbestand erneuert (S. 167f). Dagegen sind stärkere Reize nötig, um die enzymatisch wirkungsvollen Azurophilen Granula, die auch einen längeren Transportweg zur Oberfläche haben, zur Exozytose zu bringen.

2.1.6.5 pH-Milieu und Effektivität der Enzyme

Die meisten lysosomalen Enzyme haben ein pH-Optimum im mehr oder weniger sauren Bereich; das extrazelluläre Milieu ist dagegen mäßig alkalisch mit einem pH um 7.4. Bei Phagozytose entsteht im Phagolysosom durch die Protonenpumpe ein saurer pH, in dem die Enzyme ihre Aktivität entfalten können (S. 182). Somit ist intrazellulär die Wirkung der sauren

Hydrolasen gewährleistet; extrazellulär wären sie jedoch kaum effektiv. Phagozyten können sich hier durch die Schaffung eines sauren „Mikromilieus" [microenvironment] behelfen. Durch dichte Anlagerung mittels Adhäsinen an Haftflächen entstehen Spalträume [intercellular clefts], in die zusammen mit dem enzymatischen Inhalt der Granula saure Valenzen (Milchsäure, Protonen, Hypochlorige Säure, S. 184f) abgegeben werden. In diesen abgeschlossenen Bereichen kann sich somit ein pH-Milieu aufbauen, in dem saure Hydrolasen wirksam werden. Zudem sind diese sequestrierten Bezirke auch gegen Antioxydantien und Enzymhemmer aus der Umgebung abgeschottet, so dass hier das chemische Potential eines PMN voll zum Tragen kommen kann. Solche Mechanismen werden z.B. für die Endothel- und Gefäßschädigung bei Atherosklerose und Vaskulitiden mit verantwortlich gemacht (**Abb. 88**).

2.1.7 Die Lebensdauer von PMN in Geweben

Der PMN ist ein „Ein-Weg-Artikel", der produziert und im Zuge seiner Tätigkeit

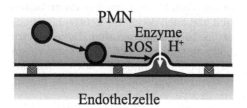

Abb. 88. *Bildung von interzellulären Mikromilieus.* Phagozyten, wie z.B. PMN, können sich über ihre Adhäsine flächenhaft an Zellen und Matrixstrukturen anheften und so weitgehend abgeschlossene interzelluläre Spalträume bilden, in denen ein für ihre Wirkstoffe günstiges Milieu entsteht. Wasserstoff-Ionen werden nur mangelhaft abgepuffert, wodurch saure Hydrolasen auch extrazellulär ihre Wirkung entfalten können. ROS und Proteasen sind dem hemmenden Einfluss serogener Antioxydantien und Antiproteasen weitgehend entzogen. Diesem Mechanismus wird bei der Entstehung von Vaskulitiden und Organschäden (ARDS, MOF) große Bedeutung beigemessen.

„verbraucht" wird. Seine Lebenserwartung im Entzündungsherd hängt einmal von seiner **Aktivierung** ab. Stoffwechselaktive PMN brauchen je nach Aktivierungsgrad mehr oder weniger schnell ihren Glykogenvorrat auf. Sie sind dann nicht mehr in der Lage, das nötige ATP für die K-Na-Pumpe bereitzustellen und zerfallen osmolytisch. Bei sehr starker Stimulation, wie sie etwa durch Cytokine, aktivierte Mediatoren oder Bakterientoxine ausgelöst wird, zerstören sich PMN mit selbst produzierten ROS und entlassen dabei schlagartig ihr gesamtes chemisches Potential in die Umgebung. Dieses „Selbstmordkommando" ist die intensivste Form einer Wirkungsentfaltung von PMN. Die Lebensdauer im Gewebe ist dabei drastisch verkürzt und bewegt sich im Bereich von wenigen Minuten.

Am Ende der perakuten Phase, mit dem Rückgang eines Entzündungsprozesses erhöht sich die Lebensdauer der PMN beträchtlich, da eine Auto-Peroxydation und Phagozytosetätigkeit, welche ihre Lebensdauer drastisch verkürzt, immer mehr zurücktritt. In dieser Phase der Entzündung wird die Lebenserwartung eines PMN von der **Apoptose** bestimmt, die eine wichtige Rolle bei der Regression und Lösung des Entzündungsprozesses einnimmt. Ein mit antiapoptotischen Faktoren angereichertes Milieu kann jedoch die Apoptose hinauszögern, verändert PMN auch phänotypisch und macht sie zu Zellen, die regulierend auf den Entzündungsablauf einwirken (S. 204f). Mit der Abgabe von IL-12 sind solche PMN auch in der Lage, die spezifische Immunität zu beeinflussen (S. 110).

An einem Tiermodell konnten folgende Daten erhoben werden: PMN erreichten im Entzündungsherd am Höhepunkt eines akuten entzündlichen Prozesses 6 Stunden nach Setzen einer Noxe eine Lebensspanne von 20 Minuten, nach der sie sich durch Peroxydation ihrer eigenen Membranen auflösten. Mit dem weiteren Verlauf des Entzündungsvorganges verlängerte sich die Lebensdauer auf mehrere Stunden. Während der ersten 12 Stunden der Entzündung waren im Exsudat keine PMN mit den morphologischen Zeichen einer Apoptose zu erkennen, solche traten vereinzelt erst nach 18 Stunden auf. Tage nach Entzündungsbeginn zeigte der Großteil der PMN die typischen apoptotischen Veränderungen.

Apoptose

Unter Apoptose versteht man den programmierten Zelltod. Im Gegensatz zur Nekrose, die auf einer Einstellung vitaler Zellfunktionen als Folge schädigender Einflüsse von außen beruht, läuft die Apoptose über einen genetisch regulierten Selbstzerstörungsprozess ab. Apoptose kann je nach Zelltyp durch pro- und anti- apoptotische Faktoren aus der Umgebung sowie durch zelleigene Apoptoseprogramme gesteuert werden. Morphologisch auffällige Merkmale einer Zelle in Apoptose sind die Kondensation oder Fragmentierung des Zellkerns und die Verformungen des Zytoplasmas [blebbing] bis zu dessen Zerfall [apoptotic bodies]. Diesen Veränderungen liegt eine Fragmentierung von DNS und von F-Aktin zugrunde. Bemerkenswerter Weise bleibt die Zellmembran während dieser einschneidenden Veränderungen erhalten. Unter den funktionellen Störungen ist die Ablösung aus Zellverbänden und der Verlust spezifischer Zellleistungen charakteristisch. Apoptotische Zellen werden, im Gegensatz zu nekrotischen Zellen, ohne nennenswerte entzündliche Reaktion von Phagozyten – in erster Linie Makrophagen, Fibroblasten, aber auch manche Endothelzellen – beseitigt. Das Erkennen erfolgt über eigene Scavenger-Rezeptoren an den Phagozyten (**Tabelle 9**, S. 216) und Markierung durch das Complement-System (S. 100).

Apoptosereize von außen werden durch „Todesrezeptoren" [death receptors] vermittelt, zu denen die miteinander verwandten TNFα- (CD120a) und Fas-Rezeptoren (CD95) zählen. Über eine komplexe Signalübermittlung gelangt der Reiz zu den eigentlichen Effektoren der Zellzerstörung, zu der proteolytischen Enzymgruppe der **Caspasen** (schneiden Aminosäureketten am **C**-terminalen Ende von **Asp**araginsäure durch), nach deren Aktivierung die Selbstzerstörung der Zelle beginnt. Ein anderer zelleigener Mechanismus der Apoptose läuft über die Aktivierung von Proteinen der Bcl-2 Familie ab, die Cytochrom c aus Mitochondrien freisetzen und auf diesem Weg Caspasen aktivieren.

Apoptose von PMN

Bei PMN liegt die Besonderheit des apoptotischen Prozesses darin, dass der programmierte Zelluntergang über einen konstitutiv vorhandenen Mechanismus bereits in der Blutphase anläuft, die automatisierte Selbstzerstörung aber durch exogene anti- apoptotische Signale verzögert werden kann. Zu solchen Signalen gehören Kontakte der Adhäsionsproteine mit den entsprechenden Partnern am Endothel, die Emigration aus der Blutbahn, sowie die Einwirkung einer Reihe von Cytokinen und Wachstumsfaktoren. Zu diesen lebensverlängernden Faktoren zählen IL-1, IL-2, IL-4, IFNγ, G-CSF, GM-CSF sowie Cortisol und LPS. TNFα kann sowohl pro- wie anti- apoptotisch wirken. Andererseits besitzen PMN auch Fas-Rezeptoren, über welche die Apoptose beschleunigt werden kann. Ein Bcl-2 – Cytochrom c – Mechanismus der Apoptose fehlt dagegen den PMN.

Viele der anti- apoptotischen Effekte laufen über NFκB (S. 202). Eine Schlüsselstellung im Anti-Apoptosemechanismus der PMN wurde für das cytosolische Protein Mcl-1 nachgewiesen.

Apoptotische PMN ändern ihr Erscheinungsbild auf charakteristische Weise. Der typische dreilappige Zellkern kondensiert meist zu einem dichten rundlichen Klumpen („Kernpyknose"), der sich exzentrisch der Zellmembran innen anlegt, oder zerfällt in Fragmente. So sind apoptotische PMN leicht zu erkennen. Die Rezeptordichte nimmt ab, als typisches

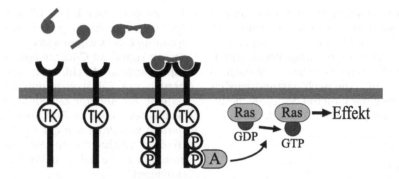

Abb. 89. *Rezeptoraktivierung durch Protein-Tyrosin-Kinasen.* Die meisten Rezeptoren, die an Protein-Tyrosin-Kinasen (TK) gekoppelt sind, besitzen nur ein transmembranöses Segment. Die Bindung an dimere oder oligomere Liganden bewirkt durch Zusammenrücken der Rezeptoren eine Aktivierung der TK und die Phosphorylierung der Rezeptoren am Tyrosin (P). Phosphoryliertes Tyrosin dient als Andockstelle für Adaptor-Proteine (A), von denen die Aktivierung von Ras- Signalproteinen durch Austausch von GDP durch GTP ausgeht. Aktivierte Ras- Proteine setzen zelluläre Effekte in Gang.

Merkmal gilt der Verlust von CD16, dessen Mangel als Apoptosemarker angesehen wird. Mit fortschreitender Apoptose werden die Zellleistungen immer unzulänglicher, und der PMN wird schließlich von Makrophagen phagozytiert.

Hinsichtlich der Entwicklungszeit der PMN im Knochenmark und bei der Festsetzung der normalen Zirkulationsdauer mit sechs bis acht Stunden herrscht unter den verschiedenen Untersuchergruppen weitgehende Übereinstimmung. Über das weitere Schicksal menschlicher PMN fehlen jedoch exakte Daten. Ein gewisser Teil der zirkulierenden PMN scheint in der Leber und Milz apoptotisch zugrunde zu gehen und von den gefäßständigen Makrophagen entfernt zu werden. PMN mit den typischen Kernveränderungen der Apoptose werden im gefärbten Blutausstrich jedoch kaum je beobachtet. Daher muss angenommen werden, dass der überwiegende Teil zirkulierender PMN die Blutbahn verlässt.

Ohne anti- apoptotische Signale geht ein Teil dieser PMN in den Geweben durch Apoptose zugrunde. Das maximale Alter von PMN nach ihrer Emigration in Gewebe wird bei Ausbleiben einer Aktivierung mit ein bis zwei Tagen, nach anderen Beobachtungen mit bis zu drei Tagen angegeben. Ein beträchtlicher

Teil emigrierter PMN erreicht vermutlich Schleimhautoberflächen (S. 157) und beteiligt sich hier am Aufbau des immunologischen Schutzschildes. Hierzu ist offenbar ein Minimum an PMN nötig, dessen kritische Untergrenze nach klinischer Erfahrung bei 1000 PMN/µL Blut liegt (S. 156). Untersuchungen, die genaue Angaben hierzu zulassen, fehlen jedoch. Eine Rezirkulation gesunder PMN aus Geweben in das Blut findet nicht statt.

2.1.8 Signalübermittlung durch Tyrosin-Phosphorylierung

Eine große Zahl von Rezeptoren und intrazellulären Proteinen an und in Leukozyten wird durch Phosphorylierung an Tyrosin-Resten aktiviert. Für solche Phosphorylierungen ist eine Vielzahl von **Protein-Tyrosin-Kinasen** verantwortlich. Nach einem häufig ablaufenden Muster werden diese Rezeptoren bei Bindung an den Liganden oder an Liganden-Oligomere einander so weit genähert, dass an den nunmehr komplexierten Rezeptoren Tyrosin-Kinasen aktiviert werden, die Tyrosin am cytosolischen Teil der Rezeptoren phosphorylieren. Über Bindung von Adaptor-Proteinen an den aktivierten Rezeptor-Komplex wird eine Signalkaskade

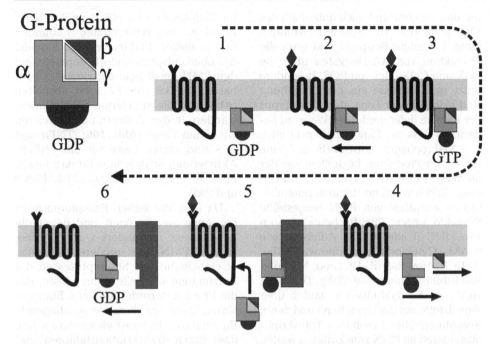

Abb. 90. *Signalübermittlung durch G-Protein – gekoppelte Rezeptoren.* Ein Rezeptor diesen Typs ist eine Proteinkette, die aus der extrazellulären Bindungsstelle für den Liganden, sieben transmembranösen Schleifen und einem intrazellulären Teil mit der Koppelungsstelle für das G-Protein besteht (1). Das hetero-trimere G-Protein ist aus den drei Untereinheiten α, β und γ zusammengesetzt und enthält Guanosin- Diphosphat (GDP) gebunden. Bei Besetzung mit einem Liganden entwickelt der intrazelluläre Teil des Rezeptors durch Konfigurationsänderung Affinität zum G-Protein – Komplex und bindet ihn (2). Am Rezeptor-gebundenen G-Protein wird GDP gegen Guanosin- Triphosphat (GTP) ausgetauscht (3). Damit dissoziiert das G-Protein vom Rezeptor, zerfällt in einen α und einen β-γ – Komplex, die beide entlang der Membran zu Bindungspartnern (Enzyme, Ionenkanäle etc.) diffundieren (4) und diese durch Bindung aktivieren oder, abhängig vom Typ des G-Proteins, auch deaktivieren. Solange ein Rezeptor an den Liganden gebunden ist, kann er erneut G-Proteine binden und Signale aufrecht erhalten (5). Nach wenigen Sekunden wird GTP durch eine GTP-ase zu GDP hydrolysiert. Dadurch koppelt sich die α-Untereinheit des G-Proteins vom Bindungspartner ab und vereinigt sich mit den β-γ-Dimeren. Nach Dissoziation des Liganden vom Rezeptor ist die Ausgangslage wieder hergestellt (6).

in Gang gesetzt, bei der häufig das Signalpeptid **Ras** beteiligt ist (**Abb. 89**). Die Aktivierung kann durch **Protein-Tyrosin-Phosphatasen**, welche die Phosphorylierung aufheben, wieder beendet werden. Eine Tyrosin-Phosphatase mit breiter Wirkung ist CD45, die im Cytosol von Leukozyten vorrätig ist, aber bei Zellaktivierung an der Oberfläche exprimiert wird und dort verschiedene Membranproteine inaktiviert. Über Details dieser äußerst komplexen und vielschichtigen Vorgänge unterrichtet die Molekularbiologie.

Ein anderer Rezeptortyp vermittelt Reize über G-Proteine weiter (**Abb. 90**)

Als grobe Faustregel kann gelten: Die Signalübermittlung durch die meisten Adhäsine, TLR und durch Rezeptoren für Cytokine und Wachstumsfaktoren wird durch Tyrosin-Phosphorylierung aktiviert, während viele Rezeptoren für Chemotaxine, Anaphylatoxine und AA-Metabolite G-Protein abhängig sind.

2.1.9 Transkriptionsfaktoren für die Proteinsynthese in reifen PMN

Reife PMN stellen nicht nur Speicher für präformierte, im Knochenmark gebildete Wirkstoffe und Oberflächenstrukturen dar, sondern sind auch außerhalb des Knochenmarks zu Syntheseleistungen fähig. Geläufige Beispiele sind etwa die Produktion von AA-Derivaten über die LOX und COX oder von ROS. Besondere Reize und Einflüsse aus der Umgebung sind jedoch in der Lage, den Phänotypus der PMN in tiefer greifender Weise zu ändern, so dass sie Eigenschaften ähnlich den Makrophagen entwickeln und eine Reihe von Produkten herstellen, die der normale PMN nicht zu synthetisieren vermag. Solche während der außermedullären Lebensphase von PMN hergestellte Produkte wären: Oberflächenrezeptoren wie MHC II oder CD64, Adhäsine wie ICAMs, Cytokine/Chemokine wie TNFα, IL-1β, IL-1Ra, IL-8, IL-12, Groα, MIP, und Wachstumsfaktoren wie TGFβ. Die Reize zu diesen Neubildungen verlaufen über Signalstoffe aus der Umgebung und deren Rezeptoren über besondere Transkriptionsfaktoren im PMN zum Zellkern weiter, wo sie die Expression der angesteuerten Gene anregen. Von diesen Transkriptionsfaktoren sind zwei Familien intensiver studiert: die STAT Familie und NFκB Familie. Daneben sind noch weitere Transkriptionssysteme mit vergleichbaren Wirkungen isoliert worden.

Die STAT-Familie (signal transducers and activators of transcription)

Zur Zeit sind sieben Mitglieder der STAT Familie bekannt. Rezeptorstimulation aktiviert Janus-Kinasen, welche die zytoplasmatischen STAT durch Tyrosin-Phosphorylierung zur Bildung verschiedener Homo- und Hetero-Dimere anregen. Die Dimere, welche die aktive Konfiguration darstellen, wandern in den Kern und aktiveren die entsprechenden Gene. Rezeptoren, über die STAT-induzierte Neusynthesen vermittelt werden, sind die für G-CSF, GM-CSF, IFNγ, IL-8 und IL-10.

Die NFκB Familie
(nuclear factor kappa B)

NFκB-Proteine sind Dimere, die ähnlich wie STATs im Zellkern Gene aktivieren.

Im Zellplasma sind NFκB an Inhibitor-Proteine, die IκB-Proteine, gebunden und in dieser Bindung inaktiv. Signale, die über entsprechende Rezeptoren auf den PMN einwirken, aktivieren IκB-Kinasen, die IκB vom Komplex abspalten (**Abb. 105**) Die aktivierten NFκB-Dimere wandern in den Zellkern und aktivieren wiederum Gene (**Abb. 106**). TNFα und LPS sind starke Reize für eine NFκB-Aktivierung, schwächere Effekte laufen über Rezeptoren für C5a, LTB4, FMLP und PAF.

Da über die selben Rezeptoren auch die Apoptose verzögert und damit die Lebensdauer verlängert wird (S. 199), können PMN über größere Zeiträume in eine Reihe von Steuerprozessen der Entzündung eingreifen. Ein Milieu, das die Präsenz der erforderlichen Einflüsse bietet, liefert vor allem die ausklingende Entzündung. Es weist vieles darauf hin, dass durch Transkriptionsfaktoren umprogrammierte PMN bei der Regression der akuten Entzündung sowie bei ihrer Chronifizierung mitbestimmend sind.

2.1.10 Priming von PMN

Unter Priming (Vorbereitung) versteht man die Änderung der Reaktivität von Zellen gegenüber Aktivierungsreizen. Grundsätzlich unterliegt jede Zelle des Organismus solchen Modulationen. Geprimte Zellen reagieren auf einen Reiz schneller und intensiver als ungeprimte, oder sie sind zu Leistungen fähig, die eine ungeprimte Zelle nicht liefern kann. Spezifische Einflüsse, die ein Priming bei PMN auslösen, sind typischerweise Bindungen von Liganden mit ihren Rezeptoren und Adhäsinen auf niederem quantitativen Niveau. Grob gesagt primen geringe Konzentrationen eines Liganden einen PMN, während höhere ihn aktivieren (**Abb. 65**). Aber auch unspezifische Reize, wie mechanische, thermische, chemische, osmotische etc. Einflüsse, können einen Priming-Effekt ausüben. Gerade PMN sind gegenüber solchen exogenen Einwirkungen äußerst empfindlich. Aus diesem Grund

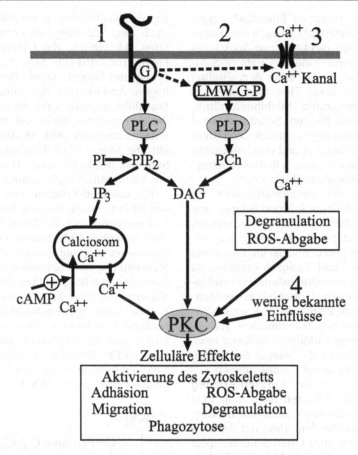

Abb. 91. *Schema der Aktivierung von PMN durch G-Protein – gekoppelte Rezeptoren.* (1) G-Protein – gekoppelte Rezeptoren aktivieren Phospholipasen vom Typ C (PLC), die das Phosphatidyl-Inositol (PI) der Zellmembran über Phosphatidyl-Inositol-Diphosphat (PIP2) in Inosin-Triphosphat (IP3) und Diacyl-Glycerol (DAG) spalten. IP3 aktiviert die Freisetzung von Ca^{++} aus intrazellulären Ca^{++}-Speichern (Calciosomen), wodurch die Proteinkinasen C (PKC) aktiviert werden, die eine Reihe von zellulären Effekten in Gang setzen. DAG verstärkt die Wirkung von cytosolischem Ca^{++} auf die PKC. Hohe intrazelluläre Konzentrationen von zyklischem Adenosin- Monophosphat (cAMP) fördern den Rückstrom von Ca^{++} in die Speicher, senken damit cytosolisches Ca^{++} und dämpfen so Zellaktivitäten. (2) DAG kann auch auf dem weniger gut studierten Weg über die monomeren low-molecular weight G-proteins (LMW-GP) entstehen, welche die Phospholipasen D (PLD) aktivieren, die wiederum DAG aus Phosphatidyl-Cholin (PCh) herausspalten. (3) Zur vollen Aktivierung von PMN- Leistungen (Degranulation, ROS-Produktion) ist jedoch zusätzlich Ca^{++} durch Einstrom aus dem Extrazellulärraum nötig. Die erforderliche Öffnung der Kalzium-Kanäle ist zeitlich gegenüber der intrazellulären Ca^{++}- Freisetzung verzögert. Der Einstrom von extrazellulärem Ca^{++} erhöht sich bei leeren intrazellulären Kalziumspeichern. (4) Es werden noch weitere Aktivierungswege postuliert.

beeinflussen die Isolier- und Messmethoden, die für in-vitro Untersuchungen von PMN-Funktionen verwendet werden, die Reaktivität dieser Zellen in manchen Fällen beträchtlich, und die erzielten Resultate sind oft nicht mehr als Handling-Artefakte.

Die funktionellen Veränderungen, die ein Priming bei PMN bewirkt, sind nicht genau umrissen, auch wird der Ausdruck von den verschiedenen wissenschaftlichen Autoren nicht einheitlich gebraucht. Gewöhnlich wird „Priming" für eine Steigerung der Reaktivität, also im

Sinn eines „positiven Primings" eingesetzt. Sinngemäß gibt es auch ein „negatives Priming", das heißt eine Reaktivität
unter derjenigen einer Zelle im Normal-
zustand, wie sie z.B. unter dem Einfluss
immunsuppressiver Therapien oder endogener Entzündungs-Inhibitoren auftritt.
Im wissenschaftlichen Schrifttum wird
jedoch zumeist der Ausdruck „negatives
Priming" vermieden und man gebraucht
Wendungen wie „mangelhaftes Priming"
oder „herabgesetzte Reaktivität".

Manche der molekularbiologischen
Vorgänge, die zum Priming führen, sind
recht gut erfasst, andere wieder werden
nur wenig oder gar nicht verstanden. Systematisch gut brauchbar ist die Einteilung
in Kurzzeit- und Langzeit-Priming, da
diesen beiden Reaktionsformen verschiedene molekularbiologische Voraussetzungen zugrunde liegen. Beim Kurzzeit-Priming werden bereits *vorhandene zelluläre Einrichtungen aktiviert*, während beim
Langzeit-Priming die nötigen *Einrichtungen erst synthetisiert* werden müssen.

Bei PMN setzt ein **Kurzzeit-Priming**
Sekunden bis Minuten nach dem Reiz
ein. Effekte, die das Priming ausmachen,
können sein: die Änderung der Affinität
des Liganden zum Oberflächenrezeptor
oder Adhäsin (S. 153, **Abb. 60**), Einbau
von Rezeptoren, Adhäsinen und Ionen-

kanälen aus Vorräten in die Zellmembran
(**Abb. 58**), Änderung von Enzym-Aktivi-
täten, Aktivierung des Cytoskeletts mit
Folgen für Adhäsion, Migration, Phagozytose und Degranulation. Den Effekten
liegen Änderungen der intrazellulären
Signalübermittlung und Änderungen in
der Verfügbarkeit des second messengers
Kalzium zugrunde (**Abb. 16, Abb. 91, Abb.
90**). Die Abb. 92 und 93 beschreiben die
Synthese der Mittlerstoffe DAG und IP3
aus Membran-Phospholipiden.

Ein **Langzeit-Priming** setzt erst mehrere Stunden nach Reiz ein. Im typischen
Fall werden durch Einflüsse von außen
über Rezeptoren Mechanismen der Genexpression in Gang gesetzt, die in eine
Neusynthese von Enzymen münden. Erst
diese de-novo hergestellten Enzyme produzieren die Produkte, die den Priming-
Zustand kennzeichnen. So erklärt sich die
zeitliche Verzögerung. Zwischen Rezep-
torreiz und Genexpression im Zellkern
sind bei Entzündungsvorgängen zumeist
STAT-Proteine oder der NFkB als Mittler
eingeschaltet (S. 202, **Abb. 105, Abb. 106**).

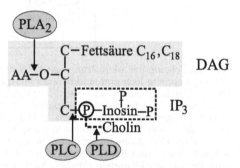

Abb. 93. *Angriffspunkte der verschiedenen
Phospholipasen an Membran-Phospholipiden.*
Phospholipasen (PL) vom Typ A2 spalten aus
der C2- Position von Membran- Phospholipiden
ungesättigte Fettsäuren wie die Arachidonsäure (AA) ab. Phospholipasen vom Typ C spalten
Phosphatidyl-Inositol-Diphosphat hydrolytisch
vom Kohlenstoff- Gerüst ab, wobei die beiden
Bruchstücke Inosin-Triphosphat (IP3) und Diacyl-Glycerol (DAG) entstehen. Phosphatidyl-
Inositol-Diphosphat ist zuvor durch Phosphorylierung des Phosphatidyl-Inositols gebildet
worden. Phospholipasen vom Typ D nehmen
Phosphatidylcholin (Lecithin) als Substrat, von
dem sie Cholin abspalten. Aus dem verbleibenden DAG- Phosphat wird nach Abspaltung
der Phosphorsäure DAG.

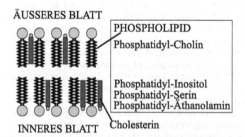

ÄUSSERES BLATT

PHOSPHOLIPID
Phosphatidyl-Cholin

Phosphatidyl-Inositol
Phosphatidyl-Serin
Phosphatidyl-Äthanolamin

INNERES BLATT   Cholesterin

Abb. 92. *Bauprinzip einer Zellmembran.* Das
äußere Blatt der Phospholipid- Doppelschicht
besteht zum Großteil aus Phosphatidyl-Cholin
(Lecithin), wobei zellspezifisch weitere Bauelemente (z.B. Glykolipide) eingelagert sein
können. Das innere Blatt ist aus Phosphatidyl-
Inositol, Phosphatidyl- Serin und Phosphatidyl-
Äthylamin zusammengesetzt. Cholesterin in
beiden Blättern sorgt für eine erhöhte Viskosität und Steifigkeit. Sein Anteil wird vom Zelltyp bestimmt.

Solcher Art geprimte PMN synthetisieren nun Produkte, die sie ungeprimt nicht herstellen können, wie IL-1, IL-12, TNFα, G-CSF, MHC II u.a.m. Die Lebensdauer dieser Zellen ist durch Hemmung der Apoptose verlängert. Auslöser eines solchen Primings können wiederum Cytokine und Wachstumsfaktoren wie TNFα, IL-1, GM-CSF sein.

Die Zellen einer Population, z.B. zirkulierende PMN, reagieren auf Primingreize nicht uniform, sondern individuell verschieden, so dass innerhalb der Population eine große Streubreite der Reaktivität auftreten kann. Die Streuung ist gewöhnlich normal verteilt.

2.1.11 Klinische Messparameter für PMN-Funktionen

Im Gegensatz zu Biochemikern und Molekularbiologen, die sich gewöhnlich für Einzelbausteine des PMN interessieren, möchte der Kliniker etwas über die aktuelle Funktionsbereitschaft dieser Zellen in der Blutbahn erfahren. Der **Priming-Grad** der PMN spiegelt die entzündliche Reaktionslage und den immunologischen Leistungsstand der unspezifischen Abwehr wieder und liefert diagnostisch relevante Aussagen. PMN sind allerdings äußerst empfindliche Zellen, die auf physikalische und chemische Einflüsse wie z.B. mechanische, thermische, osmotische Reize, Änderungen des Ionenmilieus u.a. sofort – gewöhnlich mit einer Steigerung ihrer Reaktivität (S. 203f) – reagieren. Blutproben für die Messung von PMN-Wirkstoffen und Stoffwechselprodukten im Plasma oder Serum sind daher möglichst bald nach Abnahme zu präparieren und zu sichern, da PMN in der Probe ihre Granula entspeichern, ihr Stoffwechsel weiterläuft und sie und Thrombozyten sich gegenseitig aktivieren.

In-vitro Reaktionen von PMN, die zu ihrer Gewinnung und Verarbeitung unphysiologischen Bedingungen ausgesetzt waren, sind grundsätzlich von Handling-Artefakten geprägt und von fragwürdigem diagnostischem Wert. Messungen der Reaktivität von PMN verlangen be-

sondere Sorgfalt. Untersuchungen außerhalb des Organismus sollen unter **ex-vivo** Bedingungen durchgeführt werden, d.h. zwar in einer in-vitro Messanordnung, aber mit Zellmaterial in möglichst naturnahem Funktionszustand. Die Blutabnahme soll schonend und unter möglichst geringer mechanischer Belastung erfolgen. Die am besten tolerierte Lagerungstemperatur von PMN ist eine Raumtemperatur um 20°C. Eine Lagerung im Kühlschrank und Wiedererwärmen vor einem Funktionstest aktiviert PMN stark und ist als Konservierung ungeeignet. *Zur Zeit ist keine Methode bekannt, die den aktuellen Reaktionszustand von PMN über einen Zeitraum von wenigen Stunden hinaus bewahren kann.* Die einzige Möglichkeit, ein weitgehend lebensnahes Priming zu erfassen, ist daher die rasche Verarbeitung der Probe nach Blutabnahme. Über das Vorgehen im Einzelfall informieren die Hersteller der Testkits, deren Empfehlungen gefolgt werden soll. Ex-vivo Funktionstests prüfen gewöhnlich die PMN-Reaktivität unter Stimulation im Vergleich mit einer Leerprobe ohne den Stimulus (Blank) unter standardisierten Bedingungen (Milieu, Temperatur, Zeit).

Die Gewinnung isolierter PMN aus dem Blut beinhaltet bei den meisten üblichen Verfahren eine Sedimentation über Dextran zur groben Trennung von roten und weißen Blutzellen mit anschließender Zentrifugation über Gele zur Trennung der weißen Zellpopulationen. Solche Prozeduren können den Primingzustand der empfindlichen PMN beträchtlich und in unberechenbarer Weise verändern und die Aussagekraft der Resultate beeinflussen. Es wird daher zunehmend dazu übergegangen, für Funktionstests frisches Vollblut zu verwenden, bei dem der Primingzustand der PMN noch weitgehend den nativen Verhältnissen im Blut entspricht.

1. Chemotaxis und Migration

a) ex-vivo in der BOYDEN-Kammer. Diese Vorrichtung besteht im Prinzip aus einem Behälter, der durch eine horizontale poröse Membran in zwei Bereiche geteilt wird. Das obere Kammerabteil wird mit der Zellsuspension beschickt, während das untere die Lösung eines Chemoattraktants enthält. Die PMN folgen dem chemotaktischen Gradienten (S. 160). Abhängig vom verwendeten Membrantyp wird die Zahl und Eindringtiefe in die Membran oder das Durchwandern der Membran beurteilt.

b) in-vivo nach REBUCK. Durch Abheben der Epidermis mittels einer Klinge oder durch Anlegen eines Unterdrucks und Blasenbildung [blister] wird das Stratum papillare des Corium freigelegt. Bevorzugt wird dazu die Innenseite des Unterarms verwendet. Auf diese Wunde werden Haftsubstrate, Membranen oder Kammern vergleichbar denen der ex-vivo – Messung aufgesetzt, an denen PMN adhärieren oder in welche die PMN einwandern.

2. ROS

Bei der Tätigkeit der NADPH-Oxydase werden Elektronen freigesetzt, die das Radikal O_2^- bilden (S. 187). Aus diesem Ausgangssubstrat kann eine Reihe weiterer ROS hervorgehen. ROS werden klinisch mit verschiedenen Methoden nachgewiesen. Zur Stimulation der ROS-Produktion in PMN werden häufig Phorbolester (z.B. Phorbol-Mystirat-Azetat, PMA) verwendet.

a) Beim Tetrazoliumtest wird das farblose Tetrazoliumsalz (üblich ist die Verwendung von Nitro-Blue-Tetrazolium, NBT) durch das Superoxyd-Radikal zum gefärbten Formazan reduziert. Die Menge des gebildeten Farbstoffs wird photometrisch bestimmt.

b) Nach einem anderen Verfahren oxydieren ROS Farbstoffe zu fluoreszierenden Produkten, die im Flusszytometer gemessen werden.

c) Nach einem wiederum anderen Messprinzip oxydieren entstehende ROS Indikatoren, die bei Oxydation Photonen abgeben (Chemilumineszenz), die in einem Luminometer gemessen werden.

3. Adhäsion

a) Eine grobe, aber einfache Methode ist das Filtrieren von Zellsuspensionen über eine lockere Faserwolle aus Kunststoff oder Ähnlichem. Die Adhäsion an das Material ergibt sich aus der Differenz der Zellzahl zwischen Suspension und Filtrat.

b) Zell zu Zell-Adhäsion (Aggregatbildung) kann in Zellsuspensionen durch mäßiges Rühren erzielt werden. Der Grad der Aggregation wird anhand der Trübung (turbidimetrisch) geschätzt.

c) Adhäsine auf PMN und anderen Zelltypen werden nach Bindung an Fluoreszenz-markierte monoklonale Antikörpern im Flusszytometer nachgewiesen.

d) Lösliche Adhäsine (sSelektine, sIntegrine etc.) sowie ihre löslichen Bindungspartner auf Endothelzellen (sICAM, sVCAM etc.) werden mit verschiedenartigen Methoden gemessen. Für c) und d) hält die Biodiagnostik ein reichhaltiges Angebot bereit.

4. Rezeptoren

werden wie nach 3c und 3d gemessen.

5. Phagozytose

Farb- oder fluoreszenz-markierte Partikel werden von PMN aufgenommen und photometrisch oder im Flusszytometer gemessen.

6. Das Aktin-Cytoskelett

Im Gegensatz zu monomerem Aktin bindet polymerisiertes, filamentöses (F)-Aktin Phalloidin. Fluoreszenz-markiertes Phalloidin wird in fixierten PMN an F-Aktin angelagert und im Flusszytometer gemessen.

7. PMN-Elastase, MPO

Elastase kann im Blutplasma als Elastase–α1-AT–Komplex mittels spezifischer Antikörper gemessen werden, desgleichen *Myeloperoxydase* (MPO). MPO ist ein langlebiges Enzym und überdauert den Zerfall der PMN-Mutterzelle. Der histochemische Nachweis von freier MPO in Geweben ist ein Hinweis auf stattgefundene PMN-Aktivitäten auch nach dem Untergang der Mutterzelle.

8. Aldehyde

Aldehyde, wie Malondialdehyd (MDA), entstehen bevorzugt durch Peroxydation ungesättigter Fettsäuren, die einen typischen Bestandteil von Zellmembranen darstellen. Ein Anstieg von MDA im Blutplasma ist ein Hinweis auf Zellschädigung durch ROS.

9. „Microbial killing"

Bei diesem Test wird die Fähigkeit von PMN festgestellt, Bakterien abzutöten. PMN bekommen in vitro Bakterien zur Phagozytose angeboten. Nach einem gegebenen Zeitraum werden die PMN lysiert und die Bakterien auf einem Nährmedium zum Wachstum angesetzt. Die Zahl der entstehenden Bakterienkolonien entspricht umgekehrt proportional dem Grad der bakteriziden Leistung.

10. Zahlenwerte

Die Zahl der PMN im Blut ist kein Kriterium für die Leistungsfähigkeit des PMN-gestützten Abwehrsystems! Aussagekräftig sind nur sehr niedere Zahlen mit Grenzwerten von < 1000, bzw. <500/ μL, die auf eine Leistungsschwäche des Systems mit Infektionsgefahr hinweisen (S. 156). PMN-Zahlen im normalen oder angehobenen Bereich lassen dagegen nicht den Schluss auf „normale Leistungsfähigkeit" oder „gesteigerte Aktivität" der Zellen zu. So kann etwa bei herabgesetzter Migrationsfähigkeit oder verringerter Adhäsionsbereitschaft zur Gefäßwand die Zahl zirkulierender PMN stark erhöht sein, obwohl ihre Abwehr-

leistung eingeschränkt ist (S. 148, 272f). Höhere diagnostische Aussagekraft besitzt der Reifegrad zirkulierender PMN (Linksverschiebung, toxische Granulationen, S. 142).

2.2 Der Eosinophile Granulozyt

2.2.1 Morphogenese

Der Eosinophile Granulozyt (EG) ist eine Zelle der myeloischen Reihe. Die Entwicklungsstadien wie auch die Zeiträume der Entwicklung im Knochenmark entsprechen denen des PMN; die Zelllinien trennen sich im Stadium des Promyelozyten (**Abb. 94**). Der eosinophile Promyelozyt besitzt bereits die für den EG typischen groben, azidophilen Granula. Ein wichtiger Steuerfaktor für die Reifung der Vorläuferzellen zum EG ist IL5 (S. 109, **Abb. 50**). Nach jeweils rund sechs Tagen der Vermehrung und Reifung erfolgt der Übertritt ins Blut. Normalerweise macht der Anteil der EG im Blut etwa 1 bis maximal 8% aus.

Die Zirkulationsdauer im Blut wird von Untersuchern unterschiedlich mit 3 bis zu 25 Stunden angegeben. In den Gewe-

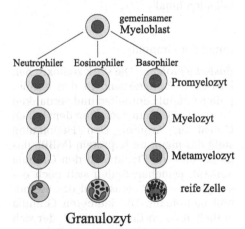

Granulozyt

Abb. 94. *Die Entwicklungsreihe der Granulozyten.* Die Differenzierung in Neutrophile, Eosinophile und Basophile Granulozyten erfolgt ab dem Entwicklungsschritt zu den Promyelozyten, die bereits die zelltypischen Granula enthalten.

ben wird der EG wesentlich älter als der PMN. Unstimuliert kann er ein Alter von 8 bis 12 Tagen erreichen. Eine Rezirkulation in die Blutbahn findet im Normalfall ebenso wenig statt wie eine Vermehrung außerhalb des Knochenmarks.

2.2.2 Morphologie des Eosinophilen Granulozyten

Mit einem Durchmesser von etwa 10 µm ist der EG unter den Granulozyten die größte Zelle. Das hervorstechende Merkmal sind grobe, rundliche oder eiförmige Granula mit bis zu 1 µm Längsdurchmesser, die saure Farbstoffe (z.B. Eosin) stark binden und auch im ungefärbten Präparat an ihrer starken Lichtbrechung erkennbar sind. Der Zellkern besitzt in der Regel zwei Segmente. Die typische Färbbarkeit, die Größe und die starke Lichtbrechung der Granula machen eine Unterscheidung des EG von anderen Zelltypen im Lichtmikroskop leicht.

Im Elektronenmikroskop sind im EG zwei Typen von Granula unterscheidbar. Die groben eosinophilen Granula beinhalten einen kristalloider Kern. Daneben findet sich ein zweiter, kleinerer und weniger auffälliger Granulatyp ohne kristalloiden Inhalt.

Inhalt der Granula

Basische Proteine: Die stark zelltoxischen basischen Proteine sind in den eosinophilen Granula enthalten und verdanken ihre basischen Eigenschaften dem hohen Gehalt an Arginin. Den Hauptanteil stellt das major basic protein (MBP), das die kristalloide Struktur in den Granula aufbaut. Daneben finden sich noch eosinophil basic proteins, und das eosinophil neurotoxin. Die kleineren Granula enthalten einen Enzymbestand, der sich nur zum Teil mit dem der PMN deckt, sowie Reserven für Rezeptoren und Adhäsine. Hervorzuheben ist der hohe Gehalt an Histaminase (S. 21) und Kininase I (S. 71), der auf die anti- inflammatorischen Aufgaben der EG hinweist.

Rezeptoren, Adhäsine und Chemotaxine: Die Palette dieser Oberflächenstrukturen ist dem der PMN ähnlich. Als klinisch wichtige Besonderheit ist der Besatz mit Rezeptoren für den Fc-Teil von IgE zu erwähnen (Fcε-R), über den sich EG – wie die Mastzellen – mit IgE aufladen und an anaphylaktischen Reaktionen teilnehmen (S. 28). Ein für EG spezifisches Chemotaxin ist Eotaxin, ein Chemokin, das von Mastzellen, Makrophagen, Keratinozyten und EG selbst abgegeben wird und die Ansammlung von EG an Orten anaphylaktischer Reaktionen veranlasst (S. 115). Auch Histamin, C3a, C5a, PAF und Immunkomplexe wirken auf EG chemotaktisch.

2.2.3 Metabolismus der EG

Trotz der reichlichen Ausstattung mit gut ausgebildeten Mitochondrien wird Glukose fast ausschließlich anaerob metabolisiert. Zur Energiegewinnung werden auch Fettsäuren herangezogen. Die Enzyme des Pentosephosphat-Zyklus, die NADPH-Oxydase und eine Peroxydase sind reichlich vorhanden und aktiv. Der EG ist die Zelle mit der intensivsten ROS-Produktion. Der Golgi-Apparat ist gut entwickelt. Im Gegensatz zum PMN sind EG in der Lage, auch noch nach abgeschlossener Reifungsphase im Knochenmark weiter Granula zu produzieren.

Phagozytoseleistung der EG

Immunkomplexe werden rasch phagozytiert; durch deren Beseitigung wirken EG entzündungshemmend. Im Vergleich mit PMN werden Bakterien weit weniger begierig aufgenommen, auch ist die bakterizide Wirkung wesentlich geringer. Das chemische Potential, nämlich basische Proteine und ROS, ist in erster Linie gegen das Hauptzielobjekt der EG, ein- und mehrzellige Parasiten, gerichtet.

2.2.4 Aufgabenbereiche der EG

Das physiologische Einsatzgebiet der EG umfasst zwei gegensätzliche Bereiche:

– Abwehr von tierischen Mikro- und Makroorganismen
– Hemmung der Entzündung

Abwehr von tierischen Mikro- und Makroorganismen

EG sind auf die Abwehr einzelliger wie auch metazoischer tierischer Parasiten spezialisiert und können bei einem Befall durch diese Erreger massenhaft im Blut auftreten. Bei der Bekämpfung von Parasiten sind die ROS und die basischen Proteine besonders wirksam, wobei vermutlich auch IgE involviert ist, für dessen Fc-Teil EG Rezeptoren besitzen. Es soll jedoch nicht unerwähnt bleiben, dass der Nutzen und die eigentliche Rolle der EG und des IgE beim Menschen alles andere als klar sind. Möglicherweise handelt es sich um atavistische Restbestände des Immunsystems. Den EG wird auch eine Aufgabe bei der Tumorabwehr zugeschrieben. Atopiker werden statistisch seltener von Malignomen befallen als Nicht-Atopiker.

Entzündungshemmung und Gewebsersatz

Ein Teil der Leistungen des EG ist dem körpereigenen entzündungshemmenden System zuzurechnen. Durch seine Ausstattung mit Histaminase, MAO, Kininase I und Arylsulfatase B ist der EG in der Lage, die Enzündungsmediatoren Histamin, Serotonin, Bradykinin und Cysteinyl-LT abzubauen. Durch die Phagozytose von Immunkomplexen schränkt der EG Immunreaktionen und die Aktivierung der zugehörigen inflammatorischen Hilfssysteme ein. Über die reichlich enthaltene 15-LOX werden die anti-inflammatorischen Lipoxine synthetisiert (S. 60). Mittels einer Reihe von Kollagenasen bauen EG provisorisch gebildetes TypI-Kollagen in jungen Narben ab, um so für definitives, funktionell angeordnetes TypIII-Kollagen Platz zu machen (S. 225f). EG sind damit an der Kontrolle der Entzündungsreaktion und am Heilungsvorgang aktiv beteiligt. Diesen

Aufgaben entsprechend treten EG vermehrt während der Phase der Fibroblastenvermehrung und Kollagenbildung in den entstehenden Narben auf. Ebenso ist das Ende von infektiösen Erkrankungen häufig durch eine mäßige Bluteosinophilie gekennzeichnet. Dieses Symptom eines abklingenden entzündlichen Prozesses wird und wurde als prognostisch günstig interpretiert und mit dem blumigen Ausdruck „Morgenröte der Entzündung" bedacht.

2.2.5 Klinische Beurteilung der Zahl zirkulierender EG

Bei einem Anteil der EG an den weißen Blutzellen von über 8% liegt eine Eosinophilie vor, über deren Herkunft sich der behandelnde Arzt Gedanken machen muss. Im europäischen Bereich reihen sich die auslösenden Ursachen nach Häufigkeit:

– Anaphylaktische Reaktionen („Allergien")
– Infestationen mit Parasiten
– am Ende von entzündlichen Prozessen
– andere Ursachen

An Erkrankungen auf anaphylaktischer Basis leiden mittlerweile 15 bis 20% der Bevölkerung, und die Tendenz ist steigend (S. 28ff). Parasitäre Erkrankungen stehen in der Häufigkeitsskala an zweiter Stelle. Auch hier ist durch den internationalen Reiseverkehr eine deutliche Zunahme zu verzeichnen. Neben der bestehenden ausgeprägten Bluteosinophilie (bis zu 70% und darüber) können auch die vom Parasitenbefall betroffenen Organe massiv mit EG infiltriert sein. So sind etwa beim Durchgang von Ascaris-Larven durch die Lunge die begleitenden eosinophilen pulmonalen Infiltrate sogar im Röntgen sichtbar (sog. *Löffler-Infiltrate*). Die resistenten Kristalloide der eosinophilen Granula bleiben auch noch nach Zerfall der Mutterzelle eine Zeitlang bestehen und können im Sputum oder in Bronchiallavagen als *Charcot-Leyden'sche Kristalle* nachgewiesen werden. Sie geben einen Hinweis auf stattgefundene massive Infiltrate von EG in den Atemwegen.

Eine Bluteosinophilie mit Rhinitis, Asthma bronchiale und Vaskulitis in Kombination mit Myalgien und Fieber tritt beim *Churg-Strauss Syndrom* auf. Die Prävalenz beträgt 1 bis 2 auf 100.000. Muskelschmerzen treten auch bei der *Eosinophilen-Fasziitis* auf. Als ihre Ursache werden Tryptophan enthaltende Medikamente angesehen. Offenbar alimentär verursacht ist die Eosinophilie bei einseitiger Bananenkost, wie sie in Afrika beobachtet wurde. Hier wird das reichlich in Bananen enthaltene Serotonin als Auslöser betrachtet. Bluteosinophilie kann auch chronische Entzündungen und Tumoren (z.B. M.Hodgkin) begleiten. Bei lange anhaltender Bluteosinophilie besteht die Gefahr einer Herzmuskelfibrose.

Da der Übertritt ins Blut durch Glucocorticoide gehemmt wird, ist bei Stress oder Schock die Zahl der EG im Blut stark herabgesetzt oder EG fehlen gänzlich.

Während man sich über den Benefit der EG unsicher ist, treten die Schattenseiten ihrer Aktivitäten wesentlich deutlicher zutage. EG erscheinen oft massenhaft an Orten anaphylaktischer Reaktionen und schädigen durch unkontrolliert abgegebene zelltoxische ROS und basische Proteine die gesunde Umgebung. So ist der Epithelschaden und die Aufrechterhaltung der Entzündung beim Asthma bronchiale zum guten Teil auf die Tätigkeit überaktivierter EG zurückzuführen (S. 290).

2.3 Der Basophile Granulozyt

2.3.1 Morphogenese und Morphologie

Der Basophile Granulozyt (BG) ist eine Zelle der myeloischen Reihe. Von der allen Granulozytentypen gemeinsamen Entwicklungsreihe trennt er sich im Stadium des Promyelozyten (S. 141, **Abb. 94**), bei dem die für den BG typischen

Granula bereits identifizierbar sind. Es sind grobe, rundliche, um 0.5 bis 1.0 μm im Querschnitt messende Lysosomen, deren Hauptinhalt aus Chondroitin-4-Sulfat und Heparansulfat, weniger dagegen wie bei der Mastzelle aus Heparin besteht. Die Glykosaminoglykane dienen als Träger von Histamin (S. 20); ihre sauren Gruppen binden auch basische Farbstoffe. Die Sulfatgruppen bewirken bei gewissen basischen Blaufarbstoffen einen Farbumschlag ins Rote, was als *Metachromasie* bezeichnet wird. Diese Eigenschaft, wie auch den Gehalt an Histamin, teilt sich der BG mit der Gewebsmastzelle, weshalb er auch „Blutmastzelle" genannt wird.

Der reife BG hat einen Durchmesser von etwa 8 μm. Der Zellkern ist nicht segmentiert wie beim PMN oder beim Eosinophilen Granulozyten, sondern grob gelappt. Im gefärbten Blutpräparat überdecken die dicht gepackten Granula gewöhnlich den Kern und machen ihn schwer erkennbar. Elektronenmikroskopisch stellt sich der Inhalt der Granula im Gegensatz zu denen der Mastzellen als homogen dar. Mitochondrien, Endoplasmatisches Retikulum, sekretorische Vesikel und ein gut entwickelter Golgi-Apparat sind vorhanden. Verglichen mit dem PMN ist die Enzymbestückung spärlich und das Spektrum ein anderes. So fehlen etwa die MPO und die saure Phosphatase gänzlich. Phagozytose und bakterizide Eigenschaften sind nur gering entwickelt. Bemerkenswert ist der Besatz mit Rezeptoren für den Fc-Teil von IgE (Fcε-R), der auf eine Beteiligung bei anaphylaktischen Reaktionen hinweist. BG machen weniger als 1% der zirkulierenden weißen Blutzellen aus. Die Zirkulationsdauer wird mit 12 bis 15 Tagen angegeben. Über das weitere Schicksal ist wenig bekannt. Ein Teil der BG verlässt offenbar die Blutbahn und wandert in Gewebe aus.

2.3.2 Funktionen der BG

Bei der spärlichen Ausstattung mit Wirkstoffen kann vom BG keine bedeutende

Rolle bei der Keimabwehr erwartet werden. Die Aufgaben scheinen eher auf dem regulativen Sektor zu liegen. Der Besatz an Fcε-Rezeptoren und der Gehalt an Histamin rücken den BG in die Nähe der anaphylaktischen Reaktionen. Tatsächlich weisen Atopiker eine höhere Zahl an zirkulierenden BG auf, und die Histamin-Entspeicherung bei anaphylaktischen Reaktionen ist nachgewiesen. Bei dem spärlichen Auftreten der BG ist es jedoch fraglich, ob solche Aktivitäten neben der enormen Überzahl der funktionell gleichgerichteten Mastzellen quantitativ überhaupt ins Gewicht fallen. So bleibt es offen, in welchem Ausmaß BG zum Blut-Histaminspiegel beitragen.

Manche Untersucher machen Wirkungsbereiche außerhalb entzündlicher Vorgänge geltend. Freigesetzte Glykosaminoglykane sollen die Heparin- induzierbare Lipoprotein-Lipase im Endothel des Skelettmuskels aktivieren und so den BG in den Lipid-Stoffwechsel einbinden.

Ein Anstieg der Zahl zirkulierender BG wird bei anaphylaktischen Reaktionen und gelegentlich bei Myxödem festgestellt. Im übrigen weiß man über diesen Zelltyp recht wenig. Das spärliche Auftreten macht ein Studium äußerst schwierig und schreckt potentielle Untersucher ab. Das geringe vorhandene Wissen wurde an leukämischen BG gewonnen, die in großer Zahl im Blut auftreten können. Wieweit solche Ergebnisse auf gesunde Verhältnisse übertragen werden können, bleibt dahingestellt.

2.4 Die Gewebsmastzelle

2.4.1 Morphogenese und Morphologie der Mastzelle

Die Gewebsmastzelle trennt sich von der gemeinsamen myeloischen Stammreihe auf der Höhe der Myeloischen Stammzelle (**Abb. 49**). CD34-positive Vorläuferzellen wandern auf dem Blutweg in die Bindegewebe, wo sie sich unter dem Einfluss von Gewebsfaktoren zur Mastzellen differenzieren. Die reife Zelle

weist meist einen rundlichen Kern und oval geformten Leib von ca. 12 bis 15 μm Länge auf und ist bei Routinefärbung mit Hämatoxylin-Eosin leicht an der tief rotvioletten Granulierung erkennbar. Besonders reich an Mastzellen sind die Organe der Körperoberflächen, nämlich der Respirationstrakt, der Gastrointestinaltrakt und die Haut, die daher bei anaphylaktischen Reaktionen am stärksten betroffen sind. Eine Vermehrung der Mastzellen ist auch außerhalb des Knochenmarks in Organen und Geweben möglich. Die Lebensdauer einer Mastzelle im Gewebe wird mit mehreren Monaten angegeben und ist stark vom Milieu abhängig, da lokale Wachstumsfaktoren die Apoptosemechanismen steuern; desgleichen ist die funktionelle Ausprägung vom Gewebsort abhängig. So unterscheiden sich die Mastzellen des Atmungstrakts, des G.I-Trakts und der Haut in Art und Grad ihrer Leistungen deutlich voneinander.

Das typische Kennzeichen der reifen Mastzelle ist ihr Gehalt an dicht gepackten Granula von etwa 1 μm Durchmesser, die im Elektronenmikroskop eine wabenförmige Strukturierung zeigen. Der Hauptinhalt dieser Granula ist Histamin, gebunden an Heparin. Letzteres verleiht den Granula auch die metachromatische Eigenschaft (S. 210). An Enzymen sind neutrale Proteasen wie Tryptase, Cathepsine und Carboxypeptidasen zu erwähnen, am Rezeptorbestand ist der Fcε -Rezeptor hervorzuheben. Der Arachidonsäure-Metabolismus läuft bevorzugt über den LOX-Weg (S. 34), wobei allerdings beträchtliche regionale Unterschiede auftreten. Mastzellen der Atemwege erzeugen besonders hohe Mengen an Cysteinyl-Leukotrienen (S. 58).

2.4.2 Funktionen der Mastzellen

Der Mangel an aggressiven Wirkstoffen macht Mastzellen für die unmittelbare Keimabwehr ungeeignet; ihre Aufgaben liegen vielmehr in der Regulation entzündlicher Prozesse. Bei Stimulation werden Histamin und Heparin aus den Granula sowie Cysteinyl-Leukotriene, PGE und PAF freigesetzt. Das gefäßaktive Histamin steuert den lokalen Blutfluss und ist bei Entzündungen für die Steigerung der Durchblutung und der Gefäßpermeabilität mit verantwortlich, in ähnlicher Weise wirken die Cysteinyl-Leukotriene (S. 22, 58). Auf der anderen Seite können Mastzellen auch in den Heilungsprozess eingebunden sein. Sezerniertes PGD_2 und Heparin wirken entzündungshemmend (S. 41, 133f), und neutrale Proteasen regulieren die Fibroblastentätigkeit und den Auf- und Umbau der Bindegewebe.

2.4.3 Klinische Bedeutung

Mastzellen besitzen durch ihre maßgebliche Beteiligung an anaphylaktischen Reaktionen eine hervorragende klinische Bedeutung. Durch die Abgabe von IL4 und IL5 können sie die Entwicklung von Anaphylaxien und die damit verbundene Eosinophilie mitsteuern und perpetuieren. Mastzellen beladen sich über den Fcε-R mit IgE und spielen bei Erkrankungen auf der Basis einer ÜER TypI die entscheidende Rolle (S. 28). Cysteinyl-Leukotriene (slow reacting substance of anaphylaxis, SRS-A) und der gleichzeitig freigesetzte PAF sind für die Bronchokonstriktion, die Ventilations- und Perfusionsstörung beim Asthma bronchiale wesentlich verantwortlich (S. 290). Histamin verstärkt die Bronchokonstriktion, beeinflusst Drüsenaktivitäten und lockt zusammen mit Eotaxin Eosinophile Granulozyten an den Ort der anaphylaktischen Reaktion (S. 26f). Die massive Abgabe von Histamin in die Blutbahn ist die Grundlage des anaphylaktischen Schocks (S. 30). Atopiker besitzen einen erhöhten Mastzellenpool, wie auch die Reizschwellen für die Degranulation der Mastzellen bei Atopikern herabgesetzt sind. Eine genetisch bedingte Überempfindlichkeit von Mastzellen gegen physikalische (mechanische, thermische) und chemische (z.B. Acetylcholin, Medikamente) wird gelegentlich beobachtet (Pseudoallergien, S. 31).

Mastzellen treten gehäuft bei Mastzellentumoren (Mastozytome, meist in Haut oder Knochenmark) auf und können durch unkontrollierte, schubweise Abgabe von Histamin ins Blut akute Krisen mit Schockgefahr verursachen ("Flush-Syndrom"). Ihr Nachweis wird durch Histamin-Abbauprodukte im Harn gefestigt (S. 21).

2.5 Der Monozyt/Makrophage

Monozyten und Makrophagen sind Angehörige der myeloischen Reihe weißer Blutzellen. Der Monozyt stellt die noch unreife, im Blut zirkulierende Form dieses Zelltyps dar, der sich in Geweben weiter differenzieren und zum Makrophagen spezialisieren kann.

2.5.1 Morphogenese

Die Entwicklung des Monozyten trennt sich von der mit den Granulozyten gemeinsamen Ahnenreihe auf der Stufe der weißen myeloischen Stammzelle (**Abb. 49**). Über die Reifungsstadien *Monoblast, Promonozyt* entsteht der *Monozyt*, der das Knochenmark verlässt und auf dem Blutweg in die Gewebe des Organismus gelangt. In dieser Phase misst er als *"Blut-Monozyt"* 8 bis 10 μm im Durchmesser und stellt 2 bis 12% der zirkulierenden weißen Blutzellen. Nach seiner Emigration aus der Blutbahn siedelt er sich in allen Geweben des Organismus an und differenziert sich zu den Formen des *Makrophagen* mit unterschiedlichem Aussehen und Funktionen (**Abb. 95**). Dabei lassen sich zwei grundsätzlich verschiedene Aufgabenbereiche trennen:

- Als "sessiler" oder "ortsansässiger" Makrophage" [resident macrophage] bleibt er klein, unscheinbar und wenig differenziert. Eine seiner Aufgaben ist die Vermehrung vor Ort. Aus diesem Pool heraus können sich Makrophagen auch außerhalb des Knochenmarks vermehren. Ein Teil der Tochterzellen differenziert sich, ein anderer Teil bleibt als undifferenzierte Reserve erhalten. Darüber hin-

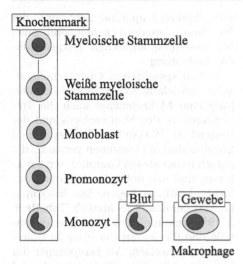

| Knochenmark |
| Myeloische Stammzelle |
| Weiße myeloische Stammzelle |
| Monoblast |
| Promonozyt |
| Blut Gewebe |
| Monozyt |
| Makrophage |

Abb. 95. *Entwicklung des Monozyten/Makrophagen.* Die Entwicklung bis zum Monozyten erfolgt im Knochenmark. Die noch wenig spezialisierte Transportform des Blutmonozyten siedelt sich in verschiedenen Geweben an, wo sie zu den einzelnen hoch spezialisierten Differenzierungsformen der Makrophagen ausreift.

aus steuern sie Funktionen der umgebenden Gewebe. Sessile Makrophagen gehören zu den frühen Elementen der Immunabwehr, die auf Noxen als Erste ansprechen und eine Entzündung in Gang setzen (S. 218).

■ Es bilden sich Differenzierungsformen mit spezifischen Aufgaben. Die Differenzierung in eine bestimmte Richtung wird durch sogenannte „Gewebsfaktoren" gesteuert. Unter diesem Sammelbegriff versteht man Wirkstoffe wie Hormone, Cytokine, Wachstumsfaktoren und Entzündungsmediatoren, die das gewebsspezifische Milieu bestimmen. Spezialisierte Makrophagen sind nicht mehr teilungsfähig und gehen im Zuge ihrer Aktivitäten zugrunde, können aber unter Umständen ein Alter von mehreren Monaten erreichen.

2.5.2 Differenzierungsformen der Makrophagen

1. Der *Gewebsmakrophage*, auch als Histiozyt bezeichnet, bevölkert bevorzugt

das lockere Bindegewebe. Seine Form ist meist längsoval mit rundlichem Kern. Als vielkernige Riesenzelle tritt er an Orten chronischer Entzündung auf. Als Fremdkörperriesenzelle ist er an der Resorption körperfremden Materials beteiligt, als Langhans'sche Riesenzelle für granulomatöse Entzündungen wie Tuberkulose oder Lepra typisch. Riesenzellen können einen Durchmesser bis zu 80 μm erreichen und besitzen polyploide Kerne oder mehrere Kerne. Als ein Induktor für die Zellvergrößerung ist IFNγ gesichert, das bei chronischen Entzündungen von T-Lymphozyten freigesetzt wird.

2. *Peritoneal-* und *Pleuramakrophagen* besiedeln seröse Häute und schützen und säubern deren Oberflächen.

3. Die *Retikulumzelle* syn. *Dendritische Zelle* zeigt in lymphatischem Gewebe, Milz und rotem Knochenmark verschiedene Formen mit unterschiedlichem Aussehen und Funktionen. Hauptaufgaben sind hier Phagozytose und Antigenpräsentation.

4. Die *Langerhans'schen Zellen* syn. *Sternzellen* bilden einen Zellverband in den tieferen Epidermisschichten, wo sie sich in den Interzellularspalten des Stratum basale und Stratum spinosum aufhalten. Die einzelnen Zellen stehen mit langgezogenen Ausläufern untereinander in Verbindung. Sie sind Antigen-präsentierend und steuern durch Abgabe einer Reihe von Cytokinen Entzündungsvorgänge in der Epidermis.

5. *Mikroglia* syn. *Hortega-Zellen* sind die Phagozyten des ZNS.

6. Die *Osteoklasten* des Knochens bauen Knochen-Hartsubstanz ab und sind so am ständigen Umbau des Knochens wie auch an der Mineralversorgung des Organismus beteiligt.

7. Der *Alveolarmakrophage* beseitigt Material, das durch die mukoziliäre Clearance nicht nach außen geschafft werden konnte. Als „Staubzelle" enthält er anthrakotisches Pigment, als „Herzfehlerzelle" Blutpigmente gespeichert. Staubpartikel, die nicht abgebaut wer-

den können, finden sich im Lungeninterstitium und in den hilären Lymphknoten intra- und extrazellulär abgelagert.

8. Die Gesamtheit der *Kupffer'schen Sternzellen* der Leber macht über 80% der gefäßständigen Makrophagen [fixed macrophages] aus. Sie sind nur mit ihren lang ausgezogenen Fortsätzen an der Sinuswand befestigt, flottieren ansonsten frei in den Lebersinus und werden allseits vom Pfortaderblut umspült. Zu ihren Aufgaben gehört die Phagozytose belebter und unbelebter Schadstoffe, die Überwachung der aus dem Darm resorbierten, mit dem Pfortaderblut herangebrachten Stoffe, die Steuerung systemischer Entzündungsvorgänge, sowie die Kontrolle von Immunsuppression und Immuntoleranz. Die Leber ist neben ihren sonstigen vielfältigen Aufgaben auch ein zentrales Immunorgan.

Während der Reifung der undifferenzierten Zelle zum differenzierten Makrophagen ändern sich Aussehen, Leistungen und Metabolismus beträchtlich. Morphologisch ist vor allem die Vergrößerung auffällig. Während der Blut-Monozyt abgerundet etwa 8 bis 10 µm im Durchmesser misst, kann er als Gewebsmakrophage 20 µm, als Riesenzelle gegen 100 µm erreichen. Eine Reifung beinhaltet eine Zunahme einer Reihe von Fähigkeiten wie Chemotaxis und Phagozytose und ist mit einer Spezialisierung verbunden, die sich in Veränderungen spezifischer Oberflächenstrukturen wie Rezeptoren und Adhäsinen manifestiert. Anhand dieser „Oberflächenmarker", die mittels Immunfluoreszenz-Methoden nachgewiesen werden, können heute eine Reihe von Subtypen und Spezialisierungsformen, wie auch Zellalter, Reifungs- und Aktivierungsgrade unter den Makrophagen unterschieden werden. Die oben angeführte Klassifizierung der Makrophagen ist nur grob beschreibend und wird der Vielfalt an Möglichkeiten in keiner Weise gerecht. Eine Beurteilung der Funktionszustände von Monozyten/Makrophagen hat nicht nur in der Forschung, sondern zunehmend auch bei speziellen klinischen Fragestellungen Bedeutung.

Neben spezifischen Oberflächenmarkern entwickeln sich während der Reifung zum Makrophagen auch die Trägerelemente des Stoffwechsels und der Bestand an Wirkstoffen. Die exokrinen Enzyme sind in Lysosomen verpackt, die jedoch feiner als bei Granulozyten strukturiert sind und unter der Auflösung des Lichtmikroskops liegen. Die Enzympalette ist der des PMN ähnlich (**Tabelle 8**, S. 195), wenngleich auch die Mengenanteile und die Bauart der Enzyme Unterschiede aufweisen. Als Hauptträger der Scavengeraktivitäten im Gewebeab- und umbau verfügen Makrophagen über eine Reihe von Matrix-Metalloproteasen, so z.B. über eine Metallo-Elastase, die nicht durch $\alpha1$-AT, sondern durch $\alpha2$-M neutralisiert wird (S. 228). Im Unterschied zum PMN können reife Makrophagen ihren Enzymbestand nachbilden und ergänzen. Dementsprechend kräftig ist auch die Golgi-Zone entwickelt. Große Mitochondrien decken den hohen Energiebedarf. Makrophagen sind die einzigen Zellen der myeloischen Reihe, die zu einem positiven Pasteur-Effekt fähig sind, also sowohl aerob wie auch anaerob arbeiten können. Auch hier gibt es wieder eine Ausnahme: Der Alveolarmakrophage ist ein Aerobier und auf Sauerstoffzufuhr angewiesen. Die Fähigkeit zur ROS-Bildung ist vorhanden, beim Monozyten jedoch geringer ausgeprägt als beim PMN. Bei der Reifung zum Makrophagen geht die Aktivität der MPO weitgehend verloren.

2.5.3 Aufgabenbereiche der Monozyten/Makrophagen

Allen Makrophagen gemeinsam ist die ausgeprägte Fähigkeit zur Phagozytose, wobei erstaunlich große Partikel aufgenommen werden können, was diesem Zelltyp zu seinem Namen „Groß-Fresser" verholfen hat. Gewebsmakrophagen in Hämatomen etwa phagozytieren ohne weiteres mehrere Erythrozyten gleichzeitig. Über die Rolle als Phagozyt hinaus sind dem Monozyten/Makrophagen jedoch eine Reihe verschiedenster Aufgabenbereiche zugeordnet, wobei die Hauptlast der Leistungen bei den hochspezialisierten Makrophagen liegt.

1. Scavenger-Funktion
2. Spezifische Immunantwort
3. Abwehr von Mikroorganismen
4. Steuerung der Entzündung, systemische Entzündungsreaktion
5. Kontrolle der Vermehrung, Differenzierung und Mobilisierung des roten Knochenmarks
6. Defektersatz und Wundheilung
7. Knochenumbau
8. Tumorabwehr

2.5.3.1 Scavenger-Funktion

Sessile Makrophagen [resident macrophages] beeinflussen auch außerhalb der Entzündung Auf- und Abbauprozesse in Organen und Geweben, indem sie die Apoptose von Parenchym- und Stromazellen regulieren und die Aktivität dieser Zellen über Steuersignale beeinflussen. Darüber hinaus greifen sie direkt in den Umbau von Matrixbestandteilen und extrazellulären Strukturen ein.

Unter **Scavenger-Aktivität** versteht man die Beseitigung ursprünglich körpereigenen, aber überflüssig oder unbrauchbar gewordenen Materials. Dazu gehören sowohl alternde oder durch Apoptose oder Nekrose zugrunde gegangene Zellen wie auch Zellprodukte und Matrixbestandteile. Die für die Scavenger-Tätigkeiten wichtigste Zelle ist der Makrophage, der aber bei Bedarf von anderen Phagozyten, in erster Linie PMN oder aktivierten Fibroblasten, Unterstützung erhalten kann.

Erkennen von Scavenger-Material

Das Erkennen solchen Schadmaterials und seine Unterscheidung von gebrauchsfähigen Gewebsbestandteilen erfolgt über verschiedene Mechanismen.

Erkennen über Opsonine. Spezielle Markierungsmaßnahmen zum Erkennen von Schadmaterial, die vom Organismus bereitgestellt werden, werden unter dem Begriff „Opsonisation" zusammengefasst (S. 181).

i) Antigene an Zellstrukturen, die bei Alterung oder Schädigung der Zelle frei werden, werden durch natürliche AK erkannt und gebunden. Die Immunkomplexe werden von Makrophagen über die FcγR1(CD 64, high affinity receptor) und FcγR2 (CD 32) gebunden (**Tabelle 10**, S. 217).

ii) Die aktivierten Faktoren des Complementsystems C3b und C3bi markieren Scavenger-Material und werden mit Hilfe der Rezeptoren CR1 (CD35), CR3 (CD 11b/CD18) und CR4 (CD 11c/CD18) an Makrophagen und PMN erkannt (**Tabelle 9**, S. 216). Das Complementsystem kann dabei auf dem klassischen Weg in Zusammenarbeit mit Immunkomplexen oder auch über den Nebenschluss aktiviert werden (S. 96). Das bei Complementaktivierung anfallende Anaphylatoxin C5a wirkt auf Makrophagen und auf PMN stark chemotaktisch und aktiviert ihre Funktionen (S. 92f).

iii) Extrazelluläre Proteine, die z.T. dem Gerinnungssystem angehören wie z.B. Fibrinogen oder Fibronectin, lagern sich an Scavenger-Material an und werden von β1-Integrinen erkannt (S. 227f).

Erkennen über Lektine. Lektine sind Rezeptoren, die gewisse Kohlenhydrat-Konfigurationen (Fucose-, Mannose-, Sialinsäure-haltige Strukturen) erkennen, wie sie vor allem in den Membranen von Mikroorganismen häufig sind. Der Mechanismus ist auch für die Keimabwehr wichtig.

Erkennen über Scavenger-Rezeptoren. Scavenger-Rezeptoren sind phylogenetisch sehr alte Einrichtungen. Sie erkennen zu phagozytierendes Material ohne Opsonisation direkt anhand negativer Ladungen, die in Makromolekülen in spezieller Anordnung konfiguriert sein müs-

Tabelle 9. Rezeptoren zur Vermittlung von Phagozytosereizen an Phagozyten

Rezeptortyp	Beispiel	Ligand
1. Scavenger-Rezeptoren (3 Klassen)	SR-AI, SR-BII (CD36), dSR-CI	Polyanionen, modifizierte oder glykosylierte Proteine, apoptotische Zellen, LPS, oxLDL
2 Lektine (4 Klassen)	Asialoglykoprotein-Rezeptor, Collectine, Mannose-Rezeptor	Spezifische Kohlenhydrate (Galaktose, Fucose, Mannose)
3. LPS-Rezeptor	CD 14	LPS-LBP Komplex
4. Integrine	β1-Integrine (VLA-Typ)	Fibrinogen, Fibronectin
5. Complement-Rezeptoren	CR1, CR3, CR4	C3b, C3bi
6. Fc-Rezeptoren	FcγR1(CD64), FcγR2 (CD32) FcγR3 (CD16)	Fc-Teil von Immunglobulinen

sen [charge and motif receptors]. Zu solchen Polyanionen gehören denaturierte Proteine, Phospholipide oder langkettige Fettsäuren, weiters glykosylierte Proteine, die zu glykosylierten Endprodukten [advanced glycosylated proteins, AGP, syn. advanced glycosylated end products, AGE] kondensiert sind. Polyanionen finden sich ebenso an gewissen Strukturen alternder Zellen oder extrazellulären Materials (z.B. an apoptotischen Zellen, die Phosphatidylserin ihrer Membranen freilegen). Im Gegensatz zu nekrotischen Zellen werden apoptotische Zellen von Makrophagen ohne messbare Abgabe von Cytokinen und Entzündungsmediatoren, also ohne begleitende Entzündungsreaktion phagozytiert. Damit ist die Umgebung vor einer entzündlichen Mitbeteiligung und Belastung geschützt. Ein klinisch folgenschweres Zielobjekt für Scavengerrezeptoren sind oxydierte LDL. Die ungezügelte Phagozytose von oxLDL in der arteriellen Intima und die Umwandlung von nativen Makrophagen zu „Schaumzellen" spielt bei der Entstehung der Atherosklerose eine entscheidende Rolle und hält den Entzündungsprozess bei dieser Erkrankung in Gang (S. 296).

Eine Übersicht über diese Rezeptoren an Makrophagen bieten die Tabellen 4 (S. 95), 9 und 10.

Das Material für Scavenger-Aktivitäten kann dem natürlichen Umsatz [turnover] von zellulären und extrazellulären Bausteinen im Dienst einer physiologischen Erhaltung, Erweiterung und Erneuerung des Organismus entstammen. Schadmaterial kann aber auch durch die Einwirkung physikalischer, chemischer oder belebter Noxen auf den Körper entstehen.

Als Beispiel für die vielfältigen Einrichtungen zum Erkennen und Sichten von Abräummaterial durch den Organismus soll die gut studierte „Erythrozytenmauserung" geschildert werden. Die Lebensdauer einer roten Blutzelle beträgt rund 120 Tage. Somit werden etwa 0.8 bis 0.9% des Erythrozytenbestandes täglich erneuert. Die Prüfung auf Tauglichkeit und Funktionsfähigkeit eines Erythrozyten geschieht über verschiedene Mechanismen.

■ Durch mechanische Beanspruchung. Mit zunehmendem Alter erhöht sich der Cholesteringehalt der Zellmembran und damit ihre Rigidität. Bei der Passage durch die Milz werden die Erythrozyten durch die engen Spalten des Retikulums und der Sinuswände durchgepresst. Alte und geschädigte Erythrozyten mit rigiden Membranen halten der Beanspruchung nicht stand und werden zerstört, ihre Reste werden von den Makrophagen des Retikulums phagozytiert.

■ Durch osmotische Lyse. Enzyme der Glykolyse (Hexokinase und Phosphofruktokinase), über die ein Erythrozyt

Energie bezieht, nehmen während des Alterungsprozesses in der Zelle an Aktivität ab. Ab einem gewissen Ausmaß des Defektes wird die Na-K-Pumpe nicht mehr ausreichend mit ATP versorgt, Na^+ und Wasser dringen vermehrt in das Zellinnere ein und die Zelle wird osmolytisch zerstört.

■ Durch natürliche AK. Alternde Erythrozyten legen an ihrer Oberfläche antigene Strukturen frei, gegen die der Organismus Antikörper besitzt. Über den opsonierenden Effekt der AK werden diese Zellen von Makrophagen erkannt und phagozytiert. Begleitend wird das Complementsystem über den klassischen Weg aktiviert (S. 82).

■ Durch das Complementsystem. Durch Verschleiß verringert sich im Verlauf eines Erythrozytenlebens ständig der Bestand an DAF, C3b-Rezeptor, MCP und HRF in der Zellmembran, dazu verdünnt sich der Sialinsäure-Schutzmantel (S. 88f). Die kernlose Zelle ist zu einer Nachproduktion nicht in der Lage. Ab einem gewissen Mangel an diesen Schutzeinrichtungen wird der MAC über den Nebenschluss aktiviert und die Zelle zerstört (S. 84f).

Das Entfernen und der Abbau alternder Erythrozyten in der Blutbahn erfolgt durch die gefäßständigen Makrophagen der Leber, Milz und des roten Knochenmarks.

Im Zuge von Hämorrhagien in Gewebe ausgetretene Erythrozyten werden rasch von Makrophagen und PMN phagozytiert („Erythrophagie"). Die Reste des Blutfarbstoffs sind in den Phagozyten noch eine Zeit lang als Hämosiderin oder – eisenfrei – als Hämatoidin nachweisbar.

2.5.3.2 Spezifische Immunantwort

Makrophagen nehmen im spezifischen Immungeschehen Schlüsselpositionen ein. Die spezifische Immunantwort beginnt bei Makrophagen mit der Antigenpräsentation, und mit der Phagozytose der AG-AK-Komplexe schließen Makrophagen eine Immunreaktion ab. Über Einzelheiten dazu berichtet eine umfangreiche Literatur.

Bei *Erstkontakt* mit einem potentiellen Antigen bereiten Makrophagen das Antigen auf und initiieren die Immunantwort (**Abb. 111a**). Bei *wiederholtem Kontakt* mit dem Antigen verstärken Makrophagen die von den Gedächtniszellen ausgehende Immunantwort.

Makrophagen sind Produzenten einer langen Reihe von Modulatoren der spezifischen wie auch unspezifischen Immunantwort. Neben Cytokinen setzen sie auch Wachstumsfaktoren, Komponenten des Complementsystems sowie Inhibitorsubstanzen frei, welche die spezifische Immunreaktion steuern können.

2.5.3.3 Abwehr von Mikroorganismen

Eine Reihe von Erregern häufiger, für den Träger bedrohliche Erkrankungen

Tabelle 10. Opsonine und ihre Rezeptoren

Opsonin	Rezeptor
IgG	FcγR1 (CD64), FcγR2 (CD32), FcγR3 (CD16)
IgM	IgM Rezeptor
IgA	IgA Rezeptor
C3b	CR1(CD35),
C3bi	CR3 (CD11b/CD18), CR4 (CD11c/CD18)
CRP	CRP-Rezeptor, FcγR1 (CD64), FcγR2 (CD32),
SAA	SAA-Rezeptor
Fibrinogen	Glykoprotein IIb/IIIa Integrin Rezeptor
Fibronektin	β1 Integrin Rezeptor (VLA5)
Kollagen	β1 Integrin Rezeptor (VLA4)
Proteoglykane	Scavenger-Rezeptoren

wird von Makrophagen erkannt, phagozytiert und getötet. Das Erkennen erfolgt
entweder direkt über spezifische Oberflächenstrukturen der Erreger (Lektine, LPS,
PAMP, S. 180) oder indirekt, über an den
Erreger gebundene IgG, für deren Fc-
Teil Makrophagen die Rezeptoren CD16,
CD32 und CD64 tragen (**Tabellen 4, 9
und 10**). Als Zielobjekte sind vor allem *intrazellulär* auftretende Krankheitserreger
bedeutsam: Mykobakterium tuberculosis
und leprae, Brucellen, Listerien, Clamy-
dien, Salmonellen und Malariaplasmo-
dien, sowie auch gewisse Viren wie Ep-
stein-Barr-, Cytomegalie-, Hepatitis- und
Mumps-Viren. Die intrazellulär schmarot-
zenden Erreger werden von Makrophagen
anhand von Veränderungen der Oberflächen der befallenen Wirtszellen, auch mit
Unterstützung des Complementsystems,
erkannt (S. 98f). Nach dem Erkennen
kann die befallene Zelle getötet und mitsamt den enthaltenen Keimen phagozytiert werden. Entsprechend den von diesen
Krankheitserregern ausgehenden spezifischen chemotaktischen Signalen fallen
die Krankheitsherde durch die verstärkte
Anwesenheit von Makrophagen auf, die
sich häufig zu Riesenzellen entwickeln.
Von diesen Makrophagen abgegebene
Cytokine (IL-1) und Wachtumsfaktoren
(bFGF, TGFβ) fördern das lokale Bindegewebswachstum, so dass das typische Erscheinungsbild der *granulomatösen Entzündung* entsteht: häufiges Auftreten von
Makrophagen auch als Riesenzellen, und
reichlich Bindegewebe, das Gefäße bildet
und lymphozytär infiltriert ist. Viruserkrankungen können von einer massiven
Blutmonozytose begleitet werden.

Im Gegensatz dazu wirkt ein anderes
Spektrum von Erregern vor allem auf
PMN aktivierend. Das massive Auftreten dieses Zelltyps am Entzündungsort
kennzeichnet die *eitrigen Entzündungen*. Makrophagen, Lymphozyten und
die Bindegewebsreaktion treten dabei
mengenmäßig stark zurück (S. 164).

Für die Tötung und den Abbau phagozytierter Keime stehen dem Makrophagen ROS und die Palette lysosomaler
Enzyme zur Verfügung.

Für die Reinigung des zirkulierenden
Blutes von Schadmaterial sind die **gefäßständigen Makrophagen** in den Sinus
der Leber, Milz und des roten Knochenmarks verantwortlich, welche etwa 85%
der ortsfesten Makrophagen ausmachen,
*nicht jedoch die zirkulierenden Monozy-
ten und Granulozyten. Für diese ist das
Blut bloßes Transportmedium!* Die gefäßständigen Makrophagen erfüllen die
Funktionen von Blutfiltern, die aus dem
strömenden Blut zerfallenes Zell- und
Gewebsmaterial, Krankheitserreger und
ihre Toxine entfernen und abbauen. Das
Erkennen und Binden erfolgt wiederum
über spezifische Oberflächenstrukturen
und gebundene Opsonine (AK, Complement, Faktoren der Blutgerinnung).
Funktionsgerecht werden gefäßständige
Makrophagen vom Blut allseitig umspült,
um möglichst große Oberflächen zu bieten, wie etwa die Kupffer'schen Sternzellen, die frei in den Sinuslumina hängen
und nur mit schmalen Fortsätzen an den
Sinuswänden befestigt sind. Bei intensiver Inanspruchnahme ihrer Tätigkeit
vermehren sie sich und nehmen an Umfang zu, was sich in einer Vergrößerung
und einer Erhöhung der Kapselspannung
des Organs äußert. Bei Infektionskrankheiten sowie bei umfangreicheren Gewebszerstörungen oder Blutzerfall sind
Schwellung und Schmerzhaftigkeit von
Leber und Milz eine schnell verfügbare
Diagnosehilfe. Ebenso trägt die Vermehrung und Vergrößerung von Makrophagen zu Schwellung und Druckschmerz
von Lymphknoten bei, wenn Schadmaterial im tributären Bereich anfällt.

2.5.3.4 Steuerung der lokalen
Entzündung und systemischer
Entzündungsreaktionen

Makrophagen sind nicht nur äußerst wirkungsvolle Effektorzellen der Entzündung
mit ausgeprägter Fähigkeit zur Phagozytose, sondern haben darüber hinaus eine
große Zahl von regulatorischen Aufgaben
zum Zweck einer anforderungsgerechten
Steuerung und eines sinnvollen Zusam-
menspiels von Entzündungsvorgängen

zu erfüllen. Stellt man in einer anschaulichen Metapher die Entzündung als kriegerischen Akt dar, mit dem sich ein Organismus gegen einen Feind zur Wehr setzt, so sind PMN mit dem Landser vergleichbar (wenig spezialisiert und sehr zahlreich), die Lymphozyten entsprechen den Spezialtruppen, während der Makrophage den Offizier darstellt, der das Geschehen vor Ort und den Gesamtablauf im Generalstab lenkt. Diesem Bild entsprechend steuert der Makrophage sowohl den lokalen Entzündungsvorgang, wie er auch für systemische Entzündungsreaktionen wie Fieber, Leukozytose und das Auslösen der APR hauptverantwortlich ist. Als Mittel dazu steht ihm eine lange Reihe von Regulatorstoffen zur Verfügung, die er selbst freisetzt oder deren Freisetzung oder Aktivierung er steuern kann. Einzelheiten dazu werden in den einschlägigen Kapiteln angeführt.

Im Zuge eines Entzündungsablaufes ändern Makrophagen ihre funktionellen Schwerpunkte. Zu Entzündungsbeginn steht das aggressive Element im Vordergrund: Makrophagen fördern die Apoptose von Leukozyten und Stromazellen und beseitigen deren Reste, sie töten und phagozytieren Mikroorganismen, Immunkomplexe und opsonierte Partikel und lösen mit Hilfe ihrer Enzyme Gewebsbestandteile auf. Durch Abgabe pro-inflammatorischer Cytokine, Wachstumsfaktoren und Mediatoren aktivieren sie das Entzündungsgeschehen. Sie selbst werden durch Hinaufregulierung entsprechender Rezeptoren für Signalstoffe der Entzündung sensibilisiert.

In der Regressionsphase einer akuten Entzündung wandelt sich der Makrophage in eine Gewebs-protektive Zelle um, die bei der Wiederherstellung des Gefüges und bei der Heilung mitwirkt. Die nun freigesetzten Cytokine sind antiinflammatorisch. Es werden Apoptosehemmende Signale abgegeben, Zellvermehrung und Wachstum stimuliert, der Matrixaufbau und die Angiogenese gefördert, Stromazellen werden zu Synthesen angeregt.

Die Ursachen für diesen Wandel sind im Detail nicht geklärt. Offenbar hat aber das phagozytierte Material Einfluss.

2.5.3.5 Kontrolle der Vermehrung, Differenzierung und Mobilisierung des roten Knochenmarks

Zu den entscheidenden Schritten der Vermehrung, Differenzierung, Reifung von Zellen der myeloischen Reihe und letztendlich der Freisetzung reifer Differenzierungsprodukte aus dem Knochenmarksspeicher in die Blutbahn trägt der Makrophage wesentlich bei. Der Makrophage ist eine Quelle von CSF (S. 119f). Ebenso ist er ein Produzent der „Leukozytosefaktoren" IL1, IL6, TNFα sowie von C3, aus dem bei Aktivierung C3e abgespalten werden kann (S. 145). Auf diesem Weg wird das Zentrum der Erzeugung und Speicherung über den Bedarf am Ort der Entzündung informiert und dieser Bedarf kontrolliert gedeckt.

Die Gesamtheit des Retikulo-Endothelialen Systems (RES), rotes Knochenmark, Milz und lymphoretikuläres Gewebe, macht beim Erwachsenen über zwei Kilogramm aus und ist damit das größte Organ des Körpers. Im Dienst des Schutzes des Organismus gegen äußere und innere Noxen stellt es mit der Vielfalt an abgegebenen Informationsträgern auch ein bedeutendes endokrines Organ dar, in dem der Makrophage eine zentrale Stellung einnimmt.

2.5.3.6 Die klinische Beurteilung der Monozytenzahl in der Blutbahn

Steigt die absolute Zahl an Monozyten beim Erwachsenen über 600/µL, beim Kind über 1000/µL und beim Säugling über 3000/µL an, spricht man von einer **Monozytose**. Eine „infektiöse Monozytose" kann als Begleitsymptom einer Reihe von Infektionskrankheiten auftreten: bei Endocarditis lenta, Malaria, Typhus und besonders stark bei Viruserkrankungen wie Hepatitis epidemica, Mumps und Viruspneumonien. Als Erreger von Monozytosen werden häufig Epstein-Barr- und

Cytomegalie-Viren gefunden. Ein Son-derfall mit oft extrem hohen Werten ist die infektiöse Mononukleose (Pfeiffer'sches Drüsenfieber), bei der nicht nur Monozy-ten, sondern auch reichlich T Zell-Blas-ten ins Blut ausgeschwemmt werden (bis zu 70% der weißen Blutzellen). Erreger sind ebenfalls oft Epstein-Barr Viren.

Eine Monozytose kann auch Tumore wie M.Hodgkin oder Leberzirrhose be-gleiten.

Aktivierte Makrophagen geben das Pteridin **Neopterin** ab, das in Blut und Harn nachgewiesen werden kann. Die physiologische Funktion ist nicht bekannt; möglicherweise dient es als Antioxydans. Angehobene Spiegel weisen auf eine er-höhte Makrophagen- und Entzündungs-aktivität hin. Die Neopterin-Bestimmung wird bei einer Reihe von Erkrankungen zur Diagnose und Verlaufskontrolle ein-gesetzt.

2.6 Die Endothelzelle

Die Gesamtheit der Endothelzellen, das Gefäßendothel, kleidet als bis auf we-nige Ausnahmen einschichtiges Platten-epithel das Blutgefäßsystem aus. Die vom Gefäßendothel bedeckten Flächen sind gewaltig. Für die innere Oberfläche der Arterien werden etwa 30 m², für die der Venen 90 m², und für die Kapillaren 600 m² angegeben. Das Gesamtgewicht des Gefäßendothels beträgt etwa 1.5 kg. Dazu bedeckt Endothel auch die Innen-flächen des Lymphgefäßsystems.

2.6.1 Morphologie und Funktionen

„Endothel" stellt weder morphologisch noch funktionell eine Einheit dar, son-dern Endothelzellen verschiedener Zir-kulationsabschnitte können je nach Auf-gabenbereich verschieden gestaltet sein und verschiedene Aufgabe erfüllen. Die typische Endothelzelle ist eine platte, in der Aufsicht langgestreckte Zelle, deren Längsachse parallel zur Gefäßachse läuft. Der Zellkern liegt in der Zellmitte und ist abgeflacht, um einen möglichst gerin-gen Strömungswiderstand zu bieten. Das Cytoplasma ist dünn ausgezogen und in den Kapillaren nur 0.1µm bis 0.2µm dick, um die Diffusionsstrecke möglichst klein zu halten. Ein gut entwickeltes Cytoske-lett ermöglicht die Anpassung der Cyto-plasmafortsätze an die räumlichen und funktionellen Erfordernisse. Bei Bedarf (Gefäßwachstum, Reparatur) sind Endo-thelzellen zur aktiven Ortsveränderung (Migration) und zu geringfügiger Phago-zytose befähigt.

Von Ausnahmen wie Blutsinus abgese-hen bildet die Gesamtheit der Endothel-zellen einen geschlossenen, lückenlosen Belag, der eine morphologische und funk-tionelle Barriere zwischen dem Blutstrom und dem Extravasalraum darstellt. Die Ver-bindung der Endothelzellen untereinander wird durch besondere Adhäsionsproteine gewährleistet. Diese transmembranös ver-ankerten Glykoproteine gehören der **Cad-herin**-Familie an und stehen intrazellulär mit dem Cytoskelett in Verbindung. Bei entsprechender Stimulation ist ein aktives lokales Lösen der Verbindung möglich. Auf diese Weise können die interzellulä-ren Lücken für den Durchtritt hochmole-kularer Stoffe im Zuge des entzündlichen Ödems (S. 25f) und für die Emigration von Zellen (S. 155f) vom Endothel freigegeben werden. Eine weitere Aufgabe der Cadhe-rine ist die Informationsübertragung von Zelle zu Zelle. Gas- und Stoffaustausch zwischen dem Intra- und Extravasalraum erfolgen über Filtration, Diffusion und aktiven Transport, wobei Filtrationsvor-gänge vorwiegend interzellulär ablaufen, während Diffusion und aktiver Transport durch die Cytoplasmafortsätze hindurch transzellulär stattfinden. Morphologischer Ausdruck einer aktiven Durchschleusung von Makromolekülen und Kolloiden aus dem Blut ins Gewebe (Transzytose) sind Einziehungen an der Oberfläche der En-dothelzellen („caveolae") und intrazellulä-re Vesikel.

Topographisch und funktionell weist die platte Endothelzelle zwei markante Seiten auf: die dem Blutstrom zugewand-te luminale Seite und die der extrazel-lulären Matrix zugewandte abluminale

Seite, die der Basalmembran aufsitzt. Das Haften an der Basalmembran wird durch **β1- und β2-Integrine** und **Syndekane** gewährleistet. Die luminale Oberfläche ist mit einer Vielfalt an Rezeptoren, Adhäsinen und Transportkanälen ausgestattet (**Tabelle 11**). Die Verteilung der Rezeptoren kann polarisiert sein. So nimmt etwa die Dichte von PECAM-1 in Richtung der interzellulären Kontaktflächen zu (**Abb. 59**). Hyaluronsäure und Heparansulfat enthaltende Proteoglykane bedecken in dichterLage die luminale Zellmembran und dienen als Trägermatrix für eine Reihe von Wirkstoffen wie Faktoren der Blutgerinnung, Mediatoren, Cytokine, Hormone u.a.m. (**Abb. 97**).

Eine für Endothelzellen charakteristische intrazelluläre granuläre Struktur sind die *Weibel-Palade-Körper,* die den **von Willebrand Faktor** (vWF) enthalten. Endothelzellen geben schon auf geringe Reize hin den vWF ab, der z. T. von der Basalmembran gebunden wird und als Rezeptor für Thrombozyten dient, die bei Kontakt an der Basalmembran haften und die Blutgerinnung einleiten.

Unter den vielfältigen Funktionen des Endothels sind die Kontrolle der Gefäßweite und damit Gewebsdurchblutung, Kontrolle des Gasaustausches und Stofftransports, Kontrolle der Blutgerinnung, Umsetzung, Aktivierung und Abbau zirkulierender Wirkstoffe, Abgabe von Hormonen, Bildung der Basalmembran und Intima, und die Beteiligung an Entzündungsvorgängen hervorzuheben. Außerhalb traumatischer Ereignisse gehen Endothelzellen durch Apoptose zugrunde. Ihr Bestand regeneriert durch Teilung vor Ort oder wird über zirkulierende endotheliale Progenitorzellen vom Knochenmark her ersetzt.

2.6.2 Endothelfunktionen im Rahmen der Entzündung

Endothel verschiedener Standorte kann auf Entzündungsreize verschieden reagieren und unterschiedliche Leistungen erbringen. So lässt sich arterielles, venöses und kapillares Endothel in seinen Funktionen nicht vorbehaltlos vergleichen, wie auch gleiche Zirkulationsbe-

Tabelle 11. Einige Charakteristika von Endothelzellen im Zusammenhang mit der akuten Entzündung

Oberflächenstrukturen	Agonisten von Endothelaktivitäten	Endothelzellprodukte
Rezeptoren *für Cytokine*: IL-1, IL-3, IL-4, IL-6, IL-8, IL-10, TNFα, IFNγ *für Wachstumsfaktoren*: PDGF, a,bFGF, TGFβ, VEGF, Stammzellfaktor, Angiopoetine *für Entzündungsmediatoren*: H1,PGI2, PGE1,2, TXA2, LTC4D4E4, Lipoxine, C3a, C5a, Bradykinin, Kallikrein, Endothelin *Adhäsine*: ICAM-1*,2, VCAM-1*, PECAM-1, E-und P-Selektin, Cadherine	*Cytokine, Wachstumsfaktoren, Entzündungsmediatoren* (siehe Spalte Rezeptoren) Zell-Adhäsion NO, oxLDL, Lysolecithin, *Mechanisch-chemische Noxen*: Scherspannung, Blutdruck↑, Turbulenzen, Hypoxie, AGP, mikrobielle Toxine,	*Mediatoren, Cytokine und Wachstumsfaktoren*: PGI2, PGE1,2, TXA2, PAF, NO, IL1, MCP-1, PDGF, EGF, TGFβ *Opsonine*: Fibronektin, Proteoglykane, Kollagen, Thrombospondin *Gerinnungsfaktoren*: tPA, Urokinase, PAI-1, vWF
Andere Rezeptoren: MHC I und II*, *für* Transferrin, Thrombin, Fibronectin, vWF, Thrombomodulin, Endothelin		
Enzyme: ACE		

* Nur nach Stimulation

reiche verschiedener Organe und Gewebe funktionelle Unterschiede zeigen
können. Auf diese Heterogenität wird
hier nicht eingegangen. Unter den vielfältigen Aufgaben des Endothels im Rahmen von Entzündungsvorgängen ist hervorzuheben:

1. Die Exsudation und das entzündliche
   Ödem wird durch die Retraktion der
   Fortsätze der Endothelzellen und die
   Stomatabildung ermöglicht (S. 23ff).
2. Die Margination von weißen myeloi-
   schen Blutzellen sowie die Emigrati-
   on [rolling, sticking] wird durch von
   Endothelzellen exprimierte Adhäsine
   vermittelt (S. 151).
3. Die von Endothelzellen freigesetzten
   Eikosanoide Thromboxan A2, Prosta-
   cyklin und 12-HETE, sowie NO und
   Endothelin beeinflussen während Entzündungsvorgängen die Funktion von
   Blutzellen, die Blutgerinnung und die
   Gefäßreaktion (S. 39ff, 223f). Die Regulation der Durchblutung ist ein wichtiger
   Bestandteil der Entzündungsreaktion
   (S. 22f). Blutgerinnung und Entzündung
   überschneiden sich vielfach (S. 134f).
4. Endothel gibt eine Reihe von Cytokinen und Wachstumsfaktoren ab
   (Übersicht in **Tabelle 11**), die auch pathogenetische Bedeutung haben können. Die Freisetzung gewisser Wachstumsfaktoren (EGF, TGFβ, PDGF)
   trägt wesentlich zur Entwicklung der
   Atherosklerose bei (S. 296f).
5. Der von Endothelzellen in den Wei-
   bel-Palade-Körpen gespeicherte vWF
   wird nach seiner Freisetzung in die
   Basalmembran eingelagert und dient
   dort als Rezeptor für Thrombozyten,
   die bei Kontakt mit der Basalmembran
   die Blutgerinnung einleiten und PMN
   und Monozyten binden (S. 232). Die
   in den Membranen der Weibel-Palade-Körper enthaltenen PECAM1 werden dabei in die Zellmembran integriert und dienen emigrierenden weißen Blutzellen als Orientierungshilfe
   (S. 152).
6. Im Blut zirkulierende Wirkstoffe werden vom Endothel ab- oder umgebaut.

Hier nimmt das Angiotensin Converting Enzym (ACE) eine steuernde
Rolle im Entzündungsgeschehen ein.
Es setzt das wenig wirksame Angiotensin I zum hochwirksamen Angiotensin II (ATII) um, das über eine
Gefäßkontraktion und die Anregung
der Aldosteron- und ADH-Produkti-
on den Blutdruck erhöht. ATII wirkt
selbst pro- inflammatorisch (S. 298).
Auch baut ACE als „Kininase II" zirkulierendes Bradykinin ab trägt damit
zur Stabilisierung des Blutdruck bei
(S. 71).

Entzündlich reagierendes Endothel ist in
den Pathomechanismus einer Reihe von
Erkrankungen eingebunden, die medizinisch nur unvollkommen beherrscht werden und volkswirtschaftlich eine enorme
Belastung darstellen. Hier sind an erster
Stelle die Atherosklerose (S. 296f) und
der Komplex SIRS-Sepsis-MOF (S. 281f)
zu nennen.

2.6.3 Stickstoffmonoxyd und Endothelin

Diese beiden Produkte des Gefäßendothels spielen bei der Regulierung der
Durchblutung und der Blutgerinnung
am Ort der Entzündung eine dominante
Rolle. Auch wird ihre Bedeutung bei der
Pathogenese einer Reihe von Erkrankungen immer deutlicher.

2.6.3.1 Das Stickstoffmonoxyd (NO)

Zur Geschichte: In einem bewährten
Untersuchungsmodell perfundierte man
isolierte Arterien mit Medien, die den
Neurotransmitter des Parasympathikus,
Acetylcholin, enthielten, was zur Dilatation des perfundierten Gefäßes führte.
Um 1980 machten eine Forschergruppe
um Furchgott und Zawadzki die Beobachtung, dass vom Endothel befreite
Arterien diese Erweiterung durch Acetylcholin nicht zeigten. Sie schlossen
daraus, dass der Reiz zur Vasodilatation
vom Endothel ausgehen müsse. Der vor-
läufig hypothetische „diffusible Faktor"

zwischen Endothel und glatten Muskelzellen der Gefäßwand wurde als „endothel derived relaxing factor" (EDRF) bezeichnet. Nach intensiver Suche konnte Stickstoffmonoxyd (NO) als diese Mittlersubstanz gesichert werden.

NO kann sowohl konstitutiv wie auch auf spezifische Reize durch die NO-Synthasen (NOS) der Endothelzellen aus L-Arginin gebildet werden. Dafür sind zwei Enzyme zuständig: Die *endotheliale NO-Synthase* (eNOS) ist ständig vorhanden, erzeugt NO in Art einer Basalsekretion und trägt zur Regulierung des Blutdrucks bei. Die *induzierbare NO-Synthase* (iNOS) wird dagegen im Rahmen entzündlicher Vorgänge de novo synthetisiert. Der Synthesereiz geht von einer Reihe von Entzündungsmediatoren und Cytokinen aus, welche über ihre Rezeptoren am Endothel die Transskription anregen. Gebildetes NO wird von den Endothelzellen abgegeben und diffundiert als kleines Molekül sehr rasch in die Muskelzellen der Gefäßwand. NO ist äußerst kurzlebig; die Halbwertszeit beträgt nur wenige Sekunden. In der Muskelzelle aktiviert NO die lösliche Guanylatzyklase zur vermehrten Produktion von cGMP. Erhöhte intrazelluläre cGMP Konzentrationen hemmen den Ca^{++}-Einstrom mit der Folge einer verminderten Kontraktion der Gefäßmuskulatur und der für den Entzündungsprozess typischen Gefäßerweiterung (**Abb. 96**).

Ein Großteil der vasodilatierenden Entzündungsmediatoren wirkt auf diesem indirekten Weg der Stimulation von iNOS und über eine verstärkte NO Freisetzung (**Tabelle 12**). Da der NO-Effekt letztendlich auf einer Senkung des für die Kontraktion unentbehrlichen intrazellulären Ca^{++} beruht, sind diese Muskelzellen gegenüber dem Kontraktionsreiz von Vasopressoren unempfindlich (refraktär). Das hat lokal den Vorteil, dass eine reichliche Durchblutung des entzündeten Bereichs auch bei Präsenz von Vasopressoren gewährleistet bleibt. Bei generalisierter „Ganzkörperentzündung" (SIRS, Sepsis, MOF, S. 281f) kann dieser Effekt jedoch schwerwiegende Kompli-

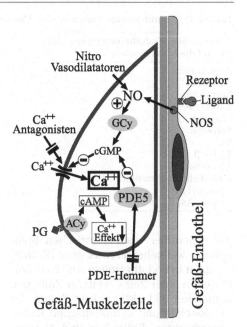

Abb. 96. *Mechanismen gefäßerweiternder Effekte von natürlichen Wirkstoffen und Medikamenten.* Die verschiedenen gefäßerweiternden Wirkungsmechanismen münden letzten Endes in eine Senkung frei verfügbaren cytosolischen Ca^{++}, die eine Herabsetzung der Kontraktilität der Gefäßmuskelzelle bewirkt. Konstitutiv arbeitende sowie induzierbare NO-Synthasen (NOS) der Endothelzelle produzieren auf Rezeptor-vermittelte und andere Reize Stickstoff-Monoxyd (NO), das in die Gefäßmuskelzelle diffundiert und dort die zytoplasmatische Guanylatzyklase (GCy) aktiviert. Die Erhöhung der Konzentration von cGMP hemmt den Kalziumeinstrom durch Blockierung der Kanäle. Auf diesem Weg wirkt eine Reihe von Entzündungsmediatoren gefäßerweiternd. Prostaglandine vom E- und I-Typ (PG) aktivieren direkt über Rezeptoren an der Muskelzelle die Adenylatzyklase (ACy). Erhöhte intrazelluläre Konzentrationen von cAMP setzen die Wirkung von Ca^{++} auf den kontraktilen Apparat herab. *Medikamentöse Wirkungen:* Nitro-Vasodilatatoren spalten in der Muskelzelle NO ab und wirken über die GCy. Kalzium-Antagonisten („Kalzium-Blocker") hemmen den Ca^{++}-Einstrom in die Muskelzelle. Phosphodiesterase- Hemmer (PDE) senken die Aktivität der Phosphodiesterase 5 (PDE5), die intrazelluläres cGMP abbaut. Dadurch steigt die cGMP-Konzentration an, was wiederum den Ca^{++}- Einstrom drosselt.

kationen verursachen. Eine Minderung des peripheren Gefäßwiderstandes im gesamten Kreislauf führt zum Schock,

Tabelle 12. Angriffspunkte verschiedener Vasodilatatoren

Wirkung über Endothelrezeptoren und NO auf die Muskelzelle	Direkte Wirkung auf die Gefäßmuskelzelle
Acetylcholin	*Über Rezeptoren am Muskel:*
ADP, ATP	PG E1, PGE2, PGI2
Bradykinin	Atriales natriuretisches Pepdid
Kallikrein	Beta2-Sympathikomimetika
Histamin	
Serotonin	*Andere Angriffspunkte:*
VIP	Nitro- Vasodilatatoren
TNFα, β	Ca^{++}-Antagonisten
Thrombin	Phosphodiesterase5-Hemmer
Endothelin (B-Rezeptor)	
Cysteinyl LT	
Lipoxin A4, B4	

der gegenüber vasopressorischen Maßnahmen weitgehend refraktär ist (S. 283).

Außer in Endothelzellen sind NO-Synthasen in einer Reihe weiterer Zelltypen vorhanden und aktiv wie in Zellen der Myeloischen und Lymphatischen Reihe, Thrombozyten, Epithelien und Nervenzellen.

Weitere Wirkungen des NO:

– NO wirkt antithrombotisch durch Hemmung der Thrombozytenaggregation.
– NO wirkt als ROS. NO als solches ist ein schwaches Oxydans, aber durch $O_2^{\bullet-}$ zu Peroxynitrit (ONOO$^{\bullet-}$) oxydiert ist die Wirkung verstärkt (S. 188). Peroxynitrit wird bevorzugt in Makrophagen und Endothelzellen hergestellt und wirkt vermutlich bei der Atherosklerose-Entstehung mit (S. 296).
– NO dient als Neurotransmitter im zentralen und peripheren Nervensystem (NANC-Fasern).

2.6.3.2 Endothelin

Ein ebenfalls von Endothelzellen synthetisierter Gegenspieler des NO ist das Endothelin (ET), ein aus 21 Aminosäuren bestehendes Peptid. Es sind drei Isoformen bekannt: ET1, ET2 und ET3, wobei ET1 beim Menschen das bedeutendste ist und im Endothel einer Reihe von Organen erzeugt wird. Bei der Synthese wird zuerst eine größere inaktive Vorform, das Big-Endothelin, hergestellt. Eine Protease der endothelialen Zellmembran, das endothelin-converting-enzyme (ECE), spaltet daraus das aktive ET ab. ET1 wird sowohl ins Blut wie auch abluminal abgegeben, wo es zu den benachbarten Muskelzellen diffundieren kann. Die Wirkung wird über *zwei Rezeptortypen* vermittelt: die ET-A und ET-B Rezeptoren, die sich auf glatten Gefäßmuskelzellen und auf Herz- und Skelettmuskel finden. ET-B Rezeptoren sind auch auf Endothelzellen vorhanden. Je nachdem welcher Rezeptor angesprochen wird löst ET1 unterschiedliche Reaktionen aus. Über den ET-A Rezeptor wird eine Vasokonstriktion vermittelt. Auf molarer Basis betrachtet ist ET1 der stärkste bekannte endogene Vasopressor. Über den ET-B Rezeptor wird dagegen die Produktion von NO und PGE angeregt und daher eine vasodilatierende Wirkung erzielt. Im Herzen wirkt ET positiv inotrop, während am Skelettmuskel die Kontraktilität herabgesetzt wird. Auch hier wird die unterschiedliche Wirkung über die verschiedene Rezeptorbesetzung erzielt. Der *Abbau* von zirkulierendem ET erfolgt vor allem in der Lunge über Bindung an den ET-B Rezeptor.

Der Antagonismus gefäßerweiternder und gefäßverengender Einflüsse hat bei der Entstehung der Atherosklerose große Bedeutung. Irritiertes oder geschädigtes Endothel gibt vermehrt vasopressorisches und prokoagulatorisches ET und TXA2 zu Ungunsten der vasodilatorischen und antikoagulatorischen Wirkstoffe NO und PGI2 ab. (S. 300).

ET-Rezeptor-Blocker werden zur Gefäßerweiterung verwendet.

2.7 Der Fibroblast und das Bindegewebe

Das Bindegewebe mit seinen Einrichtungen ist der eigentliche Bereich, in dem die entzündlichen Abwehrvorgänge ablaufen. Vergleicht man in einem häufig verwendeten Bild eine Entzündung als kriegerische Auseinandersetzung mit dem „Feind pathogener Keim", so entspricht das Blut den Transport- und Versorgungswegen, während der extravasale Gewebsbereich das Aufmarschgebiet und Schlachtfeld darstellt. Beschädigtes Kriegsgut und Feindmaterial werden über den Lymphweg abtransportiert und in den Lymphknoten gesichtet. Der Vergleich ist insofern nicht zutreffend, als die Gefäße und das anliegende Bindegewebe keine passive, bloß erduldende Umgebung darstellen, sondern als aktive Teilnehmer in den Entzündungsprozess involviert sind.

Für die Gestaltung der Bindegewebsmatrix ist in erster Linie der Fibroblast verantwortlich, obwohl auch glatte Muskelzellen, Epithelien, Gefäßendothel und Parenchymzellen in der Lage sind, Matrixmaterial herzustellen.

2.7.1 Morphologie des Fibroblasten

Die Form des Fibroblasten ist gewöhnlich langgezogen oder sternförmig mit mehr oder weniger langen Fortsätzen. Da sich die Zelle der Umgebung anpasst, kann die Gestalt gewebsspezifisch stark variieren. Der Kern sitzt in der Zellmitte und ist länglich-walzenförmig. Das raue Endoplasmatische Retikulum ist reichlich entwickelt und weist auf die rege Proteinsynthese der Zelle hin. Der Golgi-Apparat ist gut ausgeprägt. Mitochondrien sind wenig zahlreich, aber groß. Einziehungen an der Oberfläche und pinozytotische Vesikel sind Ausdruck einer regen Stoffaufnahme.

Der Fibroblast in Stoffwechselruhe wird als Fibrozyt bezeichnet. Die weitgehende Einschmelzung der zytoplasmatischen Organellen und der Wasserverlust machen die Zelle dünn-spindelförmig und unscheinbar.

2.7.2 Funktionen des Fibroblasten

Die Funktionen des Fibroblasten sind vielfältig. Zu seinen wichtigsten Aufgabebereichen gehören die Synthese des Faseranteils und der Grundsubstanz der Bindegewebsmatrix, Steuerung des Matrixumbaus und der Angiogenese, sowie die Steuerung von Entzündungsvorgängen und der Wundheilung durch Abgabe von Mediatoren, Cytokinen und Wachstumsfaktoren. Fibroblasten besitzen die Fähigkeit zur aktiven Ortsveränderung (Migration) und zur Phagozytose. Osteoblasten und Chondroblasten sind Differenzierungsprodukte des Fibroblasten.

2.7.3 Die Bestandteile der Bindegewebsmatrix

Unter Bindegewebsmatrix versteht man den extrazellulären Anteil des Bindegewebes.

Die Matrix besteht im Wesentlichen aus den kollagenen und elastischen Fasern, aus Proteoglykanen und aus Glykoproteinen. Das Kollagen stellt mengenmäßig den Hauptanteil. Kollagen macht ein Drittel des Gesamtproteins des Körpers aus.

2.7.3.1 Kollagene Fasern

Das Bauelement der kollagenen Faser sind Polypeptidketten („α-Kette"), von denen drei zu einer links-gewundenen Triple-Helix mit einem Durchmesser von 1.5 nm zusammengefasst sind. Daneben gibt es auch nicht- helikale Strukturierungen. Durch Bündelung dieser Grundelemente entstehen dickere Fasern. Kollagene Fasern sind nur bis zu 5% ihrer Länge dehnbar, darüber verformen oder zerreißen sie.

Kollagenes Material kann sehr variabel sein. Entsprechend ihrer polymeren Struktur und unterschiedlichen Funktionen werden 19 verschiedenen Kollagentypen unterschieden, die in 6 Klassen unterteilt sind. Im Zusammenhang mit dem Thema „Entzündung" sind die fibrillären Kollagene (Typen I, II, III, V, XI), die netzbildenden Kollagene in der Basalmembran (IV, VIII, X), Ankerfibrillen für Basalmembranen (VII) und transmembranöse Kollagene (VIII, XVII) funktionell bedeutsam.

2.7.3.2 Elastische Fasern

Der Grundbaustein elastischer Strukturen sind die Elastin-Moleküle. Diese vielfach gewundenen Proteinfäden sind miteinander zu unterschiedlich dicken Fasern, Membranen oder Platten verbunden. Bei Anlegen von Dehnungskräften strecken sich die Windungen, bei Nachlassen der Kräfte kehrt die Struktur in ihre Ausgangslage zurück. Elastisches Material wird im Organismus dort eingesetzt, wo starke Formveränderungen funktionell erforderlich sind. Elastische Fasern und Membranen finden sich reichlich in Blutgefäßen, vor allem in Arterien als Membrana elastica interna und externa sowie in der Tunica media, in der Haut, Lunge, sowie in Sehnen, Bändern und gewissen Ligamenten. Elastin ist chemisch sehr widerstandsfähig. Als Scavengermaterial kann es durch die Elastasen der Makrophagen und PMN abgebaut werden. Neben mechanischen Aufgaben übernehmen elastische Fasern auch die Funktion als Leitstrukturen für wandernde Fibroblasten, glatte Muskelzellen, Endothelzellen, Monozyten/Makrophagen, PMN und Lymphozyten. Diese Zellen besitzen einen Elastin-Laminin-Rezeptor, über den sie elastische Strukturen spezifisch erkennen und entlang wandern.

2.7.3.3 Proteoglykane

Proteoglykane bestehen aus einem Achsenfaden aus Protein, um den herum sulfatierte Polysaccharide in kovalenter Bindung angeordnet sind, so dass das Gebilde mit einer Flaschenbürste vergleichbar wird (**Abb. 97**). Je nach Länge des Proteinkerns sowie nach Art und

Proteoglykan

Abb. 97. *Der Bau von Proteoglykanen.* Ein Proteoglykan-Molekül besteht aus einem zentralen Protein-Achsenfaden, um den herum Glykosaminoglykane radiär angeordnet sind („Flaschenbürste"). Bei unterschiedlicher Länge der Proteinkette und variabler Zusammensetzung des Kohlenhydrat-Besatzes können Proteoglykane sehr unterschiedlich gestaltet sein und verschiedene Aufgaben erfüllen. Die geladenen Glykosaminoglykane halten elektrostatisch einen Wassermantel um sich fest, der wiederum polare Substanzen aufnehmen und speichern kann und so lösliche Wirkstoffe lokalisiert.

Länge der Polysaccharide kann das Gebilde sehr unterschiedlich gestaltet sein. Die Polysaccharide werden wegen ihrer besonderen Zusammensetzung als „Glykosaminoglykane" [glycosaminoglycans] bezeichnet. Sechs verschiedene Typen von Glykosaminoglykanen können sich am Bau von Proteoglykanen beteiligen: die sulfatierten Polysaccharide Chondroitinsulfat, Dermatansulfat, Heparin, Heparansulfat und Keratansulfat sowie die nicht sulfatierte Hyaluronsäure, die einem Proteoglykan die sauren Eigenschaften verleihen. Das Molekulargewicht kann zwischen 50.000 und mehreren Millionen schwanken. Je nach Größe der Moleküle und Ausprägung der negativen Ladung entwickeln Proteoglykane verschiedene Eigenschaften. Allen gemeinsam ist das starke Wasserbindungsvermögen.

Verschiedenste mesenchymale wie epitheliale Zelltypen sind in der Lage,

Proteoglykane herzustellen. Proteoglykane finden sich nicht nur in der extrazellulären Matrix, sondern auch auf Zelloberflächen, manchmal transmembranös verankert, und auch intrazellulär. Ebenso vielgestaltig ist die Funktion. Proteoglykane üben einmal eine Stütz- und Füllfunktion aus. Ihr Wassermantel trägt das extrazelluläre wässrige Milieu, ohne das organisches Leben nicht möglich ist. Über rein statische Funktionen hinaus schaffen Proteoglykane funktionelle Verbindungen zwischen Stützelementen der extrazellulären Matrix, zwischen Zellen und Stützelementen, zwischen Zellen untereinander, sie dienen als Leitstrukturen für Zelladhäsion, Motilität, Proliferation, Differenzierung und Morphogenese und sind Erkennungsmerkmale von Strukturen. Eine weitere Aufgabe ist die eines Speichers für verschiedenste Substanzen, wofür Proteoglykane durch ihre negativen Ladungen und den Wassermantel besonders geeignet sind.

2.7.3.4 Extrazelluläre Glykoproteine

In dieser Gruppe sind vor allem Fibronectin, Laminin und Vitronectin für den Entzündungsablauf von Bedeutung. Es sind dies hochmolekulare, glykosylierte Proteine auf Zelloberflächen, in der Basalmembran, in der interzellulären Matrix und in Körperflüssigkeiten.

Fibronectin besteht aus zwei gleichen Ketten von je etwa 250 kD, die durch eine Disulfidbrücke miteinander verbunden sind (**Abb. 98**). Der Bau im Detail ist je nach Herkunft verschieden. Fibroblasten, Endothelzellen, glatte Muskelzellen, Chondrozyten, Monozyten, Thrombozyten und Glia kommen als Produzenten in Betracht. Die vielfältigen Aufgaben des Fibronektins können allgemein als Verbindungsfunktionen zwischen Zellen untereinander und zwischen Zellen und extrazellulärer Matrix beschrieben werden. Fibronectin besitzt Bindungsstellen für Matrixstrukturen wie Kollagen und für zelluläre Integrine und kann so Brücken zwischen diesen Elementen herstellen (**Abb. 69**). Es regt die Phagozytose von

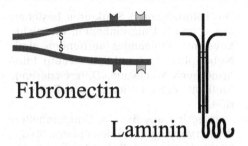

Abb. 98. *Fibronectin und Laminin.* Ein *Fibronectin*-Molekül besteht aus zwei identen Ketten, die durch eine Disulfidbrücke zusammengehalten werden. Über verschiedene Oberflächenstrukturen kann es sich an Bindungspartner und Rezeptoren anheften und so Bindungsbrücken zwischen Zellen und Matrixmaterial herstellen und Informationsreize setzen. Ein *Laminin*-Molekül ist aus drei unterschiedlichen α, β und γ-Ketten zusammengesetzt, die durch Disulfid-Brücken miteinander verbunden sind. Laminin dient vorrangig der Steuerung von Zellfunktionen.

Phagozyten an und dient so als Opsonin. Es steuert auch Wachstum und Differenzierung von Zellen.

Laminin ist ein 800 kD Molekül, das aus drei Ketten aufgebaut ist, die durch Disulfidbrücken zu einer kreuzförmigen Struktur verbunden sind (**Abb. 98**). Je nach Bau der α, β und γ-Ketten unterscheidet man verschiedene Typen. Laminine steuern Wachstum, Differenzierung und Motilität verschiedener Zelltypen. Es dient auch als Leitstruktur bei der Tumorinvasion und Tumormetastasierung. Als Zellrezeptoren dienen β1 und β3- bis β7-Integrine.

Vitronectin (MW 80 kD) ist das Zell-Adhäsionsprotein des Blutplasmas, das Wachstum, Proliferation, Differenzierung und Migration einer Reihe von Zellen steuert. Er stellt Bindungen zwischen Integrinen auf Zelloberflächen und Matrixstrukturen her. Produzenten sind vor allem Fibroblasten und Hepatozyten. Vitronectin ist mit dem MAC-Hemmer S-Protein ident (S. 85).

2.7.4 Integrine

Integrine sind Adhäsine, mit denen verschiedene Zelltypen ausgestattet sind.

Die heterodimeren Strukturen bestehen aus α und β Untereinheiten, die nicht-kovalent miteinander verbunden sind. Neben ihrer Haftfunktion steuern Integrine auch Wachstum, Differenzierung, Motilität, Zellorientierung und Zellpolarität.

Integrine aus β1 + α Untereinheiten dienen vorwiegend als Rezeptoren für die Verbindung von Zellen mit extrazellulärer Matrix, aber auch von Zellen untereinander. β2 + α – Integrine finden sich nur auf Leukozyten und vermitteln Zell zu Zell-Verbindungen (S. 151ff, **Tabelle 6**). Integrine mit Beteiligung von β3 Untereinheiten sind komplex gebaut. Die bisher festgestellten acht verschiedenen β- und 16 α-Untereinheiten ergeben eine Vielzahl von Kombinationsmöglichkeiten mit spezifischen Funktionen.

Der Fibroblast trägt Integrine des β1 und β3 –Typs, die wesentlich sein Verhalten steuern. Neben Vermehrung, Differenzierung und Spezialisierung werden Migration, Adhäsion an bestimmten Strukturen, Zellform und Matrixauf- und -abbau beeinflusst.

2.7.5 Abbau und Umbau der extrazellulären Matrix. Wundheilung

Form- und Größenänderungen während des Wachstums wie auch Ab- und Umbauvorgänge während Entzündungs- und Heilungsprozessen erfordern eine Neuordnung bindegewebiger Strukturen. Bei diesen Vorgängen nehmen Matrix-Metalloproteasen und Serinproteasen eine zentrale Stellung ein.

2.7.5.1 Matrix-Metalloproteasen (MMP) enthalten Zink und werden vorwiegend von Fibroblasten, manchen Epithelzellen und von Entzündungszellen (Makrophagen, PMN) gebildet. Zur Zeit sind 28 verschiedene MMP bekannt. Sie sind meist hoch substratspezifisch und zerlegen Matrixmaterial, indem sie es depolymerisieren. Die vier wichtigsten Vertreter sind: *Kollagenasen*: spalten fibrilläres Kollagen; *Gelatinasen*: spalten verschiedene Kollagene, Gelatine, Fibronectin; *Stromelysine*: spalten verschiedene Kol-

lagene, Laminin, Fibronectin, Elastin; sowie eine *Metallo-Elastase*, die Elastin und eine Reihe weitere Proteine spalten kann; ihr wirkungsvollster Antagonist ist das α2-Makroglobulin (S. 133). Für MMP existieren eine Reihe spezifischer Inhibitoren [tissue inhibitors of metalloproteinases], die ihre Aktivitäten kontrollieren.

2.7.5.2 Serin-Proteasen enhalten Serin im aktiven Zentrum. Zu ihnen gehört die **PMN-Elastase**, die nur von PMN produziert wird, ihr Wirkungsoptimum im neutralen pH-Bereich entfaltet und eine sehr wirkungskräftige Endopeptidase vom Trypsintyp darstellt. Sie spaltet unspezifisch generell Eiweiße und kann als Universal-Protease bezeichnet werden. Im Gegensatz zur Metallo-Elastase ist ihr wirksamster physiologischer Antagonist das α_1-AT (S. 126). Zu den Aufgaben der PMN-Elastase gehört neben Tötung und Abbau von Mikroorganismen auch die Einschmelzung geschädigten und nekrotischen Materials im Entzündungsherd (Abszessbildung, Demarkation siehe S. 178). Die *Pankreas-Elastase* ist ebenfalls eine Serin-Protease, die als Verdauungsenzym in den Darm abgegeben wird. Bei Pankreatitis kann sie fehlgesteuert Mediatoraktivierung und Zerstörung des Organs durch Selbstverdauung bewirken (S. 77, 104).

2.7.5.3 Wundheilung. Eine regulär verlaufende akute Entzündung findet mit dem Ersatz eines Defektes ihren Abschluss. Zwischen Gewebsdefekt und Heilung liegt die Phase einer zeitlich gestaffelten Beteiligung verschiedener Zelltypen, die mit der Gefäßreaktion und Aktivierung der Thrombozyten unmittelbar nach der Noxe beginnt, über Einwanderung von PMN, Makrophagen, Fibroblasten und Gefäßendothel in den Wundbereich weiterläuft und bei der Faserbildung durch die Fibroblasten endet.

Der Anstoß zur Wundheilung geht bereits vom Gefäßendothel und von Thrombozyten aus, die im Bereich der Läsion aktiviert werden. In geschädigten Blutgefäßen gibt das Endothel innerhalb von Sekunden nach der Noxe TXA2 und PAF ab

(S. 42, 63), welche die Bildung des Plättchenthrombus anregen. TXA2 ist überdies ein starker Vasokonstriktor. Vasokonstriktion und Plättchenthrombus sind die am frühesten einsetzenden Maßnahmen der Blutungsstillung (Hämostase). Die intrinsische Blutgerinnung mit Fibrinbildung folgt erst in einem zweiten Schritt (**Abb. 101**). Auch nicht mechanische, wie z.B. chemische oder thermische Noxen lösen im Prinzip dieselbe Kettenreaktion aus. TXA2, PAF und NAP-2 (S. 114) aus Thrombozyten sind überdies starke Chemotaxine für PMN, die sich rasch dem Plättchenthrombus anlagern und sozusagen einen ersten Abwehrriegel gegen eindringende Mikroorganismen bilden. Die Immigration der PMN in den geschädigten Bereich wird durch die Aktivierung und Freisetzung von C5a, LTB4 und IL-8 weiterhin verstärkt. Der Höhepunkt der PMN-Einwanderung ist nach einer zeitlich, qualitativ und quantitativ klar definierbaren Noxe, wie sie z.B. eine operative Wunde darstellt, nach etwa sechs Stunden erreicht (S. 198), der Höhepunkt der Ansammlung monozytärer Zellen im Wundbereich dagegen nach zwei bis drei Tagen. Makrophagen rekrutieren sich dabei aus Blut-Monozyten sowie aus sessilen Makrophagen, die sich lokal vermehren und differenzieren (S. 212). Diese Makrophagen erledigen die Abräumung zerstörten Gewebes [scavenger activity], bei der sie nach Bedarf von PMN unterstützt werden. Von ihnen geht auch die weitere Organisation des Heilungsverlaufes aus, in deren Zug Fibroblasten in den Defekt einwandern, sich vermehren und die Angiogenese eingeleitet wird. Die Steuerung erfolgt vorwiegend durch Cytokine und Wachstumsfaktoren, für die Makrophagen wichtige Produzenten darstellen. Ein anderes bedeutsames Steuerelement für den Heilungsverlauf sind T-Lymphozyten, die in der späteren Entzündungsphase in den Entzündungsbereich einwandern (S. 235).

Fibroblasten sind mobile Zellen, deren Migration durch eine Reihe von Chemoattraktants gesteuert wird. Der Wirkungsgrad dieser Chemoattraktants ist allerdings je nach Gewebszugehörigkeit und Herkunft der Fibroblasten verschieden. Chemotaktisch und chemokinetisch wirksam sind die Cytokine TNFα, IL-1β, IL-4, die Chemokine RANTES, MCP, die Wachstumsfaktoren PDGF, TGFβ, bFGF, EGF, IGFI und II, C5a, LTB4, Fibronectin sowie Kollagen- und Elastin-Bruchstücke. Diese Faktoren, wie auch Substanz P und Urokinase (uPA), regen darüber hinaus auch die Proliferation der Fibroblasten und deren Produktion von extrazellulärer Matrix an. Aktivierte Fibroblasten wiederum sind selbst Bildungsstätten von Wirkstoffen, die in die Entzündung und Wundheilung eingreifen: IL1β, IL-6, IFNγ, PDGF, Rantes, MCP und die Knochenmarkstimulatoren G-CSF, M-CSF und GM-CSF. Fibroblasten haften vor allem mittels β1 und β3 Integrinen an den von ihnen produzierten Matrixstrukturen. Dieser Kontakt bestimmt nicht nur die Form und Bewegung der Fibroblasten, sondern auch Wachstum, Differenzierung und Stoffwechselaktivitäten. Umgekehrt können Fibroblasten die Form der Matrix beeinflussen, indem sie Faserelemente binden und sich kontrahieren. Entsprechende Adhäsine stehen mit dem Cytoskelett in Verbindung, das die Zellform breinflusst. So können etwa durch Kontraktion der Fibroblasten Wundränder einander genähert werden.

IL-1 und besonders TNFα und β sind für Fibroblasten starke Chemoattraktants und Mitogene. Eine unkontrollierte Produktion dieser Cytokine durch Makrophagen und Lymphozyten trägt zur Entwicklung von Fibrosen und zur Chronifizierung von Entzündungen bei.

2.7.5.4 Angiogenese. Die Vaskularisierung des Entzündungsgebietes geht von bestehenden Kapillaren der Umgebung aus und beginnt schon mit den ersten Schritten der Entzündung. Angiogene Signale werden von aktivierten Thrombozyten, Endothelzellen, Fibroblasten, aktivierten Makrophagen und anderen Zelltypen abgegeben. Diese Signale bewirken sowohl die Steigerung des Stoffwechsels, die orientierte Migration wie die Proliferation der Endothelzellen.

Tabelle 13. Regulatoren der Angiogenese

Angiogene Wirkstoffe	Hemmer der Angiogenese
a, bFGF	IFNα, β, γ
TGFα, β	IL-12
EGF	Laminin
VEGF	Fibronectin
Angiotensin II	
TNFα, β	
IL-8	
PAF	
PGE1,2	
Heparin	
Coeruloplasmin	
Hyaluronsäure- Fragmente	

Hemmer der Angiogenese halten den Prozess im erforderlichen Gleichgewicht. Prominente Angiogene und ihre Antagonisten sind in Tabelle 13 aufgelistet.

Das Kapillarwachstum beginnt mit der Auflösung der Basalmembran durch Metalloproteasen der Endothelzellen. Darauf folgen die Migration in Richtung chemotaktischer Reize oder entlang haptotaktisch wirkender Gewebsstrukturen, und schließlich die Vermehrung der Endothelzellen unter Bildung einer Röhre, bei deren Ausformung offenbar Cadherine eine steuernde Funktion übernehmen. In diesem Stadium wird eine Basalmembran neu gebildet. Nach Anschluss an das bestehende Gefäßnetz ist der Kreislauf wiederhergestellt. Drei Tage nach Entzündungsbeginn sind die Charakteristika der Angiogenese bereits deutlich ausgeprägt. Die Rückbildung von Kapillaren nach Narbenheilung läuft über die Apoptose der Endothelzellen ab.

2.8 Der Thrombozyt, das Blutplättchen

Neben ihrer dominanten Rolle bei der Blutstillung (Hämostase) erfüllen die Thrombozyten wichtige Aufgaben im Rahmen der Entzündung und Wundheilung.

2.8.1 Morphogenese und Morphologie

Thrombozyten entstehen aus Megakaryozyten, indem sich Cytoplasmateile von der Oberfläche dieser Zellen abschnüren und selbständig werden. Thrombozyten sind kernlose, von einer Zellmembran umgebene, mäßig gewölbte, rundliche Scheibchen ("Tablettenform") von 2 bis 3.5 µm Durchmesser und 0.5 bis 0.75 µm Dicke. Die Differenzierung des Megakaryozyten aus den Knochenmarkstammzellen wird durch IL-3 und spezialisiert durch Thrombopoetin (S. 121) gesteuert und dauert etwa sechs Tage. Im Lichtmikroskop imponiert der Thrombozyt bei Routinefärbung als Scheibchen mit blassblauer Peripherie (Hyalomer) und stärker getöntem Zentrum (Zentromer). Im Elektronenmikroskop zeigt sich dagegen eine hoch differenzierte Struktur. Ein Thrombozyt ist von Systemen netzartig verbundener Röhren durchzogen. Das oberflächliche tubuläre Netzwerk mündet an der Zelloberfläche, während das zentrale tubuläre Netzwerk eine geschlossene Struktur im Zellinneren bildet. Nach ihrem Inhalt lassen sich drei Typen von Granula unterscheiden: α-*Granula*, *elektronendichte Granula* [dense granules] syn. δ-Granula, und *Enzyme enthaltende Granula* (**Tabelle 14**).

Diese Granula bekommt der Thrombozyt bei seiner Bildung aus dem Megakaryozyten mit; sie sind nicht ergänzbar. Mikrotubuli und Aktinfilamente umgeben reifenartig den Äquator und halten den Thrombozyten in seiner Form. Die Zellmembran ist mit Glykoproteinen besetzt, unter denen Rezeptoren und Adhäsine charakteristische Funktionen dieser Zellen vermitteln. DAF und HRF

Tabelle 14. Einige in den Granula von Thrombozyten enthaltene Wirkstoffe

Alfa-Granula	Dichte Granula
Gerinnungsfaktoren	Serotonin
Fibrinogen, Faktor V, Plättchenfaktor 4, Protein S, PAI,	ADP
Wachstumsfaktoren	ATP
PDGF, TGFα, β, bFGF	GTP
Complementfaktoren	Ca++
Faktor D, Faktor H,	
Adhäsine und Opsonine	*Enzymhaltige Granula* enthalten
P-Selektin, Fibronectin, Vitronectin,	vorwiegend saure Hydrolasen
Van Willebrand Faktor,	
Mediatoren	
HMW-Kininogen	

bilden einen Schutz gegen die Zerstörung durch das Complementsystem. Sie werden bei dieser Aufgabe durch einen Sialinsäure-haltigen Proteoglykanmantel unterstützt. (**Abb. 99**).

2.8.2 Funktionen der Thrombozyten

Thrombozyten können auf Reize den Inhalt ihrer Granula unter Umgehung einer regulären Exozytose über das oberfläche tubuläre Netzwerk nach außen sezernieren. Umgekehrt nehmen sie über das oberflächliche Netzwerk auch Stoffe von außen auf, die sie speichern oder weiter verarbeiten. So stammt etwa das Serotonin der Thrombozyten ursprünglich von den enterochromoaffinen Zellen des Darms und gelangt über das Blut und das oberflächliche Netzwerk in die dichten Granula, wo es gespeichert wird (S. 33). Von Endothelzellen abgegebene PGG_2 und PGH_2 werden von Thrombozyten aufgenommen, wo sie zu TXA2 weiterverarbeitet werden können. Thrombozyten weisen einen regen AA-Stoffwechsel sowohl über die COX wie über die LOX auf und erzeugen bevorzugt TXA2 und 12 HETE (S. 42, 60). Über diese Sekretionsleistungen nehmen Thrombozyten Einfluss auf Gefäßdichte, Blutdruck und die Gerinnungsbereitschaft des Blutes. Das Ausmaß der Sekretion wird über Reize gesteuert, welche über entsprechende Oberflächenrezeptoren vermittelt werden. Bei diesem „Normalbetrieb"

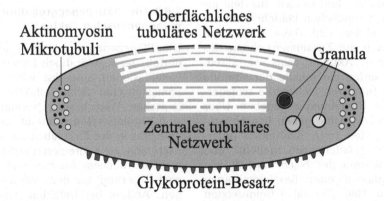

Abb. 99. *Bauschema eines Thrombozyten im Querschnitt.* Ein Thrombozyt ist ein kernloses, scheibenförmiges Zellfragment, das von zwei vielfältig verästelten Kanälchensystemen durchzogen ist. Das oberflächliche tubuläre Netzwerk hat Verbindung mit der Außenwelt, während das zentrale Netzwerk in sich geschlossen ist. Es sind drei Granulatypen vorhanden, die sich durch ihren Inhalt unterscheiden. In der Peripherie enthält ein Thrombozyt einen zirkulären Ring aus Aktinomyosin und Mikrotubuli, die seine Kontraktilität ermöglichen. Die Zelloberfläche ist mit einem dichten Besatz aus Proteoglykanen und Glykoproteinen, Rezeptoren und Adhäsinen bedeckt.

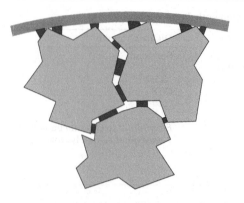

Abb. 100. *Thrombozyten-Aggregation.* Thrombozyten kontrahieren sich auf starke Reize mittels ihres Cytoskelettes und setzen dabei die in den Netzwerken und Granula enthaltenen Wirkstoffe frei. Über Adhäsine stellen sie feste Verbindungen untereinander und mit Nachbarstrukturen her. Damit können sie nicht nur Gefäßlücken abdichten, sondern auch Mikroorganismen einschließen und immobilisieren und Entzündungsherde von der Umgebung abriegeln.

erreichen Thrombozyten ein Alter von 7 bis 10 Tagen, bevor sie vom Complementsystem markiert und von gefäßständigen Makrophagen phagozytiert werden (S. 100f).

Starke Reize bewirken dagegen eine drastische Änderung des Zellverhaltens. Hervorstechend ist die Kontraktion der Thrombozyten, so dass aus dem ursprünglich rundlichen Plättchen ein zackiges Gebilde wird. Diese Kontraktion wird durch die Zusammenziehung des peripheren Aktinomyosins vermittelt. Dabei werden die Inhalte der Granula und der tubulären Netzwerke schlagartig in die Umgebung abgegeben. Über aktivierte Adhäsine gehen benachbarte Thrombozyten feste Bindungen untereinander (Plättchenaggregation) und mit Strukturen der Nachbarschaft wie Kollagenfasern oder Basalmembranen ein (**Abb. 100**). Die dabei freigesetzten Gerinnungsfaktoren setzen gleichzeitig die Blutgerinnung in Gang. Katalysationspunkte dazu bildet der Plättchenfaktor 3, das ist Phosphatidylserin aus den Thrombozytenmembranen, das bei der Aggregation an der Plättchenober-

fläche exponiert wird (**Abb. 101**). Da bei der Plättchenaggregation Wirkstoffe abgegeben werden, die wiederum die Aktivierung und Aggregation weiterer Plättchen fördern, liegt dem Prozess ein starkes autokatalytisches Moment zugrunde. Stark wirksame Stimulatoren sind Adenosin- und Guanosinphosphate (**Tabelle 14**). Die Bildung eines Plättchenthrombus und die Vasokonstriktion im Bereich einer Gefäßläsion sind die am schnellsten einsetzenden Mechanismen der Blutstillung.

Die bei der Plättchenaggregation freigesetzten Chemotaxine TXA2, NAP-2 und PAF aktivieren Entzündungszellen, die sich am Plättchenthrombus ansammeln (S. 43). Am Plättchenthrombus haftenden PMN wird eine Hemmung der Plättchenaktivierung und damit eine Eindämmung des Thrombuswachstums beigemessen. Darüber hinaus stellen Phagozyten im Läsionsbereich Wächter gegen eindringende Keime dar und unterstützen den Abbau beschädigten Materials. Plättchenaggregate können auch Bakterien- und Virenkomplexe einhüllen und in Zusammenarbeit mit Fibrin diese Mikroorganismen immobilisieren und vom Restorganismus sequestrieren. Die Komplexe werden von Phagozyten beseitigt.

2.8.3 Die Plättchenaggregation als pathogenetischer Faktor

Die Plättchenaggregation ist ein Sonderfall, der regulär durch Endothel- und Gefäßläsionen ausgelöst wird und als hämostatischer Schlüsselfaktor physiologischen Wert besitzt. Normalerweise sind Thrombozyten während ihres Aufenthaltes in der Zirkulation nur sekretorisch tätig, sie aggregieren nicht oder in nicht merklichem Ausmaß und werden nach Alterung aus dem Verkehr gezogen. Anders bei Defekten der Strombahn: An Orten mit starken Turbulenzen, im Bereich geschädigten Endothels oder bloßliegender Basalmembranen wird die Reizschwelle überschritten und es kann zur spontanen Plättchenaggregation und Thrombusbildung kommen. Solche Situ-

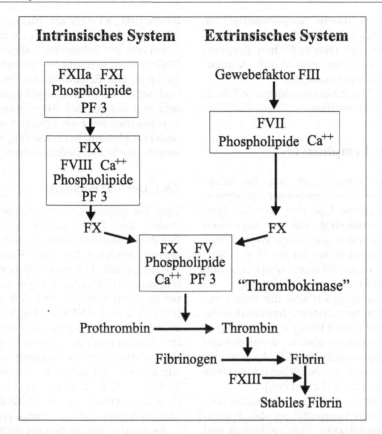

Abb. 101. *Thrombozyten und Blutgerinnung.* Thrombozyten enthalten verschiedene an der Blutgerinnung beteiligte Faktoren und sind darüber hinaus Katalysatoren der Hämostase. Die Faktoren der Blutgerinnung müssen durch Bindung an Phospholipide in räumliche Nähe zueinander gebracht werden, um miteinander reagieren zu können. Die Reaktionsprodukte wirken als proteolytische Enzyme, meist als Serin-Endopeptidasen, die wiederum weitere Gerinnungsfaktoren durch Proteolyse aktivieren und so die Gesamtheit der Gerinnungskaskade in Gang setzen. Kristallisationspunkte der Blutgerinnung, die solche Phospholipide bereitstellen, sind verletzte Zellmembranen, aber auch der Plättchenfaktor 3 (PF 3), d.i. das Membran-Phosphatidylserin, das bei Aktivierung der Thrombozyten an deren Oberfläche exponiert wird. Auf diese Weise entsteht der Komplex aktivierter Faktor FXIIa und FXI, der wiederum den Komplex FIX und FVIII und dieser weiter FX und FV, Thrombin und Fibrin aktiviert.

ationen sind in hohem Maß bei atherosklerotisch veränderten Gefäßen gegeben. Durch Hemmung des AA-Metabolismus der Thrombozyten durch NSAID kann die Bereitschaft zur Aggregation und damit die Gefahr der Thrombusbildung verringert werden (S. 52, 301).

2.8.4 Klinische Bewertung der Thrombozytenzahl

Eine Thrombozytenzahl zwischen 150.000 und 440.000/μL Blut stellt die Norm dar.

Ein Unterschreiten der Mindestgrenze wird als Thrombopenie bezeichnet. Da Thrombozyten auf unbekannte Weise für die Dichtheit und Integrität des Gefäßnetzes verantwortlich sind, treten bei ihrem Mangel Blutungen an der Haut und an Schleimhäuten auf (thrombozytopenische Purpura). Die Blutungen können je nach Ausmaß des Mangels punktförmig (Petechien) bis flächenhaft (Ekchymosen) sein. Bei Zahlen unter 50.000/μL treten die Symptome deutlich zutage, unter 20.000 besteht Lebensgefahr durch Verbluten über innere Körperoberflächen. Bei der *idiopathischen thrombozytopenischen Purpura* (Werlhof'schen Purpura) werden Thrombozyten durch Autoimmun-Antikörper zerstört.

Hohe Thrombozytenzahlen erhöhen das Thromboserisiko.

2.9 Der Lymphozyt

Über die Lymphozyten und ihre Wirksubstanzen, die Antikörper, informiert die reichhaltige Literatur über die **Spezifische Immunität**, auf die verwiesen wird. Hier sollen nur einige Wesenszüge skizziert werden, soweit sie für das Verständnis eines akuten, unspezifischen Entzündungsvorganges nötig sind.

Die Lymphozyten sind die Repräsentanten der Spezifischen Immunabwehr. Nach ihrer Entwicklung und ihrem späteren Aufgabenbereich unterscheidet man *Lymphozyten der T-Reihe* und der *B-Reihe*, sowie die *Natürliche Killerzelle* (NK-Zelle) [natural killer cell].

Im Gegensatz zur unspezifischen, angeborenen Immunität ist die Spezifische Immunabwehr nicht zeitlebens und ständig voll funktionsfähig, sondern die Bildung ihrer Effektorelemente, die **Antikörper** (AK), wird erst durch Kontakt mit körperfremdem potentiellem Schadmaterial, den **Antigenen** (AG), angeregt. Die Bezeichnung „induzierbare" oder „adaptive" Immunität trifft diesen Sachverhalt gut. Gebildete AK werden gelöst oder an Lymphozyten gebunden ins Blut abgegeben und erreichen alle vaskularisierten Organe und Gewebe. Die Induktion einer Antikörperbildung benötigt bei Erstkontakt (Primärkontakt) mit dem Antigen fünf bis 10 Tage, bei Wiederkontakt (Sekundärkontakt) etwa zwei bis drei Tage, wobei die Art und Applikation des Antigens und die individuelle Disposition auf die Immunantwort starken Einfluss nehmen. Bereits vorhandene AK reagieren mit AG sofort und bieten einen entsprechend wirksamen Schutz. Die Lebensdauer von AK ist wie die Bereitschaft zu ihrer automatischen Nachproduktion zeitlich

beschränkt, so dass die Blutspiegel der AK nach einem AG-Kontakt wieder abfallen und der Sofortschutz abnimmt. Die Halbwertzeit von IgG im Blut beträgt um 20 Tage. Die Erhaltung der Produktion und damit eines Blutspiegels eines AK ist sehr von der Art des AG abhängig. Die Impfprogramme zum Schutz vor Infektionskrankheiten berücksichtigen diese unterschiedlichen Bedingungen.

2.9.1 Der T-Lymphozyt

Eine Hauptgruppe der T-Lymphozyten stellen die *T-Helferzellen* (Th-Zellen) dar, die Mittlerfunktionen bei der Immunantwort ausüben. Die zwei Klassen von Th-Zellen, die Th1 und Th2-Lymphozyten, unterscheiden sich durch ihr Angebot an Mittlerstoffen: *Th1-Zellen* geben IFNγ, IL-2 und TNFβ ab und steuern in erster Linie die Makrophagentätigkeit im Zusammenhang mit der Antigen-Präsentation und die Bildung zellulärer Antikörper. *Th2-Zellen* setzen vor allem IL-4, IL-5, IL-6, IL-10 und IL-13 frei und steuern vorwiegend die Tätigkeit von Makrophagen und B-Lymphozyten.

Neben den Wirkstoffen der spezifischen Abwehr produzieren T-Lymphozyten noch eine große Zahl von Entzündungsmediatoren, Wachstumsfaktoren und CSF und greifen so auch wesentlich in das Geschehen der Unspezifischen Abwehr ein.

Die *Cytotoxische T-Zelle* (Tc-Zelle) ist ein Effektor der Spezifischen Immunität und Träger cytotoxischer Abwehrreaktionen, die sie mit Hilfe von zellschädigenden Wirkstoffen ausübt (Perforin, syn. Cytolysin, und andere, S. 85). Ein weiterer Wirkungsbereich dieser Zellen ist die Suppression spezifischer Immunreaktionen.

Th und Tc-Lymphozyten werden anhand von Oberflächenstrukturen („Oberflächen-Marker") unterschieden, die üblicher Weise mit Immunfluoreszenz-Methoden bestimmt werden. Th-Zellen tragen als wichtigstes Charakteristikum das CD4-Antigen (CD4 positive Zellen), Tc-Zellen das CD8-Antigen (CD8 +). Zur Beantwortung spezieller Fragestellungen wer-

Tabelle 15. Einige Eigenschaften der IgG-Subklassen

	IgG1	IgG2	IgG3	IgG4
Bindung an Fc- Rezeptoren von PMN	+	+	+	+
Bindung an Fc- Rezeptoren von Makrophagen	+	–	+	–
Complement- Bindung klassischer Weg	++++	++	++++	+
Prozentanteil am Gesamt- Serum IgG	65	24	7	4

den weitere Unterteilungen in Subgruppen [subsets] durchgeführt.

Th-Lymphozyten sind ein Steuerfaktor bei der *Wundheilung*, obwohl ihre Rolle dabei noch nicht gut definiert ist. Offenbar stimulieren sie Fibroblasten zur Kollagensynthese. Lymphozyten- depletierte Versuchstiere zeigen eine gestörte Wundheilung, mangelhaften Kollagenanbau mit Bildung leicht zerreißbarer Narben. Umgekehrt führt eine lang dauernde Lymphozytenpräsenz und Stimulation nach experimenteller Verletzung zu exzessiver Fibrosierung und wuchernden Narben.

Beim Menschen werden in heilenden Wunden sieben bis 10 Tage nach der Noxe maximale Lymphozytenzahlen beobachtet.

2.9.2 Der B-Lymphozyt

B-Lymphozyten sind nach Umwandlung in ihre aktive Form (Plasmazellen) die Produzenten der *humoralen Antikörper*, syn. *Immunglobuline* (**Abb. 102**), unter denen man nach Bau und Aufgabenbereich fünf Klassen (Isotypen) unterscheidet: IgA, IgD, IgE, IgG und IgM. Die Hauptlast der Keimabwehr trägt das IgG, von dem man vier Subklassen mit unterschiedlichem Wirkungspotential kennt: IgG1 bis IgG4 (**Tabelle 15**). IgA ist

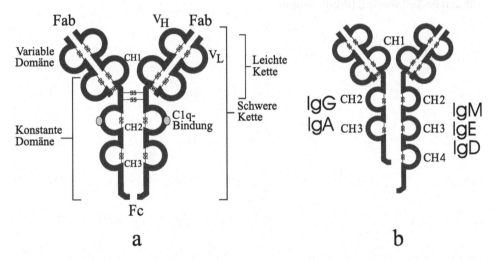

Abb. 102. *Das Bauschema von Immunglobulinen.* (a) Immunglobuline sind Hetero-Tetramere aus je 2 leichten Ketten mit einem MW von ca. 25 kD (als L, „light", bezeichnet), und 2 schweren Ketten mit einem MW von ca. 50 kD (H, „heavy"), die durch Disulfidbrücken zusammengehalten werden. Die einzelnen Ketten formen Schlaufen („Domänen"), die ebenfalls durch Disulfidbrücken stabilisiert werden. Die Antigen bindenden Domänen (Fab, „antigen binding") der leichten und schweren Ketten werden mit V („variable"), die konstanten mit C („constant") bezeichnet; letztere sind mit durchlaufenden Nummern versehen. Die aus den leichten und den entsprechenden Teilen der schweren Ketten gebildeten „Arme" des Immunglobulins können frei schwingen. IgG und IgM weisen an den CH2-Domänen Bindungsstellen für Complement C1q auf. Das Fc-Ende der schweren Ketten ist die Bindungsstelle für die Fc-Rezeptoren. (b) Die schweren Ketten der IgG- und IgA-Isotypen bestehen aus drei, die von IgD, IgE und IgM aus vier konstanten Domänen.

auf die Keimabwehr auf Schleimhäuten spezialisiert, IgD dient als Rezeptor auf Lymphozyten-Oberflächen, IgE ist in die Abwehr metazoischer Parasiten und in anaphylaktische Reaktionen involviert, und IgM klärt als Pentamer das Blut von antigenem Material. IgG und IgM aktivieren das Complementsystem auf dem Klassischen Weg.

IgG bindet und immobilisiert Antigene und kennzeichnet sie als *Opsonine* für die Tätigkeit von Phagozyten, die mit ihren Fc-Rezeptoren (Fcγ-Rezeptoren) an den Fc-Teil des gebundenen AK ankoppeln (**Abb. 102**). AK stellen damit eine Brücke zur unspezifischen Abwehr her. Zelluläre AG werden über IgG von Phagozyten erkannt und durch deren Enzyme und ROS (ADCC, S. 97) sowie durch den MAC des Complementsystems zerstört. Die einzelnen IgG-Subklassen verhalten sich in diesen Eigenschaften unterschiedlich (**Tabelle 15**). Mastzellen, Eosinophile und Basophile Granulozyten sowie manche Makrophagen besitzen Rezeptoren für den Fc-Teil von IgE (Fcε-Rezeptor).

2.9.3 Die Natürliche Killerzelle

Natürliche Killerzellen (NK-Zellen) stellen eine Gruppe sehr ursprünglicher, noch wenig spezialisierter lymphatischer Zellen dar, die Zielobjekte über „natürliche" angeborene Erkennungsmechanismen erfassen. Dazu tragen sie eine Reihe von Rezeptoren für Oberflächenstrukturen von Viren und Tumorzellen, bei deren Vernichtung sie einen wichtigen Platz einnehmen. Durch ihren Besatz mit den Fc-Rezeptoren CD16 und CD32 sind NK-Zellen auch zur ADCC befähigt (S. 97). Der effektivste Wirkstoff zur Cytotoxizität ist das *Perforin*, das sie in azurophilen Granula gespeichert enthalten. Mit der Abgabe von Cytokinen können sie in die Steuerung der Spezifischen wie Unspezifischen Abwehr eingreifen.

NK-Zellen sind keine einheitliche Population, sondern der Begriff umfasst Zellen verschiedener Reaktivität und Leistungen.

3 Systemische Entzündungsreaktionen

Einen Überblick bietet Tabelle **1**, S. 15.

Im Folgenden wird auf die systemischen Entzündungsreaktionen Fieber, Stoffwechsel-Katabolismus und Schmerz eingegangen. Die Veränderungen im Metabolismus des Knochenmarks und der Leber im Zuge der Akutphase-Reaktion und ihre Bedeutung für das Entzündungsgeschehen sind anderen Orts dargestellt (S. 141f, 122f).

3.1 Fieber

3.1.1 Die Temperaturregulation

Der Mensch gehört zu den homöothermen Lebewesen, die ihre Körpertemperatur in engen Grenzen konstant halten. Das bedeutet, dass Wärmeproduktion und Wärmeabgabe den äußeren Verhältnissen angepasst werden müssen. Da sich der Mensch gewöhnlich in einer Umgebung aufhält, deren Temperatur unter der Körpertemperatur liegt, erfolgt ein ständiger Fluss von Wärmeenergie aus dem Körper an die Außenwelt. Diese Wärme muss vom Körper in entsprechendem Maß bereitgestellt werden.

Eine *Wärmeproduktion* (Thermogenese) findet auf mehreren Wegen statt:

1. Die *Stoffwechselwärme* wird aus metabolischen Umsetzungen gewonnen, die entsprechend den Gesetzen der Thermodynamik allesamt Wärme abwerfen, wie etwa die ATP verbrauchende Na-K Pumpe, die ATP aufbauende Atmungskette etc. Aus diesem Grund geben vor allem stark stoffwechselaktive Organe wie Leber und Herz reichlich Wärme ab. Bei Verdauungstätigkeit steigt die Wärmeproduktion im Gastrointestinal-Trakt deutlich an. Die Stoffwechselintensität und damit die frei werdende Wärmeenergie wird durch *katabole Hormone* wie Katecholamine, Glucocorticoide und Schilddrüsenhormone gesteigert. Leicht überprüfbare Zeichen einer Stoffwechselsteigerung, die eine erhöhte Thermogenese einschließt, sind verstärkte Atmung und Herzfrequenz. Beide ermöglichen durch das vermehrte Sauerstoffangebot und den erhöhten Sauerstofftransport eine Steigerung des Metabolismus.

2. Der Hauptträger der Wärmeerzeugung ist der *Skelettmuskel*. Er produziert allein durch seinen Grundtonus Wärme. Kinetische Muskelaktivität führt zu einer starken Steigerung der Wärmeerzeugung.

   Von den ca. 2500 kcal (600 kJ) der im Schnitt täglich zugeführten Nahrungskalorien werden rund 60% direkt in Wärme, der Rest in chemische und kinetische Energie umgesetzt.

3. Neugeborene, in besonderem Maße Frühgeborene, verfügen über eine besondere Wärmequelle, das *braune* oder *plurivakuoläre* Fettgewebe, das reichlich als Hautfett am Stamm und im Mediastinum auftritt. Braunes Fettgewebe ist auch typisch für die Energiespeicherung und Wärmeregulierung der Winterschläfer, an denen es vorwiegend studiert wurde. Fettzellen diesen Typs sind in der Lage, aus den Fettsäuren der gespeicherten Triglyzeride direkt Wärme zu erzeugen. Beim Menschen bildet sich das braune Fettgewebe im Verlauf der Kindheit bis auf wenige Reste im Mediastinum und in der Nierenkapsel zurück.

Auf der anderen Seite der Wärmebilanz steht die *Wärmeabgabe*, die in überwiegendem Maß über die äußere Körperoberfläche erfolgt. Natürlicher Weise entsteht in der Körpermasse ein Temperaturgradient von innen (Kerntemperatur) nach außen (Schalentemperatur), der mehrere Celsiusgrade betragen kann. Die Temperaturdifferenz ist an den Akren besonders hoch. Der größte Teil der Körperwärme geht durch *Konvektion* verloren, das ist der Verlust an ein bewegtes Medium, das im Normalfall Luft ist. Ein geringerer Teil wird als *Wärmestrahlung*, d.i. elektromagnetische Energie vor allem im Infrarotbereich, abgegeben. Konvektion und Wärmestrahlung hängen stark vom Grad der Durchblutung des Hautgefäßnetzes ab. Ein weiterer Anteil der Wärmeenergie geht bei der *Verdunstung von Wasser* verloren, das trotz der Verhornung der Epidermis an die Körperoberfläche gelangt (perspiratio insensibilis). Der Wärmeverlust über Verdunstungskälte kann durch Abgabe von Schweiß, der von den ekkrinen Schweißdrüsen auf die äußere Körperoberfläche abgesondert wird, bedeutend gesteigert werden (Schwitzen). Schwitzen ist die effektivste Form der Wärmeabgabe. Dieser Weg wird dann beschritten, wenn die Außentemperatur nahe der Körpertemperatur oder darüber liegt, oder wenn die Körpertemperatur etwa durch körperliche Arbeit stark erhöht wird. Der Effekt der Verdunstung hängt sehr vom Feuchtigkeitsgehalt der Außenluft ab und wird mit steigender Luftfeuchtigkeit zunehmend eingeschränkt. Der Mensch kontrolliert die Wärmeabgabe seines Körpers mit der Kleidung.

Ein wechselnder Anteil an Wärme, der von der Außentemperatur und dem Ventilationsgrad abhängt, geht zusätzlich über die *Atmung* verloren.

Die Wärmeverteilung innerhalb des Körpers erfolgt in geringem Umfang durch *Konduktion*, d.i. die Wärmeleitung von Organen mit hoher zu benachbarten Organen mit weniger starker Wärmeproduktion. Wesentlich bedeutsamer ist die Rolle des Blutstroms, der durch *zirkulatorische Konvektion* für einen Temperatur-

ausgleich innerhalb der verschiedenen Körperpartien wie auch für den Wärmetransport aus dem Körperinneren an die Körperoberfläche und damit weiter an die Außenwelt sorgt.

3.1.2 Steuerzentren der Temperaturregulation

Wie alle homöothermen Lebewesen besitzt der Mensch zur Aufrecherhaltung einer konstanten Körpertemperatur Zentren, welche die Temperatur messen, und mit diesen in Verbindung Mechanismen, über welche die Körpertemperatur beeinflusst wird. In geringem Umfang kommen autonome, periphere Regulationsmechanismen der Hautgefäße zur Geltung, die auf die lokalen Temperaturverhältnisse mit einer Enger- und Weiterstellung reagieren und damit zum Temperaturausgleich beitragen. Wesentlich effektiver sind jedoch nervöse Einrichtungen, welche die Bildung bzw. die Abgabe von Wärme steuern. Diese Steuerung geht von zwei, in erster Linie im Hypothalamus lokalisierten Zentren aus: dem hinteren „Erwärmungszentrum" und dem vorderen „Kühlzentrum".

Das *hintere hypothalamische Zentrum* („Erwärmungszentrum")

liegt in der Wand des dritten Ventrikels. Es empfängt Reize von den Kälterezeptoren, die überall auf der Körperoberfläche, besonders dicht jedoch im Gesicht und am Stamm lokalisiert sind. Dieses Zentrum ist „temperaturblind", d.h. es ist selbst nicht in der Lage, Temperatur zu messen, sondern gibt die empfangenen Kältereize weiter und bewirkt Maßnahmen, welche die Körpertemperatur steigern: Einschränkung der Wärmeabgabe und Erhöhung der Wärmeproduktion, die beide durch nervöse und humorale Faktoren gesteuert werden.

Das *vordere hypothalamische Zentrum* („Kühlzentrum")

liegt in der präoptischen Region des Hypothalamus. Zusätzliche solcher Zentren wurden noch im hinteren Hypothalamus, im Vorderhirnseptum und im cerebralen Cortex festgestellt. Das Kühlzentrum ist temperatursensibel und stellt sozusagen den Thermostaten dar, der die Körpertemperatur auf einem gegebenen Sollwert hält. Dieses Zentrum spricht auf die Bluttemperatur an und sendet umso mehr nervöse Impulse aus, je höher die Bluttemperatur liegt. Über diese Impulse werden Maßnahmen in Gang gesetzt, die zu Wärmeverlust führen. Das Kühlzentrum ist dem Erwärmungszentrum insofern übergeordnet, als temperatursteigernde Impulse das Erwärmungszentrum nur verlassen können, wenn das Kühlzentrum seine Impulse senkt, was erst nach Absinken der Bluttemperatur eintritt. Damit wird einem Überhitzen des Organismus etwa nach starken oberflächlichen Kältereizen vorgebeugt.

3.1.3 Anpassung an Kälte

Zur Aufrechterhaltung der Körpertemperatur bei Kälte stehen zwei Maßnahmen zur Verfügung: die Verringerung des Wärmeverlustes (Wärmekonservierung) und die Erhöhung der Wärmeproduktion. Zeitlich sind diese beiden Möglichkeiten so gestaffelt, dass zuerst die Wärmeabgabe durch Einschränkung der Hautdurchblutung verringert wird. Die Steuerung dieses Vorgangs geht vom Erwärmungszentrum aus, von dem sympathische Nerven über das Rückenmark und die vorderen Wurzeln zum sympathischen Grenzstrang ziehen. Hier erfolgt die Umschaltung auf postganglionäre Neurone; Neurotransmitter ist Acetylcholin. Die postganglionären Fasern gelangen mit den Hautnerven in die Haut und enden dort an der Muskulatur der Arterien und Venen, wobei Noradrenalin als Neurotransmitter dient. Der Kontraktionsreiz auf die Gefäßmuskulatur wird über α-Rezeptoren vermittelt. Durch die weitgehende Ausschaltung des Kapillarnetzes und eine Kurzschließung des Blutflusses über arterio-venöse Anastomosen (**Abb. 6**) wird die Wärme im Körperinneren konzentriert. Diese Maßnahme kann

die Wärmeabgabe an der Körperoberfläche bis auf ein Sechstel der Norm drosseln. Äußere Zeichen der geänderten zirkulatorischen Verhältnisse sind eine Blässe und Kälte der Haut und, bei Ansammlung Sauerstoff-armen Blutes, eine bläulich-livide Verfärbung. Das ebenfalls durch den Sympathikus vermittelte Aufrichten der Haare ("Gänsehaut") ist beim Menschen ein atavistisches Relikt ohne funktionelle Bedeutung.

Kann die normale Körpertemperatur durch Verringerung der Wärmeabgabe nicht aufrecht erhalten werden, ergreift der Körper metabolische Maßnahmen zur Steigerung der Wärmeproduktion. Der effektivste Mechanismus zur Wärmeerzeugung ist beim Erwachsenen das Muskelzittern, das durch entsprechende Aktionspotentiale an den motorischen Endplatten des Skelettmuskels erzeugt wird. Auch hier geht der Impuls vom Erwärmungszentrum aus. Die Efferenzen verlaufen vom hinteren Hypothalamus über das Mittelhirn, die Formatio reticularis, Pons und Medulla oblongata zum Rückenmark. Der zentrale Neurotransmitter ist sehr wahrscheinlich Noradrenalin. Im Rückenmark erfolgt die Umschaltung auf motorische Neurone, über die schließlich der Skelettmuskel erreicht wird. Die Thermogenese durch Muskelaktivität kennt graduelle Unterschiede. Geringe Erregung führt zur Erhöhung des Muskeltonus (thermaler Muskeltonus), die volle Ausprägung bietet das Bild eines grobschlägigen Tremors durch wechselnde Innervation von antagonistischen Muskelpartien (Kältezittern). Bei sehr starker Erregung kann es zum Rigor kommen (Kältestarre). Durch Muskelzittern kann der Energieverbrauch auf ein mehrfaches der Norm erhöht werden. Ein Großteil der Energie wird dabei in Wärme, und nicht in Bewegung, übergeführt.

Das Endokrinium bei Kälte.
Der Kältestress

Dem erhöhten Energiebedarf, der sich mit dem Muskelzittern ergibt, muss durch eine erhöhte Bereitstellung von Energie nachgekommen werden. Die hormonelle Konfiguration entspricht dabei einer Stresssituation mit kataboler Reaktionslage. Vom Erwärmungszentrum erreichen sympathische Fasern auch das Nebennierenmark und die Schilddrüse und regen diese Drüsen zu verstärkter Hormonfreisetzung an. Das Nebennierenmark gibt Adrenalin und Noradrenalin ab. Noradrenalin wird weiter reichlich an den Synapsen des Sympathikus frei und gelangt ins Blut. Es ist beim Kältestress das tonangebende Hormon schlechthin. Katecholamine bewirken über die Stimulationsachse Hypothalamus (Corticotropin releasing hormon, CRH) – Hypophysenvorderlappen (adrenocorticotropes Hormon, ACTH) eine Steigerung der Glucocorticoidproduktion und -abgabe aus der Nebennierenrinde, unterdrücken gleichzeitig eine Insulinfreisetzung und schaffen damit die Voraussetzung zur Gluconeogenese, in der das durch die anaerobe Muskeltätigkeit anfallende Laktat zu Glukose regeneriert wird. Durch den Fortfall der Insulinbremse mobilisieren Katecholamine das Leberglykogen und die Fettspeicher. Die Katecholaminwirkung wird durch die Schilddrüsenhormone potenziert. Über diesen Mechanismus steigen im Kältestress die Blutglukose und die freien Fettsäuren an und liefern Energie für das Muskelzittern.

Beim Kleinkind liefert die „zitterfreie Thermogenese" Wärme direkt aus dem braunen Fettgewebe. Der auslösende Reiz gelangt aus dem Erwärmungszentrum über sympathische Fasern zu den Regionen braunen Fettes, wo der Neurotransmitter Noradrenalin über β2-Rezeptoren an den Fettzellen die Wärmeproduktion auslöst. Dabei werden Fettsäuren aus den gespeicherten Triglyzeriden in der Fettzelle selbst über die β-Oxydation als Acetyl-CoA und H$^+$ in den Zitratzyklus und in die Atmungskette eingeschleust, wo sie unter Ausschaltung eines ATP-Aufbaus verbrannt werden. Die gesamte chemische Energie wird dabei in Wärme umgesetzt.

3.1.4 Anpassung an Wärme

Die Wärmeanpassung ist im Wesentlichen eine Umkehr der Steuervorgänge, die bei der Kälteanpassung ablaufen. Mit steigender Körpertemperatur erhöht das Kühlzentrum seine Impulsrate und blockiert die Efferenzen aus dem Erwärmungszentrum. Damit tritt die gegenteilige Wirkung ein: Die Hautgefäße erweitern sich, und über die gesteigerte Durchblutung wird reichlich Wärme an die Umgebung abgegeben. Durch den Andrang Sauerstoff- reichen Blutes aus dem Körperkern erscheint die Haut kräftig rot und heiß. Metabolische Maßnahmen, die Wärme liefern, werden reduziert. Die Freisetzung kataboler Hormone wird eingeschränkt, der Tonus der Skelettmuskulatur wird herabgesetzt, die Muskulatur ist schlaff. Eine besondere Einrichtung zur Senkung der Körpertemperatur stellen die Schweißdrüsen dar. Ihre Innervation erfolgt über Fasern, die vom Kühlzentrum über das Rückenmark zum sympathischen Grenzstrang laufen, wo die Umschaltung auf postganglionäre Fasen erfolgt. Diese innervieren die ekkrinen Schweißdrüsen mit Acetylcholin als Neurotransmitter. Der Kühleffekt durch Verdunstung des Schweißes ist besonders wirksam. Starkes Schwitzen kann einen Liter Schweiß pro Stunde liefern. Obwohl Schweiß eine hypotone Flüssigkeit ist, fällt bei länger dauerndem starkem Schwitzen neben dem Verlust an Flüssigkeit auch der Elektrolytverlust, besonders an NaCl, ins Gewicht.

Diese für den Menschen zutreffenden Kühleinrichtungen betreffen nicht alle Lebewesen. Selbst innerhalb der Säuger gibt es sehr unterschiedliche Wege zur Temperatursenkung.

Die hormonellen und nervösen Faktoren der Temperaturregulation wirken sich auch psychisch aus und beeinflussen das Verhalten während Extremsituationen (je nach Stadium Erregung oder Apathie).

3.1.5 Die „normale" Körpertemperatur

variiert sowohl innerhalb eines Individuums wie auch zwischen einzelnen Individuen in gewissen Grenzen. Die durchschnittliche „Kerntemperatur", d.i. die Temperatur im Körperinneren, liegt beim Menschen etwas unterhalb 37°C. Exakt wird sie oral oder rektal gemessen. Die übliche axilläre Messung liefert etwas niedrigere Werte. Die normale Körpertemperatur ist auch Spezies- abhängig. So beträgt sie bei Schweinen um 39°C, bei Vögeln um 40°C. An der Körperoberfläche ist die Temperatur, auch in Abhängigkeit vom Körperteil, der Außentemperatur und Bekleidung, um etwa 2 bis 3°C niedriger als im Körperinneren (Schalentemperatur).

Die Kerntemperatur eines Menschen unterliegt zirkadianen Schwankungen. Niedrige Werte finden sich während des Schlafes (um 36.5°C) mit einem Minimum frühmorgens (um 36°C). Die Körpertemperatur spiegelt die vegetative Situation wider, da während des Schlafes der Speicherenergie- mobilisierende Sympathikus zugunsten des Energieaufbauenden parasympathischen Nervensystems zurücktritt. Die Temperatur steigt während der Tagesaktivität an und erreicht während der Abendstunden ein Maximum. Temperaturen bis 37.1°C sind um diese Tageszeit als normal anzusehen. Ebenso steigt die Körpertemperatur nach Nahrungsaufnahme an. Jugendliche weisen im Schnitt höhere Temperaturen als alte Menschen auf. Bei Frauen im gebärfähigen Alter ändert sich die Temperatur zyklusabhängig. Bei manchen endokrinen Störungen, wie bei Hyper- oder Hypothyreose, muss mit erhöhten bzw. erniedrigten Temperaturen gerechnet werden. Aber auch bei Gesunden können die individuellen Schwankungen den Bereich eines Celsiusgrades überschreiten. Temperaturen unter 36°C und über 37°C müssen bei bestimmten Personen als erweiterter Normbereich ohne pathologische Wertigkeit betrachtet werden. Die Obergrenze der Norm wurde mit 37.2°C vereinbart.

Körperliche Tätigkeit erhöht die Temperatur beträchtlich. So werden etwa während Langstreckenläufen Kerntemperaturen von 40°C und darüber erreicht.

3.1.6 Fieber

Fieber wird als eine Erhöhung der Kerntemperatur in Ruhe über 37.2°C definiert. Bei Beginn, während und am Ende einer Fieberperiode treten im Wesentlichen die oben beschriebenen Mechanismen der Temperaturregulation in Kraft.

3.1.6.1 Ursachen des Fiebers

Die weitaus häufigste Ursache von Fieber sind Entzündungen. Fieber wird dann ausgelöst, wenn reichlich Schadmaterial im Organismus auftritt und die spezifische und unspezifische Abwehr mobilisiert. Solche Situationen sind gegeben:

1. bei allen Infekten und manchen Infestationen
2. bei gesteigerter Scavengertätigkeit
   - Nach mechanischen Traumen mit weitreichender Gewebszerstörung wie Weichteilzerstörung (crush), Frakturen, Verbrennungen etc. Geschädigtes und abgestorbenes, ursprünglich körpereigenes Gewebe wird als körperfremd aufgefasst und im Rahmen einer verstärkten Scavengertätigkeit abgebaut.
   - Bei Gewebsuntergängen im Rahmen von Infarkten, bei ausgedehnten Thrombosen im Zuge ihrer Resorption oder Organisation
   - Bei Bluterkrankungen mit Hämolyse
   - Bei neoplastischen Prozessen mit massivem Zelluntergang, der entweder durch spontanen Zerfall von Tumorgewebe (z.B. Morbus Hodgkin, Leukämien), aber auch als Folge von Therapien auftreten kann. Beim M. Hodgkin und manchen Leukämieformen können Tumorzellen selbst endogene Pyroge-

ne wie IL-1 oder TNFα produzieren und damit unmittelbar Fieber auslösen.

- Wenn körpereigene Sekrete ins umgebende Gewebe gelangen, dort resorbiert werden und/oder Mediatorsysteme aktivieren wie beim „Milchstau" der Brustdrüse oder bei Behinderung der Sekretion der Galle (Stauungsikterus) und des Pankreassekrets.
- Bei metabolischen Erkrankungen mit gesteigerter Phagozytose, wie Harnsäuregicht oder Hyperlipoproteinämien.

3. bei Autoimmunerkrankungen. In diesen Fällen fehlgesteuerter Immunvorgänge wird der Fiebermechanismus durch freigesetzte Cytokine angeworfen.

4. Seltener tritt Fieber unabhängig von Entzündungen auf:

- Bei Erkrankungen im Bereich des vorderen Temperaturzentrums, wie Tumore, Enzephalitis oder Gefäßerkrankungen („zentrales Fieber")
- Eine Höherstellung des Temperatursollwertes im Temperaturzentrum kann auch psychisch ausgelöst werden („Nervenfieber")
- Bei exzessiver Steigerung des Stoffwechsels bei Thyreotoxikosen oder M.Basedow
- Durch manche Medikamente
- Im Rahmen von Herzerkrankungen, wenn durch vasomotorische Fehlregulierungen überschüssige Wärme nicht ausreichend über die Körperoberfläche abgegeben wird
- Eine mangelhafte Wärmeabgabe ist auch bei angeborener Dysfunktion oder Fehlen der Schweißdrüsen gegeben.

Fieberentstehung bei Entzündungen

Die große Zahl möglicher Substanzen, die eine gesteigerte Phagozytose auslösen und auf diesem Wege Fieber erzeugen, fasst man unter der Bezeich-

nung **exogene Pyrogene** zusammen. Sie bewirken, dass Makrophagen bei ihrer Phagozytosetätigkeit die **endogenen Pyrogene** IL-1, IL-6 und den TNFα freisetzen, die auf dem Blutwege aus dem Entzündungsherd in das Temperaturzentrum im vorderen Hypothalamus (Kühlzentrum) gelangen. Wie sie dabei die Blut-Hirnschranke überwinden, ist noch Thema von Spekulationen. Im vorderen Temperaturzentrum stimulieren endogene Pyrogene die Produktion von PGE2, das als letztes Glied in der fiebererzeugenden Mediatorabfolge angesehen wird. Wahrscheinlich führt PGE2 über Rezeptoren an den temperatursensiblen Zellen zu einem Anstieg an intrazellulärem cAMP, was eine Höherstellung des „Temperatur-Sollwertes" zur Folge hat. Die Höherstellung in diesen als „Thermostat" fungierenden Zellen bewirkt eine Verminderung der Impulsrate des vorderen Zentrums, wodurch die hemmende Wirkung auf das hintere Erwärmungszentrum nachlässt. Dieses veranlasst nun über eine Kontraktion der Hautgefäße, Muskelzittern und Stoffwechselsteigerung eine Erhöhung der Kerntemperatur, die so lange anhält, bis der neu eingestellte Sollwert erreicht ist. Der Prozess der Temperatursteigerung äußert sich in den bekannten Symptomen blasse Haut, „Frösteln" (Muskelzittern), „Gänsehaut" und dem subjektiven Kälteempfinden bei Fieberbeginn. Diese Symptome schwinden bei Erreichen des neuen, höheren Sollwertes, der so lange beibehalten wird, als pyrogene Reize auf das Temperaturzentrum einwirken. Umgekehrt wird bei Fortfall des pyrogenen Reizes der Thermostat wieder auf den niedrigeren Normwert zurückgestellt und die überschüssige Wärme durch Gefäßerweiterung und Schweißproduktion abgegeben. Diese Phase des „Abfieberns" ist durch starke Rötung besonders der Gesichtshaut, starkes Schwitzen und ein subjektives Hitzegefühl gekennzeichnet. Fieber unterliegt den selben zirkadianen Rhythmen wie die Normaltemperatur. Es ist morgens am niedrigsten und abends am höchsten.

3.1.6.2 Der physiologische Wert des Fiebers

Fieber im Rahmen von Entzündungen wurde früher vielfach als eine Entgleisung des Stoffwechsels angesehen, als eine unerwünschte, gefährliche Situation, die der Arzt grundsätzlich bekämpfen sollte. Man unterstellte damit dem natürlichen Bauplan, er leiste sich ein besonderes System zur Temperaturerhöhung, um sich selber Schaden zuzufügen. Heute steht man über neue Einsichten und Erkenntnisse dem Fieber wesentlich positiver gegenüber und anerkennt innerhalb gewisser Grenzen seinen Wert. Fieber und die mit ihm verbundenen Stoffwechselleistungen stellen eine Notfallmaßnahme dar, die dazu dient

- den Organismus in eine erhöhte Abwehrbereitschaft gegenüber Mikroorganismen und Schadmaterial zu versetzen
- den Organismus über eine katabole Stoffwechselsituation auf Eigenreserven zu schalten, um ihn von einer Energie- und Stoffzufuhr von außen unabhängig zu machen.

Erhöhung der Leistung des Immunsystems

Eine Temperaturerhöhung bis zum kritischen Wert von 40°C bedeutet grundsätzlich eine Erhöhung des Stoffwechsels, die auch die Zellen der spezifischen und unspezifischen Abwehr betrifft und sie in einen Zustand erhöhter Leistungsbereitschaft versetzt. Folgerichtig lassen sich Fähigkeiten von Zellen der spezifischen und unspezifischen Abwehr, wie Chemotaxis und Phagozytose, auch *in vitro* durch Temperaturerhöhung steigern. Neben diesen direkten, durch erhöhte Temperatur bedingten Effekten kommt *in vivo* im Fieber die besondere Stimulation der Abwehr durch reichlich freigesetzte Mediatoren hinzu, von denen **Cytokine** eine Schlüsselstellung einnehmen. Die umfassende Rolle der Interleukine 1 und 6 und des TNFα wird woanders beschrieben (S. 106ff). Es seien

hier nur einige wesentliche Wirkungsansätze hervorgehoben.

Im Rahmen der unspezifischen Abwehr mobilisieren IL-1, IL-6, TNFα wie auch das bei Entzündung vermehrt aktivierte C3e weiße Blutzellen aus dem Knochenmark und bewirken damit eine Leukozytose (S. 145). Durch Hinaufregulierung von Adhäsinen an den weißen Zellen und am Endothel wird die Adhäsion dieser Zellen am Gefäßendothel erhöht und damit ihre Emigration begünstigt (S. 151ff). Im Entzündungsherd stimulieren Cytokine die Tätigkeiten von Phagozyten wie Chemotaxis, Phagozytose, Freisetzung von Mediatoren und ROS, Granulaabgabe und damit die weitere Aktivierung serogener Mediatoren (S. 196). In der Leber wird die vermehrte Produktion von Akutphase-Proteinen angeregt, wofür vorwiegend IL-6 verantwortlich ist (S. 122ff), dessen Produktion durch Makrophagen und Fibroblasten wiederum besonders durch IL-1 stimuliert wird. IL-1 regt Fibroblasten zum Wachstum und zur Produktion von Kollagen an und fördert damit Heilungsvorgänge.

Im Rahmen der spezifischen Abwehr werden durch IL-1 Th-Lymphozyten zur Proliferation und Abgabe von IL-2 angeregt, welches wiederum Effektorzellen (Tc und B-Lymphozyten) zu Aktivitäten stimuliert (S. 234). Die maximale Aktivierung von Tc Zellen durch IL-2 *in vitro* wurde bei 39.5°C gemessen. Auch die Tumorabwehr wird durch Temperaturerhöhung gesteigert, das Wachstum der Tumorzellen selbst aber beeinträchtigt. Die Medizin macht sich diesen Effekt mit Hyperthermietherapien zunutze.

Für manche Krankheitserreger wird im Fieber das Temperaturoptimum für ihr Wachstum überschritten.

Steigerung des katabolen Stoffwechsels

Die den Stoffwechsel während des Fiebers bestimmende katabole Reaktionslage, in welcher der Organismus von eigenen Energie- und Materialreserven zehrt, läuft auf drei funktionellen Etagen ab, die sich in ihren Wirkungen zu einem **Hypermetabolismus** vereinigen:

- auf der Ebene des gesteigerten Sympathikotonus (nervös)
- auf der Ebene der durch Cytokine gesteuerten metabolischen Veränderungen (humoral)
- auf der Ebene der Stoffwechselsteigerung durch die erhöhte Körpertemperatur (physikalisch-chemisch)

Die *sympathikotone Reaktionslage* entspricht der Situation eines „normalen" Stresses vergleichbar mit Hunger, Arbeit oder Kältestress. Bei Fieberbeginn wird vom Erwärmungszentrum ausgehend der Sympathikus aktiviert, wobei Noradrenalin aus den sympathischen Synapsen und vorwiegend Adrenalin aus dem Nebennierenmark frei werden. Katecholamine stimulieren via CRH und ACTH die Cortisolfreisetzung aus der Nebennierenrinde und mobilisieren Fettsäuren aus dem Fettgewebe. Cortisol fördert die Proteolyse im Skelettmuskel und aktiviert die hepatische Gluconeogenese aus den freigesetzten Aminosäuren und, bei Kältezittern, aus Laktat. Weitere Hormone mit kataboler Wirkung wie T3, T4 und Somatotropin wirken dabei unterstützend. Je nach Situation können auch die Blutspiegel des Antidiuretischen Hormons (ADH), von Glucagon, Endorphinen und Prolactin erhöht sein. Im Unterschied zum nicht- inflammatorischen Stress sind bei protrahiertem Fieber jedoch die Insulinspiegel angehoben (S. 245). Der Sympathikus intensiviert darüber hinaus den Kreislauf und die Atmung und steigert so die Sauerstoffversorgung.

Die Cytokine *IL-1* und *TNFα* sind ausgesprochene Verstärker der sympathogenen katabolen Stoffwechseleffekte. IL-1 steigert den durch Glucocorticoide bereits ausgelösten Proteinabbau im Skelettmuskel. Die Wirkung ist dabei eine indirekte, indem IL-1 die Produktion von PGE2 im Muskelgewebe anregt. PGE2 wiederum erhöht über spezifische Membranrezeptoren an der Muskelzelle einen intrazellulären Anstieg von cAMP, der Proteasen aktiviert und so für den Eiweißabbau zu Aminosäuren sorgt. Die Aminosäuren werden ins Blut abgegeben und steigern

den Aminosäurespiegel (Hyperaminoazidämie). Werden die Rückresorptionsmechanismen in der Niere überfordert, gehen über eine Aminoazidurie Aminosäuren verloren. Bezeichnenderweise kann der Muskelabbau im Fieber durch Therapie mit COX-Hemmern reduziert werden (S. 108). Dieser Ablauf lässt sich auch *in vitro* demonstrieren. Werden Skelettmuskelstreifen mit IL-1 inkubiert, setzen die Bildung von Prostaglandin PGE2 und Proteinabbau ein. Ein Proteinabbau kann auch dann ausgelöst werden, wenn PGE2 direkt zugesetzt wird. Die Proteolyse im Muskel *in vitro* lässt sich auch durch Temperaturerhöhung steigern. TNFα löst dagegen einen Muskelabbau aus, der offenbar ohne Beteiligung von Prostaglandinen abläuft.

Der starke Proteinabbau führt zu einer negativen Stickstoffbilanz, die messbar ist und das Ausmaß des Katabolismus reflektiert. Bei starkem Fieber können ein Kilogramm Muskelmasse und 15 g Stickstoff pro Tag verloren gehen. Subjektiv äußert sich ein starker Muskelabbau in Muskelschmerzen und ausgeprägter Schwäche.

Im Fettgewebe wird die Katecholaminwirkung durch IL-1 und in besonders hohem Maße durch TNFα verstärkt. Die gesteigerte Aktivität der Triglyzerid-Lipase setzt in den Adipozyten vermehrt Fettsäuren frei, die ins Blut abgegeben werden. Da der Energiebedarf des Skelettmuskels in Ruhe jedoch gering und die Fettsäureverwertung eingeschränkt ist (Störung mitochondrialer Funktionen, S. 282), sind die Fettsäurespiegel während starkem Fieber hoch (Hyperlipidazidämie). Ein Teil der freien Fettsäuren wird in der Leber wieder zu Triglyzeriden aufgebaut und in VLDL verpackt ins Blut zurückgeschickt (Hypertrigyzeridämie). Dieser Hypermetabolismus wird durch den erhöhten Insulinspiegel begünstigt (S. 245).

Fettsäuren können einerseits über die β-Oxidation als Acetyl-CoA via Citratcyclus in die Atmungskette zur Gewinnung von ATP und Wärme eingeschleust werden. Die Wärmeproduktion ist bei Fieber definitionsgemäß gesteigert. Ebenso wird reichlich ATP für die energetisch aufwendige Gluconeogenese in der Leber benötigt. Den Überschuss an Acetyl-CoA kondensiert die Leber zu Ketonkörpern, die, ins Blut abgegeben, das Puffersystem bis zur Entwicklung einer Ketoazidose belasten können. Die Lunge versucht, der Säuerung durch eine verstärkte Abatmung von CO_2 entgegenzuwirken. Der erhöhte Sauerstoffbedarf für die ß-Oxidation, den Citratcyclus und die Atmungskette einerseits und die respiratorische Kompensation der Ketonkörperbelastung andererseits erklären die forcierte (Kussmaul'sche) Atmung bei Fieber. Gegebenen Falls kann eine Hyperventilation auch zu einer Alkalose führen.

Eine Temperaturerhöhung bis zu 40°C steigert alle Stoffwechselvorgänge und erhöht damit die Abwehrleistung des Organismus. Somit unterstützt Fieber den Metabolismus, die Belastung durch die Entzündung zu meistern.

Die Abb. 103 fasst die Steuerung und die Auswirkungen des Fiebers zusammen.

3.1.6.3 Besonderheiten der metabolischen Steuerung im Fieber

Die beträchtliche Steigerung der Stoffwechsel- und Entzündungsvorgänge während fieberhafter Erkrankungen verlangt nach einem Gegenprinzip, das ein Ausufern der entzündlichen Reaktion verhindert und den Katabolismus auf das erforderliche Maß einschränkt. In einer solchen Gegenregulation sind Cortisol und Insulin Faktoren mit Schlüsselcharakter. Cortisol nimmt einerseits im katabolen Stoffwechsel eine zentrale fördernde Stellung ein, wirkt aber auf der anderen Seite als Entzündungshemmer. Es drosselt nicht nur die Proliferation und die Leistungen von Zellen der spezifischen und unspezifischen Abwehr, sondern hemmt auch die Freisetzung der Cytokine IL-1 und TNFα, die wiederum wirkungsvolle Verstärker der Entzündung und kataboler Reaktionen wie Proteolyse im Skelettmuskel und Lipolyse im Fettgewebe sind. Auf der anderen Seite

stimulieren Interleukine und TNFα die Freisetzung von Cortisol und von entzündungshemmenden Akutphase-Proteinen (S. 123). Dieses Beispiel demonstriert die ambivalente Verzahnung von beteiligten Steuervorgängen untereinander. Indem entzündungsfördernde Cytokine und hemmende Elemente der Entzündung in einem negativen Feedback miteinander verbunden sind, wird einerseits die Ausbildung einer Entzündungsreaktion begrenzt und ein Ausufern verhindert, auf der anderen Seite aber der Entwicklung einer Entzündungsreaktion Spielraum gelassen. Die Anpassung der Abwehrleistung an das erforderliche Maß läuft allerdings nicht immer störungsfrei ab. Fehlleistungen des Immunsystems in die eine – zu geringe Ausprägung mit Infektgefahr – wie die andere Richtung – zu starke Entzündungsreaktion mit Selbstschädigung des Organismus – sind ein Arbeitsfeld der täglichen klinischen Routine.

Der Insulinspiegel des Blutes ist bei länger anhaltendem Fieber erhöht, was an sich für eine katabole Stoffwechselsituation paradox ist. Es sind vermutlich Cytokine (IL-1 u.a.), welche die Hemmung der Insulinfreisetzung durch Katecholamine, die über α-Rezeptoren an den pankreatischen B-Zellen vermittelt wird, aufheben und im Gegenteil eine verstärkte Abgabe veranlassen. Hier ist ein deutlicher Unterschied zwischen nicht- entzündlichem und entzündlichem Stress gesetzt. Mit einem Mehrangebot des anabolen Insulins will der Organismus den Katabolismus eingrenzen und ein Ausufern verhindern. Bezeichnenderweise laufen entzündliche Erkrankungen bei Diabetikern komplikationsreicher ab als bei Nicht-Diabetikern, da sie leicht in katabole Stoffwechselentgleisungen münden können (Coma diabeticum). Der diabetische Organismus ist nicht in der Lage, durch Erhöhung der eigenen Insulinproduktion einer Übersteuerung des Katabolismus entgegenzuwirken, sondern ist beim Typ I [IDDM] auf die exogene Zufuhr von Insulin angewiesen. Eine Neueinstellung der Insulin-Substi

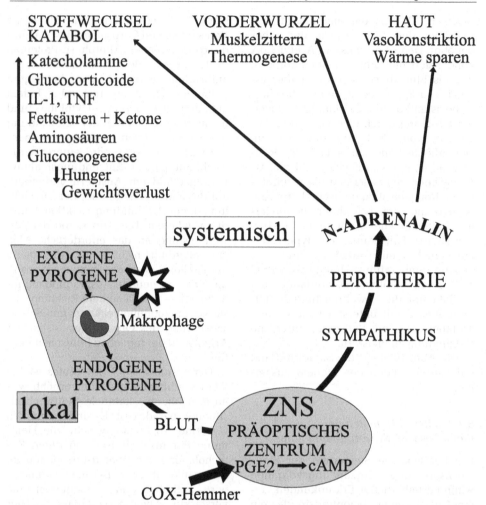

STOFFWECHSEL
KATABOL

↑ Katecholamine
   Glucocorticoide
   IL-1, TNF
   Fettsäuren + Ketone
   Aminosäuren
   Gluconeogenese
      ↓Hunger
      Gewichtsverlust

VORDERWURZEL
Muskelzittern
Thermogenese

HAUT
Vasokonstriktion
Wärme sparen

systemisch

N-ADRENALIN

PERIPHERIE

SYMPATHIKUS

EXOGENE
PYROGENE

Makrophage

ENDOGENE
PYROGENE

lokal

BLUT

ZNS
PRÄOPTISCHES
ZENTRUM
PGE2 ⟶ cAMP

COX-Hemmer

Abb. 103. *Fieberentstehung im Rahmen von Entzündungsreaktionen.* Der Kontakt mit exogenen Pyrogenen stimuliert Phagozyten zur Abgabe der endogenen Pyrogene IL-1, IL-6 und TNFα, die auf dem Blutweg das präoptische Temperaturzentrum im Hypothalamus erreichen, wo sie die Produktion von PGE2 erhöhen. Der durch PGE2 ausgelöste Anstieg von cAMP in den Zellen des Temperaturzentrums hebt den Temperatur-Sollwert, und über Vermittlung des Sympathikus werden Maßnahmen eingeleitet, welche die Körpertemperatur erhöhen: Minderdurchblutung der Hautgefäße und gesteigerte Wärmeproduktion durch Muskelzittern. Katecholamine und die Hormone der Hypothalamus – Hypophysenvorderlappen – Nebennierenrinden – Achse lösen einen Stoffwechsel-Katabolismus aus und setzen damit Energieträger und Bausteine für die Anforderungen der Akutphase-Reaktion frei. Der gebräuchlichste therapeutische Eingriff zur Fiebersenkung ist die Hemmung der PGE2- Synthese durch COX-Hemmer.

tution ist dann gefordert. Da die Insulinresistenz bei Fieber und damit der Insulinbedarf ansteigt, sind auch Diabetiker von Typ II gefährdet. Infekte, wie auch schwere Traumen und ähnliche entzündliche Stresssituationen müssen daher bei Diabetikern mit besonderer Sorgfalt

überwacht werden. Ähnliches gilt auch bei Vorschäden an Steuersystemen, die in den Energiemetabolismus involviert sind, wie Schilddrüse, Nebennierenrinde und -mark.

Es stellt sich die Frage, was der Organismus mit der massiven Bereitstellung von Bausteinen und Energieträgern bei Entzündungen bezweckt. Fettsäuren sind wertvolle Energielieferanten. Aminosäuren dienen einmal als Bausteine zur Massenproduktion von Zellen der spezifischen und unspezifischen Abwehr und zur Herstellung von Antikörpern, Akutphase-Proteinen, Mediatorproteinen u.a. Ein anderer Teil der Aminosäuren wird der Gluconeogenese zugeführt, da der Körper zur Glucose-Eigenproduktion gezwungen ist. Ein krankes Tier stellt die Futtersuche ein oder jagt nicht mehr, sondern verkriecht sich und versucht, die entzündliche Schädigung in Ruhe, von den eigenen Reserven lebend, zu überwinden. Der Mensch begibt sich in einer solchen Situation gerne ins Bett. Die ausgeprägte Somnolenz, die ihm diesen Entschluss erleichtert, ist IL-1 und TNFα vermittelt (S. 108). Der Appetit ist während fieberhafter Erkrankungen gering oder fehlt gänzlich. Die Energie für die energetisch aufwendige Gluconeogenese und für die Stoffwechselsteigerung und Synthesen wird in erster Linie vom Fettgewebe geliefert, Baustoffe kommen aus dem Skelettmuskel. Der massive Abbau von Körpersubstanz äußert sich in einem rapiden Gewichtsverfall.

3.1.6.4 Gefahren des Fiebers

Die kritische Grenze, ab der die Aktivitäten der Spezifischen und Unspezifischen Abwehr nicht mehr gefördert, sondern im Gegenteil eingeschränkt werden, liegt bei 39.5 bis 40°C. Eine Temperaturerhöhung über dieses kritische Limit hinaus beeinträchtigt zunehmend die körpereigenen Abwehrmechanismen und begünstigt die Ausbreitung von Krankheitserregern. Hohe Körpertemperaturen stellen darüber hinaus Gefahren für Organe und Stoffwechsel dar. Die katabole Stoffwechselsituation führt über einen raschen Verbrauch von Depotfett und Muskelprotein zu einer starken Gewichtsabnahme und zum Substanzverlust des Körpers. Die verstärkte Atemtätigkeit hat zusammen mit der gesteigerten Sekretion des hypotonen Schweißes einen starken Flüssigkeitsverlust zur Folge. Im Harn ausgeschiedene Aminosäuren und Ketonkörper verursachen eine osmotische Diurese, welche die Wasserabgabe in der Niere verstärkt. Wird die Flüssigkeit nicht ersetzt, wie etwa bei Personen mit eingeschränktem Bewusstsein und reduziertem Durstgefühl oder bei Kleinkindern ohne verbale Äußerungsmöglichkeit, kann sich in kurzer Zeit eine hypertone Dehydration entwickeln, die den Gewichtsverlust durch feste Substanz erhöht.

Bei starker Ausprägung einer solchen Stoffwechselentgleisung ist das Allgemeinbefinden stark herabgesetzt. Die Leistungen des ZNS werden eingeschränkt und münden ansteigend über Müdigkeit, Somnolenz und Stupor in ein Koma, daneben werden die Leistungen des vegetativen Nervensystems beeinträchtigt. Besonders Kinder neigen früh zu Krämpfen oder Delir. Als Ursache für die zentrale Funktionsstörung kommen neben der hohen Temperatur eine Ketonämie und eine hypertone Dehydration in Betracht, die zu einer osmotischen Entwässerung der Zellen des ZNS führt. Die katabole Stoffwechselsituation kann über eine Hyperlipazidämie und Ketonämie in eine Ketoazidose münden.

Die starke Aktivierung des Kreislaufs führt zu einer übermäßigen Beanspruchung des Herzens, der Vorgeschädigte zum Opfer fallen können. Eine Erhöhung der Körpertemperatur um ein Grad Celsius steigert den Puls um rund 10 Schläge. Ein Kreislaufversagen durch Überlastung des Herzens oder durch Zusammenbrechen der zentralen Blutdruckregulation bewirkt einen Kreislaufschock, der die häufigste Todesursache bei hohem Fieber darstellt. Die Dekompensation der Herzleistung kann auf einer mangelhaften Durchblutung oder auf Störungen der Reizleitung, wie Kammerflimmern, beruhen. Eine Exsiccose trägt durch die begleitende Hypovolämie zur Schockentstehung bei.

Selbstverständlich verteilt sich das hier kursorisch zusammengefasste Szenarium an Möglichkeiten sehr unterschiedlich auf die betroffenen Individuen. Wie soll nun der Therapeut im Einzelfall die Vor- und Nachteile des Fiebers beurteilen, wann soll er fiebersenkend eingreifen? Fieber stellt eine Schutzmaßnahme dar, die einen organisch gesunden Körper bei der Bekämpfung entzündlicher Noxen unterstützt. Unter ärztlicher Kontrolle soll dieser Schutzmechanismus seine Wirkung entfalten können. Fieber über den Richtwert von 40°C bietet dagegen keinen Nutzen mehr, sondern wird in zunehmendem Maß zur Gefahr und soll daher therapiert werden. Neben der Höhe der Temperatur ist auch die individuelle Situation des Patienten zu beachten. Kinder erreichen oft in kurzer Zeit hohe Temperaturen, die ebenso schnell wieder fallen können. Alte Menschen können wiederum auf vergleichsweise geringfügige Temperaturerhöhungen mit unverhältnismäßig starken Komplikationen reagieren. Länger dauernde Fieberperioden sind wegen der starken Gewichtsabnahme und des damit verbundenen Substanzverlustes und der verlängerten Regenerationszeit von Nachteil. Besondere Beachtung und eine angepasste Betrachtungsweise erfordert das Fieber bei Personen mit organischen und metabolischen Vorschäden. Kreislauf- geschädigte Personen sind ebenso wie solche mit zentral- nervösen Defekten erhöht gefährdet. Bei Nierenerkrankungen und bei respiratorischer Insuffizienz, wo die Pufferkapazität herabgesetzt ist, führt eine Ketonkörperbelastung frühzeitig zur Ketoazidose. Die Säurebelastung kann bei Gichtkranken zum Anfall führen. Bei Alkoholikern kann Fieber ein Delir auslösen. Eine besondere Stellung nimmt wegen seines häufigen Auftretens der Diabetes mellitus ein. Diabetiker sind erhöht infektanfällig (S. 274), antworten häufig auf Entzündungen mit nur geringem Temperaturanstieg, dekompensieren jedoch rasch in Richtung eines Coma diabeticum (S. 254f).

3.1.6.5 Therapie des Fiebers

Der gebräuchlichste Angriffspunkt einer Therapie ist die Hemmung der PGE2-Synthese mittels COX-Hemmern (S. 257). Neben der Temperatur kann damit auch der Gewichtsverlust reduziert werden. Auf breiterer Basis wirken Glucocorticoide, welche die effektvollsten Entzündungshemmer darstellen. Sie unterbinden neben einer Prostaglandinfreisetzung die Abgabe von pyrogen wirksamen Cytokinen aus Makrophagen und anderen kompetenten Zellen. Neben einer Reihe unerwünschter Wirkungen (S. 252) übt diese Medikamentengruppe auch einen ausgeprägten immunsuppressiven Effekt aus, der die Infektentwicklung weiter begünstigt. Glucocorticoide sollen daher nur nach strenger Indikationsstellung und, wenn nicht umgehbar, unter intensiver Antibiotika-Abschirmung eingesetzt werden. Eine physikalische Maßnahme zur Temperatursenkung stellen Kältepackungen dar.

Eine wichtige Begleitmaßnahme bei Fieber ist die Kontrolle des Flüssigkeits- und Elektrolythaushaltes. Besondere Sorgfalt verlangen Kinder und betagte Patienten.

3.2 Schmerz

3.2.1 Die physiologische Rolle des Schmerzes

Der Schmerz ist eine komplexe Sinneswahrnehmung eines Individuums, die als Warnsignal zu werten ist, um Schäden zu vermeiden oder zu erkennen. Schmerz kann akut Fluchtreflexe auslösen oder, als chronischer Schmerz, die Schonung geschädigter Körperpartien bis zur Heilung sicherstellen. Im Prozess der Schadensbekämpfung und Heilung nimmt die Entzündung eine zentrale Stellung ein, wobei der Schmerz den Entzündungsgrad reflektiert und das Individuum in einem subjektiv deutlich fassbaren Rückfluss über den Grad des Schadens und den Heilungszustand informiert. Wegen der starken Beeinträchtigung des Wohlbefindens und Bewusstseins wird Schmerz jedoch als negatives Phänomen angesehen und therapeutisch entsprechend bekämpft.

Phylogenetisch entwickelte sich der Schmerz mit dem Bewusstsein und folglich zusammen mit der Ausbildung des Telencephalons. Wird das Bewusstsein ausgeschaltet, fehlt auch die Schmerzempfindung (zentrale Narkose). Niederen Tieren wird keine mit uns vergleichbare Schmerzempfindung zugebilligt, sondern den Schmerz ersetzen Flucht- oder Abwehrreflexe; eine Anschauung, die schwer beweisbar und strittig ist. In Übereinstimmung mit dieser Ansicht nehmen jedenfalls die Tierversuchsgesetze Wirbellose von ihren Bestimmungen aus.

3.2.2 Die Entstehung des Schmerzes

Schmerzreize werden über zwei Fasersysteme vom Ort ihres Einwirkens zentralwärts geleitet: Einmal über die markhaltigen, schnellleitenden *A-delta Fasern* (bis zu 120 m pro Sekunde). Die vermittelte Empfindungsqualität ist der distinkte, gut lokalisierbare Schmerz, der Abwehr- und Fluchtreflexe auslöst. Die *C-Fasern* dagegen sind marklos und langsam leitend (ca. 0.5 bis 1 m pro Sekunde). Die vermittelte Empfindung ist dumpf und unscharf lokalisierbar. C-Fasern übermitteln in erster Linie den chronischen Schmerz. Als „Schmerzrezeptoren" werden die vielfach verästelten Endverzweigungen dieser zentripetalen Nervensysteme, die *Nozizeptoren*, angesehen. Sie finden sich in verschiedener Dichte an allen Körperoberflächen (Haut, Schleimhäute) und in der Tiefe in Muskeln, Sehnen und Bändern. Auch das Viszerum wird mit Schmerzfasern vor allem vom C-Typ versorgt, die auf Dehnung, Motilitätssteigerung und auf Mediatorreize im Rahmen von Entzündungen, nicht jedoch auf mechanische Traumen ansprechen. So sind etwa Operationsschnitte im viszeralen Abdomen schmerzlos.

Die afferenten, schmerzleitenden A-delta und C-Fasern werden im Rückenmark vielfach verschaltet. Sitz der Schaltzellen ist vor allem die Substantia gelatinosa. Von hier wird der Reiz über den Tractus spinothalamicus zum Thalamus und weiter zentralwärts geleitet. Nach der – im Übrigen sehr umstrittenen – „gate control theory" kann eine Erregung der Schmerzfasern durch zwei „gates" (Eingänge) in das Bewusstsein eindringen: entweder als Schmerz oder als Sinneseindruck anderer Qualität. Welcher dieser Wege im jeweiligen Fall beschritten wird, hängt neben der Intensität von der Verarbeitung des Reizes in den Schaltzellen des Rückenmarks ab, die wieder unter dem steuernden Einfluss des Gehirns stehen. Im Tierversuch lassen sich im Bereich des ZNS der Thalamus, Hypothalamus, der Nucleus amygdalae und insbesondere die Formatio reticularis als Verarbeitungsstellen von Schmerzreizen nachweisen. Beim menschlichen Gehirn mit seiner komplizierten, vom Intellekt überlagerten Psyche fehlen diesbezüglich detaillierte Erkenntnisse. Unbestreitbare Erfahrungstatsache ist jedoch, dass Qualität und Intensität einer subjektiven Schmerzempfindung stark von psychischen Faktoren abhängen. Bestimmend ist hier die Persönlichkeitsstruktur, die wiederum von sozialen (etwa Familienvorbild) und kulturellen Einflüssen (etwa Kulturkreise mit Schmerzunterdrückung als Ideal) geprägt ist. Ebenso modifizieren Aufmerksamkeit, vorangegangene Schmerzerfahrung oder Schmerzerwartung das persönliche Schmerzerlebnis. Es bestehen auch Alters- und Geschlechtsunterschiede. Ältere Menschen ertragen gegenüber jüngeren, Frauen gegenüber Männern den Schmerz besser. Schmerzschwelle und Schmerzintensität unterliegen einem Zirkadianrhythmus mit einem Maximum in den Nachtstunden. Grund dafür ist das Vegetativum. Der nächtliche Parasympathikotonus senkt die Schmerzschwelle und erhöht so die Schmerzempfindlichkeit, der am Tage vorherrschende Sympathikus hebt dagegen die Schwelle an. Adrenerge Reaktionslagen wie Stress lassen „den Schmerz vergessen". So senkt auch Zigarettenrauchen durch Steigerung des Sympathikotonus die Schmerzempfindung. Eine zentrale Bedeutung für die Weiterleitung und Verarbeitung von Schmerzreizen kommt den Neurotransmittern zu. In der Peripherie nehmen die Substanz P, im ZNS Dopamin und Gamma-Aminobuttersäure (GABA) Schlüsselstellungen im fördernden Sinn ein. Die Reizübertragung und -verarbeitung durch diese Neurotransmitter wird wieder durch körpereigene Hemmstoffe wie Endorphine kontrolliert, welche die Abgabe der Neurotransmitter in den synaptischen Spalt drosseln. Prinzipiell auf die selbe Weise wirken Opiate. Nach einem Vorstellungskonzept greift auch auf dieser Ebene die Schmerzbekämpfung durch Akupunktur an. Durch Beeinflussung der Schaltzellen im Rückenmark sowie durch Stimulation der β-Endorphinausschüttung werden Schmerzreize in ihrer Empfindungsqualität abgeändert und blockiert. Eine Überschwemmung des Organismus mit Endorphinen und Katecholaminen ist an der Schmerzunempfindlichkeit während Schockzuständen mitbeteiligt.

Lang anhaltender, chronischer Schmerz bewirkt eine sympathikotone Reaktionslage und über diese einen Stoffwechsel-Katabolismus und Gewichtsverlust.

3.2.3 Schmerzmediatoren

Am Beginn dieser äußerst komplexen und noch wenig durchschauten Verarbeitungsprozesse auf zentraler Ebene steht die Reizwahrnehmung durch die Schmerzfasern. Als Reize kommen mechanische, thermische und chemische Einflüsse in Betracht. Zu letzteren gehören die schmerzauslösenden Entzündungsmediatoren Histamin, Serotonin und das hochwirksame Bradykinin, die über spezifische Rezeptoren an den Nozizeptoren wirken. Grundsätzlich ist zu diesen Schmerzvermittlern zu sagen, dass sie allein kaum oder nur geringgradig Schmerz auslösen, aber durch weitere Mediatoren in ihrer Wirkung beträchtlich potenziert werden können. Das gilt vor allem für Histamin und Serotonin, die allein ohne Synergismen kaum Schmerz erzeugend sind. Prominente Synergisten sind die Prostaglandine E1 und E2, die selbst nicht Schmerz erregen, aber bei der Gestaltung des chronischen Schmerzes eine wichtige Stellung einnehmen, indem sie die Reizschwelle an den Endverzweigungen der C-Fasern für Schmerzmediatoren senken. Im Versuch intradermal injiziertes PGE2 verursacht einen kaum wahrnehmbaren Schmerzreiz. Zusammen mit Bradykinin, Histamin oder Serotonin verabreicht steigt die Schmerzempfindung deutlich an (S. 45).

3.2.4 Therapie des Entzündungsschmerzes

Die mit Abstand häufigste Form des Schmerzes ist der chronische Schmerz im Rahmen von Entzündungen. Seine Beseitigung oder zumindest Linderung geschieht durch einen Eingriff in den Synergismus unter den Entzündungsmediatoren, indem die PG-Synthese durch COX-Hemmer gedrosselt wird. Die Schmerzbekämpfung mittels Acetylsalicylsäure ist die gebräuchlichste Medikation der Welt (S. 257).

Anästhetika und Narkotika wirken auf anderer Ebene.

4 Die Therapie der Entzündung

Grundsätzlich soll nicht aus den Augen verloren werden, dass die Entzündung einen Schutzmechanismus des Organismus gegenüber Eindringlingen von außen und gegen eine Anhäufung körpereigenen Zerfallsmaterials darstellt, den der Arzt unterstützen und nicht einschränken soll. Besonders bei Infekten soll vermieden werden, die Entzündungsreaktion medikamentös zu hemmen, da sonst die Erreger leichtes Spiel haben und der Infekt sich gefährlich ausbreiten und einen fulminanten Verlauf nehmen kann. Es gibt allerdings Ausnahmefälle, die eine entzündungshemmende Therapie rechfertigen: Wenn nämlich zu erwarten ist, dass der Entzündungsvorgang dem Organismus mehr Schaden zufügt, als er Schutz und Nutzen bringt. Ist eine entzündungshemmende Therapie bei bestehendem Infekt angezeigt, muss sie unter massivem Antibiotika-Schutz erfolgen. Eine Indikation für eine antiinflammatorische Therapie ist auch die beträchtliche Einschränkung des subjektiven Wohlbefindens, wie sie Schmerzen und Schwellungen im Rahmen von Entzündungen darstellen.

Unter den häufigsten Indikationen für eine anti-inflammatorische Therapie lassen sich anführen:

– Autoimmunerkrankungen (chronische Polyarthritis, Lupus erythematodes, Multiple Sklerose, Vaskulitiden u.a.)
– Überempfindlichkeitsreaktionen vom Typ 1 bis 4 nach Coombs-Gell. Dazu gehören auch Organtransplantationen
– Der akute Gichtanfall
– Die infektiöse Endocarditis, das Akute Rheumatische Fieber
– Indurative Prozesse der Lunge und anderer Organe
– Die Schmerztherapie

Zur Therapie der Entzündung werden drei „klassische" Gruppen von Medikamenten verwendet:

1. Glucocorticoide (Corticosteroide)
2. Nicht-steroidale Entzündungshemmer [non steroidal antiinflammatory drugs, NSAID]
3. Inhibitoren des Aufbaus des Cytoskeletts
   Neben diesen traditionellen Standard-Wirkstoffen mit großer Anwendungsbreite werden noch Entzündungshemmer mit einem engeren Indikationsspektrum verwendet. Einige dieser Therapeutika wirken hochspezifisch und sind Entwicklungen der jüngeren Zeit.
4. Antagonisten von Entzündungsmediatoren
5. Spezifische Antikörper, körpereigene Inhibitoren und lösliche Rezeptoren
   Darüber hinaus können
6. alimentäre Faktoren
   als begleitende und unterstützende Therapiemaßnahmen eingesetzt werden.

4.1 Glucocorticoide (Corticosteroide)

Das beim Menschen aktivste körpereigene Glucocorticoid ist das Cortisol. Die synthetischen Glucocorticoid-Analoga (Dexamethason, Prednison, Prednisolon u.a.) wurden gegenüber der nativen Form chemisch soweit verändert, dass ihr anti-in-flammtorisches Potential erhalten bleibt, die Wirkung auf den Salz-Wasserhaushalt aber reduziert wird. Trotzdem sind die nicht anti-inflammatorischen Wirkungen der nativen Steroide noch teilweise vorhanden oder, wie die glucoplastische Wirkung, sogar noch gesteigert, was bei einer länger dauernden Therapie berücksichtigt werden muss.

Glucocorticoide hemmen die unspezifische Abwehr auf verschiedenen Ebenen:

Hemmung auf zellulärer Ebene

– Über intrazelluläre Rezeptoren und weiter über eine verstärkte Expression von *Lipocortin*, das die Aktivität der Phospholipase A2 und damit den AA-Metabolismus hemmt (**Abb. 104**).
– Durch Hemmung der Synthese pro-inflammatorischer Wirkstoffe (**Abb. 104**)
– Glucocorticoide hemmen die Aktivierung des Nuklear Faktor Kappa B (NFκB, S. 202) und senken auf diesem Weg die Expression einer Reihe pro-inflammatorischer Zellprodukte (**Abb. 105, Abb. 106**).

Auf diesem Weg wirken auch native, körpereigene Glucocorticoide anti-inflammatorisch.

Bei hoher, pharmakologischer Dosierung werden Glucocorticoide in die Zellmembran eingebaut und verursachen, wie auch die Muttersubstanz Cholesterin, eine Erhöhung der Membranrigidität und damit eine Verlangsamung aller Vitalvorgänge der Zelle („Membran-Stabilisierung"). Diese Wirkung tritt physiologisch nicht auf, da so hohe Konzentrationen durch eine natürliche Glucocorticoid-Freisetzung nicht erreicht werden (**Abb. 104**).

Hemmung auf systemischer Ebene

– Eine länger dauernde Therapie mit den stark Eiweiß- katabolen Glucocorticoiden hemmt die Leukopoese im Knochenmark, so dass nach Erschöpfung der Knochenmark-Reserven eine Senkung der Leukozytenzahl bis zur Leukopenie auftritt (S. 144). Von die-

sem Katabolismus sind in gleicher Weise Lymphozyten und Antikörper des spezifischen Immunsystems betroffen (S. 235, **Abb. 40**).
– Glucocorticoide fördern die Produktion von Akutphase Proteinen, unter denen manche entzündungshemmend wirken (S. 123).

Glucocorticoide werden systemisch (oral, parenteral) und lokal (Lösungen, Salben, Aerosole) appliziert.

Unerwünschte Wirkungen einer Therapie mit Glucocorticoiden

Glucocorticoide sind Medikamente mit hohem Nebenwirkungs-Potential und können, abhängig von Dosierung, Therapiedauer und individueller Empfindlichkeit, Komplikationen und Schäden nach sich ziehen.

■ Die beabsichtigte therapeutische Wirkung einer Entzündungshemmung schließt die negative Kehrseite, nämlich die Hemmung des Immunsystems und eine erhöhte Infektgefährdung, mit ein.

■ Hemmung der Kollagensynthese: Dieser Effekt kann therapeutisches Ziel sein, wenn etwa überschießende Narbenbildung oder indurative Prozesse in Organen unterbunden werden sollen. Zum negativen Effekt gehören eine verzögerte Wundheilung und eine negative Knochenbilanz. Da durch die eingeschränkte Synthese des Kalzium-bindenden Proteins (CabP) in der Darmschleimhaut auch die Ca^{++}-Aufnahme vermindert ist, wird sowohl die Neubildung wie auch die Mineralisierung des Knochens beeinträchtigt (Osteopathie). Diesem Defizit in der Knochenbilanz muss bei länger dauernder, intensiver Corticoid-Therapie unbedingt gegengesteuert werden. Kinder entwickeln unter Corticoid-Therapie einen Minderwuchs.

■ Glucocorticoide aktivieren die Gluconeogenese aus Eiweiß. Dementsprechend zehrt eine Therapie an der Muskelmasse. Der hohe Blut-Glukosespie-

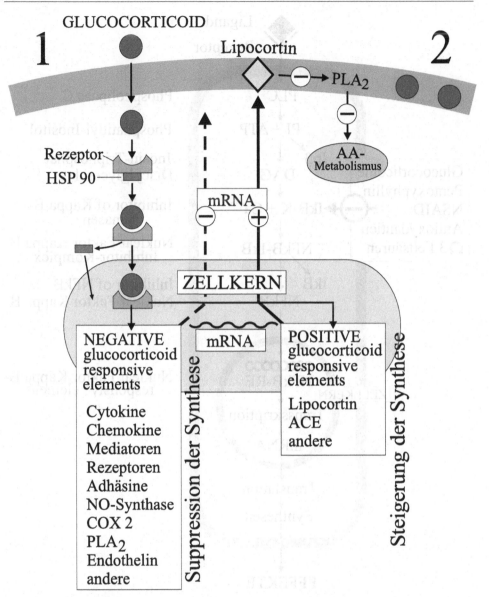

Abb. 104. *Hemmung der Entzündungsaktivität durch Glucocorticoide auf zellulärer Ebene.* (1) Synthetische wie natürliche Glucocorticoide (Cortisol) diffundieren durch die Zellemembran zum intrazellulären Glucocorticoidrezeptor und binden an ihn, wobei das Hitzeschockprotein 90 (HSP 90) vom Rezeptor abgespalten wird. Ein Transportmechanismus für Glucocorticoide durch die Zellmembran wird diskutiert, ist aber nicht bewiesen. Der Glucocorticoid-Rezeptor-Komplex diffundiert weiter in den Zellkern, wo er abhängig vom Zelltyp an den „negative glucocorticoid responsive elements" die Expression einer Reihe von proinflammatorischen Faktoren hemmt. Im Gegensatz dazu wird an den „positive glucocorticoid responsive elements" die Expression von Lipocortin erhöht. Lipocortin ist ein 37 kD Protein der Annexin- Familie, das in die Zellmembran eingelagert wird und die Aktivität der Phospholipase A2 (PLA2) hemmt. Durch die verringerte Freisetzung von Arachidonsäure (AA) wird der AA-Metabolismus und damit die entzündliche Reaktivität der Zelle eingeschränkt. Das HSP 90 aktiviert Gene für die Produktion zellprotektiver Proteine. (2) Glucocorticoide werden bei hohen Konzentrationen direkt in die Zellmembran eingelagert und dämpfen die Reaktivität und Aktivität der Zelle durch Erhöhung der Membranviskosität.

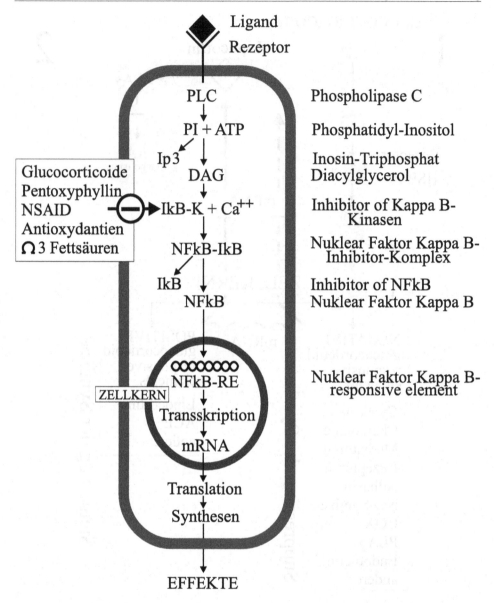

Abb. 105. *Signalübermittlung über Nuclear factor kappa B (NFκB).* Nach Bindung des Liganden aktiviert der Rezeptor die Phospholipase C (PLC), die Phosphatidyl-Inositol mit Hilfe von ATP in Inisintriphosphat (IP3) und Diacylglycerol (DAG) spaltet. DAG aktiviert die Ca^{++}-abhängigen Proteinkinasen, unter ihnen die Inhibitor of kappa B Kinasen (IκB-Kinasen), die den NFκB/IκB Komplex spalten. Der NFκB, von dem verschiedene Subtypen bekannt sind, ist ein Proteinkomplex mit einem MW um 100 kD, dessen Aufgabe die Induktion von Transskriptionen im Zellkern ist (Transskriptionsfaktor). Im Zytoplasma ist er an den Inhibitor of kappa B (IκB) gebunden, wobei er in dieser Bindung inaktiv ist. Nach Abspalten des IκB wird der NFκB aktiv, diffundiert in den Zellkern und induziert die Transskription in „NFκB responsive elements". mRNA überträgt die Informationen zu den Syntheseorten von Proteinen im Zytoplasma. Glucocorticoide, NSAID und Pentoxyphyllin hemmen die IκB-Kinasen und damit die Aktivierung des NFκB, worauf ein Teil ihres antiinflammatorischen Effektes beruht. Auch Antioxydantien und Omega-3-Fettsäuren können einen Hemmeffekt ausüben.

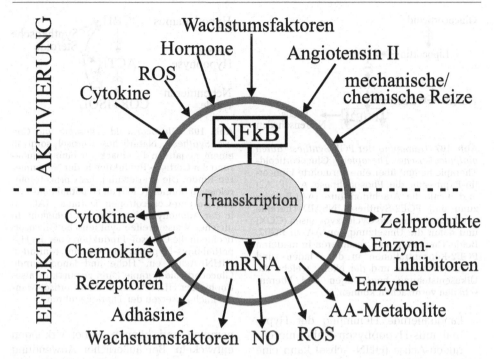

Abb. 106. *Aktivierungsreize des Nuclear Factor Kappa B und mögliche Effekte.* Spezifische und unspezifische Reize können den NFκB aktivieren und je nach Zelltyp und Art des Aktivierungsreizes unterschiedliche Zellleistungen auslösen.

gel stimuliert wiederum die Insulinfreisetzung aus dem Inselapparat und in Folge die Fettsynthese in der Leber und die Fettspeicherung im Fettgewebe. Die angehobenen Insulinspiegel lenken das Fett in Pannuszellen am Körperstamm und im Abdomen, die mit Insulinrezeptoren reichlich ausgestattet sind. Es entsteht typischerweise eine „Stammfettsucht". Blutglucose über der Resorptionsschwelle der Nieren von 150 bis 180 mg% wird im Harn ausgeschieden („Steroid-Diabetes").

■ Hohe Blutspiegel von Glucose und Glucocorticoiden können Katarakt und Glaukom hervorrufen.

■ Auch synthetische Glucocorticoide üben in höherer Dosierung Mineralocorticoid-Wirkung aus und führen über eine vermehrte Retention von Na^+ und Wasser zu Ödemen und Bluthochdruck. Das ödematös durchtränkte Stammfett prägt das Erscheinungsbild: Massiger Körperstamm und Nacken, aber durch den Muskelabbau

dünne Arme und Beine. Gesichtsödeme bewirken das „Vollmondgesicht". Wegen der Ähnlichkeit mit dem Morbus Cushing, bei dem die Glucocorticoide aus endogener Überproduktion vermehrt sind, wird dieser Habitus als „cushingoides Erscheinungsbild" bezeichnet. Die Veränderung tritt bei Langzeittherapie über einer gewissen Glucocorticoid-Belastung, der sog. „Cushing-Schwelle" auf, die individuell verschieden ist.

■ Ulcera des Magens und des Duodenuums („Steroid-Ulcus") entstehen durch eine Hemmung der Phospholipase A2 und den daraus resultierenden Mangel an cytoprotektivem PGE2 (**Abb. 104**, **Abb. 107**, S. 47).

■ Auf die Psyche wirken Glucocorticoide euphorisierend, so dass sich ein Suchtverhalten entwickeln kann.

■ Wie die natürlichen greifen auch synthetische Glucocorticoide in die Regulation der Steroidsynthese im Sinn eines negativen Feed-backs ein (**Abb. 108**).

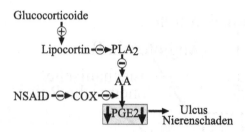

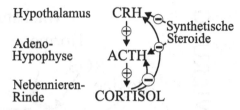

Abb. 107. *Hemmung der PGE-Synthese durch antiphlogistische Therapien.* Glucocorticoid-Therapie hemmt über eine vermehrte Lipocortin-Expression die Phospholipase A2 (PLA2) und damit die Arachidonsäure (AA)-Freisetzung und PGE2-Synthese. NSAID-Therapie wiederum hemmt die Cyclooxygenasen (COX) und damit die Umsetzung von AA zu PGE2. Beide Therapieformen resultieren in niederen PGE2-Konzentrationen in der Magen- und Darmschleimhaut und der Niere, welche die Ulkusentstehung begünstigen und Nierenschäden verursachen können.

Abb. 108. *Glucocorticoid- Therapie und Cortisol-Synthese.* Natürliches Cortisol sorgt in einem negativen Feedback für eine Regulierung der Cortisol- Produktion in der Nebennieren-Rinde: Die Freisetzung des Corticotropinreleasing hormon (CRH) im Hypothalamus und des Adreno-Corticotropen Hormons (ACTH) in der Adenohypophyse werden gehemmt. In gleicher Weise greifen synthetische Glucocorticoide in die Cortisol- Produktion über die Hypothalamus-Hypophysen-Nebennierenrinden (HHN)-Achse ein. Hohe und langdauernde Glucocorticoidtherapie kann zur Inaktivitätsatrophie der HHN-Achse und zu Cortisol-Mangel nach Absetzen der Therapie führen.

Langdauernde Hemmung der Hypothalamus-Hypophysen-Nebennierenrinden-Achse (HHN-Achse) kann eine Inaktivitätsatrophie der beteiligten Drüsen zur Folge haben, aus der sie sich nur langsam oder auch gar nicht mehr erholen. Um dieses Risiko möglichst klein zu halten, werden Glucocorticoide nicht als zirkadiane Dauerspiegel therapiert, sondern man folgt dem physiologischen Tagesrhythmus: Morgens hoch, danach abfallend. Ein plötzliches Absetzen einer langdauernden Therapie kann eine insuffiziente HHN-Achse zurücklassen, bis zu deren Regeneration eine Gluconeogenese nicht ausreichend betrieben werden kann. In katabolen Situationen (Hunger, körperliche Anstrengung, Stress, Fieber) besteht dann die Gefahr einer Hypoglykämie. Man soll deshalb im Bedarfsfall der HHN-Achse durch schrittweise Reduktion der Glucocorticoid-Dosis („Ausschleichen") die Möglichkeit zur Erholung geben.

Unerwünschte Nebenwirkungen treten naturgemäß nach langdauernder, hochdosierter systemischer (oraler) Gabe von Glucocorticoiden besonders stark in Erscheinung. Aber auch bei inhalativer Applikation von Aerosolen werden Glucocorticoide über die Schleimhäute ins System aufge-

nommen und können Nebenwirkungen entwickeln. Bei äußerlicher Anwendung etwa in Lotionen oder Salben wird die Kollagensynthese mit der Folge von Hautatrophien beeinträchtigt. Lokale Injektionen von Glucocorticoiden gegen Entzündung und Schmerzen von Gelenken wie z.B. in der Sportmedizin schwächen das Kollagen der Sehnen und Bänder und erhöhen das Risiko von Rissen unter Belastung.

4.2 Non Steroidal Antiinflammatory Drugs (NSAID)

Da diese Medikamentengruppe bei der Therapie der chronischen Polyarthritis (cP) einen Standardplatz einnimmt, wird im Deutschen auch der Ausdruck „Nicht steroidale Antirheumatika" (NOSTAR, auch NSAR) verwendet. Die cP deckt aber bei weitem nicht das Einsatzgebiet dieser Entzündungshemmer ab. NSAID sind die am häufigsten verschriebenen Heilmittel überhaupt. In Europa machen sie knapp 15% des Medikamentenumsatzes aus.

Zur Geschichte. Die äußerliche Anwendung von zerquetschten Weidenwurzeln, die Salicylsäure enthalten (Salix

= Weide), zur Abschwellung von Verstauchungen wurde schon vom griechischen Arzt Hippokrates von Kos (460 bis ca. 370 a.C.) empfohlen. Eine medizinische Sternstunde war die Azetylierung der Salicylsäure im Jahre 1898 durch Hofmann, der damit auch das erste synthetische Medikament herstellte. Eigentlich wollte Hofmann mit einer Azetylierung die aggressive Salicylsäure Magen- schonender machen. Unbeabsichtigt potenzierte er aber mit dieser Maßnahme die entzündungshemmende Wirkung (S. 51). Die Azetylsalizylsäure wurde unter dem Namen „Aspirin" weltbekannt. Der Name entstammt einer Wortbildung aus „A", steht für „azetyliert", und „Spirea", Spierstaude, deren Wurzeln reichlich Salicylsäure enthalten. Salicylsäure kommt in der pflanzlichen Natur häufig vor und findet sich besonders reichlich in der Schale von Obst und in den Wurzeln von Pflanzen, die in Feuchtbiotopen wachsen. Sie scheint dort dem Fäulnisschutz zu dienen.

Chemisch sind NSAID sieben Hauptgruppen in zwei Hauptklassen zuzuordnen. *Carbonsäuren* mit den Vertretern Salicylsäurederivate (z.B. Acetylsalicylsäure), Anthranilsäurederivate (z.B. Etofenamat), Essigsäurederivate (z.B. Indomethacin), und Propionsäurederivate (z.B. Ibuprofen). *Enole* mit den Vertretern Oxicame (z.B. Piroxicam), Pyrazolone (z.B. Phenylbutazon) und Azapropazon. Allen gemeinsam ist eine ausgeprägte hydrophile-lipophile Polarität, die Säureeigenschaft und eine hohe Bindungsaffinität zu Plasmaeiweißen, die ihre Pharmakokinetik bestimmen. Die selektiven COX-2 Hemmer (S. 37) sind dagegen Abkömmlinge von *Sulfonamiden* und verwandten Schwefelverbindungen.

Angriffspunkte der NSAID

Allen Gruppen der NSAID gemeinsam ist die Hemmung der Cyklooxygenase (COX). Je nach NSAID-Typ ist die Wirkung auf die COX unterschiedlich.

– Manche NSAID hemmen die COX kompetitiv mit geringer Bindungsaffinität; ihre Wirkung ist nur kurzfristig.

– Andere kompetitive Hemmer haben eine hohe Bindungsaffinität; ihre Wirkung ist nachhaltiger.

– Acetylsalicylsäure zerstört durch Acetylierung irreversibel die COX-Wirkung des Enzyms. In eukaryoten Zellen wird die inaktivierte COX nachgebildet, nicht dagegen in den kernlosen Thrombozyten, deren TXA_2-Produktion und gerinnungsfördernde Potenz auf diese Weise eingeschränkt wird. Niederdosierte Acetylsalicylsäure wird in der Prophylaxe der Atherosklerose und des Coronarinfarkts eingesetzt (S. 52). Über die Wirkung acetylierter COX als Produzent von Lipoxinen siehe S. 62.

Manche NSAID wirken in höherer Dosierung zusätzlich hemmend auf die Lipoxygenase. Ein wichtiger Angriffspunkt der NSAID ist die Hemmung der IκB-Kinase, womit je nach Zelltyp und Dosierung pro-inflammatorische Aktivitäten eingeschränkt werden (**Abb. 105, Abb. 106**). Über Details zur Pharmakodynamik und Pharmakokinetik der NSAID informiert die pharmakologische Literatur.

NSAID wirken antiphlogistisch (entzündungshemmend, S. 51f), analgetisch (Schmerz hemmend, S. 250), antipyretisch (Fieber senkend, S. 248) und antithrombotisch (Blutgerinnung hemmend, S. 233), wobei die Gewichtung dieser Wirkungen von Dosis und Typ des NSAID abhängt.

An sich sind NSAID symptomatische Therapeutika, das heißt sie beheben nicht die Ursache, sondern mildern oder beseitigen die entzündlichen Symptome einer Krankheit. Wegen des starken autokatalytischen Eigenschwungs einer Entzündung, bei dem Produkte der Entzündung den Entzündungsprozess selbst weiter unterhalten, enthält eine anti-inflammatorische Therapie aber auch ein kausales Moment. Zur Unterbrechung eines solchen selbststimulierenden, positiven Feedbacks ist es nötig, Entzündungshemmer in erforderlich hoher Dosis zu applizieren.

Nebenwirkungen einer Therapie mit NSAID

NSAID sind alles andere als harmlose Medikamente. Die hohe Wirksamkeit, der günstige Preis und der Mangel an ebenbürtigen Ersatzmitteln rechtfertigen jedoch das Risiko. Abhängig von der Art der NSAID, der Dauer und Dosis der Therapie und von der individuellen Empfindlichkeit können Schäden an Magen, Niere, Knochenmark, Leber und am Nervensystem auftreten. Eine andere Gefahr ist das Auslösen von Allergien und die erhöhte Blutungsneigung (Genaueres S. 53f). Während einer länger dauernden Therapie mit NSAID müssen daher Leber- und Nierenfunktion und Blutbild überwacht werden.

4.3 Hemmung des Aufbaus des Cytoskeletts

Eine Möglichkeit, Zellaktivitäten ruhig zu stellen, ist die Hemmung des Aufbaus der Mikrotubuli mittels Colchizin. Damit werden die orientierte chemotaktische Bewegung, die Phagozytose und Exozytose blockiert (S. 174). Eine Kombination von Colchizin mit hochdosierten NSAID oder Glucocorticoiden dient zur Therapie des akuten Gichtanfalls (S. 185). Nieder dosiertes Colchizin wird als Dauertherapie beim Familiären Mittelmeerfieber eingesetzt (S. 103).

Hohe intrazelluläre cAMP-Spiegel reduzieren das Angebot an freiem cytosolischem Ca^{++} und beeinträchtigen damit eine Reihe von Zellfunktionen, darunter auch den Auf- und Umbau des Aktin-Cytoskeletts. Die Beeinflussung des intrazellulären Ca^{++} über Rezeptoren wird therapeutisch genutzt (S. 170, **Abb. 16**).

4.4 Antagonisten von Entzündungsmediatoren

Leukotrien-Antagonisten: Zur Hemmung der Wirkung der Cysteinyl-Leukotriene $C_4D_4E_4$ („slow reacting substance of anaphylaxis") wurden zwei therapeutische Wege begangen:

– Hemmung der LT-Synthese durch Behinderung der Aktivierung der 5-Lipoxygenase (S. 57).
– Blockierung der Rezeptoren für Cysteinyl-LT. Diese letztere Gruppe von LT-Antagonisten ist in Europa zugelassen und wird in der Therapie des Asthma bronchiale eingesetzt.

Histamin-Antagonisten: Die entzündlichen Wirkungen des Histamins werden durch H1-Rezeptorblocker („Antihistaminika") neutralisiert. Die Histamin-Abgabe aus den Mastzellen kann durch spezifische Ca-Antagonisten (Dinatrium-Chromogylzinsäure) gehemmt werden (**Abb. 16**). Eine mäßige Hemmwirkung auf Mastzellen entfalten auch β2-Mimetika (**Tabelle 16**, S. 293).

4.5 Spezifische Antikörper, körpereigene Inhibitoren und lösliche Rezeptoren

Moderne Therapiekonzepte versuchen hoch spezifisch an strategisch günstigen Stellen in den Entzündungsablauf einzugreifen. Dazu werden gentechnisch hergestellte natürliche Wirkstoffe bzw. Wirkstoffe in geringer Abwandlung (Analoga) oder auch Antikörper gegen biologische Wirkstoffe eingesetzt, die unter dem Begriff „biologics" zusammengefasst werden. Auf diesem Weg sollen Cytokine, Adhäsine und Rezeptoren durch Antikörper, lösliche Rezeptoren und natürliche Antagonisten in ihrer Wirkung neutralisiert werden. Zielobjekte für solche steuernden Eingriffe sind vor allem Adhäsine an Granulozyten, Lymphozyten und Endothelzellen sowie Cytokine, die bei SIRS, Sepsis, bei Transplantatabstoßung u.a. blockiert werden sollen (S. 154, 113). Die unter hohem Kraftaufwand der Pharmaindustrie meist rekombinant hergestellten Wirkstoffe haben die Erwartungen häufig nicht oder nur zum Teil erfüllt. Vielversprechende Ergebnisse konnten dagegen in der Therapie der cP mit TNFα-Antagonisten erzielt werden.

Einer breiten Anwendung von biologics in der medizinischen Praxis stehen heute noch eine Reihe von Hindernissen im Wege. Blockierte Rezeptoren und Cytokine werden von der Zelle rasch ersetzt, so dass meist Dauerinfusionen über längere Zeiträume nötig sind. Zudem sind die zur Zeit enormen Kosten solcher neu entwickelter Medikamente kein unbeträchtliches Gegenargument. Trotzdem muss in diesem Konzept gezielter Therapien mittels Eingriffen auf physiologischer Ebene eine Zukunft der Medizin gesehen werden.

4.6 Alimentäre Faktoren

Zur Entzündungshemmung bzw. zur Neutralisation bei Entzündungen anfallender toxischer Produkte können auch Wirkstoffe beitragen, die in gewissen Nahrungsmitteln vorhanden sind. Mehrfach ungesättigte Fettsäuren, wie die Eikosapentaensäure und Dokosahexaensäure werden in nur schwach wirksame Endprodukte des COX und LOX-Stoffwechsels umgesetzt. Speisefische reichern solche vom Phytoplankton produzierten hoch-ungesättigten Fettsäuren in ihren Fettdepots an (S. 54f).

Eine andere Gruppe entzündungshemmender Nahrungsbestandteile sind die Sauerstoffradikalfänger. Als „Fänger" kommt eigentlich alles in Frage, was sich leicht oxydieren lässt: Phenole, aromatische Amine, Flavonoide, β-Carotine und Carotinoide, α-Tokopherol (Vitamin E), Ascorbinsäure (Vitamin C) in Gemüse, Obst, Früchten, Tee, Rotwein, in der Kleberschicht von Getreide („Vollkornkost") und vielen anderen natürlichen Nahrungsmitteln. Der Wert einer Fisch, Obst und Gemüse reichlich enthaltenden Kost, wie sie in subtropischen Klimazonen Tradition ist („Mittelmeerkost"), zur Prophylaxe der Atherosklerose ist wissenschaftlich gesichert. Atherosklerose ist eine spezifische, chronisch verlaufende Entzündung der arteriellen Intima, die durch entzündungshemmende alimentäre Faktoren günstig beeinflusst werden kann (S. 300). Eine derartige Ernährung wird darüber hinaus bei chronischen Entzündungen wie cP, Psoriasis, Akne, Atopischer Dermatitis und als begleitende Unterstützung anti-inflammatorischer Therapien empfohlen. Es muss aber immer betont werden, dass eine alimentäre Regulierung des pro- und antiinflammatorischen Gleichgewichts nicht durch eine Einmal-Therapie, sondern nur durch eine konsequente Einhaltung des diätischen Regimes über Jahre und Jahrzehnte erreicht werden kann. Da sie sehr schmackhaft sind, können solche Kostformen auch dem Noch nicht- Kranken zur Erhaltung der Gesundheit empfohlen werden. Hoch-ungesättigte Fettsäuren sind auch bei schwerem Trauma, Sepsis und SIRS in Infusionslösungen mit der Erwartung einer Entzündungshemmung im Einsatz.

Teil III
Klinische Probleme

Krankheitsbilder auf der Basis akuter Entzündungsreaktionen

1 Der Infekt

Unter *Infekt* versteht man eine Ansiedlung von Mikroorganismen auf dem und im Organismus, die eine *entzündliche Abwehrreaktion* hervorruft, wobei sich die Abwehrreaktion gegen Bestandteile und/oder Stoffwechselprodukte der Mikroorganismen richten kann. Als *Infektion* wird die *Übertragung* von Mikroorganismen bezeichnet, die einen Infekt zur Folge hat. Zwischen der Infektion und dem klinisch manifesten Infekt mit den für einen Erreger oft recht typischen Entzündungszeichen erstreckt sich eine Periode fehlender oder atypischer Symptome (Inkubationszeit), in der sich die Pathogene im Organismus etablieren und vermehren.

Die bloße Anwesenheit von Mikroorganismen auf dem und im Organismus *ohne* entzündlicher Abwehrreaktion wird als *Besiedelung* oder *Kolonisation* bezeichnet. Der Ausdruck Kolonisation wird auch für eine Ansammlung von Keimen im Wundbereich oder auf medizintechnischen Gerätschaften wie Kathetern, Drains oder Implantaten ohne Entzündungsreaktion gebraucht. Mikrobielle Besiedelungen der äußeren Haut und der Schleimhäute sind physiologisch und stellen oft eine Symbiose dar, bei der beide Teile, Wirt wie Symbiont, profitieren. So wird die Zahl der den Darm besiedelnden Bakterien auf etwa 10^{14} geschätzt, unter denen rund ein Prozent potentiell pathogen ist. Der Großteil dieser Keime besteht jedoch aus nicht- pathogenen Anaerobiern, die im Glykosaminoglykan-Belag der Schleimhautoberflächen (Glykokalyx) leben und unter anderem den Organismus vor Pathogenen schützen. Darmbakterien erzeugen auch für den Wirt wichtige Verbindungen wie z.B. Vitamin K, oder greifen durch Bildung von Lithocholsäure in den Cholesterinhaushalt ein. Eine Antibiotika-Therapie kann diese nützlichen Symbionten schädigen und auf diesem Weg Verdauungsstörungen oder Darminfektionen auslösen. Auf der Haut erzeugen gewisse Bakterienstämme einen Säurefilm, der einen Schutz gegen pathogene Keime darstellt. Zerstörung dieses Säurefilms etwa durch häufigen Kontakt mit alkalischen Seifen oder Detergentien hat vermehrt Infekte mit Eitererregern zur Folge.

Der *Infektionsweg* bezeichnet die Eintrittspforten von Mikroorganismen oder deren Toxinen in den Organismus: die Schleimhäute der Conjunctiven, des Respirations-, Gastrointestinal- und Urogenital-Trakts, die Haut und ihre Anhangsdrüsen, oder Verletzungen der äußeren und inneren Körperoberflächen. Infekterregende Mikroorganismen können Bakterien, Viren, Pilze und tierische Einzeller (Protozoen) sein. Wenn Metazoen („Parasiten") Entzündungen hervorrufen, spricht man von *Infestation*.

1.1 Bedingungen, die Infekte ermöglichen und begünstigen

Ein Infekt baut sich auf vier Hauptkomponenten auf (**Abb. 109**):

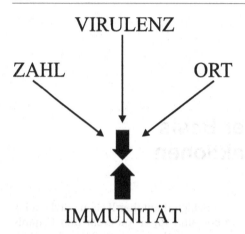

VIRULENZ

ZAHL   **ORT**

IMMUNITÄT

Abb. 109. *Die vier Standbeine des Infekts.* Ein Infekt wird bestimmt: von der Zahl, Aggressivität (Virulenz) und vom Eintrittsort der Erreger in den Körper als fördernde Elemente, sowie von der Leistungsfähigkeit der Immunität, die gegen einen Infekt gerichtet ist.

- die Zahl der Keime
- die Aggressivität der Keime (Virulenz)
- der Eintrittsort der Keime in den Organismus
- die Leistungskraft der Immunität

1.1.1 Die Zahl der Keime

Art und Zahl der Keime in Proben werden üblicherweise durch Anzucht in Kulturen ermittelt (Bakteriogramm). Kleinste Keimmengen können nach Vermehrung der bakteriellen DNS mit PCR (polymerase chain reaction) mittels Gensonden festgestellt werden. Es ist logisch, dass die Infektgefahr mit der Zahl der auf den Körper einwirkenden pathogenen Keime steigt. Zusätzlich muss aber immer auch die Aggressivität der Keime (Virulenz) in Betracht gezogen werden. Grenzwerte von Keimzahlen, ab denen ein Infektrisiko als hoch eingestuft wird und auch bei fehlenden Entzündungssymptomen antimikrobielle Maßnahmen indiziert sind, werden unter Einbeziehung des Zustandes eines Patienten meist Klinik-spezifisch definiert. Bei der Festlegung solcher Gefahrengrenze wird auch die Virulenz eines Erregers mit berücksichtigt. Ähnliches gilt auch für die Beur-

teilung hygienischer Bedingungen wie etwa Keimzahlen im Trinkwasser.

1.1.2 Die Virulenz

Die Virulenz ist ein Maß für die Gefährlichkeit und Aggressivität eines Keimes, die von dessen Art, aber auch von dessen momentanen Zustand und von Umwelteinflüssen bestimmt werden. Faktoren, welche die Virulenz von Keimen ausmachen, sind Vermehrungsgeschwindigkeit, Toxinabgabe, Mobilität und Ausbreitung sowie Synergismen mit anderen Keimen, die wieder durch die Lebensbedingungen beeinflusst werden, die verschiedene Milieus den Keimen bieten. Günstige Lebensbedingungen finden manche Mikroorganismen etwa bei gesteigerter Konzentration von Glucose (Diabetiker) oder Katecholaminen (bei Stress und Schock, S. 282). Gewisse Enterobakterien z.B. erhöhen ihre Vermehrungsrate in-vitro, wenn dem Nährmedium Nor-Adrenalin beigegeben wird. Bakterien vermögen Gene, die ihre Virulenz erhöhen, von anderen Bakterien zu übernehmen. Ebenso kann die Resistenz gegen Antibiotika unter Keimen vermittelt werden, indem Gene für Antibiotika- abbauende Enzyme weitergegeben werden. Dieser Informationsaustausch kann auch zwischen verschiedenen Erregerspezies stattfinden. Keimzahl und Virulenz können sich potenzieren, indem bei manchen Erregern über einer gewissen Keimdichte die Virulenz ansteigt. Solche Zusammenhänge wurden auch an in-vitro – Modellen gezeigt: Ab einer kritischen Besiedelungsdichte werden die Lebensbedingungen so ungünstig, dass manche Mikroorganismen zur Nahrungsbeschaffung ihre Umwelt attackieren – nicht viel anders als menschliche Populationen, bei denen Hunger das Verlassen üblicher Verhaltensnormen und Aggressivität auslöst. Die Virulenz eines Keimes ist somit kein statischer, sondern ein veränderlicher Zustand.

Eine Reihe pathogener Bakterien kann aber auch ihre Virulenz vorübergehend zurücknehmen und sich in einen Ruhezustand innerhalb von Biofilmen begeben. *Biofilme* sind Schutzhüllen aus Dextran, die von den Erregern selbst hergestellt werden und in deren Abgeschlossenheit die Erreger Dauerformen bilden und in eine Ruhephase verfallen. Solche Biofilme sind für Antibiotika nur schwer permeabel. Da die Erreger zudem ihre Vermehrung weitgehend einstellen, sind Antibiotika, welche an der Zellteilung ansetzen, wirkungslos. Manche dieser Pathogene können Wochen, Monate und Jahre in diesem Dauerstadium verbleiben, um dann unter günstigen Umständen wieder virulent zu werden. Das erklärt, warum z.B. nach dem Absetzen einer „erfolgreichen" Antibiotika-Therapie und offensichtlicher klinischer Heilung Infekte wieder aufflammen. Biofilme können sich an verschiedenen Orten bilden, bevorzugter Sitz sind jedoch Nischen im toten Winkel des Immunsystems wie abgekapselte eitrige Entzündungen (z.B. Osteomyelitiden, Zahngranulome) und fibrös eingeschlossene Fremdkörper wie Osteosynthese-Material und Implantate. Auch die „Plaques" am Zahnschmelz sind Biofilme, unter denen Bakterien Säure produzieren und damit den Schmelz angreifen.

1.1.3 Der Eintrittsort der Keime

ist ein gewichtiger Faktor, da sich das Immunsystem entsprechend den Erfahrungen der Evolution in den einzelnen Körperregionen verschieden ausgebildet hat. Gut geschützt sind Orte, die einem massiven Auftreffen von Keimen ausgesetzt sind: Die äußere Körperoberfläche hat den Schutz der epidermalen Hornschicht, Anhangsgebilde wie Haarfollikel und Drüsen sind an ihren Mündungen mit lymphoretikulären Kontrollposten versehen. Abgeschirmt sind auch die Eingänge zu den großen inneren Körperoberflächen: Der Mund-, Nasen- und Rachenbereich, sowie der Analbereich besitzen gut ausgebildete Einrichtungen des Immunsystems. Aus diesem Grund verlangen operative Eingriffe in diesen Regionen (Zahnextraktionen, Tonsillek-

tomien, Hämorrhoidektomien u.a.) keine aseptischen Bedingungen. Bezeichnender Weise treten bei Schwächung der Immunabwehr gerade in diesen stark keimbelasteten Bezirken bevorzugt und frühzeitig Infekte auf wie Gingivitis, Sinusitis, Otitis media, Pharyngitis und Atemwegsinfekte oder Befall des Genitalbereichs. Infekte dieser Art sind ein diagnostischer Hinweis auf Schäden des Immunsystems (S. 271ff). Der Darm wird durch die bakterizide Wirkung der Magensäure vor einer Keimüberschwemmung von außen bewahrt. Daher erhöht sich unter Antazida-Therapie die Gefahr von Darminfektionen.

Wesentlich empfindlicher ist dagegen das Körperinnere. Die abführenden Harnwege sind ein häufiger Ausgangspunkt für Infektionen der vorgelagerten Organe. Die Niere ist wegen der hohen Osmolarität des Markes besonders infektanfällig (S. 274). Häufiges Ziel von Infekten sind auch der weibliche und männliche Genitaltrakt. Extrem gefährdet sind die geschlossenen inneren Körperhöhlen Liquor-, Pleura- und Peritonealräume wie auch Gelenke, in denen sich Pathogene leicht vermehren und ohne mechanischen Widerstand über große Flächen ausbreiten können. Einem hohen Gefährdungsgrad ist auch geschädigtes, zerstörtes und hämorrhagisches Gewebe ausgesetzt, da hier die elementaren Voraussetzungen einer Immunabwehr fehlen. Eine defekte Gefäßversorgung macht die Ausbildung des entzündlichen Ödems, den Antransport von Mediatoren, Immunglobulinen und von Entzündungszellen sowie den Abtransport von Schadstoffen unmöglich (S. 25f). Solche Gewebsbereiche bieten ideale Ernährungsbedingungen und sind geradezu ein Schlaraffenland für Mikroorganismen. Wegen der hohen Infektgefahr muss zerstörtes Gewebe chirurgisch entfernt werden. Zerfetzte Wundränder werden glatt ausgeschnitten, um so die Zone der Gewebszerstörung möglichst schmal zu halten. Damit wird die Heilung beschleunigt und auch das kosmetische Ergebnis verbessert.

1.1.4 Die Leistungskraft der Immuneinrichtungen

Unter Immunität versteht man das Geschütztsein durch körpereigene Einrichtungen gegenüber Infekten. Zum Schutz gegen Mikroorganismen und deren Produkte stehen einem Individuum eine Reihe solcher Einrichtungen zur Verfügung. Aus klinisch-pragmatischer Sicht ist es vorteilhaft, diese Einrichtungen einer *Immunität im weiteren Sinn* und einer *Immunität im engeren Sinn* zuzuordnen, da der klinische Alltag in diagnostischer und therapeutischer Hinsicht von diesen Aspekten dominiert wird und sich auch die personellen Verantwortungsbereiche und organisatorischen Kompetenzen danach orientieren.

Unter Immunität im weiteren Sinn fallen jene **immunologischen Schutzeinrichtungen**, welche die Körperoberfläche gegen das Eindringen belebten und unbelebten Schadmaterials (S. 9) entwickelt hat und die generell einen Organismus gegen die Außenwelt abgrenzen, somit die Integrität des inneren Milieus eines Organismus sichern und seine individuelle Identität bewahren helfen. Dazu gehören Schutzhüllen, mechanische und chemische Barrieren wie auch Mechanismen, welche die Körperoberfläche von anhaftendem Schadmaterial säubern (Clearance-Mechanismen) bis hin zu besonderen Verhaltensweisen.

Die Immunität im engeren Sinn ist die *Immunität im „klassischen" Sinn*, die von einem für diesen Zweck entwickelten Abwehrsystem, dem **Immunsystem**, repräsentiert wird (S. 3f). Träger des Immunsystems ist ein hochspezialisiertes mesenchymales Gewebe. Immunologische Schutzeinrichtungen und das Immunsystem arbeiten eng zusammen und sind aufeinander angewiesen. Defekte der einen Komponente können nicht oder nur mangelhaft durch die andere kompensiert werden.

1.1.4.1 Immunologische Schutzeinrichtungen

Clearance-Mechanismen und mechanische/chemische Barrieren

Einen Überblick gibt die Abb. 110.

Die epithelialen Beläge der Körperoberflächen bilden gegenüber dem Eindringen von Mikroorganismen Hindernisse, deren Effektivität durch Schleimschichten und Basalmembranen verstärkt wird. Die äußere Haut (Integumentum) wehrt Keime mechanisch durch eine Hornschicht ab, wobei Fettung (Talg), Schweiß und der bakteriell erzeugte Säuremantel die Wirkung unterstützen. Cornea und Conjunktiven werden durch die Tränenflüssigkeit nicht nur feucht gehalten, sondern auch mit keimtötenden Wirkstoffen gespült. Die großen inneren Körperoberflächen sind durch eindringende Keime besonders stark gefährdet, da sie als Resorptions- und Austauschflächen für Gase, Baustoffe und Energieträger eine hohe Durchlässigkeit voraussetzen. Sie sind deshalb durch vielfache Immuneinrichtungen geschützt. Im Magen ist der Säuregehalt des Magensaftes und die auskleidende, sich ständig erneuernde Schleimschicht eine antimikrobielle Barriere. Im Darm bildet das Epithel mit seiner symbiotischen Bakterienflora einen Schutz. Als wichtige Clearanceeinrichtung kommt hier die ständige Entfernung der wuchernden Keimflora durch den Kotabgang hinzu. Die Atemwege werden durch den komplexen Apparat der mukoziliären Clearance gereinigt, dessen Bildung in der Alveole mit dem Surfactant beginnt und der nach außen hin durch die Sekrete der Clara-Zellen und durch die Beimengungen der Becherzellen und der gemischten Drüsen weiter zu einem geschichteten Schleimteppich aufgebaut wird. Diese Schleimschicht wird mitsamt den aufgefangenen Schwebstoffen als röhrenförmiges Förderband durch die Tätigkeit der Flimmerzellen oralwärts bewegt und schließlich verschluckt oder ausgehustet. Die reguläre Funktion dieses Säuberungsapparates ist sowohl von der quantitativen wie auch qualitativen Zusammensetzung der Funktionselemente abhängig (S. 294). Ebenso hält der Harnfluss die Harnwege steril. Im weiblichen Genitaltrakt sorgt eine Symbiose mit den Säurebildnern der vaginalen Bakterienflora für chemischen Schutz. Im Körperinneren bilden Faszien und bindegewebige Hüllen, Membranen wie die Hirnhäute etc. Grenzschichten, welche die Ausbreitung von Infekterregern eindämmen.

Auch die hygienischen Maßnahmen der Körperpflege, die beim Menschen wie beim Tier einen festen Platz in der Lebensführung einnehmen, gehören in den Bereich der immunologischen Schutzmaßnahmen.

1.1.4.2 Das Immunsystem

Die beiden Träger der Immunität im engeren Sinn sind das Spezifische [adaptive immunity] und das Unspezifische Immunsystem [innate immunity] (S. 4). Die Arbeitsweise des Unspezifischen Immunsystems ist Thema dieses Buches.

IMMUNITÄT

IMMUNOLOGISCHE SCHUTZEINRICHTUNGEN

DAS IMMUNSYSTEM

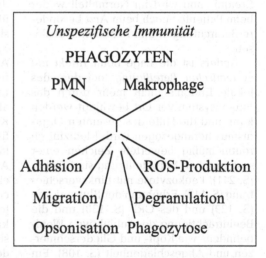

Clearance Mechanismen
Mechanische/Chemische
Barrieren

Sekrete:
   Schleim
   Schweiß
   Talg
   Seröse Flüssigk.

Epithelien
   Verhornung

Membranen
   Basalmembran
   Faszien

Atemwege
GI-Trakt
Urogenital-Trakt
Auge
Haut

Spezifische Immunität
Humorale AK
Zelluläre AK

Unspezifische Immunität
PHAGOZYTEN
PMN   Makrophage

Adhäsion   ROS-Produktion
Migration   Degranulation
Opsonisation Phagozytose

Abb. 110. *Leistungsschwerpunkte der Immunität.* Äußere und innere Körperoberflächen stellen für unbelebte Noxen wie für Mikroorganismen und ihre Toxine die Zugangsmöglichkeit in das Körperinnere dar und sind dementsprechend durch mechanische und chemische Schutzeinrichtungen gesichert, die allgemein und unspezifisch ausgerichtet sind, unterschiedlichen Geweben angehören und sich auf verschiedene Wirkungsprinzipien stützen. Atemwege, der Gastrointestinal-Trakt, der Urogenital- Trakt, das äußere Auge und die Haut werden durch Schutzschichten, chemische Abwehrstoffe und Reinigungsmechanismen (clearance) vor dem Eindringen von Schadmaterial bewahrt. Das Immunsystem ist dagegen eine hochspezialisierte Bildung des Mesenchyms mit zwei Wirkungsarmen: Die unspezifische, angeborene Immunität, und die spezifische, erworbene, adaptive Immunität. Für einen effektiven Schutz des Organismus ist das Zusammenwirken der immunologischen Schutzeinrichtungen, der unspezifischen wie der spezifischen Immunität notwendig.

Die Spezifische Immunität betreffend wird auf das reichhaltige Lehrmaterial verwiesen. *Ein Schutz vor Infekten wird nur durch die volle Funktionstüchtigkeit des Spezifischen und Unspezifischen Immunsystems im Zusammenwirken mit den immunologischen Schutzeinrichtungen erreicht.*

1.2 Der akute Infekt

Ein akuter Infekt ist eine Reaktion des Körpers mit den prägnanten Symptomen einer akuten Entzündung (Rötung, Schwellung, Schmerz, Wärmeentwicklung), die gegen Mikroorganismen gerichtet ist. Der einfachste Fall eines akuten Infektes ist der *lokale Infekt,* bei dem die Symptomatik auf den Entzündungsherd beschränkt bleibt und bei dem die auslösenden Mikroorganismen von den lokalen Instanzen des Immunsystems neutralisiert und beseitigt werden. Der lokale Infekt ist ein häufiges und banales Ereignis und wird im Normalfall weder beim Patienten noch beim Arzt besondere Befürchtungen und Reaktionen auslösen.

Anders ist die Lage beim *Infekt mit systemischer Beteiligung,* bei dem das lokale Ereignis nicht mehr durch das Immunsystem vor Ort bewältigt werden kann und die Hilfe des gesamten Organismus herangezogen wird. Medizinisch routinemäßig bewertete Zeichen einer systemischen Mitbeteiligung sind Fieber (S. 241), Leukozytose mit Linksverschiebung (S. 142), Erhöhung der Blutsenkung (S. 129) und des CRP (S. 130) und die Beeinträchtigung des subjektiven Wohlbefindens wie Kopf- und Gliederschmerzen und Abgeschlagenheit (S. 108). Ein direkter Keimnachweis ist vor allem für die spezifische antibiotische Therapie hilfreich, gelingt aber nicht immer. Ein negatives Bakteriogramm schließt daher einen Infekt nicht aus. Andere Möglichkeiten eines Keimnachweises sind immunologische Methoden (Nachweis spezifischer Antikörper), deren positiver oder negativer Ausfall auch nicht immer

diagnostische Sicherheit bietet. Die Definition des systemischen Infektes ist übrigens nicht genormt und wird unterschiedlich gehandhabt. Der schwere Infekt, die *Sepsis und ihre verschiedenen Ausprägungen,* sind dagegen durch ein internationales Übereinkommen definiert (S. 280).

1.2.1 Zielgruppen für Infekte

Infekte können bereits intrauterin von der Mutter auf das Kind übertragen werden, da die Plazenta nicht immer und für alle Krankheitserreger eine Barriere darstellt. Das reife Neugeborene besitzt – im Gegensatz zum Frühgeborenen – den zum Großteil ausgebildeten Schutz der unspezifischen „angeborenen" Immunität (S. 4). Immunglobuline als Antikörper gegen Krankheitserreger sind zwar nach der Geburt im Kind vorhanden, wurden jedoch über die Plazenta von der Mutter übernommen und können vorerst vom Kind selbst nicht nachgebildet werden. Ein Nachschub erfolgt dann über die Muttermilch; Flaschenkinder sind daher erhöht infektgefährdet. Die Möglichkeit zur Eigenproduktion von Antikörpern beginnt erst mit der Ausreifung des Spezifischen Immunsystems im Laufe des ersten Lebensjahres. Dazu ist allerdings der direkte Kontakt mit den Krankheitserregern nötig, da die Spezifische Immunität eine „erlernte Immunität" [adaptive immunity] ist (S. 234). Die Antikörperbildung bei Erstkontakt mit einem Antigen kann ohne (stille Feiung) oder mit Entzündungszeichen ablaufen, wie sie als die typischen Infektionskrankheiten des Kindesalters bekannt sind. Diese häufen sich naturgemäß mit der Exposition des Kindes gegenüber Keimträgern im Kindergarten oder in der Schule. Die Bildung von Antikörpern und ein Immunschutz ohne oder mit nur geringer Entzündungsreaktion kann durch Applikation von meist modifizierten Antigenen angeregt werden (aktive Schutzimpfung). Im Erwachsenenalter ist der Schutz durch die Spezifische und Unspezifische Abwehr gut etabliert und hat sich auf das antigene Repertoire der normalen, täglichen Keimbelastung eingespielt. Frauen sind im Allgemeinen gegen Infekte resistenter als Männer, da Testosteron immunsuppressiv wirkt. Im Alter nimmt die Kraft des Immunsystems wieder ab. Betagte Menschen sind erhöht infektgefährdet. Gesteigerte Infektanfälligkeit besteht auch während Perioden hormoneller Umstellung wie Pubertät und Schwangerschaft.

Ein gesunder erwachsener Organismus ist in der Lage, die Belastung durch die normale, physiologische Keimflora zu tragen und auch potentielle Pathogene ohne Entzündungsreaktion in Schranken zu halten (S. 263). Infekte setzen entweder ein Übermaß an Keimbelastung und günstige Eintrittsbedingungen für Keime in den Organismus oder einen Defekt der Immunabwehr voraus. Bei *Epidemien* ist eine Durchseuchung mit einer Überzahl an hochvirulenten Krankheitserregern ursächlich, denen ein Teil der Bevölkerung keine ausreichende Menge spezifischer Antikörper entgegenzusetzen vermag (**Abb. 109**). Bei Umgehung der natürlichen Schutzbarrieren der Körperoberfläche und Einbringung in das Körperinnere durch Schäden oder *Verletzungen* genügen auch geringe Mengen an Keimen, um Infekte auszulösen. Infekte sind die übliche Konsequenz und das oft lebensbedrohliche Begleitszenario von Defekten der Unspezifischen (S. 271f) und Spezifischen (S. 234f) Abwehr. Solche Defekte könne angeboren oder erworben sein. Während in der Dritten Welt Fehlernährung und Eiweißmangel im Besonderen die häufigste Grundlage für eine sekundäre Immunschwäche darstellen, sind es in den Industrienationen Schäden durch Chemikalien und immer mehr durch Medikamente, bei denen Immunsuppression entweder beabsichtigt ist oder als „Arzneimittel-Nebenwirkung" auftritt (S. 274f).

Zunehmende Bedeutung gewinnt wegen der steigenden Opferzahlen und der explodierenden Kosten für Gesundheitssysteme der **nosokomiale Infekt**, worunter der während eines Krankenhausaufenthaltes auftretende Infekt verstanden wird (nosokomeion = Krankenhaus). Die Infektion kann in der Krankenanstalt selbst stattgefunden haben und ist oft auf Erreger zurückzuführen, die im feucht-warmen Spitalsmilieu bei mangelhafter Hygiene besonders günstige Lebensbedingungen finden. Diese „Spitalskeime" gehören häufig den Gruppen der Staphylokokken, Gram-negativen Enterokokken und verschiedenen Pilzen an, sind meist Krankenhausspezifisch und werden durch medizinische Gerätschaften und vor allem durch das Personal (Arzt, Pflege) verbreitet. Es wäre jedoch eine Fehleinschätzung, den nosokomialen Infekt allein einem Mangel an Hygiene zuzuschreiben. Potentiell pathogene Keime gehören zur regulären humanen Besiedelung, werden somit vom Patienten selbst mitgeführt und können nach Schädigung der Immunabwehr durch Traumen und kurative Maßnahmen Infekte auslösen. Keime, welche die Gelegenheit einer Immunschwäche ausnützen, um aggressiv zu werden, werden als **opportunistische Krankheitserreger** bezeichnet. Unter den vielen in Frage kommenden Pathogenen seien hervorgehoben: unter den Bakterien Staphylococcus aureus- und Streptokokken-Spezies, Pseudomonas aeruginosa und enteropathogene Coli-Spezies, unter den Pilzen Candida albicans und unter den Viren Epstein-Barr und Cytomegalie-Viren. Einige dieser opportunistischen Erreger haben auch eine Resistenz gegen die gängigen Antibiotika entwickelt bzw. sind in der Lage, sich auf Neuentwicklungen rasch einzustellen („Problemkeime").

1.2.1.1 Die *Schädigung immunologischer Schutzeinrichtungen* durch intensivmedizinische Maßnahmen schafft häufig erst die Eintrittswege für Pathogene bzw. ihre Toxine in den Organismus:

■ Atemwege: Durch die Intubation bei künstlicher Beatmung wird die mukoziliare Clearance behindert. Der Sekretstau, der durch Absaugen nur unvollkommen behoben werden kann, bildet für die Vermehrung von Keimen einen günstigen Nährboden. Der Tubus und seine Halteeinrichtung reizt und schädigt die Trachealwand und schafft damit eine Eintrittspforte für Keime.

■ Urogenitaltrakt: liegende Katheter behindern den natürlichen Spüleffekt, bilden Wege für aufsteigende Infektionen und begünstigen die Keimansiedlung in Urethra und Blase. Keime können sich auch hämatogen über die Niere ausbreiten und sich in Blase und Harnröhre etablieren.

■ Gastrointestinal-Trakt: Der Fermentiertopf Darm beherbergt eine Unzahl von Keimen, unter ihnen potentielle Krankheitserreger, die vom Abwehrsystem unter ständiger Kontrolle gehalten werden müssen. Eine parenterale Ernährung soll möglicht kurz gestaltet, der Clearance-Mechanismus Kotabgang dagegen durch perorale Ernährung, auch alternativ durch Sonde, früh aktiviert und in Gang gehalten werden. Schockpatienten sind durch eine Translokation von Keimen aus dem Darm infektgefährdet (S. 285). Im ungünstigen Fall kann ein SIRS vom Darm seinen Ausgang nehmen (S. 284f). Besonders dramatisch verlaufen Schäden und Verletzungen der Darmwand, da dann Keime ins Cavum peritoneale übertreten und eine Peritonitis auslösen.

■ Venöse Zugänge wie Subclavia-Katheter sind Eindringpforten für Keime (Katheter-assoziierte Infektionen). Der ständige Druckreiz irritiert das anliegende Gewebe. Dasselbe gilt für die Kanülen externer Medikamentenpumpen, deren Eintrittstellen immer infektgefährdet sind.

■ Wunden der äußeren und inneren Körperoberflächen, besonders wenn sie verschmutzt und stark gewebsgeschädigt sind, bilden sowohl Eintrittspforten wie auch Brutstätten für Keime. Durch Säubern, Entfernen zerstörten Gewebes und Abführen von Sekreten und Eiter werden die Entwicklungsmöglichkeiten von Keimen reduziert. Entscheidend ist auch die Lokalisation von Wunden, da die Abwehrbereitschaft der Körperregionen unterschiedlich ist (S. 265).

1.2.1.2 Die Schädigung des Immunsystems.

Eine länger bestehende Beeinträchtigung der Leistungsfähigkeit der Spezifischen wie Unspezifischen Abwehr hat unausweichlich einen Infekt zur Folge. Zeitpunkt und Ort des Eintretens eines Infektes hängen vom Grad und der Dauer der Beeinträchtigung, dem Zustand der immunologischen Schutzeinrichtungen, der Art der Erreger und von der spezifischen Situation der Exposition ab. *Angeborene Defekte* des Unspezifischen Immunsystems sind in den einschlägigen Kapiteln angeführt, ebenso wie *erworbene Mängel* (S. 271ff). Ein wichtiger Faktor ist die *Komorbidität*, d.i. das Vorhandensein von Erkrankungen, welche Infekte begünstigen.

Der nosokomiale Infekt von Intensivpatienten [critically ill patient], die dem Problemkreis Schock, SIRS und Sepsis angehören (S. 280ff), verursacht im Europäischen Raum unter den infektiösen Erkrankungen die häufigsten Todesfälle. Gründe dafür sind neben einer immer exakteren Diagnose vor allem die Verbesserung der Notfallversorgung und damit die Zunahme überlebender Schwerst-Geschädigter (S. 288), die Zunahme hoch invasiver medizinischer Eingriffe mit schwerer operativer Traumatisierung, sowie die Zunahme immunsuppressiver Therapien und Antibiotika- resistenter Pathogene.

Waren noch im 19. Jahrhundert epidemische Infektionskrankheiten die häufigste Todesursache überhaupt, ist durch die breite Einführung der Schutzimpfung und der Antibiotika im 20. Jahrhundert die Gefährlichkeit dieser Pathogene minimiert worden. Heute sind es vor allem immungeschwächte und alte Personen, die Infekten zum Opfer fallen.

2 Krankheiten auf der Basis defekter PMN-Funktionen

Nach dem Angriffspunkt des Defektes lassen sich drei Gruppen unterscheiden:

1. Primäre Defekte
   Der Defekt liegt in der Zelle selbst und ist häufig genetisch angelegt.
2. Sekundäre Defekte
   Der Defekt liegt außerhalb der Zelle im umgebenden Milieu. Als Ursachen können in Frage kommen: ein Mangel oder eine fehlerhafte Aktivierung von Mediatoren, die verstärkte Aktivität körpereigener Inhibitoren, Einwirkungen exogener hemmender Faktoren wie Toxine und Medikamente.
3. Defekte bei Tumoren des blutbildenden Gewebes (Leukämien u.a.).

2.1 Primäre Defekte der PMN-Funktionen

sind meistens erblich, selten, und haben in manchen Ausprägungen eine äußerst infauste Prognose.

2.1.1 Die Chronische Juvenile Granulomatose [chronic granulomatous disease of childhood, CGD)

Die Erkrankung läuft auch im deutschsprachigen Schrifttum unter der Bezeichnung „CGD".

Ursache der CGD ist ein Defekt der NADPH-Oxydase und damit die Unfähigkeit der PMN, Monozyten/Makrophagen und Eosinophilen Granulozyten, ROS zu produzieren. Der Defekt ist nicht einheitlich, sondern verschiedene der vier Bausteine der NADPH-Oxydase können Anomalien zeigen (S. 187). Die häufigste Form (etwa 60% der Erkrankten) tritt als Defekt des Bausteins Cytochrom b558 auf. Der Erbgang ist, von seltenen Sonderformen abgesehen, autosomal rezessiv. Die Häufigkeit wird mit 1:500.000 bis 1:1 Million angegeben.

Klinik. Die Erkrankung tritt meist schon im ersten Lebensjahr auf und ist durch chronische, granulomatös verlaufende lokale Infekte charakterisiert. Die herdförmigen Entzündungen tendieren zu starker Fibrosierung; das granulomatöse Gewebe neigt im Zentrum zu langsamem eitrigem Zerfall (sog. „kalte Abszesse"). Die meist multiplen, verdrängenden Prozesse können die Funktionen der befallenen Organe erheblich beeinträchtigen, da sie in der Regel Stenosen und mechanische Behinderungen verursachen. Bevorzugt treten auf: Lungenabszesse und Pneumonien, Abszesse der Haut, Lymphadenitiden, Osteomyelitiden und Abszesse des GI-Trakts und Urogenitaltrakts. Der Tod erfolgt häufig durch den Organschaden, seltener durch Sepsis. Erreger sind in erster Linie der Staphylococcus aureus, seltener Coli Spezies und Salmonellen. Eine ernste Komplikation stellen Pilze wie Candida und Aspergillus Spezies dar. Bezeichnender Weise sind Katalase- negative Erreger wie Streptokokken oder Laktobacilli, die selbst H_2O_2 produzieren, nicht pathogen. Offensichtlich kann freigesetztes H_2O_2 von der Myeloperoxydase der PMN – die ja intakt ist – weiter zu ROS umgesetzt werden (S. 188).

Die Ursache für die exzessive Granulombildung bei ROS- Mangel ist letztendlich unbekannt. Man vermutet eine mangelhafte Inaktivierung von Mediatoren und des α1-AT. ROS sind für eine Balance zwischen PMN- Elastase und dessen Inhibitor α1-AT verantwortlich (S. 127). Im Entzündungsherd aktives α1-AT schränkt die Wirkung der PMN- Elastase ein. Der Mangel an ROS und aktiver Elastase erklärt die unvollkommene Abtötung von Entzündungserregern und die zögerliche Einschmelzung der Abszesse. Die *Diagnose* wird bei Fehlen einer ROS-Produktion nach Stimulation von PMN gestellt (S. 206). Therapeutisch sind Antibiotika, auch in Kombination mit IFNγ, für ein Überleben Voraussetzung. Knochenmarstransplantationen sind mehr kausal ansetzende Möglichkeiten. Mechanisch störende Granulome werde chirurgisch angegangen.

2.1.2 Das Chediak-Higashi Syndrom

ist eine sehr seltene, autosomal rezessiv vererbte Krankheit, deren Häufigkeit unter 1:1 Million liegt. Die auffällige *Symptomatik* besteht in der Kombination von Albinismus mit häufigen schweren Infekten durch pathogene Keime. Regelmäßig treten Peridontitis und Gingivitis auf.

Die *Ursache* für die Infektanfälligkeit liegt weniger in der meist mäßig ausgeprägten Neutopenie, sondern in einem Defekt der PMN-Funktion. PMN enthalten typische Riesenlysosomen, die aus dem Zusammenfließen mehrerer Azurophiler Granula entstehen und die Beweglichkeit der Zellen stark einschränken. Dabei besteht eine insuffiziente Bakteriozidie, Keime werden zwar phagozytiert, aber nur mangelhaft abgetötet. Der Grund dafür scheint zum Großteil in einem Defekt der Mikrotubuli zu liegen, deren Aufbau gestört ist. Daraus erklärt sich auch das fehlerhafte Arrangement intrazellulärer Strukturen und die mangelhafte Chemotaxis (S. 173f). Eosinophile Granulozyten und Monozyten sind ebenfalls von der Störung betroffen, wie auch Funktionen der Lymphozyten beeinträchtigt sind. Die *Therapie* besteht im Antibiotikaschutz und in einer Knochenmarkstransplantation. Die Prognose ist schlecht, das zehnte Lebensjahr wird selten erreicht.

2.1.3 Das Hiob Syndrom [Job's syndrome; hyperimmunoglobulin E – recurrent infection syndrome]

zeichnet sich durch eine hohe Infektanfälligkeit aus, deren *Ursache* in einem Funktionsdefekt der PMN und Monozyten liegt. Migration und Chemotaxis, die ROS-Produktion und das bacterial killing (S. 207) sind gestört. Dabei besteht meist eine Leukozytose. Das Krankheitsbild tritt besonders im Kindesalter in Erscheinung, bessert sich aber gewöhnlich im Verlauf des weiteren Lebens oder es kann sich überhaupt Symptomfreiheit einstellen. Das Hiob-Syndrom wird vermutlich autosomal dominant vererbt, entwickelt aber offensichtlich eine phänotypisch sehr unterschiedliche Penetranz. Es muss angenommen werden, dass das Gen wesentlich häufiger vorhanden ist als der eher seltene Phänotypus vermuten lässt, bzw. dass die Symptomatik oft nur wenig auffällig ist. Bevorzugt sind hellhäutige, rothaarige und zartknochige Kinder. Bei der sehr seltenen vollen Ausprägung bestehen Skelettanomalien im Gesichtsschädel: Es finden sich die Trias Hyperteleorismus, Sattelnase und Prognatie, gelegentlich mit Osteoporose und gestörter Dentation vergesellschaftet. Häufigste pathogene Keime sind Staphylococcus aureus und Candida albicans. Gegen diese Erreger bestehen gewöhnlich enorm hohe IgE-Serumspiegel (1000 IU und darüber), die aber auch spontan abfallen können. An Infekten sind Otitis, Sinusitis, Pneumonien und Furunkulose häufig, die als Zeichen einer mangelhaften Unspezifischen Abwehr als „kalte Abszesse" auftreten, das heißt ohne deutliche Entzündungszeichen und mit nur mäßiger eitriger Einschmelzung. Die granulomatösen Hautinfekte haben der Krankheit auch zu ihrem Namen verholfen, da man Ähnlichkeiten mit dem äußeren Erscheinungsbild des biblischen Hiob zu erkennen glaubte. Die Prognose ist relativ günstig. Infektiöse Schübe werden mit Antibiotika abgefangen.

2.1.4 Die **Leukocyte Adhesion Deficiency (LAD,** [LAD syndrome])

LAD gehört zu einer autosomal rezessiv vererbbaren, erst spärlich studierten Gruppe von angeborenen Erkrankungen. Bei LAD I fehlen die β2 Integrine (CD11a,b,c/CD18) an PMN und Monozyten. Mangels einer suffizienten Adhäsion am Gefäßendothel ist die Emigration dieser Zellen aus der Gefäßbahn schwer beeinträchtigt (S. 155f), und es besteht eine starke Leukozytose. Der Defekt äußert sich in wiederholten Infekten des Periodontiums, der Lunge und der Haut. Wenn keine Knochenmarkstransplantation erfolgt, ist die Krankheit wegen der hohen Infektanfälligkeit tödlich. Bei einer milderen Form sind die β2 Integrine in verringerter Zahl vorhanden. Bei LAD II fehlen die Selektine. Dazu treten Wachstumsstörungen und mentale Defekte auf.

2.1.5 Der Myeloperoxydase Defekt
[MPO deficiency]

Der MPO Defekt ist angeboren. Offenbar können verschiedene Gendefekte in einen Mangel oder ein Fehlen der MPO münden, so dass über den Erbgang keine Einigkeit herrscht. Die Häufigkeit wird mit 1:2000 angegeben (USA), es müssen aber regionale Schwankungen angenommen werden. Bei Fehlen oder Mangel an MPO wird die Sauerstoffabspaltung aus H_2O_2 nicht katalysiert und nur mangelhaft Hypochlorige Säure produziert (S. 188).

Symptome: Die Phagozytose und die H_2O_2 Produktion der PMN sind gesteigert, da das MPO-Halidsystem eine drosselnde Rückregulation auf die Tätigkeit der NADPH- Oxydase ausübt. Im Vergleich zur Normalbevölkerung besteht eine nur mäßige oder überhaupt keine merkbar erhöhte Anfälligkeit gegenüber Infekten. Unter den allfälligen Krankheitserregern herrscht Candida albicans vor. Offensichtlich sind PMN in der Lage, das MPO System durch andere ROS zu kompensieren. So ist ein MPO Defekt nicht als Krankheit, sondern eher als Anomalie anzusehen. Da der Defekt meist symptomlos ist, ist die Dunkelziffer hoch.

Ein *erworbener MPO Defekt* wurde im Gefolge verschiedener Erkrankungen festgestellt: bei Eisenmangel, schweren Infekten und Sepsis, Diabetes, Cytostatika- Therapie, Leukämien. Gelegentlich tritt er auch während Schwangerschaft auf.

2.1.6 Das Lazy Leukocyte Syndrom

ist weder eine pathogenetische Entität, noch sind die Störungen genau umrissen.

Von „faulen Leukozyten" spricht man dann, wenn einzelne oder mehrere der essentiellen PMN Aktivitäten mangelhaft sind, wie Störungen der Migration und Chemotaxis, Phagozytose, ROS Produktion und des microbial killing. Manchmal besteht eine Leukopenie. Die unverbindliche Bezeichnung „lazy leukocyte Syndrom" wird sehr unterschiedlich gebraucht und sowohl im Zusammenhang mit definierten PMN Defekten (z.B. Hiob Syndrom, Chediak-Higashi Syndrom, Enzymdefekte) wie auch bei sekundären Schädigungen der PMN-Leistungen durch Toxine, Medikamente, bei Diabetes, Alkoholismus etc. angewandt.

2.1.7 Andere Störungen der PMN-Funktionen

In die Gruppe der PMN Defekte fällt noch eine Reihe weiterer mehr oder weniger gut beschriebener Krankheitsbilder wie die Cyklische Neutropenie, die Juvenile Periodontitis, das Fehlen einzelner Granulakomponenten oder das Fehlen bestimmter Granulatypen, die mangelhafte Aktivität oder das Fehlen von Enzymen der Glykolyse und anderer Systeme, u.a. Auch können weitere Granulozytentypen und Monozyten in den Defekt involviert sein. Da es nur wenige Kliniken und Labors gibt, die Untersuchungen solcher Spezialitäten durchführen können, kann die Dunkelziffer solcher Mängel hoch sein.

2.2 Sekundäre Defekte der PMN-Funktionen

Wesentlich häufiger als die primären treten sekundäre Defekte der PMN-Funktionen auf, bei denen die Zelle an sich intakt ist, aber Einflüsse von außerhalb der Zelle ihre Leistungen beeinträchtigen. Hervorstechend Konsequenz, die allen diesen Mängeln gemeinsam ist, sind wiederholte, schwere Infekte. Eine Reihe von Ursachen können solche sekundären Störungen auslösen.

2.2.1 Mangel oder fehlerhafte Aktivierung von Mediatoren

führen zu Funktionsausfall im Bereich endogener Chemotaxine, Opsonine und anderer Mittlerfaktoren der Entzündung und damit zu mangelhaftem Auffinden, Erkennen und zu mangelhafter Phagozytose und Bekämpfung von Schadmaterial. Relativ häufig sind Defekte des Complementsystems. Bei Mangel an C3b fehlt ein Opsonin, bei Mangel an C5a ein Chemotaxin. Properdindefekte beeinträchtigen die Nebenschlussaktivierung (S. 101f). Hereditäre Anomalien sind selten. Viel häufiger werden Defekte im Bereich des CS durch übermäßig hohen Verbrauch an Faktoren durch *Depletion* bei schweren Traumen, Verbrennungen, Schock, SIRS und Sepsis verursacht (S. 284).

Bei *Agammaglobulinämie* fehlen Immunglobuline des G-Typs und damit wichtige Opsonine und Aktivatoren des CS. Hereditäre Formen treten selten auf. Häufiger sind dagegen sekundäre Mängel, die sozusagen eine normale Begleiterscheinung von Therapien mit Cytostatika und Immunsuppressiva darstellen, ja manchmal sogar Therapieziel sind.

2.2.2 Im Zusammenhang mit systemischen Erkrankungen

treten gehäuft PMN-Defekte auf. Bei der Chronischen Polyarthritis (cP) liegen solche Defekte weniger in der Erkrankung selbst, bei der das Immunsystem überstimuliert ist, sondern sind meist in einer immunsuppressiven Übertherapie zu suchen (Glucocorticoide, Gold-Therapie etc.). Beim unbehandelten oder schlecht eingestellten *Diabetes mellitus* können alle Fähigkeiten der PMN beeinträchtigt sein. Besonders nachteilig wirkt sich Ketoazidose aus. Infekte wie intertriginöse Infekte und Furunkulose, rezidivierender Herpes simplex oder oraler oder genitaler Candida-Befall sind typische Frühzeichen eines beginnenden Diabetes II. Verschiedene Ursachen können dabei gemeinsam zu einer Abwehrschwäche kumulieren: ein Glykogenmangel der PMN und damit Energiemangel (S. 186), eine Mikroangiopathie erschwert die Emigration, die Glykosylierung von Rezeptoren und Adhäsinen verringert die Affinität zu den Liganden. Die „Verzuckerung" der Gewebe fördert das Wachstum mancher Keime, hemmt dagegen wieder andere.

Erhöhte Osmolarität beeinträchtigt die Aktivität der PMN. Im Interstitium des Nierenmarks liegt physiologisch eine hohe Osmolarität vor. Hier ist die Leistungsfähigkeit der PMN schon normalerweise reduziert, daher auch die Hartnäckigkeit von Pyelonephritiden. Beim Diabetiker summieren sich mehrere Faktoren und münden in ein hohes Risiko für Niereninfekte: die renale Mikroangiopathie, die hohe Osmolarität im Nierenmark und die reduzierte Effizienz der PMN, die durch eine hohe Ketonkörperbelastung verstärkt wird.

2.2.3 Schädigung der PMN-Funktionen durch exogene Toxine

Hier sind *Medikamente* an erster Stelle zu nennen. Solche Arzneimittelschäden laufen unter der euphemistischen Bezeichnung „unerwünschte Nebenwirkungen" von Medikamenten. Die Liste dazu ist endlos lang, es sollen hier nur die häufigsten Komplikationen angeführt werden. Naturgemäß beeinträchtigen Medikamente, die zur *Entzündungshemmung* eingesetzt werden, auch die Leistungsfähigkeit der PMN. Der angestrebte antiphlogistische Effekt beinhaltet gewöhnlich die negative Kehrseite eines erhöhten Infektrisikos. Länger dauernde und hochdosierte entzündungshemmende Therapien sollen daher in Hinsicht auf Infekte engmaschig überwacht werden. Vor allem bei Bestehen mehrerer Risikofaktoren soll eine prophylaktische Antibiotikatherapie erwogen werden. Die hohen Kosten und die Gefahr einer Resistenzentwicklung der Keime setzen einer solchen begleitenden Prophylaxe allerdings Grenzen. Antiphlogistika wie NSAID und Glucocorticoide kommen bevorzugt in der Behandlung von Autoimmunerkrankungen (cP, Lupus erythematodes, Multiple Sklerose etc.) zum Einsatz und üben einen Hemmeffekt auf PMN-Funktionen aus (S. 252ff). Cytostatika und Immunsuppressiva in der Tumor-Chemotherapie, bei Organtransplantationen und Autoimmunerkrankungen können in gleicher Weise wirken, ebenso Radiotherapie.

Paradoxerweise wirkt auch eine Reihe von *Antibiotika* in verschiedenem Ausmaß immunsuppressiv, wobei allerdings der positive Effekt diesen Nachteil bei weitem überwiegt. In diese Gruppe sind Sulfonamide, Fungizide und auch Penizillin zu stellen. Berüchtigt waren Chloramphenikole, die zwar stark wirkende Antibiotika sind, aber bei empfänglichen Personen zu schweren Knochenmark-toxischen Effekten bis zur Anämie, Agranulozytose und Panmyelopathie führen konnten. Diese Antibiotika dürfen heute nicht mehr systemisch, sonder nur mehr lokal appliziert werden. Cephalosporine der dritten Generation haben dagegen einen günstigen immunstimulierenden Nebeneffekt.

Exogene Toxine und Wirkstoffe. Unsere mit Chemikalien versetzte Umwelt kann abhängig von der Art, Menge, Dauer der Einwirkung und auch der individuellen Empfindlichkeit zu Störungen der Leistungsfähigkeit des Immunsystems führen. Solche Störungen können sich sowohl in einer Abwehrschwäche mit gehäuften Infekten, wie auch in einer veränderten und gesteigerten Reaktivität im Sinn von Überempfindlichkeitsreaktionen äußern (S. 278). In diese Gruppe von Risiko- trächtigen Chemikalien lässt sich die endlos lange Liste der Herbizide, Insektizide, Nahrungsmittelzusätze, Wasch- und Reinigungsmittel, Kosmetika, Farbstoffe etc. einreihen.

2.2.4. Endogene Immunsuppression

Nach schweren chirurgischen Eingriffen, mechanischen Traumen und Verbrennungen, bei Schock, SIRS und MOF treten regelmäßig Defekte des Spezifischen wie des Unspezifischen Immunsystems auf, die den Boden für Infekte und Sepsis bilden. PMN können dabei Reifungsstörungen wie etwa Mängel in ihrer Enzymbestückung zeigen, die eine unzureichende Bakteriozidie zur Folge haben. Granula können schon vorzeitig, im Knochenmark oder im Blut, abgegeben werden und fehlen dann am Ort ihres Bedarfs, während die verfrühte Abgabe im falschen Gewebe dieses schädigt. Als Verursacher solcher Fehlsteuerungen werden massiv, unreguliert und am falschen Ort abgegebene oder aktivierte Cytokine, Entzündungsmediatoren und Hormone angesehen. Glucocorticoide und Cytokine entleeren die Knochenmarksspeicher und bewirken initial eine ausgeprägte Leukozytose, wobei der Cytokinexzess und die hohen Blutspiegel der anti- inflammatorischen Stresshormone Glucocorticoide und Katecholamine jedoch die Aktivität der zirkulierenden PMN beeinträchtigen. Eine PMN-Funktion, die sehr empfindlich reagiert und die frühzeitig eingeschränkt wird, ist die PMN- Migration (**Abb.65**). In solchen Fällen liegt eine Leukozytose vor, wobei die PMN allerdings migrationsschwach sind und die Blutbahn nur verzögert verlassen. Somit kann trotz hoher PMN-Zahlen im Blut eine Leistungsschwäche der Unspezifischen Abwehr bestehen. Da hohe Konzentrationen von TNFα und Glucocorticoide hemmend auf die Knochenmarksproliferation wirken, folgt der Leukozytose nach Erschöpfung der Knochenmarksdepots eine Phase der Leukopenie, die oft mit der Phase der Depletion von Mediatoren und Gerinnungsfaktoren zusammen fällt. Die geringe Zahl funktionell defekter PMN wird nicht mehr ausreichend aktiviert und liefert den Organismus pathogenen Keimen aus (S. 111).

Verschiedene Studien konnten auch ein vermehrtes Auftreten von körpereigenen Entzündungsinhibitoren während Stresssituationen nachweisen.

Die Summe dieser äußerst komplexen und nur mangelhaft durchschauten Vorgänge wird mit dem vagen Begriff „endogene Immunsuppression" umrissen.

2.3 Defekte bei Leukämien und Tumoren der blutbildenden Gewebe

2.3.1 Bei akuter myeloischer Leukämie

ist die Phagozytoseleistung der PMN gewöhnlich normal, aber ihre bakteriziden Eigenschaften sind dabei oft eingeschränkt. Die Folge ist eine erhöhte Infektbereitschaft. Meist zeigen auch die Monozyten/Makrophagen diese Mängel.

2.3.2 Bei der chronischen myeloischen Leukämie

imponiert besonders die enorme Erhöhung der Zahl nur mangelhaft funktionstüchtiger PMN. Die PMN- Zahlen pro µL Blut bewegen sich dabei gewöhnlich in 10^5 Bereichen, Werte von 500.000 und darüber sind möglich. Dass eine solch massive Zunahme an Partikeln auch die Blutviskosität steigert und eine enorme Kreislaufbelastung darstellt, liegt auf der Hand. Die starke Erhöhung der Zahl zirkulierender PMN beruht auf mehreren Ursachen.

– Die Granulopoese ist im typischen Fall auf ein mehrfaches, auf das etwa drei- bis sechsfache der Norm erhöht, kann aber auch im Normbereich sein.
– Die Aufenthaltsdauer der PMN in der Zirkulation ist beträchtlich verlängert, da die Emigration verzögert stattfindet. Die normale Zirkulationsdauer von normal sechs bis sieben Stunden kann bis auf 96 Stunden hinauf gesetzt sein.
– Die Lebensdauer der PMN in den Geweben ist beträchtlich erhöht, da die Apoptose verzögert einsetzt. Der PMN- Gesamtpool kann dadurch massiv, bis auf das 100-fache der Norm, erhöht sein. Die langlebigen PMN gehen nicht in den Geweben zugrunde, sondern *rezirkulieren* über das Lymphsystem ins Blut.

Diese Momente summieren sich und erklären die oft gewaltige Zunahme der PMN- Zahl im Blut. Bei starker PMN-Produktion können auch die fetalen Bildungsstätten in Milz und Leber reaktiviert werden.

Der *Stoffwechsel leukämischer PMN* wird durch eine Reihe von Defekten beeinträchtigt. Die Glykogenreserven und die Glukoseverwertung sind herabgesetzt. Mit dem reduzierten Energieangebot sind alle Fähigkeiten der Zellen eingeschränkt (symptomatisches „lazy leukocyte" Syndrom). Bei schubweise starkem Zellzerfall (auch unter Therapie) und Massenangebot an Scavengermaterial kann es zu entzündlichen Sekundärerkrankungen kommen: akut zu einem Anfall sekundärer Harnsäuregicht, chronisch zu Amyloidose.

3 Krankheitsbilder mit entzündlicher Überreaktion

Gesundheitliche Schäden, die auf einer fehlgesteuerten Aktivierung oder auf inadäquat heftigen Reaktionen des Abwehrsystems beruhen, nehmen eine immer breiteren Raum in der Klinik der Entzündung ein. Im Folgenden sind einige aktuelle Poblembereiche dargestellt.

– Das Toxischer Schock-Syndrom
– Überempfindlichkeitsreaktionen vom Typ I, II und Typ III nach Coombs-Gell
– ANCA-assoziierte Vaskulitiden
– SIRS, Sepsis, ARDS, MODS, MOF

3.1 Das Toxischer Schock – Syndrom [toxic shock syndrome]

Das hochakute Krankheitsbild wurde zuerst 1978 in den USA erfasst und studiert. Frauen entwickelten vereinzelt während der Menstruation eine schwere Schocksymptomatik, sogar Todesfälle durch Schock wurden bekannt. Als Ursache stellten sich Staphylokokken heraus, die in vaginalen Tampons aus gewissen Materialien bei mangelnder Hygiene einen guten Nährboden fanden und reichlich Toxine abgaben, die über die Vaginalschleimhaut resorbiert wurden. Die Toxine wirken bei dieser so genannten „Tamponkrankheit" als „Superantigene", die bei der AG-Präsentation von Makrophagen an Th-Zellen Bindungsbrücken zwischen diesen beiden Zelltypen herstellen, und zwar auch zwischen MHC II-AG Komplexen und Th Zellen mit nicht entsprechendem T-Zell-Rezeptor. Die Zahl der unspezifisch gebundenen T-Zellen steigt dabei massenhaft an, und die aktivierten T-Zellen setzen adäquat massiv

TNFα und TNFβ frei, die den pathogenetischen Angelpunkt des Entzündungsgeschehens darstellen (S. 112). TNF selbst und eine lawinenartig in Gang gesetzte Mediatoraktivierung (Kallikrein-Kinin-System, Complementsystem, Cytokine) lösen die Schocksymptomatik aus (**Abb. 111**).

Von einem Toxischen Schock-Syndrom spricht man immer dann, wenn Superantigene und TNF am Schockgeschehen beteiligt sind. Die häufigsten Superantigene finden sich unter den Toxinen Gram-positiver Erreger. Am besten studiert ist das toxic-shock-syndrome toxin 1 (TSST 1) aus Staphylococcus aureus.

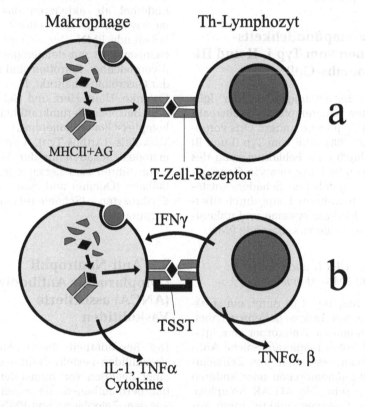

Abb. 111. *Unspezifische Bindung von T-Zellen durch Superantigene.* Ein Makrophage präpariert aus einem phagozytierten Eiweiss ein Antigen, koppelt es an ein MHC II-Molekül und präsentiert den Komplex an der Zelloberfläche. Th-Lymphozyten müssen einen stereospezifisch entsprechenden T-Zell-Rezeptor tragen, um anbinden und die Immunantwort ihn Gang setzen zu können (a). Beim Toxischer-Schock-Syndrom werden auch T-Zellen mit nicht passendem T-Zell-Rezeptor unspezifisch gebunden, wobei das als „Superantigen" agierende toxic shock syndrome toxin (TSST) den Brückenschlag herstellt (b). Von den unter diesen Bedingungen massenhaft gebundenen und aktivierten T-Zellen werden entsprechend massiv TNFα, TNFβ und andere Cytokine freigesetzt, welche die Schocksymptomatik auslösen.

Als Quellen für solche Bakterientoxine kommen vor allem eitrige Entzündungen mit Staphylokokken als Erreger in Frage. Streptokokkentoxine können beim Akuten Rheumatischen Fieber ein Toxisches Schock Syndrom auslösen. Neben dem schweren, lebensbedrohlichen Kreislaufversagen imponiert das Krankheitsbild durch hohes Fieber, Schwindel und Bewusstseinsstörungen, Durchfall, Erbrechen und Haut- und Schleimhautreaktionen in Form von Exanthemen. Die Therapie besteht in einer symptomatischen Schockbekämpfung sowie in der Beseitigung der auslösenden Ursache durch Antibiotika und Entfernung der Infektionsquelle.

3.2 Überempfindlichkeitsreaktionen vom Typ I, II und III nach Coombs-Gell

Klinische Erscheinungsbilder der IgE-vermittelten Überempfindlichkeitsreaktion (ÜER) Typ I sind andern Orts vorgestellt (S. 28, 30f). ÜER vom Typ II und III werden durch eine Fehlaktivierung des Spezifischen Immunsystems in Gang gesetzt, die eigentlichen Schäden entstehen aber in weiterer Folge durch überaktivierte Mediatorsysteme und unkontrolliert arbeitende zirkulierende PMN.

Durch eine ÜER II und ÜER III ausgelöste PMN-Aktivierung

Die ÜER vom Typ II ist durch ein *strukturgebundenes Antigen* gekennzeichnet, mit dem humorale Antikörper vom IgG- oder IgM-Isotyp reagieren. Solche Antigene können Bestandteil von Zellmembranen, Basalmembranen oder anderen Strukturen sein. Die AG-AK Komplexe lösen eine Complementaktivierung aus und binden und aktivieren als Opsonine Phagozyten, in der Mehrzahl PMN, welche durch unkontrolliert und überschießend freigesetzte ROS und Enzyme (neutrale Proteasen) den Reaktionsort und seine Umgebung schädigen. Klinische Erscheinungsformen sind z.B. all-

ergisch bedingte hämolytische Anämien, Granulopenien, Thrombopenien (S. 234) und Nephritiden wie das Goodpasture-Syndrom und die Heymann-Nephritis (S. 104).

Die ÜER vom Typ III ist durch ein *gelöstes Antigen* gekennzeichnet, mit dem humorale Antikörper in der Blutbahn reagieren. Häufige Antigene sind Bakterientoxine, vor allem von Streptokokken, aber auch Viren sowie körpereigene gelöste Autoantigene oder körpereigene, aber durch Chemikalien, Medikamente und andere Einflüsse modifizierte Proteine. Die im Blut zirkulierenden Immunkomplexe lagern sich in verschiedenen Geweben bevorzugt am und unter dem Endothel ab, aktivieren das Complementsystem und in weiterer Folge zirkulierende PMN. Der weitere Pathomechanismus ist mit demjenigen der ÜER II vergleichbar. Betroffen sind besonders der Gastrointestinaltrakt, Niere, Lungen, Gelenke, Haut, Herz und Gehirn. Klinische Beispiele: Serumkrankheit, Immunkomplex-Glomerulonephritis, cP, akute Vaskulitis (Arthus-Typ), Lupus erythematodes. Schäden an der Mikrozirkulation führen zum Leckwerden der Gefäßbahn (Ödeme) und zum Austritt von Erythrozyten (Schönlein-Hennoch'sche Purpura).

3.3 Anti-Neutrophil Cytoplasmatic Antibodies (ANCA) assoziierte Vaskulitiden

Die Besonderheit dieser Autoimmun-Vaskulitiden besteht darin, dass sie auf einer Reaktion von humoralen Autoantikörpern aufbauen, die gegen Antigene aus dem Zytoplasma von PMN gerichtet ist. Diese zirkulierenden zytoplasmatischen Antigene (meist Enzyme aus den lysosomalen Granula) sind ursprünglich intrazellulär lokalisiert und so dem Immunsystem vorerst nicht zugänglich. Es bedarf einer Degranulation, um sie den humoralen Antikörpern auszusetzen. Reize, die zirkulierende PMN zur Exozytose ihrer Granula veranlassen, können durch Cytokine und Mediatoren (IL1, IL6, IL8, TNFα, C5a etc.) ausgeübt werden. Aus diesem Grund treten die Krankheitsschübe meist zusammen mit oder im Anschluss an Entzündungen und Infekte auf. Die Pathogenese des Gefäßschadens kann man sich anhand von Parallelen im Tierversuch so vorstellen, dass im Rahmen von Infekten vermehrt exprimierte und aktivierte Adhäsine eine verstärkte Bindung zwischen PMN und Endothel herstellen (S. 151ff). Die am Endothel haftenden, aktivierten PMN geben den antigenen Inhalt ihrer Granula ab, der mit den zirkulierenden Auto-Antikörpern reagiert. Diese Reaktion findet bevorzugt im interzellulären Spalt zwischen einem haftendem PMN und der Endothelzelle statt (**Abb. 88**). Die entstandenen Immunkomplexe und das aktivierte Complementsystem stimulieren diese PMN, ROS und Proteasen in den interzellulären Spalt abzugeben. Über einen Endothelschaden wird die Gefäßwand und die Umgebung der betroffenen Gefäße in Mitleidenschaft gezogen.

Autoantikörper gegen zytoplasmatische PMN-Antigene werden mit Fluoreszenzmarkierung nachgewiesen. Ausstriche von PMN gesunder Personen werden mit Alkohol fixiert, um die Membranen permeabel zu machen, und danach mit dem Serum der fraglichen Untersuchungsperson inkubiert. Sind spezifische Autoantikörper vorhanden, so dringen sie zum Antigen in den lysosomalen Granula vor. Gebundene Antikörper werden in einem zweiten Schritt („Sandwich-Verfahren") mit einem Fluoreszenz- markierten spezifischen AK gekennzeichnet und im Mikroskop visuell lokalisiert (**Abb. 112**). Je nach vorliegendem intrazellulärem Verteilungsmuster der Fluoreszenz unterscheidet man verschiedene ANCA-Subtypen.

– Die Fluoreszenz ist diffus im Cytoplasma verteilt: cANCA („cytoplasmatic"). Das Antigen ist vorwiegend in den eher gleichmäßig im Cytoplasma vor-

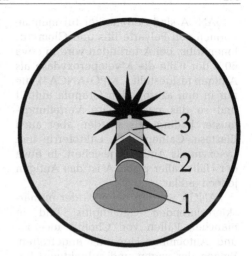

Abb. 112. *Nachweis von ANCA mittels indirektem Immunfluoreszenztest (Sandwichverfahren).* ANCA im Patientenserum (2) binden an das in lysosomalen Granula enthaltene Antigen im Test- PMN (1). Die gebundenen ANCA werden mit einem Fluoreszenz-markierten monoklonalen Anti- ANCA- Antikörper (3) gekennzeichnet. Ihre Lage im PMN wird im Mikroskop beurteilt.

handenen sekundären, spezifischen Granula lokalisiert.
– Die Fluoreszenz ist mehr in Kernnähe konzentriert: pANCA („perinuclear"). Das Antigen ist vorwiegend in den bevorzugt perinuklear angeordneten azurophilen Granula lokalisiert. (**Abb. 87**)
– Ein Mischtyp aus cANCA und pANCA wird als xANCA bezeichnet.

3.3.1 ANCA-assoziierte Krankheitsbilder

cANCA sind ein Seromarker für die Wegener'sche Granulomatose, eine autoaggressive, angiodestruktive Erkrankung, die vor allem kleine Gefäße der Lunge, Niere und anderer Organe befällt. Das Antigen ist in rund 80% der Fälle die Proteinase 3 (S. 196), die in den azurophilen wie auch sekundären Granula enthalten ist. cANCA können auch bei gewissen Nephritiden, Lupus Erythematodes, cP und bei Panarteriitis nodosa auftreten.

pANCA sind Seromarker für manche Formen von Polyarteriitis und Glomerulonephritis. Bei Arteriitiden wird in etwa 60% der Fälle die Myeloperoxydase als Antigen festgestellt („MPO-ANCA"), die nur in den azurophilen Granula auftritt und so das perinukleäre Verteilungsmuster bedingt. Es wurden aber auch Elastase, Cathepsin G, Laktoferrin und Lysozym als Antigen gesichert. In etwa der Hälfte aller pANCA ist das Antigen jedoch unklar.

xANCA wurden bei 60% der primärsklerosierenden Cholangitis, und in manchen Fällen von Cholitis ulcerosa und Autoimmun-Hepatitis angetroffen. Wegen der vagen und subjektiven Beurteilungskriterien wird der Wert einer Abgrenzung von xANCA gegenüber cANCA und pANCA von manchen Experten angezweifelt.

ANCA sind als Diagnosekriterien nicht immer von Wert, da die angeführten Krankheiten auch ohne nachweisbare ANCA, bzw. da ANCA auch ohne Krankheitssymptome auftreten können. Sind ANCA bei klarer Symptomatik vorhanden, deckt sich die Titerhöhe grob mit der Krankheitsaktivität.

3.4 Die Symptomenkomplexe SIRS, SEPSIS, ARDS, MODS und MOF. Reperfusionsschäden

SIRS   = systemic inflammatory response syndrome
ARDS = adult (auch: acute) respiratory distress syndrome
MODS = multiple organ dysfunction syndrome
MOF   = multiple organ failure

3.4.1 Definitionen

Um Ordnung in die oft sehr willkürlich und uneinheitlich verwendeten Begriffe zu bringen, hat die ACCP/SCCM Konsensus Konferenz 1992 die Syndrome definiert.

SIRS tritt als entzündliche Reaktion des Gesamtorganismus auf eine Vielfalt verschiedener Noxen auf. Um dem Begriff SIRS zu genügen, müssen mindestens zwei der folgenden vier Kriterien erfüllt sein.

1. Temperatur höher als 38°C oder tiefer als 36°C
2. Puls höher als 90 Schläge per Minute
3. Atmung schneller als 20 Atemzüge per Minute, oder $pCO2$ kleiner als 32 mm Hg
4. Weißes Blutbild über 12.000, oder unter 4000 per µL Blut, oder Anteil an stabkernigen PMN über 10%.

Sepsis wird als SIRS in Begleitung einer gesicherten Infektion definiert. Die Infektion kann mikrobiologisch, aber auch mit anderen Mitteln festgestellt sein, wie etwa eine Pneumonie mittels Röntgen. Bei *Bakteriämie* treten die Erreger im Blut auf, bei *Toxinämie* dringen die mikrobiellen Toxine, nicht aber die Erreger selbst in den Organismus ein. Eine Unterscheidung zwischen Bakteriämie und Toxinämie wird in der klinischen Praxis mangels spezifischer Konsequenzen meist nicht getroffen.

Das schwere SIRS/die schwere Sepsis gehen mit organischen Fehlfunktionen [organ dysfunction], mangelhafter Organperfusion oder niederem Blutdruck einher. Als Folge können erhöhte Laktatspiegel, Oligurie und mentale Beeinträchtigungen auftreten. SIRS/Sepsis – induzierter niederer Blutdruck wird mit systolisch unter 90mm Hg oder mit einem Abfall von mindestens 40mm Hg unter den individuellen Basiswert definiert.

Beim SIRS Schock/Septischen Schock bleiben die Symptome der schweren Sepsis/SIRS trotz Reanimation und Flüssigkeitsersatz bestehen. Patienten, deren Blutdruck nur mit Hilfe von Kreislaufstützenden Maßnahmen im Normbereich gehalten werden kann, werden ebenfalls im Zustand des Septischen/SIRS Schocks betrachtet.

Als **MODS** werden gestörte Organfunktionen (functio laesa) im Rahmen von Septischem Schock/SIRS bezeichnet. Die Organfunktion kann nur mit therapeutischen Maßnahmen aufrecht erhalten werden.

Der Begriff **MOF** ist in der Definition der Konsensuskonferenz nicht enthalten, wird aber häufig verwendet. Er deckt sich etwa mit dem MODS, wird aber auch für bleibende organische Schäden als Folge eines MODS eingesetzt.

Diese Begriffsbestimmung ist für die Verständigung auf wissenschaftlicher Basis sicher von großem Wert. In der klinischen Praxis müssen den Definitionen jedoch Einschränkungen auferlegt werden. Medikamente und ZNS-Läsionen können die Regulation der Körpertemperatur beeinflussen. Vasopressoren erhöhen die Pulsrate. Katecholamine und Glucocorticoide steigern die Leukozytenzahl (S. 147f). In diesen Fällen ist eine Kategorisierung des Zustands als „starke systemische Entzündungsreaktion" nicht gerechtfertigt.

3.4.2 Szenarien typischer Krankheitsverläufe

Im Folgenden sollen einige mögliche Szenarien im SIRS/Sepsisbereich und die zugrundeliegenden Pathomechanismen beschrieben werden. Es kann sich dabei aber nur um Vorstellungsmodelle handeln. Im konkreten Einzelfall wird der Ablauf immer von individuellen Bedingungen stark mitbestimmt werden wie Art, Umstände und Dauer der Noxe, Leistungsfähigkeit des Immunsystems, Alter, Ernährungszustand, bereits bestehende Erkrankungen, Zeitpunkt des Einsetzens therapeutischer Interventionen etc. Allen Erscheinungsbildern ist aber gemeinsam, dass *der gesamte Organismus beträchtlich in die entzündliche Reaktion einbezogen ist.* SIRS kann man sehr treffend als „Ganzkörperentzündung" bezeichnen. Ein weiteres Charakteristikum ist der *Eigenschwung des systemischen Entzündungsgeschehens,* das heißt, der generalisierte Entzündungsprozess gewinnt eine Eigendynamik, die sich *von der auslösenden Ursache unabhängig macht* und sich *unkontrolliert verselbständigt.* Die körpereigenen entzündungshemmenden Steuermechanismen werden dabei überlaufen und

der Entzündungsvorgang kann sich ungezügelt autokatalytisch aufschaukeln (S. 13, 103f). Häufiges Endergebnis sind Kreislaufversagen und Schock, oder Tod durch irreversible Organschäden.

3.4.2.1 Schock durch das SIRS. Der Septische Schock

Das *SIRS* kann durch proteolytische Enzyme und Entzündungsmediatoren ausgelöst werden, wie sie bei *akuter Pankreatitis* in die Blutbahn gelangen, oder ist Folge einer Ischämie und PMN-Aktivierung nach Reperfusion (S. 284f). Auslöser des *Septischen Schocks* sind dagegen Krankheitserreger oder ihre Toxine, die in kritischer Zahl oder Konzentration am oder im Organismus auftreten. Da die pathologische Reaktivität des Organismus bei beiden Krankheitsentitäten letztendlich auf einem Übermaß an systemisch aktivierten Entzündungsmediatoren und Cytokinen beruht, ist sich die Symptomatik bei SIRS und Septisch-Toxischem Schock sehr ähnlich.

Durch die auslösenden Faktoren werden drei empfindlich reagierende Entzündungssysteme *direkt im Blutkreislauf* aktiviert:

– Der Hageman-Faktor und das Kallikrein-Kininsystem, wobei das stark vasodilatierende Bradykinin und die Blutgerinnung aktiviert werden (S. 70, **Abb. 30**).
– Das Complementsystem, wobei die Anaphylatoxine (C3a, C5a) als hochaktive Entzündungsmediatoren freigesetzt werden. Über sie werden zirkulierende PMN, gefäßständige Makrophagen und das Endothel aktiviert (S. 92f).
– Die gefäßständigen Makrophagen der Blutbahn (Kupffer-Zellen und andere), welche Cytokine wie IL-1, IL-6, TNFα u.a. abgeben, die wiederum PMN, Monozyten und das Endothel aktivieren.

Ist der Aktivierungsvorgang einmal soweit ins Rollen gekommen, dass die Antagonisten überrannt und außer Kraft gesetzt sind, läuft der Entzündungsprozess selbständig systemisch weiter. Mediatorsysteme, Cytokine, Endothel und gefäßständige wie zirkulierende Entzündungszellen der Blutbahn aktivieren sich gegenseitig in autokatalytischen Zyklen (S. 221f). Aktivierte PMN regulieren ihre Adhäsine hinauf und zeigen eine verstärkte Bindungsbereitschaft zum Endothel, das seine Adhäsine ebenfalls vermehrt exprimiert (S. 151ff). Der erhöhte Polymerisationsgrad des Aktin-Zytoskeletts macht PMN rigider (S. 174f) und trägt dazu bei, dass PMN enge Gefäßstrecken erschwert passieren und schließlich in ihnen stecken bleiben (*Leukostase*). Die Leukostase und eine verstärkte Margination in der venösen Gefäßbahn kann einen Teil der zirkulierenden PMN in der Mikrozirkulation binden (sog. „Sequestration"). Die Folge sind niedere Leukozytenwerte, wie sie in der ACCP/SCCM-Definition als pathognomonisch berücksichtigt wurden.

Bei Kreislaufschock fördert der niedere Blutdruck das weitere entzündliche Geschehen. „Schock" ist an sich eine lebensrettende Maßnahme, mit welcher der Organismus versucht, das Blut bevorzugt jenen Organen zuzuführen, die keinen länger dauernden Sauerstoffmangel ertragen, nämlich dem Herzen und dem ZNS. Diese als *„Zentralisation des Kreislaufs"* bezeichnete Maßnahme erfolgt über die unterschiedliche Bestückung der Gefäßmuskulatur mit vasokonstriktorischen α-adrenergen und vasodilatierenden β2-adrenergen Rezeptoren. Die Gefäße von Herz und ZNS sind überwiegend mit β2-adrenergen Rezeptoren ausgestattet und werden daher von den im Schock massiv ausgeschütteten Katecholaminen zur Erweiterung angeregt. Dagegen sind die Gefäße der Haut und des „Splanchnikusbereichs" (alles, was unter dem Zwerchfell liegt: die Stromgebiete des Truncus coeliakus, der Aae. mesenterica superior und inferior und die Nierengefäße) reichlich mit α-Rezeptoren bestückt und reagieren mit starker Vasokonstriktion. Die Gefäßbahnen von Darm, Leber und Milz stellen Blutreservoirs dar, die in solchen Notsituationen beansprucht werden. Die Vasokonstriktion in der Niere wiederum drosselt ihre Perfusion und verhindert einen Flüssigkeitsverlust mit weiterem Abfall des Blutdrucks. Werden über diese Maßnahmen die kritischen Organe Herz und ZNS ausreichend mit Blut versorgt und erfüllen sie ihre Funktionen, spricht man von einem kompensierten Schock. Ist das nicht der Fall, tritt Bewusstseinsverlust ein und der Herzmuskel reagiert mit Rhythmusstörungen und herabgesetzter Leistungsfähigkeit. In diesem Stadium wird der Schock als dekompensiert bezeichnet.

Die Umverteilung des strömenden Blutes im Schock begünstigt die Verlangsamung und den Stillstand des Blutflusses in denjenigen Zirkulationsbereichen, in denen die Vasokonstriktion stark ausgeprägt ist (**Stase, No reflow-Phänomen**). Besonders leicht wird die Zirkulation dort beeinträchtigt, wo die Gefäße der Mikrozirkulation eng sind und wo der Blutdruck schon physiologisch nieder ist: in der Lunge, Niere, und in den Niederdrucksystemen pulmonaler Kreislauf und Pfortadersystem. Diese sogenannten „Schockorgane" sind von einer Stase frühzeitig und stark betroffen.

Es ist einleuchtend, dass eine länger dauernde mangelhafte Blutversorgung den Schockorganen Schaden zufügen muss. Der daraus resultierende Sauerstoffmangel wirkt sich in einer vermehrten anaeroben Glykolyse aus. Die aerobe Glukoseverwertung ist darüber hinaus auch als Folge einer Cytokinwirkung auf die Mitochondrien gestört (S. 112). Beides führt zu einem *Anstieg der Blut-Laktatwerte*.

Zirkulationsstörung und Entzündungsgeschehen schaukeln sich gegenseitig in einem Circulus vitiosus auf. PMN, die im Stasebereich an Endothelzellen haften, sind metabolisch rege und geben neutrale Proteasen und ROS ab, die das Endothel schädigen und es zur Sekretion von TXA2 und PAF anregen, womit Thrombozyten aktiviert werden und die Blutsäule um die Stase gerinnt. Die Zirkulation ist damit völlig und irreversibel blockiert. Das geschädigte Endothel wird leck [capillary leak syndrome] und eiweißreiche Ödemflüssigkeit tritt in die Umgebung aus. Durch den resultierenden Volumsverlust wird der Blutdruckabfall und damit die Stasebildung weiter verstärkt. Die erste therapeutische Maßnahme bei einem solchen Geschehen ist daher der Flüssigkeitsersatz und die Sauerstoffzufuhr. Aus PMN in die Zirkulation freigesetzte Enzyme und ROS aktivieren weiter serogene Mediatoren, bis deren inaktive Vorstufen verbraucht sind, ohne dass ein ausreichender Ersatz stattfindet (Mediator-Depletion), und Makrophagen geben massiv Cytokine ab. Als Folge kann das Immunsystem fehlgesteuert werden (endogene Immunsuppression, S. 274). In dieser Situation besteht eine ausgeprägte Empfänglichkeit gegenüber Infekten, bzw. bei bereits bestehendem Infekt zu Superinfektionen mit Keimen, die solche Immunschwächen ausnützen (opportunistische Keime, S. 269). Unter diesen Erregen sind der Stapylokokkus aureus, gewisse Streptokokkenstämme, Pseudomonas aeruginosa, Coli-Stämme und Klebsiellen, unter den Pilzen Candida albicans und die besonders gefährlichen Aspergillusstämme häufig und gefürchtet. Das Erregerspektrum ist spitalsspezifisch. Die an Inventar, Geräten und vor allem am Personal haftenden und auf diesem Weg transportierten Keime („Spitalskeime") sind oft gegen eine breite Palette von Antibiotika resistent. Der Befall mit diesen meist äußerst hartnäckigen und schwer zu behandelnden Krankheitserregern während des Krankenhausaufenthaltes wird als „Hospitalismus" bezeichnet. Nach Häufigkeit gereiht sind die Lunge und die Atemwege, der Urogenitaltrakt, Wunden und die Eintrittsstelle von Kathetern, sowie der Verdauungstrakt von Infekten betroffen.

Beim Septischen Schock tritt häufig und typisch die Komplikation hinzu, dass körpereigene Vasopressoren, die den Schock kompensieren sollen, nämlich Katecholamine und Angiotensin II, nicht effektiv sind. Der Grund dafür ist, dass die vasoaktiven Mediatoren, die den Schock verursachen, indirekt über das Endothel und dessen NO-Freisetzung wirken, wodurch letztendlich der für die Vasokonstriktion nötige Ca^{++}-Einstrom in die Gefäßmuskulatur gehemmt wird (S. 223). Daher ist die Gefäßmuskulatur gegen Vasopressoren unempfindlich, „refraktär", die lebenserhaltenden endogenen Mechanismen der Kreislaufzentralisation greifen nicht oder nur mangelhaft, und der Schock dekompensiert rasch. Ebenso mangelhaft wirkt die therapeutische Substitution von Vasopressoren, so dass der Volumsersatz oft die einzige zuverlässige Maßnahme zur Aufrecherhaltung des Blutdrucks darstellt. Die zugeführte Flüssigkeit entweicht jedoch rasch durch das kapillare Leck unter Ödembildung in die Gewebe, so dass eine kontinuierliche, oft exzessive Flüssigkeitszufuhr nötig ist.

Aus diesen Zusammenhängen heraus lässt sich der klinische Verlauf eines Septischen/SIRS Schocks analysieren. In der Frühphase sind folgende Veränderungen des Immunsystems typisch:

– Die massive Aktivierung und Freisetzung von vasoaktiven Mediatoren und Cytokinen führt zu Blutdruckabfall bis zum Schock.
– Aus dem Knochenmarksspeicher werden Leukozyten, in erster Linie PMN, mobilisiert. Die Folge ist eine starke Leukozytose.
– Zirkulierende Leukozyten und Endothelzellen werden aktiviert, Adhäsine werden hinaufreguliert. Die Blutviskosität und der periphere Druckwiderstand steigen, der fallende Blutdruck kann die Blutzirkulation nicht mehr aufrecht halten. Die Folge ist eine Stase.
– Die Blutgerinnung wird über systemische (Hageman-Faktor, aktivierte Thrombozyten, im Rahmen einer APR vermehrt freigesetzte Gerinnungsfaktoren) und lokale Faktoren (aktiviertes Endothel) gefördert. Es bilden sich bevorzugt multiple Thromben im Bereich der Mikrozirkulation [disseminated intravascular coagulation, **DIC**].

Durch das lecke Kapillarsystem geht Flüssigkeit verloren.

- Ins System freigesetzte Cytokine und Mediatoren bewirken eine Temperatursteigerung (S. 242).

Die Symptome der Frühphase treten mehrheitlich innerhalb der ersten fünf Tage nach dem auslösenden Ereignis auf. Diese Phase wird treffend als „das Abwehrsystem in Panik" bezeichnet.

Die Spätphase ist durch folgende Veränderungen gekennzeichnet:

- Die Depletion von Mediatoren und die Fehlsteuerung des Immunsystems führt zu einer hohen Infektgefährdung
- Die Depletion von Gerinnungsfaktoren führt zu einer verstärkten Blutungsneigung
- Sequestration und mangelhafte Nachbildung von weißen Blutzellen im Knochenmark (S. 144) können eine Leukopenie bewirken.
- Ein Absinken der Temperatur unter 36°C ist ein Zeichen einer gestörten zentralen Temperaturregulierung und prognostisch sehr ungünstig.

Die Spätphase setzt etwa fünf bis 10 Tage nach dem Ereignis ein. Sie lässt sich gut als „das Abwehrsystem in Paralyse" beschreiben.

Durch DIC bedingte Zirkulationsstörungen können, wenn nicht ausreichend Kollaterale vorhanden sind, bleibende Spätschäden vor allem an Niere (Parenchymverlust und Insuffizienz) und Lunge (Fibrosen) setzen.

Die durch den Nervus sympathicus geprägte vegetative Reaktionslage und der Hypermetabolismus bedingen die erhöhte Pulsfrequenz und Atemtätigkeit (S. 280).

3.4.2.2 Sepsis als Folge eines Schocks durch Abfall des Herz-Minutenvolumens

In der oben beschriebenen Situation ist der *Kreislaufschock die Folge eines Infekts.* Im Weiteren wird ein Szenario dargestellt, in dem der *Infekt als Folge eines Kreislaufsschocks* auftritt. Schockformen, die sich in diese Richtung entwickeln können, sind bevorzugt der Hypovolämische/Hämorrhagische Schock und der Kardiogene Schock.

Barorezeptoren registrieren einen Blutdruckabfall, die Information wird an das Kreislaufzentrum geleitet und von dort an das sympathische Zentrum weitergegeben. Auf diesem Weg wird das sympathische Nervensystem aktiviert, das über seinen Neurotransmitter Nor-Adrenalin drei essentielle Mechanismen in Gang setzt, um die Sauerstoffversorgung lebenswichtiger Organe zu sichern:

- Über die Nervi accelerantes: eine Steigerung der Herzleistung mit Tachykardie. Katecholamine wirken über $\beta 1$-Rezeptoren.
- Über direkte Innervation im Bereich der Widerstands- und Kapazitätsgefäße zur Steigerung des peripheren Widerstandes und zur Mobilisierung von Blutreserven. Katecholamine wirken hier über α-Rezeptoren. Diese beiden Effekte werden noch wesentlich verstärkt durch eine
- massive Katecholamin-Freisetzung aus dem Nebennierenmark in das Blut, die über die Nervi splanchnici vermittelt wird.

Über die Katecholamine wird eine Zentralisation des Kreislaufs auf Kosten der Durchblutung im Splanchnikusbereich erreicht (S. 282).

Bei längerem Bestehen einer Schocksituation tritt nun im Darmbereich eine Veränderung der Stoffwechselsituation ein, die bei Wiedereinsetzen der Zirkulation zum *Reperfusionsschaden* des Darmes führt, als dessen Folge sich Infekte, ARDS, MODS und MOF entwickeln können.

3.4.2.3 Gewebsischämie und Reperfusionsschaden

Bei der Reperfusion ischämischer Gewebsbezirke werden reichlich ROS freigesetzt, die bei mangelhafter Neutralisierung durch Radikalfänger Schäden verursachen. Ein starker Radikalbildner ist dabei die Xanthin-Oxydase (XOX), die in höheren Konzentrationen im Darmepithel, aber auch in anderen Organen auftritt. Tiermodelle haben gezeigt, dass dieses Enzym des Purinabbaus während Ischämie vermehrt aus Xanthin-Dehydrogenase (XDH) gebildet wird. Die Situation einer protrahierten Darmischämie tritt als Folge der Kreislaufzentralisation während länger dauernder Schockzustände ein. Die vermehrt gebildete XOX ist jedoch inaktiv, solange ihr nicht ausreichend Sauerstoff zur Verfügung steht. Hierzu kommt eine weitere durch Schock bedingte Veränderung: Eine mangelhafte Oxygenierung des Mesenterialbereichs erschwert die Regeneration des ADP zu ATP. Bei anhaltendem Sauerstoffmangel wird nun auch ADP zur Energielieferung herangezogen und es häuft sich Adenosinmonophosphat (AMP) an. Werden die Kreislaufverhältnisse normalisiert und wird der ischämische Darm wieder perfundiert und somit wieder ausreichend mit Sauerstoff versorgt, wird ein Teil des reichlich angesammelte AMP in den Purinabbau eingeschleust. Die nun stark aktive XOX setzt Purine in Harnsäure um, wobei die anfallenden Elektronen auf den in der Reperfusionsphase anflutenden molekularen Sauerstoff übertragen werden, und es entstehen reichlich ROS (**Abb. 113**). Werden die ROS-Scavenger überfordert, schädigen die Radikale benachbarte Zellen und Gewebe:

■ Das Kapillarendothel der Darmmukosa setzt vermehrt ROS wie Peroxynitrit (S. 188), sowie Mediatoren wie TXA2 und PAF frei, welche die im Blutstrom passierenden PMN aktivieren. Aktivierte PMN regulieren ihre Adhäsine hinauf und haften damit verstärkt am Endothel in Lunge, Niere und anderen Organen (S. 151ff). Von PMN in die Blutbahn abgegebene ROS und Enzyme aktivieren serogene Mediatoren (Complementsystem, Kallikrein-Kininsystem), die wiederum weitere PMN, Endothelzellen und gefäßstän-

dige Makrophagen aktivieren, die ihr Cytokinpotential freisetzen. Damit rollt die Lawine der Ganzkörperentzündung (SIRS) an.

■ ROS schädigen auch Bereiche des Darmes selbst. Die „Darmbarriere", die als immunologische Verteidigungslinie die Invasion von Mikroorganismen verhindert, wird insuffizient, und Keime dringen in die Mucosa ein. Dieser Vorgang wird als **bakterielle Translokation** bezeichnet. Translozierte Keime sind nach Schock in den mesenterialen Lymphknoten nachweisbar. Bei schlechter Immunlage können sie sich vermehren, über die Blutbahn in den Organismus übertreten und eine Sepsis induzieren.

Es tritt damit der paradoxe Zustand ein, dass erst die vermeintliche Besserung der Situation durch Wiederherstellung der Gewebsoxygenierung den Schaden verursacht. Auf diese Weise kann etwa aus einem hypovolämischen oder kardiogenem Schock eine Sepsis und ein septischer Schock entstehen. Typische Zeiträume für eine solche Entwicklung sind etwa der fünfte bis achte Tag nach dem auslösenden Ereignis.

Reperfusionschäden können auch lokal um Gewebsnekrosen auftreten. So vergrößern sich etwa kardiale Infarktbezirke, indem in den Randbereichen des Schadens über vergleichbare Mechanismen ROS freiwerden, die wiederum PMN aktivieren, welche mit ihren ROS und Enzymen weiter Gewebe schädigen und zerstören. Indikatoren für einen solchen lokalen Prozess sind Aldehyde wie der Malondialdehyd, der vorwiegend durch Peroxydation von Membranlipiden entsteht, ins Blut ausgeschwemmt wird und dort gemessen werden kann (S. 207).

3.4.2.4 Das Adult Respiratory Distress Syndrom (ARDS)

Das ARDS (akutes Lungenversagen, „Schocklunge") ist keine pathogenetische Entität, sondern ein Symptomenkomplex, der bei Schädigung des Ge-

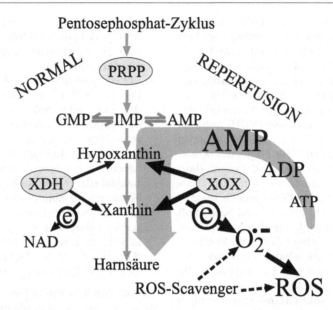

Abb. 113. *Pathogenese eines Reperfusionsschadens. Normalsituation:* Ribose-5 Phosphat aus dem Pentosephosphat-Zyklus wird über das Schlüsselenzym Phosphoribosylpyrophosphat-Amidotransferase (PRPP) über Zwischenstufen zu Inosin-Monophosphat (IMP), das weiter zu den Purinnukleotiden Adenosin- bzw. Guanosin-Monophosphat (AMP und GMP) umgewandelt werden kann. Beim Purin- Abbau wird der umgekehrte Weg beschritten, und AMP wird über IMP zu Hypoxanthin, Xanthin und schließlich zu Harnsäure umgesetzt, die ausgeschieden wird. Die letzten Schritte Hypoxanthin – Xanthin – Harnsäure werden durch die „Xanthinoxydase" katalysiert, die allerdings mehrheitlich eine Xanthin-Dehydrogenase (XDH) ist und die anfallenden Elektronen (e) auf NAD überträgt. *Reperfusion:* Während der Ischämiephase kann Adenosin-Diphosphat (ADP) nicht zu Adenosin-Triphosphat (ATP) regeneriert werden, sondern wird weiter zu AMP, IMP und Hypoxanthin abgebaut, die sich mit zunehmender Dauer der Ischämie in der Zelle anhäufen. Mangels Sauerstoff stagniert der Purin-Abbau. Bei Reperfusion und Wiedereinsetzen der Oxygenierung werden nun massenhaft AMP, IMP und Hypoxanthin in den Purinabbau eingeschleust, der bei Sauerstoff-Angebot wieder einsetzt. Während der Ischämie wurde die XDH zur Xanthinoxydase (XOX) verändert, welche die anfallenden Elektronen auf den molekularen Sauerstoff überträgt, der bei der Wiederherstellung der Zirkulation anflutet. Werden die ROS-Scavenger überfordert, schädigen die entstehenden ROS das umliegende Gewebe und aktivieren PMN in der Blutbahn.

fäßendothels, aber auch des respiratorischen Epithels der Lunge ausgelöst werden kann wie etwa toxisch durch giftige Gase, bei Aspiration oder Ertrinken. Hier sollen nur die Abläufe bei Schädigung des Gefäßendothels der Lungen im Rahmen des Kreislaufschocks dargestellt werden.

Pathogenese eines ARDS als Folge eines Schocks

Im Zuge eines Schockgeschehens regulieren aktivierte PMN ihre β2-Integrine, Endothelzellen ihr ICAM1 hinauf (S. 151f). PMN polymerisieren ihr Aktin-Cytoskelett und werden dadurch rigider (S. 169ff). Auslösend für diese Veränderungen können verschiedene Einflüsse sein: Von aktivierten gefäßständigen Makrophagen und Endothelzellen abgegebene Cytokine (S. 218, 222), im reperfundierten Darm freigesetzte ROS (S. 187f) und in der Blutbahn aktivierte serogene Mediatoren. Eine besondere Rolle kommt dabei offenbar den Anaphylatoxinen C3a und C5a des Complementsystems zu (S. 92f). Durch die erhöhte Haftungstendenz und die Rigidität ihres Cytoplasmas passieren PMN erschwert und verlangsamt die engen Gefäßbahnen der Lunge bzw. bleiben überhaupt in ihnen stecken (Leukostase), was zu einer Ansammlung von PMN in der Lunge führt (sog.

Sequestration oder pooling der PMN). Da eine Sequestration meist gleichzeitig auch in anderen Organen, bevorzugt in Niere und Darm stattfindet, fällt die Zahl der PMN in der Zirkulation ab (Verschiebungs-Neutropenie, S. 148), was als prognostisch ungünstiges Zeichen zu werten ist. Sequestrierte PMN sind metabolisch aktiv und geben Enzyme und ROS in den interzellularen Spalt [intercellular cleft] zwischen PMN und Endothelzelle ab, der gegenüber den neutralisierenden Antiproteasen und Antioxydantien des Blutes weitgehend abgeschottet ist. Darüber hinaus kann sich in diesem sequestrierten Mikrobereich [microenvironment] ein saures pH-Milieu aufbauen, in dem die lysosomalen sauren Esterasen wirksam werden (**Abb. 88**). Die Folge sind Ödeme und Thromben (S. 149).

Die maßgebliche Beteiligung der PMN und des Complementsystems am Zustandekommen des ARDS kann im Tierversuch anschaulich dargestellt werden. Ein häufig verwendetes Modell eines hypovolämischen Schocks an der Ratte besteht im Abziehen von 50% des Blutvolumens für eine Stunde; danach wird das abgezogene Blut wieder refundiert, womit die ursprünglichen Zirkulationsverhältnisse quantitativ wieder hergestellt werden. In der Schockphase treten jedoch im ischämischen Darm Veränderungen ein, die nach Aufhebung der Hypovolämie in der Reperfusionsphase die zirkulierenden PMN und das Complementsystem aktivieren (S. 285) und bei einem hohen Prozentsatz der Tiere ein ARDS verursachen. Den freigesetzten Anaphylatoxinen des Complementsystems kommt dabei die Rolle eines Aktivators von PMN, Endothel und gefäßständigen Makrophagen zu. Bezeichnender Weise entwickeln dagegen Tiere, deren Bestand an zirkulierenden PMN mit spezifischen Antikörpern, bzw. deren Complementsystem mittels Kobragift vor dem Versuch depletiert wurde, kein oder ein nur geringgradiges ARDS.

Frühe klinische Symptome des ARDS sind Atemnot (Dyspnoe) und Zyanose. Die mangelhafte Oxygenierung des Blu-

tes beruht auf der Leukostase und einem Lungenödem, das anfänglich interstitiell ist, bei Fortschreiten sich auf die Alveolen ausdehnt und im Röntgen darstellbar wird. Bronchiallavagen (BAL) fördern PMN, Makrophagen und, bei starker Ausprägung und hochgradigem Leckwerden der Blutbahn, auch Erythrozyten zutage. In diesem Stadium wird blutig-schaumige Flüssigkeit ausgehustet. Der Druck in der A. pulmonalis steigt, bedingt durch die Leukostase, über den kritischen Grenzwert von 25 mm Hg und belastet das rechte Herz.

In weiterer Folge mindert die Durchmischung mit Ödemflüssigkeit die Qualität des Surfaktants. Es entstehen Verteilungsstörungen der Atemluft, und überblähte Lungenläppchen finden sich neben kollabierten (**Abb. 114**). Der Scha-

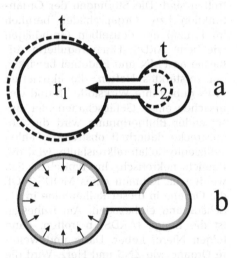

Abb. 114. *Wirkung des Surfactants.* Nach dem Laplace'schen Gesetz entspricht der Druck p in einem kugelförmigen Hohlraum mit dem Radius r und der Wandspannung t dem Verhältnis $p = t/r$. Werden zwei Hohlkugeln mit gleicher Wandspannung, aber verschiedenem Durchmesser (r_1 und r_2) miteinander verbunden, wird das Gas von der kleineren solange in die größere Hohlkugel gedrückt, bis sich ein Ausgleich von t/r hergestellt hat (a). Vergleichbare Verhältnisse liegen im Alveolarbereich der Lunge vor. Der Surfactant stellt einen Spannungsausgleich her, indem er der Wanddehnung Widerstand entgegen setzt, und gewährleistet damit die gleichmäßige Füllung der Alveolen (b). Bei Schädigung des Surfactants tritt die Situation (a) ein.

den am Surfactant wird durch die – in den ausgeprägten Fällen unverzichtbare – künstliche Beatmung verstärkt. Ein kontrollierter Beatmungsdruck und eine möglicht kurze Beatmungsdauer sollen diese Schäden vermeiden oder gering halten.

Als Spätfolge eines ARDS kann sich eine Lungenfibrose ausbilden. Tod durch nicht mehr ausreichende Oxygenierung lebenswichtiger Organe kann in jedem Stadium eintreten.

3.4.2.5 Das Multiple Organ Dysfunction Syndrome (MODS) und das Multiple Organversagen, Multiple Organ Failure (MOF)

Von MODS/MOF spricht man dann, wenn mehrere Organe von Schäden betroffen sind. Die Störungen der Organfunktion bzw. Organschäden beruhen im Prinzip auf denselben Grundlagen wie beim ARDS: Hinaufregulierte Adhäsine an PMN und Endothel bewirken ein verstärktes Haften, die aktivierten PMN geben ihre Wirkstoffe ab und verursachen einen Gefäßschaden. Bei einsetzender Blutgerinnung wird die Gefäßstrecke dauerhaft obstruiert. Fehlen suffiziente Kollateralkreisläufe, wird der Bereich nekrotisch. Im typischen Fall werden im Rahmen eines MODS/MOF die Organe in dieser Reihenfolge in die Schädigung einbezogen: Am frühesten ist die Lunge (ARDS) betroffen, dann folgen Niere, Leber, Darm und weitere Organe wie ZNS und Herz. Wird die funktionelle Frühphase überlebt, folgen die Komplikationen der Depletion des Gerinnungs- und Immunsystems (S. 284) und der morphologischen Organschäden. Die Funktionsstörungen der Organe und Gewebe werden anhand klinischer Routineparameter definiert.

3.4.3 Therapie von SIRS, Sepsis und Septischer Schock

Diese Patienten benötigen intensivmedizinische Betreuung, die ein entsprechendes Fachwissen erfordert. Im Vordergrund stehen die Schockbekämpfung und die Regulierung des Wasser- und Elektrolythaushaltes. Künstliche Beatmung und künstliche Ernährung sind bei schweren Verläufen erforderlich. Je nach Einzelfall können Venen- und Harnwegskatheter, Endotrachealtuben, Wunden und eine geschädigte Darmbarriere (S. 285) Eintrittspforten für Krankheitserreger in den immundefekten Organismus bilden, so dass der Infektverhütung und Infektbekämpfung eine zentrale Rolle zukommt. Schäden durch ROS versucht man mit Antioxydantien (Zufuhr von Vitamin A, E, Selen als Bestandteil der Glutathion-Peroxydase, S. 191) zu mildern. Eine DIC kann durch frühzeitige Gabe von Antikoagulantien reduziert werden (z.B. Aktiviertes Protein C). Neue Therapiemöglichkeiten in Erprobung konzentrieren sich auf den Einsatz rekombinant hergestellter endogener Entzündungshemmer wie C1-INH (S. 75f), IL-1RA (S. 106) und die Blockierung von Adhäsinen an PMN und Endothel (S. 155).

Allen diesen – häufig fatalen – Krankheitsbildern liegt ein ungehemmt aktiviertes unspezifisches Abwehrsystem zugrunde. Es drängt sich die Frage auf, warum der Organismus nicht Einrichtungen entwickelt hat, die ähnlich einem Drehzahlbegrenzer bei Motoren ein „Überdrehen" des Immunsystems verhindern. Die Antwort ist wohl darin zu suchen, dass die Schäden, die eine solche exzessive Übersteuerung des Immunsystems auslösen, einen invaliden Organismus zurücklassen, der in der freien Natur ohnehin nicht überlebensfähig wäre. Ein mit einem Immunbegrenzer ausgerüstetes Genom, sollte es wirklich einmal entstanden sein, hätte somit in der Evolution keine Bewährungschance gehabt. Erst die moderne Medizin kann schwere organische Schäden mildern und reparieren oder fügt sie sogar, etwa in Form ausgedehnter, invasiver operativer Eingriffe, selbst zu. Hier stört die schrankenlose Stimulierbarkeit der Unspezifischen Abwehr und fordert reichlich Opfer. An Möglichkeiten einer therapeutischen Begrenzung wird wissenschaftlich gearbeitet.

4 Beispiele einer Chronifizierung entzündlicher Prozesse

Unter Chronifizierung einer Krankheit versteht man den Vorgang, bei dem sich über den ursprünglichen Pathomechanismus als Auslöser morphologische und funktionelle Veränderungen etablieren, die selbst krankhaftes Potential beinhalten, langfristig zunehmend das Krankheitsbild bestimmen und schließlich das Krankheitsgeschehen von der ursprünglich auslösenden Ursache unabhängig machen.

Als Beispiele einer Chronifizierung entzündlicher Prozesse sollen das Asthma Bronchiale, die Chronisch Obstruktive Bronchitis und die Atherosklerose vorgeführt werden. Die Gegenüberstellung des Asthma bronchiale und der Chronisch Obstruktiven Bronchitis (COPD) demonstriert eindrücklich, wie unterschiedliche Noxen am gleichen Organ unterschiedliche Entzündungsreaktionen in Gang setzen, die wiederum den Krankheitsverlauf bis zum Ende prägen. Die auslösende Ursache bestimmt den Charakter der zellulären Entzündungsreaktion und diese in Folge den weiteren Verlauf und die Prognose. Entwicklung und Verlauf der Atherosklerose sind wiederum ein Beispiel eines Entzündungsgeschehens, das durch die Bildung atypischen Schadmaterials ausgelöst wird. Für die Beseitigung dieses atypischen Materials hat das Entzündungssystem keine effizienten Programme und Lösungsmöglichkeiten zur Verfügung, was zur Persistenz und Ausweitung des entzündlichen Prozesses führt.

4.1 Das Asthma Bronchiale

4.1.1 Pathogenese und Symptomatik

Das Asthma bronchiale ist eine chronisch entzündliche Erkrankung der Atemwege, die durch eine Überreaktivität der Bronchien und ihrer Anhangsorgane gekennzeichnet ist. Das charakteristische Symptom ist die Beeinträchtigung der Ventilation durch Obstruktion der Atemwege.

Zwei Entstehungsformen des Krankheitsbildes Asthma bronchiale werden unterschieden: Das *intrinsische* Asthma, für dessen meist unklare Genese eine angeborene oder erworbene Überempfindlichkeit der Atemwege angenommen wird. Eine Hyperreaktivität der Bronchien und Schleimdrüsen kann in manchen Fällen mit vorangegangenen Infekten in Verbindung gebracht werden.

Das *extrinsische* oder *allergische* Asthma beginnt dagegen als ÜER vom Typ I (S. 28f). Nur auf diese Form soll hier näher eingegangen werden. Häufig geht Asthma bronchiale aus einer Rhinitis und Conjunctivitis allergica hervor, wobei sich der Krankheitsprozess aus den oberen in die tieferen Atemwege ausbreitet. Länger bestehendes Asthma bronchiale neigt zur Chronifizierung. Auslösende Antigene sind meist Inhalationsallergene (Pollen, Tierhaare, Hausstaub, Berufsspezifische Stäube), die im Bereich der Bronchialschleimhaut eindringen und eine ÜER I initiieren, selten sind Ingestionsallergene die Ursache (S. 29f).

Der anaphylaktische Prozess beginnt mit dem an anderer Stelle beschriebenen Mechanismus der Sensibilisierung und der charakteristischen Besetzung der Mastzellen und anderer Immunzellen mit IgE-AK. Ebenso läuft die Aktivierung der Mastzellen nach Bindung des AG nach dem angegebenen Schema ab (S. 28f). Im Vergleich mit anderen IgE-vermittelten ÜER weist das Asthma bronchiale jedoch Besonderheiten auf, die den Krankheitsverlauf prägen und ihm seine besonderen Merkmale verleihen.

1. Der Bau der Bronchien und die besonderen topographischen Verhältnisse an der Allergen-Eintrittsstelle. Die Atemwege sind Röhren, gebildet aus Schleimhaut, glatter Muskulatur, Drüsen (Becherzellen und gemischte Schleimdrüsen) und Nerven in unmittelbarer Nähe zueinander. Raum fordernde Prozesse wie Schwellungen

durch das entzündliche Ödem, Muskelkontraktion und Schleimansammlungen können sich nur unter Verengung des Lumen ausbreiten.

2. Die besondere Reaktivität der Lungenmastzellen. Ihr AA-Metabolismus läuft bevorzugt über den LOX-Weg unter Bildung der Cysteinyl-Leukotriene LTC4, LTD4 und LTE4 (S. 58), dazu bilden sie PAF. Beide Mediatoren wirken im Synergismus stark bronchokonstriktorisch und vasoaktiv. Der vasoaktive Effekt besteht in einer Permeabilitätsseigerung und in einer Gefäßkontraktion im venösen Teil der Mikrozirkulation, die den Druck im Pulmonalkreislauf erhöht und den Flüssigkeitsaustritt verstärkt. Ein Asthmaanfall hat, je nach Dauer und Ausmaß, ein Lungenödem verschiedenen Grades zur Folge. Aktivierte Mastzellen geben Histamin ab und können PGE2 bilden, beides Wirkstoffe welche die Gefäßpermeabilität zusätzlich erhöhen und die Drüsentätigkeit anregen. Der gebildete Schleim ist dyskrin im Sinn einer Viskositätserhöhung.

Der akute Asthmaanfall

Alle drei Faktoren zusammen, die **Bronchokonstriktion**, die vermehrte Produktion eines zähen, dickflüssigen **Schleims** und die **entzündliche Schleimhautschwellung**, ergeben eine Einengung des Lumen und die das Krankheitsbild des Asthma bronchiale kennzeichnende Atemnot („asthma" = Einengung, Engbrüstigkeit). Die Besonderheit der Ventilationsstörung besteht darin, dass die Expiration stärker als die Inspiration behindert ist. Ursache dafür ist der Tonus der angespannten Bronchialmuskulatur. Bei Einatmung kann die Bronchialwand durch die einströmende Luft gegen den Unterdruck in den umgebenden Alveolen noch ausreichend gedehnt werden. Dagegen ist bei Expiration der Druck naturgemäß in den Alveolen höher als in den Bronchien, die unter dem alveolären Überdruck und dem eigenen Tonus kollabieren. Dieser Effekt wirkt sich bevorzugt im Bereich der kleinen Bronchien und Bronchiolen aus, da hier die Wandstützung durch die umgreifenden Knorpelspangen fehlt, die in den oberen Atemwegen das Lumen offen halten. Durch die entstehende Ventilwirkung pumpt sich die Lunge auf, die Atembewegung verschiebt sich in den inspiratorischen Bereich mit der höheren Retraktionskraft (Compliance): es entsteht ein *akutes Lungenemphysem*. Ein länger dauernder Bronchospasmus, der sich unbehandelt über Stunden und Tage erstrecken kann, wird als *Status asthmaticus* bezeichnet. Durch die Drucksteigerung im Pulmonalkreislauf, die Einschränkung der Atmung und das Lungenödem werden die essentiellen Lungenfunktionen Perfusion, Ventilation und Diffusion beträchtlich gestört. Der Tod kann durch den Sauerstoffmangel oder/und durch Herzversagen erfolgen.

4.2.1 Entzündungsvorgänge und ihre Folgen in der Bronchialwand

Durch die Mastzellenaktivierung wird ein Entzündungsprozess in Gang gesetzt, bei dem die **Eosinophilen Granulozyten** (EG) die dominante Erscheinung darstellen und bei Fortdauer des immunogenen Reizes auch für die Chronifizierung der Entzündung wesentlich verantwortlich sind. Aktivierte Mastzellen geben das Chemokin Eotaxin und Histamin ab, die beide auf EG chemotaktisch wirken. Histamin hemmt dagegen die Migration der PMN, so dass sich das entzündliche Infiltrat in erster Linie aus EG, Makrophagen und Lymphozyten, mit nur geringer Beteiligung von PMN, zusammensetzt. Der EG bestimmt auch das Entzündungsgeschehen: Seine basischen Proteine (S. 208) sind weniger gegen interzelluläre Matrix, sondern in erster Linie gegen Zellmembranen gerichtet. Das Bronchialepithel wird geschädigt und kann sich streckenweise zur Gänze ablösen, so dass die Basalmembran und Nervenendigungen frei liegen. Diese Schleimhautwunden bilden ideale Eintrittspforten für bereits kompetente wie auch für weitere potentielle Allergene. So ist es leicht verständlich, dass neue Sensibilisierungen häufig sind und die Zahl der Allergene immer größer wird.

Bei andauernder Allergenexposition weitet sich die vom subepithelialen Bindegewebe ausgehende Entzündung auf die gesamte Bronchialwand aus.

- Vorwiegend von EG und Mastzellen abgegebene Mediatoren und Wachstumsfaktoren (Cysteinyl-LT, TGFβ u.a.) setzen einen Umbauprozess in der Wand der Atemwege in Gang [airway remodeling]. Die Basalmembran und die Muskelschicht der Bronchialwand verdicken sich, das Bronchialrohr wird starrer. Der Anteil an Becherzellen in der Mukosa nimmt zu Lasten der Flimmerzellen zu (Dysplasie). Die bronchialen Drüsen hypertrophieren.
- Durch die Bildung dyskrinen Schleims, die epitheliale Dysplasie, entzündliche Funktionsstörungen der Flimmerzellen und Epitheldefekte wird der bronchiale Reinigungsmechanismus, die **mukociliare Clearance**, empfindlich gestört. Die Schleimansammlung verstärkt die durch Bronchokonstriktion und entzündliche Schleimhautschwellung verursachte Obstruktion.
- Das vegetative Nervensystem wird auf verschiedenen Ebenen mit einbezogen.
  - Nervenendigungen liegen durch den Epithelverlust blank und sind Reizen unmittelbar zugänglich.
  - Reizschwellen für sensorische Reize werden durch Entzündungsmediatoren (PGE, Cytokine u.a.) herabgesetzt, Bagatellreize werden weitergeleitet.
  - Es bilden sich Reflexbögen aus. C-Fasern entwickeln Axonreflexe, bei deren Aktivierung Neuropeptide (die *Tachykinine* Substanz P und Neurokinin A und B) freigesetzt werden, die wiederum proinflammatorisch wirken. Diese so genannten „NANC"-Fasern (**n**on **a**drenerg, **n**on **c**holinerg) aktivieren wiederum Mastzellen, Granulozyten und Ma-

krophagen. Auf diese Weise wird eine **neurogene Entzündung** unterhalten. Tachykinine wirken zudem auch direkt bronchokonstriktorisch, Gefäße erweiternd und permeabilitätssteigernd und erhöhen die Schleimsekretion. Reflexbögen können sich auch über afferente A delta-Fasern, zentrale Schaltstellen und vagale Efferenzen mit cholinergen Endigungen verstärkt bahnen. Diese Reflexbögen sind an sich eine normale Einrichtung und lösen bei starker Reizung Husten und Bronchokonstriktion aus. Sie werden als physiologischer Schutzmechanismus gegen das Eindringen von Schadstoffen in die Lunge verstanden. Durch Reizschwellensenkung bildet sich jedoch eine pathologische Hyperreaktivität aus, die Minimalreize mit Husten und Bronchokonstriktion beantwortet (**Abb. 115**). Die Hyperreaktivität der Bronchien von Asthmatikern kann klinisch durch Aerosol-Provokation mit Histamin oder Azetylcholin-Analoga getestet werden.

4.1.3 Chronifiziertes Asthma Bronchiale

Durch die Etablierung funktioneller und morphologischer Veränderungen im Zuge länger dauernder, immer wieder aktivierter Entzündungsvorgänge verselbständigt sich der Krankheitsprozess (Chronifizierung) und macht sich vom Kontakt mit dem kompetenten Allergen unabhängig. Geringfügige Reize wie die alltägliche Umweltbelastung durch aerogene Schadstoffe halten über den Epithelschaden, die gestörte mukoziliare Clearance und die irritierte nervöse Steuerung das entzündlichen Geschehen aufrecht. Unspezifische Reize wie Staub, Rauch, Zigarettenqualm, Abgase, Gerüche jeder Art, auch solche, die an sich als „angenehm" qualifiziert werden wie etwa Parfum, können ein Anfallgeschehen in Gang setzen, ebenso heiße oder kalte Luft oder Dehnungsreize der

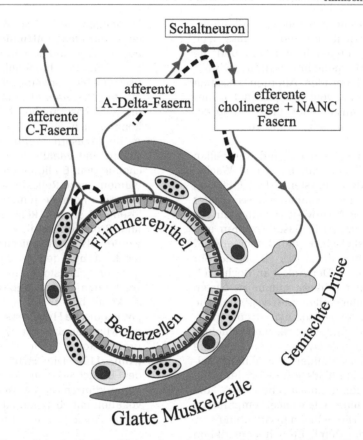

Abb. 115. *Querschnitt durch einen kleinen Bronchus bei Asthma Bronchiale.* Das Epithel besteht aus Kinozilien tragenden Flimmerzellen und Schleim produzierenden Becherzellen. Im lockeren submukösen Bindegewebe sammelt sich zelliges Infiltrat aus vornehmlich Eosinophilen Granulozyten, Mastzellen, Makrophagen und Lymphozyten an. Hier liegen auch ein dichtes Kapillarnetz und Venenplexus, die bei Entzündung reichlich Ödemflüssigkeit abgeben und eine Schwellung verursachen, die nach innen ausweicht und zusammen mit der Muskelkontraktion das Lumen einengt. Gemischte Schleimdrüsen sorgen zusammen mit den Becherzellen für reichlich Schleimentwicklung. Zusätzlich beteiligt sich das Nervensystem an der Obstruktion der Atemwege. C-Fasern setzen über einen Axon- Reflex Tachykinine frei, die wiederum Entzündungszellen aktivieren (neurogene Entzündung). Über afferente A-Delta-Fasern und vagale Efferenzen bereits bestehende Reflexbögen, die Schleimdrüsen, Muskelzellen und Entzündungszellen ansprechen, können weiter gebahnt werden, so dass sie schon bei sehr niederem Reizniveau anspringen.

Atemwege bei Lachen, Husten oder körperlicher Anstrengung. Auf eine Nähe des Nervensystems zum Krankheitsgeschehen verweisen die Zunahme der Atembeschwerden bei stimuliertem Parasympathikus, z.B. postprandial oder bei Ruhe/Schlaf, sowie die Auslösung eines Asthmaanfalls bei disponierten Personen durch psychischen Stress wie Angst oder Schreck. Insgesamt ist das Krankheitsbild Asthma bronchiale sehr komplex, nicht einheitlich und durch individuelle Eigen-

heiten gefärbt, die bei der Therapie berücksichtigt werden sollten. Über Jahre und Jahrzehnte mangelhaft behandeltes Asthma bronchiale mündet, bedingt durch die andauernde Überspannung des Lungenstromas, in ein *chronisches panlobuläres Emphysem.*

4.1.4 Therapie des Asthma bronchiale

Bei frühem allergischen Asthma bronchiale ist die Allergenkarenz die Therapie

Tabelle 16. Therapiemöglichkeiten bei Asthma bronchiale

Therapeutische Möglichkeit	Wirkung
Beta2-Mimetika	anti-inflammatorisch (cAMP↑) bronchodilatatorisch dünnflüssiger Schleim ↑ Flimmerschlag ↑
Cholinrezeptoren-Blocker (Atropin und Verwandte)	anti-inflammatorisch (cAMP ↑) Vagus ↓
Phosphodiesterase- Hemmer (Xanthinderivate, Theophyllin)	anti-inflammatorisch (cAMP ↑)
Dinatrium Chromoglykat	anti-inflammatorisch (Ca^{++} ↓)
Glucocorticoide	immunsuppressiv anti-inflammatorisch Ödem ↓
Mucolytika	Schleim lösend
Akupunktur, Psychotherapie	gelegentliche Erfolge
Hyposensibilisierung	Bei Rhinitis/Conjunctivitis allergica gut, bei Asthma schlecht
Allergenkarenz (Tiere entfernen, Hausstaubmilbe bekämpfen)	Wenn frühzeitig guter Erfolg

der Wahl, da man damit das Fortschreiten des Krankheitsprozesses und seine chronische Etablierung verhindern kann. Eine solche Meidung ist bei Tierhaaren oder Hausstaubmilben nach Gegebenheit mehr oder weniger leicht durchführbar, bei den häufigsten Allergenen, den Blütenpollen jedoch praktisch nicht möglich. Beim chronifizierten Asthma ist die Allergenkarenz eine begleitende Maßnahme, an erster Stelle steht therapeutisch jedoch die Entzündungshemmung. Die Basistherapie besteht in β2-Mimetika in Kombination mit Glucocorticoiden. Beta 2-Mimetica wirken direkt relaxierend auf die glatte Muskulatur, regen die Tätigkeit der mukösen Drüsen an, die reichlich dünnflüssigen Schleim erzeugen und so einen Spüleffekt bewirken, regulieren und synchronisieren den Zilienschlag des Flimmerepithels und wirken auf zellulärer Ebene entzündungshemmend (**Abb. 16**). Glucocorticoide wirken auf vielen Ebenen immunsuppressiv, dämpfen die Entzündungsvorgänge in der Bronchialwand und verbessern die Ventilation durch ihre antiödematöse Wirkung. Zusätzlich können je nach der individuellen Ausprägung der pathologischen Abläufe

Eingriffe auf anderen Ebenen wirksam sein. Medikamente werden direkt lokal auf die Schleimhaut als Aerosole durch Inhalationssprays aufgebracht. Nur bei starker Beeinträchtigung der Atmung, wie beim Status asthmaticus, muss systemisch appliziert werden. Die therapeutischen Möglichkeiten sind in Tabelle 16 zusammengefasst.

4.2 Die Chronisch Obstruktive Bronchitis

[chronic obstructive pulmonary disease, **COPD**]

4.2.1 Pathogenese und Symptomatik

Dem extrinsischen Asthma bronchiale liegt eine ÜER vom Typ I zugrunde und der Eosinophile Granulozyt ist der dominante Zelltyp, der das Entzündungsgeschehen steuert: Epithelschaden, Umbau der Bronchialwand und Änderung der nervösen Reaktivität (S. 290f). Im Gegensatz dazu liegen die Ursachen der COPD in chemischen Schäden und übermäßiger Belastung des Atmungstraktes durch Schwebepartikel, deren Beseitigung eine verstärkte Aktivierung von Phagozyten erfordert. Diese Phagozyten, **Makrophagen** und reichlich **PMN**, bestimmen im Akutschub das Entzündungsbild der COPD. Bei Persistenz der Schadstoffbelastung baut sich in der Bronchialwand eine chronische Entzündung auf, die durch Lymphozytenpräsenz und Fibrosierung gekennzeichnet ist und zu akuter Exazerbation neigt. Morphologische und funktionelle Manifestationen dieser Entzündung sind Schleimhaut-Dysplasie und Ödem, reaktive Bronchokonstriktion und reichliche Schleimentwicklung. Der verstärkten Freisetzung von ROS und proteolytischen Enzymen bei Phagozytose steht ein verringerter Schutz des Stromas der Atemwege durch Antiproteasen gegenüber (S. 126f, **Abb. 46**). Dieses Missverhältnis zwischen pro- und antiinflammatorischen Funktionselementen ist letztlich für die Schwächung der Strukturen der Bronchialwand verantwortlich. Die Expirationsbehinderung durch Schleimhautschwellung, Schleimansammlung und Bronchospasmus sowie die starke Druckbelastung durch den typischen Husten mit reichlich Schleimauswurf führt über Jahre und Jahrzehnte zu einer Dehnung der kleinen und kleinsten Verzweigungen des Bronchialbaumes und des Alveolarganges. Die daraus resultierende beträchtliche Zunahme des Totraumvolumens kennzeichnet das *zentrilobuläre Emphysem*, in das die COPD im typischen Verlaufsfall mündet. Die morphologischen und funktionellen Anomalien der Atemwege führen zu massiven Verteilungsstörungen der Atemluft. Neben schlecht belüfteten (Atelektasen) finden sich überblähte Lungenbezirke. Die daraus entstehenden Unterschiede der Sauerstoffspannung in den Alveolen verschiedener Lungenabschnitte führt zu der Perfusionsstörung, welche die COPD charakterisiert. Zusätzlich können die Zerstörungen der bronchialen Wandstrukturen zu narbigen Schrumpfungen führen, neben denen sich Aussackungen (Bronchiektasien) bilden. Das Versagen der natürlichen Reinigungsmechanismen

der Lunge bedingt, dass sich in diesen Aussackungen reichlich Schleim ansammelt, der einen idealen Nährboden für Keime darstellt. Aus diesem Reservoir erhalten Entzündungsvorgänge permanent Reize, und ein Übergreifen des Infekts auf die tiefen Lungenabschnitte mit dem Krankheitsbild der Bronchopneumonie ist häufig. Die Summe der krankhaften Veränderungen bewirkt, dass sich das Krankheitsgeschehen automatisiert und perpetuiert.

4.2.2 Therapie der COPD

Wegen der viel weiter reichenden morphologischen Zerstörungen ist die Prognose der fortgeschrittenen COPD wesentlich schlechter als die des Asthma bronchiale, für das auch effektivere therapeutische Möglichkeiten zur Verfügung stehen. Die Basis der Therapie der COPD besteht in der Gabe von β2 Mimetika (bronchodilatierend, die mukoziliare Clearance verbessernd und antiinflammatorisch, S. 293) und zusätzlich während akuter Schübe in Glukokortikoiden. Die antibiotische Therapie richtet sich nach den Gegebenheiten. Wegen der schlechten Prognose kommt der Prävention besondere Bedeutung zu. In über 90% der COPD ist Zigarettenrauchen die auslösende Ursache oder an der Entstehung beteiligt.

4.3 Die Atherosklerose

Allgemeines

Die Atherosklerose (ATH) ist eine entzündliche Erkrankung der Arterienwand, die in erster Linie die Intima betrifft, aber bei Fortschreiten auch die Tunica media mit einbezieht. Was die entzündliche Noxe, das sich ergebende Schadmaterial, die Art und Steuerung der beteiligten Entzündungszellen anlangt, ist der Entzündungsprozess in der Arterienwand hoch komplex und spezifisch. Eine Besonderheit und Quelle von Komplikationen ist die unmittelbare Nähe des Entzündungsherdes zum Transportmedium Blut. Die Entzündung ist ihrem Grundcharakter und zeitlichem Verlauf nach zwar chronisch, sie beginnt aber mit typisch akuten Merkmalen, wie zu ihrem Erhalt und zu ihren Risken auch eine Reihe von Elementen der unspezifischen Abwehr beitragen. Gegen akute Elemente der Entzündung richten sich auch verschiedene Therapieansätze.

4.3.1 Ursachen der Atherosklerose

In den Industrieländern stirbt heute mehr als die Hälfte der Bevölkerung an den Folgeschäden der ATH. Meist können Grundkrankheiten oder Vorschäden ausgemacht werden, die Gefäße schädigen und die eine ATH als entzündliche Gefäßreaktion auf den Schaden entstehen lassen (die „response to injury" -Theorie der ATH), wobei die auslösenden Ursachen eng mit den Lebensbedingungen und der Lebensführung in der technisierten Welt zusammen hängen. Als wichtigste **Risikofaktoren** für die Entwicklung einer ATH gelten: Gestörter Lipidstoffwechsel (Hypercholesterinämie), verminderte Glukosetoleranz (Diabetes), Bluthochdruck, Adipositas und Zigarettenrauchen. Neben diesen fünf vermeidbaren oder zumindest beherrschbaren Risken bestehen noch drei schicksalhaft unbeeinflussbare: männliches Geschlecht, hohes Alter und genetische Disposition. Ein Individuum kann von mehreren dieser Risken getroffen werden, deren Wirkung sich dann potenziert: je mehr Risikofaktoren, desto höher das Krankheitsrisiko. Ein typisches Beispiel einer solchen Risikopotenzierung wäre das Metabolische Syndrom.

Fünf Zelltypen tragen im wesentlichen den Entzündungsprozess bei ATH: Das Gefäßendothel, der Monozyt/Makrophage, die glatte Gefäßmuskelzelle, der Lymphozyt und der Thrombozyt. Andere Entzündungszellen treten dagegen an Bedeutung zurück.

4.3.2 Einiges zu den anatomischen und physiologischen Verhältnissen in der Arterienwand

Die (Tunica) *Intima* einer Arterie besteht aus dem einschichtigen platten Epithel der Endothelzellen (S. 220f), die auf einer Basalmembran aufsitzen, und der subendothelialen Bindegewebslage aus kollagenen Fasernetzen, in die elastische Fasern eingelagert sind. Eine weitere Komponente des intimalen Bindegewebes sind glatte Muskelzellen, die in Längsrichtung des Gefäßes und häufig in Bündeln angeordnet sind. Selten sind in gesunden Gefäßen Makrophagen anzutreffen. Eine gefensterte Membran aus elastischem Material, die Membrana elastica interna, trennt die Intima von der (Tunica) *Media*, die je nach Gefäßdicke aus wenigen bis zu 40 Lagen aus zirkulär angeordneten glatten Muskelzellen besteht. Die einzelnen Muskelzellen sind durch kollagene Fasergitter und elastische Fasern miteinander verbunden, die eine Verschiebung der Muskelfasern zueinander und so die Änderung des Gefäßlumens ermöglichen. Fibroblasten sind spärlich vorhanden. Ein lockeres Netz aus elastischen Fasern, die Membrana elastica externa, bildet den Übergang zur (Tunica) *Adventitia*, die das Gefäß in der Umgebung verankert. Ihr Fasergerüst enthält vegetative Nervengeflechte, abführende Lymphgefäße und bei größeren Arterien auch versorgende Gefäße (Vasa vasorum). Diese Grundelemente einer Arterie können je nach Lokalisation recht unterschiedlich gestaltet sein.

Die zeitlebens rund um die Uhr beanspruchte Muskelschicht hat sowohl einen beträchtlichen Energieverbrauch wie auch einen hohen Verschleiß an Bausubstanz. Die Versorgung mit Energieträgern und Bausteinen zur Erneuerung wird zum Großteil vom Gefäßlumen her gedeckt. Den Druckverhältnissen entsprechend bewegt sich ein Saftstrom, mit Sauerstoff, Nähr- und Baustoffen angereichert, vom Endothel her durch alle Schichten. Ein für die Entwicklung der ATH entscheidendes Transportobjekt sind Low density lipoproteins (LDL), die das für den Membranbau wichtige Cholesterin (**Abb. 92**) und Neutralfette als Energieträger liefern. LDL werden von Endothelzellen aus dem Blut aufgenommen und aktiv durchgeschleust (Transzytose, S. 220), an das Bindegewebe der Intima weiter gegeben und durch die Lücken der Membrana elastica interna zur Muskulatur der Media geschwemmt, die das Nötige entnimmt. Überschüssiges Material und Abfallprodukte des Muskelstoffwechsels werden über das Lymphgefäßnetz der Adventitia abtransportiert.

Eine Besonderheit dieser Versorgung ist, dass LDL nicht selektiv nach Bedarf, sondern quantitativ aufgenommen werden, d.h. je mehr LDL im Blut angeboten werden, desto mehr werden vom Endothel transportiert und an die Gefäßwand weiter gegeben. Überschüsse an LDL sammeln sich in der Intima vor dem Hindernis Membrana elastica interna an und werden nur verzögert weiterbefördert. Zudem greift ein weiterer mit einem LDL-Überschuss verbundener Umstand in die normalen Verhältnisse ein: Hohe LDL-Konzentrationen im Blut – und offenbar die damit verbundenen hohen Transportleistungen – irritieren und verändern den Stoffwechsel der Endothelzellen. Die Bedeutung der LDL in der Pathogenese der ATH wird in der *lipogenen Theorie* der ATH hervorgehoben.

4.3.3 Bildung und Verlauf der Atherosklerose

Beginn und frühe Stadien der ATH

Erste morphologisch erkennbare Zeichen einer ATH sind die Ansammlung von **Makrophagen** mit reichlich phagozytierten LDL (sog. **Schaumzellen**) und Ablagerungen von Lipiden im Bindegewebe der Intima. Mit freiem Auge und noch besser mir einer Lupe sind diese Ablagerungen als weißlich-gelbe Flecken oder Streifen der Arterien-Innenwand auszumachen. Sie werden als **Fettstreifen** [fatty streaks] bezeichnet. Die Veränderungen können schon kindliche Arterien betref-

fen und sind reversibel. Sie sind Folge einer überstürzten Phagozytose von LDL durch Makrophagen, die das phagozytierte Material aber nicht mehr abbauen können und schließlich daran zugrunde gehen und zerfallen. Die in den unverdauten LDL enthalten Lipide, vornehmlich das chemisch stabile Cholesterin und Cholesterinester, werden beim Zerfall in die Umgebung freigesetzt und in der Intima abgelagert. Voraussetzung für die ungehemmte Phagozytose ist allerdings, dass die LDL oxydativ verändert sind (**oxLDL**). In diesem Fall werden sie über **Scavenger-Rezeptoren** (S. 215f, **Tabelle 9**) aufgenommen, deren Aktivität keiner negativen Rückkoppelung unterliegt. Native LDL werden dagegen von Makrophagen über den LDL-Rezeptor phagozytiert, dessen Expression bei Sättigung der Zelle in üblicher Weise gedrosselt wird.

Hier setzen entscheidende Fragen zur **Atherogenese** an: Wie kommt es zu einem so zahlreichen Auftreten von Makrophagen in der Intima, die ja normalerweise weitgehend frei von Entzündungszellen ist. Und weiter: wie entstehen die unter physiologischen Verhältnissen nicht auftretenden oxLDL? Die Antwort liegt in der gestörten Funktion des **Endothels**, obwohl hier noch viele Fragen offen sind. *Die Atherosklerose beginnt mit einer Störung der Endothelfunktion.* Am Endothel und seiner Irritation setzen auch die Risikofaktoren ursprünglich an, wofür es eine kaum übersehbare Zahl von tierexperimentellen Belegen und klinischen Beobachtungen gibt.

■ In funktionell gestörtem Endothel wird der AA-Metabolismus aktiviert und die TXA2-Synthese zu Lasten der PGI2-Synthese forciert (S. 47, 257). Bei der Tätigkeit der COX fallen Sauerstoff-Radikale an (S. 189). In-vitro Experimente legen die Möglichkeit nahe, dass das schwache Radikal O_2^- mit dem Blutdruck-Mediator NO das starke Radikal Peroxynitrit bildet (S. 224), das LDL während ihres Transportes durch die Endothelzelle oxydiert.

■ Funktionell gestörtes Endothel exprimiert verstärkt Adhäsine (ICAM, VCAM, Selektine, S. 152) und deren Korezeptoren, die ein festes Haften von Blutmonozyten am Endothel und die Emigration dieser Zellen in die Intima ermöglichen.

Sind die Voraussetzungen „Monozyten und oxLDL in der Intima" erst einmal geschaffen, läuft der Entzündungsprozess automatisch weiter: Die zu Makrophagen differenzierten Monozyten phagozytieren ungehemmt oxLDL über Scavenger-Rezeptoren und geben dabei reichlich Wirkstoffe in die Umgebung ab (**Abb. 116**). Viele dieser Wirkstoffe aktivieren das Endothel zusätzlich zur ursprünglichen Noxe. Freigesetzte ROS oxydieren nachströmende LDL, die von Makrophagen aufgenommen werden. oxLDL sind zudem chemotaktisch für Makrophagen,

die von der Blutbahn her einwandern. Dazu regen mitogene Cytokine die Makrophagenvermehrung vor Ort an. Auf diese Weise bildet sich das für eine akute Entzündung charakteristische positive Feedback, die *autokatalytische Stimulation* aus (**Abb. 2**), und der Prozess perpetuiert sich mit Eigenschwung.

In dieser Phase der Fettstreifen ist bei Fortfall der initiierenden Noxe der Krankheitsprozess reversibel. Andernfalls geht die Entzündung in ein **chronisch- proliferatives Stadium** über, in dem ein weiteres Zellelement hervor tritt: die **glatte Muskelzelle** der Intima. Sie teilt sich unter der Wirkung von Cytokinen und Wachstumsfaktoren, wird metabolisch verändert, gibt nun selbst entzündliche Wirkstoffe ab und beginnt reichlich kollagene und elastische Fasern sowie Glycoprotein-Matrix zu bilden. Intimale Muskelzellen erhalten Un-

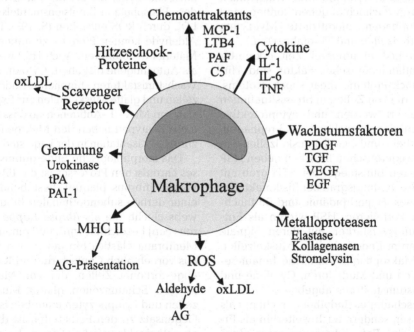

Abb. 116. *Der Makrophage als eine Steuerzentrale der Atherogenese.* Die Phagozytose von oxLDL löst bei Makrophagen der arteriellen Intima einen Hypermetabolismus aus, der wesentlich zu den krankhaften Umbauvorgängen in der Gefäßwand beiträgt. Freigesetzte Cytokine, aktivierte Mediatoren und Wachstumsfaktoren halten einen Entzündungsprozess aufrecht. Sauerstoffradikale und proteolytische Enzyme perpetuieren die Bildung von oxLDL und die Schädigung von Matrix und Endothel. Als AG-präsentierende Zellen leiten Makrophagen Autoimmun-Vorgänge gegen denaturiertes körpereigenes Eiweiß ein. In ihrer Scavengertätigkeit überforderte Makrophagen (Schaumzellen) sind für die Lipidablagerungen in der Intima verantwortlich.

terstützung durch Muskelzellen aus der Media, die ebenfalls unter dem Einfluss von Cytokinen und Wachstumsfaktoren den Charakter von Entzündungszellen annehmen, sich abrunden, in die Intima migrieren und an der Phagozytose von oxLDL und der Bindegewebs-Bildung teilnehmen.

Unter den Cytokinen, die den Entzündungsprozess starten und in Gang halten sind IL-1, IL-6, TNFα, IFNγ und das MCP-1 hervorzuheben (S. 106ff, 114), unter den Wachstumsfaktoren TGFβ, EGF, VEGF und besonders der **PDGF** (S. 118), der auf Myozyten chemotaktisch wirkt und ihre Proliferation anregt. Letztere Wirkung übt auch das Angiotensin II aus, das von Endothelzellen vermehrt aus AT I umgesetzt wird (S. 222). Die zur Blutdrucksenkung eingesetzten ACE-Hemmer wirken nicht nur anti-hypertensiv, sondern drosseln auch die Entwicklung der ATH. Zellen, die Cytokine und Wachstumsfaktoren reichlich abgeben können, sind Makrophagen, modifizierte Myozyten, Endothelzellen und Thrombozyten.

Ein erst in jüngerer Zeit erkannter pro-inflammatorischer Faktor sind Hitzeschock-Proteine [heat shock proteins, HSP], die von Zellen in Stresssituationen produziert werden und cytoprotektive Zellreaktionen auslösen. Makrophagen, Endothel und Gefäßmuskelzellen in atherosklerotischen Bezirken geben HSP ab, deren Blutspiegel bei ATH grob mit dem Ausbildungsgrad der Risikofaktoren Diabetes, Hyperlipidämie und Bluthochdruck korrelieren. HSP wirken als Entzündungsverstärker, auf deren Signale wiederum Endothelzellen, Muskelzellen und Makrophagen Adhäsine hinauf regulieren und Mediatoren, Cytokine und Wachstumsfaktoren abgeben.

Geschädigtes Endothel ist nicht nur als Auslöser, sondern auch weiterhin als Erhalter des Entzündungsprozesses aktiv. Der Endothelbelag verliert seine anti-koagulatorischen Eigenschaften, und es entstehen Thrombozyten-Aggregate auf seiner Oberfläche. Aktivierte Plättchen geben neben PDGF die Mediatoren TXA2 und PAF ab, die vasokonstrikto-

risch und gerinnungsfördernd wirken (S. 42f, 65). Bei einer Endothelschädigung wirken möglicherweise die ansonsten an der ATH nur wenig beteiligten PMN mit. Zirkulierende PMN haften verstärkt an den hinauf regulierten Adhäsinen des Endothels und werden durch Cytokine zur Freisetzung von Enzymen und ROS stimuliert, die sie in den interzellulären Spalt abgeben. Hier sind die Wirkstoffe vor Antagonisten geschützt und können den Proteoglykan-Belag der Endotheloberfläche schädigen (S. 198).

Schließlich stellt sich noch eine Autoimmun-Komponente ein, die sich im Auftreten von CD4- und CD8-positiven T-Lymphozyten im Entzündungsherd manifestiert. Als Antigen kommt denaturiertes körpereigenes Eiweiß in Frage, das im Zuge einer Schädigung und Zerstörung von Gewebskomponenten entstehen kann. Eine Rolle spielen hier offenbar auch Aldehyde, die bei der Peroxydation des Phospholipid-Emulsionsmantels der LDL durch ROS entstehen (S. 193). Diese Aldehyde können Proteine zu antigenem Material denaturieren. Auch HSP werden als Autoantigene diskutiert. Cytokine und Wachstumsfaktoren stimulieren Endothelzellen und glatte Muskelzellen zur Expression von MHC II –Antigenen, so dass auch diese Zelltypen neben den Makrophagen zur AG-Präsentation in der Lage sind.

Das morphologische Endergebnis dieses chronischen Prozesses ist die **Fibröse Plaque** [fibrous plaque], bestehend aus einer derben subendothelialen Bindegewebsschicht, die als *fibröse Kappe* [fibrous cap] bezeichnet wird, und einem zur Membrana elastica hin gelegenen Kern aus vornehmlich Cholesterin und Resten abgestorbener Zellen, der von Makrophagen, Schaumzellen, glatten Muskelzellen und Lymphozyten umgeben ist. Im Gegensatz zu den Fettstreifen ist dieser als *atherosklerotische Läsion* bezeichnete Entzündungsherd raumfordernd, meist mit einer deutlichen Schulter vom nicht betroffenen Endothel abgesetzt und gegen das Gefäßlumen vorragend. Solche Strömungshindernisse setzen durch Wirbelbildung Sekundärschäden wie

Scherstress auf das Endothel und auch Aktivierung der empfindlichen Thrombozyten. Mit dem Fortschreiten der Entzündung über Jahre nimmt der Kern aus Zelldetritus und Cholesterin immer mehr an Größe und Ausdehnung zu, bis die Einengung der Strombahn zu Zirkulationsstörungen mit klinischen Symptomen führt. Eine Veränderung dieses Umfangs wird als **Atherom** bezeichnet (athare =

Mehlbrei). Fibröse Plaques und Atherome sind nicht mehr rückbildungsfähig, können sich aber bei Fortfall der auslösenden Noxe und Stillstand des Entzündungsprozesses verkleinern oder zumindest ihr weiteres Wachstum einstellen. Markante Elemente einer ATH sind in Abb. 117 skizziert.

Das weitere Schicksal des betroffenen Gefäßbezirkes kann unterschiedlich ver-

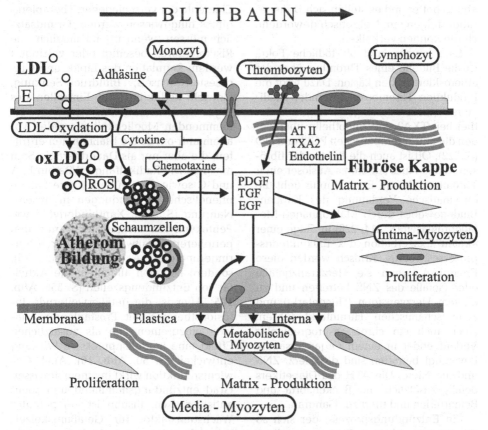

Abb. 117. *Bildung einer Fibrösen Plaque.* Geschädigte Endothelzellen (E) oxydieren während des transzellulären Transports LDL und binden über hinaufregulierte Adhäsine Blutmonozyten, die in die Intima einwandern. Die zu Makrophagen differenzierten Monozyten phagozytieren unkontrolliert oxLDL und geben dabei reichlich Chemotaxine, Cytokine, Wachstumsfaktoren und ROS ab, die weitere Monozyten anlocken und aktivieren, Wachstums- und Differenzierungsvorgänge lenken und LDL oxydieren. Am Endothel aktivierte Thrombozyten steuern Wachstumsfaktoren bei und setzen die Blutgerinnung in Gang. Die Intima-Myozyten vermehren sich und bilden Bindegewebsmatrix; sie werden dabei von einwandernden metabolischen Media- Myozyten unterstützt. Die Muskellage der Media proliferiert und fibrosiert, ihr Tonus wird durch vasopressorische Substanzen aus dem Endothel erhöht. Die mit oxLDL vollgepackten Makrophagen (Schaumzellen) zerfallen und setzen unverdautes LDL-Material in der Intima ab. Auf diese Weise entstehen die für die Fibröse Plaque charakteristische fibröse Kappe und der atheromatöse Kern. Einwandernde Lymphozyten werden im Zuge von Autoimmun-Vorgängen aktiviert.

laufen. Wachstumsfaktoren aktivieren auch die Proliferation und Faserbildung in der Media, so dass sich die Muskelschicht verdickt und unelastisch wird. Auf diese Veränderung wurde auch mit der Benennung „Atherosklerose" Bezug genommen (skleros = starr). Zusätzlich besteht durch die Freisetzung vasopressorischer Steuersubstanzen in diesen Bereichen ein hoher Muskeltonus (S. 224). Bei größerer Ausdehnung der Läsionen wird die Gefäßwand von der Versorgung abgeschottet und es stellen sich Degenerationsfolgen ein. Nekrotisch gewordene Herde können verkalken.

Eine häufige und oft tödliche Folge ist die Bildung eines Thrombus über der atherosklerotischen Läsion. Dazu trägt die Produktion Thrombose-fördernder Mediatorsubstanzen durch geschädigtes Endothel bei: TXA2 und Endothelin überwiegen die anti-thrombotischen PGI2 und NO (S. 222). Oft ist auch die Ruptur der fibrösen Kappe eines Atheroms Auslöser einer Thrombenbildung. Einer Ruptur geht die enzymatische Verdauung des Kappen-Bindegewebes durch Makrophagen-Metalloproteasen (S. 214, 228) im Zuge einer akuten Exazerbation des Entzündungsprozesses voraus. Kritisch werden diese Ereignisse, wenn sie Herzkranzgefäße oder Gefäße des ZNS betreffen und zu akutem Herzversagen (Herzinfarkt) und zum ischämischen Hirninfarkt führen. Aber auch ein chronisch-progredienter Verlauf endet in einem Organversagen. Bevorzugt betroffen sind das Herz, ZNS und die Niere. Die ATH des Diabetikers befällt zusätzlich die Beckenaorta und Beinarterien und führt zur Gangrän.

Ein Entzündungsprozess, der sich so unmittelbar nahe am Transportmedium Blut abspielt, kann sich besonders leicht über Mediatorstoffe dem Gesamtorganismus mitteilen. Bezeichnender Weise sind bei ATH die Kriterien einer *systemischen Akutphase-Reaktion* mehr oder weniger deutlich erfüllt: Die Leukozytenzahlen, die Blutsenkung und die Plasmakonzentrationen von Fibrinogen, CRP und PAI sind erhöht (S. 15, 128f, 130, 72), um die prominentesten Merkmale zu nennen.

Die Höhe der Spiegel decken sich grob mit dem Schweregrad der atherosklerotischen Veränderungen und werden zur Beurteilung der Progression der ATH herangezogen.

4.3.4 Die Therapie der ATH

Auf den vollen Umfang der Möglichkeiten wird hier nicht näher eingegangen, es soll nur auf die anti- inflammatorischen Elemente der verschiedenen Therapieregimes hingewiesen werden. Grundsätzlich müssen, wenn irgend möglich, die Risikofaktoren beseitigt oder verringert werden: Regulation des Lipid- und Glucosestoffwechsels, Blutdruck-Senkung, Gewicht-Reduktion und Einstellen des Zigarettenkonsums. An entzündungshemmenden Möglichkeiten werden vor allem anti-oxidative Maßnahmen ergriffen, die aber nur als Dauertherapie Sinn machen: Die Radikalfänger Vitamin E, A und C sowie die unübersehbare Palette phenolischer Verbindungen in unserer Nahrung (S. 192). Xanthinderivate wie Pentoxyphyllin senken nicht nur den peripheren Gefäßwiderstand durch Verringerung des F-Aktins in PMN (S. 175), sondern hemmen allgemein die Aktivität von Entzündungszellen (S. 258, **Abb. 105**). Hier ist die gefäßerweiternde Infusionstherapie mit Prostaglandin-Analoga einzureihen, die als zusätzlichen Effekt eine immunsuppressive Wirkung entwickeln (S. 50, **Abb. 16**). Auch Gewichtsreduktion wirkt in einem gewissen Grad entzündungshemmend und somit antisklerotisch. Insulin ist ein potenter Wachstumsfaktor für Gefäßmuskelzellen. Adipozyten sind Produzenten von TNFα, das den Entzündungsprozess in der Gefäßwand antreibt. Zudem geben Adipozyten nach Fettspeicherung vermehrt *Leptin* ab, das T-Lymphozyten und Makrophagen aktiviert und pro-inflammatorisch wirkt. Autoimmunerkrankungen wie cP u.a. sorgen für permanent erhöhte Blutspiegel von pro-inflammatorischen Cytokinen, so dass auch diese Patientengruppe ein erhöhtes Risiko für die Entwicklung und beschleunigte Progression einer ATH zeigt. Die Therapie solcher Grundkrankheiten hemmt den atherosklerotischen Prozess.

Eine wichtige Stellung nimmt die Kontrolle der Blutgerinnung ein. Nieder dosierte Azetyl-Salicylsäure als Dauertherapie ist als Thrombose-Prophylaxe erfolgreich (S. 52). Fruchtschalen, Fruchtsäfte und Rotwein sind natürliche Quellen von Salicylsäure. Frühzeitige Lyse von Thromben kann Leben retten und größere Schäden vermeiden (S. 72f, **Abb. 29**).

Übersicht über prominente, in die Akute Entzündung involvierte Oberflächenmarker

CD	Synonyme	Sitz auf Zelltyp	Funktion
CD4		T-Zellen	Ligand für MHC II, Signalübermittlung
CD8		T-Zellen	Ligand für MHC I, Signalübermittlung
CD10		PMN, Leukozyten	Membran-Metalloproteinase
CD11a	LFA1	PMN, verschiedene Leukozyten	α-Integrin, assoziiert mit CD18; Adhäsin, Ligand für ICAM-1, 2
CD11b	Mac-1, CR3	PMN, Monozyten, NK-Zellen	α-Integrin, assoziiert mit CD18; Adhäsin, Ligand für C3bi
CD11c	P150,95; CR4	PMN, Monozyten, NK-Zellen	α-Integrin, assoziiert mit CD18; Adhäsin, Ligand für C3bi
CD14		Monozyten, PMN	LPS-Rezeptor
CD15s	Sialyl-Lewis X	PMN, Granulozyten	Ligand für Selektine
CD16	Fcγ-Rezeptor III	Monozyten, PMN, NK-Zellen	Low affinity IgG-Rezeptor, ADCC
CD18		Leukozyten	β2-Integrin; β-Kette für CD11a, 11b, 11c
CD21	CR2	B-Lymphozyten,	Ligand für C3bi, C3d, Differenzierung
CD29		weit verbreitet	β1-Integrin, Teil von VLA1-6, Adhäsin
CD31	PECAM-1	Endothel, PMN, Monozyten, Thrombozyten, T-B-Zellen	Adhäsin; Haptotaxis
CD32	Fcγ-Rezeptor II	Monozyten, Granulozyten, B-Zellen	Low affinity IgG-Rezeptor
CD34		Hämatopoetische Vorläuferzellen, Endothel	Ligand für CD62L
CD35	CR1	PMN, Monozyten, Erythrozyten	C3b-Rezeptor
CD36	SR-BII	Makrophagen, Endothel	Scavenger-Rezeptor für oxLDL, Kollagen
CD44	Homing-Rezeptor	Leukozyten, Erythrozyten	Rezeptor für Interzellular-Matrix
CD45		Leukozyten	Tyrosin-Phosphatase, Signalübermittlung
CD46	MCP	weit verbreitet	Bindet C3b, C4b, Kofaktor für Faktor I, Kontrolle des Complementsystems

CD	Synonyme	Sitz auf Zelltyp	Funktion
CD49a-f	VLA	weit verbreitet	α-Integrine, Teile von VLA1-6
CD50	ICAM-3	Leukozyten, Endothel	Ligand von CD11a, homotype Adhäsion
CD51		Thrombozyten, Leukozyten, glatte Muskelzellen	Rezeptor für Fibrinogen, Vitronektin, Von Willebrand Faktor. Plättchen-Aggregation
CD54	ICAM-1	Endothel, Makrophagen, Lymphozyten, Fibroblasten	Adhäsion
CD55	DAF	weit verbreitet	Kontrolle des Complementsystems
CD61	GPIIb/IIIa	Thrombozyten, Makrophagen,	β3-Integrin, assoziiert mit CD51, Plättchen-Aggregation, Adhäsion
CD62E	E-Selektin,	Endothelzellen	Ligand von CD15s; vermittelt „Rollen"
CD62L	L-Selektin,	Granulozyten, T-B-Zellen	Leukozyten-Adhäsion, „Rollen"
CD62P	P-Selektin	Thrombozyten, Endothel	Rezeptor für Adhäsion von Thrombozyten, Leukozyten, vermittelt Haptotaxis
CD64	Fcγ-Rezeptor I	Monozyten/Makrophagen	High affinity IgG-Rezeptor, ADCC
CD88	C5a-Rezeptor	PMN, Eosinophile Granulozyten, Monozyten, Mastzellen	Rezeptor für das Anaphylatoxin C5a, Chemotaxis und Zell-Aktivierung
CD95	FAS	weit verbreitet	vermittelt Apoptose, „Todesrezeptor"
CD102	ICAM-2	Endothel, Leukozyten	Ligand für CD11a/CD18, vermittelt „sticking"
CD105		Endothel, Makrophagen	Rezeptor für TGFβ
CD106	VCAM-1	Endothel, Monozyten	Adhäsin, Ligand für VLA4
CD118		Leukozyten	Rezeptor für IFNα,β
CD119		Leukozyten	Rezeptor für IFNγ
CD120a	p55	PMN, Makrophagen, Endothel	Rezeptor für TNFα und β, Zellaktivierung
CD120b	p75	PMN, Makrophagen, Endothel	Rezeptor für TNFα und β, Zellaktivierung
CD121a,b		Leukozyten	Rezeptoren für IL-1α undβ, Zellaktivierung
CD123		Knochenmark-Progenitorzellen	Rezeptor für IL-3, Differenzierung, Reifung
CD124		B und T-Zellen	Rezeptor für IL-4, Zellaktivierung
CD125		Eosinophile, Basophile Granulozyten	α-Kette des IL-5-Rezeptors
CD126		Leukozyten, Hepatozyt	Assoziiert mit CD130 Rezeptor für IL-6
CD128		PMN, T-Zellen	Rezeptor für IL-8, Chemotaxis
CD130		Leukozyten, Hepatozyt	Assoziiert mit CD126 Rezeptor für IL-6

Sachverzeichnis

A

SpringerMedizin

Miroslav Ferencik, Jozef Rovensky, Vladimir Matha, Erika Jensen-Jarolim

Wörterbuch Allergologie und Immunologie

Fachbegriffe, Personen und klinische Daten von A – Z

2005. IX, 349 Seiten. 77 Abbildungen. Mit CD-ROM
Gebunden **EUR 49,80**, sFr 85,–
ISBN 3-211-20151-3

Die Immunologie und Allergologie zählen zu den schnellsten wachsen-
den Bereichen der Wissenschaft, vor allem in Hinblick auf experimentelle
und klinische Forschung. Um diesem Wachstum gerecht zu werden, ist
es notwendig, über gesicherte Grundlagen Bescheid zu wissen. Mit
diesem Werk können auf einfache Art und Weise wichtige allergolo-
gische und immunologische Fachbegriffe, als auch klinisch relevante
Themen nachgeschlagen werden.

Auch aktuelle Themen, wie etwa Anthrax, Hühnergrippe, DNS-Vakzine,
Prionosen, SARS werden umfassend und praxisnah dargestellt. Das
Spektrum der präsentierten Themen umfasst daher unterschiedliche
Fachdisziplinen, wie Molekularbiologie, Mikrobiologie, Biotechnologie
und Klinische Medizin. Aufgrund der didaktischen Aufbereitung und
den zahlreichen anschaulichen Abbildungen ist dieses Werk auch als
Lehrbuch für Studenten der Naturwissenschaften bestens geeignet.
Die Farbabbildungen auf der beigelegten CD-ROM eignen sich gut für
Vorträge, Präsentationen und Lehrzwecke.

SpringerWien NewYork

P.O. Box 89, Sachsenplatz 4–6, 1201 Wien, Österreich, Fax +43.1.330 24 26, books@springer.at, **springer.at**
Haberstraße 7, 69126 Heidelberg, Deutschland, Fax +49.6221.345-4229, SDC-bookorder@springer-sbm.com, springeronline.com
P.O. Box 2485, Secaucus, NJ 07096-2485, USA, Fax +1.201.348-4505, orders@springer-ny.com, springeronline.com
Eastern Book Service, 3–13, Hongo 3-chome, Bunkyo-ku, Tokyo 113, Japan, Fax +81.3.38 18 08 64, orders@svt-ebs.co.jp
Preisänderungen und Irrtümer vorbehalten.

SpringerMedizin

Gabriele Halwachs-Baumann,
Bernd Genser

Die konnatale Zytomegalievirusinfektion

Epidemiologie – Diagnose – Therapie

2003. VII, 136 Seiten. 15 Abbildungen und Grafiken.
Broschiert **EUR 40,–**, sFr 68,–
ISBN 3-211-00801-2

Die konnatale Zytomegalievirusinfektion (CMV) ist die häufigste intra-
uterin übertragene Virusinfektion, mit teilweise schwerwiegenden
Folgen für das noch ungeborene Kind. Dieses Buch ist die bisher ein-
zige Zusammenfassung der bis ins Jahr 2001 erschienenen Literatur zur
Inzidenz und Prävalenz der CMV-Infektion in der Schwangerschaft, der
Übertragungsrate, den Auswirkungen auf das Kind, möglicher diagnos-
tischer und therapeutischer Strategien, sowie einer auf den publizierten
Daten beruhenden Kosten-Nutzen-Rechnung.

Ein allgemeiner Teil, sowie die Darstellung möglicher pathophysiolo-
gische Mechanismen der transplazentaren Übertragung vervollstän-
digen das Thema. Als konkretes Beispiel wurde die in der Steiermark
aufgetretene konnatale CMV Infektion herangezogen.
Das Buch liefert Basisinformationen zum Thema der konnatalen CMV
und einen Überblick vom derzeitigen Stand des Wissens und den therapeutischen Möglichkeiten.

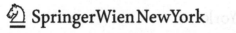

SpringerWienNewYork

P.O. Box 89, Sachsenplatz 4–6, 1201 Wien, Österreich, Fax +43.1.330 24 26, books@springer.at, **springer.at**
Haberstraße 7, 69126 Heidelberg, Deutschland, Fax +49.6221.345-4229, SDC-bookorder@springer-sbm.com, springeronline.com
P.O. Box 2485, Secaucus, NJ 07096-2485, USA, Fax +1.201.348-4505, orders@springer-ny.com, springeronline.com
Eastern Book Service, 3–13, Hongo 3-chome, Bunkyo-ku, Tokyo 113, Japan, Fax +81.3.38 18 08 64, orders@svt-ebs.co.jp
Preisänderungen und Irrtümer vorbehalten.

Springer und Umwelt

ALS INTERNATIONALER WISSENSCHAFTLICHER VERLAG
sind wir uns unserer besonderen Verpflichtung der
Umwelt gegenüber bewusst und beziehen umwelt-
orientierte Grundsätze in Unternehmensentschei-
dungen mit ein.

VON UNSEREN GESCHÄFTSPARTNERN (DRUCKEREIEN,
Papierfabriken, Verpackungsherstellern usw.) verlangen wir, dass sie sowohl beim Herstellungsprozess
selbst als auch beim Einsatz der zur Verwendung
kommenden Materialien ökologische Gesichtspunk-
te berücksichtigen.

DAS FÜR DIESES BUCH VERWENDETE PAPIER IST AUS
chlorfrei hergestelltem Zellstoff gefertigt und im
pH-Wert neutral.

Printed in the United States
By Bookmasters